R. Blasius, G. v. Hayek

Ornis

III. Jahrgang 1887

R. Blasius, G. v. Hayek

Ornis
III. Jahrgang 1887

ISBN/EAN: 9783743334106

Hergestellt in Europa, USA, Kanada, Australien, Japan

Cover: Foto ©berggeist007 / pixelio.de

Manufactured and distributed by brebook publishing software
(www.brebook.com)

R. Blasius, G. v. Hayek

Ornis

ORNIS.

Internationale Zeitschrift für die gesammte Ornithologie.

ORGAN

des

permanenten internationalen ornithologischen Comité's

unter dem Protectorate Seiner Kaiserlichen und Königlichen Hoheit

des

Kronprinzen Rudolf von Oesterreich-Ungarn.

Herausgegeben von

Dr. R. Blasius und Dr. G. v. Hayek
Präsident Secretär
des permanenten internationalen ornithologischen Comité's.

III. Jahrgang 1887.

Mit drei Tafeln.

Preis des Jahrganges (4 Hefte mit Abbildungen):
4 fl. ö. W. = 8 M. = 10 Frcs. = 8 sh. = 2 Dollar pränumerando.

Wien.

Druck und Verlag von Carl Gerold's Sohn.

Athen: Beck. — **Brüssel:** Muquardt. — **London:** Williams & Norgate. — **Moskau:** Lang. — **New-York:** Westermann & Co. — **Paris:** Klincksieck. — **Petersburg:** Ricker. — **Riga:** N. Kymmel. — **Rom:** Spithoever. — **Turin:** Löscher.

Inhalt des dritten Jahrganges (1887).

Tafeln des Jahrganges.

III. Jahresbericht (1884)

des

Comité's für ornithologische Beobachtungs-Stationen

in

Oesterreich-Ungarn

redigirt unter Mitwirkung von

Dr. Karl von Dalla-Torre,

Mandatar für Tirol,

von

Victor Ritter von Tschusi zu Schmidhoffen,

Präsident des Comité's und Mitglied des perman. internat. orn. Comité's.

Vorwort zum III. Jahresberichte.

Das verspätete Erscheinen des II. Jahresberichtes, dessen Gründe wir in der Einleitung zu selbem dargelegt haben, trägt die Schuld daran, dass in gegenwärtigem Berichte ein nicht unbedeutender Ausfall an ornithologischen Beobachtungs-Stationen zu verzeichnen ist. Viele der Herren Beobachter waren nämlich der Ansicht, dass, weil der Bericht, welcher laut Instruction in dem dem Beobachtungsjahre folgenden Jahre erscheinen sollte, nicht publicirt wurde, das Unternehmen aufgegeben worden sei. War die Betheiligung an vorliegendem Berichte auch keine so grosse wie beim vorhergehenden, so wurde trotzdem fleissig beobachtet, so dass ungeachtet des ziemlich bedeutenden Ausfalles an Beobachtern der Umfang des III. Jahresberichtes kaum seinem Vorgänger nachstehen dürfte. Letzteres Moment gibt uns zugleich den Beweis, dass das Interesse für ornithologische Beobachtungen sich nicht nur bei den Einzelnen erhalten, sondern auch bedeutend gesteigert hat.

Die Zahl der Beobachter vertheilt sich auf die einzelnen Länder wie folgt:

Böhmen	11
Bukowina	9
Croatien und Slavonien	5
Dalmatien	1
Galizien	0
Kärnten	1
Krain	1
Litorale	2
Mähren	6
Nieder-Oesterreich	2
Ober-Oesterreich	1
Salzburg	3
Schlesien	5
Siebenbürgen	2
Steiermark	5
Tirol und Vorarlberg	1
Ungarn	5
	60

Durch den Eifer unseres Mandatars für Croatien und Slavonien, Herrn k. Universitäts-Professors Spiridion Brusina in Agram, erscheinen die beiden vorgenannten Länder zum erstenmal hier vertreten, und auch die Zahl der Beobachtungs-Stationen in der Bukowina hat sich auf Anregung des k. k. Hofrathes und Directors der Güter des gr.-orient. Religions-Fondes in der Bukowina, Herrn Jul. Hammer in Czernowitz, wieder vermehrt.

Die Herren Dr. W. Schier in Prag und Em. Urban in Troppau haben die Zusammenstellung, ersterer auch die Uebersetzung der aus Böhmen, letzterer der aus Schlesien zugegangenen Berichte besorgt. Herr Dr. Wilh. Niedermair in Hallein stellte den allgemeinen, Herr Dr. Karl von Dalla-Torre in Innsbruck den speciellen Theil zusammen, während dem Unterzeichneten die Durchsicht und Prüfung der Manuscripte, sowie die gesammte Correctur zufiel.

Da in manchen Manuscripten Orts- und Personennamen undeutlich geschrieben waren, so ersuchen wir, in Zukunft durch möglichst deutliche Schreibung derselben zur Vermeidung von Irrthümern beitragen zu wollen.

Wir können es nicht unterlassen, die Herren Beobachter abermals zu ersuchen, sich bei Abfassung der Manuscripte möglichst stricte an die Instruction zu halten, die vom Unterzeichneten franco erhältlich ist.

Als Mandatare fungiren folgende Herren für nachstehende Länder:

Für **Böhmen**: Dr. Wladisl. Schier in Prag, Pflastergasse 2 — II.

» **Croatien und Slavonien**: Spirid. Brusina, k. Universitäts-Professor und Director des croatischen zoologischen Landes-Museums, Mitglied des permanenten internationalen ornithologischen Comité's in Agram.

» **Dalmatien**: Georg Kolombatović, Professor in Spalato.

» **Galizien**: Dr. Max Nowicki, Universitäts-Professor in Krakau.

» **Görz**: Dr. Egid Schreiber, Director der Staats-Realschule.

» **Istrien**: Dr. L. K. Moser, Professor am k. k. Staats-Gymnasium in Triest, via Cecilia 8.

» **Kärnten**: F. C. Keller, Redacteur von »Waidmannsheil« in Mauthen.

» **Krain**: Karl von Deschmann, Custos am Landes-Museum in Laibach.

» **Mähren**: Josef Talský, Professor in Neutitschein.

» **Nieder-Oesterreich**: Dr. Gust. Edler von Hayek, k. k. Regierungsrath, Secretär des permanenten internationalen ornithologischen Comité's in Wien, III., Marokkanergasse 3.

» **Ober-Oesterreich**: Karl Geyer, fürstlich Starhemberg'scher Forstmeister in Linz a/D., Elisabethstr. 15.

» **Salzburg**: Dr. Wenz. Sedlitzky, k. k. Hof-Apotheker in Salzburg.

» **Schlesien**: Emanuel Urban, k. k. Gymnasial-Professor i. P. in Troppau.

Für **Siebenbürgen**: Johann von Csató, Vicegespan in Nagy-Enjed.

» **Steiermark**: Blasius Hanf, Pfarrer in Mariahof.

» **Tirol**: Dr. Karl von Dalla-Torre, k. k. Gymnasial-Professor in Innsbruck, Meinhardstrasse 12.

» **Ungarn**: Dr. Julius von Madarász, Custos-Adjunct am ungarischen National-Museum und Mitglied des permanenten internationalen ornithologischen Comité's in Budapest.

» **Banat**: Dr. Ludwig Kuhn, Dechant in Nagy-Szent-Miklós.

» **Zips**: Dr. Michael Greisiger in Szepes-Béla.

Mit dem aufrichtigen Wunsche, dass sich die Betheiligung an unseren ornithologischen Beobachtungs-Stationen auch in Zukunft zum Nutzen der Wissenschaft erfreulich gestalten möge, übergeben wir den III. Jahresbericht hiemit der Oeffentlichkeit.

Victor Ritter von Tschusi zu Schmidhoffen.

Die ornithologische Literatur Oesterreich-Ungarns 1884.

Von Vict. Ritter v. Tschusi zu Schmidhoffen.*)

Blätter des böhmischen Vogelschutz-Vereines in Prag, redig. v. Dr. Wladisl. Schier. III. 8. 8 Nr. mit Abbild. — Prag 1884.

Bonomi, Aug. Avifauna Tridentina. Progr. dell' I. R. Ginnasio superiore dello stato in Rovereto. Anno scol. 1883—1884. — Rovereto 1884. 8. 67 pp.

Buquoy, C. Graf. Eine ornithologische Rarität (Porphyrio hyacinthinus, in Böhmen erlegt). — Hugo's Jagdzeit. XXVII. 1884. p. 513.

Čapek, W. Ornithologische Beiträge aus Mähren. — Mittheil. d. orn. Ver. in Wien. VIII. 1884. p. 5—6.

*) Abdruck aus: v. Madarász Zeitschr. f. d. ges. Orn. II. 1885. p. 525—530.

Clarke, W. E. Field-Notes from Slavonia and Hungary with an annotated List of the Birds observed in Slavonia. — The Ibis. 1884. p. 125—148.

— On the occurence of Oestrelata haesitata in Hungary. — Ibid. 1884. p. 202.

Csató, Joh. v. A Phalaropus hyperboreus, L. előjöveteléröl Erdélyben (Das Vorkommen des Phalaropus hyperboreus, L. in Siebenbürgen). — v. Madarász, Zeitschr. f. d. ges. Ornith. I. 1884. ung. p. 18—21, deutsch 22—25.

— Ueber Lanius Homeyeri, Cab. — Ibid. I. 1884. p. 229—234. 1 Taf.

Dalberg, Friedr. Frhr. v. Ornithologische Beobachtungen aus Mähren. — Mittheil. d. orn. Ver. in Wien. VIII. 1884. p. 184—185.

Dalla-Torre, K. v. Ornithologisches aus Tirol. — Ibid. VIII. 1884. p. 170—171.

Dobrowsky, Ernst v. Zur Naturgeschichte des Gänsesägers (Mergus merganser). — Ibid. VIII. 1884. p. 84—85.

— Die Vögel der Krajna. — Ibid. VIII. 1884. p. 113—115; 138—141.

— Nyctale Tengmalmi im Prater. — Ibid. VIII. 1884. p. 191.

Dombrowski, Ernst v. Der Würgfalke (Falco lanarius, L.). — Die Natur. XXXIII. 1884. p. 412—414 (m. Abbild.), 424—425.

— Zur Lösung der Goldadler-Frage. — Oesterr. Forst-Zeit. II. 1884. p. 243—244, 249—250.

— *Raoul v.* Das Rackelhuhn. — Ibid. II. 1884. p. 231—232.

F. Der erste Rackelhahn in Schlesien. — Mittheil. d. orn. Ver. in Wien. VIII. 1884. p. 49—50.

Fischer, Ludw. Bar. v. Notiz über zwei überwinterte Staare. — Ibid. VIII. 1884. p. 31.

Fritsch, Ant. Somateria mollissima bei Plan (Böhmen) erlegt. — Ibid. VIII. 1884. p. 31.

Fünkh, R. Weisser Falke (Circus rufus?) bei Imst erlegt. — Waidm.-Heil. IV. 1884. p. 101.

Grashey, O. Steinadler (19. Mai 1884 am Horste) am Achensee erlegt. — Der deutsche Jäger. VI. 1884. p. 142.

Gallé, Vict. Abermals ein Krainer Rackelhahn. — Hugo's Jagdzeit. XXVII. 1884. p. 237—238.

Greisiger, Mich Die Vögel von Béla und Umgebung. — Jahrb. d. ung. Karp.-Ver. XI. 1884. Abhandl. p. 70—95.

Grossbauer Edl. v. Waldstätt, Vict. Die wilde Turteltaube (Columba turtur). — Hugo's Jagdzeit. XXVII. 1884. p. 371—376, 397—403, 427—432.

Heinricher, E. Seltene Abnormitäten (Elster-Var.). — Waidm.-Heil. IV. 1884. p. 252.

Kadich, H. v. Der Dorndreher in Freiheit und Gefangenschaft. — Mittheil. d. orn. Ver. in Wien. VIII. 1884. p. 152—154.

— Wanderskizzen aus Steiermark. — Ibid. VIII. 1884. p. 177—183.

— Im Zeichen der Schwalbe. Gesammelte ornith. Beobachtungen. — Wien. 1884. 8.

— *und Reiser, Othm.* Das Geldloch im Oetscher. — Mittheil. d. orn. Ver. in Wien. VIII. 1884 p. 85—87, 104—105. 1 Taf.

K. E. Ein Rackelhahn am Dobratsch. — Hugo's Jagdzeit. XXVII. 1884. p. 383.

Keller, F. C. Die Vogelweit der kärntnerischen Alpen. — Klagenfurt 1884. 8. 66 pp.

Kocyan, Ant. Ueber die Adler im Tatragebirge. — v. Madarász, Zeitschr. f. d. ges. Orn. I. 1884. p. 70—72.

Kolombatović, Georg. Aggiunte al »Vertebrati«. — Spalato. 1884. 8. 22 pp.

Kralik, Ritter v. Meyerswalden, C. Zur Lösung der Rackelhahn-Frage. — Waidm. XV. 1884. p. 373.

— Rackelhühner. — Waidm.-Heil. IV. 1884. p. 216.

— Zur Rackelhahn-Frage. — Beibl. z. d. Mitth. d. orn. Ver. in Wien. I. 1884. p. 95.

Labler. Weisses Rebhuhn (Böhmen). — Waidm.-Heil. IV. 1884. p. 36.

Lovassy, Alex. jun. Ueber Eier von Milvus regalis. — v. Madarász, Zeitschr. f. d. ges. Orn. I. 1884. ung. p. 53—61, deutsch p. 62—70. 1 Taf.

Madarász, Jul. v. Zeitschrift für die gesammte Ornithologie. — Budapest. I. 1884. 8. 4 Hefte mit 20 Taf.

— Petényi's hinterlassene Notizen. Die Entenarten Ungarns. — Ibid. I. 1884. p. 26—46.

— Literatur. Verzeichniss der auf Ungarn bezüglichen neueren ornithologischen Werke, Abhandlungen etc. — Ibid. I. 1884. p. 72—73.

— Die Singvögel Ungarns. — Ibid. I. 1884. p. 112—156.

— Die Raubvögel Ungarns. — Ibid. I. 1884. p. 243—260.

— Ueber abnorm gefärbte Vögel in der Sammlung des ung. Nat.-Museums. — Termész. füzet. VIII. 1884. ung. 187—198, deutsch 227—239. 1 Taf.

— Ueber Varietäten von Muscicapa grisola et Parus cristatus. — Cab. Journ. f. Orn. XXXII. 1884. 196—197.

Michalovits, Alex. Parus cyanus, Pall. in Ungarn. — v. Madarász, Zeitschr. f. d. ges. Orn. I. 1884. p. 234—236.

Mittheilungen des ornithologischen Vereines in Wien, redig. v. Gust. v. Hayek. — Wien 1884. VIII. 4. 12 Nr. m. Taf. u. Karten.

Mojsisovics v. Mojsvár, Aug. Ueber das Vorkommen des Archibuteo lagopus, Brünn. als Brutvogel in Oesterr. u. Ung. überhaupt und speciell in Südungarn (Baranya). v. Madarász, Zeitschr. f. d. ges. Orn. I. 1884. p. 237—242.

Neubacher, Joh. Ein Rackelhahn. — Mittheil. d. salzb. Schutz-Ver. f. Jagd und Fischerei in Salzburg. II. 1884. p. 143—144.

Nostiz, Leop. Graf. Weisse Rebhühner. — Hugo's Jagdzeit. XXVII. 1884. p. 542.

Petényi, Joh. Salom., vgl. Madarász, Jul. v.

Pferschy, Ant. Bericht aus der östl. Steiermark (Fang eines Steinadlers). — Waidm.-Heil. IV. 1884. p. 33.

P. J. Auerhahn- und Adlerfang (in Hieflau und Mürzsteg). — Hugo's Jagdzeit. XXVII. 1884. p. 670.

Placzek, B. Der Vogelgesang nach seiner Tendenz und Entwickelung. — Verhandl. d. naturforsch. Ver. in Brünn. XXII. 1883 (1884). p. 23—126.

Reiser, Othm. Tichodroma muraria, der Alpenmauerläufer, als Brutvogel in der Umgebung Wiens. — Mittheil. d. orn. Ver. in Wien. VIII. 1884. p. 173—174.

— Vgl. auch Kadich, H. v.

Reyer Frhr. v. Rackelhahn in Kärnten. — Hugo's Jagdzeit. XXVII. 1884. p. 578—579.

Rowland, W. Beobachtungen über Ankunft und Abzug einiger Vogelarten. — Mittheil. d. orn. Ver. in Wien. VIII. 1884. p. 239.

Rudolf, Kronprinz von Oesterreich. Ornithologische Beobachtungen aus der Umgebung Wiens. — Ibid. VIII. 1884. p. 33—34.

— Gesammelte ornithologische und jagdliche Skizzen. — Wien 1884. 8. 167 pp.

Rudler, H. Erlegung eines Seeadlers durch den Kronprinzen Rudolf. — Mittheil. d. niederösterr. Jagdsch.-Ver. in Wien. 1884. p. 62.

Sch. Drei Steinadler in zwei Tagen. — Waidm.-Heil. IV. 1884. p. 202—203.

Schiavuzzi, Bernh. Materiali per un' avifauna del territorio di Trieste fino Monfalcone e dell' Istria. — Bollet. Soc. adr. sc. nat. Trieste. VIII. 1883—1884. p. 3—79.

— Ein Fall von Farbenabweichungen bei Anas boschas. — Mittheil. d. orn. Ver. in Wien. VIII. 1884. p. 36.

— Die Entenjagd bei Monfalcone. — v. Madarász. Zeitschr. f. d. ges. Orn. I. 1884. p. 46—48.

— Sulla comparsa di specie nordiche nella regione adriatica settentrionale. — Ibid. I. 1884. p. 93—103.

— Alca torda, L. nel Golfo di Trieste. — Ibid. I. 1884. p. 243.

— Alca torda, L. (Elsteralk) im Golfe von Triest. — Mitth. d. orn. Ver. in Wien. VIII. 1884. p. 127.

Schier, Wladisl. Die Meisen (Fortsetzung). — Bl. d. böhm. Vogelsch.-Ver. in Prag. III. 1884. p. 99—108, 113—117.

— Die Wildenten. — Ibid. III. 1884. p. 117—124.

Sterger, J. Der Rackelhahn zu Krainburg. — Hugo's Jagdzeit. XXVII. 1884. p. 171—176, 193—198, 361—368.

Sylva, Jos., Graf. v. Ein schneeweisses Rebhuhn (in Mähren) erlegt. — Waidm. XV. 1884. p. 479.

Talský, Jos. Ueber das Vorkommen und die Erbeutung von Adlerarten in Mähren. — Mitth. d. mähr. Jagd- und Vogelsch.-Ver. in Brünn. III. 1884. p. 26—36.

— Ein angeblicher Rackelhahn in Mähren. — Ibid. III. 1884. p. 114—117 und Mittheil. d. orn. Ver. in Wien. VIII. 1884. p. 183—184.

— Zum Vorkommen von Lestris Buffoni (Boie) und Lestris pomarina (Temm.) in Mähren. — v. Madarász, Zeitschr. f. d. ges. Orn. I. 1884. p. 14—18.

Tschusi zu Schmidhoffen, Vict. Ritt. v. Abbildung eines doppelschnäbeligen Auerhahnes. — Waidm. XV. 1884. p. 267.

— Abnorme Sichelfeder eines Birkhahns. — Ibid. XV. 1884. p. 371 m. Abbild.

— Anas sponsa, L. in Steiermark. — Mittheil. d. orn. Ver. in Wien. VIII. 1884. p. 30—31; Hugo's Jagdzeit. XXVII. 1884. p. 220—221; Waidm.-Heil. IV. 1884. p. 74.

— Bemerkungen über Acredula caudata, L. und A. rosea, Blyth. — Mittheil. d. orn. Ver. in Wien. VIII. 1884. p. 103.

— Vorläufiges über eine Rackelwildzucht. — Ibid. VIII. 1884. p. 172. 1 Taf.

— Beiträge zur Ornis des Gömörer Comitats. — v. Madarász, Zeitschr. f. d. ges. Orn. I. 1884. p. 156—167.

Wodzicki Casim. Graf. Kukulka (Der Kukuk). — Krakau 1884. 8.

Wokřal, Theod. Sogenannte Strich-Rebhühner. — Hugo's Jagdzeit. XXVII. 1884. p. 53—54.

Wurm, F. Die Grasmücken in und um Leipa. — Bl. d. böhm. Vogelsch.-Ver. in Prag. III. 1884. p. 97—99.

— Der Girlitz und die Steindrossel. — Ibid. III. 1884. p. 112.

Zeitschrift für die gesammte Ornithologie, vgl. Madarász, Jul. v.

Zenari, Jos. Ein sehr starker Rackelhahn (bei Laibach) erlegt. — Waidm. XV. 1884. p. 284.

Zenker, Jos. Zur Rackelhahn-Frage. — Mittheil. d. niederösterr. Jagdsch.-Ver. in Wien. 1884. p. 82—86, 122—127.

Anhang.

Ein glücklicher Schuss (*2 Vultur cinereus*). — Waidm.-Heil. IV. 1884. p. 216.

Uralter *Seeadler* (vom Kronprinzen Rudolf bei Wien) erlegt. — Hugo's Jagdzeit. XXVII. 1884. p. 55; Mittheil. d. niederösterr. Jagdsch.-Ver. in Wien. 1884. p. 62; Waidm. XV. 1884. 240.

Seeadler im Mannswörther Revier (vom Kronprinzen Rudolf) erlegt. — Hugo's Jagdzeit. XXVII. 1884. p. 188.

Kavka škodí (Die *Dohle* ist schädlich). — Haj. 1884. Lov. VII. p. 75.

Zwei weisse *Zaunkönige*. — Waidm. XV. 1884. p. 285.

Die sogenannten *Strich-Rebhühner*. — Neue deutsche Jagdzeit. IV. 1884. p. 172.

Rackelhahn am Dobratsch erlegt. — Ibid. IV. 1884. p. 312.

Eine seltene Jagdbeute (*Rackelhahn* vom Erzherzog Friedrich erlegt). — Hugo's Jagdzeit. XXVII. 1884. p. 225—226.

Rackelhahn bei Moistrana (Krain) erlegt. — Waidm.-Heil. IV. 1884. p. 124.

Rackelhahn bei Goldenstein in Mähren erlegt. — Oesterr. Forstzeit. II. 1884. p. 309.

Weisses *Rebhuhn* (Leitmeritz). — Waidm.-Heil. IV. 1884. p. 75; Waidm. XV. 1884. p. 229.

Porphyrio hyacinthinus in Böhmen erlegt. — Oesterr. Forstzeit. 1884. p. 399.

273 *Waldschnepfen* in 10 Tagen. — Waidm. XV. 1884. p. 313.

Seltene Jagdbeute [*Somateria* spectabilis (recte *mollissima*)]. — Mittheil. d. orn. Ver. in Wien. Sect. f. Geflügel- und Brieftaubenzucht. I. 1884. p. 159.

Seemöve im Salzburgischen. — Ibid. I. 1884. p. 103; Oesterr. Forstzeit. II. 1884. p. 246.

Verzeichniss der Beobachter.

Böhmen.

Aussig: Anton Hauptvogel, Lehrer.
Blottendorf bei **Haida**: Franz Schnabel, Glasmaler.
Böhmisch-Leipa: Franz Wurm, k. k. Professor.
Böhmisch-Wernersdorf: Anton Hurdalek, Oberlehrer.
Klattau: Vladimir Stejda v. Lovcič.
Liebenau: Emil Semdner, Lehrer.
Nepomuk: P. Rafael Stopka, Piaristenordens-Priester.
Oberrokitai: Karl Schwalb, Lehrer.
Přibram: Franz Stejskal, Lehrer.
Rosenberg a. M.: Franz Zach, Lehrer.
Wirschin: Adolf Wend.

Bukowina.

Illischestie: Josef Zitný, k. k. Forstwart.
Kotzman: Anton Lurtig, k. k. Forstwart.
Kuczurmare: Constantin Miszkiewicz, k. k. Forstwart.
Kupka: Julius Kubelka, k. k. Forstwart.
Petroutz: Anton Stránský, k. k. Forstverwalter.
Solka: Peter Kranabeter, k. k. Forstverwalter.
Straza: Roland Ritter von Popiel, k. k. Oberförster.
Terebleszty: Octavius Nahlik, k. k. Forstwart.
Toporoutz: Gustav Wilde, k. k. Forstwart.

Croatien.

Agram: Spiridion Brusina, k. Professor.*)
» Virgil Diković.
» Dr. Alexander Smit.
Krispolje: Anton Magdić, Schullehrer.
Varasdin: A. E. Jurinac, k. Gymnasial-Professor.

Dalmatien.

Spalato: Georg Kolombatović, Professor.

---

*) Derselbe sandte auch Beobachtungen aus Croatien überhaupt und aus Slavonien ein.

Kärnten.

Mauthen: Franz Karl Keller, Redacteur von »Waidmanns-Heil«.

Krain.

Laibach: Karl v. Deschmann, Custos am Landes-Museum.

Litorale.

Monfalcone: Dr. Bernardo Schiavuzzi, derzeit in Pola.

Triest: Dr. L. K. Moser, k. k. Professor am Staats-Gymnasium.

Mähren.

Fulnek: Gustav Weisheit.

Goldhof bei Gross-Seelowitz: W. F. Sprongel, Oekonomie-Adjunct.

Kremsier: Josef Zahradnik, Lehrer am böhm. Staats-Gymnasium.

Mährisch-Neustadt: Franz Jackwerth.

Oslawan: Wenzel Čapek, Lehrer.

Römerstadt: Adolf Jonas, Professor an der Landes-Realschule.

Nieder-Oesterreich.

Melk: P. Vincenz Staufer, Bibliothekar.

Mödling: Dr. Johann Gaunersdorfer, Professor am Franc.-Josephinum.

Ober-Oesterreich.

Ueberackern: Alois Kragora, Förster.

Salzburg.

Abtenau: Franz Höfner, praktischer Arzt.

Hallein: Victor Ritter von Tschusi zu Schmidhoffen.

Saalfelden: Victor Eisensammer, k. k. Steueramts-Adjunct.

Schlesien.

Dzingelau bei Teschen: Josef Želisko, erzherzogl. Albr. Förster.

Ernsdorf bei Bielitz: Josef Jaworski, Oberlehrer.
Jägerndorf: Eduard Winkler, Krankenhaus-Inspector.
Lodnitz: Josef Nowak, Präparator.
Troppau: Emanuel Urban, k. k. Professor i. P.

Siebenbürgen.

Fogarás: Eduard von Czýnk, k. Postamts-Vorstand.
Nagy-Enyed: Johann von Csató, Vicegespan.

Steiermark.

Mariahof: P. Blasius Hanf, Pfarrer.
» P. Roman Paumgartner, Cooperator.
» Franz Kriso, Oberlehrer.
Pikern: Othmar Reiser.*)
Schloss Pöls: Stephan Baron Washington.

Tirol.

Innsbruck: Ludwig Baron Lazarini, k. k. Lieutenant i. P.

Ungarn.

Mosócz: Rudolf Graf Schaffgotsch.
Oravitz: Anton Kocyan, Förster.
Szepes-Béla: Dr. Michael Greisiger.
Szepes-Igló: J. G. Geyer, k. Professor.
Ungarisch-Altenburg: G. von Rikkessi.

*) Derselbe sandte auch eine Reihe von Beobachtungen aus verschiedenen Theilen Oesterreich-Ungarns ein.

I. Allgemeiner Theil.

Schilderung der Beobachtungs-Gebiete, nebst allgemeinen Angaben über den Vogelzug.

Böhmen.

Liebenau (E. Semdner). Das Beobachtungsgebiet ist das Städtchen Liebenau, am rechten Ufer der Mohelka, an den Ausläufern des Jeschken- und Iser-Gebirges, Hügeln, welche fast ohne Ausnahme mit Nadelholz bestockt sind.

Das Klima ist vorherrschend rauh, die Winter lang, kalt und nass, ebenso das kurze Frühjahr, in welchem die Obstblüthe und die Gemüse häufig dem Froste erliegen. Die Felder werden je nach der wechselnden Bodenbeschaffenheit mit Korn, Gerste, Weizen, Erbsen, Hafer, Wicken, Kartoffeln, Kraut, Futterrübe bebaut; selten findet man Hanf und Flachs. Vorherrschend sind Wiesen, von Gebirgsbächen und dem Flusse gut bewässert. Als eigentliche Standvögel finden sich mit Ausnahme des Sperlings bloss einige Arten Meisen, dann Goldammern, Haubenlerchen und leider auch Krähen und Elstern; im Sommer aber ist die Vogelwelt stark vertreten. Ihre Ankunft erfolgt, je nach der Dauer des Winters, alljährlich zu verschiedenen Zeiten. Zieht er sich lange hinaus, erscheint sie spät, muss auch wohl wegen Wärme- und Nahrungsmangel ihren Standort wechseln, was bei den Staaren und Feldlerchen hier häufig vorkommt, die das südlicher gelegene Flachland wieder aufsuchen, um oft erst nach 14 Tagen bis drei Wochen wieder zurückzukehren.

Nepomuk (P. R. Stopka). Die Beobachtungs-Station liegt 439 Meter über dem Meeresspiegel. Die Gegend ist gebirgig; zwischen den grösstentheils mit Nadelbäumen bedeckten Granitbergen liegen unbedeutende Thäler mit mittelmässig fruchtbarem Boden. Die Niederungen werden von kleinen Bächen durchzogen; auch sind daselbst zahlreiche, jedoch kleine Teiche vorhanden. Obstbäume gedeihen hier wenig und werden deshalb nur längs der Strassen, dann längs der Feldwege und in kleineren herrschaftlichen Anlagen gepflegt. Grössere Sträucher fehlen gänzlich. Das Klima ist fast rauh zu nennen; vorherrschende Winde kommen von W., dann von O. und N.-W. Wandernde Sumpf- und Wasservögel halten sich hier selten auf; die Singvögel, welche gewöhnlich in Gärten und Sträuchern leben, sind auch wenig vertreten.

Bukowina.

Illischestie (J. Zitný). Die Beobachtungsstation Illischestie liegt unterm 47° 6′ n. Br. und 43° 7′ ö. L. im Bezirke Sukrawa, einem stark zerklüfteten Hügellande, das gegen W. waldreich, gegen O. waldarm ist. Es bildet die Wasserscheide zwischen der Moldau und dem Sukrawaflusse und ist nur von kleinen Bächen durchzogen.

Kotzman (A. Lurtig). Das Beobachtungsgebiet ist die Umgegend des Ortes Kotzman in einer Ausdehnung von circa $1\frac{1}{2}$ □Meilen, ein welliges Terrain mit einiger Ansteigung, besonders gegen N.-O. sich erstreckend. Ein Waldcomplex von 1223 Joch unterbricht die fast baumlose Fläche; in ihm finden sich fünf Quellen, die mit Ausnahme des Ausflussbaches der Teiche von Werenczanka ($\frac{3}{4}$ Stunden entfernt), welcher sich, das Terrain versumpfend, in den abgelassenen Sachowerteich ergiesst, die einzige Bewässerung der Gegend bilden. Gegen N.-O. und N.-W. liegen in einer Entfernung von $1\frac{1}{2}$—3 Meilen mehrere Teiche; circa $1\frac{3}{4}$ Meilen entfernt fliesst der Pruth und circa drei Meilen der Dniester.

Kupka (J. Kubelka), Bezirk Storozynetz, grenzt gegen O. an die Gemeinde Suczaweny, gegen S. an Korezestie, gegen W. an Petroutz und gegen N. an Ropcze, Jordanestie und Karapezin, liegt im Thale des Flusses Serecel, ist gegen O. und W. offen, gegen S. und N. von Anhöhen begrenzt und vom Hochwalde geschützt.

Terebleszty (O. Nahlik). Das Beobachtungsgebiet Terebleszty liegt im Serether Bezirk und grenzt gegen O. an den Tereblesztyer Staatswald und das Königreich Rumänien, gegen W. an das Religionsfondgut Stobodzia und das Privatgut Czerepkoutz, gegen S. an den Serethfluss, gegen N. an das Franzthaler k. k. Revier. Die beiläufige Fläche beträgt 20 □Kilometer.

Toporoutz (G. Wilde). Das Beobachtungsgebiet von Toporoutz grenzt gegen S. an die Rusticalgründe von Raranize, Czernauka und den Birkenwald Lelekoutz, gegen W. an die Rusticalgründe und den Baron Petrino'schen Wald in Czernauka, gegen N. und N.-O. an Russland und gegen O. und S.-O. an die Toporoutzer Rusticalgrundstücke.

Die Landschaft ist eine wellenförmige Niederung, welche der Bach Hukiew von N.-O. nach S.-O. durchströmt. Die nordöstliche Seite des Baches ist Waldland, südwestlich dagegen meist Ackergrund. Herrschende Winde sind S.-O. und hauptsächlich N.-W.

Croatien.

Krispolje (A. Magdič). Das Beobachtungsgebiet Krispolje ist der Kessel des Brinyer Bezirkes, welcher von dem Kapela- und Velebitgebirge gebildet wird. Er ist grösstentheils mit Hirse bebaut und im Sommer wasserarm. Die wichtigsten Ortschaften sind Briny, Letinač, Lipice, Stanica, Lezerana, Drejinča und Vladotec.

Varasdin (A. Jurinac). Das Beobachtungsgebiet Varasdin (46° 18′ n. Br., 14° 5′ ö. L.) umfasst die Varasdiner Ebene sammt den dieselbe umgebenden Berg- und Hügelreihen. Jene ist eine alluviale, weit gegen W. eindringende Bucht des grossen pannonischen Donau-Tieflandes, welche gegen N. durch das niedrige, aus jungtertiären Schichten aufgebaute Hügelland der durch Mur und Drau gebildeten Halbinsel, im S. durch den langen, in einem schmalen Rücken nahezu westöstlich streichenden Sporn des Ivančica-Gebirges und durch das niedrige Biela- und das sogenannte Varasdiner Gebirge begrenzt wird, während sie im W. vermöge des Matzelj-Gebirges in der letzten Thalverengung der Drau unweit von Friedau ihren Abschluss findet und gegen O. hin offen bleibt. Der höchste Punkt aller genannten Gebirgszüge ist die Spitze des Ivančicaberges selbst (1062·54 Meter über dem Meeresspiegel), während sich die rundlichen Spitzen anderer Hügelreihen kaum bis zu einer Höhe von 280 Meter erheben. Zu erwähnen wäre noch der 642 Meter hohe Kalniker Gebirgsstock, welcher gegen S.-O. den Horizont abschliesst, durch den Töplitzerzug mit dem Ivančica-Gebirge in Verbindung steht und vom Varasdiner Gebirge durch das von N.-O. her eindringende Beduja-Thal getrennt ist.

Alle die nahmhaft gemachten Züge sind in ihren höheren Regionen hauptsächlich mit Roth- und Weissbuchen und Eichen dicht bewaldet. Zusammenhängende Nadelholzwaldungen werden nirgends angetroffen; doch kommen einzelne Stämme und Gruppen von Kiefern, Fichten und

Edeltannen unter dem Laubholz häufig vor. Die sanft-geneigten Abhänge der Varasdiner Hügelreihe werden abwechselnd von üppigen Weingärten, Feldern, Hutweiden, Obstgärten, einzelnen Waldpartien und dichtem Gestrüppe eingenommen.

Der ganze Gebirgszug erscheint durch tiefe Sättel in mehrere Abtheilungen getrennt und fällt im allgemeinen gegen N. viel steiler als gegen S. ab. Durch die vielen Querthäler, sowie durch die Fülle von fliessenden Wässern, erscheint die südliche Abflachung dieses Gebirgszuges für Thiere und Pflanzen in jeder Beziehung viel günstiger als der steile nördliche Abhang; daher kommt es, dass die ziehenden Vögel im Frühjahre auf der Südseite oft zwei bis drei Wochen früher als in der Varasdiner Ebene selbst erscheinen und sich dann bei ungünstiger Witterung unverhältnissmässig lange aufhalten, bis sie sich entschliessen, von der den kühlen Nord- und Ostwinden preisgegebenen Ebene Besitz zu nehmen und weiter zu ziehen. Dies mag auch der Grund sein, dass in manchen Jahren auf der südlichen Seite des Ivančica- und Varasdiner-Gebirges eine Menge von verschiedenen Schnepfenarten angetroffen wird, während sie in der Ebene fehlen, weil sie bei ungünstiger Frühjahrswitterung in den Thälern des Südabhanges Zuflucht suchen und bei eintretendem schönen Wetter sogleich die ganze, für ihr Leben sonst allen Comfort bietende Ebene überfliegen, um sofort in nördliche Regionen zu gelangen.

Die Varasdiner Ebene ist gegen O. etwas geneigt; ihre mittlere Erhebung beträgt 140—150 Meter über dem Meeresspiegel und Varasdin selbst liegt 174·34 Meter hoch. Die mittlere Jahrestemperatur ist 11° C., die niedrigste war im Winter 1879/80 —22° C., die höchste im Juli 1883 34·4° C. im Schatten.

Im Winter und Frühjahre sind kalte Ostwinde vorherrschend; im Sommer bringen die oft sehr starken Westwinde regelmässig starke Platzregen, welche unter der Vogelbrut und den bereits flügge gewordenen Jungen grosse Verwüstungen anrichten. Die atmosphärischen Niederschläge betragen 541·4—675·7 mm.

Die Ebene wird von der reissenden, in viele Arme zertheilten Drau, von dem stets wasserreichen Plitvitzabache und im nördlichen Theile von der ansehnlichen, aber trägen Bednja bewässert. Die Ufer sind überall mit Weiden-, Pappel- und Erlenarten und verschiedenen Sträuchern bewachsen. In ihrem Bereiche finden sich viele todte Gewässer, Sümpfe und Teiche, in welchen Wasserpflanzen üppig gedeihen und Wasser- und Sumpfvögeln hinreichende Deckung gewähren. Die Ebene selbst ist ein weites, mit verschiedenen Getreidearten, besonders Mais und Buchweizen, gut angebautes, mit üppigen Wiesen, Hutweiden, Auen, Feldgehölzen, kleinen Pappel-, Weiden- und Erlenbeständen, Hecken und mit Rohr bewachsenen Teichen wechselndes Feld, welches allen Anforderungen der Sing-, Hühner- und Wasservögel entspricht und zeitweise eine unglaubliche Menge von Krähen, Staaren, Rebhühnern, Wachteln, Wildenten, Sumpf- und Ohreulen etc. beherbergt.

Aus all' dem Angeführten lässt sich schliessen, dass der Varasdiner Ebene grösstentheils dieselbe Vogelwelt eigen ist, welche die ungarische Niederung aufweist; allenfalls mit dem Unterschiede, dass in letzterer die Sumpfvögel in dem Masse häufiger sind, als daselbst Sümpfe und Teiche einen bei weitem grösseren Flächenraum einnehmen.

Mähren.

Fulnek (G. Weisheit). Das Beobachtungsgebiet ist das zur Herrschaft Fulnek gehörige Forstrevier Pohorsch, dessen Mittelpunkt die Gemeinde Pohorsch ist, die auf einer Hochebene von 319 Meter über'm Meeresspiegel liegt, welche in mehr minder steilen, mit Tannen, Fichten und Buchen bestockten Hängen und Lehnen einerseits in das Oderthal übergeht und andererseits gegen Fulnek und Stachenwald zu sich verflacht.

Die geologische Formation bildet Grauwacke (Silur), vorwiegend in Schieferbildung, mit spärlich auftretendem Quarz. Der Untergrund besteht theils aus compactem Gesteine, theils aus Gerölle.

Die Streudecke ist in den Waldungen gut erhalten, der Boden humusreich. Die einzelnen Theile des Forstbezirkes sind von Waldwiesen durchzogen, respective umgeben, und es treten auch zahlreiche Quellen zu Tage.

Goldhof (W. Sprongel), unter'm 34° 22′ ö. L. und 49° 3′ n. Br., liegt in der Ebene, welche sich von Brünn gegen S. ausdehnt.

Das weitere Beobachtungsgebiet umfasst das Terrain, im N. abgegrenzt vom Česawabache, im W. und S. vom Schwarzawaflusse und im O. durch eine Hügelkette, die sich von Austerlitz gegen Auspitz hinzieht. Es stellt eine gewellte Ebene dar, die aus diluvialem Löss und Alluvium besteht. Gegen O. zieht sich eine Hügelkette (der höchste Punkt Wesela Hora bei Borkowan 339 Meter über'm Meeresspiegel) gegen Auspitz hin, die von Menilithschiefer gebildet wird. Im W. des Gebietes erhebt sich der Seelowitzer Berg (355 Meter über'm Meeresspiegel), der aus neogenem Lithothamnien-Kalk mit marinem Tegel besteht; am Fusse liegt vorwiegend Schlier.

Die bedeutendste Wasserader ist die Schwarzawa, welche das Beobachtungsgebiet von N. gegen S.-O. durchströmt; bei Gross-Seelowitz nimmt sie die Česawa, die von O. kommt, auf. Gegen N. liegt das Terrain, in welchem sich die ehemaligen Austerlitzer Teiche ausgetrocknet befinden, sehr tief und wird im Falle einer Ueberschwemmung so von Wasser gefüllt, dass dasselbe mehrere Wochen darin verbleibt, ehe es verdunstet.

Das Gebiet wird mit geringen Ausnahmen als Culturland benützt; Waldungen fehlen fast gänzlich. In der unmittelbaren Nähe von Goldhof befinden sich drei kleinere Auen, welche eine Fasanerie enthalten und vorzüglich als Niederwald genützt werden. Sie bestehen der Hauptsache nach aus Akazien und Birken und sind daneben Eichen, Eschen, Ulmen und Weiden vertreten. Mit Fichten und Kiefern ist nur eine kleine Fläche Land bestockt.

Die Gegend leidet an Wassermangel. Die jährliche Niederschlagsmenge beträgt im Mittel 428·6 mm, im Jahre 1884 betrug sie 353·5 mm.

Das engere Beobachtungsgebiet umfasst die nächste Umgebung von Goldhof, das linke Česawaufer von Fatschan bis Lautschitz und die Auen von Mönitz und Neuhof. Auf dem der Landwirthschaft gewidmeten Terrain wird Zuckerrüben-, Körnerfrucht- und künstlicher Futterbau betrieben; Wiesen fehlen gänzlich.

Der Česawabach, welcher das engere Beobachtungsgebiet gegen N. abgrenzt, stellt im Sommer eine winzig kleine Wasserader dar. Der Mautnitzer Canal, der das Gebiet durchströmt, liegt im Sommer grösstentheils trocken. Die Wasserarmuth bedingt die recht ärmliche Vogelfauna.

Kremsier (J. Zahradnik). Das Beobachtungsgebiet (220 Meter über'm Meeresspiegel) gehört theils der Marchebene, theils den westlichen Vorbergen der kleinen Karpathen einer- und dem von S.-W. kommenden Marsgebirge andererseits an. Das als die natürliche Verbindungsstrasse zwischen dem Oder- und Donaugebiete in mehr als einer Richtung wichtige Marchthal zeigt hier am Zusammenflusse mehrerer Wasserläufe zahlreiche, meist durch Regulirungsarbeiten entstandene Auen, die einer zahlreichen Ornis Zufluchtsstätte und Sammelpunkt gewähren. Im Anschlusse an den fürsterzbischöflichen Park (Schlossgarten) ziehen sich am anderen Marchufer grosse Obstgärten, die oberhalb Kremsiers an den Chropiner Wald und den ornithologisch bemerkenswerthen Chropiner Teich, unterhalb der Stadt aber an den auf 2000 Joch geschätzten Fürstenwald angrenzen. Dieser prachtvolle, zum Theil mit riesigen Eichenstämmen bestandene Thiergarten ist besonders in seinen tieferen, sumpfigen, von todten Flussarmen durchzogenen Theilen ein wichtiger Punkt im Beobachtungsgebiete.

Von O. und N.-O. treten an die von Alluvial- und Diluvialboden gebildete, wohlbebaute Ebene die bewaldeten Vorberge der kleinen Karpathen heran, von denen der Hostein (736 Meter über'm Meeresspiegel) und der Kelčer Javornik (865 Meter über'm Meeresspiegel) die nächsten höheren Punkte darstellen.

Das mit gemischten Beständen bewaldete Marsgebirge geht in unmittelbarer Nähe mit dem 324—240 Meter hohen Sternwalde in sanften Abhängen in die Ebene über.

Oslawan (W. Čapek). Das Städtchen Oslawan liegt am unteren Laufe des Oslawaflusses in einem offenen Thale, unter'm 34° ö. L., 49° 8' n. Br., 220 Meter über'm Meeresspiegel. Das hügelige Terrain wird im O. (von Kromau gegen Brünn zu) durch einen mit schönen Laubwäldern bewachsenen Hügelzug (360—440 Meter über'm Meeresspiegel) begrenzt, gegen S. und N. ist es offen und minder waldreich. Im W. geht es in die mit gemischten und Kieferwäldern bestockten Ausläufer des böhmisch-mährischen Plateaus über; hieher gehören das Neudorfer Revier, der Teichel- und Kreuzelwald, der Bouči und das Zbeschauer Revier. Die Gegend ist wasserreich. Vor dem erwähnten Hügelzuge bei Eibenschütz, vier Kilometer von Oslawan, vereinigen sich die drei Flüsse Iglawa, Oslawa und Rokytna, von denen die ersten zwei gegen W. enge, bewaldete Thäler durchströmen und durch zahlreiche ihnen zufliessende Bäche verstärkt werden. Teiche gibt es nur im N.-W. zwischen Namiest und Trebitsch, etwa 20 Kilometer Luftlinie von Oslawan. Vorwaltend herrscht Getreidebau und stehen in den Feldern viele Obstbäume; Wiesen gibt es fast keine.

Der Zug ist hier ganz regelmässig; seine Richtung ist entweder eine direct süd-nördliche, da die Gegend gegen diese Seite hin offen ist, oder er folgt dem Laufe der Oslawa und Iglawa, geht also von S.-S.-O gegen N.-N.-W. Die Iglawa durchbricht, nachdem sie sich mit den beiden anderen Flüssen verbunden hat, den erwähnten östlichen Hügelzug und verbindet die hiesige Gegend durch ein enges Thal mit dem breiten Schwarzawa-Becken, und diese Enge dürfte die Ursache sein, dass nicht alle Vögel durch dieses Thal, also längs des Flusses ziehen. Zugvögel mit etwas grösserem Flugvermögen, besonders solche, die nicht an's Wasser gebunden sind, kommen direct von S., etwa über Kromau, also quer über die Flussthäler; dieselben zwei Richtungen werden auch beim Herbstzuge beibehalten.

Römerstadt (A. Jonas). Römerstadt liegt im Thale am Podelskybache, in einer Art Einsenkung des mährischen niederen Gesenkes, gegen W. und N. begrenzt von dem Janowitzer Gebirge. Unter dieser Benennung begreifen wir den vom Altvater südöstlich auslaufenden Gebirgszug zwischen dem gegen W. laufenden Tess und der gegen O. fliessenden Mora, von ihren Quellen angefangen, bis zu der Hochebene bei Doberseig, wo die Hutweide, Spitzberg genannt, liegt. Es ist dieser hohe Gebirksrücken die Fortsetzung des Hochgebirges über den Peterstein und Heidlberg, an den sich der breite Bergrücken, die hohe Haide, anschliesst.

Die vorwaltenden Gesteine sind dem Silur angehörig: Chloritschiefer, Gneiss, Glimmerschiefer, Grauwacke und Thonschiefer; die Diluvial- und Alluvialformation tritt auf als Geschiebe, Sand, Kies, Lehmablagerung, die man, von einer mehr oder weniger mächtigen Schichte Dammerde bedeckt, an den meisten Abhängen der Berge und Schluchten und auch am Flusse findet. Diese Lehmlager bedecken in oft bedeutender Mächtigkeit die krystallinischen Gesteine. Das Verwitterungsproduct ist ein schwerer lehmiger Boden, der weniger für Landwirthschaft tauglich ist. Die vorherrschenden Winde sind W. und N. Die Winter sind strenge, mit zahlreichen Niederschlägen. Der Vogelzug erfolgt von N.-O. nach S.-W. und umgekehrt.

Studein (J. Zahradnik), ein Marktflecken im Telčer Bezirke, liegt in einer waldreichen Gegend des böhmisch-mährischen Gebirges, dessen höchster Punkt Javořice bei 800 Meter über'm Meeresspiegel erreicht.

Siebenbürgen.

Fogarás (E. v. Czýnk). Das weitere Beobachtungsgebiet erstreckt sich von O. nach W., rechts mit der an Rumänien grenzenden Karpathenkette, links mit dem Altflusse abschliessend. Im Altthale starker Tabak-, Getreide- und Maisbau und vereinzelte Wiesen; an der Aluta und den Bächen der Niederungen Weiden und Erlen, nur an wenigen Stellen der ersteren ununterbrochenes Weidengestrüppe; auf den Geländen von Kalbor, Sona und Rukor Weinbau.

Die zackige, ziemlich steil aufsteigende Karpathenkette, mit der höchsten Erhebung im Negoi, erreicht man von Fogarás in zwei bis drei Stunden. Unten ist sie mit dichten Buchenbeständen, mit Tannen untermischt, bewaldet; oben kommt nur die Weisstanne und Fichte, noch höher Krummholz und nacktes Gestein vor. In einigen Schluchten liegt jahraus, jahrein Schnee. Die Eiche bildet hier keine grösseren Bestände mehr.

Der Hauptfluss ist die Aluta, welche neben Fogarás vorbei durch das nach ihr benannte Altthal beim Rothenthurmpass nach Rumänien fliesst, um sich in die Donau zu ergiessen; sie nimmt in ihrem Laufe die Bäche Rakovitza, den Lederer- und Gerberbach auf. Beinahe jedes Jahr tritt sie, durch die vielen aus dem Gebirge kommenden Wildbäche angeschwollen, aus und überschwemmt grosse Strecken.

An Teichen und Sümpfen besitzt die Gegend den sogenannten todten Alt, den Mundraer Sumpf, einige Teiche bei Dridiff und Voila und kleine Moräste bei den Ziegelscheuern und Töpfergruben. Eine stets feuchte und sumpfige Weide ist die mit Birken und Erlen bestandene Hurezer Heide.

Auf der rechten Seite der Aluta, über dem Dorfe Galatz, befindet sich ein kleiner Buchenwald und von diesem, kaum eine Stunde entfernt, ziehen sich die grossen Felmerer Eichen- und Buchenwaldungen bis gegen Reps hin. Ortschaften sind ziemlich nahe aneinander, vereinzelte Gehöfte selten.

Das engere Beobachtungsgebiet ist die nächste Umgebung der Stadt Fogarás. Der am linken Alutaufer befindliche todte Alt ist das einstige Bett der Aluta und bildet einen Teich von circa 5000 Schritten Umfang, dessen Ränder mit Schilf, Rohr, Binsen und Weidengestrüppe dicht umwachsen sind. Er wird vom Rakovitzabache gespeist und gibt das überflüssige Wasser unterirdisch an die Aluta ab. Links vom todten Alt schlängelt sich der Rakovitzabach der Aluta zu, auf seinem Wege die Umgegend in einen Morast verwandelnd; auch hier wächst Rohr mit Erlen- und Weidengebüsch vermischt. Längs der Aluta zieht sich überall dichtes Korbweidengebüsch hin, welches jeden Winter bis an die Wurzel abgeschnitten wird. Am Ledererbache befindet sich ein von der Vogelwelt gern besuchtes Plätzchen, die sogenannte Papiermühle, eine Gruppe schöner alter Erlen und alter Weiden am Bachrande; bei jeder Mühle im Gebirge wiederholt sich dieses Bild. In der Nähe der Stadt liegen die Ackergründe, Wiesen und die Meierei der Gestütsdirection, welche alle mit Robinien umfriedet sind. Fogarás baut viel Tabak, Zwiebeln, Mais, Roggen, Hafer, Hirse und wenig Weizen. Der sehr grosse Mundraer Sumpf besteht aus lockend grünem Rasen und ockrig-schlammigem Morast, Schilf- und Weidengestrüpp, dazwischen mit klarem Wasser versehene Stellen; nur Landeskundige dürfen ihn und auch die nur mit grösster Vorsicht betreten.

Was die Zugsverhältnisse der Vögel betrifft, kann ich nur, was Johann v. Csató sagt, bestätigen, nämlich dass durch Siebenbürgen keine Zugstrasse für Vögel führt. Die hier erscheinenden kommen nie in solchen Massen, dass daraus auf eine bestimmte Zugsrichtung geschlossen werden könnte, und sind jedenfalls nur Brutvögel. Einzelne Exemplare oder kleinere Flüge solcher Arten, welche bei uns nicht brüten, können durch Elementarereignisse vom Wege abgekommen sein und dürfen nicht als Regel aufgestellt werden. Bis jetzt habe auch ich kein schaarenweises Durchziehen, ohne oder mit unbedeutender Rast bemerkt.

Ungarn.

Mosócz (R. Graf Schaffgotsch) Das weitere Beobachtungsgebiet ist das Turóczer Comitat, eine 25 □Meilen grosse, zwischen dem 16° und 17° ö. L. und unter dem 49° n. B., durchschnittlich 400 Meter über'm Meeresspiegel gelegene, elyptische, von wenigen kleinen Hügeln unterbrochene Hochebene. Es dehnt sich von S. nach N. circa sechs Meilen, von O. nach W. circa drei Meilen weit aus und wird in südnördlicher Richtung vom Turóczer Bache, der sich in die Waag ergiesst, durchzogen, dessen Ufer mit Weiden eingefasst sind. Sonst ist der ebene Theil des Comitates fast ganz baumlos und nur in den ziemlich zahlreichen Ortschaften finden sich wenige Obstbäume. Diese Hochebene ist grösstentheils Ackerland und wird von einem breiten Kranze gut und fast ausschliesslich mit Nadelholz bestockter Berge eingefasst, welche die Waag bei ihrem Eintritte in der nordöstlichen Ecke und nach kurzem Laufe beim Austritte an der nordwestlichen Seite durchbricht. Sie ist daher Nordwinden stark ausgesetzt und das Klima sehr rauh; auch Niederschläge sind häufig.

Das engere Beobachtungsgebiet ist Mosócz, im südöstlichen Theile des Comitates, hart an ausgedehnten Nadelwaldungen gelegen, mit einem circa 25 Joch grossen, mit Laubbäumen besetzten Parke, in dessen Mitte sich ein Teich befindet.

Ungarisch-Altenburg (G. v. Rikkessy) besitzt grosssen Reichthum an Wäldern, ausgedehnte Getreidefelder und schilfige Flussufer, da die Leitha in einen Donauarm einmündet.

II. Specieller Theil.

I. Ordnung.

Rapaces. Raubvögel.

1. *Vultur monachus*, Linn. — Grauer Geier.

Bukowina. Solka (P. Kranabeter). Standvogel, jedoch sehr selten; kommt im Gebirge und zwar in höheren Lagen vor.

Slavonien. Ruma (Sp. Brusina). Das Agramer Museum erhielt den 2. Juni 1884 ein bei Ruma geschossenes altes ♀ und ein im Dunenkleide befindliches lebendes junges ♀.

Siebenbürgen. Fogarás (E. v. Czýnk). Erschien zweimal im Winter am Aas beim »todten Alt«. Am 3. Jänner sah ich gegen Gross-Schenk 6 Stücke auf einem Hügel sitzen. Im Hochgebirge traf ich ihn zu wiederholtenmalen, sowohl auf Felsen blockend, als auch seine Kreise ziehend.

2. *Gyps fulvus*, Gm. — Brauner Geier.

Bukowina. Solka (P. Kranabeter). Ist ein Standvogel.

Croatien. Senjeka (Sp. Brusina). Am 24. Juni 1884 bekam das Agramer Museum aus Senjeka draga (Krajac b. Fiume) ein lebendes ♂ ad. — **Varasdin** (A. Jurinac). Wurde 1878 erlegt.

Dalmatien. Spalato (G. Kolombatović). Standvogel im Gebirge.

Kärnten. Mauthen (F. C. Keller). »Lämmergeier.« Zeigte sich im Sommer einigemale in den Hochalpen, jedoch immer vereinzelt. Ein Horstplatz wurde in diesem Jahre nicht bekannt. Am 18. Januar 1885 erschien ein Exemplar nach einem auffallend hohen Schneefalle. Dasselbe strich sehr niedrig über die Ortschaft Laas der Ruine Pittersberg zu und blockte dort mehrere Stunden. Dieses Erscheinen im strengen Winter ist um so merkwürdiger, als sich sonst G. fulvus im Winter in dieser Gegend nie zeigt.

Krain. Laibach (C. v. Deschmann). Ein einjähriges Exemplar wurde von den Bauern in Zeyer, 2 Meilen nordwestlich von Laibach, am 20. September erschlagen und für die hiesige Realschule ausgestopft.

Litorale. Triest (B. Schiavuzzi). Am 23. August wurde ein ♂ erlegt, das im bürgerl. Museum aufgestellt ist.

Siebenbürgen. Fogarás (E. v. Czýnk). Ein Exemplar am Luder am 29. November bei starkem Schneefalle gesehen. — **Nagy-Enyed** (J. v. Csató). 13. September bei Paczalka 3 Stücke; ein ♀ wurde erlegt und befindet sich in meiner Sammlung.

Steiermark. Mariahof (B. Hanf). Sehr seltener Passant. Am 11. Juli 1877 wurde nach einem heftigen Gewitter in St. Georgen bei Murau ein Exemplar von einem Bauern in einem Krautgarten erlegt und befindet sich, von mir präparirt, in der fürstl. Schwarzenberg'schen Sammlung in Frauenberg in Böhmen. — **Pikern** (O. Reiser). 2 Stücke erschienen im August des vorigen Jahres auf der Hochebene des Klappenberges. Nachdem ein Exemplar davon geschossen worden war, welches sich gestopft in der Sammlung des Schlosses Faal befindet, verschwand das andere aus der Gegend.

Tirol. Innsbruck (L. Bar. Lazarini). Den 19. und 26. Juni kam je 1 solcher Geier, frisch erlegt, aus Windischmatrei hier an und wenige Tage darnach noch 2 weitere Exemplare

3. *Neophron percnopterus*, Linn. — Aasgeier.

Bukowina. Solka (P. Kranabeter). Gehört zu den seltenen Zugvögeln; erscheint Ende März und verschwindet Ende September.

Dalmatien. Spalato (G. Kolombatović). 13. August.

Kärnten. Mauthen (F. C. Keller). Am 20. Juli erschien ein Exemplar am »Zollner« und hielt sich daselbst durch 9 Tage auf. Am 15. August kreisten 3 Stücke zwischen Mooskofl und Plenge über einem Aase.

4. *Milvus regalis, auct.* — Rother Milan.

Bukowina. Kotzman (A. Lurtig). Selten. — **Obczina** (J. Zitný). Das erstemal am 20. März gesehen: kommt jedes Jahr hier vor. — **Solka** (P. Kranabeter). Gehört zu den sparsam vorkommenden Zugvögeln; er erscheint gewöhnlich paarweise im Mai (heuer den 17.) und verschwindet im October (heuer Mitte des Monates). Den ganzen Sommer hindurch occupirt ein Paar ein gewisses Gebiet, in welchem es kein anderes Individuum seiner Art duldet. Nistet gewöhnlich mitten in grossen Gebirgswaldungen auf hohen Bäumen unweit der Spitze. — **Terebleszty** (O. Nahlik). Zugvogel.

Kärnten. Mauthen (F. C. Keller). Erschien Ende April. Ein Paar horstete in dem dichten Fichtenwalde ober der Missaria-Alpe.

Salzburg. Hallein (V. v. Tschusi). 21. Mai 1 Stück von S. nach N.-W. ziehend.

Schlesien. Ernsdorf (J. Jaworski). »Hühnerfalke«, »Hühnergeier«, »Gabelweihe«. Ankunft im April, Wegzug Ende September; sehr selten.

Siebenbürgen. Fogarás (E. v. Czýnk). Selten. Sah ihn am 13. August längs der Aluta über die Stoppeln streichen.

Steiermark. Mariahof (B. Hanf). Ein sehr seltener Passant; wurde am 11. October 1843 in Murau erlegt.

5. *Milvus ater*, Gm. — Schwarzbrauner Milan.

Bukowina. Kotzman (A. Lurtig). Strichvogel. — **Solka** (P. Kranabeter). Gehört zu den sehr seltenen Zugvögeln.

Kärnten. Mauthen (F. C. Keller). »Brauner Geier«. Erschien als Durchzügler einzeln am 16. März, ebenso am 28. und 30. October in je einem Exemplar.

Mähren. Oslawan (W. Čapek). Ein Stück wurde vor drei Jahren bei Eibenschitz erlegt.

Siebenbürgen. Nagy-Enyed (J. v. Csató). 13. April 2 Stücke.

Steiermark. Pöls (St. Bar. Washington). Sehr seltener Durchzügler; niemals horstend gefunden.

Ungarn. Mosócz (R. Graf Schaffgotsch). Zieht im März und September durch; ist selten.

6. *Cerchneis tinnunculus*, Linn. — Thurmfalke.

Böhmen. Klattau (V. Stejda v. Lovcič). Wurde einzeln am 2. April bei warmer und heiterer Witterung beobachtet. Nistet hier alljährlich und zwar ziemlich häufig. Im Walde »Bor« ist jedes Jahr eine ganze Colonie von 12—15 Paaren anzutreffen. Dieser Wald wird wahrscheinlich deshalb bevorzugt, weil er am Südabhange liegt, von wo freie Aussicht und Ausflug in das ganze angrenzende Thal ist. Bemerkenswerth ist, dass sich die einzelnen, auf kleiner Fläche nebeneinander nistenden Paare gut vertragen, während sonst jedes Paar ein eigenes, vom Nachbarn nicht besuchtes Revier liebt. Diese Colonie befindet sich in jenem Walde bereits mehrere Jahre, obwohl sie alljährlich von Buben der Brut beraubt wird. — **Nepomuk** (P. R. Stopka). Wurde heuer nicht beobachtet.

Bukowina. Kotzman (A. Lurtig). Strichvogel. — **Solka** (P. Kranabeter). Gehört zu den Zugvögeln; erscheint Ende März oder Anfang April (heuer den 24. März), hält sich paarweise auf und zieht scharenweise im October (heuer den 30.) ab. Bei der Ankunft ziehen sie niedrig, beim Abzug dagegen hoch, meiden jedoch Anhöhen. Sie nisten an Waldrändern und in Feldhölzern.

Croatien. Varasdin (A. Jurinac). Von Ende März bis Mitte October gemein; wird bei günstiger Witterung manchmal auch im Winter beobachtet.

Dalmatien. Spalato (G. Kolombatović). Standvogel; am 25. März zahlreicher Durchzug.

Kärnten. Mauthen (F. C. Keller). »Stosser«. Erschien am 20. März. Den ganzen Sommer hindurch konnte ich mehrere Exemplare beobachten. Ein Paar horstete in der Ruine Weidenburg. Abzug den 24. August; weitere ziehende Exemplare am 25., 27. und 28. August und 3. September.

Krain. **Laibach** (C. v. Deschmann). Die ersten Ankömmlinge am 14. März, häufig am 20. März. Von Schloss Weissenstein, 3 Meilen südöstlich von Laibach, wo er nistet, ungewöhnlich früh am 4. August abgezogen. Nach einem Bauernspruche verlässt er uns zu Laurenzi (10. August). Abzug aus der Umgebung Laibachs, wo er nicht selten ist, zwischen dem 10. und 20. August; 1 Exemplar wurde von Schneeberg noch am 31. December eingesendet.

Litorale. **Monfalcone** (B. Schiavuzzi). 1. Mai 2 Stücke fliegend; 13. Juni ein Nest mit Jungen in bedeutender Höhe in den Mauern der alten Festung (Rocca). Die Eltern brachten denselben unter anderem auch schwarze Schlangen (Zamenis viridiflavus, Lacep., var. carbonaria). 1. September 2 in der Richtung von N. nach S.

Mähren. **Oslawan** (W. Čapek). Der häufigste Raubvogel. Den 3. April ein ♂, den 26. alle Paare auf ihren Brutplätzen; 18. Mai ein Gelege (5 Stücke) in einem Felsen am Oslawaflusse gefunden, wo sie jedes Jahr nisten. Auch heuer, nachdem das Gelege vernichtet worden war, brütete das Paar daselbst zum zweitenmal; sonst habe ich hier vier Paare auf hohen Kiefern brütend angetroffen. Am 5. Mai sah ich gegen Abend drei Thurmfalken im Oslawathale, wie sie eifrig den Maikäfern nachjagten. Auf einmal packte einer von ihnen eine demselben Geschäfte nachgehende starke Fledermaus (Vesperugo noctula) in seine Krallen; weil sich aber dieselbe wahrscheinlich stark wehrte, liess sie der Vogel los. Auf sein Geschrei eilten auch die anderen zwei herbei und alle jagten der schon verwundeten Fledermaus nach; bald hatte sie dieser, bald jener ergriffen, bis sie einer als gute Beute davontrug. — **Römerstadt** (A. Jonas). Kommt häufig vor.

Salzburg. **Hallein** (V. v. Tschusi). 8. Januar 1 Stück, 27. März ♂; 24. August 1 Stück nach S.-O., 11. October und 24. November 1 Stück.

Schlesien. **Dzingelau** (J. Želisko). 17. April ein ♀ (16. trüb bei Nordost, 17. bewölkt, 18. Schneefall); später keine bemerkt bis zum Rückzug. 22. September ♂ (heiter, Nordost, Zugrichtung Südwest, also mit dem Winde); Nachzügler: 4. November ♀ (heiter bei Südwest). Es ist auffallend, dass dieser

Vogel rapid abnimmt, trotzdem er hier Schutz geniesst. Im Vorjahre hat hier noch ein Paar gehorstet; heuer sah ich im Frühjahre und im Herbste nur je ein Stück.

Siebenbürgen. Fogarás (E. v. Czýnk). Hält sich am häufigsten in der Stadt auf den Thürmen des Castells auf, woselbst er auch brütet. Am 3. Februar sah ich das erste Paar (heiteres, streng kaltes Wetter, ebenso tagsvorher). Am 10. Februar waren sie verschwunden (Regen mit Schnee, scharfer Nordost, dann heiter und Frost). Am 6. März wieder in 7 Exemplaren da (Thauwetter, tagsüber heiter, nachts Frost). Am 22. December flog bei Thauwetter ein Exemplar schreiend um die Castell-Thürme. Kommt auch im Hochgebirge nicht selten vor. — **Nagy-Enyed** (J. v. Csató). 24. Februar 1 Stück, 28. März 2 Stücke bei Al-Vincz gepaart; 25. October 2 Stücke bei Koncza.

Steiermark. Mariahof (B. Hanf). Ziemlich häufiger Brutvogel; verlässt uns im November und kommt Anfang März zurück. 9. März der erste am Thurme, wo er jährlich brütet; ein sehr nützlicher Raubvogel. — (B. Hanf und R. Paumgartner.) 9. März ♀, ♂ am Thurme; 10. und 11. 2 Exemplare, 12. mehrere; 2 noch am 9. October; 1 altes ♂ den 15. October. — (Fr. Kriso.) Den 9. März, Nachmittag um 2 Uhr, die ersten zwei Exemplare beobachtet. Sie flogen zum Kirchthurm, schrieen, flogen hinaus in die Luft, stiessen auf einander, was wohl nur im Spiel sein konnte, und kehrten wieder zu den altbekannten Brutlöchern des Thurmes zurück. 10. März wieder gesehen. 13. April führte ein Falke mit einem Corvus cornix einen Kampf aus. Die Nebelkrähe verfolgte den Thurmfalken vom Thurme weg und stiess in der Luft auf ihn. Der Falke wehrte sich, fuhr der Krähe nach, stiess auf dieselbe und wollte ruhig seinen Luftweg fortsetzen; die Krähe aber war derartig kampflustig, dass sie den Falken nach einigen Turniergängen veranlasste, Zuflucht in seiner Brutstätte im Thurme zu suchen. Noch schlechter erging es einem Thurmfalken am 14. Mai. Zwei Krähen stiessen so heftig auf den friedlichen Mäusefänger, dass er matt gemacht und von ihnen zu Boden geworfen wurde, wo sie ihn dann mit dem Schnabel malträtirten und ihm vielleicht den Garaus gemacht hätten, wenn nicht andere Thurmfalken sie vertrieben hätten. Der zu Boden gestossene Falke konnte kaum mehr und nur nieder hin fliegen. Diese Krähen waren mit dem Raubanfall jedoch noch nicht zufrieden, sondern sie verjagten auch gleich darnach einen in der Luft rüttelnden Mäusebussard. (Offenbar hatten die Krähen in der Nähe ihr Nest. v. Tschusi.) — **Pikern** (O. Reiser). Benützt auf der Felberinsel alljährlich denselben Horst neben *C. cenchris* im Wipfel einer dichten Fichte. Heuer den 24. Mai ein stark bebrütetes Gelege von 6 Stücken gefunden, darunter ein längliches Ei mit folgenden Maassen: L. 42 mm., Br. 30 mm. gegen durchschnittlich L. 37 mm., Br. 32 mm. — **Pöls** (St. Bar. Washington). War weniger zahlreich vertreten als gewöhnlich. Ein am 25. April aufgefundener Horst enthielt bereits Junge.

Tirol. Innsbruck (L. Bar. Lazarini). 30. März 2 Stücke in der Hallerau; 15. August traten diese Falken im Mittelgebirge bei Vill und Igls besonders zahlreich auf.

Ungarn. Mosócz (R. Graf Schaffgotsch). Selten; kommt Mitte März, zieht Anfang October ab. Im September kommt er aus der Waldregion in die Ebene. — **Oravitz** (A. Kocyan). Am Nistplatze Osobita 1 Paar; im Herbste keine gesehen.

7. *Cerchneis cenchris*, Naum. — Röthelfalke.

Bukowina. Solka (P. Kranabeter). Nur einmal im October beim Durchzuge durch 3 Tage gesehen.

Dalmatien. Spalato (G. Kolombatović). 25. April.

Kärnten. Mauthen (F. C. Keller). Heuer selten am Durchzuge; 15. März; am 18. September 3 Exemplare.

Steiermark. Mariahof (B. Hanf). Sehr seltener Passant. Wurde im Mai 1852 und am 13. April 1878 in Gesellschaft von Rothfussfalken erlegt. — **Marburg** (O. Reiser). Ziemlich häufiger Brutvogel des Pettauer Feldes von Marburg drauabwärts. — **Pikern** (O. Reiser). War auf der Marburger Geflügelausstellung in einem schönen Exemplare aus der Umgebung vertreten. — **Pöls** (St. Bar. Washington). Fehlt im Beobachtungsgebiete gänzlich; bisher auch zur Zugszeit nicht beobachtet.

8. *Erythropus vespertinus*, Linn. — Rothfussfalke.

Croatien. Varasdin (A. Jurinac). Selten; bis jetzt von mir nur einmal und zwar den 15. Juni 1882 beobachtet.

Dalmatien. Spalato (G. Kolombatović). 25. und 26. April; 29. October.

Kärnten. Mauthen (F. C. Keller). Ein einziges Exemplar am 24. März gesehen.

Litorale. Monfalcone (B. Schiavuzzi). Am 22. April 1883 wurde ein ♀ in der Nähe von Triest erlegt und im September und October desselben Jahres wurden 2 ♂ in Salvore erbeutet.

Mähren. Oslawan (W. Čapek). Herr Josef Graf Platz erzählte mir, dass er etwa Mitte Mai ein Stück im Neudörfer Revier ganz deutlich gesehen habe. Auch in hiesiger Schulsammlung befindet sich ein altes ♀, welches vor einigen Jahren in der Umgebung erlegt worden ist.

Steiermark. Mariahof (B. Hanf). Kommt in manchem Jahre Ende April und Anfang Mai in mehreren Exemplaren, in manchem Jahre wieder gar nicht vor. Im Herbste sehr selten und nur junge Vögel; wird immer seltener. — (B. Hanf und R. Paumgartner.) Den 6. Mai ein ♂. — **Pikern** (O. Reiser). Hat heuer in dem unbewohnten Theile des Rothweirer Schlosses genistet. In den späten Nachmittagstunden konnte man im Hochsommer die erwachsenen Jungen nach Schwalbenart über einem in der Nähe befindlichen grossen Haferfelde eifrig die Insectenjagd betreiben sehen. Zuletzt verschwanden sie in den Höhlungen einer hundertjährigen Linde, wo sie übernachteten und selbst durch Steinwürfe nicht herausgejagt werden konnten. — **Pöls** (St. Bar. Washington). In meinem engeren Beobachtungsgebiete sah ich kein Exemplar, wohl aber auf dem benachbarten sogenannten »Grazer Felde« 2 Stücke (♂) am 5. Mai, welche auf einem Telegraphendrahte Rast hielten.

Tirol. Innsbruck (L. Bar. Lazarini). 18. Mai wurden 2 Stücke in der Ambraserau und 1 Stück bei Patsch geschossen; 31. August wurde 1 Stück bei Igls im Jugendkleide erlegt und von mir präparirt; am selben Tage sah ich ein zweites Stück in der Nähe von Igls. Wie ich später erfuhr, hatten diese Falken bei den Lanserköpfen, einem von Falken sehr besuchten Horstplatze, gehorstet und wurden dort mehrere Exemplare von einem jugendlichen Schützen erlegt. Aus den mir vorgewiesenen Ueberresten derselben konnte ich die Art ihrer einstigen Träger sicher bestimmen.

9. *Hypotriorchis aesalon*, Tunst. — Zwergfalke.

Dalmatien. Spalato (G. Kolombatović). Standvogel auf den Bergen.

Litorale. Den 7. November wurde ein ♂ juv. mittelst Leimruthen in der Nähe der Stadt gefangen; im Magen fanden sich Vogelreste: 20. November 1 Stück bei St. Antonio.

Mähren. Kremsier (J. Zahradnik). Von den beiden Exemplaren der Sammlung ist das eine in der Nähe von Kremsier, das andere in Kvasic (Nordbahnstation) im Herbst 1883 geschossen worden. Wird hier als »Poštolka« mit *C. tinnunculus* zusammengeworfen. — **Oslawan** (W. Čapek). Sehr selten am Durchzuge; nur 2 Exemplare (♀ und ♂) habe ich in den Sammlungen gesehen.

Siebenbürgen. Fogarás (E. v. Czýnk). Ein ♀ am 3. August von den Erlen der »Papiermühle« geschossen; sonst nicht bemerkt.

Steiermark. Mariahof (B. Hanf). Sehr selten; nur zweimal von mir im Frühjahre beobachtet und am 29. Februar 1872 ein ♂ von mir erlegt. — **Pikern** (O. Reiser). Ein junges ♀ baumte am 20. October vor dem Uhu und wurde erlegt. Im Frühjahre kam ein prachtvolles Männchen in den Besitz des Verwalters von Gut Ebersfeld. Es sind dies die zwei ersten mir bekannten Exemplare aus der hiesigen Gegend. Vom 19. November bis 14. December trieb sich ein schönes Exemplar in der Nähe des windischen Calvarienberges herum.

Ungarn. Oravitz (A. Kocyan). 16. November 1 Stück bei Trstena erlegt.

10. *Falco subbuteo*, Linn. — Lerchenfalke.

Böhmen. Nepomuk (R. Stopka). Wird dann und wann einzeln beobachtet.

Bukowina. Kotzman (A. Lurtig) und **Kupka** (J. Kubelka). Kommt vor. — **Solka** (P. Kranabeter). Gehört zu den selteneren Arten.

Croatien. Agram (V. Diković). Am 26. October und am 24. November bei Agram bemerkt.

Dalmatien. **Spalato** (G. Kolombatović). 11. April und 11. September.

Kärnten. **Mauthen** (F. C. Keller). »Falk.« Mehrere Exemplare vom 2.—10. April. Ein Paar adaptirte einen alten Krähenhorst, den es mit wenigen Reisern ausbesserte. Ein selbst erbauter, sehr primitiver Horst stand auf einer hohen Fichte beim sogenannten »Röthenkreuz«. Abzug Ende October.

Mähren. **Goldhof** (W. Sprongel). Kommt selten vor. Trotz seiner geringen Grösse ist er sehr muthig, ja frech und greift in unserer Gegend vorzugsweise Fasanen an. Die hiesigen Jäger nennen ihn »Gebirgsfalk«. Sein Aufenthalt dauert vom April bis October. — **Oslawan** (W. Čapek). Selten. Der alte Brutplatz im Zbeschauer Reviere wurde heuer wieder bezogen; 29. Mai fand ich daselbst im Gipfel einer Kiefer drei Eier (schon die volle Zahl). Es ist das einzige Paar, welches mir in der nächsten Umgebung vorgekommen ist. Die Eier sind entweder ganz rostfarben, so dass die gelbliche Grundfarbe gar nicht zu sehen ist, oder sie sind (wie es hier der Fall war) nur sehr fein punktirt. — **Römerstadt** (A. Jonas). Ist wiederholt hier gesehen worden. Am 20. Juni hat Beobachter in seinem Jagdrevier einen Horst sammt 3 Jungen vom Baume heruntergeschossen.

Salzburg. **Hallein** (V. v. Tschusi). 3. Februar nachmittags 1 Stück Schneemeisen verfolgend; 16. April, 18. August, 11. September und 10. October je 1 Stück.

Schlesien. **Dzingelau** (J. Želisko). 15. October (Regen bei Südwest) ein Stück erlegt; im Frühjahre hier gar nicht angetroffen.

Siebenbürgen. **Fogarás** (E. v. Czýnk). Sowohl in der Ebene und zwar am 10. April, als auch in der Buchenregion des Hochgebirges am 16. September gesehen.

Steiermark. **Mariahof** (B. Hanf). Brutvogel. Ein bis zwei Paare kommen im Frühjahre anfangs April mit den Schwalben, denen sie oft schädlich werden, zurück. — (B. Hanf und R. Paumgartner.) 22., 24. und 27. April. — **Pikern** (O. Reiser). Ein Paar siedelte sich im Walde von Windenau an und brachte die Jungen auf. Diese wurden jedoch sammt den Alten bis auf zwei abgeschossen. Ein Stück wurde am Forellenteiche auf der Windisch-Feistritzer Planina (1200 m.) geraume Zeit beobachtet, wie es ober dem Wasserspiegel, etwa 20 m. hoch, hin- und herschoss und plötzlich rasend schnell schief abwärts auf eine in die Höhe schnellende Forelle, jedoch ohne Erfolg, losfuhr. (Meiner Ansicht nach dürfte nicht die Forelle, sondern ein grösseres Insect, z. B. eine Libelle, denen die Lerchenfalken auf Teichen gerne nachstellen, das Fangobject gewesen sein, das ihm die aufschnellende Forelle vorwegnahm. v. Tschusi.) — **Pöls** (St. Bar. Washington). 27. März 1 ♂, 28. April ♂ und ♀.

Ungarn. Oravitz (A. Kocyan). Ein Paar nistete auf der Ostseite der Osobita in unzugänglichen Felsen. Das ♀ wurde am 10. Juli abgeschossen. — **Szepes-Igló** (J. Geyer). Am 19. September wurde ein schönes ♂ eingebracht; sonst als Zugvogel nicht selten.

11. *Falco peregrinus*, Tunst. — Wanderfalke.

Bukowina. Kotzman (A. Lurtig). Zugvogel.

Croatien. St. Ivan (Sp. Brusina). Am 16. März von St. Helena bei St. Ivan ein altes ♂ bekommen. — **Varasdin** (A. Jurinac). Bis jetzt nur ein ♀ jun. erhalten, welches den 15. December 1883 mitten im Felde bei Varasdin erlegt wurde.

Dalmatien. Spalato (G. Kolombatović). Standvogel.

Kärnten. Mauthen (F. C. Keller). Heuer nur am Durchzuge am 2. März und 30. September beobachtet; vom 10. December ab hielt sich ein Exemplar zwei Tage auf und wurde dann erlegt.

Mähren. Goldhof (W. Sprongel). »Rostgeier« der Jäger. Wird selten beobachtet und laut Aussage der hiesigen Jäger nur im Frühjahr und im Herbst. Im Februar und im März sah ich ein Exemplar öfters. — **Kremsier** (J. Zahradnik). Ein junges Exemplar wurde nächst Napajedl geschossen.

Salzburg. Hallein (V. v. Tschusi). 31. Januar fing einer eine Haustaube; 2. August 3 Stücke, auch Junge, laut rufend über'm Thal; 28. August und 28. September ♂ ad. nach S.-O.

Schlesien. Dzingelau (J. Želisko). Ankunft 3. April. Es wurde nur dieses Exemplar gesehen; im Herbst keinen Zug bemerkt.

Siebenbürgen. Fogarás (E. v. Czýnk). Kommt selten vor.

Steiermark. Mariahof (B. Hanf). Ein sehr seltener Passant und noch nicht erlegt. — **Pikern** (O. Reiser). Ein prachtvolles altes ♀ am 20. December bei sehr kaltem Wetter vor dem Uhu erlegt, wo es mit hellem Gekreische und gesträubtem Federkleide gebaumt hatte.

Ungarn. Mosócz (R. Graf Schaffgotsch). Kommt alljährlich Mitte März und zieht Anfang October fort; selten.

12. *Falco Feldeggii*, Schl. — Feldegg's Falke.

Dalmatien. Spalato (G. Kolombatović). 3. December bei Stobrec erlegt.

13. *Falco laniarius*, Pall. — Würgfalke.

Ungarn. Szepes-Igló (J. Geyer). Wurde von mir in den 60er Jahren zu wiederholtenmalen, ja selbst bei seinem Horste am Kalkfelsen bei Jólész (nächst Rosenau, Comitat Gömör) beobachtet und von meinem Freunde Tomory in zwei Exemplaren (♀ und ♂) erlegt, die ich auch präparirte, und von denen das ♀ noch jetzt in dem Iglóer Gymnasialmuseum zu sehen ist.

14. *Astur palumbarius*, Linn. — Habicht.

Böhmen. Nepomuk (R. Stopka). Ein Paar hat hier im grössten Walde genistet und von den 2 Jungen wurde eines gefangen; sonst wird er daselbst selten beobachtet.

Bukowina. Kotzman (A. Lurtig). Standvogel. — **Kupka** (J. Kubelka). Standvogel, aber spärlich. — **Obczina** (J. Zitný). »Hühnergeier.« Ist hier Standvogel. — **Solka** (P. Kranabeter). Gehört zu den häufigeren Standvögeln. — **Terebleszty** (O. Nahlik). Standvogel. — **Toporoutz** (G. Wilde). Kommt vor.

Croatien. Agram (Sp. Brusina). Am 25. Januar ein ♀ aus St. Peter und am 24. März aus Kaljn ein ♂ bekommen. — **Krizpolje** (A. Magdić). Kommt vor. — **Varasdin** (A. Jurinac). Kommt oft vor, am häufigsten im Herbst; brütet im Ivančica und Kalniker Gebirge.

Dalmatien. Spalato (G. Kolombatović). 26. August.

Kärnten. Mauthen (F. C. Keller). »Hühnergeier.« Horstet jedes Jahr in wenigen Paaren und erscheint Ende März. Am Durchzuge beobachtet am 27. October, 5. und 9. November.

An letzterem Tage schlug einer ein Rebhuhn, 25 Schritte von mir entfernt.

Mähren. Fulnek (G. Weisheit). Standvogel. — **Goldhof** (W. Sprongel). Kommt sehr selten vor. — **Oslawan** (W. Čapek). Horstet nicht in der nächsten Umgebung, wurde aber einigemal erlegt. — **Römerstadt** (A. Jonas). Ziemlich häufig.

Salzburg. Hallein (V. v. Tschusi). 18. März ♂ jun. am Brandt; 19. November ♂ jun.

Schlesien. Dzingelau (J. Želisko). Im Frühjahr, 8. April, ein einziges Exemplar (♀) gefangen. Im Laufe des Sommers gar nicht bemerkt; in der Zeit vom 2. bis 14. November ein altes Weibchen und zwei Junge gefangen. — **Ernsdorf** (J. Jaworski). »Hühnerhabicht.« Standvogel; ziemlich selten.

Siebenbürgen. Fogarás (E. v. Czýnk). Ueberall, wenn auch nicht häufig, zu finden. Horstet auf hohen Bäumen am Fusse des Gebirges. — **Nagy-Enyed** (J. v. Csató). Das ganze Jahr hindurch; von November bis Anfang März in der Stadt nach Haustauben und Hühnern jagend.

Steiermark. Mariahof (B. Hanf). Unser schädlichster Raub-Standvogel, zum Glück nicht häufig. 6. April hatte ein ♀ schon legreife Eier in sich. — **Pikern** (O. Reiser). Nachdem seit vielen Jahren der Habicht glücklicherweise zu den Seltenheiten gehört hatte, siedelten sich heuer wieder 3 Paare an. Sie benützten alte Bussardhorste, die sie zur Brutstätte wenig ausbesserten, und hatten 3, 5 und 5 Eier. Mit einer einzigen Ausnahme gelang es, alle zu vernichten. An dem einen Horste wurde das Weibchen erlegt, und nachdem der Baum erklettert war, fanden sich neben den Jungen: 2 junge Eichelhäher, 1 Schwarzspecht, 1 Amsel, 2 junge Misteldrosseln und 1 Eichkätzchen, alle schön gerupft. Nach Beseitigung dieser Beutestücke fanden sich am folgenden Tage, offenbar durch das später ebenfalls erlegte Männchen beschafft, bereits wieder 3 schön gerupfte Eichelhäher vor. Von den 5 Jungen waren aber nur mehr 2 übrig; wie die Section ergab, waren ihnen die schwächeren zum Opfer gefallen. — **Pöls** (St. Bar. Washington). Leider siedelten sich heuer mehrere Paare im Beobachtungsgebiete an. Einen Horst zerstörte ich am 21. April.

Ungarn. Mosócz (R. Graf Schaffgotsch). Stand- und Strichvogel; kommt im September aus den Waldungen in die Ebene; sehr selten. — **Szepes-Béla** (M. Greisiger). Am 20. April wurde bei Javorina (Tátra) ein ♂ geschossen, als es eben während des Schnepfenstriches auf den Vorstehhund stiess. Im Magen fanden sich Reste von Mäusen. — **Szepes-Igló** (J. Geyer). Ist bei uns nicht selten und nistet auch allenthalben in unseren Wäldern. Am meisten überrascht er die Tauben, wenn dichter Nebel über dem Thale lagert, und dann sucht er immer die weissen zu erhaschen.

15. *Accipiter nisus*, Linn. — Sperber.

Böhmen. Nepomuk (R. Stopka). Kommt nicht häufig vor. — **Rosenberg** (F. Zach). »Stössl«.

Bukowina. Kotzman (A. Lurtig) und **Kupka** (J. Kubelka). Standvogel. — **Solka** (P. Kranabeter). Gehört zu den häufigen Standvögeln. — **Terebleszty** (O. Nahlik). Standvogel. — **Toporoutz** (G. Wilde). Kommt vor.

Croatien. Krizpolje (A. Magdić). Kommt vor. — **Varasdin** (A. Jurinac). Der gemeinste Raubvogel dieser Gegend.

Dalmatien. Spalato (G. Kolombatović). Vom Jänner bis 15. April, dann vom 21. August bis 31. December beobachtet.

Kärnten. Mauthen (F. C. Keller). »Stössl«. In diesem Jahre als Brutvogel nicht selten; erschien Mitte Februar und zog von Mitte bis Ende December.

Mähren. Fulnek (G. Weisheit). Standvogel; brütet durch 20 Tage. Den Horst mit 3 Eiern den 8. Mai in einem 60-jährigen Tannenbestand, circa 10 m. hoch, angetroffen. — **Goldhof** (W. Sprongel). Bei uns der am häufigsten vorkommende Raubvogel, der auch Rebhühner angreift; im Januar entriss ich selbst ein Huhn seinen Krallen. — **Oslawan** (W. Čapek). Vor zwei Jahren Junge gefunden, heuer im Sommer gar nicht gesehen; dagegen war er von Anfang November oft in der Stadt anzutreffen. — **Römerstadt** (A. Jonas). Kommt seltener vor; im Rabensteiner Revier ziemlich häufig anzutreffen.

Schlesien. Dzingelau (J. Želisko). Standvogel. Am 10. April schoss ich von einem Paare, welches bereits einen Horst besetzt hatte, das Weibchen ab und in 14 Tagen war das Paar wieder complet; es wurde auch auf das Männchen vom Heger wiederholt geschossen, aber trotzdem fanden sich im Juni im Horste 3 Junge. — **Ernsdorf** (J. Jaworski). Häufiger Standvogel; nistet Ende Juni.

Siebenbürgen. Fogarás (E. v. Czýnk). Nicht sehr häufig, doch das ganze Jahr hindurch zu sehen. — **Nagy-Enyed** (J. v. Csató). Das ganze Jahr hindurch, die Brutzeit ausgenommen, in den Auen und Feldhölzern in der Umgebung.

Steiermark. Mariahof (B. Hanf). »Vögelgeier«, »Vögelstössel«. Stand- und Brutvogel, sehr schädlich den kleinen Vögeln, besonders die im Winter zurückbleibenden Amseln werden ihm eine leichte Beute; selbst der Eichelheher ist in der Noth vor ihm nicht sicher. — **Pikern** (O. Reiser). Hat sich nicht vermehrt. Ende Juli waren die bereits ausgewachsenen Jungen noch in der Horstgegend, wo sie von den Alten im Fliegen und Vogelrauben unterrichtet wurden. — **Pöls** (St. Bar. Washington). Am 25. April zerstörte ich einen Horst mit bloss 3 starkbebrüteten Eiern. Unter den zur Brutzeit hier anwesenden ♂ beobachtete ich nur ein einziges Exemplar, welches ziemlich lebhaft roströthlich gefärbtes Brust- und Bauchgefieder besass.

Ungarn. Szepes-Béla (M. Greisiger). Am 9. Januar im Garten zu Béla ein ♀, am 1. Mai 1 Stück bei Forberg geschossen. — **Szepes-Igló** (J. Geyer). Standvogel und ziemlich häufig, wie vorhergehender. Am 12. October wurde mir ein auffallend grauweiss gefärbtes, sehr grosses Exemplar eingebracht, das sich eben durch diese beiden Merkmale, sowie durch sehr blassgefärbte Binden am Schwanz von der gewöhnlichen Art unterschied.

16. *Pandion haliaëtus*, L. — Fischadler.

Bukowina. Kotzman (A. Lurtig). Selten. — **Terebleszty** (O. Nahlik). Zugvogel.

Croatien. Varasdin (A. Jurinac). Erscheint alljährlich in mehreren Exemplaren, besonders zur Zeit, wo die Drau klares Wasser führt, welches diesem unermüdlichen Fischer den Fang gestattet. Von 1872 bis inclusive 1883 wurden in dieser Gegend 10 Stücke erbeutet.

Dalmatien. Spalato (G. Kolombatović). 14. April, 6. Juni, 14. November.

Kärnten. Mauthen (F. C. Keller). »Adler.« Am 15. März am Zuge, ebenso am 20., 22. und 24. September, immer je 1 Exemplar.

Mähren. Kremsier (J. Zahradnik). Beide Exemplare der Sammlung sind in Kvasic erlegt worden; das eine ein ♂ ad., das andere ♂ juv. Nach den Beobachtungen Herrn A. Navratil's in Kvasic ist der Fischadler am Marchflusse keine seltene Erscheinung. — **Oslawan** (W. Čapek). Im August soll ein Stück in den höher gelegenen Wäldern südlich von Eibenschitz erlegt worden sein. Vor 3 und dann vor 7 Jahren wurde je ein Exemplar gleichfalls bei Eibenschitz geschossen.

Siebenbürgen. Fogarás (E. v. Czýnk). Jedes Frühjahr die Aluta zu bestimmten Stunden auf- und abfliegend; im Sommer nicht bemerkt.

Steiermark. Mariahof (B. Hanf). »Fischgeier.« Besucht jährlich im Frühjahre (im April und Anfang Mai) den Furtteich, fängt sich auch bisweilen einen Fisch, wird aber öfter von den unduldsamen Nebelkrähen verjagt. Heuer am 9. Mai beobachtet; im Herbst noch nie gesehen. — (B. Hanf und R. Paumgartner.) Am 9. und 26. Mai.

17. *Aquila pennata.* Gm. — Zwergadler.

Croatien. Varasdin (A. Jurinac). Kommt vor. Erscheint meist nur im Sommer zur Zeit, wo die jungen Fasane flügge werden, unter denen er grosse Verwüstungen anrichtet. 1882 bis inclusive 1883 wurden nach P. Wittmann 4 Exemplare erlegt.

Kärnten. Mauthen (F. C. Keller). 1 Exemplar erschien am 11. December, wahrscheinlich vom Sturme verschlagen, und wurde durch 8 Tage zwischen Kötschach und Mauthen gesehen.

18. *Aquila naevia.* Wolf. — Schreiadler.

Croatien. Varasdin (A. Jurinac). Sehr selten: bis jetzt nach P. Wittmann nur ein Stück erlegt.

Dalmatien. Spalato (G. Kolombatović). 30. October.

Schlesien. Dzingelau (J. Želisko). 19. Mai ein Stück gegen Süden ziehend angetroffen (Siroccosturm); den andern

Tag war das Laub der Bäume welk und trocknete an der Südostseite ab.

Siebenbürgen. Fogarás (E. v. Czýnk). Nicht selten. Habe ein Exemplar von einer Buche am 18. Mai im Galatzer Walde geschossen; dürfte am Fusse des Hochgebirges brüten. — Nagy-Enyed (J. v. Csató). 7. und 8. September 1 Stück getroffen.

Steiermark. Mariahof (B. Hanf). Ein ♀ wurde am 31. März 1877 in St. Georgen am Längsee in Kärnten in einem Fuchseisen gefangen.

Ungarn. Oravitz (A. Kocyan). Am 10. April 1 Stück, 18. 2 Paare; 26. Mai 2 noch nicht bebrütete Eier; den 20. Juli lag in einem Horste neben einem 3—5 Tage alten Vogel ein leeres Ei. Durch das Besehen des Horstes beunruhigt, trugen die Alten das Junge den folgenden Tag in einen 150 Schritte davon entfernten alten Horst. Abzug Anfangs September; den 15. keinen mehr gesehen. — Szepes-Béla (M. Greisiger). Am 17. März wurde in Javorina (Tátra) ein ♂ im Eisen bei einem Rehcadaver gefangen. — Szepes-Igló (J. Geyer). In der Umgegend der Dobschauer Eishöhle und in dem hier beginnenden, wildromantischen Sztraczenóer Thale nicht selten, wo sie auch nisten. Der Vogel ist hier gar nicht scheu und lässt den Menschen oft bis auf 20 Schritte sich annähern. Im Dorfe gleichen Namens sah ich ihn mehrmals nächst den Hütten über dem Boden hinschweben, ohne dass er den Hühnern ein Leid that.

19. *Aquila imperialis*, Bechst. — Königsadler.

Bukowina. Solka (P. Kranabeter). Gehört zu den seltenen Zugvögeln; nistet bis 15 m. Höhe. Der Horst hat einen Umfang von etwa 4 m., einen Durchmesser von 64 cm. und besteht aus kleinen Reisern, Gras, Moos und Federn. Das erste Ei wurde am 5. Mai vorgefunden, das zweite am dritten Tage darauf. Das Brutgeschäft besorgt das Weibchen, für die Nahrung sorgt das Männchen. Beim Annähern des Menschen verlässt das Männchen zeitlich die Brutstelle, das Weibchen viel später und zwar immer in gerader Richtung in die Luft steigend. Die Eier werden in 30 Tagen ausgebrütet. Bei den Jungen verbleibt das Weibchen durch die Nacht bis 3 Uhr, von da bis 7 Uhr abends das Männchen. Die Jungen verlassen das Nest in 43 Tagen. Die Nahrung besteht aus Mäusen, Hamstern, verschiedenen Vögeln, Hasen, auch Rehwild und sogar Hirschkälbern. Der Abzug erfolgt im September (heuer den 28.) bei Tag, in einer bedeutenden Höhe, familienweise und mit dem Winde.

Kärnten. Mauthen (F. C. Keller). Ein Exemplar soll im nahen Pusterthale gefangen worden sein; dahier heuer nicht beobachtet. (Die Angaben über die Erbeutung von Kaiseradlern in den Alpen dürften sich in den meisten Fällen auf A. fulva beziehen. v. Tschusi.)

20. *Aquila chrysaëtus*, var. *fulva*. Linn. — Steinadler.

Bukowina. Kotzman (A. Lurtig). Zugvogel. — **Obczina** (J. Zitný). Am 9. April 2 Stücke zum erstenmal gesehen; dieselben nisteten auf einer alten Tanne in Ursoja in einem Horst, der alljährlich von ihnen benützt wird.

Croatien. Zengg (Sp. Brusina). Am 24. April ein ♀ aus Zengg bekommen.

Galizien. Lyssa (M. Greisiger). Im Juli wurde ein Exemplar bei Lyssa erlegt.

Kärnten. Mauthen (F. C. Keller). »Adler.« Ein Paar horstete in den Lesachthaler Alpen, ein zweites im Drauthale, wo ein Jäger den Horst seit mehreren Jahren kennt. Im Lesachthale wurde ein ♂ von einem Wilddiebe erlegt. Ein Jäger bemerkte einen Steinadler, wie er auf einen balzenden Auerhahn stiess.

Krain. Laibach (C. v. Deschmann). ♂, ♀ nebst pullus wurden im Kankthale in der Fuchs'schen Jagd am 14. Juli erbeutet; genaueres darüber war selbst in grösseren Blättern zu lesen.

Litorale. Triest (L. Moser). Am 14. December wurde ein altes Männchen von G. Bischof. Kaufmann in Triest, in Divača erlegt.

Mähren. Kremsier (J. Zahradnik). Ein junges Exemplar wurde 1878 in Kvasic geschossen. — **Oslawan** (W. Čapek). Wurde vor 5 Jahren in den grossen Wäldern von Příbram, etwa 12 Kilom. nördlich von Oslawan, erlegt.

Schlesien. Dzingelau (J. Želisko). 15. Juni (bewölkt, im Osten Gewitter) einen Steinadler, von Südost kommend, gesehen und am 7. August (schön, trocken, abends bewölkt) einen

Steinadler hoch kreisend beobachtet. — **Lodnitz** (J. Nowak). Von Mitte November bis Anfang December hielt sich ein Aquila im Taborer (auch Herlitzer) Walde auf; ob es aber ein Aquila fulva war, kann ich nicht bestimmen, doch nach seinen Fussspuren im Schnee war es ein kräftiger Vogel.

Siebenbürgen. Fogarás (E. v. Czýnk). Ich fand ihn horstend in der »Vistisora«. Im Hochgebirge nicht selten, oft 2 bis 3 und mehrere kreisen gesehen. — **Nagy-Enyed** (J. v. Csató). Den 18. April 1 Paar auf dem Berge Székelykö bei Toroczko-Szent-György in einer Felsenwand horstend. 2 etwas bebrütete Eier aus diesem Horste genommen, befinden sich in meiner Sammlung.

Steiermark. Mariahof (B. Hanf). Wurde mir am 1. Mai 1859 und am 27. September 1876 von der Saualpe in Kärnten zur Präparation eingesendet. Ich selbst habe diesen Adler nur dreimal auf dem Zirbitzkogel und auf der Grewenze gesehen. — (B. Hanf und R. Paumgartner.) 28. August auf der Grewenze.

Tirol. Innsbruck (L. Bar. Lazarini). Den 27. December 1884 und 12. Januar 1885 wurde je ein solcher im Karwendlgebirge gefangen. Es waren beides junge Vögel mit noch weissem, schwarz gerandetem Stosse. Beide hatten mattes, lichtbraunes Kopfgefieder, welches bei einem an den Federspitzen weisse Tüpfchen zeigte.

Ungarn. Oravitz (A. Kocyan). Horsteten keine in der Gegend; in Javorina, Ost-Tátra, wurden 2 Stücke, wahrscheinlich das Paar, in Tellereisen gefangen. — **Szepes-Béla** (M. Greisiger). Am 20. Januar wurde bei Javorina in der Tátra 1 Exemplar im Fangeisen bei einem angeschossenen Hasen gefangen und steht ausgestopft bei dem Prinz Hohenlohe'schen Forstdirector. Einige Wochen zuvor wurde 1 Stück in der Nähe des Dorfes Trifsch in einem Netze gefangen; ein Turdus pilaris diente als Lockspeise. Im Juli desselben Jahres hat man in Javorina wiederum 1 Stück bei einem verendeten Kalbe im Fangeisen gefangen, das längere Zeit daselbst in Gefangenschaft gehalten und dann in den Breslauer Thiergarten geschickt wurde. — **Szepes-Igló** (J. Geyer). Horstete auch bei uns, zumeist auf hohen alten Tannen. In Rosenau hatte ich mehreremale Gelegenheit, oft recht merkwürdige Exemplare zu stopfen. Im

Freien beobachtete ich ihn nie anders als einzeln oder paarweise, mit Ausnahme der Flüggezeit der Jungen.

21. *Haliaëtus albicilla*, Linn. — Seeadler.

Croatien. Agram (Sp. Brusina). Am 20. September ein ♂ ad. aus Lieskovača bei Novagradiska und am 21. December ein bei Prećec geschossenes ♂ bekommen. — **Varasdin** (A. Jurinac). Häufigste Adlerart. In den hiesigen Drauauen erscheint er meist im Spätherbst und fast alljährlich im Winter bei Eintritt strengerer Kälte. Von 1872 bis inclusive 1883 wurden 7 Stücke erlegt. Seine Nahrung besteht hier vorzugsweise aus Aas und zwar aus todten Fischen und infolge der Kälte eingegangenen Hasen etc.

Siebenbürgen. Fogarás (E. v. Czýnk). Wird an der Aluta hie und da gesehen. Brütend habe ich ihn bei uns noch nicht gefunden. — **Nagy-Enyed** (J. v. Csató). Den 21. December 2 Stücke bei Nagy-Enyed in den Auen neben dem Marosflusse.

22. *Circaëtus gallicus*, Gm. — Schlangenadler.

Croatien. Varasdin (A. Jurinac). Selten. Im August 1882 wurde nach Wittmann 1 Stück aus einem Fluge von 4 Exemplaren erlegt.

Siebenbürgen. Nagy-Enyed (J. v. Csató). Den 12. September über den Wäldern bei Nagy-Enyed 1 Stück fliegend gesehen.

Steiermark. Pikern (O. Reiser). Am 18. August Vormittag wurden wir durch das bussardähnliche Geschrei dieses Vogels aufmerksam gemacht und erblickten 2 Exemplare in Baumhöhe kreisend; dieselben baumten ausser Schussweite, und wir verloren sie später in der Richtung gegen Marburg aus dem Auge. Die Jäger behaupten, dass dieser Vogel öfters den Bachern besuche. — **Pöls** (St. Bar. Washington). Rarissimum. Horstet im Kainachthale nicht.

Tirol. Innsbruck (L. Bar. Lazarini). In den ersten Tagen des August gelangte ein junges, aber erwachsenes Exemplar aus Mori (Südtirol), wo es gefangen worden war, noch lebend hieher. Da dasselbe hier in der Gefangenschaft leider bald einging, wurde es präparirt.

Ungarn. **Szepes-Igló** (J. Geyer). Seitdem (1860) ich mich auch mit Ausstopfen beschäftige, wurde mir nur ein einziges Exemplar aus dem Sztraczenóer Thal den 18. Juli 1872 eingebracht, welches auch jetzt noch in unserem Gymnasial-Museum zu sehen ist. Im Magen fand ich zumeist Ueberreste von Eidechsen.

23. *Pernis apivorus*, Linn. — Wespenbussard.

Kärnten. **Mauthen** (F. C. Keller). Erschien heuer nur in wenigen Exemplaren am Frühjahrszuge.

Mähren. **Kremsier** (J. Zahradnik). Ziemlich häufig; in der Sammlung 2 Exemplare. — **Oslawan** (W. Čapek). Wurde einigemale erlegt und kommt in den Wäldern zwischen Eibenschitz und Kromau auch brütend vor. Am 7. April habe ich ein Paar über die Wälder ziehen gesehen; das ♂ zeichnete sich durch die weisse Farbe des Unterleibes und des Kopfes aus.

Steiermark. **Mariahof** (B. Hanf). Kommt bisweilen auch brütend vor. Ich besitze diesen Falken in seinen verschiedenen Kleidern, dunkel und sehr licht, auch im Nestkleide. Wurde am 23. Juni in sehr dunklem Kleide erlegt. — **Pikern** (O. Reiser). Ist entschieden seltener geworden. Ein altes Männchen plünderte in der Nähe von Strassenarbeitern ein Wespennest. Die Arbeiter warfen mit Steinen nach dem »Geier«, er flog aber nur einige Klafter in die Höhe und setzte seine gestörte Thätigkeit fort. Jetzt kam zufällig der Jäger, allein schon bei einer Annäherung auf etwa 100 Schritte suchte der schlaue Vogel das Weite.

Ungarn. **Szepes-Igló** (J. Geyer). In Rosenau erhielt ich zu wiederholtenmalen Exemplare dieses Vogels. Eines derselben existirt auch jetzt noch unter den Ueberresten meiner ornithologischen Sammlung. In den Mägen dieser Vögel fand ich zumeist Reste von Eidechsen und Heuschrecken.

24. *Archibuteo lagopus*, Brünn. — Rauhfussbussard.

Croatien. **Varasdin** (A. Jurinac). Bis jetzt nur ein den 9. März 1883 bei Klein-Bukovetz erlegtes Stück erhalten, das sich im zoologischen Museum in Agram befindet.

Kärnten. Mauthen (F. C. Keller). »Geierle«. Erschien Anfang November und verschwand nach dem starken Schneefalle am 15. und 16. Januar.

Mähren. Goldhof (W. Sprongel). »Schneegeier.« Kommt vor, wenn auch ziemlich selten. Im Mai, Juni, Juli beobachtete ich 2 Paare, welche die Felder auf- und abstreiften; später verschwanden sie und erst im December sah ich ein Exemplar, welches sich in der Regel auf einem Kleefelde aufhielt und auf Feldmäuse Jagd machte. — **Kremsier** (J. Zahradnik). Wurde mir im Laufe der Wintermonate 1883/84 sechsmal gebracht. Die lichtere Varietät ist häufiger als die dunkle. — **Oslawan** (W. Čapek). Sie kommen und verschwinden gewöhnlich mit dem Schnee; war heuer sehr sporadisch.

Schlesien. Dzingelau (J. Želisko). Ankunft 8. Septembe. (einen jungen Vogel erlegt): Abzug ins Gebirge 16. April. Da dieser Vogel hier »Strichvogel« ist und hier im Winter sich aufhält, ist diese Bemerkung bloss auf die Veränderung seines Stand-, resp. Wohnortes zu beziehen. — **Lodnitz** (J. Nowak). Vom Winter 1883 in grosser Zahl hier weilend; da der Winter fast ganz schneelos war und es viele Mäuse gab, zog diese Art etwa anfangs März ab. Nach meiner Beobachtung verlor er sich einzeln. Im jetzigen Winter, nämlich im letzten Vierteljahre 1884, habe ich keinen einzigen in meiner Gegend beobachtet; die Ursache liegt wohl hauptsächlich im Fehlen der Mäuse.

Steiermark. Mariahof (B. Hanf). »Schneegeier.« Zieht im Februar und März, wie auch im November hier durch, doch wurde er in letzterer Zeit schon zur Seltenheit. — (B. Hanf und R. Paumgartner.) Einzelne wurden beobachtet: 14., 23., 27., 28. Februar und 22. März.

Ungarn. Mosócz (R. Graf Schaffgotsch). Erscheint selten im September. — **Oravitz** (A. Kocyan). Den 10. November 1 Stück: in der Ebene seltener als im Vorjahre. — **Szepes-Igló** (J. Geyer). Ist bei uns kein seltener Zugvogel, der sich jedoch nur beim Eintritt des Winters einstellt und uns verlässt, sobald der Schnee von den Feldern schmilzt. In Rosenau hatte ich nur einmal Gelegenheit zu constatiren, wie dieser sonst träge Vogel auch den Haushühnern nachstellt. In dem jetzigen Winter konnte ich noch kein einziges Exemplar beobachten.

25. *Buteo vulgaris*, Bechst. — Mäusebussard.

Böhmen. Nepomuk (R. Stopka). Gehört hier zu den Seltenheiten; am 18. Februar wurde ein schönes Exemplar erbeutet.

Bukowina. Kotzman (A. Lurtig). Standvogel. — **Kupka** (J. Kubelka). Standvogel; spärlich. — **Solka** (P. Kranabeter). Zeigt eine ausgesprochene Vielfärbigkeit der Feder, so dass sich kaum 2 Exemplare von derselben Zeichnung und Färbung vorfinden werden. Gehört zu den seltenen Zugvögeln; erscheint gewöhnlich im März (heuer den 16.) und zieht im October (heuer den 19.) ab; einzelne überwintern. Der Zug geschieht paarweise gegen den Wind. Der Horst steht in Nadelwaldungen viel höher gebaut, dagegen in Laubwaldungen niedriger. Das Innere ist mit Haaren, Moosen, Flechten etc. ausgekleidet. Die Bebrütung besorgt das Weibchen und nach 26—28 Tagen kommen die Jungen zum Vorschein. Wo sie reichliche Nahrung für sich finden können, dort verweilen sie gerne auch durch mehrere Jahre, wobei sie entweder ihre alten Horste benützen, oder fremde Nester, wie die der Ringeltauben, Krähen etc., occupiren. — **Straza** (R. v. Popiel). Den 3. April. — **Terebleszty** (O. Nahlik). Standvogel. — **Toporoutz** (G. Wilde). Kommt vor.

Croatien. Agram (Sp. Brusina). Am 15. April ein in St. Helena bei St. Ivan erlegtes ♀ ad., am 22. Mai ein bei Begovarazdolje erlegtes ♂ und am 3. Juni 3 halbflügge lebende Junge, worunter 2 ♂ und 1 ♀, aus einem Horste im Parke von Maximir bei Agram und am 26. Juni ein junges flügges ♀, das an der Südpromenade in Agram gefangen wurde, erhalten. — **Krizpolje** (A. Magdić). — **Varasdin** (A. Jurinac). Nur 1 Stück den 13. Januar 1883 bei Sigetetz, unweit von Ropreinitz, erbeutet.

Dalmatien. Spalato (G. Kolombatović). Von Anfang Januar bis 25. März und vom 2. October bis Ende December beobachtet.

Kärnten. Mauthen (F. C. Keller). »Habich«, »Geier«. Gemeiner Brutvogel; überwinterte in 2 Exemplaren von auffallend lichter Färbung. Ist ein fleissiger Heuschrecken- und Kerfjäger, stösst aber auch gerne auf Junghasen, Feldhühner und Wachteln.

Litorale. Monfalcone (B. Schiavuzzi). Im ganzen Jahre auf den Wiesen der Marina häufig.

Mähren. **Fulnek** (G. Weisheit). Standvogel; Gelege von 3 Eiern am 7. Mai; Brutdauer 19 Tage. Benützt zur Brut einen alten Horst, welcher dem Beobachter schon einige Jahre bekannt ist, und circa 15. M. hoch in einem alten Tannenbestande steht. — **Goldhof** (W. Sprongel). Kommt ziemlich selten vor. Der Ansicht, dass er auch Rebhühner, Fasanen angreife und deshalb die Jagd schädige, kann ich aus eigener Erfahrung und laut Ausspruch hiesiger Jäger nicht beipflichten. — **Kremsier** (J. Zahradnik). Recht häufig; wird gerade so unvernünftig verfolgt, wie der rauhfüssige Bussard. — **Oslawan** (W. Čapek). Vor einigen Jahren horstete ein Paar im Boučí-Walde. Jetzt ist der Vogel gewöhnlich nur im Winter (vom Ende November bis Ende März) zu sehen. Am Schlusse des Winters habe ich einigemal 2—3 Stücke zusammen, langsam schwebend, getroffen. In der Noth kommt er dreist in die Dörfer. — **Römerstadt** (A. Jonas). Am 12. Juli beobachtet, sonst selten.

Ober-Oesterreich. **Ueberackern** (A. Kragora). Ankunft den 24. Februar; einzelne Exemplare scheinen hier zu überwintern, da z. B. in diesem Jahre durch längere Zeit in der hiesigen Fasanenau am Inn ein Bussard zu bemerken war, der täglich seine schönen Kreise in den Lüften zog, bis er endlich in eine bei einer zerissenen Fasanhenne gestellte Falle ging.

Salzburg. **Abtenau** (F. Höfner). Ankunft 6. März (Witterung früh trüb, —1·6° C., Nachmittag Regen und Schnee). — **Hallein** (V. v. Tschusi). 12. Januar; 8. November bis 23. December immer 1 Stück anwesend.

Schlesien. **Ernsdorf** (J. Jaworski). Ankunft Ende März, Wegzug anfangs October; nistet hier bald nach der Rückkehr.

Siebenbürgen. **Fogarás** (E. v. Czýnk). Gemeiner Brutvogel im Gebirge. Am 17. März 3 Stücke. In die Ebene kommt die Mehrzahl erst nach dem Schnitt. Die Unthaten, welche auf seine Rechnung geschrieben werden, bewahrheiten sich leider auch bei uns. Manches Vöglein, mancher junge Hase wird von ihm vertilgt; doch wiegt auf anderer Seite sein Nutzen durch den Mäusefang den Schaden auf. — **Nagy-Enyed** (J. v. Csató). Bei Nagy-Enyed in den Wäldern auf alten Eichen horstend.

Steiermark. Mariahof (B. Hanf). »Grosser Mausgeier.« Brütet häufig, verlässt uns im November und kommt anfangs März zurück; doch bleibt in milden Wintern auch bisweilen ein oder der andere zurück und wird dann den Rebhühnern schädlich, wovon ich mich durch die Section überzeugte; ja ich schoss einmal einem solchen Räuber im Sommer nach, der zwei Rebhühner im Dunenkleide fallen liess. — (B. Hanf und R. Paumgartner). 1. März die ersten 2 Stücke, vom 11. an mehrere. — (Fr. Kriso.) 12. März 2 Stücke beobachtet. — **Pikern** (O. Reiser). Heuer wieder sehr zahlreich zur Brutzeit. Ende April ein frisches und ein bebrütetes Gelege; 5. Mai ein drittes bebrütetes. Eigenthümlicherweise wurden in der hiesigen Gegend bei 11 sicher beobachteten Bruten nie mehr als 2 Eier angetroffen. Der Mageninhalt eines am 6. August in einer Höhe von 1300 m. erlegten Exemplares bestand ausschliesslich aus Insecten. Nichtsdestoweniger halte ich an der Ansicht fest, dass der Mäusebussard, wenigstens hierorts, überwiegend schädlich ist. — **Pöls** (St. Bar. Washington). Nur wenige Brutpaare beobachtet; überhaupt waren Raubvögel in diesem Jahre viel schwächer vertreten, als beispielsweise im Jahre 1882 und 1883.

Tirol. Innsbruck (L. Bar. Lazarini). Am 1. April besuchte ich einen Herrn in Schwaz, welcher auch ausstopft, und dieser zeigte mir einen ganz neu präparirten Mäusebussard, welchen abzuschiessen er sich endlich gezwungen fühlte, da ihm derselbe in wenigen Tagen 18 seiner Haustauben und davon 3 am letzten Morgen geschlagen hatte.

Ungarn. Mosócz (R. Graf Schaffgotsch). Seltener Standvogel; am 4. Juni ausgewachsene Junge erlegt. — **Oravitz** (A. Kocyan). 4. Juli einen Horst mit 3 beinahe flüggen Jungen gefunden. Beim Uhu, den ich dieses Jahr halte, ist dieser Mäusebussard der erste, besonders junge Vögel. — **Szepes-Igló** (J. Geyer). Bei uns Standvogel und häufig in unseren Wäldern horstend, wo man im Sommer auch die flügge gewordenen Jungen an ihrem eigenthümlich schrillen Ton allsogleich erkennen kann. Aus dem Horste genommene Junge werden oft eingebracht. Am 18. September dieses Jahres erhielt ich ein prachtvoll dunkelfärbiges, grosses Exemplar dieses Vogels.

26. *Circus aeruginosus*, Linn. — Sumpfweihe.

Bukowina. **Kotzman** (A. Lurtig). Zugvogel.

Croatien. **Varasdin** (A. Jurinac). 1 Stück den 14. September 1883 im Felde unweit von Varasdin erlegt.

Dalmatien. **Spalato** (G. Kolombatović). 12., 14., 27. März: 12., 21., 24., 26. April; 10. Mai: 21., 23. October: 6., 9., 12. November: 6. December.

Litorale. **Monfalcone** (B. Schiavuzzi). 25. August 1 Stück in Locavez.

Mähren. **Kremsier** (J. Zabradnik). Das Exemplar der Sammlung wurde 1883 nächst Chropin geschossen. — **Oslawan** (W. Čapek). Ein ♀ wurde im Frühjahr bei Eibenschitz erlegt.

Siebenbürgen. **Fogarás** (E. v. Czýnk). Sehr gemein. Ein Exemplar schoss ich noch am 20. November bei Frost und fusshohem Schnee im Weidengestrüpp an der Aluta. — **Nagy-Enyed** (J. v. Csató). Den 31. März der erste bei Al-Vincz, später mehrere brütend im Rohre.

Steiermark. **Mariahof** (B. Hanf). Nur vereinzelt am Zuge im Frühjahr und im Herbst, doch nicht in jedem Jahre. — **Pöls** (St. Bar. Washington). 21. April 1 Exemplar nach Südost, bei entgegengesetzter Windrichtung.

Ungarn. **Oravitz** (A. Kocyan). Bei Trstena Ende August und Anfang September, aber sehr wenige. — **Szepes-Igló** (J. Geyer). Bei uns nicht seltener Zugvogel, besonders im September oftmals erlegt, zu welcher Zeit er hier länger verweilt als im Frühjahr.

27. *Circus cyaneus*, Linn. — Kornweihe.

Bukowina. **Kotzman** (A. Lurtig). Zugvogel.

Croatien. **Varasdin** (Sp. Brusina). Am 3. April ein bei Varasdin erlegtes ♂ bekommen. — (A. Jurinac). Ich hatte bis jetzt 3 Exemplare aus dieser Gegend zu beobachten Gelegenheit gehabt; das eine wurde den 3. November 1882, das andere den 3. April 1884 erlegt, und ein drittes sah ich den 4. April am Durchzuge.

Kärnten. **Mauthen** (F. C. Keller). »Wachl«, »Wehen.« Am 5. April und 20. und 24. October am Durchzuge.

Krain. **Laibach** (C. v. Deschmann). Am 10. April.

Schlesien. Dzingelau (J. Želisko). Am 7. April wurde ein ♂ tief ziehend gesehen (bei stürm. N.-O., — 6° R., am 6. Ostwind, — 1° R., 8. Schneefall bei + 2° R.). Im Herbste keine bemerkt; scheint mehr der Ebene sich zu nähern und das Gebirge zu meiden.

Siebenbürgen. Fogarás (E. v. Czýnk). Ebenso zahlreich wie die Sumpfweihe; nach dem Schnitt die meisten. — **Nagy-Enyed** (J. v. Csató). Den 31. März 1 Stück bei Al-Vincz.

Steiermark. Mariahof (B. Hanf). Sehr selten am Durchzuge.

28. *Circus pallidus*, Sykes. — Steppenweihe.

Steiermark. Mariahof (B. Hanf). Wurde am 26. März 1879 in meiner Nähe erlegt.

29. *Circus cineraceus*, Mont. — Wiesenweihe.

Bukowina. Kotzman (A. Lurtig) u. **Kupka** (J. Kubelka). Zugvogel.

Dalmatien. Spalato (G. Kolombatović). 12., 15., 27. März; 14., 21., 24., 27. April; 10., 12.—15., 20. Mai; 21., 23. October; 6., 9., 12. November.

Kärnten. Mauthen (F. C. Keller). In mehreren Exemplaren vom 20.—29. October beobachtet.

Litorale. Monfalcone (B. Schiavuzzi). 21. October 1 Stück in Rosega, 24., 27. October in Locavez.

Siebenbürgen. Fogarás (E. v. Czýnk). Am 7. April schoss ich 1 Stück; ist bei uns ziemlich selten und kommt nur am Durchzuge vor. — **Nagy-Enyed** (J. v. Csató). Den 27. October 3 Stücke bei Koncza.

Steiermark. Mariahof (B. Hanf). Noch seltener als die Sumpfweihe am Zuge. 26. April ♂, 15. Mai ♂ beobachtet und erlegt.

30. *Surnia nisoria*, Wolf. — Sperbereule.

Kärnten. Mauthen (F. C. Keller). Erschien als Seltenheit am 12. December.

Steiermark. Mariahof (B. Hanf). Sehr selten; wurde am 4. November 1850 in der Lassnitz bei St. Lambrecht erlegt.

Ungarn. Szepes-Igló (J. Geyer). Nur ein einziges Exemplar sah ich in der kleinen Sammlung meines einstmaligen Schülers Gustav Menesdorfer, welches er nächst Göllnitz (Zips) erlegt hatte.

31. *Athene passerina*, Linn. — Sperlingseule.

Bukowina. Kotzman (A. Lurtig). »Sowa«. Standvogel. — Kupka (J. Kubelka). Standvogel.

Croatien.*) Varasdin (A. Jurinac). Nicht seltener Brutvogel; scheint ein Strich- oder Zugvogel zu sein, der nach P. Wittmann nie im Winter, sondern nur während der wärmeren Jahreszeit gesehen wird.

Kärnten. Mauthen (F. C. Keller). »Beckl«. Heuer sehr selten.

Mähren. Fulnek (G. Weisheit). Standvogel.

Steiermark. Mariahof (B. Hanf). Standvogel in den höheren Wäldern. Am 6. November liessen in einem hochgelegenen Lärchenwalde 3—4 Individuen bei hellem Sonnenschein um die Mittagszeit, in kleiner Entfernung von einander, ihren Gesang hören und wurde auch ein Weibchen von einem Jagdgefährten erlegt.

32. *Athene noctua*, Retz. — Steinkauz.

Böhmen. Nepomuk (R. Stopka). Nistet hier, lässt sich jedoch sehr selten hören.

Bukowina. Kotzman (A. Lurtig). Standvogel.

Croatien. Agram (Sp. Brusina). Ein ♂ und ein ♀ wurden am 22. September bei Botinec unweit von Agram erlegt. — Krizpolje (A. Magdić). Kommt vor. — **Varasdin** (A. Jurinac). Zahlreicher Standvogel.

Dalmatien. Spalato (G. Kolombatović). Standvogel.

Kärnten. Mauthen (F. C. Keller). »Nachteul«. Gemeiner Standvogel. Ich beobachtete im strengen Winter 1 Exemplar, das sich unter einen Dachsparren geduckt hatte und am Tage nach den einfliegenden Spatzen stiess.

---

*) Die Angaben aus der Bukowina und Croatien dürften sich weit eher auf die folgende Art beziehen. v. Tschusi.

Litorale. Monfalcone (B. Schiavuzzi). Den 27. October am S. Antonioberg ein ♀ in einer Felsenspalte gefangen.

Mähren. Goldhof (W. Sprongel). Ich beobachtete heuer bloss 1 Paar, das auf einem Heuboden brütete und 5 Junge ausbrachte. Im benachbarten Marienhofe hauste ebenfalls 1 Paar. In Neuhof befanden sich, nach dem vielstimmigen nächtlichen Concert zu urtheilen, mehrere Paare. — **Oslawan** (W. Čapek). Ziemlich gemein. Am 6. Mai fand ich sein schon stark bebrütetes Gelege (6 Stücke) in einer Lehmwand nahe am Orte. In der Höhle bemerkte ich auch den Flügel von einer Haubenlerche. — **Römerstadt** (A. Jonas). Auf Rabenstein und Grundwald beobachtet.

Salzburg. Hallein (V. v. Tschusi). Den 25. November ein ♂ erhalten.

Schlesien. Ernsdorf (J. Jaworski). Sehr seltener Standvogel; nistet im Mai.

Siebenbürgen. Fogarás (E. v. Czýnk). Ist ständig in 3—4 Paaren auf den Thürmen des Castells zu finden, woselbst er in Schiessscharten und anderen Löchern mit den Thurmfalken brütet. — **Nagy-Enyed** (J. v. Csató). Das ganze Jahr hindurch. In Nagy-Enyed bewohnt er den Kirchthurm, von wo er abends über die Stadt auf die Felder nach Nahrung fliegt. Man kann ihn gegen Abend im Fenster des Thurmes sitzen sehen, von wo er seine Stimme hören lässt.

Steiermark. Mariahof (B. Hanf). Sehr selten; ich habe erst 2 Exemplare selbst erlegt, doch hat diese Eule in einer Schlossruine in der Nähe auch gebrütet.

Ungarn. Mosócz (R. Graf Schaffgotsch). Sehr häufiger Standvogel. Auf dem Kirchthurme im Dorfe im April flügge Junge. — **Szepes-Béla** (M. Greisiger). Am 12. October wurde auf dem Felde bei Béla ein in der Mauser befindliches Stück in einem Erdäpfelfelde gefangen. — **Szepes-Igló** (J. Geyer). In Rosenau häufiger als hier in Igló, wo ich noch keinen zu Gesicht bekam.

33. *Nyctale Tengmalmi*, Gm. — Rauhfusskauz.

Kärnten. Mauthen (F. C. Keller). Heuer einmal in dem Buchenwalde auf dem Wege nach Plöcken beobachtet.

Steiermark. Mariahof (B. Hanf). »Katzenlocker«. Wird von mir, wie auch von manchem Jäger, wegen seines trillernden Rufes für die sogenannte »Habergeiss« gehalten. Ist Standvogel und brütet in hohlen Bäumen. Am 4. Jänner 1885 ein ♀ erhalten.

Ungarn. Szepes-Béla (M. Greisiger). Am 1. Mai wurde in Forberg auf dem Kirchthurme ein ♀ geschossen, in dessen Magen sich Chitinschalen von Dungkäfern fanden. — Szepes-Igló (J. Geyer). Hierorts ziemlich häufig, besonders im Herbst, wo er in den Scheunen mitunter lebendig gefangen und eingebracht wird. Scheint hier Standvogel zu sein, da ich den Vogel noch im Mai bei Tag auf Dächern sitzen sah.

34. *Syrnium uralense*, Pall. — Ural-Habichtseule.

Croatien. Varasdin (Sp. Brusina). Bekam ein am 24. Januar erlegtes Exemplar. — (A. Jurinac). Ich selbst habe bis jetzt nur ein den 24. Januar auf einer Drauinsel bei Varasdin erlegtes ♀ ad. erhalten, das sich jetzt in dem zool. Museum zu Agram befindet; aber der bereits mehrmals erwähnte P. Wittman schreibt mir, dass in dem besonders strengen Winter 1875/76 etwa 8 Exemplare dieser interessanten Eule erlegt wurden.

Kärnten. Mauthen (F. C. Keller). »Habergeiss«. Erschien Mitte April; 1 Paar nistete in dem Buchenwalde vor Plöcken.

Krain. Laibach (C. v. Deschmann). Von Gurkfeld am 8. Januar eingesendet; ein zweites Exemplar in schwarzbraunem Kleide am 28. Februar aus Hrastink.

Steiermark. Mariahof (B. Hanf). In Mariahof noch nicht vorgekommen; doch wurden mir am 12. Januar und am 24. November 1864 zwei alte Weibchen aus dem angrenzenden Kärnten eingesendet. Ein Exemplar hatte die Reste von Mäusen im Magen. Das Kleid beider war lichtgrau.

Ungarn. Szepes-Igló (J. Geyer). Im Herbste der 60-er Jahre erhielt ich mitunter mehrere Exemplare dieses Vogels: hier in Igló bekam ich ihn seit 1871 nur einmal zu Gesicht.

35. *Syrnium aluco*, Linn. — Waldkauz.

Böhmen. Nepomuk (R. Stopka). Ist hier von allen Eulen am häufigsten vertreten.

Bukowina. **Kotzman** (A. Lurtig) und **Kupka** (J. Kubelka). Standvogel. — **Solka** (P. Kranabeter). Gehört zu den sparsam vorkommenden Standvögeln. — **Terebleszty** (O. Nahlik). Standvogel. Ein Nest in einem hohlen Baume im Monate April mit 3 Stück Eiern gefunden; die Bebrütung dauerte circa 20 Tage.

Croatien. **Varasdin** (A. Jurinac). Ein ganz gewöhnlicher sowohl in roströthlicher, als in grauer Färbung vorkommender Standvogel.

Dalmatien. **Spalato** (G. Kolombatović). 15., 25. Januar; 12., 16. Februar; 12., 27., März; 23. November; 6. December.

Kärnten. **Mauthen** (F. C. Keller). »Huh«. Gemeiner Standvogel.

Mähren. **Kremsier** (J. Zahradnik). Kommt mit *O. vulgaris* häufig vor. — **Oslawan** (W. Čapek). Standvogel. Meines Wissens haben in den nächsten Wäldern 4 Paare gebrütet. Am 25. März fand ich ein Gelege von 5 Eiern in der nach oben ganz offenen Aushöhlung eines abgehauenen Eichenastes. Von dem feuchten Moder, worauf die Eier lagen, waren dieselben ganz beschmutzt. Im Winter schläft diese Eule im dichten Gezweige der Nadelbäume.

Schlesien. **Ernsdorf** (J. Jaworski). Seltener Standvogel: Paarung im Februar, nistet im März oder April.

Siebenbürgen. **Fogarás** (E. v. Czýnk). In den Waldungen am Fusse des Gebirges nicht selten.

Steiermark. **Mariahof** (B. Hanf). Ziemlich selten und brütet in meiner Nähe nicht, da wir keine Laubwälder und daher auch wenig hohle Bäume haben. Will er ausnahmsweise in einem Gebäude nisten, dann wird er als arger Räuber getödtet; so wurde eine solche Familie, die in einer Scheune ihre Wohnung aufschlug, als Fischräuber vertilgt. Man soll täglich Forellen im Horste gefunden haben. — **Pikern** (O. Reiser). Bei Schleinitz wurde in einer hohlen Fichte, 4 Klafter über der Erde, am 12. Mai ein Horst mit 2 Jungen und einem faulen Ei gefunden und das brütende Weibchen erlegt. In der heurigen Geflügelausstellung befanden sich 14 lebende Exemplare in allen Farbenabstufungen. 2 Exemplare fingen sich bei St. Wolfgang in einem mit einer weissen Taube geköderten Habichtskorbe.

Ungarn. **Mosócz** (R. Graf Schaffgotsch). Seltener Standvogel; im Garten nistet alljährlich ein Paar; im Juli ausgewachsene Junge. — **Szepes-Béla** (M. Greisiger). Am 11. Januar wurde in Béla ein ♂ und am 26. Mai ein Stück bei Sarpanietz gefangen. — **Szepes-Igló** (J. Geyer). In unseren Wäldern kein seltener Standvogel, der mit Beginn des Winters sich häufig in der Nähe der Wohnorte zeigt und von den Krähen stark verfolgt wird.

36. *Strix flammea*, Linn. — Schleiereule.

Böhmen. **Nepomuk** (R. Stopka). Ein Exemplar wurde hier gefangen; sonst ist sie daselbst fast unbekannt.

Bukowina. **Kotzman** (A. Lurtig). Standvogel. — **Solka** (P. Kranabeter). Gehört zu den sparsamen Standvögeln. —

Croatien. **Krizpolje** (A. Magdić). Beobachtet. — **Varasdin** (A. Jurinac). Gewöhnlicher Standvogel.

Kärnten. **Mauthen** (F. C. Keller). Wird im Herbste ab und zu in den vereinzelt stehenden Heuschupfen und in Buchenwäldern angetroffen.

Litorale. **Monfalcone** (B. Schiavuzzi). Am 29. Juni wurde in der St. Nicolokirche ein Nest mit 3 Jungen (1 ♂ und 2 ♀) am Unterdache gefunden. Hier findet sich nur die Var. *Strix guttata*, Chr. L. Br.

Mähren. **Goldhof** (W. Sprongel). Kommt selten vor. Ein Paar schlug heuer im Pumphaus einer ausser Betrieb gestellten Wasserleitung sein Nest auf. Ich bemerkte dies erst, nachdem die Jungen flügge waren. — **Kremsier** (J. Zahradnik). Häufig, auch in der Stadt. — **Oslawan** (W. Čapek). Selten, weil sie hier wenige geeignete Brutplätze findet.

Schlesien. **Ernsdorf** (J. Jaworski). Standvogel; nicht ganz selten.

Steiermark. **Pöls** (St. Bar. Washington). 1 Exemplar sah ich am 24. April auf dem Strohdache eines Heuschupfens sitzen. Ein verendetes, sehr dunkelgefärbtes ♀, fand ich am 27. desselben Monates in einem Feldgehölze auf.

Ungarn. **Szepes-Igló** (J. Geyer). Ist bei uns nicht selten: fast alljährlich werden selbst lebende Exemplare eingebracht, die man in den Scheunen fängt. Scheint hier Standvogel zu sein, ist aber etwas seltener als vorige.

37. *Bubo maximus*, Sibb. — Uhu.

Bukowina. Kotzman (A. Lurtig). »Puhacz«. Standvogel. — **Kuczurmare** (C. Miszkiewicz). Brutvogel. — **Kupka** (J. Kubelka). Spärlich vorkommender Standvogel. — **Obczina** (J. Zitný). Ist hier Standvogel; nistet auch auf der Erde unter Baumwürfen. — **Solka** (P. Kranabeter). Gehört zu den seltenen Standvögeln. — **Terebleszty** (O. Nahlik). Standvogel. — **Toporoutz** (G. Wilde). Standvogel.

Croatien. Krizpolje (A. Magdić). Beobachtet. — **Varasdin** (Sp. Brusina). Am 26. Januar ein bei Varasdin geschossenes ♂ und am 10. November ein bei Gross-Goriza geschossenes ♀ erhalten. — (A. Jurinac.) Meines Wissens wurden in hiesiger Gegend von 1872 bis inclusive 1883 nach P. Wittmann 3 Stücke, sämmtlich im Herbste, erlegt.

Dalmatien. Spalato (G. Kolombatović). 18. Januar, 12. Februar und 10. November.

Kärnten. Mauthen (F. C. Keller). »Buhu«. Horstet auf der Ruine Goldenstein und wird hie und da im Winter im »Fuchseisen« gefangen. Im Herbste streicht er bis in die Hochalpen und stösst gerne auf Schneehasen.

Mähren. Kremsier (J. Zahradnik). Wurde im September nächst Ung.-Hradisch geschossen. — **Oslawan** (W. Čapek). Brütet alljährlich am Oslawa-, Iglawa- und (oberen) Thayaflusse in Gneisfelsen, so z. B. bei Senohrad, 6 Kilom. westlich von Oslawan, wo man die Jungen öfters gefunden hat. Mitte März meldete sich ein ♂ durch einige Abende im Oslawathale. Am 28. August wurde nicht weit von hier ein junges Exemplar erlegt. Vergebens habe ich heuer den von mir schon im I. Jahresberichte erwähnten Brutplatz im Oslawathale bei Senohrad durchsucht. — **Römerstadt** (A. Jonas). Kommt im Walde am Fusse der Jaronitzer Heide vor.

Nieder-Oesterreich. Melk (O. Reiser). Kommt in den Felsen an der Donau nächst Melk vor.

Siebenbürgen. Fogarás (E. v. Czýnk). Ziemlich selten. Horstet in den Felsen und Waldungen von Breaza, Sebes, Kerċisora, im Leutzathale und wahrscheinlich an allen ungestörten und geeigneten Plätzen des Fogaráser Gebirges. — **Nagy-Enyed** (J. v. Csató). Das ganze Jahr hindurch in den Wäldern, wo er auch horstet.

Steiermark. Mariahof (B. Hanf). »Auf«, »Stockauf«. Standvogel, doch nur 1 Paar brütet fast jährlich in einer schwer zugänglichen Felsenwand in der »Einöd«. — **Pöls** (St. Bar. Washington). Ab und zu als Wintergast auftretend; brütet im Keinachthale nicht. (Fehlt als Brutvogel in Mittelsteiermark nicht.)

Ungarn. Mosócz (R. Graf Schaffgotsch). Standvogel. Mitte Mai Junge zum Ausnehmen und Aufziehen reif: am 14. Mai 1883 wurde ein Alter von mir stark angeschossen und seitdem ist der alljährlich bezogen gewesene Horst unbewohnt. — **Szepes-Béla** (M. Greisiger). Am 3. Mai wurde bei Landok (Tátra), Kottlina, auf Kalkfelsen ein Horst mit 3 Jungen gefunden. — **Szepes-Igló** (J. Geyer). In unseren Wäldern keine Seltenheit, nachdem fast alljährlich den an verschiedenen Stellen angelegten Horsten bald Eier, bald Junge entnommen werden. Der Horst selbst ist sehr einfach, zumeist auf dem Humus des Felsens angelegt, rings umher mit den unverdauten Knochen der verzehrten Beute eingefasst, von welch' letzteren ich auch einen kleinen Vorrath aufbewahre. Im Jahre 1855 schoss ich im Hochsommer zur Mittagszeit ein bereits ausgewachsenes, vollkommen und schön befiedertes Exemplar nächst dem Badeort Lipócz (Comitat Sáros).

38. *Scops Aldrovandi*, Will. — Zwergohreule.

Bukowina. Kotzman (A. Lurtig). Standvogel. — **Obczina** (J. Zitný). Ich beobachtete eine, die einen Goldammer fing, der ihr an Grösse fast gleich kam. — **Toporoutz** (G. Wilde). Kommt vor.

Croatien. Varasdin (A. Jurinac). Kommt nach M. Kolarič oft vor.

Dalmatien. Spalato (G. Kolombatović). 25. April, 12. August.

Kärnten. Mauthen (F. C. Keller). Hörte ein einziges Exemplar am 16. April.

Krain. Laibach (C. v. Deschmann). 1 Exemplar wurde den 18. April von Oberkrain eingeschickt.

Steiermark. Mariahof (B. Hanf). Sehr selten und nur 3 Exemplare von mir beobachtet. Im Jahre 1854 wollte ein Paar in meiner Nähe in einer hohlen Linde brüten, wurde aber leider gestört und verschwand. — **Pikern** (O. Reiser). Am 25. Mai bei Schleinitz ein frisches, noch unvollständiges Gelege von 2 Stücken, 6 m. hoch über dem Boden, in einem hohlen Edelkastanienbaume auf etwas Baummoos gefunden. — **Pöls** (St. Bar. Washington). Zuerst am 21. April (bei trübem, regnerischem Wetter) nachmittags 4 Uhr rufen gehört; mehrere Exemplare vernahm ich am 27. April; vom 1. Mai ab täglich viele an allen von dieser kleinen Eule bevorzugten Localitäten.

Tirol. Innsbruck (L. Bar. Lazarini). 28. August auf alten Kirschbäumen bei Vill um 9 Uhr abends 3 Stücke beobachtet und am 29. eines davon geschossen.

39. *Otus vulgaris*, Flemm. — Waldohreule.

Bukowina. Kupka (J. Kubelka). Standvogel. — **Toporoutz** (G. Wilde). Kommt vor.

Croatien. Agram (Sp. Brusina). Am 26. März ein im Parke von Maximir bei Agram geschossenes ♂ erhalten. — **Varasdin** (A. Jurinac). Sehr gemeiner Standvogel. Die meisten bekam ich im Januar von einer Drauinsel bei Varasdin, wo sich zu dieser Zeit eine ganze Schar aufhielt. Der Jagdpächter hatte nämlich Tellereisen aufgestellt, um Füchse zu fangen, aber anstatt dieser gingen beinahe jede Nacht Waldohreulen in die Fallen.

Dalmatien. Spalato (G. Kolombatović). 12. October.

Kärnten. Mauthen (F. C. Keller). Nistet alljährlich in den Nadelwaldungen des Mittelgebirges.

Litorale. Monfalcone (B. Schiavuzzi). In Pietra rossa 1 Stück am 10. Februar, den 14. November 2 erlegt.

Mähren. Oslawan (W. Čapek). Selten. Ein einziges Exemplar im Frühjahr im »Boučí« gesehen; es mag daselbst ein Paar gebrütet haben. — **Römerstadt** (A. Jonas). Wurde am 25. December im Hofwalde, eine halbe Stunde von Römerstadt, geschossen.

Schlesien. **Ernsdorf** (J. Jaworski). »Ohreule«. Sehr seltener Standvogel; nistet im April oder Mai.

Siebenbürgen. **Fogarás** (E. v. Czýnk). Sparsam.

Steiermark. **Mariahof** (B. Hanf). Standvogel, doch scheinen aber einige im Winter uns zu verlassen. Am 27. Februar traf ich 1 Stück auf demselben Baume wieder, auf welchem ich es im Spätherbste sah. Sie brütet sehr früh und schon am 8. Februar 1885 fand ich sie gepaart. Unter den überhaupt wenigen Eulen ist diese noch die häufigste. — (B. Hanf und R. Paumgartner.) Den 19. Mai Junge.

Ungarn. **Szepes-Igló** (J. Geyer). Scheint bei uns auch Standvogel zu sein. In Rosenau fand man den Vogel zu wiederholtenmalen am »Nyerges« in verlassenen Elsternestern brüten, während sie hier in Igló seltener zu sein scheint.

40. *Brachyotus palustris*, Forster. — Sumpfohreule.

Böhmen. **Nepomuk** (R. Stopka). Manches Jahr häufig; heuer wurde sie nicht gesehen.

Croatien. **Agram** (Sp. Brusina). Am 1. Februar ein bei Morovič in Slavonien geschossenes ♀ erhalten. — **Varasdin** (A. Jurinac). Im October und November, in milden, schneelosen Wintern noch bedeutend länger, ein ungemein häufiger Zugvogel. Sie zieht gleichzeitig mit der Waldschnepfe. Sobald sich die ersten zeigen, kann man sicher sein, dass man auch Sumpfohreulen findet. Sie hält sich besonders gerne in mit Wachholder, hohem, trockenem Gras, Schilf und Rohr dicht bewachsenen Ebenen in der Nähe der Gewässer auf.

Dalmatien. **Spalato** (G. Kolombatović). 21. März, 2. April und 14. November. — **Zara** (Sp. Brusina). Am 9. November ein bei Zara geschossenes ♂ erhalten.

Litorale. **Monfalcone** (B. Schiavuzzi). Den 9. März in Marcilliana erlegt; 28. April eine in St. Antonio; 10. December eine bei Pietra rossa.

Mähren. **Goldhof** (W. Sprongel). Kommt vor. Ich habe sie im Sommer und im Herbst öfters in Rübenfeldern aufgescheut. — **Oslawan** (W. Čapek). Sehr selten; nur einmal vor drei Jahren brütend vorgekommen.

Schlesien. Dzingelau (J. Želisko). Am 23. November (bei Schnee und — 3° R.) gelegentlich einer Hasenjagd 3 Stücke in einem Weidengebüsch angetroffen.

Siebenbürgen. Fogarás (E. v. Czýnk). Ziemlich zahlreich und brütet im Mundraer Sumpf. Habe für meine Sammlung von 3 Stücken, welche sich trotz hohem Schnee im Weidengestrüpp an der Aluta aufhielten, am 5. Februar 2 Exemplare geschossen. Alle von mir bisher (für wissenschaftliche Zwecke) erlegten hatten nur Mäuseüberreste im Kropfe.

Steiermark. Mariahof (B. Hanf). Einzeln am Zuge im Frühjahr wie im Herbst, doch nicht alljährlich. Im Frühjahr zwischen dem 1. und 16. Mai, im Herbst Ende October; 1884 am 29. September beobachtet.

Ungarn. Mosócz (R. Graf Schaffgotsch). Im September 2 Exemplare beobachtet. — **Oravitz** (A. Kocyan). Den 16. April am Schnepfenstrich (Schneefall und Nordwind) gesehen. — **Szepes-Igló** (J. Geyer). Wurde in Rosenau ebenfalls häufiger eingebracht als hier in Igló. Am 12. September 1 Stück von der Bergcolonie Bindt erhalten.

II. Ordnung.

Fissirostres. Spaltschnäbler.

41. *Caprimulgus europaeus*, Linn. — Nachtschwalbe.

Böhmen. Nepomuk (R. Stopka). Brutvogel. — **Přibram** (F. Stejskal). Hauptzug um den 15. Mai. Abzug Anfang September; nistete am meisten in den Wäldern bei Gliwic.

Bukowina. Kuczurmare (C. Miszkiewicz). Kommt im April an und verbleibt bis Herbst. — **Obczina** (J. Zitný). Sitzt tagsüber plattgedrückt auf Buchenästen, so dass sie kaum von denselben zu unterscheiden ist. — **Solka** (P. Kranabeter). Gehört zu den sparsamen Zugvögeln: kommt Ende April und im Mai (heuer den 10. Mai) und zieht von Anfang bis Ende September ab. — **Toporoutz** (G. Wilde). Kommt vor.

Croatien. Agram (Sp. Brusina). Am 5. Juli aus Kreutz ein altes ♀ mit 2 halbflüggen Jungen bekommen. — **Varasdin** (A. Jurinac). Von Mitte April bis Anfang September gemein.

Dalmatien. **Spalato** (G. Kolombatović). 25. März; 1., 6., 10. April; 9., 10., 11. Mai; 25. Juli; 5., 10., 12. August; 9., 10. September; 6. October.

Kärnten. **Mauthen** (F. C. Keller). Heuer selten am Zuge.

Krain. **Laibach** (C. v. Deschmann). Abzug am 25. August.

Litorale. **Monfalcone** (B. Schiavuzzi). 30. Mai ein ♀ erlegt (Länge 280 mm., Flügel 195 mm.); im Magen fand ich Insecten, hinter den Augen Schmarotzer, wie Ascariden. In Locavez den 15. September 1 Stück.

Mähren. **Fulnek** (G. Weisheit). Zugvogel. — **Goldhof** (W. Sprongel). Kommt nicht vor. — **Oslawan** (W. Čapek). Bekannter Brutvogel. Häufiger soll er im Budkowitzer Reviere bei Eibenschitz vorkommen. Zuerst am 30. April ein Paar gesehen. Den 11. Mai wurde bei Eibenschitz ein starkes Individuum erlegt, bei welchem die bekannten drei Flecke an den ersten Schwungfedern nicht weiss, sondern rostgelblich und mit schwarzbraunen Punkten versehen waren. Am 5. Juli habe ich abends ein Paar am Nistplatze beobachtet. Die beiden Gatten flogen um mich herum und liessen sich bald auf einem dürren Aste, bald am nackten Boden (nie ins nasse Gras) nieder. Im Fluge hörte ich ihr sanftes »Dag, dag« oder das erregte »Ka-iek«. Das ♂ liess auch von einem Aste sein schnurrendes »Karrr« mit einigen Varianten ertönen; dann flog es auf, schlug nach Taubenart mit den Flügeln und glitt unbewegt eine Strecke weiter, die Flügel hoch gehoben und den Schwanz entfaltet. Das ♀ folgte ihm nach und beide fielen nahe bei mir ein. Das ♂ verbeugte sich bis zum Boden und bewegte den entfalteten und gehobenen Schwanz schnell nach beiden Seiten. — **Römerstadt** (A. Jonas). Kommt seltener vor. Am 12. October hat Beobachter selbe im Revierwalde angetroffen.

Nieder-Oesterreich. **Mödling** (J. Gaunersdorfer). Auch heuer wieder ziemlich häufig in denselben Localitäten wie in früheren Jahren; war am 10. Mai schon in grösserer Menge vorhanden.

Schlesien. **Dzingelau** (J. Želisko). 3. Mai (heiter, 2. nebelig, regnerisch; 4. heiter, Südwestwind) ♂ und ♀ angetroffen; in diesem Holzschlage haben sie auch genistet, weil ich sie öfter bemerkte. — **Ernsdorf** (J. Jaworski). Ankunft im

Mai, Wegzug October; selten. — **Lodnitz** (J. Nowak). Am 8. October ein Stück bekommen.

Siebenbürgen. Fogarás (E. v. Czýnk). Am 7. Mai das erste Paar bei Vajda Ričsa, am 10. Mai das zweite bei der Fogaráser »Papiermühle« gesehen. Brütet bei uns, ist aber nicht sehr häufig. — **Nagy-Enyed** (J. v. Csató). Den 29. October 1 Stück bei Nagy-Enyed; brütet in den Wäldern.

Steiermark. Mariahof (B. Hanf). Im Frühjahre sehr selten und zwar zwischen dem 16. und 31. Mai, im Herbst nur ein einziges Mal beobachtet. — **Pikern** (O. Reiser). Ein bebrütetes Gelege von 2 Stücken am 25. Mai unter einem kleinen Fichtenbäumchen bei Kötsch gefunden. — **Pöls** (L. Bar. Washington). Am 4. Mai zuerst vernommen.

Ungarn. Mosócz (R. Graf Schaffgotsch). Sehr seltener Sommervogel; von Mitte April bis Ende September. — **Oravitz** (A. Kocyan). Den 14. Mai streichend (viel Regen und Westwind). — **Szepes-Igló** (J. Geyer). Ein ziemlich seltener Vogel, der jedoch in der Umgebung von Rosenau häufiger anzutreffen ist als hier. Hier fand man bei Gelegenheit der Orgelrenovirung ein vollkommenes Skelett dieses Vogels mit angetrocknetem Fleisch und mit abgenagten Fahnen der Schwungfedern.

42. *Cypselus melba*, Linn. — Alpensegler.

Dalmatien. Spalato (G. Kolombatović). 25., 29. April; 5., 13., 18. August; 3., 5., 12., 20., 27. September; 2. October.

Kärnten. Mauthen (F. C. Keller). Erschien Ende April; 3 Paare brüteten in dem halbverfallenen Kirchlein bei Wetzmann.

Steiermark. Pikern (O. Reiser). Ist leider von seinem bisherigen Brutplatze, der Kirchenruine St. Wolfgang, gänzlich verschwunden.

Tirol. Innsbruck (L. Bar. Lazarini). Den 12. Juni, zu Beginn einer längere Zeit andauernden schlechten, regnerischen Witterung (am 13. und einige folgende Tage schneite es weit herab), sah ich 5—6 Stücke in der Sillschlucht hinter dem Berg Isl, emsig nach Mücken jagend und sehr häufig gegen ein Gesträuch unter dem Villerweg, auf welchem ich eben stand, fahrend. Gleichzeitig waren in dieser Schlucht auch besonders viele *Hirundo riparia*.

43. *Cypselus apus*, Linn. — Mauersegler.

Böhmen. **Aussig** (A. Hauptvogel). Angekommen am 28. April, abgezogen Mitte August. Im Verhältnisse zu den Schwalben heuer besonders stark vertreten. — **Blottendorf** (F. Schnabel). Ist hier häufiger als die Schwalben, nachdem *Hirundo urbica* im Jahre 1881 massenhaft umgekommen ist. — **Böhmisch-Leipa** (F. Wurm). Erschien am 6. Mai. — **Böhmisch-Wernersdorf** (A. Hurdalek). Erschien am 10. Mai in grosser Menge, die alljährlich auf unserem Kirchthurme nistet. — **Klattau** (V. Stejda v. Lovčič). Erschien erst am 5. Mai bei warmer und schöner Witterung. — **Nepomuk** (R. Stopka). Sah ihn das erstemal am 14. Mai unsere hochgebaute Schule umfliegen, soll jedoch schon einige Tage früher dagewesen sein. Voriges Jahr waren mehrere hier, heuer nur einige Paare; übrigens haben sie hier ausser dem Schlosse keine passenden Nistplätze. Den 4. August wurden die letzten gehört und gesehen. — **Přibram** (F. Stejskal). Ankunft Anfang Mai in geringer Anzahl, Abzug Anfang September. — **Rosenberg** (F. Zach). Der erste wurde am 26. April früh gesehen; er lag scheintodt auf der Erde (vielleicht vor Hunger und Kälte), flog aber, als er in die Hand genommen wurde, von derselben weg.

Bukowina. **Kotzman** (A. Lurtig). Kommt vor. — **Solka** (P. Kranabeter). Kommen um 14—20 Tage später als die Schwalben; der Abzug geschieht gewöhnlich im August, obwohl man sie bis in den October gesehen hat. Die Kirchthürme, hohen Gebäude und hohle Bäume sind ihre Aufenthaltsorte. Beide Gatten besorgen gemeinschaftlich das Geschäft des Brütens. Nach 18—20 Tagen kommen die Jungen zum Vorschein; das Nest verlassen sie nach 6 Wochen.

Croatien. **Agram** (V. Diković). Grosse Flüge am 19. August bei Agram gesehen. — **Varasdin** (A. Jurinac). Gewöhnlich, aber nicht häufig. Erscheint die letzten Tage im April und verschwindet in der zweiten Hälfte des August. Den 28. August bekam ich ein noch lebendes, halbverhungertes Exemplar, welches nach einem starken 24-stündigen Regen in einem Kirchthurme gefunden wurde.

Dalmatien. **Spalato** (G. Kolombatović). Am 15. April sah ich 10 Individuen, am 20. 16 andere; am 29. kamen sie massenweise und nahmen bleibenden Aufenthalt. Den 3. August nahm die Zahl der in der Stadt sich aufhaltenden ab; am 15. blieben noch einige Individuen, am 21. war kein Stück mehr zu sehen. Durchzügler zeigten sich am 5., 9., 20. und 24. September.

Kärnten. Mauthen (F. C. Keller). »Spir«. Erschien am 10. April und ist kein seltener Brutvogel; Abzug am 5. September.

Krain. Laibach (C. v. Deschmann). Am 10. September in grosser Menge ober Laibach fliegend.

Litorale. Monfalcone (B. Schiavuzzi). 25. April der erste; 26. April abends 3, 29. April 2; 26. Juli (Regenwetter, mit S.-O.-Wind) verschwunden. Bemerke, dass in dieser Localität vielleicht nur 25—30 Paare jährlich erscheinen.

Mähren. Goldhof (W. Sprongel). Im engeren Beobachtungsgebiet fehlt diese Art. Der Grund hievon mag in dem Mangel an geeigneten Niststätten liegen. — **Mährisch-Neustadt** (F. Jackwerth). Den ersten am 30. April morgens 8 Uhr gesehen, tagsüber nicht mehr beobachtet; 1. Mai 8 Uhr morgens 1 Stück, um 10 Uhr 3, abends 1 Stück (schwacher Südwind); 2., 3., 4. Mai keinen gesehen; 5. Mai mehrere tagsüber (veränderlich, Süd-West); 6. Mai sehr viele, Hauptzug (heiter, Südwest). Ein Rückzug hat am 17., 18., 19. Juni infolge rauher, kalter Tage stattgefunden; den 20. Juni (heiter, Südwind) abends 1 Stück gesehen, den 21. Juni mehrere, 22. Juni waren sie wieder alle erschienen; 28. Juli Abzug der hiesigen. 6. August 3 Stücke nach Süden. Die Segler sind hier stark im Abnehmen, weil sie grösstentheils ihre Nistplätze wegen Ausbesserung der Thürme verloren haben. — **Oslawan** (W. Čapek). Brütete früher auf dem Oslawaner Schloss- und Kirchthurme. Nun nistet er noch in Eibenschitz und auf der uralten Kirche in Reznowitz. Bei Oslawan habe ich ihn nur bei seinen Ausflügen gesehen. Am 26. April 1 Stück einzeln über den Wäldern, 24. Mai 1 Stück um den Kirchthurm, 28. ein Paar daselbst. Im Juli mehrmals hoch in der Luft (selbst schon bei Dämmerung) gehört. In Brünn waren sie heuer sehr zahlreich; der Hauptschwarm verschwand daselbst am 1. August, die Nachzügler am 3. d. M. — **Römerstadt** (A. Jonas). Am 26. April wurden zuerst 9 Stücke gesehen. Im Sommer ist dieser Spaltschnäbler stets bei uns zu finden.

Nieder-Oesterreich. Mödling (J. Gaunersdorfer). Am 9. Mai in bedeutender Zahl auf den Ruinen des Lichtenstein angetroffen.

Salzburg. Abtenau (J. Höfner). Ankunft 7. Mai, 9. Mai im Markte; Abzug 30. Juli; am 1. August abends 15—20 gesehen, am 2. August keine mehr. — **Hallein** (V. v. Tschusi). Ankunft 5. Mai; Abzug 29. Juli 3, 30. 2, 31. 5 Stücke; 1. August 4, 3. 3, 5. früh 8, dann 10 Stücke; 7. 2, 8., 9. 1 Stück; 11. 3, 12. 5 Stücke; 13. $^1/_2$8 früh und 14. 2 Stücke; 15. nach starkem Regen (S., $+13^0$) 8—10 Stücke; 20. (S., $+13^0$, Regen) 10—12 Stücke nach N.-W.; 21. (W., $+15^0$, trüb) 10 Stücke; 21., ebenso den 22. 1 Stück; 28. (bei S., $+7^0$, trüb und vorhergehendem Regen und Schneefall im Gebirge) 8 Stücke um 11 Uhr mittags nach S.-O.; 29., 30. 1. und 3. September 1 Stück; 5. September (S., $+10^0$, trüb, nach vorhergehendem Regen und Schneefall im Gebirge) 12 Stücke nach N.-W.; 10. abends 1 Stück nach S. O.

Schlesien. Dzingelau (J. Želisko). 25. April (früh $+4^0$ R., trüb, nachts heiter, schwacher Reif, nachmittags Regen, $+8^0$ R.); Hauptabzug 4. Juli (heiter, schön); 14. 3 Nachzügler angetroffen. Hier eine seltene Erscheinung. — **Jägerndorf** (E. Winkler). Ankunft 5. Mai, Wegzug 26. Juli. — **Troppau** (E. Urban). Ankunft 6. Mai (einige); anfangs August keine mehr gesehen.

Siebenbürgen. Nagy-Enyed (J. v. Csató). Den 29. August 3 Stücke.

Steiermark. Mariahof (B. Hanf). »Thurmschwalm«, »Wildschwalm«. Ist ein regelmässiger Sommervogel, welcher in den ersten Tagen des Mai (3.—6.) einzeln, vollzählig (besonders in kalten Frühjahren) erst in der zweiten Hälfte dieses Monates ziemlich häufig eintrifft. Ankunft 1884 am 5. Mai 2 Stücke, 15. Mai vollzählig; Abzug anfangs August; 15. August noch ein Individuum gesehen. — (F. Kriso). Am 2. August noch 5 beim Thurme. — **Pikern** (O. Reiser). Obwohl der Segler nach Seidensacher in der Umgebung von Cilli nicht vorkommt, brütet er in Marburg doch massenhaft im Gebäude der Realschule und in den Dachzierrathen der Franz Josef-Kaserne. — **Pöls** (St. Bar. Washington). 30. April 5 Stücke nach Nordwest (trübes

Wetter, Westwind; am 29. April schön, warm, windstill, ebenso am 1. Mai). In Graz traf ich die Mauerschwalben am 5. Mai schon in grosser Anzahl.

Tirol. Innsbruck (L. Bar. Lazarini). 20. April 2 Stücke in der Ambraserau gesehen; 6. Mai 8 Uhr früh ziemlich zahlreich ober der Stadt; 15. August seit einigen Tagen verschwunden.

Ungarn. Oravitz (A. Kocyan). Ersten am 15. Mai, 27. mehrere; nisteten in mehr Paaren in der Gegend als im Vorjahre; Anfang August abgezogen. — **Szepes-Béla** (M. Greisiger). Am 8. Mai in Béla die ersten 5 gesehen (Nordwind, trübe, kühl, ebenso tagsvorher und regnerisch); den Abzug habe ich nicht wahrgenommen. — **Szepes-Igló** (J. Geyer). Traf hier seit 1873 noch immer regelmässig am 2. Mai ein; auch heuer wurde an diesem Tage abends ½8 Uhr ein einzelnes Exemplar um den Thurm kreisend beobachtet; am nächstfolgenden Tage waren schon mehrere sichtbar. In Leutschau (eine Meile von hier) will man sie diesmal schon am 20. April beobachtet haben, und als ich hiezu in unserem Provinzialblatte eine Gegenbemerkung machte, hatte Herr Ignatz Spött, akademischer Maler in Wien, die Freundlichkeit, mir brieflich mitzutheilen, dass auch er einen kleinen Schwarm in der Residenzstadt am 23. April beobachtet habe. Vom 29. Juli ab sah ich in Igló kein Exemplar mehr.

44. *Hirundo rustica*, Linn. — Rauchschwalbe.

Böhmen. Aussig (A. Hauptvogel). Angekommen am 7. April in Schönpriesen und am 11. April in Pömmerle; am 28. August flog daselbst die zweite Brut aus. Habe wahrgenommen, dass sie früher im Gebirge ankommen als im Thale; heuer zahlreicher als früher. — **Böhmisch-Leipa** (F. Wurm). Vorboten am 26. April, Hauptzug am 30. April. — **Böhmisch-Wernersdorf** (A. Hurdalek). Kamen den 27. April einzeln, flogen aber nach 3 Tagen wieder ab. Darauf folgte ein kalter Regen durch mehrere Tage und erst am 5. Mai kam eine grössere Zahl an. — **Klattau** (V. Stejda v. Lovčič). Einzelne erschienen am 29. März, da jedoch am 30. März kaltes Wetter mit Regen und Schnee eintrat, flogen sie wieder fort und kamen erst am 22. April in grosser Anzahl zurück und suchten ihre Nahrung nahe am Wasser auf, obwohl noch kalte Witterung herrschte. Der Abzug erfolgte am 7. October bei Tag und regnerischer, kalter Witterung. Der späte Rückzug kann dem warmen Wetter, welches in diesem Jahre bis zu dem genannten Tage anhielt, zugeschrieben werden. Im Jahre 1883 versammelten sich die Rauchschwalben unter besonderem Geschrei schon am 17. September und flogen nach Süden. — **Liebenau** (E. Semdner). Am 27. April vereinzelt, am 28. aber schon in grösseren Mengen; sie flogen ziemlich hoch und es nahmen die meisten ihren Weiterflug nach Norden (Sonnenhell, warm, anhaltender Wind aus Südost). Ansammlungen auf den Dächern am 5. und 6. September und auch Abzug in südlich gelegene Gegenden. — **Nepomuk** (R. Stopka). Die erste wurde am 2. April um 6 Uhr nachmittags in der Stadt beobachtet, eine auch am 3. April; am 4. April sah ich über dem Teiche 3 herumfliegen. Darauf wurden sie nicht mehr gesehen, obzwar bis zum 17. desselben Monates eine günstige, jedoch kühle Witterung herrschte. Erst am 26. April gegen Mittag erschienen sie zahlreicher (am 25. war Schneefall, früh $+1^0$, Ostwind; am 26. früh 0^0, Nebel, Ostwind). Der Abzug erfolgte vom 29. auf den 30. September, da am 30. September nur sehr wenige mehr beobachtet wurden (früh $+4^0$, nachmittags $+13^0$, Ostwind); die letzten 3 wurden am 10. October in der Früh gesehen ($+4^0$, Ostwind), den Tag darauf waren sie verschwunden (Regenwetter). — **Rosenberg** (F. Zach). Am 5. April die erste gesehen. — **Wirschin** (A. Wend). Ankunft 20. April, in Mehrzahl 21. April; Abzug 19. August.

Bukowina. Kotzman (A. Lurtig). 18. April die ersten eingetroffen; am 29. April in grossen Massen. — **Obczina** (J. Zitný). Traf wegen allzu ungünstiger Witterung erst am 17. Mai ein; der Abzug erfolgte Mitte September. — **Solka** (P. Kranabeter). Gehört zu den häufigen Zug-, bez. Sommervögeln; erscheint im April und Mai (heuer den 15. Mai) und zieht scharenweise Anfang September (heuer den 13. September) ab. Im Frühjahre kamen grössere Scharen erst am 21. Mai an; der Abzug geschieht auf einmal. — **Straza** (R. v. Popiel). 23. April. — **Terebleszty** (O. Nahlik). Abzug am 15. September. — **Toporoutz** (G. Wilde). Am 1. und 2. October zogen sie in Scharen durch.

Croatien. Agram (V. Diković). Grosse Züge am 28. August und ein mittlerer am 15. October. — (A. Smit.) Sind mit Ende März gewöhnlich da, um mit Ende September oder Anfang October fortzuziehen. Kommt häufiger in den Städten als Dörfern vor. — **Krizpolje** (A. Magdić). Beobachtet. — **Varasdin** (A. Jurinac). Die gewöhnlichste und sehr häufige Schwalbenart. Die ersten erscheinen bereits die letzten Tage des März. 1883 kamen sie den 25. März (morgens 7 Uhr — 0·6° C., mittags 2 Uhr + 6·5° C., abends 9 Uhr — 4° C., ruhiges Wetter, Schnee an den Berganhöhungen und überall im Schatten der Ebene) und 1884 den 26. März (zu bezeichneten Stunden + 5·6° C., + 12·7° C, + 9·2° C.) an; Mitte April waren sie vollzählig da. Die Zeit des Abzuges hängt von der Witterung ab. 1881, wo es die ganze zweite Hälfte September und den ganzen October regnete und eine kühle Witterung herrschte, sah ich noch den 21. October ungewöhnlich viele Rauchschwalben auf den Dächern und Telegraphendrähten sitzen und viele taumelten halb verhungert sogar auf dem Erdboden herum. Nachdem noch dazu den 28. October Schnee gefallen war, so müssen sehr viele Schwalben vor Hunger und Kälte umgekommen sein. 1883 geschah der Hauptzug in der Nacht zwischen dem 7. und 8. September. Nachdem habe ich sie nur einzeln noch den 18. September, 3 Stücke sogar noch den 7. October beobachtet. 1884 zogen sie den 23. September ab. Von 14—20. Juli 1883 wurde eine schöne, am Scheitel, Rücken und an der Kehle verschwommen zimmtbraun angehauchte Varietät in der Nähe der Drau bei Varasdin beobachtet.

Dalmatien. Spalato (G. Kolombatović). Am 11. März sah ich 2 Stücke; am 22. grosse Schwärme und blieben die Brutpaare da. 28. August nahm die Zahl ab; 15. September verliessen sie die Stadt; 5., 15., 21. October einige Individuen am Durchzuge.

Kärnten. Mauthen (F. C. Keller). Erschien am 3. April und zog am 6. September ab.

Krain. Laibach (C. v. Deschmann). Am 27. März; Beginn des Abzuges am 24. August, in Schwärmen am 18.—20. September; noch am 26. September vereinzelt in der Umgebung.

Litorale. Monfalcone (B. Schiavuzzi). 27. März früh die erste gesehen; 28. März ebenfalls eine früh; 29. März 2 abends; 30. März 3 abends; 31. März ungefähr 20 während des Tages; 1. April viele; 23. Juni flogen die Jungen in einem Neste am Spitale aus; 8. August fingen sie an sich zu versammeln; 1. September verminderte sich ihre Zahl; 6. September sehr wenige mehr; 14. September abgezogen; 26. September 3 vor dem Bahnhofe am Zuge (10 Uhr früh). — **Triest** (L. Moser). Nach Mittheilungen des Herrn Petritsch in Triest kamen am 31. März die ersten Schwalben in St. Giovanni bei Triest an und zogen ab. Ein zweiter Zug langte am 3. April an und ging auch fort. Am 6. April habe ich die ersten Rauchschwalben in Basovica gesehen, die bleibenden Aufenthalt nahmen.

Mähren. Fulnek (G. Weisheit). Ankunft 28. April, Massenabzug 10. September. — **Goldhof** (W. Sprongel). Im Hofe hielten sich ungefähr 15 Paare auf, die wahrscheinlich in Viehstallungen nisteten. Am 1. Juni hatten sie schon grösstentheils die Jungen ausgebrütet. Ihre Ankunft im Beobachtungsgebiet datirt vom 6. April (in Seelowitz); im Meierhofe sah man das erste Paar am 7. April; am 11. April kamen weitere 2 Paare und am folgenden die letzten. Die gesammten Schwalben aus dem Hofe zogen am 10. September mit dem Hauptzuge davon; am 15. September beobachtete ich den Nachzug. — **Mährisch-Neustadt** (F. Jackwerth). 7. April die ersten (Südwind), 8. April (trübes, rauhes Wetter, Nord) wieder verschwunden; 9. April (Südwind) gegen Abend einige Stücke gesehen; 16. April sehr viele bei Nordwest; 17. April (Nordost, Schnee, —2° R.) bis zum 22. April, wo abends 7 Stücke erschienen, keine gesehen (warm, heiter, Nordwest); 26. April viele; dürften alle angekommen sein (Südwind, heiter, vorher Regen). 13. September den ganzen Tag hindurch sehr lebhafter Zug (Hauptzug) nach Süden, in langen Zügen und truppweise (Südost, heiter, warm, ebenso vorher); 14., 15., 16. September kleinere Züge mit Dorf- und Stadtschwalbe gemeinsam kreisend nach Süden (Südwind, heiter, warm); 17. September 4 Stücke nach Süden; 18. September 3 Stücke (Nordwest, heiter); 22. September 3 Stücke (Nordwest); 23. September 9 Stücke (Südwest, heiter). Vermehrt sich hier stark. — **Oslawan** (W. Čapek).

Gemein; am 11. April 8 Stücke, 13. mehrere, 18.—22. (Schnee) keine; am 19. Juni die ersten Jungen flügge; am 15. September waren sie hier schon weggezogen; den 9. October sah ich noch 2 Stücke; denselben Tag hat man auch in Brünn einige beobachtet. — **Römerstadt** (A. Jonas). Dieser Zugvogel kommt erst Ende April oder anfangs Mai in wenigen Exemplaren zu uns. Das erste Paar wurde am 28. April in Irmsdorf beobachtet. Am 25. August 1883 und 19. August 1884 wurden kleinere Schwärme zum letztenmale gesehen.

Salzburg. Abtenau (F. Höfner). Ankunft 2. April abends 6 Uhr im Markte. — **Hallein** (V. v. Tschusi). 3. April 6 Stücke; 8. 12 Stücke; 15. 30 Stücke gegen N.-W. 1. September sehr wenige mehr; 6. einige nach N.-W.; 8. 2 Stücke nach N.-W.; 9. 3 Stücke nach S.-O.; 12. 6—8 Stücke; 19. früh (W., $+15^0$, schön) 15—20 Stücke; 20. 1 Stück; 21. (S., $+12^0$, schön) 40—50 Stücke um 8 Uhr früh; 25. 3 Stücke; 27. mehrere; 29. einige früh; 30. $^1/_29$ früh 10—12 Stücke (S.-O., $+10^0$, schön); 1. October 2—3 Stücke früh; 5. mehrere; 6. 2 Stücke früh; 12. früh 1 Stück nach N.-W.; 19. nachmittags 2 Stücke nach S.-O.; 21. vormittags 2 Stücke nach N.-W.

Schlesien. Dzingelau (J. Želisko). Erste Ankunft 11. April (heiter bei Ostwind, nachts bewölkt und Südwind; 10. April Ostwind, früh 7 Uhr — 3^0 R.); 13. 3 Stücke; 17. April Schneefall bis 20., während welchem die Schwalben abzogen; Hauptankunft 27. April; Beginn des Abzuges 1. September (31. August warm, Südwind, ebenso den 2. September); Hauptzug 7.—14. September (heiter bei Nordost); Nachzügler 27. September 3 Stücke (Nordost, $+3^0$ R.); 6. October 1 Stück. — **Ernsdorf** (J. Jaworski). Ankunft Ende April, Abzug anfangs September. — **Lodnitz** (E. Nowak). 10. April, Abzug etwa Mitte September. — **Troppau** (E. Urban). 1. Mai die erste, 2. 3 Stücke; am 31. Mai erstes Ei im Neste bemerkt; 11. September die letzte bei uns im Hause.

Siebenbürgen. Fogarás (E. v. Czýnk). Häufig. Am 11. April morgens die erste; 12. April schon viele da (Südostwind); Nestbau 8. Mai; volles Gelege 14. Mai; Abzug 24. September S.-W.). — **Nagy-Enyed** (J. v. Csató). Den 11. April die 2 ersten Stücke bei Nagy-Enyed; 14. April mehrere über der Stadt

Nagy-Enyed fliegend; 28. Juli 2000 spät abends sehr hoch fliegend über den überschwemmten Feldern; 15. September verminderte sich ihre Anzahl; 20. September waren alle abgezogen; 10. October 3 und den 14. October 2 Stücke als Nachzügler bei Nagy-Enyed.

Steiermark. Mariahof (B. Hanf). »Schwalm«. Ankunft 2. April die erste; 7. April 20 Stücke; 9. April 30 Stücke; Abzug in pleno 4. September S.-O.-Wind, sehr tiefer Barometerstand, also gegen den Wind). — (B. Hanf und R. Paumgartner). 1 Stück am 2. April; 20—30 den 7. April; 40—50 den 8. April; 1 gesungen am 11. April; 1 im Hause selbst gesungen den 13. April; 200—300 am 16. April; 500—600 den 17. April; 400—500 den 18. April; 30—40 den 24. September (S.-O.); 1 den 5. October; 2 den 14. October in Neumarkt, alte Exemplare; 28. Juli infolge schlechter und kalter Witterung ein Nest mit Jungen zu Grunde gegangen. — (F. Kriso.) Morgens um 6 Uhr sass am 30. März eine Schwalbe auf der Winterthür der I. Classe und putzte ihr Gefieder. Diese Schwalbe musste ein Durchzügler sein, weil sie in den nächsten Tagen nicht mehr kam. 2. April 1 Exemplar gesehen; den 3. April kreisten bei Judenburg über der Mur eine grosse Anzahl Schwalben, während bei uns erst am 14. April 3 Stücke in der Nähe herumflogen und eine einzelne im Schulhause übernachtete, welche am 15. April einen Kameraden erhielt; 19. April war schlechtes Wetter und im Schulhause übernachtete keine Schwalbe mehr bis zum 22. April, an welchem abends eine kam, und am 23. April, da die ungünstige Witterung fortdauerte, wieder ausblieb. Am 28. April waren die meisten Nester in den Häusern von Schwalben bezogen. 6. Mai fiel Schnee, und die zwei Paare, die im oberen und unteren Gange des Hauses je ein Nest hatten, fanden sich nicht ein; 7. Mai regnete es und von jedem Paar übernachtete nur eines; 9. Mai schön; 13. Mai begannen die Schwalben im Schulhause mit dem Nestbau; 3. September verliessen die letzten Jungen (3) das Nest; die Hauptmasse der Schwalben war schon fort. — **Pöls** (St. Bar. Washington). Traf in vereinzelten Exemplaren (laut zuverlässigem Bericht) am 14. März im Beobachtungsgebiete ein. Die Hauptmasse kam Ende März und anfangs April. Nach einer langen Reihe von Regentagen beobachtete ich Rauchschwalben zu Hunderten am 26. April über der Mur nächst Wildon

Tirol. Innsbruck (L. Bar. Lazarini). Den 11. März die erste bei Brixen; 27. wurden die ersten, die alten Nester im goldenen Dachlgebäude in Innsbruck aufsuchend, beobachtet; 3. April mehrere in der Sillschlucht hinter dem Berge Isl gesehen; 5. October noch 6 in der Sillschlucht beobachtet.

Ungarn. Mosócz (R. Graf Schaffgotsch). Sehr häufig. Ankunft den 20. April; am 21. Juni besonders zahlreiche Junge beobachtet; 7. September Hauptschar abgezogen; am 8. October die letzten 3 gesehen. — **Oravitz** (A. Kocyan). Den 14. April die erste bei $+4^{0}$ C. und Westwind um 9 Uhr früh durchgezogen; am 2. und 5. Mai bei $+6^{0}$ C. zwei Paare, die hier nisteten; am 2. und 7. September die letzten am Abzuge, der spärlich war, gesehen. — **Szepes-Béla** (M. Greisiger). Am 23. April (schwacher Nordostwind, Regen, ebenso tagsvorher) in Béla ein Stück; am 24. (schwacher Nordwind, heiter und warm) ebendaselbst mehrere; ein Flug von 6 Stücken zog direct von Süd nach Nord; am 25. (Südwind und warm) war in Béla schon die Hauptmasse anwesend; am 24. September (Nordwind, kalt und Regen, lange Zeit vorher Ostwind, heiter und warm) zogen von Béla die meisten fort; am 30. (schwacher Ostwind, heiter und warm) traf ich an der Poper bei Béla noch einen Flug von 10 Stücken; am 5. October (Nordwind, regnerisch, ebenso schon zwei Tage vorher) kreisten ober Béla längere Zeit noch 6 Stücke. — **Szepes-Igló** (J. Geyer). Am 29. März eine einzelne in der Stadt längs der Häuserreihe nach Fliegen haschend; am 10. April 2 Stücke in der Stadt beobachtet; am 16. mehrere zwitschernd über den Häusern hin- und herfliegend; am 8. September in grossen Scharen sich zusammenrottend und uns verlassend; vom 26. September ab war viele Tage lang kein einziges Exemplar mehr sichtbar; vom 3. October ab erschienen zeitweise wieder einzelne Nachzügler, bis am 19. October die letzten 2 Stücke beobachtet wurden.

45. *Hirundo rustica*, var. *pagorum*, Chr., L., Br. — Rostgelbbäuchige Rauchschwalbe.

Mähren. Oslawan (W. Čapek). Selten.

Ungarn. Oravitz (A. Kocyan). Nur 1 Stück im Dorfe Vittanova am 24. August gesehen.

46. *Hirundo urbica*, Linn. — Stadtschwalbe.

Böhmen. Aussig (A. Hauptvogel). Die Stadtschwalbe ist im Gebirge viel häufiger als im Thale und zwar dieses Jahr auffällig zahlreicher als 1883, wo z. B. in Pömmerle bloss 3—4 Paare nisteten und auch sehr spät angekommen sind, während heuer einige 20 Paare sich einfanden. Die Verminderung dieser Schwalben mag auch ihren Grund darin finden, dass viele Landleute die Nester zerstören, weil sie der Meinung sind, dass in den Nestern Wanzen sich aufhalten und ins Haus gelangen, und zweitens, dass die Schwalben besonders den Bienen nachstellen und schaden. In Kleinpriesen hat sich dieses Jahr an der Mühle eine Colonie von 21 Paaren angesiedelt. — **Böhmisch-Leipa** (F. Wurm). Ankunft der Vorboten am 25. April und des Hauptzuges am 1. Mai. — **Nepomuk** (R. Stopka). Am 2. Mai gegen 5 Uhr nachmittags wurden einige beobachtet und zwar an einem geschützten Orte unter »Zelená hora«, wo sie ihr Hauptquatier haben (+8°, Westwind); 13. Mai waren sie bei günstiger Witterung auch in der Stadt zahlreich vorhanden; 6. Juni waren sie mit der Herrichtung ihrer Nester beschäftigt, was ich auch am 18. d. M. und noch später bemerkte; 10. August flogen sie in Gesellschaften umher und am 9. September unternahmen sie weitere Ausflüge, da manchen Tag nur wenige zu sehen waren. Der Abzug erfolgte vom 21. auf den 22. September, da von dieser Zeit an selten mehr eine in der Stadt beobachtet wurde (die Witterung war kühl, Nordwind); 29. September flogen noch etwa 15 Schwalben um »Zelená hora« herum, so auch am 19. October; vom 11. bis 14. October wurden keine gesehen (das Wetter war ungünstig und regnerisch); die letzten zwei Stadtschwalben sah ich am 22. October (+5°, Nordostwind, am 23. October war noch kälterer Ostwind). — **Přibram** (F. Stejskal). Ist heuer in hiesiger Gegend gar nicht erschienen. — **Rosenberg** (F. Zach). Wurde nur am 28. April (aber nur eine) gesehen und später nicht wieder beobachtet. — **Wirschin** (A. Wend). Ankunft 23. April, in Mehrzahl 24. April; Abzug 28. August.

Bukowina. Petroutz (A. Stránský). Ankunft 22. April, Abzug 23. September. — **Solka** (P. Kranabeter). Gehört zu den häufigen Sommervögeln; erscheint im April (heuer das erste

Exemplar am 13. April), in grösserer Anzahl erst am 1. Mai; der Abzug geschieht scharenweise bei Tag im September (heuer den 17. September).

Croatien. Agram (V. Diković). Grosse Züge am 2. September und einen kleineren am 7. October bei Agram gesehen. — (A. Smit.) Mit Ende September oder Anfang October zieht sie weg. In der Stadt Agram hatten wir heuer nicht eine einzige *H. urbica* bemerkt. Sie zeigt sich in der Stadt Agram nur während der Zugszeit. Im Jahre 1879 kam eine ziemlich grosse Schar nach Agram, die sich zum Nisten den Platz in der unteren Stadt (Ilua) und am »Capitel« auserwählte. Die Nester waren gänzlich fertig und einige hatten schon Eier, doch nach drei Tagen bemerkte ich von allen nicht eine mehr. Der Grund war, dass die Sperlinge sich in den Besitz der Nester setzten und die Schwalben vertrieben. — **Varasdin** (A. Jurinac). Bedeutend weniger zahlreich als die Rauchschwalbe. Ankunft Mitte April, Abzug Mitte September; 1883 17. September abends.

Dalmatien. Spalato (G. Kolombatović). Am 22. März 7. am 8. April einige; 18. kam sie massenweise und nahm bleibenden Aufenthalt. 28. August nahm die Zahl in der Stadt ab; 30. September und 5., 15., 21. October einige vorbeiziehend.

Kärnten. Mauthen (F. C. Keller). 1 Stück am 28. März, mehrere am 2., 3. und 4. April mit Ostwind; Hauptzug am 17. April bei schwachem Südwind nach einem warmen Regen; Abzug am 6. und 10. September, letzte am 24. September.

Krain. Laibach (C. v. Deschmann). Am 21. April; Abzug am 2. September; am 10. September in grosser Menge ober Laibach fiiegend.

Litorale. Monfalcone (B. Schiavuzzi). 13. April die ersten, 14. einzelne, 21. alle angekommen; 1. Mai Nestbaubeginn; 2. Juli ein Paar, welches sein Nest auf meinem Hause angelegt hatte, hat schon flügge Junge; 8. August fingen sie an sich zu versammeln; die Nestjungen des Nestes auf meinem Hause verlassen dasselbe und nur während der Nacht suchen sie es wieder auf; 3. September versammelten sie sich auf den Dachrinnen; 6. September sehr wenige; 13. September abgezogen; 24. September 3 am Zuge (NO.-SW.); 10. October eine abends. — **Triest** (L. Moser). Nach Mittheilung des Herrn Petritsch beobachtete er noch ein Exemplar am 26. October in Monfalcone.

Mähren. Fulnek (G. Weisheit). Brutvogel. — **Goldhof** (W. Sprongel). In den benachbarten Ortschaften trat sie ebenso zahlreich wie *H. rustica* auf, dagegen fehlt sie im Meierhofe seit mehreren Jahren gänzlich. Die Ursache davon mag darin liegen, dass die Nester jedes zweite Jahr beim Tünchen der Gebäude zerstört wurden und die Vögel genöthigt waren, jedes zweite Jahr sich ein neues Nest zu bauen. Vor 15 Jahren sollen sie auch im Hofe häufig vorgekommen sein; damals legte man aber auch auf das schmucke Aussehen der Gebäude weniger Gewicht als heute. — **Mährisch-Neustadt** (F. Jackwerth). Die ersten 2 Stücke am 7. April (Südwind), dann bis zum 25. April keine; 25. April 1 Stück (Süd, Regen); 26. April mehrere (Süd, heiter); 28. April viele nach Norden (Regen, Nordost); 30. April, 1., 2. Mai öfters einige Stücke langsam kreisend nach Norden; 3., 4., 5., 9. Mai öfters einige nach Norden (heiter, West); 28. Juli*) tagsüber sehr viele angekommen; 29. Juli bloss einige gesehen (Nordwest); bis 14. September täglich kleinere und grössere Trupps nach Süden; 19. September 5 Stücke eilig nach Süden; 27. September gegen 30 Stücke langsam kreisend nach Süden (Nordwest, heiter). — **Oslawan** (W. Čapek). Der im Juni 1881 durch Kälte erlittene Verlust ist wieder ersetzt. Am 20. April 2 Stücke, 28. viele. Den 1. Mai hat ein Paar den Nestbau angefangen; noch am 9. September sind aus zwei, am 15. September aus dem letzten Neste die Jungen ausgeflogen. In der ersten Hälfte September versammelten sie sich scharenweise am Kirchthurme und am 17. verschwanden sie. Vor drei Jahren habe ich ein Gelege mit schwarzen Punkten in Oslawan bekommen. — **Römerstadt** (A. Jonas). Kommt stets später bei uns an als die Dorfschwalbe. Die ersten Paare wurden am 7. Mai 1883 und 14. Mai 1884 gesehen; sie brütete zweimal. Im Jahre 1882 wurden keine hier beobachtet, da der Juni sehr kühl hier war. Die letzte am 23. August gesehen.

Nieder-Oesterreich. Melk (V. Staufer). Ankunft 6. April. — **Mödling** (J. Gaunersdorfer). Diese im Gebiete im ganzen seltener als *rustica*. 3. April 3 Stücke gesehen; 14. April waren schon ziemlich viele da; am 16. April Scharen

*) Sollte es nicht richtiger August heissen! v. Tschusi.

am Mödlingbach; 20. Juni und schon früher wurden viele Junge in den Nestern todt aufgefunden, wahrscheinlich infolge Nahrungsmangel, weil zu dieser Zeit eine wesentliche Temperaturerniederung stattfand. 8. September sammelten sich die Schwalben am Bache; 25. September vollständig abgezogen.

Salzburg. Abtenau (F. Höfner). Ankunft 24. April 5 Uhr nachmittags im Markt (trübe). — **Hallein** (V. v. Tschusi). 20. April 1 Stück; 28. August viele mit *Cypselus apus* um 11 Uhr vormittags nach S.-O.

Schlesien. Dzingelau (J. Želisko). Ankunft den 25. April (Südwest, +8° R, Regen); Hauptmasse am 29. April (+7° R., Regen); 15. August Beginn des Sammelns und der Flugübung; einige ziehen schon ab; 21. August allgemeines Wegziehen, welches bis zum 6. September dauerte (20. August veränderlich, trüb, Westwind, ebenso 21. und 22. August bei Südwest); am 16. September die letzte angetroffen (15.—17. September heiter, warm, Nordost). — **Ernsdorf** (J. Jaworski). »Dachschwalbe«. Ankunft Ende April. Abzug anfangs September. Seit einigen Jahren nehmen die Schwalben immer mehr ab. — **Jägerndorf** (F. Winkler). »Hausschwalbe«. Ankunft 24. April, Abzug 27. August. — **Lodnitz** (J. Nowak). Ankunft 10. April, Wegzug um die Mitte September.

Siebenbürgen. Fogarás (E. v. Czýnk). Im Vergleich zu Kronstadt häufig. 2. Mai (N.-W.) und 10. Mai viele; 17. Mai Nestbau; 26. August Abzug (Süd). — **Nagy-Enyed** (J. v. Csató). Den 29. März 2 Stücke beim Nest; 11. April 10 Stücke; 19. April kam das Paar, welches bei mir im Hofe unter dem Hausdache brütete, an; 26. September die letzten 3 Stücke.

Steiermark. Mariahof (B. Hanf). »Speier«. 8. April die ersten, 18. April viele; Abzug 4. September, doch blieben einige zurück, deren Junge noch im Nest waren. — (B. Hanf und R. Paumgartner.) Den 8. April 2, am 17., 18., 21., 22. mehrere; 28. erste beim Pfarrhof; 30. September 50—60 Stücke, abends nur 2; 3. October abends 2 Stücke. — (F. Kriso.) Am 28. April viele hier. — **Pöls** (St. Bar. Washington). 27. März die ersten. Am 3. Mai enthielt eines der im Meierhofe erbauten Nester bereits ein Junges, während die meisten anderen Brutpaare noch gar nicht brüteten, ja selbst zum Theile noch mit dem Nestbau beschäftigt waren; zweifellos muss der reichliche Regenfall im April als Ursache des verzögerten Brutgeschäftes angesehen werden.

Ungarn. Oravitz (A. Kocyan). Den 20. April erschien ein Paar an der Capelle gegen 10 Uhr früh (0° C., Nordwind, Nebel), war aber bis Mittag verschwunden; am 16. Mai (+7° C., Westwind) ein Paar, das ebenfalls gleich wegzog; 21. Mai (+18° C.) zwei Paare, die gleich zur Brut schritten, und in einer Woche darauf kamen noch andere (8—10 Stücke) dazu und blieben (diese ohne zu brüten) bis 18. August, wo von den ersten 2 Paaren die Bruten ausflogen; letztere blieben mit den Jungen genau bis 1. September. Diese Schwalben wurden gar nicht beunruhigt und so hoffe ich, für kommendes Jahr mehrere zu sehen. — **Szepes-Béla** (M. Greisiger). Am 20. April sah ich die ersten in Béla, die sich in ein altes Nest setzten, ein Liedchen zwitscherten und dann wieder auf mehrere Tage verschwanden (Nordwind, Schneefall und Regen, tagsvorher Schneefall und Frost; Temperatur unter 0° R.); 22. mehrere gesehen (schwacher Nordostwind, warm und nachmittags Regen); 25. schon viele anwesend (Südwind und warm, tagsvorher schwacher Nordwind und warm); 1. Mai Hauptmasse da (Südwind, heiter, sehr warm). Der Juni war grösstentheils regnerisch und kalt, es wurden daher viele verhungert in den Nestern aufgefunden. Am 24. September zogen alle fort (Nordwind, Regen, kalt; lange Zeit vorher immer Ostwind, heiter und warm). — **Szepes-Igló** (J. Geyer). Erschien in Mehrzahl erst am 27. April, nachdem andere Frühlingssänger wegen eingetretener kühler, unfreundlicher Witterung mehrere Tage lang geschwiegen hatten. Am 18. Juni wurden vor Kälte und Hunger umgekommene Exemplare eingebracht; am 4. Juli sah ich die ersten flüggen Jungen; schon am 8. August begannen sie sich zusammenzuscharen; am 23. August verliess uns die erste Abtheilung; am 8. September letzter und grösster Hauptabzng.

47. *Hirundo riparia*, Linn. — Uferschwalbe.

Böhmen. Aussig (A. Hauptvogel). Zwischen Grosspriesen und Waltirsche ist eine lange herrschaftliche Wiese, welche gegen die Elbe zu einen steilen, fast senkrechten Abhang bildet. Darin nisteten Jahre lang wenigstens an 100 Paare Uferschwalben. Zwischen Tetschen und Leitmeritz findet man sie nirgends so zahlreich mehr, und ich glaube wohl, dass dies an der Elbe die grösste Ansiedlung der Uferschwalbe war. Im Jahre 1883 auf 1884 war dreimal Hochwasser, wobei der Boden zum Theile weggeschwemmt wurde, zum Theile herabfiel. Die Wand hörte fast ganz auf und die Uferschwalbe ist von dort fast ganz verschwunden. Erwähnen muss ich, dass die Wand aus Flusssand bestand, worin die tiefen Nester waren. Nun sind die Uferschwalben meist zerstreut, nur eine grössere Colonie von etwa 30 Paaren nistet in einer Lehmwand an der Nordwestbahn zwischen Gross- und Kleinpriesen. Dass diese Vögel Noth an Nistplätzen haben, zeigt, dass sie an der Strasse zwischen Pömmerle und Nestersitz bei einer Ziegelei in die Lehmwand ihre Nester anlegten, obwohl die Ziegelmacher ganz bei ihnen arbeiteten und auch Lehm gruben. Ich habe sogar unter Pömmerle am Fusswege in einem Sandloch ein Nest gefunden, welches von der Sohle kaum 1 m. hoch entfernt war. In den kleinen Abzugslöchern der Eisenbahnen sind sie jetzt sehr häufig und dort werden sie wenigstens nicht gestört. — **Böhmisch-Leipa** (F. Wurm). Am 8. April angekommen. — **Nepomuk** (R. Stopka). Wird manches Jahr vereinzelt gesehen, hält sich aber hier nicht auf.

Bukowina. Kotzman (A. Lurtig). »Lasztiuwka«. Sehr häufig. — **Terebleszty** (O. Nahlik). Grössere Brutcolonien habe ich in den steilen Ufern des Serethflusses, welche mit Weidensträuchern verwachsen sind, bemerkt und an so einem Orte bei 80 Stücke gefunden.

Croatien. Varasdin (A. Jurinac). Gewöhnlich und ziemlich zahlreich; war aber vor etwa 15 Jahren noch häufiger. Sie nistet überall in den hohen steilen Ufern der Drau.

Dalmatien. Spalato (G. Kolombatović). 22., 26. März; 8., 18., 20., 25. April; 9., 13., 21. Mai; 12., 13., 15., 19., 20. September; 1., 2. October.

Kärnten. Mauthen (F. C. Keller). Am 16. April am Zuge.

Mähren. Kremsier (J. Zahradnik). Nistet nach übereinstimmenden Berichten einiger meiner Schüler an der Dřevnica (oberhalb Napajedl). — **Oslawan** (W. Čapek). Früher befand sich eine Colonie am rechten Oslawaufer gleich unterhalb Oslawan; heuer traf ich hier erst am 26. Juni zwei Paare an, die aber sogleich wieder verschwanden. Das Ufer ist vorwaltend lehmig, was den Schwalben die Arbeit sehr erschwert. Dafür befinden sich zwei Colonien bei Řeznovitz am Iglawaflusse und eine an demselben Flusse unterhalb Eibenschitz. Die obere Colonie, gegenüber von Řeznowitz, zählt 10, die untere 6 Paare, obgleich man an beiden Orten mehr Röhren in dem beinahe ganz sandigen, 2 m. hohen Ufer findet. Dieselben befinden sich 2—4 Decim. unter dem oberen Rande des Ufers. Am 26. Juni waren die Jungen einestheils schon ausgeflogen, oder es sassen die, welche noch nicht ganz flügge waren, vorne in der Röhre und zogen sich schnell zurück, wenn man in dieselbe blickte. Die Röhre fand ich immer armlang; drei Röhren waren kürzer, gebogen und enthielten ein leeres Nest. — **Römerstadt** (A. Jonas). Kommt sonst nicht vor. Am 8. Juli habe ich 3 Stücke an den sumpfigen Ufern eines Teiches angetroffen.

Nieder-Oesterreich. Lobau (O. Reiser). Es dürfte doch manchmal ein Paar zwei Bruten machen; so fand ich am 8. Juli in der Lobau bei Aspern mehrere Nester mit 1, 2 und 3 frischen Eiern, von denen die Alten abflogen. — **Mödling** (J. Gaunersdorfer). Trafen heuer spät ein, so dass auf demselben Standplatz (Congeriensand des Eichkogels), wie in früheren Jahren am 20. Mai, heuer noch keine beobachtet wurden. Von Mitte Juni ab, zeigten sich wieder viele, die noch Anfang September hier waren.

Salzburg. Hallein (V. v. Tschusi). 16. April mehrere; 12. September 3 Stücke nach S.-O.

Siebenbürgen. Fogarás (E. v. Czýnk). An manchen Uferstellen der Aluta 10—20 Paare brütend. Die ersten am 22. Mai (Witterung trüb. Windrichtung N.-O.); viele am 26. Mai; 24. September (Windrichtung S.-W.) abgezogen. — **Nagy-Enyed** (J. v. Csató). Den 3. Mai viele am Maros-Flusse bei Nagy-Enyed, in dessen Ufern sie brüten.

Steiermark. Mariahof (B. Hanf und R. Paumgartner). Kommt nur am Durchzuge regelmässig im Frühjahre, selten im Herbste am Furtteich vor. 8. April erste, 18. April viele; weiters am 22., 23., 24., 25., 28., 29. April, 6., 8., 27. Mai und 28. und 29. Juli beobachtet. — **Pöls** (St. Bar. Washington).

Diese in Südsteiermark manchenorts in grosser Menge (als Brutvogel) vorkommende Schwalbenspecies, welche auch in Obersteiermark als Passant beobachtet wird, hatte ich bisher niemals, auch nicht zu Zugszeiten im Kainachthale wahrgenommen. Wie gross war daher mein Erstaunen, als ich am 3. Mai in einer lehmigen Uferwand der Kainach eine kleine Colonie der Uferschwalbe, bestehend aus 5 Paaren, entdeckte. Die zur Neuansiedelung gewählte Stelle ist, wie ich beifügen zu müssen glaube, meines Erachtens die einzige, welche sich in meinem engeren Beobachtungsgebiete als Brutort der genannten Art eignet.

Tirol. Innsbruck (L. Bar. Lazarini). 11. April sehr zahlreich am Inn (Schneefall); 12. Juni auffallend zahlreich in der Sillschlucht hinter dem Berg Isl (am 13. Juni und die folgenden Tage viel Regen, auch Schnee im Gebirge.

Ungarn. Szepes-Béla (M. Greisiger). Am 30. Juni sah ich in Nagy-Eör auf den Telegraphendrähten ein schon flügges Junges sitzen und am 17. Juli traf ich ebendort auf den Telegraphendrähten 15 flügge Junge an.

48. *Hirundo rupestris*, Scop. — Felsenschwalbe.

Croatien. Varasdin (A. Jurinac). Ich selbst habe diese Schwalbenart nicht gesehen, aber der Förster versichert mich, dass sie zeitweise in hiesiger Gegend zum Vorschein kommt. Er behauptet nämlich, dass die Felsenschwalbe dann und wann, besonders wenn ein Gewitter im Anzuge ist, vom Ivančića-Gebirge in die Ebene fliege, und dass er hierorts bereits mehrere Exemplare erbeutet habe. (Belegstücke wären zur sicheren Constatirung erwünscht. v. Tschusi.)

Dalmatien. Spalato (G. Kolombatović). 19. November sah ich in Almissa bei grosser Kälte und Borra 10 Individuen; am 22. bei demselben Wetter in Stobrec 7 Indiv.; am 23., immer bei gleichem Wetter, 7 Indiv. in Salona, deren ich zwei geschossene bekam; sie zog also von Ost nach West. Diese Species, deren Erscheinung bei uns unregelmässig, und die ich nur im December 1879 und den 12. Januar in Stobrec, dann am 26. Januar, 3. Februar und 20. März 1880 in Salona traf, zog auch damals bei grosser Kälte von Ost nach West.

Kärnten. Mauthen (F. C. Keller). Brütete in 3 Paaren in der wilden Wolaya; Abzug am 30. September. Die Brutcolonie am Mont canin konnte ich dies Jahr leider nicht besuchen.

III. Ordnung.

Insessores. Sitzfüssler.

49. *Cuculus canorus*, Linn. — Kukuk.

Böhmen. Aussig (A. Hauptvogel). Am 26. April zuerst gehört. — **Blottendorf** (F. Schnabel). Den 1. Mai gehört. — **Böhmisch-Leipa** (F. Wurm). Wurde am 26. April das erstemal gehört. — **Böhmisch-Wernersdorf** (A. Hurdálek). Am 30. April zum erstenmal gehört; ist in unserer waldigen Gegend zahlreich vorhanden. — **Klattau** (V. Stejda v. Lovcić). Wurde das erstemal am 27. April gehört. — **Landskron** (O. Reiser). Aus der Umgebung wird mir folgender authentische Fall berichtet: Durch das bekannte Geschrei, welches dem jungen Kukuk eigen ist, aufmerksam gemacht, fand der dortige Förster in einer Baumhöhlung vier*) völlig flügge Kukuke, welche ununterbrochen von einem Paare *Ruticilla phoenicura* gefüttert wurden. An ein Ausfliegen war für die armen Gefangenen nicht zu denken, denn das Eingangsloch war viel zu eng. Ein ähnlicher Fall wurde mir voriges Jahr in Kalksburg bei Wien erzählt, wo sich ein junger Kukuk, der ebenfalls vom Gartenrothschwanz aufgezogen worden war, gleichfalls in einer solchen kritischen Lage befand. Damals nahm ich die Geschichte mit Unglauben auf, muss aber doch nunmehr die Möglichkeit zugeben. — **Liebenau** (E. Semdner). Machte sich am 5. Mai durch seinen bekannten Ruf bemerkbar, ist aber verhältnissmässig wenig vertreten. — **Nepomuk** (R. Stopka). Kommt in geringer Anzahl vor. Am 23. April will man ihn gesehen haben, am 26. wurde er gehört. Am häufigsten ruft er im Mai, später seltener, wurde aber noch am 23. Juni gehört. — **Oberrokitai** (K. Schwalb). Den 11. April den ersten gehört. — **Rosenberg**

*) Offenbar hatten, wenn ein Irrthum hier ausgeschlossen, 4 verschiedene Weibchen ihre Eier hineingelegt. v. Tschusi.

(F. Zach). Habe ihn am 8. Mai zum erstenmal rufen gehört, soll aber schon 8 Tage früher hörbar gewesen sein. Am 15. Juli entdeckte ich in einem mit jungen Bäumchen bestandenen Hohlweg ein Nest mit vier kleinen und einem grösseren Ei. Da ich das Nest als ein Rothkehlchennest erkannte, so dachte ich gleich an ein Kukuksei. Nach 3 Tagen lagen die 4 Eier ausserhalb des Nestes und der junge Kukuk war bereits ausgekrochen. Nach weiteren 3 Tagen war er schon so gross, dass er kaum Platz im Neste hatte; am 24. Juli war er ziemlich mit Federn bedeckt, nur auf dem Kopfe hatte er Stoppeln. — **Wirschin** (A. Wend). Ankunft 21. April, Abzug 26. September; im ganzen 6—7 Stücke.

Bukowina. Kotzman (A. Lurtig). »Zazula.« — **Kupka** (J. Kubelka). Kommt vor. — **Kuczurmare** (Miszkiewicz). Den 15. April angekommen; lässt seine Stimme nur bis Ende Juni hören. — **Petroutz** (A. Stranský). Ankunft 15. April. — **Obczina** (J. Zitný). Kam erst am 3. Mai sehr zahlreich an, rief wegen der sehr rauhen Witterung sehr selten und kurz und strich mit Ende Juni gänzlich ab. — **Solka** (P. Kranabeter). Die ersten Kukuke, 6 an der Zahl, kamen am 11. April nachmittags bei S.-O.-Wind an. Ihr zeitliches Erscheinen in diesem Jahre ist desto auffallender, da bis zu Anfang Mai der Schnee auf den Feldern lag. Zu ihrem Aufenthaltsorte wählen sie gewisse Lieblingsplätze, als Zweige, Aeste, wo sie andere ihrer Gattung nicht dulden, und im Falle sie ein anderer Kukuk besetzen will, tüchtig vertheidigen. Die Eier werden nach Umständen bis Anfang August gelegt. Im August, spätestens anfangs September, verlässt der Kukuk die hiesige Gegend; die Männchen ziehen voraus, die Weibchen paar Tage später; der Abzug geschieht beim Tage. — **Straza** (R. v. Popiel). Den 7. April. — **Terebleszty** (O. Nahlik) und **Toporoutz** (G. Wilde). Kommt vor.

Croatien. Agram (A. Smit). Mitte April hörte ich den ersten Ruf; Ende August ziehen die alten fort, indem ich später noch Ende October nur junge Vögel sah. — **Varasdin** (A. Jurinac). Häufig. Ankunft in der ersten Hälfte April, Abzug die letzten Tage des August. 1883 hörte ich im Varasdiner Gebirge die ersten den 13., in der Varasdiner Ebene den 19. April; 1884 den ersten Ruf den 13. April auf einer Drauinsel.

Den 7. August 1883 und die folgenden Tage hatte ich das Vergnügen zu beobachten, wie ein Paar Bachstelzen zwei eigene Junge und zwei junge Kukuke als Stiefkinder fütterten.

Dalmatien. Spalato (G. Kolombatović). 8., 12., 16., 18., 30. April; 2., 5. Mai; 22., 25. Juli; 10., 18., 20. September; 3. October.

Kärnten. Mauthen (F. C. Keller). Erschien am 24. April bei leichtem Schneefall im Gebirge; erster Ruf am 27. April, Abzug 24. August.

Krain. Laibach (C. v. Deschmann). Am 2. April zuerst; am 22. August noch anwesend.

Litorale. Monfalcone (B. Schiavuzzi). Den 10. Mai die ersten in Tagliata gehört; 20. Mai einzelne im Walde bei Liprandi; 7. Mai fand ich ein etwas bebrütetes Ei von gelblicher Farbe, mit einigen dunkleren Flecken an dem dickeren Ende, in einem Neste bei 4 Eiern von *Agrodroma campestris* am Rocca-Berge; 22. August bei St. Antonio 4 Junge in verschiedenen Kleidern auf den Pappeln der Chausée erlegt. Im Magen waren Reste von Raupen und Schmetterlingseiern. 23. August 2 am Zuge.

Mähren. Goldhof (W. Sprongel). Tritt sparsam auf; am 29. April zuerst gehört. — Mährisch-Neustadt (F. Jackwerth). 25. April erster Ruf. — Oslawan (W. Čapek). Gemein. Am 16. April den ersten Ruf gehört. Am 9. und 18. Mai wurden hier zwei prachtvoll ausgefärbte rothe Kukuke geschossen. Bei zwei frisch gelegten Eiern des *Phyllopn. sibilatrix* fand ich am 9. Mai ein weisses, schwarzbraun geflecktes Kukuksei; am 19. Juni ein zweites bei derselben Art, kaum 300 Schritte von dem ersten Neste entfernt. Bei *Ruticilla phoenic.* fand ich am 18. Mai ein blaues Kukuksei bei drei (eines musste beim Legen des fremden Eies zertrümmert worden sein, da ich Reste vom Dotter vorfand) Nesteiern und den 29. Mai schliesslich einen etwa 5 Tage alten Kukuk in dem Neste des *Anthus arboreus* todt und draussen lagen zwei nackte Nestlinge der Zieheltern. Am 20. Juni erhielt ich einen jungen Kukuk, der noch gar nicht fliegen konnte. Derselbe schrie, wenn er hungrig war, beständig »Ziss, ziss«; beim Füttern rief er sanft »Ziziziziss«. Wollte ich ihn füttern, wandte er sich zuerst mit ausgebreiteten Flügeln gegen mich und hackte nach mir mit dem

Schnabel; als er aber sah, dass ich ihm Futter bringe, nahm er die Bissen begierig aus meiner Hand und zitterte dabei beständig mit dem Kopfe. Als er schon fliegen konnte, flog er mir, wenn er Hunger hatte, überall schreiend nach. Manchmal war er plötzlich wild und scheu. — **Römerstadt** (A. Jonas). Kommt spärlich vor. Den ersten Ruf hörte ich am 12. Mai 1883 und 4. Mai 1884; zieht schon anfangs August von hier fort.

Nieder-Oesterreich. Melk (V. Staufer). Ankunft 9. April. — **Mödling** (J. Gaunersdorfer). Am 14. April zuerst gehört.

Ober-Oesterreich. Ueberackern (A. Kragora). Kam den 16. April und war sehr häufig vertreten. Leider ist unter der hiesigen Landbevölkerung der Aberglaube noch sehr verbreitet, dass er sich im Herbst in einen Sperber oder gar Habicht verwandle und dann Hühner und Enten fange, und fällt daher so manches Exemplar den Bauernschützen zum Opfer.

Salzburg. Abtenau (J. Höfner). Ankunft am 28. April. — **Hallein** (V. v. Tschusi). 16. April erster Ruf; 22. August 1 Stück, 25. 1 ad., ebenso den 26., und 27.; 5.—10. September hielt sich 1 ad. in einem Krautacker auf, wo er den Raupen des Kohlweisslings nachstellte. — **Saalfelden** (V. Eisenhammer). Zum erstenmal am 21. April gehört.

Schlesien. Dzingelau (J. Želisko). 24. April den ersten gehört (23., 24. und 25. April trüb, regnerisch, früh $+4^0$ R.; 25. nachts heiter, Frost); Hauptankunft 30. April (29. und 30. April Regen, $+7^0$ R., Südwest; 1. Mai neblig bei Ostwind); am 10. Juli den letzten rufen gehört und am 21. September den letzten Kukuk hier angetroffen. — **Ernsdorf** (J. Jaworski). Ankunft anfangs Mai, Abzug Ende August; ziemlich häufig. — **Lodnitz** (E. Nowak). Am 2. Mai zum erstenmal gehört. — **Troppau** (E. Urban). 1. Mai erster Ruf.

Siebenbürgen. Fogarás (E. v. Czýnk). Nicht sehr häufig; 12. April zuerst gesehen und gehört; Abzug den 14. August (Süd). — **Nagy-Enyed** (J. v. Csató). Den 1. April 2 Stücke gerufen; den 6. 1 Stück bei Monaschein gerufen; den 13. April mehrere in den Wäldern; den 10. September der letzte.

Steiermark. Mariahof (B. Hanf). Ankunft 16. April; 19. April erster Ruf; Junge trifft man noch Mitte September an.

Sein Ei vertraut er in meiner Gegend am häufigsten der *Ruticilla tithys*. Die bei dieser gefundenen Eier waren stets einfärbig blassgrün. Auch bei der *Phyllopneuste Bonellii* fand ich in zwei Fällen ein von ihm herrührendes rein weisses Ei und ein bei *Accentor modularis* gefundenes war auf mattgrünem Grunde ganz bräunlich besprenkelt und in der Färbung dem der *Sylvia cinerea* sehr ähnlich. — **Pöls** (St. Bar. Washington). Wurde schon am 5. April vernommen. Der Durchzug, resp. Anzug, der Kukuke dauerte etwa bis zum 2. Mai. In der Zeit vom 21. April bis zum 2. Mai beobachtete ich dieselben in einem kleinen Feldgehölze in bedeutender Anzahl; oft konnte ich in einer Viertelstunde 30—40 Stücke zählen, welche beinahe sämmtlich aus südöstlicher Richtung ankamen und nach kurzem Aufenthalte im Wäldchen auf verschiedenen Wegen ihre Reise fortsetzten. Alle Kukuke, welche ich damals zu beobachten Gelegenheit hatte, trugen das lichtgraue Federkleid.

Tirol. Innsbruck (L. Bar. Lazarini). Den 27. April seinen Ruf zuerst und zwar in der Ambraserau vernommen.

Ungarn. Mosócz (R. Graf Schaffgotsch). Selten; vom 20. April bis September. — **Oravitz** (A. Kocyan). 2. Mai bei +6°, Westwind; Mitte Juli keine mehr. — **Szepes-Béla** (M. Greisiger). Am 7. Mai bei Landok den ersten gehört (Nordwind, regnerisch); den 7. September traf ich im Weidengebüsch bei Béla an der Strasse einen flüggen Jungen an. — **Szepes-Igló** (J. Geyer). Erster Ruf am 3. Mai beim »Markusbrunnen«. Wenn in der wärmeren Jahreszeit die Weidenbäume längs des Hernadflusses und des Wenigbaches von Raupen und Puppen von *Leucoma salicis*, von *Porthesia chrysorrhoea* oder von *Ocneria dispar* wimmeln, dann steigen einzelne Exemplare wohl auch recht häufig zu uns in's Thal herab. Mit Beginn der raupenreichen 60-er Jahre konnte ich in Rosenau in dem damaligen Hausgarten diesen sonst scheuen Vogel in nächster Nähe eingehender beobachten.

50. *Merops apiaster*, Linn. — Bienenfresser.

Dalmatien. Spalato (G. Kolombatović). 15., 19., 30. April; 3., 9., 15., 27. Mai; 2., 5. Juni; 13., 14., 15. August; 6., 10., 11., 12. September.

Kärnten. Mauthen (F. C. Keller). War heuer nur am Zuge und da schwach vertreten.

Siebenbürgen. Nagy-Enyed (J. v. Csató). Den 9. Mai 1 Stück, den 25. Juli eine Schar über Nagy-Enyed geflogen, in welcher sich sicher die diesjährigen Jungen befanden, da diese Vögel in der Nähe von Nagy-Enyed brüten. 4. September war die Stimme von einigen noch vernehmbar, später wurden sie nicht mehr gehört.

Ungarn. Hajos (O. Reiser). Eine Nestcolonie befindet sich bei Hajos, Pester Comitat, in einem Weingarten. Das Ende der Brutröhre ist mit Laub und anderem Geniste belegt. Die dortigen Deutschen nennen den Vogel »Goldstaar«.

51. *Alcedo ispida*, Linn. Eisvogel.

Böhmen. Böhmisch-Wernersdorf (A. Hurdálek). Wurde heuer gar nicht beobachtet. — **Nepomuk** (R. Stopka). Nur einige halten sich hier bei Teichen und Bächen das ganze Jahr auf.

Croatien. Agram (Sp. Brusina). Am 26. October ein ♀ erhalten. — **Varasdin** (A. Jurinac). Ein überall an der Drau, Plitvitza und Bednja einzeln anzutreffender Standvogel.

Dalmatien. Spalato (G. Kolombatović). Standvogel.

Kärnten. Mauthen (F. C. Keller). Stand- und Brutvogel an nahezu allen kärntischen Flüssen.

Litorale. Monfalcone (B. Schiavuzzi). Das ganze Jahr häufig.

Mähren. Fulnek (G. Weisheit). Kommt vor. — **Goldhof** (W. Sprongel). Noch nicht beobachtet. — **Kremsier** (J. Zahradnik). Recht häufig an allen Wasserläufen. — **Oslawan** (W. Čapek). Gewöhnlicher Standvogel. Mitte März paaren sie sich. Wird einer weggefangen, so ist er sogleich durch einen andern ersetzt, was einigemal wiederholt werden kann, ohne dass die Nisthöhle verlassen wird. Am 26. Juni traf ich Junge in einer Uferschwalben-Colonie an; die Höhle war aber tiefer angebracht. Am Rokytnaflusse bei Eibenschitz soll ein Individuum mit einigen weissen Schwungfedern beobachtet worden sein. — **Römerstadt** (A. Jonas). Häufiger Standvogel.

Nieder-Oesterreich. **Aspern** (O. Reiser). Schon am 13. April enthielt eine Brutröhre bei Aspern das volle Gelege, das von einem eifrigen Fischer zerstört wurde; ferner fand ich an einer andern Stelle am 18. Mai ein eben gelegtes Ei und an einem dritten Orte am 12. Juni 7 frische Eier. — **Mödling** (J. Gaunersdorfer). Zu wiederholtenmalen im Spätherbst am Mödlingbache gesehen.

Ober-Oesterreich. **Ueberackern** (A. Kragora). Den 8. Mai in der obern Etage eines bewohnten Fuchsfelsenbaues in den Innleiten ein Nest mit 4 angebrüteten Eiern gefunden.

Salzburg. **Hallein** (V. v. Tschusi). 5. August das erstemal am Bache, 19. 2 Stücke; bis 28. November täglich einzelne; 4. December der letzte.

Siebenbürgen. **Fogarás** (E. v. Czýnk). Den Sommer über nicht zu sehen, weil er sich weiter oben an Gebirgsbächen aufhält. Mit den Schnepfen im Herbste erscheint er auch bei uns. Am 25. October 4 Stücke bemerkt; bleibt bis in den Winter bei uns und dürfte auch einzeln ganz überwintern. — **Nagy-Enyed** (J. v. Csató). 6. Jänner 1 Stück bei Sárd erlegt.

Steiermark. **Mariahof** (B. Hanf). Strichvogel. — (B. Hanf und R. Paumgartner.) Am Furtteich zuerst beobachtet: 17. August, dann täglich 1 Stück; 26. September bis 13. October 2 Stücke; 29. October 1 Stück. — **Pikern** (O. Reiser). Von den wenigen hier nistenden Eisvogelpaaren wurde heuer eine Niströhre entdeckt. Dieselbe befand sich in dem sandigen Ufer der Drau bei Brunndorf und enthielt am 29. Mai 7 wenig bebrütete Eier. — **Pöls** (St. Baron Washington). Weniger stark vertreten als im Vorjahre. In den gewöhnlichen Sommerrevieren der Eisvögel, den Teichen, bemerkte ich sie bis zum 4. Mai noch nicht. Alle Paare, welche mir zu Gesicht kamen, hielten sich an jenen Bächen auf, welche von ihnen bei eintretender strenger Kälte aufgesucht werden.

Ungarn. Oravitz (A. Kocyan). Meist junge Vögel vom 2. August bis Ende September. — **Mosócz** (R. Graf Schaffgotsch). Sehr seltener Standvogel. — **Szepes-Béla** (M. Greisiger). Am 4. September an der Javorinka in Javorina, 1010 Meter hoch in der Tátra, 2 Stücke gesehen. — **Szepes-Igló** (J. Geyer). Standvogel. Am obern Laufe des Göllnitzflusses scheint er häufiger vorzukommen als am Hernadflusse.

52. *Coracias garrula*, Linn. — Blauracke.

Bukowina. **Obczina** (J. Zitný). Ende August wurden 3 Stücke hier bemerkt und strichen nach wenigen Tagen wieder ab; sie kommen beinahe jedes Jahr vor, aber immer in sehr geringer Zahl. — **Petroutz** (A. Stranský). Ankunft den 9. Mai.

Croatien. **Varasdin** (A. Jurinac). Wohl bekannt, aber ziemlich selten; kommt gewöhnlich in der ersten Hälfte Mai an und zieht Mitte August ab.

Dalmatien. **Spalato** (G. Kolombatović). 14., 16., 25. April; 10., 11., 20., 24. August.

Kärnten. **Mauthen** (F. C. Keller). Erschien am 20. März und nistete in 2 Paaren; Abzug am 25. September.

Krain. **Laibach** (C. v. Deschmann). Ankunft am 6. Mai, Abzug am 16.—18. August; ein erlegtes Exemplar am 16. September erhalten.

Mähren. **Goldhof** (W. Sprongel). Ich beobachtete heuer 3 Paare. Am 29. Juni, eine Woche vor Beginn des Schnittes, sah ich das erste Exemplar; Ende August verschwanden alle 3 Paare. — **Kremsier** (J. Zahradnik). Im Sommer häufig im Fürstenwalde. — **Oslawan** (W. Čapek). Heuer brüteten 2 Paare in einem Laubwalde bei Eibenschitz, eine Stunde östlich von Oslawan; auch in der entfernteren Umgebung sind mir einige Brutplätze bekannt. Vor etwa 10 Jahren hat ein Paar mehrere Jahre hindurch im Zbeschauer Reviere in einer Kiefer gebrütet. Jetzt nisten einige Paare in dem bewaldeten Hügelzuge, der im Osten unsere Gegend einschliesst (z. B. in dem Budkovitzer Reviere bei Eibenschitz, im Bučin-Walde), dann in den prächtigen Laubwäldern bei Bitischka. (Auch in den Auen bei Eisgrub, im südlichen Mähren, soll sie brütend vorkommen.) Im Budkowitzer Reviere sind sie meist in den hoch gelegenen Schlägen (380 Meter) zu sehen. Am 21. Mai wurde das erste ♀, eine Stunde nördlich von Oslawan, erlegt.

Nieder-Oesterreich. **Wiener-Neustadt** (O. Reiser). 1—2 Paare im Föhrenwalde des Wiener-Neustädter-Sandfeldes bei Frohsdorf.

Schlesien. **Dzingelau** (J. Želisko). 12. August 1 Stück am Zuge gesehen. — **Ernsdorf** (J. Jaworski). In der benachbarten Ebene als Durchzugsvogel äusserst selten.

Siebenbürgen. Fogarás (E. v. Czýnk). 20. Mai ♂ (S.-O.), 23. August die letzte. Ziemlich häufig in den Obstgärten und auf den Erlen und Weiden bei der »Papiermühle«. — **Nagy-Enyed** (J. v. Csató). 2. August 1 Stück bei Nagy-Enyed.

Steiermark. Mariahof (B. Hanf). Einer der letzten Vögel am Durchzug im Frühjahre; 2. und 24. Mai; im Herbste noch nicht beobachtet. — **Pikern** (O. Reiser). Am 7. Juni wurde das Nest in einer hohlen Aspe entdeckt. Der brütende Vogel sass sehr fest und zerbrach beim Herausfliegen eines von den 4 frischen Eiern. Dieselben haben die seltene gestreckte Form und eine bedeutende Grösse. Ein anderes brütendes Paar beobachtete ich in einer Höhe von 600 Meter am Waldsaume in einer hohlen Edelkastanie bei Mittelberg. — **Pöls** (St. Bar Washington). Sehr häufiger Brutvogel. (Brutplätze: Kaiserwald, Pölsberge etc. etc.) Den 18. April die ersten 2 Exemplare, am 25. desselben Monats viele; die Hauptmasse traf Ende April ein.

Ungarn. Mosócz (R. Graf Schaffgotsch). Seltener Durchzugsvogel; kommt Mitte August durch. — **Szepes-Béla** (M. Greisiger). Am 26. Mai am Markseufen bei Béla 1 Stück gesehen und im Goldsberg bei Keresztfalu 1 Stück geschossen (Nordwind, heiter, sehr kalt, doch ober 0° R.); desgleichen den 27. Mai bei Forberg (Nordwind und kalt). — **Szepes-Igló** (J. Geyer). Erscheint hier als Durchzügler alljährlich sowohl im Frühjahr, als auch im Herbst, immer nur in vereinzelten Exemplaren. Im Hochsommer 1852 hatte ich vielfach Gelegenheit, diesen gar nicht scheuen Vogel in den sumpfigen Niederungen am Flusse Tur (Comitat Ugocsa) zu beobachten.

53. *Oriolus galbula*, Linn. — Goldamsel.

Böhmen. Liebenau (E. Semdner). Ein in dieser Gegend seltener Vogel, weil keine Laubholzwaldungen vorhanden sind. Ein Paar nistete den 29. Mai auf einer ziemlich hohen Fichte in der Krone und wurde nur dieses einzige beobachtet. Es war bis 26. August sichtbar und dürfte an den folgenden Tagen abgezogen sein. — **Nepomuk** (R. Stopka j). Ist heuer nicht erschienen; sonst hat hier wenigstens 1 Paar genistet. — **Přibram** (Fr. Stejskal). In hiesiger Umgebung selten; hat heuer häufiger in den Wäldern bei Zduchowic in der Nähe der Moldau genistet.

Bukowina. Kotzman (A. Lurtig). »Žluna«. Beobachtet. — Kuczurmare (C. Miszkiewicz). Im Mai angekommen und im October weggezogen. — Solka (P. Kranabeter). Kommt gewöhnlich Ende Mai, heuer den 21. und gehört zu den sparsam vorkommenden Zugvögeln. Nach der Ankunft baut sie sogleich ihr aus verschiedenem Materiale bestehendes Nest, unter welchem man sogar bunte Fetzen vorfinden kann. Das Nest wird gemeinschaftlich gebaut, und sowohl Männchen, als Weibchen besorgen das Geschäft des Brütens, jedoch so, dass ersteres früh nur eine kurze Zeit sitzt und dann etwas länger zur Mittagszeit. Die Jungen erscheinen in 15—17 Tagen, verbleiben jedoch bis Ende Juli im Neste. Der Abzug geschieht im August (heuer den 26.) paarweise. Werden die Eier zerstört, so legt das Weibchen nochmals; werden aber die Jungen geraubt, so verlässt das Paar auf immer sein Nest. Schädlich können sie unter Umständen den Kirschenbäumen werden. — Straza (R. v. Popiel). 2. Mai. — Terebleszty (O. Nahlik) und Toporoutz (G. Wilde). Kommt vor.

Croatien. Agram (V. Diković). Am 18. August und am 16. September ein Junges bei Agram gesehen. — (A. Smit.) Wird gewöhnlich Ende Mai gehört; am 26. Juni fand ich ein Nest mit Jungen. Die Zugzeit ist Ende August; Junge sah ich noch anfangs September. — Varasdin (A. E. Jurinac). Zahlreich. Erscheint in der zweiten Häfte April. 1883 hörte ich die erste den 25. April, 1884 sah ich die 2 ersten den 17. April; Nestbau anfangs Mai, Abzug in der zweiten Hälfte August. 1882 sah ich die letzte den 28. August, 1883 den 12. August und 1884 war noch den 8. September ein Paar in meinem Garten.

Dalmatien. Spalato (G. Kolombatović). 15., 19., 20., 24., 26. April; 1., 2., 5., 9. Mai; 10., 12., 13., 15., 16., 17., 23., 24., 29., 30. August; 1., 8., 9., 11., 12. September.

Kärnten. Mauthen (F. C. Keller). »Goldamschl«. 15. Mai 1♂, 20. Mai 2 ♀; ein einziges Paar nistend angetroffen; erstes Ei am 6. Juni, Abzug 30. August.

Krain. Laibach (K. v. Deschmann). Kam am 20. April, Abzug am 20. August.

Litorale. Monfalcone (B. Schiavuzzi). Einige im Lipraudi's Walde am 29. Mai; 2. September. — **Triest** (L. K. Moser). Nach Mittheilung des Herrn E. v. Orel, k. Schlossverwalter's in Miramare, nisteten 2 Paare dieses Vogels im Schlossparke. Ein Nest überschickte mir Herr E. v. Orel, welches ich der Sammlung des Naturalien-Cabinetes des hiesigen Staatsgymnasiums einverleibte. Das kunstvolle Nest ist zwischen den Gabelzweigen von Quercus cerris L. mittelst 5 Schlingen von Spagat knapp befestigt. Das Material desselben besteht aus Spagat und Lindenbast im äussern Umfange, im Innern dagegen ist es mit feinen Grashalmen ausgelegt. Spagat und Lindenbast hat der Vogel aus den den Park umgebenden Weingärten geholt, wo die Reben damit verbunden werden. Das Erscheinen der Goldamsel ist in unseren Gegenden überhaupt eine Seltenheit.

Mähren. Goldhof (W. F. Sprongel). In den angrenzenden Auen nisteten mehrere Paare. Am 15. Mai sah ich die ersten 2 Stücke in einer Schwarzpappelallee. — **Oslawan** (W. Čapek). Brütet in jüngeren Laubwäldern. Am 30. April langten die ersten 2 ♂ an. Nach der Kirschenzeit verschwinden sie. — **Römerstadt** (A. Jonas). Kommt nicht vor.

Nieder-Oesterreich. Melk (V. Staufer). Ankunft 1 Mai. — **Mödling** (J. Gaunersdorfer). Am 9. Mai zum erstenmal in einem Garten beobachtet, wo die Thiere auch nisteten. Heuer scheint *Oriolus* häufiger gewesen zu sein, als in früheren Jahren. — **Wien** (O. Reiser). Im Mai wurde im sogenannten Nobel-Prater bei Wien, im 3. Kaffeehausgarten, ein Pirolnest gefunden, welches fast ausschliesslich aus Käsepapier und Salami- (Wurst-) Schalen gefertigt war.

Ober-Oesterreich. Ueberackern (A. Kragora). Den 11. Mai hier eingetroffen; Vorkommen ziemlich sporadisch, im Forst gar nicht, bloss in den Leiten längs des Mühlbaches.

Salzburg. Hallein (V. R. v. Tschusi). 10. Mai ♂; 14. und 31. August je 1 Stück.

Schlesien. Ernsdorf (J. Jaworski). »Pirol«. Ankunft Mitte Mai, Wegzug im August; häufig. — **Jägerndorf** (E. Winkler). 11. Mai die erste gehört, Abzug nicht bemerkt. — **Lodnitz** (J. Nowak). Ankunft 29. April; am 10. September noch ein Exemplar. — **Troppau** (E. Urban). 6. Mai den 1. *Pirol* (♂) gehört, Abzug nicht bemerkt.

Siebenbürgen. Nagy-Enyed (J. v. Csató). Den 28. April die ersten 2 Stücke in den Auen bei Nagy-Enyed.

Steiermark. Mariahof (P. B. Hanf). Zieht Ende April, anfangs Mai hier durch und ist im Herbste seltener; doch trifft man sie bisweilen noch Anfang Semptember auf den Kirschenbäumen an. (B. Hanf) und (R. Paumgartner). 17., 21. Mai, mehrere am 22. — **Pöls** (St. Bar. Washington). Den Ruf des *Pirols* vernahm ich zuerst am 26 April; viele Goldamseln brachte der 1. Mai und die folgenden Tage (2., 3. bis 5. Mai).

Tirol. Innsbruck (L. Bar. Lazarini). Vom 18. bis 31. August wurden mehrere Exemplare im Jugendkleide nächst Igls beobachtet.

Ungarn. Mosócz (R. Graf Schaffgotsch). Seltener Durchzugsvogel; wurde nur im Mai beobachtet. — **Szepes-Igló** (J. G. Geyer). Hier zumeist nur am Durchzug beobachtet. Nur in manchen Jahren, wenn im Mai ein plötzlicher Rückgang der Lufttemperatur erfolgt, zeigt sich hin und wieder ein einzelnes Exemplar auch hier im Thale. Im Sajothale, in der Umgebung von Rosenau und weiter abwärts, ist sie häufiger und nistet daselbst allenthalben. An dem untern Theile ihrer eigenthümlich angelegten Nester habe ich oft verschiedene Papierstreifen, Spagat und andere Bindfäden mit Interesse beobachtet. Dieses Jahr wurde sie am 10. Mai beim »Markusbrunnen« (Iglóer Terrain) pfeifend beobachtet.

IV. Ordnung.

Coraces. Krähenartige Vögel.

54. *Pastor roseus*, Linn. — Rosenstaar.

Bukowina. Solka (P. Kranabeter). Gehört zu den grossen Seltenheiten: das letztemal hat er sich hier im Jahre 1870 gezeigt.

Croatien. Djakovo (Sp. Brusina). Ich bekam ein am 4. Juni bei Drnje (bei Djakovo) erlegtes ♀. — **Varasdin** (A. Jurinac). Den 4. Juni 1882 vormittags hielt sich im Felde bei dem Dorfe Druschkovatz, westlich von Varasdin, eine Schar von etwa 15—16 Individuen auf, von denen 4 Stücke, 1 ♂ und 3 ♀, erlegt wurden, während die anderen spurlos verschwanden. 3 Stücke sandte ich an das zoologische Museum nach Agram, wo sie leider in verdorbenem Zustande anlangten.

Dalmatien. Spalato (G. Kolombatović). 2., 3., 4., 5., 6., 18., 21. Juni.

Kärnten. Mauthen (F. C. Keller). Ein einziges Exemplar in einem Fluge von *Sturnus vulgaris* am Frühjahrszuge gesehen.

Salzburg. Hallein (V. v. Tschusi). 2. Juni, nach starkem Südwind, 1 ♀ in Gesellschaft eines einzelnen *Sturnus vulg.* juv.; Südsturm den folgenden Tag.

Steiermark. Mariahof (B. Hanf). Am 9. Juni 1835 wurde in St. Lambrecht, auf dem Wege gegen den »Schön-Anger«, an einer steinigen Berglehne ein Weibchen erlegt.

Tirol. Meran (L. Bar. Lazarini). Dem »Burggräfler« (Nr. 46, Meran, 7. Juni 1884) zufolge, zeigte sich am 4. Juni bei Meran ein Schwarm dieser Vögel und besuchte die Kirschbäume daselbst.

Ungarn. Szepes-Igló (J. Geyer). Allgemein behauptet man, dass dieser Vogel sich bei uns nur dann blicken lasse, wenn die Heuschrecken sich überaus stark vermehren. Nach den im Jahre 1882 beobachteten 9 Exemplaren kann ich dieser Behauptung (wenigstens für unsere Gegend) nicht beistimmen.

55. *Sturnus vulgaris*, Linn. — Staar.

Böhmen. Aussig (A. Hauptvogel). Am 2. Februar waren die ersten Staare auf der Klosterkirche in Aussig; am 13. Februar kamen meine Staare an. — **Böhmisch-Leipa** (F. Wurm). Vorboten am 10. Februar, Hauptzug am 17. Februar. — **Böhmisch-Wernersdorf** (A. Hurdalek). Kamen am 8. Februar an und brachten schönes Wetter. — **Klattau** (V. Stejda v. Lovcič). Einzelne wurden auf Wiesen am 2. Februar beobachtet und blieben daselbst trotz kalter Witterung. Zahlreich erschienen sie erst am 21. Februar und kamen zu ihren Nistkästchen in die Gärten. Die Paarung begann am 20. April. In der letzten Woche des Monates Mai verliessen die Jungen ihre Nester und flogen sammt den Alten aus den Gärten fort. Erst in den ersten Octobertagen kamen die Staare zurück; gewöhnlich erschienen sie in den Morgenstunden paarweise bei ihren Nistkästchen und sangen daselbst täglich bis 10 Uhr vormittags. Am 6. October zogen sie gänzlich weg (warme Witterung hat sie wahrscheinlich so lange hier aufgehalten, denn im Jahre 1883 waren sie schon am 18. September fort). — **Liebenau** (E. Semdner). 22. Februar in grossen Zügen angekommen, wovon ein Theil weiter nach Norden ging, ein Theil hier blieb; am 26. verliessen auch diese die Gegend und erschienen aus dem Süden kommend bei wärmerer Temperatur wieder. Die Witterung war trübe, wechselreich, auch frostig. Erster Abzug am 2. August in grossen Scharen; am 9. September erschienen sie wieder auf ihren Nistplätzen; Abzug 6. October nachts, bei rauher, veränderlicher Witterung. — **Nepomuk** (R. Stopka). Am 19. Februar zogen 3 Staare bei Ostwind in östlicher Richtung um 4 Uhr; am 21. Februar sassen 6 Staare über ihren Nistkästchen und sangen. Die Anzahl der Nistkästchen, sowie auch die der Staare, hat sich hier vermehrt. Ende Mai fütterten sie noch ihre Jungen, die am 16. Juni bereits selbst Nahrung aufsuchten; die letzte Schar sah ich am 2. October in östlicher Richtung fliegen. — **Oberrokitai** (K. Schwalb). 4. März von Nordwesten kommend; Abzug am 23. Semptember bei S.-O. — **Přibram** (F. Stejskal). In der Nähe der Stadt bloss am Zuge beobachtet und zwar anfangs April und in der ersten Hälfte October. Einige Paare haben in den grossen Erlen bei Wišňowá und Drasow genistet. — **Rosenberg** (F. Zach). Die ersten 3 Paare den 6. März gesehen. — **Wirschin** (A. Wend). Ankunft 16. März, in Mehrzahl am 19. März; Gesang am 17. und 21. März; Abzug nach S.-W. am 24. October.

Bukowina. Kotzman (A. Lurtig). Am 15. März. — **Kuczurmare** (C. Miszkiewicz). Den 4. Mai angekommen. — **Kupka** (J. Kubelka). Kommt nicht vor. — **Obczina** (J. Zitný). Ist seit 4 Jahren sehr selten geworden und heuer habe ich ihn gar nicht gesehen. Der Grund hiefür dürfte das Verschwinden der Althölzer in Dragujeslie sein, wodurch ihm die Nistplätze verloren gingen und er daher anderweitig sich ansiedeln musste. — **Solka** (P. Kranabeter). Gehört zu den seltenen Brutvögeln. Häufiger tritt er auf dem Frühjahrs- und Herbstzuge und zwar scharenweise auf. Seine Ankunft erfolgt Ende März, Anfang

April (heuer den 11. April), sein Abzug Ende October. — **Straza** (R. v. Popiel). 24. April. — **Terebleszty** (O. Nahlik). Hier als verschwunden zu betrachten. — **Toporoutz** (G. Wilde). Durchzugsvogel. Erschien am 11. März nachmittags gegen Norden ziehend; Eintreffen und Abzug der Hauptmasse am 25. März mittags nach Norden; Nachzügler am 31. März und 1. April nachmittags gegen Norden.

Croatien. Agram (V. Diković). Am 16. September einen grösseren und am 10. October einen grossen Zug bei Agram gesehen. — **Varasdin** (A. Jurinac). Sowohl in der Ebene, als in den Weingärten des Varasdiner Gebirges vom letzten Drittel März bis spät in den Herbst ungemein häufig.

Dalmatien. Spalato (G. Kolombatović). Im Jänner und Februar einige; März grosse Züge; April einige; 15. August ein Zug von Alten und Jungen; 12. September einige; October und November Züge.

Kärnten. Mauthen (F. C. Keller). Erster Flug am 15. März, nachdem schon am 4. März ein vereinzeltes Paar erschienen war; ist im Drau- und Möllthale Brutvogel, dahier nur am Zuge zu sehen. Am Herbstzuge ein sehr grosser Flug am 15. November bei starkem Nordwind.

Krain. Laibach (C. v. Deschmann). Angekommen am 24. Februar, in starken Zügen am 21. März.

Litorale. Monfalcone (B. Schiavuzzi). Nistete um den 10. Mai in grosser Menge auf der Ruine des alten Schlosses von Duino; 15. Mai 4 schon flügge Junge auf dem Dache des Spitales in Monfalcone; 21. Juni auf demselben Dache 4 Junge, die noch gefüttert wurden; 29. Juli am Zuge eine Schar; 14. August verwüstete eine Schar von einigen Hunderten die Weingärten; im Magen eines am 15. October erlegten fand ich 10 Bithnya Majewsky (Süsswasserschnecke), 2 Spinnen, 1 Heuschrecke, 3 Rüsselkäfer, 1 Wurm, 3 Samenkörner, mehrere Stücke Gras etc.; 24. October viele in S. Antonio; 27. October und 5. November grosse Scharen in Locavez. — **Triest** (L. K. Moser). Ital. »Storno«. Von Herrn Petritsch wurde am 20. September ein angelangter Zug von etlichen 50 Stücken in Monfalcone beobachtet.

Mähren. Fulnek (G. Weisheit). Ankunft am 20. März; Abzug 8. Juni; Massenabzug 12. September; Brut 13. Mai. Brütet hier in hohlen Linden und Nistkästen. — **Oslawan** (W. Čapek). Grössere Colonien sind in den Thiergärten von Namiest zu finden; sonst gibt es weit und breit nur eine Colonie von 15 Paaren im Boučí-Walde bei Oslawan. Diese von mir schon im I. Jahresberichte erwähnte Colonie, eine halbe Stunde nördlich von Oslawan, wird jedes Jahr bewohnt. Am 6. Februar (die Witterung war sehr schön) sah ich gegen Abend etwa 20 Stücke nordwärts ziehen. Im Boučí langten sie erst am 10. März (etwa 30 Stücke) an und zwitscherten lustig von den Baumwipfeln herab; 15. April war schon das Gelege vollzählig. Die Staare machen gewöhnlich zwei Bruten, doch sieht es schon, da die Alten (besonders ♂) mit den ersten Jungen oft Ausflüge unternehmen, während der zweiten Brut in der Colonie ziemlich öde aus. Am 20. Juni fand ich die Brutplätze verlassen und im August verschwanden die Vögel aus der Umgebung. Um diese Zeit versammeln sich grosse Scharen im südlichen Mähren. Am 27. November (ziemlich kalt, überall Schnee) sah ich 3 Staare (alle ♀?) auf der Strasse bei Eibenschitz mit Dohlen, von denen sie sich dann trennten. — **Römerstadt** (A. Jonas). Jedes Jahr bei uns zu finden. Schon anfangs März wurden die ersten hier beobachtet. Im Juli, August und September sind sie in riesigen Scharen auf Feldern anzutreffen. Nistet zwei- bis dreimal*). Bis zum heurigen Jahre wurden diesem Brutvogel Nistkästchen auf den meisten Bäumen, nicht nur in Gärten, sondern vom Strassenausschusse auch auf den Strassenbäumen errichtet und geduldet; doch die zahlreichen Beobachtungen über diesen stets als sehr nützlich gepriesenen Vogel haben gar gewaltig getäuscht. Nicht nur, dass er fast sämmtliche Kirschbäume ihrer Früchte beraubte**),

*) Letzteres wohl nur infolge der Zerstörung der vorausgegangenen Bruten! v. Tschusi.

**) Der Staar, dort, wo keine Kirschenpflanzungen bestehen und kein Weinbau getrieben wird, gewiss ein höchst nützlicher Vogel, kann hier, wo dies, wie der Berichterstatter mittheilt, der Fall, nicht nur lästig, sondern geradezu schädlich werden. Was wir hier beim Staare sehen, wiederholt sich bei vielen anderen Vogelarten, die man da in den Himmel hebt, dort wieder verfolgt, und beides den örtlichen Verhält-

er zerstörte auch zahlreiche Nester beliebter Singvögel. Ich wurde von der löbl. Bezirkshauptmannschaft hierorts im Vorjahre gefragt, was ich über die so häufig eingelaufenen Klagen über diesen Vogel halte, und ob bei dem Schaden des Staares noch weiters die Nistkästchen geduldet werden sollen. Leider fand ich durch zwei Thatsachen obige Klagen gerechtfertigt. Am 25. Juni 1883 hörte ich im Realschulparke in einer Gruppe von Spierstauden ein Geschrei von Vögeln. Ich ging rasch zum bezeichneten Orte, in der Meinung eine Katze oder ein Wiesel dort zu finden, welches den Vögeln nachgestellt. Da sah ich 2 Staare, wovon der eine ein hilfloses, noch nacktes, blindes Vögelchen bearbeitete, dessen Kopf bereits vom Rumpfe halb abgerissen war, während der zweite Staar mit dem Männchen einer grauen Grasmücke kämpfte und das Weibchen schreiend und lärmend die noch im Neste übriggebliebenen Jungen zu beschützen trachtete. Zahlreiche glaubwürdige Klagen von Realschülern bestätigen die Gefährlichkeit des Staares. So habe ich am 12. Juli dieses Jahres einen Staar angetroffen, welcher einen jungen Finken aus dem Neste geraubt hatte. Nach diesen traurigen Erfahrungen wurden sämmtliche Nistkästen von den Bäumen weggenommen.

Nieder-Oesterreich. Melk (V. Staufer. Ankunft 12. Februar. — **Mödling** (J. Gaunersdorfer). Heuer auch im Frühjahr, 1. April, einen Zug beobachtet, der gegen Südwest gerichtet war; im Herbste waren die Vögel in den Weingärten nicht häufig anzutreffen. — **Pressbaum** (O. Reiser). 5 Paare nisteten heuer in Pressbaum. Häufiger Brutvogel in den Baumhöhlungen auf der Lobauinsel bei Wien.

Ober-Oesterreich. Ueberackern (A. Kragora). Infolge der abnormen Frühjahrswitterung kamen die ersten schon am 10. Februar hier an, doch schien sich das Brütegeschäft ziemlich in die Länge gezogen zu haben, da erst am 5. Mai in einer durch den Sturm umgeworfenen Buche 5 Eier und zwar schon mit lebenden Jungen gefunden wurden. Abzug in grossen Scharen vom 20. bis 28. Juli.

---

nissen entsprechend oft mit Recht. Ein Gesetz, das eine solche Art in unbedingten Schutz nehmen und deren Verfolgung unter den erwähnten Verhältnissen ahnden würde, müsste örtlich als eine drückende Fessel empfunden werden. v. Tschusi.

Salzburg. Abtenau (F. Höfner). Ankunft 6. März in 2 Paaren im Markte (früh trübe, + 1·6° C., nachmittags Regen und Schnee). — **Hallein** (V. v. Tschusi). 20. Februar 12 Stücke (S., + 1°, schön) nach N.-W.; 21. morgens 2 Stücke nach W.; 25. ♂ singend; 3. März viele; 28. April Gelege von 3 Eiern; 4. und 6. Mai die Jungen in 2 Nistkästen ausgekrochen; 7. Mai hörte man überall das Geschrei der Jungen; 22. die ersten ausgeflogen, 31. alle Jungen verschwunden; 2. Juni 1 juv. mit *Pastor roseus* ♂; 18. Juni 2. Brut ausgekrochen; 1. Juli die ersten Jungen der 2. Brut, 6. 2 Bruten ausgeflogen. Am Herbstzuge erschienen: 12. September 3 Stücke, 16. 60—80 Stücke, 20. 80—100 Stücke (bei W., + 16°, schön) nach N.-W., 28. 8—12 Stücke, 1. October mehrere, 12. 30—40 Stücke (nach Schnefall, + 5°, S, heiter) nach N.-W. morgens, 14. 5 Stücke abends nach N.-W., 19. (S.-W., + 6°, trüb, Schneefall nachts vorher) 100—200 auf den Feldern mit Rabenkrähen, 4. November 2., 20. und 21. je 1 Stück. — **Saalfelden** (V. Eisensammer). Die ersten Staare sah und hörte ich am 14. April; Abzug in der letzten Woche September. Sehr erfreut bin ich, dass heuer dieser muntere Vogel sich auch bei uns angesiedelt und auch gebrütet hat: zwar nicht in der Ortschaft selbst, doch in ziemlicher Nähe und zwar in den Astlöchern von Ahornbäumen, in bedeutender Höhe, gegen Sonnenaufgang. Von Forstleuten erfuhr ich, dass auch eine Stunde flussabwärts einige Paare genistet haben.

Schlesien. Dzingelau (J. Želisko). Ankunft 12. Februar (11. Südweststurm, + 7° R., 14. und 15. Ostwind, — 2° R. und Schneefall); Hauptmasse 20. Februar (19., 20., 21. Südost, früh + 2° R.); 26. Februar zogen infolge Schneefall die Staare ab und kamen am 6. März (Nebel, — 3° R.) einzeln zurück, die Hauptmasse am 19. März; 16. März Beginn des Paarens am 2. April (mittags + 14° R.) beginnen einzelne Paare den Nestbau: 27. April allgemeiner Nestbau; 2. Juni erste flügge gewordenen Staare; 29. Juni zogen sie ab und kamen den 8. September retour. Beginn des Abzuges 14. October, Hauptzug 18. (Gewitter, am 17., leichter Schneefall; 19. kühl bei N.-O.); 26. October der letzte. Hatten 2 Bruten. — **Ernsdorf** (J. Jaworski). Ankunft Mitte Februar, Wegzug Mitte October. Nisten bloss in Kästchen Ende April, anfangs Mai und ziehen in die

Ebene, sobald die Jungen flügge sind. Anfangs October kommen sie zurück und ziehen nach 1—2 Wochen in grossen Scharen ab. — **Jägerndorf** (E. Winkler). 30. November durchgezogen. — **Lodnitz** (E. Nowak). Ankunft 6. März. Am 13. August grosse Scharen, die vorhandenen Kirschen verzehrend; hielten sich etwa 12 Tage auf und liessen sich häufig auf Stoppelfeldern nieder.

Siebenbürgen. **Fogarás** (E. v. Czýnk). 26. Februar einzeln (S.-O.), am 28. Februar kleine Flüge (S.-W.); Abzug 8. October (S.-O.). Im Frühjahr und Herbst im Rohr am »todten Alt« zu Tausenden übernachtend, brüten sie im Galatzer Buchen- und Felmerer Eichenwald. — **Nagy-Enyed** (J. v. Csató). 22. Februar die ersten 3 bei Nagy-Enyed; 3. März 5, 7. März 30; 25. October 2 bei Koncza; 14. November den letzten bei Also Orbo zwischen Passer domesticus.

Steiermark. **Mariahof** (B. Hanf). Kommt Mitte März zurück; 14., 15. März je 1, 22. 5 Stücke; 26. September 1, 16. October 100—200, 29. 2, 31. 10—20 Exemplare. — **Marburg** (O. Reiser). Brütet hier nur in Kästen. — **Pöls** (St. Bar. Washington). An manchen Orten gemein, anderen als Brutvogel gänzlich fehlend; bleibt zuweilen in einem Jahre ganz aus. Auffällig schwach vertreten; im ganzen etwa 6—8 Brutpaare beobachtet.

Ungarn. **Mosócz** (R. Graf Schaffgotsch). Seltener Durchzugsvogel; Ende März, einmal auch im September. — **Oravitz** (A. Kocyan). 14. März bei Trstena einzeln bei 5°; Abzug in der Umgegend 2.—20. November, in Oravitz 16. November (9° Kälte, Nordwind, viel Schnee). — **Szepes-Igló** (J. Geyer). Erscheint hier im Frühjahr sowohl, als auch im Herbste regelmässig als Zugvogel. Nur einmal beobachtete ich ihn hier, am »Blaumontberge« nächst Igló, auf einer vereinzelt stehenden Föhre nistend; die Jungen waren beiläufig Mitte Mai aus den Eiern geschlüpft. Dieses Jahr wurde am 28. Februar eine Schar von etwa 25 Stücken beobachtet, die in Gemeinschaft mit Dohlen um den Kirchthurm herumflog.

56. *Pyrrhocorax alpinus*, Linn. — Alpendohle.

Dalmatien. **Spalato** (G. Kolombatović). Stationär auf dem Gebirge; ich sah sie heuer nicht in unserem Flachlande.

Kärnten. Mauthen (F. C. Keller). »Dachl«. Erscheint jedes Frühjahr im Thale, kann aber zur Zeit der Birkhahnbalze schon wieder im Hochgebirge beobachtet werden. — **Oetscher** (O. Reiser). Im Goldloch am Oetscher kleine Brutcolonie von etwa 15 Paaren. Erstes Ei 11. Mai, im Taubenloch hingegen am 18. Mai 3 sehr stark entwickelte Eier, welche nach brieflicher Mittheilung von Dr. Baldamus einen Fall von Chlorismus in seltener Tiefe darstellen. (Siehe Mittheil. d. ornith. Ver. in Wien 1884, Nr. 6 und 7 und Abbildung).

Salzburg. Hallein (V. v. Tschusi). 21. Januar, bei beginnender Schneefreie der Wiesen, 19 Stücke, ebenso den 23., 25., 26.; 28. 20—30 Stücke, 31. und 1. März dieselben; 8. März 35 Stücke.

Steiermark. Mariahof (B. Hanf). »Schneedachen«. Standvogel in den Alpen, vor 1848 Brutvogel auf der Grewenze im sogenannten »Dachenloche«. — (B. Hanf und R. Paumgartner). Am Preber (8645′) über 100 vagirende am 6. August und 20 bis 30 Stücke, die daselbst, jedoch fast unzugänglich, nisten; am 8. bei nebligem Wetter 100—200 auf der Tokneralpe (steirisch-salzburg'sche Grenze).

57. *Pyrrhocorax graculus*, Linn. — Alpenkrähe.

Kärnten. Mauthen (F. C. Keller). »Felshahnl«. Lebt in den wildesten Partien der carnischen Alpen; 1 Paar nistete in der Wolaya in einer etwa 200 Meter hohen, senkrecht aufsteigenden Felswand. Ein von einem Jäger erlegtes Exemplar war leider durch den Kugelschuss total in Stücke zerrissen.

Tirol. Innsbruck (L. Bar. Lazarini). Nach einer brieflichen Mittheilung wurde im Frühjahr dieses Jahres 1 Exemplar im Lechthale von einem jungen Jäger erlegt, dem der rothe Schnabel dieses Vogels auffiel.

58. *Lycos monedula*, Linn. — Dohle.

Böhmen. Aussig (A. Hauptvogel). Dohlen, welche frühere Jahre in Masse am Marienberg bei Aussig nisteten, sind nun ganz weg; wahrscheinlich durch die Störung der Bahn, welche alle Jahre im Sommer den Berg abräumen lässt. Heuer hielt sich Ende December und Anfang Januar vielleicht durch

8 Tage ein Zug derselben bei Pömmerle auf den Feldern und Wiesen auf und kam selbst bis in's Dorf nach Nahrung suchend. — **Blottendorf** (F. Schnabel). Habe am 2. April ungeheuere Flüge von Dohlen beobachtet, welche von West nach Ost gegen den Wind zogen. — **Liebenau** (E. Semdner). Zogen in einer ziemlich grossen Schar hier am 7. April durch, hielten sich auf den Wiesen einige Stunden auf und flogen in der Richtung gegen N.-O. Einige Paare nahmen hier ihren Aufenthalt und nisteten in Eisenbahn-Durchlässen. Abzug dieser am 6. August nach grossen Ansammlungen. — **Nepomuk** (P. R. Stopka). Vom 7. April an bauten sie ihre Nester in den hiesigen Thürmen; manche Tage im Sommer und auch im Winter lassen sie sich an ihrem Brutplatze gar nicht sehen. — **Přibram** (F. Stejskal). Ankunft am 8. März; einige überwinterten hier, die Mehrzahl flog im November weg.

Bukowina. Kotzman (A. Lurtig). Standvogel. — **Kupka** (J. Kubelka). Zugvogel. — **Solka** (P. Kranabeter). Gehört zu den sparsam vertretenen Standvögeln. — **Terebleszty** (O. Nahlik). Standvogel. — **Toporoutz** (G. Wilde). Kommt vor.

Croatien. Krizpolje (A. Magdić). Im verflossenen Frühjahr lag im Garten des Nachbarhauses ein krankes Kalb. Die Dohlen flogen zu ihm hin, zupften ihm das Haar weg, bis sie den Schnabel voll hatten, trugen es in ihre Nester und kehrten um neuen Vorrath zurück und trieben es so weiter, bis das arme Kalb, welches sich gar nicht wehrte, beinahe ganz nackt aussah. An der Soholovatz-Burg brütet eine grosse Schar Dohlen. — **Varasdin** (A. Jurinac). Im Sommer in benachbarten Feldhölzern und Wäldern ziemlich selten, aber im Herbste, bei Eintritt trüber, nebeliger Tage im October und November, sehr zahlreich; viele brüten hier.

Dalmatien. Spalato (G. Kolombatović). 2., 5. Januar; 28. Februar; 3., 24. März bis 5. December.

Kärnten. Mauthen (F. C. Keller). Kommt hier nur am Zuge vor und war heuer äusserst sparsam vertreten.

Krain. Laibach (K. v. Deschmann). Am 25. Januar in Scharen auf den Brutplätzen der Laibacher Stadtthürme eingetroffen.

Litorale. Monfalcone (B. Schiavuzzi). 10. Mai 1 Stück nahe der Mühle der Marcilliana; 3. October 1 grosse Schar in S. Antonio in der Richtung von O. nach W.

Mähren. Goldhof (W. Sprongel). Im Sommer selten zu sehen, im Winter kommt sie dagegen in grosser Zahl zum Hofe, wo sie im Verein mit Nebel- und Rabenkrähen grosse Schwärme bildet. Im Beobachtungsgebiete nistet sie nicht. Am 5. und 6. Januar (1885) beobachtete ich eine schneeweisse Dohle, welche sich unter ihren Genossinnen lustig umhertummelte. Durch einen Schuss aufgeschreckt, verschwand sie fortan und erst später erfuhr ich, dass sie sich im benachbarten Albrechtshof manchmal sehen liess. — **Oslawan** (W. Čapek). Etwa 10 Paare brüten mit den Staaren jedes Jahr im Bouči-Walde; zuerst erschienen am Brutplatze am 20. März 3 Paare und am 9. April waren alle da; 18. April wurde das 1. Ei gelegt und am 20. Juni wurde die Colonie verlassen. Im Sommer (besonders zur Kirschenzeit) gesellen sich unsere Vögel zu den zahlreich von Namiest kommenden Scharen; gewöhnlich kommen sie (besonders im Spätsommer) in der Frühe von Namiest (Norden), machen sehr weite Streifzüge und fliegen Nachmittag zurück. Am 22. October blieben sie jedoch aus, und in der Nacht erfolgte ein starker Frost; die Dohlen kamen am 13. in der Früh um 7 Uhr von Süden, flogen weiter nordwärts und gegen Abend wieder zurück gegen Süden. Dieser Regel blieben sie (mit wenig Ausnahmen) durch den ganzen Winter bis etwa gegen Mitte März treu. Zurück ziehen sie etwa um 4—5 Uhr, sehr hoch, still und in mehr geschlossenen Scharen. Ist das Wetter sehr schlecht, bleiben sie nur in der Umgebung von Oslawan. Ich erfuhr, dass die Dohlen die Nacht in grosser Zahl (im Winter) in einem Thiergarten zwischen Pohrlitz und Přibitz (im Schwarzawabecken, 25 Kilometer Luftlinie von Oslawan) zubringen; es ist dies gerade die Richtung, welche die Dohlen nicht nur hier, sondern auch bei Brünn, einschlagen. Der erwähnte Thiergarten ist also der Ausgangspunkt der Dohlenstreifzüge für die weite Umgebung. Der December war heuer beinahe schneelos und deshalb war auch die Wanderung der Dohlen nicht ganz regelmässig. — **Römerstadt** (A. Jonas). Kommt zahlreich am Kirchthurm hier vor.

Nieder-Oesterreich. Wien (O. Reiser). Schon seit Jahren bemerkte ich, dass sich am Stefansthurme zur Brutzeit Dohlen aufhielten; ich sah sogar eine einzelne Dohle mit einem Zweige im Schnabel herbeifliegen. Ich nahm an, dass einzelne Paare im Prater keinen ruhigen und bequemen Nistplatz finden konnten und daher lieber auswanderten. So nistete 1 Paar in der That in der Dominikanerkirche, 1 anderes in den neuen Hofmuseen, mehrere, vielleicht etwa 10 Paare, im Stefansdome. Es scheint das Brutgeschäft dieser Auswanderer eine kleine Verzögerung zu erleiden: denn im Prater findet man vom 15. April an regelmässig volle Gelege, während ich erst am 2. Mai so glücklich war, 5 Stück eben gelegte Dohleneier einem Neste im Mittelpunkte unserer Residenzstadt entnehmen zu können. Das Nest war umfangreich aus Menschen- und Pferdehaaren, gefärbten Federn, Omnibus-Fahrkarten und anderen Papierschnitzeln zusammengesetzt. Die wenigen Holzbestandtheile musste der Vogel aus weiter Ferne herbeischleppen. Es stand in einem der Rüstlöcher, hoch über dem Riesenthore. Zur Nahrung dienten den Dohlen die massenhaft in nächster Nähe befindlichen eben ausgeschlüpften Tauben und Taubeneier. Aber auch auf weiter entfernte Brutplätze der Stadttauben erstrecken sich die Räubereien der Dohle. So beobachtete ich dreimal beim Passiren der Alserstrasse, wie sich sämmtliche Tauben der Alservorstädter-Kirche in rasender Flucht auf das Dach des allgemeinen Krankenhauses stürzten, so zwar, dass sich eine davon in die Drähte der dortigen Telegrafenleitung verwickelte. Bald darauf hüpfte aus einer Mauerverzierung eine Dohle auf den Kopf einer Heiligenstatue und hielt eine noch nackte Taube im Schnabel. Einzeln kehrten, nachdem der Räuber abgeflogen war, die entsetzten Tauben zu ihren Nestern zurück.

Salzburg. Hallein (V. v. Tschusi). 6. Januar 5 Stücke nach N.-W.; 17. Februar 12 Stücke nach N.-W.; 5. März 8 Stücke nach S.; 18. September und 6. October 20 Stücke.

Siebenbürgen. Fogarás (E. v. Czýnk). Ungemein häufiger Standvogel. Brütet im Felmerer Wald. Sobald der Mais Kolben hat, verwüsten unzählige Scharen, trotz Vogelscheuchen, zerfetzten Dohlen und Krähen, denselben, um die milchigen Körner zu verzehren, weshalb sie allgemein verfolgt werden. Trotzdem zeigt sich keine Abnahme weder an Zahl, noch an ihrer Dreistigkeit. — **Nagy-Enyed** (J. v. Csató). Das ganze Jahr hindurch sehr zahlreich; kommt im Winter in die Städte und Dörfer.

Steiermark. Mariahof (B. Hanf). »Dachen«. Brutvogel am Kirchthurm, der uns Ende November verlässt, jedoch schon anfangs Februar wieder zurückkehrt. — (B. Hanf und R. Paumgartner). 19. März am Thurme (brüten hier seit 1883). — (F. Kriso.) Am 28. Mai im Thurmloche die Jungen gehört. — **Pikern** (O. Reiser). Einzig beobachtete Brutplätze in ganz Untersteiermark: einzelne Paare in den Auen bei Frau Nauden, zahlreiche in den Kirchen von Maria-Neustift, Rohitsch und in der Burgruine ebendaselbst.

Ungarn. Mosócz (R. Graf Schaffgotsch). Häufiger Standvogel auf der Dorfkirche, sonst sehr selten. — **Szepes-Béla** (M. Greisiger). Am 10. April fingen sie in Béla an, trockenes Reisig zum Nestbau zu tragen. — **Szepes-Igló** (J. Geyer). Bei uns Standvogel; in den letztverflossenen Jahren in so starker Vermehrung begriffen, dass sie ausser dem Kirchthurm auch schon weniger hohe Gebäude aufsuchen, um daselbst ihre Nester zu bauen. Am 5. Februar dieses Jahres zeigten sie sich um ihre Brutplätze sehr geschäftig; am 15. Februar mit *Corv. cornix* und *frugilegus* in grossen Scharen höchst unruhig auf- und abfliegend; am 24. Februar Reisig zum Neste tragend; am 22. März Paarung; am 8. Juni flügge Junge.

59. *Corvus corax*, Linn. — Kolkrabe.

Bukowina. Kotzman (A. Lurtig). »Kruk«. Standvogel. — **Kuczurmare** (C. Miszkiewicz). Sowohl im Sommer als auch im Winter bleibend; brütet 4 Wochen; er liebt seinen alten Horst wieder zu benützen. — **Kupka** (J. Kubelka). Standvogel. — **Obczina** (J. Zitný). Kommt häufig vor und gehört zu den Standvögeln. — **Solka** (P. Kranabeter). Gehört zu den sparsam sich zeigenden Standvögeln und nähert sich im Winter den Ortschaften. Den Horst legt er am liebsten auf entlegene, freistehende, breitkronige Bäume an und baut ihn gemeinschaftlich. Das Weibchen legt schon unter Umständen im Februar (heuer den 26.) 5—6 Eier, je zwei in drei Tagen. Auf den Eiern sitzt vom Abend bis Vormittag das Weibchen, die übrige Zeit das Männchen; in 20—22 Tagen erscheinen die Jungen. Er ist ein arger Räuber, verzehrt manchmal die Jungen seiner eigenen Gattung und lebt im beständigen Kampfe mit den nächsten Verwandten, den Krähen. Die Paarung erfolgt anfangs Januar bis Februar. — **Terebleszty** (O. Nahlik). Standvogel. Ein im April auf einem hohen Baume gefundenes Nest bestand aussen aus Strauchwerk, innen aus Moos und Federn und enthielt 4 Eier, die nahe an 30 Tage bebrütet wurden. — **Toporoutz** (G. Wilde). Kommt vor.

Croatien. Krizpolje (A. Magdić). Kommt in dem Kapelagebirge vor. — **Varasdin** (A. Jurinac). Nur in Ivančica und da selten; wurde im Kalniker Gebirge beobachtet.

Kärnten. Mauthen (F. C. Keller). »Rab«. Ist im ganzen umgebenden Alpengebiete Stand- und Brutvogel. In seinem Horste fand ich den Kopf einer jungen Gemse.

Litorale. Monfalcone (B. Schiavuzzi). 10. Mai 2 über dem Lisert-Sumpf von O. nach W. ziehend, 2 von N.-W. nach S.-O.

Mähren. Römerstadt (A. Jonas). Fehlt hier.

Siebenbürgen. Fogarás (E. v. Czýnk). Standvogel. Im Winter selbst in der Stadt zu sehen; horstet im nahen Gebirge auf riesigen Buchen, Tannen oder auf Felsen; schadet unserem Wildstand, besonders den jungen Hasen. — **Nagy-Enyed** (J. v. Csató). Das ganze Jahr hindurch, im September und October zahlreicher.

Steiermark. Mariahof (B. Hanf). »Rab«. Standvogel in den höheren Gebirgsregionen. Kommt im Winter in die Niederungen, wenn sich wo ein Aas befindet; brütet schon gegen Ende März in meist unzugänglichen Felsenwänden. — **Pikern** (O. Reiser). Ueber sein Vorkommen in Untersteiermark und den Alpen überhaupt, siehe Mittheilungen d. ornith. Vereines, Jahrg. IX, Nr. 2. Heuer den 19. März 5 unfruchtbare Eier vom Vinikberge. Am 20. December beobachtete ich einen, während einer Jagd am Südabhange des Bachern ober Kötsch, auf oder vielmehr in einem verendeten Hunde.

Tirol. Innsbruck (L. Bar. Lazarini). 30. März 2 Stücke in der Ambraserau am Innufer gesehen.

Ungarn. Szepes-Igló (J. Geyer). Findet sich in unseren Wäldern paarweise oder vereinzelt vor: im Walde oder auf freiem Felde lässt er den Jäger auf Schussweite gar nicht ankommen. Im Jahre 1856 war ein Pferd nächst meinem damaligen Domicil bei Göllnitz von der Bergstrasse gestürzt und abgezogen worden. Ein Paar dieser Vögel erschien tagtäglich mehreremale auf dem Aas; so oft ich mich aber mit dem Gewehre in der Nähe versteckt hatte, blieben sie allemal aus.

60. *Corvus corone*, Linn. — Rabenkrähe.

Böhmen. Böhmisch-Wernersdorf (A. Hurdálek). Zogen am 2. März in einer grossen Schar während eines grossen Nebels über unsere Ortschaft gegen Norden. — **Nepomuk** (R. Stopka). Erscheint in geringer Anzahl bloss im Winter.

Bukowina. Kotzman (A. Lurtig). Standvogel. — **Kuczurmare** (C. Miszkiewicz). Ist ein Standvogel, der sich besonders im Winter in der Nähe von Städten und Dörfern aufhält. — **Toporoutz** (G. Wilde). Standvogel.

Dalmatien. Spalato (G. Kolombatović). Durch das ganze Jahr um Spalato.

Kärnten. Mauthen (F. C. Keller). »Kreh«. Gemeiner Stand- und Brutvogel, der sich nicht selten mit *C. cornix* paart. Von einem solchen Horste trugen 2 Stücke die Farbe von *C. corone* und eines jene von *C. cornix*.

Litorale. Monfalcone (B. Schiavuzzi). 20. October eine Schar in der Richtung von N.-O. nach S.-W. in Fiumicello: 21. October einzelne in Rosega; 24. October einzelne in Locavez; 6. November einzelne am Zuge in der Richtung von N.-O. nach S.-W.

Mähren. Fulnek (G. Weisheit). Standvogel. — **Goldhof** (W. Sprongel). Im Winter die am häufigsten vorkommende Corvus-Art, im Sommer fehlt sie gänzlich. Heuer kam diese Krähe am 6. October in grossen Scharen im Beobachtungsgebiet an. — **Römerstadt** (A. Jonas). Allgemein im Herbst und Winter hier.

Nieder-Oesterreich. (O. Reiser). Die Rabenkrähe ist selten in den Donauauen. Am 13. April 4 sichere Eier dieser Art von der Lobau. Etwas häufiger tritt sie im Wienerwalde um Pressbaum und Rekawinkel auf; fast ausschliesslich dagegen in der Gegend von Gaming und Lackenhof, so dass man unter 100 Stücken 2 Nebelkrähen rechnen kann.

Schlesien. **Dzingelau** (J. Želisko). 5. April Hauptzug gegen Nordosten (neblig, desshalb ziehen sie mehr vom Gebirge weg). Die Züge dauerten bis zum 14. April. Beginn des Zuges nach Südwest am 28. October; vom 4.—16. November zeigten sich ungeheure Züge dieser Vögel, welche nach Hunderttausenden zählen mochten (mit *C. frugilegus*). — **Lodnitz** (J. Nowak). Anfangs December bekam ich zum Ausstopfen eine Krähe, die schön lichtbraun war und weisslichen Schwanz und Flügel hatte; die Füsse und auch der Schnabel waren braun, auch der Schaft der weisslichen Federn. Merkwürdig war es, dass die Schwungfedern überall zerzupft und wie abgestossen aussahen. Ob es ein *Corvus frugilegus* oder *corone* war, lässt sich schwer bestimmen; die Grösse und die vollständigen Borsten am Schnabel deuten auf *C. corone*. [Bei *C. corone* und *cornix* sind die Kopffedern lanzettförmig, bei *frugilegus* abgerundet und zerschlissen. v. Tschusi.]

Siebenbürgen. **Fogarás** (E. v. Czýnk). Nur im Winter mit *Corvus cornix* auf den Feldern oder auf der Landstrasse beobachtet.

Steiermark. **Mariahof** (B. Hanf). Kommt im Beobachtungsgebiet wegen Vermischung mit der Nebelkrähe seltener in ganz reinschwarzem Kleide vor. — **Pikern** (O. Reiser). Ich habe über die Verbreitung dieser Art folgende Daten gesammelt: In ganz Mittel- und Untersteiermark kommt die reine Rabenkrähe sehr selten vor. Im eigentlichen Beobachtungsgebiete wurde während des Sommers und Herbstes ein einziges ganz schwarzes Paar beobachtet. Bastarde sind häufiger. — **Pöls** (St. Bar. Washington). Ständig. Manchmal selten, manchmal häufiger als Brutvogel auftretend; brütet oft mit *Corvus cornix*. War heuer in grosser Anzahl im Beobachtungsgebiet wahrzunehmen. Auch in diesem Jahre konnte ich die Vermischung der beiden Formen *Corvus corone*, Linn., und *Corvus cornix*, Linn., mehrfach beobachten; so fand ich am 25. und 26. April, ferner am 3. und 4. Mai Horste der mit der Nebelkrähe gepaarten Rabenkrähe auf. In drei Fällen war ein ♂ des *Corvus corone* mit einem ♀ des *Corvus cornix* gepaart, nur bei dem zuerst aufgefundenen Horste war das umgekehrte Verhältniss zu beobachten (*Corvus corone* ♀ mit *Corvus cornix* ♂). Die Farbe der Schalen der Eier, welche ich in den Horsten fand, variirte in nicht unbedeutendem Grade, besonders bezüglich der Art der Zeichnung, weniger variirte die Form der Eier aus den verschiedenen Nestern.

Ungarn. Mosócz (R. Graf Schaffgotsch). Im ganzen und relative gegen andere Gegenden selten. — **Szepes-Igló** (J. Geyer). Bei uns nur am Durchzug; seltener als die Saatkrähe.

61. *Corvus cornix*, Linn. — Nebelkrähe.

Böhmen. Blottendorf (F. Schnabel). Den 30. Mai habe ich schon junge Nebelkrähen gesehen. — **Nepomuk** (R. Stopka). Ist zahlreich vertreten, trotzdem dass sie von Jägern häufig verfolgt wird.

Bukowina. Koztman (A. Lurtig). »Worona«. Standvogel. — **Kupka** (J. Kubelka) und **Terebleszty** (O. Nahlik) Standvogel.

Croatien. Krizpolje (A. Magdić). Im Winter häufig. — **Varasdin** (A. Jurinac). Zu jeder Jahreszeit sehr zahlreich.

Dalmatien. Spalato (G. Kolombatović). 15. März und 1. December auf dem Lande.

Kärnten. Mauthen (F. C. Keller). Ebenfalls wie die vorige gemein.

Litorale. Monfalcone (B. Schiavuzzi). 28. August Ankunft auf den Marina-Wiesen; 1. September sehr viele; 9. September scharenweise zu 15—20 Individuen; 18. September wenige; vom 21. October an einzelne in Rosega den ganzen Winter hindurch.

Mähren. Goldhof (W. Sprongel). Häufiger Standvogel. Nistet in den Eichenbeständen in der Nähe des Ortes Lautschitz. — **Kremsier** (J. Zahradnik). Häufig. — **Oslawan** (W. Čapek). Ueberall in mährischen Wäldern als Brutvogel gemein. Im Winter in kleinen Gesellschaften auf Feldern und an Flussufern. Am 31. Januar sah ich etwa 50 Stücke auf einer sonnigen Waldlehne, wo sie sich lustig herumtrieben. Am 6. März überall paarweise auf den Brutplätzen. — **Römerstadt** (A. Jonas). Standvogel.

Salzburg. **Hallein** (V. v. Tschusi). 11. December 2 Stücke, 24. 1 Stück.

Schlesien. **Ernsdorf** (J. Jaworski). Standvogel. Nistet Ende März.

Siebenbürgen. **Fogarás** (E. v. Czýnk). Ungemein häufiger Standvogel. — **Nagy-Enyed** (J. v. Csató). Standvogel.

Steiermark. **Mariahof** (B. Hanf). Sehr häufiger Brutvogel, im Winter zum Theil Strichvogel; nicht alle hier im Sommer vorkommenden Vögel dieser Art nisten, da man auch zur Brutzeit grössere und kleinere Gesellschaften umhervagirend beobachten kann; kommt in ganz und auch in mehr oder weniger schwarzem Kleide vor; ist ein der Jagd sehr schädlicher Vogel. (B. Hanf und R. Paumgartner). 28. März beim Nestbau. — **Pikern** (O. Reiser). War heuer wieder sehr zahlreich den ganzen Sommer in Scharen zu 50—100 Stücken vereinigt. Am 4. Mai fielen die meisten Jungen aus. Am selben Tage wurden neben 3 Jungen 2 unfruchtbare Eier gefunden, wovon eines eine höchst eigenthümliche Färbung hatte; es ist licht bläulich-grün, ungefleckt und am stumpfen Ende wie schwarz berusst, jedoch tritt die Grundfarbe in erbsengrossen, scharf begrenzten Flecken hervor. Am 28. Mai noch 2 ganz frische Eier, hoch im Gebirge auf einer Tanne, wo sonst keine Krähe sich sehen lässt. — **Pöls** (St. Bar. Washington). Sehr häufiger Brutvogel, oft vermischt mit *Corvus corone*, L.

Ungarn. **Oravitz** (A. Kocyan). Ende Juli bis Ende September zahlreich auf gemähten Wiesen. — **Szepes-Béla** (M. Greisinger). Brütet selbst in den Gärten. — **Szepes-Igló** (J. Geyer). Standvogel; nistet selbst auf einzelnen Fichtenbäumen in den Gärten der Stadt; ist in starker Vermehrung begriffen und beginnt für die Umgebung sehr lästig zu werden, da sie nicht nur sämmtliches junge Geflügel aus den Gehöften fortschleppen, sondern auch den Feldfrüchten und dem Obst grossen Schaden zufügen. In Nieder-Ungarn werden besonders die Kukuruzfelder von ihnen stark geschädigt (sowie von *C. frugilegus*); hier aber ist keine Birne, kein rother Apfel vor ihnen sicher, und wenn sie das Obst auch nicht immer verzehren, so hacken sie es doch an und werfen es vorzeitig vom Baume. Jetzt im Herbst musste ich der völligen Reife der

Erstlingsfrüchte grosser Bistritzer-Pflaumen lange nachwarten, doch es blieb bein einziges Stück unversehrt. Nach dem zweiten grossen Schneefalle zu Ende December kamen sie, die auf den Bäumen vertrockneten und hängen gebliebenen Früchte absammeln. Vor 2 Jahren war ich Augenzeuge eines hartnäckigen Kampfes zwischen einer Gluckhenne und einer Nebelkrähe, welche die frei umherlaufenden Küchlein rauben wollte. Die Gluckhenne vertheidigte sich und die Beute mit verzweifelter Todesverachtung; hätte jedoch den Kürzeren ziehen müssen, wenn ich nicht zur rechten Zeit erschienen wäre. 1876 beobachtete ich auch einen ähnlichen Kampf durch's Fenster zwischen einer Dohle und einer Nebelkrähe, welche der ersteren die Jungen vom Nest rauben wollte, und welcher Kampf zu wiederholtenmalen oft über eine Stunde dauerte. Dieses Jahr liess einer meiner entfernteren Nachbarn in seines nächsten Nachbars Garten die Jungen aus dem Neste nehmen, da er von den 14 Küchlein die er am Morgen mit ihrer Mutter auf dem Hof liess, um 10 Uhr vormittags nur mehr 9 vorfand. Am 8. Juni l. J. sah ich die ersten flüggen Jungen.

62. *Corvus frugilegus.* Linn. — Saatkrähe.

Bukowina. Kotzman (A. Lurtig). Standvogel. — **Kupka** (J. Kubelka). Standvogel. **Obczina** (J. Zitný). Ist stark vertreten und nistet im Waldorte Dragojestie auf hohen alten Tannen. In neuerer Zeit nisten weniger von diesen Vögeln hier, was wohl in dem Umstande liegen mag, dass die alten Tannen immer weniger werden. Heuer brüteten hier nur mehr circa 10 bis 12 Paare. — **Solka** (P. Kranabeter). Standvogel. Zum Nestbau sucht sie gut versteckte Orte und baut ihr Nest in keiner bedeutenden Höhe, bisweilen nur 2 Meter hoch. Im Monate Mai legt sie 4—5 Eier. Beim Eintritte des Winters verlässt sie die Wälder und geht auf die Felder in Gemeinschaft mit der Nebelkrähe. Im Winter sammeln sie sich oft in grosse Scharen, was den Eintritt strenger Kälte und reichen Schneefall bedeuten soll. — **Terebleszty** (O. Nahlik). Standvogel. — **Toporoutz** (G. Wilde). Standvogel.

Croatien. Varasdin (A. Jurinac). Brutvogel. Im Frühjahr und im Sommer erscheinen die Saatkrähen einzeln, paarweise oder in kleinen Flügen in den Feldern, Wäldern und Feldgehölzen; im Herbst aber und in schneelosen Wintern, wenn sich den hiesigen noch die nordischen zugesellen, gibt es in der Varasdiner-Ebene eine unglaubliche Menge von Saatkrähen. Nur derjenige, der diese unzählbaren Scharen von Tausenden und aber Tausenden je gesehen, kann glauben, dass es möglich ist, dass sich eine so ungeheure Menge von Saatkrähen auf einem verhältnissmässig kleinem Flächenraum zeitweise zu versammeln pflegt. Nach starkem Schneefall zerstreuen sie sich nach allen Richtungen; die meisten ziehen wohl noch weiter südlich.

Dalmatien. Spalato (G. Kolombatović). Von 1.—31. Januar; 2., 3., 9., 15., 27. Februar; 1., 3., 4., 6. März; 20., 27. October; 6., 7., 8., 10., 20., 27., 29. November; 5., 6., 7., 9., 15., 21., 30. December.

Kärnten. Mauthen (F. C. Keller). Erscheint gewöhnlich mit Eintritt des Winters, um hier zu überwintern und verschwindet gegen Ende Februar. Als Brutvogel nur selten, heuer gar nicht angetroffen.

Litorale. Monfalcone (B. Schiavuzzi). Den 6. November viele am Zuge in der Richtung von N.-O. nach N.-W.

Mähren. Fulnek (G. Weisheit). Standvogel. — **Goldhof** (W. Sprongel). Kommt im Herbst in's Beobachtungsgebiet und zieht im Frühjahr nach Norden ab. Im heurigen Winter sah man sie nur sparsam. Im Herbst des Jahres 1863 trat in unserer Gegend die Raupe der Wintersaateule (*Agrotis segetum*) in verheerenden Massen auf, da erschienen eines Tages plötzlich grosse Scharen von Saatkrähen, die eifrig im Boden herumzubohren begannen und binnen wenigen Tagen alle Raupen verzehrten. Die gleiche Wahrnehmung machte Herr G. Zimmermann zu Brüx in Böhmen (vgl. I. Jahresber. p. 65). — **Kremsier** (J. Zahradnik). Ueberwintert bei uns. — **Oslawan** (W. Čapek). Kommen immer scharenweise von N.-O.; 1883 kamen am 1. November die ersten und blieben etwa bis zum 20. März (am 27. März habe ich noch 14 Stücke gesehen). Heuer erschienen sie schon am 9. October (30 Stücke), dann zogen sie fast regelmässig mit den Dohlen und im December waren auch sie wenig zu sehen. — **Römerstadt** (A. Jonas). In Gemeinschaft mit der Rabenkrähe hier zu finden.

Nieder-Oesterreich. Mödling (J. Gaunersdorfer). Anfang und Ende August in den Morgenstunden auffallend grosse Scharen beobachtet, die von Süden gegen Norden zogen. — **Wien** (O. Reiser). Im k. k. Prater 3 Colonien. Die Brutverhältnisse verhalten sich daselbst derzeit ungefähr wie folgt: Von der ersten Colonie nächst der Feuerwerkswiese ist nur mehr ein Baum mit etwa 12 Paaren übrig; weiter gegen die Reichsbrücke ist eine kleine Colonie von etwa 30 Paaren; reichen hier die Aeste für die Paare nicht aus, so siedeln sich diese Verdrängten einzeln auf hohen Pappeln des Kaisergartens an. Die eigentliche Colonie befindet sich im sogenannten »Rabenwaldl« nächst dem Lusthause und zerfällt in drei Gruppen. Die eine ist unmittelbar rechts von der Haupt-Chaussee, die beiden andern grösseren links in einiger Entfernung von derselben. Die verdrängten Paare dieser drei Gruppen siedeln sich später, wenn in den Horsten der Colonie bereits Eier liegen, weiter gegen die Donau und drüber dem Bahndamme im dortigen Stangenholze an. In liebenswürdigster Weise wurde mir vom k. k. Prater-Inspectorate die Erlaubniss zu den Horstuntersuchungen ertheilt, und so holte mir am 11. April ein geschickter Kletterer von dem oben erwähnten einzelnen, sehr schwer ersteiglichen Baume nächst der Feuerwerkswiese 4 Gelege mit 3, 4, 5 und 6 Eiern, alle stark bebrütet, herab. Gewiss eine sehr zeitige Brutzeit. Auffallend war, dass eine Nestmulde fast ganz mit den wohlriechenden Rindenfasern einer Iuniperus-Art ausgelegt war, die der Vogel aus weiter Ferne herbeigeschafft haben musste. Die Eier kommen in Grösse und Zeichnung denen von *C. cornix* fast gleich.

Salzburg. Hallein (V. v. Tschusi). 21. Februar 1 Stück; 3. März 2 Stücke; 14. October viele nachmittags mit *C. corone* und *monedula*; 15. (S.-O., +3°, trüb) zog um ½10 vormittags ein Flug von 80—100 Stücken in grosser Höhe nach N.; 29. (S., +9°. heiter) nachmittags zogen 3 Flüge zu 100—150 von S.-O. nach N.-W.; 30. (S., +5°, heiter) 50—60; 20. December 40—50 auf den Feldern.

Schlesien. Dzingelau (J. Želisko). Wie *C. corone* und mit derselben. — **Ernsdorf** (J. Jaworski). Durchzugsvogel im October; wenige überwintern in Gesellschaft der Nebelkrähe.

Siebenbürgen. Fogarás (E. v. Czýnk). 20. März; nicht häufig. — Nagy-Enyed (J. v. Csató). Sehr zahlreicher Standvogel.

Steiermark. Mariahof (B. Hanf). Wird im Herbst bisweilen in grossen Scharen vorüberziehend beobachtet; ein oder das andere Exemplar bleibt auch im Winter auf den Strassen zurück. — (B. Hanf und R. Paumgartner). 12. October: 50—60 den 29. October. — Pöls (St. Bar. Washington). Als Brutvogel nur ausnahmsweise, etwa drei- bis viermal beobachtet; stets einzelne Paare, nie Colonien.

Ungarn. Szepes-Béla (M. Greisiger). Am 26. Februar (Südwind, heiter, warm) bei Keresztfalu unter Nebelkrähen ein Stück; am 27. (Nordwind, Schneegestöber, 0° R.) bei Matheocz unter Nebelkrähen 10 Stücke; am 8. März (schwacher Nordwind, heiter, kalt) in Béla unter Nebelkrähen einige gesehen; am 15. (kalter Ostwind, heiter, 0° R.) trieb sich bei Béla auf dem Felde ein Flug von einigen Tausenden mit *C. monedula* und *cornix* gemischt herum und kamen abends auf die Dächer und Bäume in die Stadt. Die Leute kamen aus den Häusern heraus, sich diese noch nie gesehene Menge von Krähen anzusehen. Sie trieben sich noch einige Tage bei Béla herum und zogen dann gegen Nordost. Den 25. März (Nordwind, Schneegestöber, 0° R.) bei Busácz ungefähr 20 in Gesellschaft von circa ebensovielen Dohlen und circa 50 Nebelkrähen; am 19. October (starker Nordwind, Schneegestöber, ebenso tagsvorher) auf dem Felde bei Béla unter Nebelkrähen 1 Stück; am 27. October (Südwestwind, heiter und kalt) bei Béla unter Dohlen und Nebelkrähen circa 100 gesehen. — Sepes-Igló (J. Geyer). Als brütenden Standvogel beobachtete ich denselben hierorts noch nicht, wohl aber als Durchzugsvogel sehr häufig und in grossen Scharen, der im Winter sich allenthalben in die Ortschaften drängt, um sein Leben nothdürftig zu fristen. Am 12. April flogen grosse Scharen hoch in den Lüften und laut krächzend nordwärts; am 3. October vor der Abenddämmerung mit *C. cornix* und *corone*, gar nicht hoch und lautlos, westwärts.

68. *Pica caudata*, Boie. — Elster.

Böhmen. Nepomuk (R. Stopka). Nimmt wegen Verfolgung ab. — Přibram (F. Stejskal). Nistete heuer meistens in den Wäldern bei Wišňowá.

Bukowina. Kotzman (A. Lurtig). »Soroka«. Standvogel. — **Kuczurmare** (C. Miszkiewicz). Standvogel, besonders in Städten und Dörfern; im Walde nicht anzutreffen. — **Kupka** (J. Kubelka). Standvogel. — **Obczina** (J. Zitny). Fehlt hier gänzlich; ich habe dieselbe seit 6 Jahren nicht gesehen. — **Solka** (P. Kranabeter). Seltener Standvogel. Das sparsame Auftreten erklärt sich durch Schussprämien für das Erlegen dieses Räubers. — **Terebleszty** (O. Nahlik). Standvogel. — **Toporoutz** (G. Wilde). Hierorts Strichvogel und sehr selten. In diesem Jahre, und zwar am 20. März, wurde nur ein einziges Exemplar gesehen.

Croatien. Krizpolje (A. Magdić). Kommt vor. — **Varasdin** (A. Jurinac). Zahlreicher Standvogel.

Dalmatien. Spalato (G. Kolombatović). 13., 14., 20. März; 3., 9. October; 7., 8. November.

Kärnten. Mauthen (F. C. Keller). »Oglostr«. Bewohnt das Thal bis in die Nölblingerauen als Stand- und Brutvogel.

Krain. Laibach (C. v. Deschmann). In starken Zügen am 15. Februar.

Litorale. Monfalconè (B. Schiavuzzi). Standvogel, ziemlich häufig; bewohnt mit Vorliebe die sumpfigen Wälder nahe dem Meeresufer.

Mähren. Fulnek (G. Weisheit). Zugvogel. — **Goldhof** (W. Sprongel). Ziemlich häufiger Standvogel. Nistet in den benachbarten Auen auf Akazien und Birken. Im Winter (heuer seit 20. October) hält sie sich zumeist in der Nähe der Höfe und der Ortschaften auf. — **Oslawan** (W. Čapek). Gewöhnlicher Standvogel. — **Römerstadt** (A. Jonas). Fehlt hier vollständig.

Nieder-Oesterreich. Mödling (J. Gaunersdorfer). In den Wäldern der Umgebung selten; am 24. März auf dem Lichtenstein 1 Exemplar. — **Wien** (O. Reiser). Den 9. April die meisten Gelege im unteren Prater eben vollzählig, darunter eines mit sehr abnormer, zimmetbrauner Zeichnung. 20. April ein seltenes Zwergei von 21 mm. L., 17 mm. Br. aus der Lobau (gewöhnlich 33/24 mm.).

Schlesien. Ernsdorf (J. Jaworski). Standvogel; wird immer seltener, da auf sie Schussgeld ausgesetzt ist.

Siebenbürgen. Fogarás (E. v. Czýnk). Häufiger Standvogel. Nistet überall auf den Uferweiden und Erlen der Aluta, sowie den Obstbäumen der Gärten; äusserst vorsichtig und infolge dessen kaum zum Ausrotten. — Nagy-Enyed (J. v. Csató). Standvogel. Am 24. Februar in einer Au am Marosufer bei Nagy-Enyed über 120 Stücke beisammen angetroffen.

Steiermark. Mariahof (B. Hanf). »Aolster«. Grösstentheils Standvogel; doch werden im Winter weniger als im Frühjahre beobachtet. — Pöls (St. Bar. Washington). Am 26. April zerstörte ich 2 Nester, welche beide 5 nahezu gleichstark bebrütete Eier enthielten; am 28. April und 3. Mai vernichtete ich je einen Horst mit Jungen. Bei 3 Elsterweibchen beobachtete ich das Fehlen der Steuerfedern.

Ungarn. Mosócz (R. Graf Schaffgotsch). Seltener Standvogel; in der Umgebung von Mosócz selbst noch nicht beobachtet. — Szepes-Béla (M. Greisiger). Am 9. März (starker Nordwind, heiter und kalt) in Smerdzsonka bereits ein Paar mit dem Unterbaue eines Nestes in dem Gipfel einer Espe beschäftigt. — Szepes-Igló (J. Geyer). Auffallend ist mir, dass ich seit 1873 diesen Vogel hier erst im Vorjahr beobachten konnte, da er in der Umgegend eben nicht selten ist. Das im Vorjahr nächst dem Friedhof auf einer Fichte nistende Paar scheint sich hier ansässig gemacht zu haben, da ich am 28. September l. J. dasselbe über den Hausgarten hinwegfliegend und schreiend beobachtete. Ob sie sich thatsächlich vermehrten, darüber konnte ich keine Auskunft erhalten.

64. *Garrulus glandarius*, Linn. — Eichelheher.

Böhmen. Nepomuk (R. Stopka). Kommt zahlreich vor. Am 16. Juni sah ich schon ausgewachsene Junge herumfliegen. Im Sommer, dann im December und Januar zieht er sich in ausgedehntere Wälder zurück.

Bukowina. Kotzman (A. Lurtig). »Sojka«, Standvogel. — Kuczurmare (C. Miszkiewicz). Im Winter scharrt er unter den Eichenbäumen die Eicheln mittelst der Krallen aus. — Kupka (J. Kubelka). Standvogel. — Obczina (J. Zitný). Ist hier Standvogel und war sehr zahlreich vertreten, was wohl der heurigen Buchelmast zuzuschreiben sein dürfte. Ich habe am 3. und 5. October jedesmal weit über 100 gezählt, die vom rothen Kreuze nach Dragojestie hinüberstrichen und zwar jeder einzeln und in gewissen regelmässigen Abständen von einander. — **Solka** (P. Kranabeter). Gehört zu den häufigen Standvögeln, namentlich in hiesigen Tannen- und Buchenwaldungen; paart sich im Mai, nistet bis 2·5 Meter hoch. — **Terebleszty** (O. Nahlik) — und **Toporoutz** (G. Wilde). Standvogel.

Croatien. Krizpolje (A. Magdić). Brutvogel. — **Varasdin** (A. Jurinac). In Eichen- und Buchwaldungen häufiger Brutvogel.

Dalmatien. Spalato (G. Kolombatović). Den 12. August in unserem Flachlande.

Kärnten. Mauthen (F. C. Keller). »Tschui«. Bewohnt den unteren und mittleren Waldgürtel als Brutvogel und kommt im Herbst in die Thalsohle; im Winter streift er in den Auen und Feldgehölzen umher.

Krain. Laibach (C. v. Deschmann). 6. März in starken Zügen fliegend, ebenso am 13. September.

Litorale. Monfalcone (B. Schiavuzzi). 26. Mai 1 Stück nächst der Mühle der Marcilliana; 30. October Zug im Walde von *Pietra Rossa*.

Mähren. Fulnek (G. Weisheit). Standvogel. — **Goldhof** (F. Sprongel). Ein sparsam auftretender Standvogel. Im Sommer sah ich ihn sehr selten, im December kam öfters 1 Exemplar zum Hofe. — **Oslawan** (W. Čapek). Gemein. In einem Gelege von 6 Stücken fand ich 1 sehr kleines Ei. — **Römerstadt** (A. Jonas). Standvogel, der nur im strengen Winter südlicher zieht.

Nieder-Oesterreich. Mödling (J. Gaunersdorfer). Wieder häufig im Herbst zur Buchelzeit in den Wäldern.

Salzburg. Hallein (V. v. Tschusi). 6. October zahlreich auf den Eichen; 3. December 6—7 Stücke; 11—19. mehrere; 23. einzelne

Schlesien. Ernsdorf (J. Jaworski). Häufiger Standvogel; nistet im Juni. — **Fogarás** (E. v. Czýnk). Ueberall gemeiner Standvogel. — **Nagy-Enyed** (J. v. Csató). Das ganze Jahr hindurch zu sehen; ein Theil aber streicht im strengen Winter fort.

Steiermark. **Mariahof** (B. Hanf). »Zschoi«. Strichvogel; im Winter bleiben nur einige Exemplare zurück; er ist den Bruten der kleinen Waldvögel sehr schädlich. — **Pikern** (O. Reiser). Heuer massenhaft den ganzen Sommer und Herbst über; ich war Augenzeuge, wie er im Beisein der Alten eine junge Turteltaube fortschleppte. — **Pöls** (St. Bar. Washington). War recht schwach vertreten; eine grössere Anzahl sah ich am 3. Mai in bedeutender Höhe in nordwestlicher Richtung ziehen (starker Ostwind).

Ungarn. **Mosócz** (R. Graf Schaffgotsch). Seltener Standvogel. — **Szepes-Igló** (J. Geyer). Ein in unseren Wäldern nicht seltener Strich- und Brutvogel, von welchem übrigens einzelne Exemplare auch den Winter über bei uns verweilen. So beobachtete ich auch am 8. November l. J. 1 Stück am Bergpass des »Teufelkopfes«.

65. *Nucifraga caryocatactes*, Linn. — Tannenheher.

Böhmen. **Nepomuk** (R. Stopka). Wurde heuer nicht beobachtet.

Bukowina. **Solka** (P. Kranabeter). Gehört zu den sparsamen Standvögeln.

Kärnten. **Mauthen** (F. C. Keller). »Hohlkrah«. Standvogel; bewohnt den oberen Waldgürtel und kommt im Herbst oft in die niederen Feldgehölze; heuer fand ich das erste Ei am 30. März.

Mähren. **Oslawan** (W. Čapek). Vor mehren Jahren wurden 3 Stücke, später wieder 1 Stück erlegt; heuer zeigte sich ein Paar am 21. Januar bei Kunstadt (im oberen Zwittawagebiete); es war nicht scheu und wurde ein Stück erlegt.

Nieder-Oesterreich. **Mödling** (J. Gaunersdorfer). Auch heuer im Gebiete nicht gesehen worden.

Salzburg. **Hallein** (V. v. Tschusi). Im Thale: 3. Januar, 5. und 8. Februar je 1 Stück; 22. Februar ♂ und ♀ im Garten; 5. und 6. September je 1 Stück.

Schlesien. **Dzingelau** (J. Želisko). 30. und 31. October 1 Stück angetroffen.

Siebenbürgen. **Fogarás** (E. v. Czýnk). Im Gebirge nicht selten. Bei im Herbst erlegten nur Haselnüsse im Kropf gefunden.

Steiermark. Mariahof (B. Hanf). »Nussprangel«. Ein in der Arven-Region des Zirbitzkogels ziemlich häufig vorkommender Brutvogel, der schon gegen Ende März, zu welcher Zeit seine Brutplätze schwer zugänglich sind, nistet. Am 29. März 1872 brachte mir ein Jäger von dort ein Nest mit drei noch unbebrüteten Eiern. Im Herbst kommt er, wenn die Arven keine oder wenige Früchte tragen, häufig in die Niederungen auf die Haselnüsse, welche er unablässig in die Höhe trägt. — (B. Hanf und R. Paumgartner). 6. und 8. März je 1 Stück in der Ebene. — **Pikern** (O. Reiser). Da mir gemeldet worden war, dass sich die Tannenheher, die ich im vorjährigen Herbste so zahlreich beobachtet hatte, den Winter über in derselben Oertlichkeit, nämlich den hochgelegenen Waldungen der Herrschaft Hausambacher aufhielten, so beschloss ich dieses Jahr, alles aufzubieten, um in den Besitz eines Nestes zu gelangen. Ich hielt mich also vom 20.—25. März auf der Höhe des Bachern auf, ohne einen nennenswerthen Erfolg zu erzielen, obgleich ich mit 4 Jägern auf das eifrigste diejenigen Fichtenbestände durchstöberte, wo die Heher sich aufhielten, und das Wetter prachtvoll war. Zu bemerken waren die Vögel wohl, trotz ihres geheimnissvollen Gebahrens zu dieser Zeit. Sogar ihre Stimme konnte ich morgens und mittags sehr deutlich vernehmen, wenn sie in der Nähe waren; jedoch sie nahm sich weit schwächer und klangloser als im Herbste aus. Von Ende Mai bis Anfang October war in der ganzen Gegend kein Tannenheher mehr zu bemerken.

Ungarn. Mosócz (R. Graf Schaffgotsch). Sehr seltener Standvogel. — **Oravitz** (A. Kocyan). 20. November 2 Stücke. — **Szepes-Igló** (J. Geyer). Auch nicht selten in unseren Wäldern, besonders nach der Brutzeit, wo er sich zuweilen in grosser Anzahl sehen lässt.

V. Ordnung.

Scansores. Klettervögel.

66. *Gecinus viridis,* Linn. — Grünspecht.

Böhmen. Nepomuk (R. Stopka). Ist von allen Spechtarten am meisten vertreten. Im Winter sucht er Ameisen; fast in jedem Ameisenhaufen im Walde sieht man von ihm herrührende Löcher oder Gruben. — **Rosenberg** (F. Zach). Kratzte einen Ameisenhaufen gänzlich heraus. — **Oberrokitai** (K. Schwalb). Im December und anfangs März angetroffen.

Bukowina. Kotzman (A. Lurtig). Standvogel. — **Kuczurmare** (C. Miszkiewicz). Ein Standvogel im Laub- und Nadelwalde. — **Kupka** (J. Kubelka). Standvogel. — **Obczina** (J. Zitný). Standvogel. — **Solka** (P. Kranabeter). Gehört zu den sparsamen Standvögeln. — **Terebleszty** (O. Nahlik) — und **Toporoutz** (G. Wilde). Standvogel.

Croatien. Varasdin (A. Jurinac). Sowohl in der Ebene, als in den benachbarten Gebirgszügen ziemlich häufig.

Kärnten. Mauthen (F. C. Keller). »Bamhackl«. Ziemlich häufiger Stand- und Brutvogel.

Litorale. Monfalcone (B. Schiavuzzi). 6. März 1 Stück bei Tagliata.

Mähren. Fulnek (G. Weisheit). Standvogel. — **Goldhof** (W. Sprongel). Ist im Beobachtungsgebiet die einzige Spechtart und tritt sparsam auf. — **Kremsier** (J. Zahradnik). Häufig. — **Oslawan** (W. Čapek). Gemein. Am 26. Februar paarten sie sich und schreien lustig; 26. März arbeiteten sie an der Bruthöhle; am 10. Mai schlüpften die Jungen aus den Eiern; von Mitte November öfters in Gärten. — **Römerstadt** (A. Jonas). Häufig zu finden.

Nieder-Oesterreich. Mödling (J. Gaunersdorfer). Oefter in einzelnen Exemplaren in den Wäldern der Umgebung angetroffen.

Salzburg. Hallein (V. v. Tschusi). Wird immer seltener; 23. November ♂.

Schlesien. Ernsdorf (J. Jaworski). Ziemlich häufiger Standvogel.

Siebenbürgen. Fogarás (E. v. Czýnk). Nur im Gebirge beobachtet. — **Nagy-Enyed** (J. v. Csató). 5. Januar einen bei Sárd erlegt.

Steiermark. Mariahof (B. Hanf). »Giessvogel«, weil man glaubt, dass er, wenn er im Frühjahre seinen Paarungsruf hören lässt, Regen anzeige. Ein Brutvogel, welcher uns im Winter verlässt, doch schon Ende Februar wieder zurück kommt. —

Pikern (O. Reiser). Ist häufig, jedoch seltener als der Grauspecht, mit welchem er immer verwechselt wird. — **Pöls** (St. Bar. Washington). 27. April ein Paar beim Ausmeisseln einer Nisthöhle beobachtet.

Ungarn. Mosócz (R. Graf Schaffgotsch). Seltener Standvogel. — **Szepes-Béla** (M. Greisinger). Am 7. Juli wurde im Bélar-Walde unter der Tátra 1 Stück von Hirten gefangen; dies war der erste, welchen ich hier in dieser Gegend gesehen habe. — **Szepes-Igló** (J. Geyer). In Laubwäldern häufiger, als in Nadelwäldern, besonders im Sajóthale, wo er auch die Bienenstände oftmals heimsucht.

67. *Gecinus canus*, Gm. — Grauspecht.

Bukowina. Kupka (J. Kubelka). Standvogel. — **Solka** (P. Kranabeter). Gehört zu den sparsam auftretenden Standvögeln. — **Toporoutz** (G. Wilde). Standvogel.

Croatien. Varasdin (A. Juinac). Wie der Grünspecht.

Kärnten. Mauthen (F. C. Keller). Heuer nur den 10. Februar am Zuge beobachtet.

Mähren. Oslawan (W. Čapek). Ist ziemlich selten; nur etwa 3 Paare in den nächsten Wäldern. Bei der Paarung (schon Ende Februar) sind sie nicht sehr scheu und lassen beständig ihre klägliche Stimme ertönen; am 6. Juni habe ich ein Paar in einer nach oben führenden Baumhöhle schlafend angetroffen.

Salzburg. Hallein (V. v. Tschusi). 22. Januar 1 ♀, 3. März schnurrend; 10. Mai ♂.

Siebenbürgen. Fogarás (E. v. Czýnk). Häufiger Stand-, beziehungsweise Strichvogel. Am 8. December, bei meterhohem Schnee, viele auf den Kukurutzstoppeln zerstreut gesehen. — **Nagy-Enyed** (J. v. Csató). 13. April liessen einige ihre Stimmen hören.

Steiermark. Marburg (O. Reiser). Häufiger Brutvogel in den Wäldern bei Marburg. — **Mariahof** (B. Hanf). Brutvogel, wovon ein oder das andere Exemplar im Winter bei uns bleibt und das Schindel-Dach des Kirchthurmes beschädigt. — **Pöls** (St. Bar. Washington). Selten; sowohl im Winter, wie auch im Sommer beobachtet; ein Nest fand ich noch nicht.

Fehlt als Brutvogel in Mittelsteiermark nicht. 27. April 1 Exemplar, 3. Mai 2 Exemplare.

68. *Dryocopus martius*, Linn. — Schwarzspecht.

Böhmen. Nepomuk (R. Stopka). Wird sehr selten beobachtet. — **Přibram** (F. Stejskal). Ist in Bohutin selten; bei Žirow nisteten 2 Paare und bei Plass 8 Paare.

Bukowina. Kuczurmare (C. Miszkiewicz). Ein Standvogel, jedoch nur in Nadelwaldungen sich aufhaltend; brütet im April oder Mai in kranken Bäumen. — **Kupka** (J. Kubelka). Standvogel. — **Obczina** (J. Zitný). Standvogel. — **Solka** (P. Kranabeter). Gehört zu den sparsamen Standvögeln. — **Toporoutz** (G. Wilde). Standvogel.

Croatien. Agram (Sp. Brusina). Am 9. September 1 ♂ bei Ogulin, am 25. October 1 ♀ bei Grossgorica geschossen. — **Varasdin** (A. Jurinac). Kommt in dem Ivančica-Gebirgszuge als Brutvogel vor.

Kärnten. Mauthen (F. C. Keller). Nicht sehr häufig; Stand- und Brutvogel.

Mähren. Fulnek (G. Weisheit). Standvogel. — **Oslawan** (W. Čapek). Höchstens je 1 Paar in jedem Reviere. Weiter im Westen, wo es grössere Nadelwaldungen gibt, häufiger. Am 11. October habe ich einen sogar in einem Obstgarten in Oslawan gesehen; auch soll er im Winter auf den Weiden längs der Flüsse, also ziemlich entfernt vom Walde, erscheinen. — **Römerstadt** (A. Jonas). Kommt seltener vor.

Nieder-Oesterreich. Mödling (J. Gaunersdorfer). Wurde öfters, so am 5. Mai, gesehen.

Salzburg. Hallein (V. v. Tschusi). 1 ♂ am 21. October erlegt, das die beiden ersten Schwingen wechselte.

Schlesien. Ernsdorf (J. Jaworski). Seltener Standvogel; nistet Mitte April.

Siebenbürgen. Fogarás (E. v. Czýnk). Kommt nur in der Tannen-Region des Hochgebirges vor. — **Nagy-Enyed** (J. v. Csató). 13. April 1 Stück bei Nagy-Enyed erlegt.

Steiermark. Marburg (O. Reiser). Sehr häufiger Brutvogel in den Buchenhochwaldungen des Bachergebirges in Unter-Steiermark. — **Mariahof** (B. Hanf). »Hohlkrah«, »Holzkrähe«.

Standvogel, doch nicht zahlreich. — **Pikern** (O. Reiser). Recht zahlreich; hat sehr zusagende Waldungen und vorzügliche Brutbäume. Die heurige Brutzeit des Schwarzspechtes zeigt so recht, wie sehr frühzeitig diesmal die meisten Vögel zur Fortpflanzung schritten. Am 21. April untersuchte ich 3 Brutbäume in der sicheren Erwartung, frische Gelege zu finden: aber in allen dreien befanden sich bereits wenige Tage alte Junge. Der Schwarzspecht musste also schon in den letzten Tagen des März gelegt haben. Jedoch bekam ich noch am 20. Mai ein zum Ausfallen entwickeltes und ein faules Ei aus einer Nisthöhle, in der das ♂ brütete. — **Pöls** (St. Bar. Washington). Häufiger, stets zahlreicher auftretender Brutvogel. Brutplätze: Kaiserwald, Höllberg etc. 23. April 4 Exemplare, 29. April 2, 3. Mai 3, 4. Mai 5 Exemplare.

Ungarn. Mosócz (R. Graf Schaffgotsch). Sehr seltener Standvogel. — **Szepes-Béla** (M. Greisiger). Im Hochwalde. — **Szepes-Igló** (J. Geyer). In unseren Wäldern immer nur vereinzelt vorkommend.

69. *Picus major*, Linn. — Grosser Buntspecht.

Böhmen. Nepomuk (R. Stopka). Wurde nicht so häufig beobachtet, wie im Jahre 1883. Selbst habe ich ihn bloss am 27. Januar gesehen und darauf nur einigemal gehört. — **Přibram** (F. Stejskal). Hat heuer auch in den Stadtanlagen genistet.

Bukowina. Kuczurmare (C. Miszkiewicz). Wie *P. viridis*. — **Kupka** (J. Kubelka) und **Obczina** (J. Zitný). Standvogel. — **Solka** (P. Kranabeter). Gehört zu den häufigeren Standvögeln. Nistlöcher legt er in verschiedenen Höhen, von 2—10 m., am liebsten in Weiden an; die Paarung erfolgt Anfang April; die Zahl der Männchen überwiegt die der Weibchen; Junge erscheinen in 16—18 Tagen (heuer am 12. Mai). — **Toporoutz** (G. Wilde). Standvogel.

Croatien. Varasdin (A. Jurinac). In benachbarten Waldungen und Gehölzen zahlreich. Im Winter kommt er in die Nähe der menschlichen Wohnungen.

Dalmatien. Spalato (G. Kolombatović). 29. September, 21. October.

Kärnten. **Mauthen** (F. C. Keller). »Bambeck«. Gewöhnlicher Standvogel.

Krain. **Laibach** (C. v. Deschmann). Besuchte am 8. Januar die Stadtgärten.

Mähren. **Fulnek** (G. Weisheit). Standvogel. — **Kremsier** (J. Zahradnik). Häufig auch in den Obstgärten und im Herbst sogar in den städtischen Alleen und am »grossen Wall« zwischen Häusern. — **Oslawan** (W. Čapek). Ziemlich gemein. Im März paarten sie sich; am 26. März arbeiteten sie an der Bruthöhle und am 8. Mai habe ich ein Gelege von 7 Stücken gefunden. Am liebsten wählen sie (wie Gecinus) die Esche; die Bruthöhle befindet sich 6—8 m. hoch. Im Winter beobachtete ich sie, wie sie in den schwächsten Eichenästchen herumkletterten und, auf denselben mit dem Kopfe nach abwärts hängend, die Knospen (?) abbrachen und dieselben dann am Stamme zerhackten und verzehrten. Auch sah ich, wie sie aus den Kiefernzapfen die Samen herausholten. — **Römerstadt** (A. Jonas). Kommt im Beobachtungsgebiet vor.

Nieder-Oesterreich. **Mödling** (J. Gaunersdorfer). Wurde beobachtet.

Salzburg. **Hallein** (V. v. Tschusi). Dieses Jahr sehr sparsam.

Siebenbürgen. **Fogarás** (E. v. Czýnk). Gemeiner Standvogel.

Steiermark. **Mariahof** (B. Hanf). »Baumhackel«. Der gewöhnlichste Brutvogel; doch bleiben nicht alle im Winter bei uns. — **Pikern** (O. Reiser). Der häufigste aller Spechte. Am 12. Mai 5 fast frische Eier in einer hohlen Edelkastanie. — **Pöls** (St. Bar. Washington). Den 25. April 1 Stück.

Ungarn. **Mosócz** (R. Graf Schaffgotsch). Seltener Standvogel. — **Oravitz** (A. Kocyan). Brütet jährlich in 1 bis 2 Paaren; die einzige Art neben dem Schwarzspecht. — **Szepes-Igló** (J. Geyer). Kommt bei uns weniger häufig vor.

70. *Picus leuconotus*, Bechst. — Weissrückiger Buntspecht.

Bukowina. **Kupka** (J. Kubelka). Standvogel.

Dalmatien. **Spalato** (G. Kolombatović). 3., 21. December.

Kärnten. Mauthen (F. C. Keller). Nur in 2 Exemplaren am 15. und 20. April beobachtet.

Steiermark. Pöls (St. Bar. Washington). Bisher noch niemals beobachtet.

71. *Picus medius*, Linn. — Mittlerer Buntspecht.

Bukowina. Kotzman (A. Lurtig). »Podoubak«. Standvogel. — **Kupka** (J. Kubelka) und **Obczina** (J. Zitný). Standvogel. — **Solka** (P. Kranabeter). Gehört zu den sparsamen Standvögeln.

Croatien. Varasdin (A. Jurinac). Zahlreicher Brutvogel.

Dalmatien. Spalato (G. Kolombatović). 7. März.

Kärnten. Mauthen (F. C. Keller). Brut- und Standvogel, aber nirgends häufig.

Mähren. Römerstadt (A. Jonas). Ist hier anzutreffen.

Nieder-Oesterreich. Mödling (J. Gaunersdorfer). Wurde beobachtet.

Schlesien. Ernsdorf (J. Jaworski). »Baumspecht«. Seltener Standvogel.

Siebenbürgen. Fogarás (E. v. Czýnk). Selten. — **Nagy-Enyed** (J. v. Csató). 13. April 1 Stück bei Nagy-Enyed erlegt.

Steiermark. Pikern (O. Reiser). Selten; ein Exemplar wurde von Frau-Stauden dem Präparator Wolf eingeschickt. — **Pöls** (St. Bar. Washington). 26. April 1, 3. Mai 2 Stücke.

Ungarn. Szepes-Igló (J. Geyer). Der gemeinste Specht unserer Wälder, der zeitweise auch unsere Gärten besucht.

72. *Picus minor*, Linn. — Kleiner Buntspecht.

Böhmen. Přibram (F. Stejskal). Erscheint spärlich im April und fliegt Ende September fort; nistet in den Wäldern bei Podlesí, Jestřebic und auch in den städtischen Anlagen.

Bukowina. Kotzman (A. Lurtig), **Kupka** (J. Kubelka) und **Obczina** (J. Zitný). Standvogel. — **Solka** (P. Kranabeter). Gehört zu den sparsamen Standvögeln.

Croatien. Krizpolje (A. Magdić). Durch 8 Tage kam ein Zwergspecht zu demselben Birnbaume, dessen Rinde er nach Insecten absuchte. — **Varasdin** (A. Jurinac). Häufig.

Dalmatien. Spalato (G. Kolombatović). 22., 24. November.

Kärnten. Mauthen (F. C. Keller). Als Brutvogel selten, aber Ende September und im October eine ganz gewöhnliche Erscheinung.

Mähren. Oslawan (W. Čapek). Nur einmal im Frühjahr ein Stück gesehen; klettert mehr im Gezweige.

Salzburg. Hallein (V. v. Tschusi). Dieses Jahr gar nicht gesehen.

Siebenbürgen. Fogarás (E. v. Czýnk). Selten. — **Nagy-Enyed** (J. v. Csató). 14. März 1 ♂ bei Nagy-Enyed erlegt.

Steiermark. Mariahof (B. Hanf). Ein sehr seltener Passant. — **Pikern** (O. Reiser). Eine grosse Seltenheit im Gebiete. Zum erstenmal wurde heuer am 19. October ein ♀ erlegt; soll aber bereits bei Leibnitz nicht selten sein. — **Pöls** (St. Bar. Washington). Häufiger als gewöhnlich. 30. April ein verendetes ♂ gefunden, das keine äussere Verletzung zeigte.

Ungarn. Szepes-Igló (J. Geyer). Ist seltener als die vorhergehenden.

78. *Picoides tridactylus*, Linn. var. *alpina*, Chr. L. Br.*) — Dreizehiger Alpen-Buntspecht.

Kärnten. Mauthen (F. C. Keller). Ich erhielt ein Exemplar aus Reisach, das in der Nähe des Reisskofels geschossen worden war.

Mähren. Oslawan (W. Čapek). Ein altes ♀ wurde hier vor mehreren Jahren erlegt und befindet sich jetzt in der hiesigen Schulsammlung.

Steiermark. Mariahof (B. Hanf). Brutvogel in der höheren an die Alpen grenzenden Waldregion, doch sehr sparsam.

Ungarn. Szepes-Igló (J. Geyer). War mir früher unbekannt; seitdem ich ihn näher kenne, habe ich mir die Ueber-

*) Chr. Ludw. Brehm (Vollständ. Vogelf., 1855, p. 71) unterscheidet 2 Formen des Dreizeherspechtes: den nordischen dreizehigen Specht (*Picoides septentrionalis*), mit rein weissem, wenig gefleckten Unterkörper und den dreizehigen Alpenspecht (*Picoides alpinus*), mit schmutzig weissem, stärker geflecktem Unterkörper. Beide Formen sind von einander wohl zu unterscheiden und eine Sonderung derselben daher vollkommen berechtigt. v. Tschusi.

zeugung verschafft, dass er in unseren Wäldern nicht gar so selten ist. Im Vorjahre brachte ein Holzhacker gut befiederte Junge zum Verkauf.

74. *Junx torquilla*, Linn. — Wendehals.

Böhmen. Blottendorf (F. Schnabel). Den 9. Mai das erstemal gesehen. — Klattau (V. Stejda v. Lovcić). Liess seine Stimme zuerst am 23. April hören: kommt nur am Zuge vor. — Nepomuk (R. Stopka). Ist heuer nicht erschienen, wenigstens hat man ihn nicht gehört; in den hiesigen Gärten findet er wenige hohle Bäume.

Croatien. Varasdin (A. Jurinac). Anfang April bis Ende August gemein; die meisten am Zuge im April, weniger im August.

Dalmatien. Spalato (G. Kolombatović). 3., 24. Januar; 5., 26. Februar; 5., 6., 9., 21. März; 7., 9., 26. April; 10., 11., 15., 20., 29. September; 4., 9., 12., 28. October; 5., 24. November; 22. December.

Kärnten. Mauthen (F. C. Keller). Heuer sehr selten: ein Paar am 15. April, ein ♂ am 12. November.

Litorale. Monfalcone (B. Schiavuzzi). 29. März und 2. April 1 ♂ in Locavez; 22. April einige daselbst; 17. und 22. September je ein Stück in Mauser in Pietra rossa.

Mähren. Fulnek (G. Weisheit). Zugvogel. — Goldhof (W. Sprongel). Selten. — Kremsier (J. Zahradnik). Wird als »Strakoš« mit jungen *Lanius collurio* verwechselt. Unser Exemplar wurde an der Lisière des Fürstenwaldes erbeutet. — Oslawan (W. Čapek). Gewöhnlicher Brutvogel; den 9. April gegen Abend den ersten gesehen, tags darauf mehrere gehört. — Römerstadt (A. Jonas). Am 15. Mai 1883 beobachtet, sonst etwas seltener zu finden.

Salzburg. Hallein (V. v. Tschusi). 26. April 1 Stück, ebenso den 4. Mai 1 ♂; 13. mehrere ♂♂; 17. 2 Stück; 13. Juni brütete 1 Paar bei Vigaun; 6. September 1 ♂.

Schlesien. Dzingelau (J. Želisko). 12. April 3 Stücke angetroffen (Nebel, + 6° R.); Hauptankunft 14. April (trüb, Nordwestwind, + 4° R.); Abzug 6. September. (warm, Südwestwind). — Ernsdorf (J. Jaworski). Ankunft Mitte April.

Abzug Ende August; häufig. — **Lodnitz** (J. Nowak). Am 27. April den ersten gehört; Abzug nicht bemerkt. — **Troppau** (E. Urban). 7. und 9. April die ersten, Abzug nicht bemerkt.

Siebenbürgen. Nagy-Enyed (J. v. Csató). 6. April 2 bei Nagy-Enyed; 13. April in den Weingärten und Wäldern bei Nagy-Enyed mehrere.

Steiermark. Mariahof (B. Hanf). Seltener Brutvogel; 16. März den ersten. — (F. Kriso). Den 24. April im Haselgesträuch, nahe dem Lärchenwalde, 1 Exemplar getroffen; 29. April im Gebüsche eines Zaunes 1 Stück. — **Pikern** (O. Reiser). Am 20. Juli flogen 6 Junge beim Schütteln eines hohlen Erlenbaumes aus der Höhlung. — **Pöls** (St. Bar. Washington). 26. April 1 Stück, 3. Mai mehrere, 4. Mai viele.

Tirol. Innsbruck (L. Bar. Lazarini). 11. April bei Schneefall 1 Stück am Innufer in der Hallerau.

Ungarn. Mosócz (R. Graf Schaffgotsch). Durchzugsvogel; sehr selten im Sommer. — **Oravitz** (A. Kocyan). 16.—17. April bei Trstena; häufiger als im Vorjahre. — **Szepes-Igló** (J. Geyer). Dieses Jahr nistete hier ein Paar in der Nähe des Hausgartens.

75. *Sitta europaea*, Linn., var. *caesia*, Meyer. — Gelbbrüstige Spechtmeise.

Böhmen. Nepomuk (R. Stopka). Hält sich hier das ganze Jahr auf.

Bukowina. Solka (P. Kranabeter). Gehört zu den sparsamen Standvögeln.

Croatien. Varasdin (A. Jurinac). Ziemlich häufig. Im Sommer in den Eichenwäldern der Ebene sowohl, wie in den Wäldern der benachbarten Gebirgszüge. Im Herbst in den Alleen und Obstgärten der Stadt und der Dörfer, in manchen Jahren zahlreich, wo man sie dann in ausgehöhlten Kürbissen, in denen einige Körner als Köder belassen werden, wie die Kohlmeise sehr leicht dutzendweise fangen kann. Die Varasdiner Vogelsteller unterscheiden zweierlei Spechtmeisen: eine Abart, die sogenannte Sommerspechtmeise, welche das ganze Jahr hindurch in hiesiger Gegend sich aufhält, und eine zweite, die sogenannte Winterspechtmeise, welche nur im Winter zu uns kommen soll.

In wie weit diese Unterscheidung begründet ist, vermag ich zur Zeit nicht zu entscheiden. (Es wäre erwünscht, die angeblichen Unterschiede prüfen zu können. v. Tschusi.)

Dalmatien. Spalato (G. Kolombatović). 15. October.

Kärnten. Mauthen (F. C. Keller). »Blauer Schuster«. Ein gemeiner Strichvogel.

Krain. Laibach (C. v. Deschmann). Ruft im Walde von Tiboli am 19. Januar.

Mähren. Goldhof (W. Sprongel). Selten. — **Oslawan** (W. Čapek). Ziemlich gemeiner Standvogel, der durch mehrere Jahre dieselbe Bruthöhle bezieht. Den 23. April waren die Eier vollzählig und den 28. Mai flogen die Jungen aus. Mehrmals fand ich schon Vorräthe in Baumhöhlen. Einmal sah ich den Vogel, der, nachdem er eine Eichel gefunden hatte, dieselbe in die Spalte eines Baumastes trug, durch einige Schnabelhiebe daselbst befestigte und dann wegflog. — **Römerstadt** (A. Jonas). Noch nicht angetroffen.

Nieder-Oesterreich. Kalksburg (O. Reiser). Bei Kalksburg Ende Juni in einer jungen Zerreiche die Bruthöhle des Vogels gefunden. Ich brach die bekannte Lehmwand ab und vertrieb den Vogel, konnte jedoch diesen Tag die Eier nicht erlangen, da die Höhlung sehr tief war. Vier Tage später fand ich frisches Laub eingetragen und statt der Eier einen Bilch (*Myoxus glis*) darinnen vor.

Salzburg. Hallein (V. v. Tschusi). Wird immer seltener, weil für sie, wie für die Spechte, die Niststellen abnehmen.

Schlesien. Ernsdorf (J. Jaworski). »Blauspecht«. Häufiger Standvogel.

Steiermark. Mariahof (B. Hanf). »Wandschopper«. Standvogel. — (F. Kriso). Das ganze Jahr hindurch anzutreffen. — **Pöls** (St. Bar. Washington). Trat heuer in ungewöhnlich starker Anzahl auf. In einem Neste hörte ich bereits am 26. April das Gezwitscher junger Spechtmeisen; zur selben Zeit waren die meisten Brutpaare, welche ich damals beobachtete, noch mit dem »Kleiben« an den Nisthöhlen, welche des andauernden Regens halber nicht austrocknen konnten, beschäftigt. (Vergl. hiezu eine Beobachtung über das Brutgeschäft der *Hirundo urbica*, Linn.)

Ungarn. Mosócz (R. Graf Schaffgotsch). Seltener Standvogel. — Szepes-Igló (J. Geyer). In Igló selten, im Sajóthale und gegen Kaschau hin ziemlich häufig, besonders im Frühjahre und im Herbste, wo ich sie oft in grösserer Anzahl antraf. Ob sie dort auch factisch nistet, konnte ich nicht erfahren.

76. *Sitta syriaca*, Ehrenb. — Felsenspechtmeise.

Dalmatien. Spalato (G. Kolombatović). Standvogel auf den Bergen in der Nähe von Spalato.

77. *Tichodroma muraria*, Linn. — Alpenmauerläufer.

Dalmatien. Spalato (G. Kolombatović). 7., 12. Januar; 6., 9., 28. Februar; 10., 21. März; 3., 4., April; 5., 12., 25. November; 2., 7., 24. December.

Kärnten. Mauthen (F. C. Keller). In den Hochalpen, besonders Valentin und Wolaya, nicht gerade selten; im strengsten Winter kommt er ab und zu bis in's Thal herab.

Mähren. Oslawan (W. Čapek). Einer verlässlichen Angabe zufolge wurde etwa anfangs März ein Individuum auf dem Iglawafelsen bei Jamolitz erlegt und dem Herrschaftsbesitzer Fürsten von Liechtenstein nach Kromau zugeschickt.

Nieder-Oesterreich. Kalksburg (O. Reiser). Brutvogel der hohen Wand bei Wiener-Neustadt. Am 21. Mai 4 frische Eier (siehe Mittheil. d. ornith. Ver. 1884, Nr. 11). Soll vor Jahren sogar einmal im Dache des Chambord'schen Schlosses zu Frohsdorf genistet haben; das Nest wurde aber zerstört. ♂ und ♀ vergangenen Winter in den Steinbrüchen von Kalksburg erlegt. Das ♂ war 14 Tage in der Rodauner Kirche eingesperrt und liess sich von dort nicht vertreiben. Auch zur Stunde (Januar 1885) treibt sich seit einem Monate ein prachtvolles ♂ an derselben Stelle umher. — Mödling (J. Gaunersdorfer). Im Laufe Februar und März und auch später noch einigemale auf der Mödlingerkirche gesehen worden. Auch an den Steinbrüchen der Umgebung werden sie öfter beobachtet und wurden auch schon einige erlegt.

Salzburg. Hallein (V. v. Tschusi). 11. December 1 ♂, 30. 1 Stück.

Siebenbürgen. Fogarás (E. v. Czýnk). Im Hochgebirge hie und da zu sehen. Am 13. September gelegentlich einer Gemsjagd in den Felsen des Leutzathales 2 Stücke gesehen; im ganzen nicht häufig.

Steiermark. Mariahof (B. Hanf). Wintervogel in Mariahof; wurde von mir im Aflenzer Hochgebirge auch im Sommer beobachtet; dieses Jahr nicht gesehen.

Ungarn. Oravitz (A. Kocyan). Am 18. August sah ich auf der Osobita am Brutplatze 3 junge Vögel mit dem ♀, 5 Tage später um dieselbe Tageszeit nicht mehr zu beobachten; im ganzen sehr selten. — Szepes-Igló (J. Geyer). Kommt in unseren felsigen Kalkgebirgen wohl auch vor, aber seltener. Im Frühjahre 1856 schoss ich auf dem Felsen bei Folkmar (unweit Göllnitz) auf ein Stück. Mein zu früh verstorbener Freund Jacob Schablik, herzoglich Coburgischer Eisenwerksbeamter und ein Meister im Ausstopfen der Vögel, erzählte mir noch in den Sechziger-Jahren, dass dieser Vogel im Herbste mancher Jahre in grösserer Anzahl in den Ortschaften Vernar, Rothenstein, Murány etc. erscheine.

78. *Certhia familiaris*, Linn. — Langzehiger Baumläufer.

Böhmen. Liebenau (E. Semdner). Wurde am 1. April in den Obstgärten bemerkt, doch scheinen diese Vögel in hiesiger Gegend mehr als Strichvögel vorzukommen, weil sie selten im Sommer hier anzutreffen sind. — Nepomuk (R. Stopka). Lebt hier das ganze Jahr, besonders in Wäldern.

Bukowina. Solka (P. Kranabeter). Gehört zu den sparsamen Standvögeln.

Croatien. Varasdin (A. Jurinac). Häufig. Im Sommer in Wäldern, im Winter in den Obstgärten und an den Chausseepappelalleen der Stadt und Dörfer.

Kärnten. Mauthen (F. C. Keller). Gemeiner Standvogel; nur in strengen Wintern streicht er umher.

Litorale. Monfalcone (B. Schiavuzzi). 25. April bei St. Antonio; 23. August.

Mähren. Fulnek (G. Weisheit). Standvogel. — Kremsier (J. Zahradnik). Ich beobachtete ihn im Herbste 1883 und 1884 in der städtischen Allee am grossen Wall. — Oslawan

(W. Čapek). Im Winter (bis Anfang April) ziemlich gemein in den Wäldern; meines Wissens hat aber nur ein einziges Paar heuer hier im Teichelwalde gebrütet. — Römerstadt (A. Jonas). Ist bei uns zu finden.

Salzburg. Hallein (V. v. Tschusi). 14. October ♂ im Garten, desgleichen den 1., 5., 17. November und 1. December je 1 ♂. Die *C. brachydactyla* fehlt hier.

Schlesien. Ernsdorf (J. Jaworski). »Baumläufer«. Standvogel; im Winter häufiger als im Sommer. — **Lodnitz** (J. Nowak). Heuer habe ich ihn, obgleich er sonst auch nicht sehr häufig ist, nicht gesehen.

Siebenbürgen. Fogarás (E. v. Czýnk). 14. Januar; im Winter nicht selten, im Sommer hier noch nicht gesehen. — **Nagy-Enyed** (J. v. Csató). 13. April 1 Stück bei Nagy-Enyed erlegt.

Steiermark. Mariahof (B. Hanf). »Baumläuferl«. Standvogel. — **Pöls** (St. Bar. Washington). Die Baumläufer begannen mit dem Nestbaue später, als dies in der Regel der Fall zu sein pflegt; am 3. Mai nahm ich das erste mit dem Nestbau beschäftigte Paar wahr.

Ungarn. Szepes-Béla (M. Greisiger). Am 7. Januar bei Keresztfalu am Goldsberg ein ♂ in Gesellschaft von *Regulus cristatus* gesehen und geschossen; am 18. October flog in einen Lehrsaal der hiesigen Gemeindeschule ein Stück und wurde daselbst gefangen. — **Szepes-Igló** (J. Geyer). Lässt sich zeitweise theils vereinzelt, theils in Mehrzahl auch bei uns sehen.

79. *Upupa epops*, Linn. — Wiedehopf.

Böhmen. Nepomuk (R. Stopka). Wurde im Frühjahre zweimal einzeln gesehen; das erstemal am 9. April; nistet hier schwerlich, da er später nicht beobachtet wird. — **Oberrokitai** (K. Schwalb). 9. April in einem Grasgarten beobachtet.

Bukowina. Kotzman (A. Lurtig). »Vudwud«. Sommervogel. — **Kupka** (J. Kubelka). Sommervogel. — **Obczina** (J. Zitný). Sommervogel. Kam heuer erst im halben Mai an. — **Petroutz** (A. Stranský). Ankunft 15. April. — **Solka** (P. Kranabeter). Sparsam; kommt Ende April und im Mai (heuer den 14.) und zieht im August (heuer den 24.) und

September ab; am 7. Mai wurde ein Gelege mit 5 Eiern gefunden und den 24. erschienen schon die Jungen. Der Abzug geschieht in der Abenddämmerung gegen den Wind, wobei sie sehr niedrig streichen. — **Terebleszty** O. Nahlik. Sommervogel. — **Toporoutz** G. Wilde. Kommt vor.

Croatien. Agram (V. Diković). Am 19. September bei Agram bemerkt. — **Varasdin** (A. Jurinac). Erscheint bei günstiger Witterung bereits die letzten Tage des März, gewöhnlich aber in der ersten Hälfte des April und ist von da an bis Anfang September eine ganz gewöhnliche Erscheinung.

Dalmatien. Spalato (G. Kolombatović). 22., 23. März; 2., 5., 7., 9., 20., 24. April; 2., 3., 4., 6., 7., 12., 17., 19., 24., 30. August; 2., 9., 27. September; 3. October.

Kärnten. Mauthen (F. C. Keller). »Hirschkukuk«. Brutvogel. Ein Paar am 13. April, mehrere am 15. April; Abzug am 20. September.

Krain. Laibach (C. v. Deschmann). Ankunft am 7. April, Abzug vom 27.—30. August.

Mähren. Fulnek (G. Weisheit). Zugvogel. — **Goldhof** (W. Sprongel). Tritt selten auf. Im Juli wurde bei Goldhof ein Exemplar beobachtet und auch im August und September hielten sich bei Neuhof 2 Stücke auf; zum letztenmal sah ich sie am 16. September. — **Oslawan** (W. Čapek). In geringer Zahl. Den 9. April den ersten gesehen; den 1. Juni in einer Linde (1 m. hoch) 4 frisch gelegte Eier gefunden; dieselben waren von der moderigen, feuchten Unterlage schmutzig gefleckt. — **Römerstadt** (A. Jonas). Sehr selten anzutreffen.

Nieder-Oesterreich. Mödling (J. Gaunersdorfer). 6. April zum erstenmale auf dem Liechtenstein gehört; ist im ganzen hier nicht gerade häufig.

Ober-Oesterreich. Ueberackern (A. Kragora). Kam hier den 22. April an.

Salzburg. Hallein (V. v. Tschusi). 7. Mai 2 Stücke im Garten. — **Saalfelden** (V. Eisensammer). Das im vorigen Jahre besprochene Wiedehopfpaar erschien auch heuer wieder und brütete hier. Die Jungen wurden leider von Schulkindern ausgenommen und giengen zugrunde.

Schlesien. **Ernsdorf** (J. Jaworski). Mitte April, sehr selten in den benachbarten Ebenen. — **Lodnitz** (J. Nowak). Den ersten am 6. April gesehen, doch kamen auch noch im Mai einzelne vor.

Siebenbürgen. **Fogarás** (E. v. Czýnk). 24. März (N.-W., warm); 8. Mai volles Gelege in einer hohlen Weide; Abzug 20. August (N.-W., heiteres Wetter). — **Nagy-Enyed** (J. v. Csató). 30. März 1 Stück bei Nagy-Enyed gehört.

Steiermark. **Mariahof** (B. Hanf und R. Paumgartner). »Withupf«. 2., 8., 9. und 22. April je 1 Stück. — **Pöls** (St. Bar. Washington). Einige wenige Durchzügler kamen am 14. April an; die in meinem Beobachtungsgebiete einheimischen, resp. übersommernden Paare erschienen erst am und nach dem 27. April.

Tirol. **Innsbruck** (L. Bar. Lazarini). 9. April einzelne Exemplare in der Hallerau; 27. April rufen gehört; 27. August 1 Stück in Mareit bei Sterzing (1100 m).

Ungarn. **Mosócz** (R. Graf Schaffgotsch). Sehr seltener Sommervogel. — **Oravitz** (A. Kocyan). 13. April; bei Trstena anfangs April und später; häufiger als im Vorjahre. — **Szepes-Igló** (J. Geyer). Kommt auch bei uns vor, aber nicht häufig; in der Nähe der Laubwälder nistet er auch hin und wieder.

VI. Ordnung.

Captores. Fänger.

80. *Lanius excubitor*, Linn. — Raubwürger.

Böhmen. **Nepomuk** (R. Stopka). Wird selten beobachtet; einzeln habe ich ihn im Winter gesehen. — **Přibram** (F. Stejskal). Ankunft am 1. April, Abzug in der zweiten Hälfte October.

Bukowina. **Kotzman** (A. Lurtig). Zugvogel. — **Obczina** (J. Zitný). Kommt vor. — **Solka** (P. Kranabeter). Ein sparsamer Standvogel; paart sich Anfang April und baut sogleich das Nest, am liebsten an Waldrändern, in der Nähe von mit zahlreichem Gebüsche bewachsenen Feldern. Legt bis 7 Eier (18. April), im Mai (5.) erschienen die Jungen, somit nach 17

Tagen; zeigt den Jungen gegenüber grosse Elternliebe und vertheidigt sie mit Muth in Gefahr.

Croatien. Agram (V. Diković). Im October bemerkt. — (A. Smit.) Ich beobachtete ihn in der zweiten Hälfte April. — **Varasdin** (A. Jurinac). Sommer und Winter ziemlich häufig.

Dalmatien. Spalato (G. Kolombatović). 12., 19. October.

Kärnten. Mauthen (F. C. Keller). Erschien am 10. Mai; ist Brutvogel; Abzug am 24. August.

Krain. Laibach (C. v. Deschmann). Ankunft am 20. Mai, Abzug am 20.—22. August.

Mähren. Fulnek (G. Weisheit). Zugvogel. — **Goldhof** (W. Sprongel). Heuer nisteten hier 3 Paare. Das erste traf ich am 26. April in einer Schwarzpappelallee. Von der Zeit ab sah ich das ♂ täglich in der Allee auf- und abfliegen; das Weibchen bekam ich nie zu Gesicht. Erst im Juli wieder sah ich das ganze Paar in Gesellschaft von 5 Jungen. Den letzten traf ich am 6. November. — **Kremsier** (J. Zahradnik). Ziemlich häufig. — **Oslawan** (W. Čapek). Nur sehr sporadisch. Am 2. November ein Paar; 5., 18. und 27. März je ein Stück; 19. Mai und folgende Tage ein Paar bei einem Kiefernbestande (Kreuzelwald), wo es auch gebrütet haben mag; 2. November ein ♀; 22. November ein ♂; einzeln durch den ganzen Winter anzutreffen. — **Römerstadt** (A. Jonas). Vereinzelt vorkommender Standvogel.

Nieder-Oesterreich. Melk (V. Staufer). Ankunft den 5. März.

Salzburg. Hallein (V. v. Tschusi). 14., 26., 31. Januar 1 Stück; an letzterem Tage verfolgte einer einen *Turdus viscivorus*; 14. Februar, 3. März je 1 Stück; 27. und 30. September je 1 Stück; 8. October ein ♂; 26., 27. October, 10. November je 1 Stück; 26. November 1 ♀ ad.; 5., 6., 12. und 17. December je 1 Stück.

Schlesien. Dzingelau (J. Želisko). 16. November 1 Stück gesehen. Dieser Vogel hält sich vom Herbste bis zum Frühjahr einzeln hier auf; manchen Winter ist er sehr selten. — **Ernsdorf** (J. Jaworski). Standvogel; in der hiesigen Gegend sehr selten. — **Lodnitz** (J. Nowak). 16. Februar hörte ich bei ziemlicher Kälte einen singen; auch im November und

December wurde er hier bemerkt und zwar auch die Var. *L. major*. (Herr Nowak fand am 23. October zwei an abgebrochene Weidenruthen gespiesste Feldmäuse, welchen beiden der Kopf fehlte, und er vermuthet, es sei dies das Werk eines *Lanius excubitor* gewesen, da er noch mehrmals Gelegenheit gehabt habe, solches Anspiessen zu gewahren. Urban.)

Siebenbürgen. Fogarás (E. v. Czýnk). Häufiger Standvogel: 10. Januar singen gehört. — **Nagy-Enyed** (J. v. Csató). 24. Februar 1 Stück bei Nagy-Enyed erlegt; 6. April 1 Stück ebendaselbst; 28. April in einem Neste bei Nagy-Enyed 4 Junge und 2 Eier, ein anderes Nest nur halb fertig; 15. Juni 2 Stücke bei Nagy-Enyed.

Steiermark. Mariahof (B. Hanf und R. Paumgartner). »Spanischer Dorndrall«, »Masenkönig«. Kommt nur am Zuge im Frühjahre, wie im Herbste vor, hält sich aber gewöhnlich längere Zeit auf. 27., 28. Februar 2 Stücke; 17. März und 1. April je 1 Stück; 23., 26. September je 1 Stück; 1. und 21. October in Verfolgung eines Vogels; 23. October 2, 25. und 30. je 1; 3, 4., 5., 9. 10. und 15. November je 1; 17. 2 Stücke; 16. December 1 Stück. Die pro 1883 gemachte Bemerkung gilt auch pro 1884; nur *Lanius var. major* wurde hier beobachtet. Die Schädlichkeit desselben ist hier minimal, in der Regel findet man Mäuse im Magen. — **Pikern** (O. Reiser). War heuer in der Umgebung von Marburg recht häufig und gar nicht scheu. Auf die Fallbäume vor der »Aufhütte« setzten sich oft 4 Stücke zu gleicher Zeit, um den Uhu wenigstens eine Viertelstunde lang auf das aufmerksamste zu betrachten. Ein geschossenes Exemplar gehörte der *var. major* an. — **Pöls** (St. Bar. Washington). Diese Würgerart war heuer ausnehmend spärlich vertreten. Ich fand im ganzen blos 3 Brutpaare auf. Wie mir mitgetheilt ward, soll *Lanius excubitor*, Linn. im benachbarten »Grazer Felde« dagegen häufiger als gewöhnlich gewesen sein.

Ungarn. Mosócz (R. Graf Schaffgotsch). Häufiger Standvogel. — **Oravitz** (A. Kocyan). Keinen in der Gegend beobachtet. — **Szepes-Igló** (J. Geyer). Nur vereinzelt, selbst auch im Winter, sichtbar, wo er auf der Spitze von Strassenbäumen und Gesträuch träge sitzend, Mäusen und kleinen Singvögeln auflauert. Wird mitunter auf Leimruthen gefangen.

81. *Lanius excubitor*, var. *major*, Cab. nec Pall. — Einspiegeliger Raubwürger.

Kärnten. Mauthen (F. C. Keller). Ich beobachtete ihn in 2 Exemplaren. Durch 4 Tage hindurch sah ich ein ♂ dieser Varietät mit einem ♀ von *excubitor* beständig beisammen.

Schlesien. Lodnitz. Vgl. vorhergehenden.

Steiermark. Mariahof (B. Hanf). Erscheint eben so oft wie der vorige. Vgl. *L. excubitor*, L. — **Pikern.** Vgl. vorhergehenden.

82. *Lanius excubitor*, var. *Homeyeri*, Cab. — Homeyer's Raubwürger.

Kärnten. Mauthen (F. C. Keller). Ein Exemplar wurde auf der italienischen Grenze am 30. August gefangen. Dasselbe stimmte mit der von Joh. v. Csató in der Zeitschrift für die gesammte Ornithologie gegebenen Beschreibung, nur mit dem Unterschiede, dass die äusseren 2 Steuerfedern ganz weiss waren, ohne schwarzen Schaft, und dass die Länge der übrigen weissen Flecke um 2—3 mm variirte.

Siebenbürgen. Nagy-Enyed (J. v. Csató). 13. April 1 ♂, 10. September 1 ♀ erlegt. NB. Das ♂ wurde mit dem Originalexemplar im Berliner Museum verglichen und ist demselben ganz ähnlich.

(Durch diese zwei Fälle ist das zeitweilige Vorkommen dieser Würgerform bei uns zum erstenmale nachgewiesen. v. Tschusi.)

83. *Lanius minor*, Linn. — Kleiner Grauwürger.

Bukowina. Solka (P. Kranabeter). Gehört zu den häufigeren Zugvögeln.

Croatien. Agram (V. Diković). Am 19. August eine Familie bemerkt. — **Varasdin** (A. Jurinac). Sehr häufiger Zugvogel; kommt Ende April und geht Ende August oder Anfang September.

Dalmatien. Spalato (G. Kolombatović). Vom 22. April bis 24. August; war auffallend spärlich vertreten.

Kärnten. Mauthen (F. C. Keller). 5 Stücke am 7., 3 Stücke am 10. Mai; brütete in der Würmlacher Haide in 2 Paaren. Am Herbstzug vereinzelt oder zu 3—5 Stücken vom 25. August bis 14. September.

Litorale. **Monfalcone** (B. Schiavuzzi). »Scavazze«. 10. Mai einzelne Paare an den Thermalbädern und bei Tagliata; 28. Mai 2 Paare in Locavez; ein Nest auf den Pappeln nächst den Bädern noch nicht fertig; 4. Juni ♂ ad. auf den Pappeln nahe den Bädern erlegt und ein noch nicht besetztes Nest in der Nähe gefunden. Der Magen des erlegten enthielt Heuschrecken. 20. Juni 1 ♂ an den Thermalbädern erlegt; 24. und 29. Juli bei Locavez je 1 juv. erlegt; 5., 19., 22., 25. August.

Mähren. **Mährisch-Neustadt** (F. Jackwerth). Nicht zahlreich. — **Oslawan** (W. Čapek). Ziemlich gemein in den Auen unterhalb Brünn, besonders längs der Flüsse. Zwischen Oslawan und Eibenschitz ein Paar auf Pappeln. Am Bečwaflusse, im östlichen Mähren, öfters, im südlichen Mähren häufig. — **Römerstadt** (A. Jonas). Kommt seltener vor.

Nieder-Oesterreich. **Wien** (O. Reiser). Vor 2 Jahren nisteten im Pappelwalde hinter dem Ruderhäuschen des Kaiserwassers etwa 20 Paare; heuer konnte ich nur 3 bemerken. Die Nester standen regelmässig weit vom Stamme auf einem starken Seitenaste und waren reizend aus Pappelwolle zusammengefügt, in welche die unausbleiblichen grünen Gewürzkräuter eingeflochten erschienen. Der ganze Bau ist noch jetzt äusserst solid und dauerhaft. Es lagen darin am 24. Mai 5 frische Eier. Die Alten waren während der Nestplünderung nicht zu bemerken.

Salzburg. **Hallein** (V. v. Tschusi). Wurde dieses Jahr gar nicht beobachtet.

Schlesien. **Dzingelau** (J. Želisko). Ankunft, ♂ und ♀, 9. April (heiter, früh — 3° R.); im ganzen haben 3 Paare hier gebrütet. Am 3. September im Zuge (warm, Südwestwind).

Siebenbürgen. **Fogarás** (E. v. Czýnk). Nicht häufig; 6. Mai (Süd), 28. August (N.-O.). — **Nagy-Enyed** (J. v. Csató). 10. Mai 3 Stücke bei Nagy-Enyed.

Steiermark. **Mariahof** (B. Hanf und R. Paumgartner). 10. und 12. Mai je 1 Stück. Nimmt bedeutend ab; hier hat nur 1 Paar gebrütet. Gehört schon fast den Seltenheiten gegen früher; vielleicht wird er an manchen Orten als *excubitor* vertilgt! — **Marburg** (O. Reiser). Häufiger Brutvogel. — **Pikern** (O. Reiser). Etwas weniger zahlreich und mehr in oder in der Nähe der Ortschaften in Obstgärten. Am 13. Mai wurde sein mit den wohlriechendsten Kräutern parfumirtes Nest von einem Apfelbaume mit 4 frischen Eiern genommen. — **Pöls** (St. Bar. Washington). Ziemlich häufiger, in allen Theilen des Beobachtungsgebietes auftretender Brutvogel. Am 3. Mai die ersten; viele am 4. desselben Monates.

Ungarn. Mosócz (R. Graf Schaffgotsch). Häufiger Sommervogel. — **Szepes-Igló** (J. Geyer). Ist jedenfalls häufiger als vorhergehender.

84. *Lanius rufus*, Briss. — Rothköpfiger Würger.

Croatien. Varasdin (A. Jurinac). Die seltenste Würgerart, die ich schon seit einigen Jahren nicht mehr sah.

Dalmatien. Spalato (G. Kolombatović). Vom 21. April bis 12. August.

Kärnten. Mauthen (F. C. Keller). Ein ♂ am 10. Mai, 4 Stücke am 26. August.

Mähren. Oslawan (W. Čapek). Am Rande der Kiefernbestände bei Oslawan 3 Paare brütend beobachtet; am 10. Mai habe ich sie da zuerst gesehen und am 21. Mai schon ihr Gelege von 4 Stücken auf einer Kiefer, 10 m hoch, gefunden. Bei Brünn nisten sie besonders auf den alten Linden längs der Wienerstrasse. — **Römerstadt** (A. Jonas). Alljährlich anzutreffen.

Salzburg. Hallein (V. v. Tschusi). 28. August 1 juv., der bis den 1. September blieb; sonst keinen gesehen.

Schlesien. Dzingelau (J. Želisko). Am 13. Mai ein ♂ gesehen. Vor 2 Jahren in meinem Garten und im Schlossgarten Brutvogel gewesen, heuer durch den *Lanius minor* aus dem Brutorte verdrängt.

Steiermark. Mariahof (B. Hanf). Ein sehr seltener Passant. Im Jahre 1864 habe ich am 15. April ein ♂ und am 2. Mai ein ♀ erlegt. — **Pikern** (O. Reiser). Ein Paar siedelte sich, nachdem ein anderes bereits voriges Jahr einen missglückten Versuch gemacht hatte, in der Mellinger Au an und brachte die Jungen glücklich aus. Eines davon steht in der Marburger Sammlung.

85. *Lanius collurio*, Linn. — Rothrückiger Würger.

Böhmen. Blottendorf (F. Schnabel). Den 13. Mai das erstemal gehört; wurde dieses Jahr bis zum 8. September hier bemerkt, sonst gewöhnlich nur bis Ende August. — **Liebenau** (E. Semdner). Ziemlich zahlreich am 19. April angekommen (warme Witterung, abwechselnd Schneegestöber, in der Nacht kalt und Frost); Abzug 13. August.

Bukowina. Kuczurmare (C. Miszkiewicz). Erscheint Mitte Mai und mit Ende September zieht er ab. — **Solka** (P. Kranabeter). Erscheint im Mai und zieht im September ab; sparsam.

Croatien. Agram (V. Diković). Am 16. August eine Familie und am 17. September einen jungen Vogel bemerkt. — (A. Smit.) Anfangs Mai, während schöner Frühlinge auch Ende April, ist er schon hier. Im Jahre 1880 fand ich schon den 14. Mai ein Nest. — **Krizpolje** (A. Magdić). Ein Nest fand ich den 26. Mai. — **Varasdin** (A. Jurinac). Die häufigste Würgerart. Erscheint gleichzeitig mit *Lanius minor* und zieht in der ersten Hälfte September ab. Heuer sah ich den letzten den 9. September.

Dalmatien. Spalato (G. Kolombatović). Vom 19. April bis 8. September.

Kärnten. Mauthen (F. C. Keller). »Dorndrall«. Erschien am 12. Mai, nistet im ganzen Gebiete, besonders in den Weissdornbüschen der Würmlacher Haide, wo er oft alte Nester nur ausbessert und wieder benützt. Von Ende August bis 18. September beobachtete ich fast täglich mehrere Exemplare am Durchzuge. Die in der Nähe brütenden verliessen die Gegend am 28. August.

Krain. Laibach (C. v. Deschmann). Am 24. April angetroffen.

Litorale. Monfalcone (B. Schiavuzzi). 20. April 1 Stück im Beaufort's Garten, 30. April 1 ♀ in der Stadt; die letzten am 12. und 18. September bei Locavez und St. Antonio.

Mähren. Goldhof (W. Sprongel). Am 12. Mai 2 Exemplare beobachtet; selten. — **Kremsier** (J. Zahradnik). Kommt im hiesigen Schlossgarten vor. — **Oslawan** (W. Čapek). Scheint mir seltener geworden zu sein; ich schreibe es gewiss am richtigsten der hiesigen »lieben« Jugend zu. Am 6. Mai beobachtete ich das erste ♂, 11. Mai mehrere; 23. Mai wurde schon das erste Ei gelegt; am 17. September keinen mehr gesehen; heuer habe ich hier kein Gelege mit rostfarbenen Flecken gefunden. — **Römerstadt** (A. Jonas). Sehr zahlreich zu finden.

Salzburg. Abtenau (F. Höfner). Den 24. April angekommen. — **Hallein** (V. v. Tschusi). 3. Mai ♂, 7. Mai 2 ♂, 1 ♀; heuer kein Brutpaar in der nächsten Umgebung. 9. August ♂ ad., 12. viele juv., 20. wenige, 21. mehrere, 26. einzelne, 27. und 28. 1 juv., 29. 3 juv. und ♂ ad.; einzelne bis 17. September; 7. October der letzte juv.

Schlesien. Bielitz (O. Reiser). Bei Bielitz wurde in einem Kloster oberhalb einer Thüre*) in einer Mauerecke ein mit Jungen besetztes Nest des Dorndrehers gefunden. Die Alten warteten ausserhalb des Glasganges, in welchem die Thüre sich befand, mit dem Futter im Schnabel sorgsam, bis sich Niemand in der Nähe befand und flogen dann rasch durch eine zerbrochene Scheibe zum Neste. Die Jungen wurden, nachdem sie flügge geworden, von den thierfreundlichen Geistlichen in Freiheit gesetzt. — **Ernsdorf** (J. Jaworski). »Dorndreher«. Ankunft Ende April, Abzug Anfang August. — **Lodnitz** (J. Nowak). Ankunft 29. April, Abzug Ende August. — **Troppau** (E. Urban). 6. Mai.

Siebenbürgen. Fogarás (E. v. Czýnk). Gemeiner Brutvogel. 5. Mai das erste ♂, 10. Mai mehrere; die letzten am 2. October bemerkt. — **Nagy-Enyed** (J. v. Csató). 7. Mai einige.

Steiermark. Mariahof (B. Hanf). »Dorndral«. Ein nicht seltener Brutvogel, der Ende April zurückkommt; die Alten verlassen uns schon anfangs September, die Jungen bleiben bis October bei uns. — (B. Hanf und R. Paumgartner.) ♂ 6. und 9. Mai, ♂ und ♀ 12. Mai. — (F. Kriso). Am 11. Mai ein ♂; das Jahr hindurch wenig beobachtet; die schönen Thiere sind eben geächtet und sie werden in vielen Orten wie Sperber verfolgt und geschossen. — **Pikern** (O. Reiser). Heuer ausserordentlich zahlreich. Nistet sehr häufig in den gestutzten Weissdornhecken längs der Bahnstrecke. — **Pöls** (St. Bar. Washington). Erschien später als gewöhnlich. Den ersten bemerkte ich

*) Es liegt hier sehr nahe, an eine Verwechslung mit *Muscicapa grisola* zu glauben, die derartige Niststellen liebt. v. Tschusi.

am 1., mehrere am 3. Mai; die Hauptmasse war am 4. d. M. noch nicht eingetroffen.

Tirol. Innsbruck (L. Bar. Lazarini). 12. Mai waren schon einige eingetroffen.

Ungarn. Mosócz (R. Graf Schaffgotsch). Sehr häufiger Sommervogel. — Oravitz (A. Kocyan). 16. Mai 1 Paar: Brutvogel. — Szepes-Béla (M. Greisiger). Am 19. Mai bei Béla an der Schwarzbach 1 ♂ gesehen (Südwind, warm). — Szepes-Igló (J. Geyer). Ist bei uns viel häufiger, als die beiden vorhergehenden, zum grossen Verdruss unserer Bienenväter. Dass er den Umkreis seines Brutplatzes thatsächlich mit aufgespiessten Insecten decorirt, davon habe ich mich zu wiederholtenmalen überzeugt. Die grösste Anzahl dieser Vögel beobachtete ich in den 60er Jahren in Murány (Comitat Gömör).

86. *Muscicapa grisola*, Linn. — Grauer Fliegenschnäpper.

Bukowina. Solka (P. Kranabeter). Sparsam. Erscheint schon im April und zieht im October ab.

Croatien. Agram (V. Diković). Am 7. September bei Agram bemerkt. — Varasdin (A. Jurinac). Von Ende April bis Anfang September zahlreich.

Dalmatien. Spalato (G. Kolombatović). 4., 5., 6., 8., 9., 12., 14., 15., 22., 27. April; 13., 15., 17., 18., 20., 25., 28., 30. August; 1., 2., 3., 4., 6., 10., 15., 22., 25., 26., 28., 30. September; 3., 5. October.

Kärnten. Mauthen (F. C. Keller). 1 Paar brütete im Maria-Schneewalde; Abzug sehr zerstreut am 1., 5., 8., 9., 12., 15. und 17. September.

Litorale. Monfalcone (B. Schiavuzzi). 13. Mai 1 ♂ in der Stadt erlegt; 22. August Abzug, bis 25. August an den Thermalbädern.

Mähren. Oslawan (W. Čapek). Ein Paar habe ich in einem Garten, zwei andere im Walde brütend angetroffen. Scheint mir erst in den letzten Jahren hieher gekommen zu sein; die ersten langten am 6. Mai an. — Römerstadt (A. Jonas). Kommt vor.

Nieder-Oesterreich. Wien (O. Reiser). In der Umgebung der Wiener Militärschiessstätte hielt sich ein Paar ständig auf und baute das kleine Nest in die vom Hauptstamme abzweigenden Seitenäste einer Kugelakazie, welche zwischen den Schiessständen steht, so dass die Mündung der Gewehre keine Klafter entfernt von dem brütenden Weibchen war. Erst als am 4. Juni das besagte Bäumchen entfernt werden sollte, konnte ich mich entschliessen, dem Nestchen die schon bebrüteten 5 Eier, die fast denen von *Erythrosterna parva* gleichen, zu entnehmen; dieselben weichen an Grösse und Färbung auch unter einander ab.

Salzburg. Hallein (V. v. Tschusi). 9. Mai 1 Stück, 17. Mai 2 Stücke, 11. Juni ♂ ad.; vom 4.—24. August einzelne; 6. October der letzte.

Schlesien. Lodnitz (J. Nowak). Ankunft den 20. April.

Siebenbürgen. Fogarás (E. v. Czýnk). Nicht selten, auch in Gärten. Ankunft 28. April; volles Gelege 7. Mai. — **Nagy-Enyed** (J. v. Csató). 7. Mai 1 Stück bei Nagy-Enyed.

Steiermark. Mariahof (B. Hanf). Brutvogel sowohl im Walde auf Bäumen, als auch in Mauerlöchern alter Gebäude; kommt erst anfangs Mai zurück. — **Pöls** (St. Bar. Washington). Bis zum Tage meiner Abreise aus dem Beobachtungsgebiete (am 5. Mai) war diese Art noch nicht eingetroffen; ich war daher sehr erstaunt, dieselbe am darauffolgenden Tage auf dem kaum einige Stunden entfernten Grazer Schlossberge in bedeutender Anzahl beobachten zu können.

Ungarn. Szepes-Igló (J. Geyer). War schon am 13. April angekommen und liess im Garten seinen Ruf erschallen.

87. *Muscicapa parva*, Linn. — Zwergfliegenfänger.

Bukowina. Solka (P. Kranabeter). Sparsamer Zugvogel; erscheint im April und zieht im October ab.

Mähren. Oslawan (W. Čapek). Ein Paar habe ich bei Leipnik, ein anderes vor 4 Jahren westlich von Oslawan brütend angetroffen. (Vide Mittheil. d. ornith. Vereines in Wien, 1884, 1.)

Nieder-Oesterreich. Wien (O. Reiser). Einige Paare bei Dornbach im Buchenwalde.

Steiermark. Mariahof (B. Hanf). Seltener Durchzügler. Am 7. Mai 1851 schoss ich ein Männchen mit schöner rother Brust. — **Pöls** (St. Bar. Washington). Auch zur Zugszeit nie beobachtet.

Ungarn. **Szepes-Béla** (M. Greisiger). Kommt vor. — **Szepes-Igló** (J. Geyer). Kommt bei uns vor, aber selten; ich besitze 1 Exemplar aus dem Granthale, aus der Sammlung des Herrn Schablik.

88. *Muscicapa luctuosa*, Linn. — Schwarzköpfiger Fliegenfänger.

Böhmen. **Nepomuk** (R. Stopka). Sparsam im Sommer; kommt gewöhnlich im Mai und Ende August wird er nicht mehr gesehen.

Bukowina. **Solka** (P. Kranabeter). Kommt vor.

Croatien. **Varasdin** (A. Jurinac). Selten. Den 15. April 1883 5 ♂ und 1 ♀ in einem Gebüsche gesehen. Die ♂ kämpften heftig untereinander. Den 22. April desselben Jahres 1 ♂ in meinem Garten bemerkt. Früher und später diese Vogelart hierorts nicht gesehen.

Dalmatien. **Spalato** (G. Kolombatović). 22., 29. April.

Kärnten. **Mauthen** (F. C. Keller). Nur 2 Stücke am 30. August getroffen.

Krain. **Laibach** (C. v. Deschmann). Am 24. April in den Stadtgärten häufig.

Litorale. **Monfalcone** (B. Schiavuzzi). 28. April 1 ♂ in der Stadt erlegt; 22. August Abzug; 1 ♂ juv. bei den Thermalbädern geschossen.

Mähren. **Mährisch-Neustadt** (F. Jackwerth). 24. April angekommen (Nordwest); nicht zahlreich. — **Oslawan** (W. Čapek). Nur Durchzügler. Am 10. April ein ♂, 26. April ♀ und 30. April ein ♂.

Nieder-Oesterreich. **Wiener-Neustadt** (O. Reiser). Am 15. April kam er im Parke der Sigel'schen Locomotivfabrik in Wiener-Neustadt an und traf Anstalten zum Nisten. Erst am 24. Mai lagen im Astloche eines Rosskastanienbaumes 4 Eier von dem prachtvollsten Azurblau, welches beim Aufbewahren nicht verbleicht.

Salzburg. **Hallein** (V. v. Tschusi). 12. April, 15. Mai ♀; 20. August 2 Stücke, 30. August, 1., 5. und 10. September je 1 Stück.

Schlesien. **Dzingelau** (J. Želisko). »Trauerfliegenfänger«. Ankunft 24. April (am 23. und 24. trüb, regnerisch, früh + 4° R.,

25. trüb, nachmittags gegen + 8° R., Südwestwind). Im Vorjahre war er an 3 Orten Brutvogel, heuer hat er hier nicht gebrütet. Ich glaube, dass es oft Witterungsverhältnisse sind, die ihn zu anderen Brutorten treiben, wie es heuer mit *Pratincola rubicola* der Fall war. — **Lodnitz** (J. Nowak). Ankunft Ende April.

Siebenbürgen. Nagy-Enyed (J. v. Csató). 7. Mai einige ♂♂ und ♀♀.

Steiermark. Mariahof (B. Hanf). Zieht im Frühjahre einzeln durch (17. April früheste, 7. Mai späteste Beobachtung); im Herbste noch nicht gesehen. — (B. Hanf und R. Paumgartner.) 17. April 10—20 ♂, ♀, 23. und 27. 2 Stücke, 28. und 29. 8—10 Stücke. — (F. Kriso.) Am 24. April (trüb, kalt) 1 Stück auf dem Zaune eines Waldrandes. — **Pöls** (St. Bar. Washington). Am 25. April notirte ich die Beobachtung des ersten (♂); am 27. und 28. April langten viele ein, meistens ♂; in den letzten Tagen dieses Monates sah ich mehr ♀ als ♂.

Tirol. Innsbruck (L. Bar. Lazarini). 27. April 3 ♂ in der Ambraserau gesehen; 4. September ziemlich zahlreich am Villermoos.

Ungarn. Oravitz (A. Kocyan). 24. April bis 5. Mai sehr häufig, doch nicht nistend.

89. *Muscicapa albicollis*, Temm. — Weisshalsiger Fliegenfänger.

Dalmatien. Spalato (G. Kolombatović). 5., 8., 9., 12., 15., 18., 22., 29. April; 2., 3. Mai; 23. August.

Krain. Laibach (C. v. Deschmann). Am 13. März eingetroffen.

Mähren. Oslawan (W. Čapek). Scheint mir gewiss erst in den letzten Jahren in unsere Wälder eingezogen zu sein; jetzt beherbergt jeder Laubwald 2—3 Paare. Am 26. April habe ich ein ♂, am 30. April schon einige Paare auf ihren Nistplätzen gesehen; am 15. Mai fand ich ein Gelege von 6 frischen Eiern. Das Nest wird entweder ganz unten, oder bis 10 m hoch in Baumhöhlen angebracht. Mitte September waren alle schon verschwunden. Das Nest ist ziemlich lose aus Gras gebaut und mit feinerem Grase oder Streifchen von Lindenbast ausgepolstert. Heuer brüteten in den Laubwäldern um Oslawan herum etwa 20 Paare; auch bei Brünn kommt er brütend vor.

Steiermark. Mariahof (B. Hanf und R. Paumgartner). Den 16. April 1 Stück. — **Pöls** (St. Bar. Washington). Vor dem Jahre 1880 weder als Brutvogel, noch als Durchzügler beobachtet. Seither nistet ein Paar im Schlossparke. Am 3. Mai 1 ♂ und 1 ♀; es dürfte dies dasselbe Paar gewesen sein, welches im Vorjahre an derselben Stelle, wo ich die beiden vorerwähnten Exemplare antraf, brütete.

Ungarn. Szepes-Béla (M. Greisiger). Am 15. April (Nordwind, kalt, Schneefall, tagsvorher Südwind und warm) im Garten bei Béla ein ♂; am 16. (Nordwind, regnerisch) am Bélbache 1 Stück gesehen. — **Szepes-Iglo** (J. Geyer). Ein Exemplar am 23. April im Hausgarten beobachtet.

90. *Bombycilla garrula*, Linn. — Seidenschwanz.

Böhmen. Blottendorf (F. Schnabel). Kam Anfang Winter 1883 und blieb diesmal so ziemlich bis Ende März 1884 hier; ja den 2. April habe ich noch einen Flug von etwa 30 Stücken bei mir im Garten auf einer Eberesche gesehen, wo ich auch einige gefangen habe, auffallend aber immer nur Weibchen. Sonst erscheint er sehr unregelmässig, manches Jahr in grosser Anzahl, manchmal erst nach vielen Jahren und in kleinen Flügen, bald im Herbste, bald wieder erst in Mitte des Winters: auch sein Aufenthalt ist verschieden, manchmal sehr kurz, manchmal länger. — **Oberrokitai** (K. Schwalb). Im November angekommen, im Februar fortgezogen. — **Přibram** (F. Stejskal). Erschien heuer in grosser Gesellschaft bloss bei Hluboš Anfang November.

Bukowina. Solka (P. Kranabeter). Gehört zu den seltenen Erscheinungen, kommt aber dann massenhaft vor. Ist der Winter früher eingetreten, so erscheinen sie schon im November, gewöhnlich aber erst im December. Ihr Abzug ist auch durch die Witterung bedingt; so zogen sie heuer wegen der Verspätung des Frühjahres erst am 19. April ab, sonst verschwinden sie schon im Februar. Die Dauer ihres Aufenthaltes ist auch durch das Vorhandensein der Sorbusbeeren und Viburnum opulus bedingt; im Frühjahre verzehren sie sogar die Kätzchen der Populus tremula. — **Toporoutz** (G. Wilde). Kommt zuweilen vor.

Croatien. Varasdin (A. Jurinac). Nur in strengen Wintern. Im ungewöhnlich strengen Winter 1879/80 wurde hier zu Weihnachten ein Flug beobachtet.

Kärnten. Mauthen (F. C. Keller). Wurde heuer in der ganzen Gegend nicht bemerkt.

Litorale. Triest (L. Moser). Im December überbrachte mir einer meiner Schüler ein schönes ausgestopftes Exemplar (♂), das im Jahre 1871 in der Gegend von Prosecco, oberhalb Miramare, mit mehreren gefangen wurde. Es sollen damals viele dieser Vögel an die Küste gekommen sein. Der Vogel ist Eigenthum des Naturaliencabinetes des Staatsgymnasiums in Triest.

Mähren. Kremsier (J. Zahradnik). Kommt in jedem strengeren Winter vor. Der Landbevölkerung ist der Seidenschwanz bekannt und man sagt von ihm, er erscheine alle 7 Jahre einmal. Heuer habe ich ihn nicht beobachtet. In der Sammlung in 3 Exemplaren, die aber älter als 3 Jahre sein dürften. — **Olmütz** (O. Reiser). In der Nähe von Olmütz wurde ein Exemplar noch am 14. April bei einem Fichtendickicht geraume Zeit beobachtet. In Steiermark nennen die Jäger den Vogel »Schopfwachtel«. — **Oslawan** (W. Čapek). Heuer gar keine gesehen. Im Winter 1882/83 wurde hier eine kleine Gesellschaft beobachtet; auch im vorigen Winter 1883/84 waren sie hier. — **Römerstadt** (A. Jonas). Die Seidenschwänze, hier allgemein »Friser« genannt, wurden nach vielen Jahren im Winter 1883/84 in grossen Massen auf den an den Strassen stehenden Ebereschen beobachtet. Im heurigen Winter fehlten sie wiederum gänzlich.

Schlesien. Ernsdorf (J. Jaworski). Ankunft Ende October, Abzug im März; selten. — **Jägerndorf** (E. Winkler). 27. November durchgezogen.

Steiermark. Mariahof (B. Hanf). Im December 1847 und im Januar und Februar 1848 in Gesellschaft der Wachholderdrosseln in grossen Flügen auf den Vogelbeeren in St. Lambrecht vorgekommen; wurde seither von mir nicht mehr beobachtet.

Ungarn. Mosócz (R. Graf Schaffgotsch). Unregelmässig erscheinender Wintervogel; wurde in dem sehr kalten Winter 1879/80 beobachtet. — **Szepes-Béla** (M. Greisiger). Am 5. und 8. Januar (sehr kalt) bei Béla einen Flug von circa 30 Stücken.

— Szepes-Igló (J. Geyer). Kommt und geht mit der Wachholderdrossel; gewöhnlich bringt man sie auch mit letzterer zugleich nach dem ersten Schneefall im November unter dem Namen »kleiner Krametsvogel« zum Verkauf. Dieses Jahr wurden mir von Herrn Güterdirector Köhler aus Torna 3 Stücke (2 ♀ und 1 ♂) zugeschickt.

91. *Accentor alpinus*, Bechst. — Alpenbraunelle.

Dalmatien. Spalato (G. Kolombatović). Vom 1. Januar bis 25. März und vom 22. October bis Ende December.

Galizien. Oravitz (A. Kocyan). Bei Czerwony wierch in der Tatra, wo ich vor 24 Jahren mehrere erlegte, am 1. September beobachtet.

Kärnten. Mauthen (F. C. Keller). Findet sich im Sommer zerstreut im ganzen Alpengebiete.

Litorale. Triest (B. Schiavuzzi). Den 8. Januar 1 ♂ bei Prosecco am Karst erlegt, das sich im bürgerl. Museum in Triest befindet.

Salzburg. Hallein (V. v. Tschusi). 25. December ♀, 31. December 2 Stücke.

Siebenbürgen. Nagy-Enyed (J. v. Csató). 18. April 8 Stücke auf dem Berge Székelykö bei Toroczko Szent-György auf Felswänden.

Steiermark. Mariahof (B. Hanf). »Steinlerche«. Standvogel am Zirbitzkogel und auf der Grewenze. Kommt im Winter bisweilen zu höher gelegenen Bauerngehöften oder Schlossruinen herab.

Tirol. Innsbruck (L. Bar. Lazarini). Den 4. August mehrere am Patscherkofel.

Ungarn. Szepes-Béla (M. Greisiger). Am 17. September sah ich in der Tátra bei dem grünen See 1 Stück und am 2. October bei dem »Eisernen Thor« einen Flug von 5 Stücken.

92. *Accentor modularis*, Linn. — Heckenbraunelle.

Böhmen. Blottendorf (F. Schnabel). Die erste am 27. März gehört.

Bukowina. Solka (P. Kranabeter). Kommt sparsam vor; erscheint im April und zieht im October ab.

Croatien. Agram (V. Diković). Am 12. October eine Familie und am 4. December einen Vogel bei Agram bemerkt. — (Sp. Brusina.) Am 4. December ein bei Agram gefangenes ♂ bekommen.

Dalmatien. Spalato (G. Kolombatović). Vom 1. Januar bis 28. April und vom 5. October bis Ende December.

Kärnten. Mauthen (F. C. Keller). Erschien am 28. März und 4. April und brütet, jedoch nicht häufig, in den niederen Waldungen. Ein Paar nistete in einem dichten Johannisbeerstrauche des Gartens.

Litorale. Monfalcone (B. Schiavuzzi). Den 26. Januar; 1.—19. December einige bei Pietra rossa; den 27. December 1 Stück ebendaselbst erlegt.

Mähren. Oslawan (W. Čapek). Spärlich am Frühjahrszuge; 30. März 2, 6. April ein ♀, 9. April ein ♂.

Salzburg. Hallein (V. v. Tschusi). 15.—18. October je 1 Stück, 19. 2 Stücke, 20.—22. je 1 Stück im Garten.

Siebenbürgen. Nagy-Enyed (J. v. Csató). Den 24. März 1 Stück, den 6. April ♀ erlegt.

Steiermark. Mariahof (B. Hanf). »Russerl«. Brutvogel; kommt schon im März zurück und einzelne bleiben, wenn nicht früher Schneefall eintritt, auch im Herbste lange bei uns. Im Winter 1881 habe ich noch am 12. December eine Braunelle beobachtet. Auch der Kukuk vertraut bisweilen diesem Vogel sein Ei. — (B. Hanf und R. Paumgartner.) 2 Stücke am 29. März. — **Pikern** (O. Reiser). Am 8. Mai ein Nest aus reinem Moos mit 3 frisch gelegten Eiern zwischen Baumwurzeln im Buchenwalde, 900 m. hoch, gefunden. Der Vogel ist sonst nicht besonders häufig bemerkt worden.

Ungarn. Oravitz (A. Kocyan). 16. April bis 20. October.

93. *Troglodytes parvulus*, Linn. — Zaunkönig.

Böhmen. Nepomuk (R. Stopka). War nicht so zahlreich wie im vorigen Jahre. — **Přibram** (F. Stejskal). Heuer in den Stadtanlagen und Gärten zahlreich.

Bukowina. Kotzman (A. Lurtig). Zugvogel. — **Kuczurmare** (C. Miszkiewicz). Standvogel; ist sowohl im Dorfe, als auch in Waldungen einzeln anzutreffen, meistentheils im Gebüsch und an alten Baumstöcken Insecten suchend. — **Kupka** (J. Kubelka). Zugvogel. — **Obczina** (J. Zitný). Standvogel. — **Solka** (P. Kranabeter). Häufiger Standvogel. — **Straza** (R. v. Popiel). 28. März. — **Terebleszty** (O. Nahlik). Standvogel. — **Toporoutz** (G. Wilde). Kommt vor.

Croatien. Agram (Sp. Brusina). Am 12. November ein ♀ aus der Umgegend von Agram bekommen, den 8. December in der Stadt Agram gesehen. — **Krizpolje** (A. Magdić). Kommt vor. — **Varasdin** (A. Jurinac). Häufiger Strichvogel.

Dalmatien. Spalato (G. Kolombatović). Vom 1. Januar bis 25. März und vom 2. October bis Ende December.

Kärnten. Mauthen (F. C. Keller). »Pfutschepfeil«. Ist gemeiner Stand- und Brutvogel; zieht ab und zu einen jungen Kukuk gross.

Krain. Laibach (C. v. Deschmann). Am 23. October häufig die Stadtgärten besuchend.

Litorale. Monfalcone (B. Schiavuzzi). 15. October den ersten bei Ronchi gesehen; 24. October 2 in St. Antonio. — **Triest** (L. Moser). Nach Mittheilung des Herrn v. Schröder war dieser Vogel in Gebüschen um Sesana ziemlich häufig im October sichtbar.

Mähren. Fulnek (G. Weisheit). Standvogel. — **Goldhof** (W. Sprongel). Standvogel; im Beobachtungsgebiet kommt er selten vor. Am 14. März sah ich ein ♀, am 31. März ein Paar in unseren Stutzhecken; später beobachtete ich kein Exemplar, erst am 28. October besuchte wieder eines den Hof. — **Oslawan** (W. Čapek). Kommt an Waldbächen und Flussufern brütend vor. Am 6. April war das Nest fertig; der untere Rand des Einflugloches bestand aus einigen künstlich angebrachten Aestchen, gewiss der Festigkeit halber. Von Mitte November an kommt das Vöglein öfters bis in die Bauernhöfe. — **Römerstadt** (A. Jonas). Häufiger Standvogel.

Nieder-Oesterreich. Mödling (J. Gaunersdorfer). Standvogel. Im Winter am Mödlingbache öfter zu sehen (23.

December); im Sommer an derselben Localität noch nicht beobachtet, sondern im Walde.

Schlesien. Ernsdorf (J. Jaworski). Häufiger Standvogel.

Siebenbürgen. Fogarás (E. v. Czýnk). Häufiger Standvogel.

Steiermark. Mariahof (B. Hanf). »Künivögerl«. Standvogel, obgleich nicht alle im Winter bei uns bleiben. — **Pikern** (O. Reiser). Sehr zahlreicher Standvogel, namentlich auf den mit dürrem Astwerk bedeckten Holzschlägen. Nest häufig zwischen den in die Höhe ragenden Wurzeln gestürzter Stämme. 5. Mai erstes Ei und 7. Mai ein anderes volles Gelege. An einer bestimmten Stelle in der Nähe eines Quarzsteinbruches soll das Vöglein alljährlich einen Kukuksbesuch erhalten. Das Nest des Zaunkönigs zerfällt natürlich beim Heranwachsen des Kukuks gänzlich.

Ungarn. Mosócz (R. Graf Schaffgotsch). Häufiger Standvogel. — **Szepes-Igló** (J. Geyer). Am 21. Januar zwischen Gartengebüsch lockrufend umherschlüpfend; einzelne Exemplare verweilen somit den Winter hindurch bei uns.

94. *Cinclus aquaticus*, Linn. — Bachamsel.

Bukowina. Solka (P. Kranabeter). Gehört zu den seltenen Standvögeln, da ihr hier die natürlichen Bedingungen fehlen. — **Terebleszty** (O. Nahlik). Zugvogel.

Dalmatien. Spalato (G. Kolombatović). 16. October.

Kärnten. Mauthen (F. C. Keller). »Bachamschl«. Gemeiner Brut- und Standvogel.

Litorale. Triest (L. Moser). Slov. »Catoca«. Am 9. November sah ich ein Paar an dem Flusse Reka auffliegen, an jener Stelle, wo der Fluss in die Mahorčič-Höhle einfliesst.

Mähren. Kremsier (J. Zahradnik). Wurde im November in Kremsier gefangen. — **Oslawan** (W. Čapek). Einige Stunden nordwärts kommt sie brütend vor. Hier sah ich sie nur zweimal; zuerst den 14. October 1883 an einem Waldbache und zum zweitenmal anfangs December 1884 am Flusse, hart an Oslawan.

Nieder-Oesterreich. Mödling (J. Gaunersdorfer). Ist am Mödlingbache wieder zu sehen, nachdem sie im vorigen Jahre durch den Bau der elektrischen Eisenbahn jedenfalls verscheucht worden war; hält sich in der Nähe der Wehren mit Vorliebe auf. — **Oetscher** (O. Reiser). Häufig am Lackenbach nächst Lackenhof, sowie überhaupt im Gebiete des Oetscher. Ein Paar brütete in nächster Nähe von Wien in Weidling am Bach.

Salzburg. Hallein (V. v. Tschusi). Erschien an den Wiesenbächen, wo sie den Sommer über fehlt, zuerst den 21. October; war seltener als sonst.

Schlesien. Ernsdorf (J. Jaworski). Häufiger Standvogel; nistet im Mai; macht grossen Schaden unter der hiesigen Forellenbrut.

Siebenbürgen. Fogarás (E. v. Czýnk). Sehr häufiger Stand- und Brutvogel an allen Bächen bis hinauf in's Gebirge und das ganze Jahr zu finden. — **Nagy-Enyed** (J. v. Csató). 15. November einige bei Igenpatak und ebendaselbst 1 ♂ erlegt.

Steiermark. Mariahof (B. Hanf). Standvogel. Brütet schon im März. Leider ist dieser bei uns sehr zutrauliche Vogel schon in bedeutender Abnahme begriffen, da er als den Fischen schädlich verfolgt wird. Ich habe noch niemals Fischreste in seinem Magen gefunden. — **Pikern** (O. Reiser). Häufig an der Löbnitz und anderen höher gelegenen Bächen des Bachern. Von einigen Herrschaften wurden Schussgelder auf den unschädlichen Vogel ausgesetzt, jedoch wieder eingezogen, nachdem die Jäger erklärten, dass von einem durch den Vogel verursachten Schaden nichts wahrzunehmen sei. Vom November an kommen die Bachamseln an die Ufer der Drau herab, wo sie den Winter über zubringen. — **Pöls** (St. Bar. Washington). Ein Paar, welches ich Anfang Januar beim Nestbau beobachtete, brütete ein zweitesmal im Mai.

Ungarn. Mosócz (R. Graf Schaffgotsch). Sehr häufiger Standvogel an den Gebirgsbächen. — **Szepes-Béla** (M. Greisiger). Am 3. Juni in Zsdjár ein halbflügges Junges gefunden. — **Szepes-Igló** (J. Geyer). Als ziemlich häufiger Standvogel führte ich denselben nur ausnahmsweise in meinem Notizbuch an. Nistet an allen unseren Gebirgsbächen; seine porzellanweissen Eier legt er im Mai; im Winter drängt er sich an die offenen Stellen der Flüsse und Bäche der tiefer gelegenen Thäler. Nur einmal, und zwar im April des Jahres 1856, hatte ich

Gelegenheit, ein über dem Wasser hin- und herschwebendes Männchen singend zu beobachten.

95. *Poecile palustris*, Linn. — Sumpfmeise.

Böhmen. Přibram (F. Stejskal). Heuer in der Umgebung in mittelmässiger Anzahl.

Bukowina. Kotzman (A. Lurtig). Zugvogel.

Croatien. Varasdin (A. Jurinac). An den mit Weiden, Pappeln und Gebüsch dicht bewachsenen Ufern der Drau, Plitvitza und Beduja sehr häufiger Stand- und Strichvogel.

Kärnten. Mauthen (F. C. Keller). Am 13. März 20 Stücke bei Mandorf; brütet und ist besonders im Herbste häufig.

Mähren. Goldhof (W. Sprongel). Am 23. und 24. April beobachtete ich ein Exemplar am Rande eines kleinen Weihers; seit der Zeit sah ich keines mehr. — **Kremsier** (J. Zahradnik). Wurde im November in einem Garten nächst Kremsier gefangen. — **Oslawan** (W. Čapek). Im Winter oft paar- oder familienweise mit anderen Meisen, öfters aber allein im Gebüsche suchend. Beim Brutgeschäfte habe ich sie nicht angetroffen, obzwar ich am 17. und 20. Juni je ein Paar gesehen habe.

Salzburg. Hallein (V. v. Tschusi). 13. Juni mit flüggen Jungen im Garten.

Siebenbürgen. Fogarás (E. v. Czýnk). Erscheint erst im Herbste mit anderen Pariden.

Steiermark. Mariahof (B. Hanf). »Koatmeise«, »Kertele«, »Hanfmeise«. Unter allen Meisenarten hier der häufigste Standvogel, der sich auch im Winter mit den Fichten- und Lärchensamen leicht ernährt, wozu ihn sein starker Schnabel befähigt; ist aber am Futterplatze nicht beliebt, da er das bessere Futter (Zirbelnüsse und Hanf) häufig fortträgt und in den Baumritzen versteckt. — (F. Krisó.) 12. März Paarung. — **Pikern** (O. Reiser). Nur an gewissen Stellen, besonders in den Drauwaldungen, häufiger; das Nest konnte ich bisher nicht entdecken. — **Pöls** (St. Bar. Washington). Die Sumpfmeisen begannen heuer schon früh mit dem Brutgeschäft; am 22. April fand ich das erste Nest, welches 2 Eier enthielt; den 23. und 26. je ein halbvollendetes Nest; am 27. April ein solches mit 5 Eiern.

Alle Nester waren in Baumhöhlen (Eichen- oder Obstbäumen) angelegt.

Ungarn. **Szepes-Béla** (M. Greisiger. An der Poper bei Béla ein Stück den 11. November im Weidengebüsch gesehen. — **Szepes-Igló** (J. Geyer). In Rosenau hatte ich beinahe jeden Herbst Gelegenheit, kleinere und grössere Abtheilungen von Durchzüglern zu beobachten; hier in Igló sah ich sie nur einmal.

96. *Poecile lugubris*, Natt. — Trauermeise.

Dalmatien. **Spalato** (G. Kolombatović). Standvogel in Gebirgsgegenden.

97. *Parus ater*, Linn. — Tannenmeise.

Böhmen. **Blottendorf** (F. Schnabel). Am Durchzuge im Herbste massenhaft; die wenigen, welche hier nisten, bleiben auch im Winter bei uns und lassen auch an sonnigen Wintertagen ihren Gesang hören. — **Nepomuk** (R. Stopka). Ist hier das ganze Jahr zahlreich vertreten; im Winter streicht sie jedoch umher und lässt sich auch einige Tage nicht sehen; zwei Paare nisteten in einer niedrigen Mauer im Walde. — **Přibram** (F. Stejskal). Nisteten zahlreich, besonders bei Háj.

Bukowina. **Obczina** (J. Zitný). Standvogel. — **Solka** (P. Kranabeter). Gehört zu den seltenen Standvögeln. — **Terebleszty** (O. Nahlik). Zugvogel.

Dalmatien. **Spalato** (G. Kolombatović). 2., 4. Januar.

Kärnten. **Mauthen** (F. C. Keller). Brutvogel; streicht im October in zahlreichen Familien umher.

Krain. **Laibach** (C. v. Deschmann). Starke Züge am 1. October beobachtet.

Mähren. **Oslawan** (W. Čapek). Gewöhnlicher Brutvogel. — **Römerstadt** (A. Jonas). Standvogel.

Nieder-Oesterreich. **Mödling** (J. Gaunersdorfer). Auch heuer wieder in den Kiefernwaldungen der Umgebung, namentlich im Frühjahre häufig.

Salzburg. **Hallein** (V. v. Tschusi). Am Durchzuge im Garten: 13. Januar 1 Stück, 2. Juli 2 Stücke, 31. October 1 Stück.

Siebenbürgen. Fogarás (E. v. Czýnk). Gemein in unseren Tannenwaldungen; in Gärten habe ich sie, wie andere Pariden, nicht beobachtet.

Steiermark. Mariahof (B. Hanf). »Waldmeise«. Brutvogel; doch viele verlassen uns im Winter, da sie mit ihrem zarten Schnabel den Fichten- und Lärchensamen nicht öffnen können. — (F. Kriso.) Hatte am 13. Mai im Nistkästchen Junge. — Pikern (O. Reiser). Ist recht zahlreich und baut hier seltener in Erdlöchern, weil Baumhöhlungen in Hülle und Fülle vorhanden sind. Volle Gelege am 6. und 13. Mai gefunden. — Pöls (St. Bar. Washington). Am 22. und 26. April je ein mit 2 und 5 Eiern belegtes Nest gefunden.

Ungarn. Mosócz (R. Graf Schaffgotsch). Sehr häufiger Standvogel. — Szepes-Igló (J. Geyer). In unseren Wäldern gemein; kommt selbst bis in unsere Hausgärten, um zu nisten; am 20. Februar erster Gesang im Hausgarten.

98. *Parus cristatus*, Linn. — Haubenmeise.

Böhmen. Nepomuk (R. Stopka). Kommt häufig vor; streicht im Winter in der Umgebung umher.

Bukowina. Kotzman (A. Lurtig). Standvogel. — Obczina (J. Zitný). Standvogel. — Solka (P. Kranabeter). Gehört zu den häufigen Standvögeln.

Kärnten. Mauthen (F. C. Keller). »Schopfmoas«. Brutvogel im Gebirgswalde, erscheint oft sehr zahlreich im Herbste in der Thalsohle.

Mähren. Oslawan (W. Čapek). Ziemlich gemein als Brutvogel. Im Winter sah ich sie oft, gewöhnlich paarweise, auf dem schneefreien Boden im Walde herumsuchen.

Ober-Oesterreich. Ueberackern (A. Kragora). Brutgeschäft sehr früh begonnen; fand schon am 20. April ein Nest mit 5 Jungen und zwar in einem hohlen Stocke auf einer Blösse.

Salzburg. Hallein (V. v. Tschusi). 23. und 26. Juni im Garten.

Siebenbürgen. Fogarás (E. v. Czýnk). In der Tannenregion des Hochgebirges nicht selten.

Steiermark. Mariahof (B. Hanf). Ein ziemlich häufiger Standvogel, welcher den Wald niemals verlässt und seine Nahrung auch häufig am Boden sucht. — (B. Hanf und R. Paumgartner.) Den 22. Mai vollkommen ausgebildete Junge. — **Pikern** (O. Reiser). Die Haubenmeise war dieses Jahr häufiger als jemals und zwar in allen Höhenlagen. — **Pöls** (St. Bar. Washington). Ein den 23. April aufgefundenes Nest enthielt am 28. 2, am 30. April 3 Eier; war etwas zahlreicher als in anderen Jahren vertreten.

Ungarn. Mosócz (R. Graf Schaffgotsch). Häufiger Standvogel. — **Szepes-Bela** (M. Greisiger). Am 7. October in Zsdjar 1 Stück gesehen. — **Szepes-Igló** (J. Geyer) Kommt in unseren Wäldern vor, doch nicht häufig.

99. *Parus major*, Linn. — Kohlmeise.

Böhmen. Blottendorf (F. Schnabel). Nistet nicht bei uns, da ich wenigstens noch kein Nest finden konnte; desto häufiger streichen einige am Herbstzuge und auch im Winter in den Gärten umher und reinigen die Obstbäume von Puppen. — **Nepomuk** (R. Stopka). Das ganze Jahr ziemlich häufig, auch in Gärten. — **Oberrokitai** (K. Schwalb). Standvogel.

Bukowina. Kotzman (A. Lurtig). Standvogel. — **Kuczurmare** (C. Miszkiewicz). Standvogel. — **Kupka** (J. Kubelka). Standvogel. — **Obczina** (J. Zitný). Standvogel. — **Toporoutz** (G. Wilde). Standvogel.

Croatien. Krizpolje (A. Magdić). Kommt vor. — **Varasdin** (A. Jurinac). In jeder Jahreszeit, besonders aber im October und November, oft in Gesellschaften mit *Parus coeruleus* überall ungemein häufig.

Dalmatien. Spalato (G. Kolombatović). Vom 1. Januar bis 25. April; 20. August; 12. September; dann vom 21. October bis Ende December.

Kärnten. Mauthen (F. C. Keller). »Speckmoas«. Gewöhnlicher Brut- und Standvogel.

Krain. Laibach (C. v. Deschmann). Flügge Junge am 27. Mai getroffen.

(Schluss folgt.)

Ornithologische Beobachtungen zu Eyrarbakki in Island.

Von P. Nielsen.

Otus brachyotus (*Brachyotus palustris*).

Am 5. October 1877 bekam ich ein lebendiges Individuum von dieser Art, bei Hraungerði in Árnessýsla gefangen; und am 30. September 1879 wurde mir auch ein lebendiges Exemplar gebracht, bei Eyrarbakki gefangen. In beiden Fällen war die Eule im Kampf mit *Corvus corax*, der sie heftig verfolgte, begriffen. Diese zwei Fälle sind die einzigen, die ich mit Sicherheit von ihrem Vorkommen in Island anführen kann; aber ich vermuthe, dass die von Faber (*Prodromus* der isl. Ornithol. pag. 4) als *Strix aluco* genannte ein *Otus brachyotus* ist. Ob sie in Island brütet, ist noch unsicher.

Fringilla linaria (*Linaria alnorum*).

Wird selten in dieser Gegend angetroffen; ich habe sie nur einmal (am 30. Mai 1883) hier bei Eyrarbakki gesehen. Von Holtamanna-hrepp in Árnessýsla habe ich die Mittheilung erhalten, dass sie dort bisweilen in Gesellschaft mit *Anthus pratensis* gesehen wird. Einer Mittheilung von Herrn D. A. Thorlacius zufolge soll sie brütend bei Stykkishólm (Westland) beobachtet worden sein und in milden Wintern nicht wegziehen. Im Mai 1879 wurde ein Individuum von einer Katze bei Reykjavík gefangen.

(NB. Das von mir in dem Catalog bei 1879 angeführte Exemplar war von Klausturhólas in Árnessýsla. Benedict Gröndal.)

Nach dieser Gegend (Eyrarbakki, Südost-Island) verschlagene und von mir selbst beobachtete Vögel:

Corvus frugilegus, namentlich am Ende November 1880 in grossen Trupps.

Gallinula chloropus, lebendig in einer Heuscheuer am 3. April 1882 gefangen.

Turdus merula am 22. December 1877 (bei Eyrarbakki und gleichzeitig in Fljótshlíð).

Numenius arquata (ohne Datum).

F. Baron von Theresopolis.

Von R. Blasius.*)

Francisco Ferreira de Abréa wurde am 18. November 1823 in der Provinz Rio Grande-do-Sul in Brasilien geboren. Später bezog er die Universität Rio de Janeiro zum Zwecke des Studiums der Medicin. 1845 wurde er zum Doctor promovirt, verheirathete sich 1846 mit einem Fräulein Marques de Sa und reiste mit seiner jungen Frau nach Paris, um dort seine medicinischen Studien fortzusetzen und ebenfalls das Doctor-Examen zu absolviren. Nach Rio de Janeiro zurückgekehrt, wurde er zum Professor der gerichtlichen Medicin ernannt und vom Kaiser von Brasilien beauftragt, dessen beiden Töchtern physikalische und chemische Vorlesungen zu halten.

1865 wurde er zum Leibarzte ernannt, 1868 mit dem Titel »Rath« ausgezeichnet, und 1873 in den Freiherrnstand erhoben, als Baron de Theresopolis.

In Paris hat er eine Arbeit publicirt: Recherches sur les poisons métalliques, die der Akademie der Wissenschaften durch Pelouse vorgelegt und von dieser in dem Journal de l'Academie veröffentlicht wurde.

Auf den meisten internationalen wissenschaftlichen Congressen hat Baron von Theresopolis sein Vaterland Brasilien vertreten, als Mitglied des permanenten internationalen ornithologischen Comité's wurde er für Brasilien cooptirt.

Durch seinen Kaiser war ihm das Commandeurkreuz des brasilianischen Christusordens, durch den König von Portugal das Commandeurkreuz des portugiesischen Christusordens verliehen.

In den letzten Jahren lebte Baron von Theresopolis wieder in Paris und war eifrig bemüht, die Interessen unseres permanenten ornithologischen Comité's in seinem Heimathlande zu vertreten.

Leider hat ihn ein viel zu früher Tod hingerafft, nach mehrmonatlicher Krankheit starb er am 14. Juli 1885 zu Paris.

*) Nach einem im Journal: Le Brésil, Nr. 94 vom 23. Juli 1885 von Dr. M. — J. Barboza veröffentlichten Nekrologe.

Herbert William Oakley

by

R. Trimen.

This naturalist, who died very suddenly at Rondebosch, near Cape Town, on the 14the November 1884, was born at Taunton in Somersetshire, in 1848. Early in life he shewed a strong taste for Natural History, and gained much knowledge of the fauna of his native county. At the age of 22 he became assistant to Professor Boyd Dawkins, in the Museum of the Owens College at Manchester. He retained this situation until 1877, gaining the esteem and approval both of his immediate chief and of Dr. Greenwood, the Principal of the College. In 1877, his desire for experiencing something of the zoological and sporting facilities which South Africa affords led to his joining the Cape Mounted Police. Unfavourable as were the conditions of his life as a trooper in that force, he nevertheless managed to make some very interesting notes on the fauna of the Trans-Kei territory, and to form a good collection of the birds of that District. At the storming of Moiroxi's Mountain, in Basutoland, Mr. Oakley greatly distinguished himself, and received most honourable mention in the despatches relating to the affair. It was through the late Sir Bartle Frere, then Governor of the Cape Colony, that Mr. Oakley was enabled to obtain employment more siuted to his training and abilities and was appointed Assistant Curator in the South-African Museum at Cape Town. He held this post until the date of his decease — a period of over five years. His knowledge of geology, special acquaintance with the vertebrate skeleton, and manual skill in the mounting of osteological specimens, were of great value to the Museum; and his zeal and activity as a collector resulted in very numerous additions of specimens in all classes, but especially in that of Birds. In addition to frequent exhibitions of interesting animals at the meetings of the South-African Philosophical Society, Mr. Oakley contributed several papers to that body, and the following were published in its Transactions, vid.: — »On the Habits of some of the Birds of the Trans-Kei«; »On the Skeleton of the African Darter or Snake-Bird (Plotus Levaillantii)«; »On the Anatomy and Habits of South-African Snakes«; »On Peripatus Capensis«; and, lastly, »On the Snake called the Mamba of Natal«. He was elected a Member of the Council of the Society in July, 1884. While at Owens College he was entrusted with part of the section relating to the Mammalia in Cassel's large »Natural History«.

Herbert Oakley was in character most modest and retiring, and his natural ability was rather hidden by his habitual reserve and a certain shyness of manners; but his many good qualities of mind and heart were cordially recognized by those who knew him with any intimacy, and his untimely death was the loss to his friends of a most kindly amiable companion, and to zoology of a skilful and enthusiastic collector and observer. R. T.

Cape Town, Cape of Good Hope, South African Museum.
17th January 1887.

III. Jahresbericht (1884)

des

Comité's für ornithologische Beobachtungs-Stationen

in

Oesterreich-Ungarn

redigirt unter Mitwirkung von

Dr. Karl von Dalla-Torre,

Mandatar für Tirol,

von

Victor Ritter von Tschusi zu Schmidhoffen,

Präsident des Comité's und Mitglied des perman. internat. orn. Comité's.

(Schluss.)

Litorale. Monfalcone (B. Schiavuzzi). 14. Februar 1 ♀, 15. 1 ♂, 21. 1 ♀; 22. August einige junge Vögel streichend auf den Pappeln vor den Thermalbädern; 26. und 27. October am Zuge. Diese Art nistet hier auch, doch sparsam.

Mähren. Fulnek (G. Weisheit). Zugvogel. — **Kremsier** (J. Zahradnik). Wird mir alljährlich im Winter einigemale gebracht. — **Goldhof** (W. Sprongel). Ziemlich häufiger Standvogel. Im benachbarten Neuhofe wurde im Winter 1881 ein Paar Kohlmeisen gefangen, über den ganzen Winter hinter einem Fenster gehalten und im Frühjahre ihm die Freiheit geschenkt. Im Spätherbste 1882 kam nach einem starken Froste dieses Paar sammt 5 Jungen zum allgemeinen Erstaunen der Hausbewohner an das Fenster, jedenfalls von der Hoffnung beseelt, einige Leckerbissen zu erhalten. Der dankbaren Schar wurden nun täglich Nüsse und Semmelbrösseln auf das Fenstergesimse vorgelegt. Im Frühjahre verschwand die Familie und stellte sich im Winter 1883 wieder ein. Im Spätherbste 1884 kam die Schar, 5 Exemplare stark, zuerst am 10. October auf eine vor dem Hause stehende Fichte und kündigte ihr Kommen durch ein lustiges Zwitschern an. Nachdem man den kleinen Freunden Nüsse und Brotkrummen vorgelegt hatte, machten sie sich an das Verzehren derselben, ohne sich im mindesten daran zu kehren, dass hinter dem Fenster eine ganze Gesellschaft ihr Treiben beobachtete. Im December gesellte sich auch eine Blaumeise zu ihnen, die alsbald eben so zutraulich wurde. — **Oslawan** (W. Čapek). Häufig; den 9. Mai habe ich in einer Baumhöhle 8 Eier, den 11. Mai in einer Lehmwand ein Ei gefunden.

Nieder-Oesterreich. Mödling (J. Gaunersdorfer). Mit *P. coeruleus* gegen Ende October vielfach in den Gärten anzutreffen.

Salzburg. Hallein (V. v. Tschusi). 25. März gepaart; 13. Juni Alte mit den Jungen im Garten.

Schlesien. Ernsdorf (J. Jaworski). Häufiger Standvogel.

Siebenbürgen. Fogarás (E. v. Czýnk). Häufiger Standvogel.

Steiermark. Mariahof (B. Hanf). »Spiegelmeise«. Ein nicht häufiger Brutvogel, der sich auch im Winter in einigen Individuen am Futterplatze einfindet; brütet regelmässig zweimal im Garten. — (F. Krisó.) 4. August 7 Stücke in der Nähe des Schulhauses; die vielen Jungen flogen mit den Alten und bettelten um Kost. Ihre Wiege hatten sie im Garten ihres Beschützers, des Herrn P. Blasius Hanf. — **Pöls** (St. Bar. Washington). Begann sehr spät, anfangs Mai, mit dem Nestbau.

Ungarn. Mosócz (R. Graf Schaffgotsch). Sehr häufiger Standvogel. — **Oravitz** (A. Kocyan). Am Frühjahrs- und Herbststriche sehr wenige. — **Szepes-Béla** (M. Greisiger). Am 29. September (schwacher Ostwind, heiter und warm) sah ich schon viele auf dem Zuge. — **Szepes-Igló** (J. Geyer). Ein allgemeiner Waldbewohner, der aber auch vielfach in den Niederungen, in der nächsten Nähe der Städte und Dörfer, nistet. Sobald die ersten stärkeren Fröste auf den Bergen eintreten, kommen auch die waldbewohnenden Meisen in die Thäler herab und der Zug beginnt, der ziemlich lange, gewöhnlich bis zum ersten Schneefalle, dauert. Am 20. Juni flügge Junge im Hausgarten, die sich längere Zeit hier herumtrieben: am 29. September kamen die ersten Durchzügler angerückt.

100. *Parus coeruleus*, Linn. — Blaumeise.

Böhmen. Blottendorf (F. Schnabel). Heuer sehr wenige; ist hier, sowie auch *Parus cristatus* in steter Abnahme begriffen. Die Verminderung mag wohl ihren Grund darin haben, dass die alten Wälder, wo noch mancher hohle Baum zu finden war, abgeholzt werden. — **Nepomuk** (R. Stopka). Nistet hier, jedoch in sehr geringer Anzahl. — **Oberrokitai** (K. Schwalb). Am 20. April im Garten getroffen.

Bukowina. Kotzman (A. Lurtig). »Seneča«. Standvogel. — **Obczina** (J. Zitný). Standvogel. — **Toporoutz** (G. Wilde). Standvogel.

Croatien. Krizpolje (A. Magdić). Sah sie nur einmal in einem Obstgarten. — **Varasdin** (A. Jurinac). Zahlreich, aber minder häufig als die Kohlmeise; am häufigsten zur Strichzeit im October und November.

Dalmatien. Spalato (G. Kolombatović). Vom 1. Januar bis 20. April und vom 7. October bis Ende December.

Kärnten. Mauthen (F. C. Keller). »Blaumoas«. Brut- und Strichvogel; im Herbste oft mit *P. cristatus.*

Litorale. Monfalcone (B. Schiavuzzi). 6. März einzelne an der Tagliata.

Mähren. Fulnek (G. Weisheit). Zugvogel. — **Goldhof** (W. Sprongel). Kommt nur im Herbste und Winter in Gesellschaft von *P. major* und *Acredula caudata* vor. Auf den Alleen sah ich die ersten Exemplare am 15. September in einem Schwarm von *P. major.* — **Kremsier** (J. Zahradnik). Im December in einem der städtischen Gärten. — **Oslawan** (W. Čapek). Kommt überall vor. Den 3. April habe ich 1 Ei, den 27. April 8 Eier gefunden. Gewöhnlich brütet diese Meise ganz nahe am Boden. — **Römerstadt** (A. Jonas). Auch vertreten, doch sparsam.

Nieder-Oesterreich. Mödling (J. Gaunersdorfer). Zieht mit *P. major.* — **Purkersdorf** (O. Reiser). Am 1. Mai auf der Schöffelhöhe nächst Purkersdorf fast flügge Junge in einem hohlen Feldahorn.

Salzburg. Hallein (V. v. Tschusi). 27. März gepaart; 20. Juni ♀ mit Jungen im Garten.

Siebenbürgen. Fogarás (E. v. Czýnk). Seltener als die Sumpfmeise.

Steiermark. Mariahof (B. Hanf). Nur Wintervogel in meiner Nähe. — (B. Hanf und R. Paumgartner.) 2 Stücke am 2. Mai; sonst nur im Herbste und Winter etliche.

Ungarn. Mosócz (R. Graf Schaffgotsch). Sehr häufiger Standvogel. — Oravitz (A. Kocyan). Junge Vögel einzeln den 12. Juli, ferner Züge von 8—12 Stücken fast täglich von Anfang August bis 20. September auf den Lärchenbäumen beim Hause. — Szepes-Igló (J. Geyer). Mit der vorhergehenden ein gewöhnlicher Bewohner unserer Wälder, scheint mir aber in den letztverflossenen Jahren an Zahl bedeutend abgenommen zu haben.

101. *Acredula caudata*, Linn. — Schwanzmeise.

Bukowina. Toporoutz (G. Wilde). Standvogel.

Croatien. Varasdin (A. Jurinac). Zahlreich; im Frühjahre und Sommer meist in Weidenauen in der Nähe der Gewässer, im Herbste und Winter überall in Obstgärten, Alleen und Feldgehölzern, gewöhnlich in Gesellschaft mit *Parus coeruleus*. Den 29. März 1883 fand ich bereits ein fertiges Nest auf einer Pappel. Mitte April ist gewöhnlich das Gelege vollzählig.

Dalmatien. Spalato (G. Kolombatović). 24., 25. October, 10. November, 26. December. Kopf vollkommen weiss, ohne schwarze Augenstreifen.

Kärnten. Mauthen (F. C. Keller). »Pfannenstiel«. Brutvogel; streicht im Herbste in zahlreichen Familien und besucht besonders gern Vorhölzer, wo sich die Gallen des Fichtenblattsaugers finden.

Litorale. Monfalcone (B. Schiavuzzi). 1. Januar sehr viele auf den Akazien des Platzes; 22. Februar viele in der Stadt (Paruzza's Garten).

Mähren. Goldhof (W. Sprongel). Sparsam auftretender Strichvogel; heuer sah ich diese Meise zum erstenmale am 16. November; 3 Exemplare befanden sich in einem Fluge von circa 15 Kohl- und 15—20 Blaumeisen. — Oslawan (W. Čapek). Nicht häufig; im Winter in Familien, am 11. März schon gepaart beobachtet. — Römerstadt (A. Jonas). Im Herbste öfters zu beobachten.

Nieder-Oesterreich. Mödling (J. Gaunersdorfer). Den 10. Februar wurden im Garten 10 Stücke beobachtet; 26. August im Walde grössere Scharen gesehen.

Salzburg. Hallein (V. v. Tschusi). 15. October der erste Flug im Garten (weissköpfige und schwarzgestreifte*).

Schlesien. Ernsdorf (J. Jaworski). Seltener Durchzugsvogel im October.

Siebenbürgen. Fogarás (E. v. Czýnk). Kommt nur im Frühjahre oder Herbste in kleineren oder grösseren Schwärmen durchstreichend vor und zwar meist in Begleitung der anderen Pariden. Heuer sah ich einen Flug von circa 17 Stücken am 16. März; im Herbste am 18., 24. und 27. October beobachtet.

Steiermark. Mariahof (B. Hanf). »Schneemeise«. Einer unserer treuesten Brut- und Wintervögel; fängt den Bau des künstlichen Nestes in günstigen Frühjahren schon anfangs März an, braucht aber zur Vollendung desselben, ungeachtet ♂ und ♀ arbeiten, gegen 14 Tage. — (F. Kriso.) Am 31. März auf den schlanken Zweigen der Birken des Waldrandes 7 Stücke. — **Pikern** (O. Reiser). Schon am 27. März musste der Nestbau ziemlich weit vorgeschritten sein; denn an diesem Tage lasen 2 Schneemeisen dicht in meiner Nähe vor der Uhuhütte die um die geschossenen Krähen herumliegenden Flaumfedern eifrig auf, welche diese Meisen gerne zur inneren Auspolsterung verwenden. Schon im September waren lange Flüge dieser Meisen zu bemerken. — **Pöls** (St. Bar. Washington). War stärker vertreten als gewöhnlich. Die Zahl der Brutpaare scheint sich seit einigen Jahren im Beobachtungsgebiete in dem Maasse zu steigern, als sich eine Abnahme bezüglich des *Parus coeruleus*, Linn. (Blaumeise) constatiren lässt. Letztere Art, ehedem ein häufiger Brutvogel, ist jetzt in den Sommermonaten kaum so zahlreich, wie *Acredula caudata*, Linn., welche noch vor einigen Jahren ein äusserst seltener Sommergast war. Ein Nest dieser letzteren Meisenart, welches am 22. April schon ziemlich vorgeschritten war, war am 3. Mai etwa vollendet; dasselbe war nicht, wie dies in der Regel geschicht, mit einer Seite an einen stärkeren Ast angefügt, sondern hing in der Mitte eines schwachen Tannenzweiges an dessen Unterseite herab. Nur die bedeutendere

*) Wir bitten darauf zu achten, ob nur die weissköpfige Schwanzmeise oder auch die mit schwarzen Kopfstreifen versehene Form (*Acredula rosea*, Blyth.) vorkommt; ob beide gesondert auftreten oder gemischt in einem Fluge sich finden. v. Tschusi.

Grösse liess das Nest von dem eines Goldhähnchens unterscheiden. Die versteckte Anlage des Nestes ermöglichte es den Meisen, auch im ärgsten Regen ungestört an der Vollendung des künstlichen Baues arbeiten zu können.

Ungarn. Mosócz (R. Graf Schaffgotsch). Sehr seltener Wintervogel. — **Oravitz** (A. Kocyan). Nur einmal, am 28. September, gesehen. — **Szepes-Béla** (M. Greisiger). Am 9. Januar bei Béla an der Poper im Erlengebüsche 10 Stücke unter Führung einer Tannenmeise gesehen und 2 ♀♀ geschossen; im Magen Insecten und Erlensamen. — **Szepes-Iglò** (J. Geyer). Am 23. November kam eine kleine Schar von circa 10 Stücken bis nahe zum Fenster meines Arbeitszimmers, wo sie die Aeste des alten Birnbaumes sorgfältig durchstöberten; später (am 2. Januar) erschienen sie abermals.

102. *Acredula caudata*, var. *rosea*, Blyth. — Schwarzgestreifte Schwanzmeise.

Dalmatien. Spalato (G. Kolombatović). 24., 25. October, 10. November, 26. December.

Salzburg. Hallein (V. v. Tschusi). Vgl. vorhergehende Art.

103. *Panurus biarmicus*, Linn. — Bartmeise.

Siebenbürgen. Nagy-Enyed (J. v. Csató). 10. December 4 Stücke bei Szent-Gothard erlegt; diese wurden mir zugeschickt und befinden sich in meiner Sammlung.

104. *Aegithalus pendulinus*, Linn. — Beutelmeise.

Croatien. Varasdin (A. Jurinac). Sehr selten. Den 19. April 1883 fand ich ein Nest, dessen Eiform bereits vollendet war. Es hing an einem langen dünnen Weidenästchen, bei 3 m. vom Ufer entfernt, über einem breiten Tümpel in nächster Nähe der Drau. Ich wollte es nicht herunternehmen, um den Nestbau beobachten zu können; unglücklicherweise aber fanden dasselbe Nest den 3. Mai zwei Arbeiter und brachten es mir zum Verkaufe. Seit dem 19. April ist der Nestbau bedeutend fortgeschritten, aber die Auspolsterung fehlte noch, und das Nest hatte noch zwei gegenüberstehende Löcher ohne Aufsatzrohr. Dieses Nest befindet sich jetzt in der Gymnasialsammlung.

Den 21. Mai desselben Jahres fand ein Vogelsteller auf einer mit Weiden, Erlen und niederem Gebüsch dicht bewachsenen Drauinsel, ungefähr ein Kilometer weiter, ein zweites Nest dieser Vogelart.

Nieder-Oesterreich. Wien (O. Reiser). Ziemlich häufiger Brutvogel der Donauauen bei Wien. So wurde von Herrn Fournes ein schönes Nest am 20. Mai mit 7 frischen Eiern, nur eine halbe Stunde von der Militärschiessstätte entfernt, gefunden. Zwei Eier davon sind in meiner Sammlung.

Steiermark. Mariahof (B. Hanf). Ein sehr seltener Herbstpassant am Furtteiche. Am 8. November 1876 und am 6. August 1878 glückte es mir, diesen seltenen Vogel im Rohre des Furtteiches zu schiessen.

105. *Regulus cristatus*, Koch. — Gelbköpfiges Goldhähnchen.

Böhmen. Nepomuk (R. Stopka). Nistet hier und lebt den ganzen Winter in Wäldern.

Bukowina. Kotzman (A. Lurtig). Zugvogel. — **Solka** (P. Kranabeter). Gehört zu den häufigen Standvögeln.

Croatien. Agram (Sp. Brusina). Am 20. Februar 1 ♂ und 1 ♀ von Dolnji Miholjac und am 12. November 1 ♂ vom Parke Maximir bei Agram bekommen. — **Varasdin** (A. Jurinac). Im Herbste und im Frühjahre; viele überwintern bei uns, und man findet sie häufig in Parks, Gärten und auf dem Friedhofe, wo es einige Fichten und Föhren gibt, den ganzen Winter hindurch.

Dalmatien. Spalato (G. Kolombatović). 5., 6. März; vom 10. October bis Ende December.

Kärnten. Mauthen (F. C. Keller). Allgemein im Bergwalde, im Herbste auch in der Ebene.

Litorale. Monfalcone (B. Schiavuzzi). 2. November das erste bei Aris gesehen.

Mähren. Kremsier (J. Zahradnik). Strich Ende November mit Meisen herum; ein Exemplar im December todt aufgefunden. — **Oslawan** (W. Čapek). Brutvogel. Bis Ende März streichen sie, besonders in Nadelwaldungen, umher; die letzten heuer noch am 13. April gesehen. Brütend kommen sie in geringer Zahl nur im Balinythale, wo sich ein kleiner Fichtencomplex befindet, und (häufiger) bei Segen-Gottes vor. Am 17.

September wieder die ersten, aber erst vom 1. October häufiger; sie kommen auch bis in die Gärten. — **Römerstadt** (A. Jonas). Häufiger Standvogel.

Salzburg. Hallein (V. v. Tschusi). 14. März erster Gesang; 6. September ♂ im Garten, 28. October ♀.

Schlesien. Ernsdorf (J. Jaworski). Ende October bis Mitte Februar; selten.

Siebenbürgen. Fogarás (E. v. Czýnk). In unseren Tannenwäldern überall, aber nicht sehr häufig.

Steiermark. Mariahof (B. Hanf). »Goldhandl«. Ein nicht seltener Standvogel, der auch im Winter bei uns bleibt und sich in dieser Zeit grösstentheils von Poduriden nährt. — (F. Kriso). 12. März Paarung. — **Pöls** (St. Bar. Washington). Ständig. Sehr häufig im Winter, als Brutvogel seltener (Brutplätze: Kaiserwald, Pölser Berge). Am 29. April fand ich ein verlassenes Nest mit 3 Eiern.

Ungarn. Mosócz (R. Graf Schaffgotsch). Häufiger Standvogel im Nadeholzwalde. — **Szepes-Béla** (M. Greisiger). Am 7. Januar bei Keresztfalu im Goldsberg auf Fichten und Kiefern viele gesehen und 1 ♀ geschossen; im Magen Ueberreste von Insecten und Fichten- oder Kiefernsamen; am 4. September bei Sarpanietz (Béla) einen grösseren Flug herumstreichen gesehen. — **Szepes-Igló** (J. Geyer). Am 21. October wurde ein lebendes Exemplar eingebracht, am nächstfolgenden Tage ein zweites.

106. *Regulus ignicapillus*, Chr. L. Brehm. — Feuerköpfiges Goldhähnchen.

Bukowina. Kotzman (A. Lurtig). Zugvogel.

Croatien. Varasdin (A. Jurinac). Weniger zahlreich; die meisten als Wintergäste und am Zuge im Herbste und im Frühjahre. Im Frühjahre sieht man sie häufig in kleinen Flügen von 5—6 Stücken in Hecken oder niederem Gebüsche; die meisten ziehen weiter nordwärts, einige verbleiben aber den ganzen Sommer in kleinen Fichtenbeständen der Ebene, ja sogar fast alljährlich halten sich einige Paare im Stadtparke auf, wo sich unter anderen Bäumen auch viele Fichten befinden, und wo sie gelegentlich auch nisten.

Dalmatien. Spalato (G. Kolombatović). 6. März; 5., 12. November; 6., 15., 26. December.

Kärnten. Mauthen (F. C. Keller). Wird im Sommer und Herbste immer neben der vorigen Art beobachtet.

Litorale. Triest (L. Moser). Nach Mittheilung des Herrn Petritsch beobachtete er am 9. November mehrere im Gebüsche, dasselbe nach Ungeziefer fleissig absuchend; am 30. November nahm er sie auch in Dolina wahr.

Mähren. Oslawan (W. Čapek). Nur 3 Stücke den 30. März angetroffen; bezieht vielleicht die Brutplätze des *Regulus cristatus* bei Segen-Gottes. — **Römerstadt** (A. Jonas). Kommt vor.

Salzburg. Hallein (V. v. Tschusi). 11. August 1 Stück, 14. ad. und juv. im Garten; 20. September 1 Stück. Der Beobachtung vom 14. August zufolge brütet dieser Vogel wohl auch bei uns.

Siebenbürgen. Fogarás (E. v. Czýnk). Kommt mit der vorigen Art vor.

Steiermark. Marburg (O. Reiser). Häufiger Brutvogel am Bachergebirge in Untersteiermark. — **Pöls** (St. Bar. Washington). Obgleich stets nur im Spätfrühjahre, sowie im Sommer beobachtet, niemals brütend angetroffen.

Ungarn. Mosócz (R. Graf Schaffgotsch). Standvogel.

VII. Ordnung.

Cantores. Sänger.

107. *Phyllopneuste sibilatrix*, Bechst. — Waldlaubvogel.

Bukowina. Terebleszty (O. Nahlik). Zugvogel.

Croatien. Agram (A. Diković). Am 13. September eine Familie und am 7. October ein Stück bemerkt.

Dalmatien. Spalato (G. Kolombatović). 16., 24., 30. April; 29., 30. August; 1., 6., 7., 8., 9. September.

Kärnten. Mauthen (F. C. Keller). Heuer selten am Zuge.

Litorale. Monfalcone (B. Schiavuzzi). 22. April 1 ♂ in der Stadt erlegt.

Mähren. Oslawan (W. Čapek). Ziemlich gemein; am 13. April habe ich den ersten gehört, den 13. Mai schon das volle Gelege (6 Stücke) gefunden. — **Römerstadt** (A. Jonas). Am 3. Mai beobachtet.

Salzburg. Hallein (V. v. Tschusi). 24. April bei Aigen: 12. September 1 Stück.

Schlesien. Lodnitz (J. Nowak). Ankunft 29. März, Abzug 10. October.

Siebenbürgen. Nagy-Enyed (J. v. Csató). 7. Mai 1 Stück.

Steiermark. Mariahof (B. Hanf). Im Frühjahre am Durchzuge anfangs Mai, im Herbste noch nicht beobachtet. Allen Laubsängern wird von den Unkundigen der Name »Fliegenschnapperl« gegeben. — **Pöls** (St. Bar. Washington). 24. April 1 Exemplar, 27. April viele.

Ungarn. Oravitz (A. Kocyan). Heuer nisteten sehr wenige; Zug nicht bemerkt. — **Szepes-Igló** (J. Geyer). 7. April erster Gesang im Hausgarten; letzter Gesang am 7. October ebendaselbst. [Die Herbstbeobachtung scheint sich auf eine andere Art (vielleicht *P. russa*) zu beziehen. v. Tschusi].

108. *Phyllopneuste trochilus*, Linn. — Fitislaubvogel.

Böhmen. Nepomuk (R. Stopka). Erschien einzeln schon am 6. April, in 2 oder 3 Tagen waren sie vollzählig. Beginnt gleich nach seiner Ankunft zu singen und singt bis Mitte Juni. Einige waren noch am 17. October an geschützten Orten; vom 24. October bis 5. November bei schlechter Witterung war keiner zu beobachten, nur am 5. November habe ich einen und zwar den letzten gesehen. [Die späte Beobachtung würde eher auf *Phyllopneuste rufa* hinweisen. v. Tschusi.]

Croatien. Agram (V. Diković). Am 6. October eine Familie bemerkt.

Dalmatien. Spalato (G. Kolombatović). 29. März; 5., 7., 9., 11. April; vom 5. August bis 29. September, dann am 14. und 16. October und 12. November.

Kärnten. Mauthen (F. C. Keller). 1 ♂ am 10. Mai, 2 Paare am 15. Mai; Herbstzug 2., 5. und 8. October.

Litorale. Monfalcone (B. Schiavuzzi). Den 15. September 1 Stück in meinem Garten.

Mähren. Goldhof (W. Sprongel). Kommt spärlich vor. — **Oslawan** (W. Čapek). Nicht häufig; den 12. Juni habe ich 6 erwachsene Junge im Neste gefunden. Bringen die Alten Nahrung, zittern die Jungen mit den Flügeln und rufen: »Fuit, fuit« (gerade wie *Rutic. phoenicura*); am 2. October ein Stück gesehen.

Salzburg. Hallein (V. v. Tschusi). 25. April viele; 12. Juni Alte mit Jungen im Garten; 27. Juli 5 am Zuge; 9. August spärlich; 20. keine mehr; 22. August bis 9. September vereinzelte.

Steiermark. Mariahof (B. Hanf). Brutvogel; kommt gewöhnlich in der zweiten Hälfte des April zurück; 9. April erster.

109. *Phyllopneuste rufa*, Lath. — Weidenlaubvogel.

Böhmen. Nepomuk (R. Stopka). Erscheint später (!) als der Fitislaubvogel, zieht aber wahrscheinlich mit ihm fort. Das letztemal hörte ich ihn am 17. October; er hält sich hier in sehr geringer Anzahl auf.

Croatien. Agram (V. Diković). Am 21. September einen jungen Vogel gesehen.

Dalmatien. Spalato (G. Kolombatović). Vom 1. Januar bis 15. März; vom 19. September bis Ende December.

Litorale. Monfalcone (B. Schiavuzzi). 12. und 26. October einige; im ganzen Winter häufig.

Mähren. Goldhof (W. Sprongel). Ein ziemlich selten vorkommender Zugvogel, der sich vom März bis October hier aufhält. — **Oslawan** (W. Čapek). Spärlich vorkommender Brutvogel; am 25. März der erste längs des Flusses angekommen; anfangs April paarweise in Wäldern.

Salzburg. Hallein (V. v. Tschusi). 13. März 1, 14. nachmittags mehrere; 28. Juni ♀ mit Jungen im Garten; 18. September bis 2. October einzelne, 3.—6. viele, 7.—30. einzelne; 3. November der letzte.

Schlesien. Dzingelau (J. Želisko). Ankunft 7. April (N.-O.); Hauptzug den 11. (10. Südwest, heiter, ebenso den 11.; 12. Nebel, $+ 6^0$ R.); Beginn des Abzuges 4. October (Südwind); Hauptzug 7. (bewölkt). — **Ernsdorf** (J. Jaworski). »Weidenzeisig«, auch »Sommerkönig«. Ankunft Mitte April, Abzug anfangs October; nistet häufig.

Siebenbürgen. Fogarás (E. v. Czýnk). Ziemlich häufig. 1. April den ersten bei N.-W. — **Nagy-Enyed** (J. v. Csató). 20. März mehrere bei Nagy-Enyed; 31. März einige bei Al-Vincz; 13. April in den Weingärten und Wäldern bei Nagy-Enyed mehrere vereinzelt; 6. October 1 Stück bei Réa; 20. October 2 Stücke bei Magýar-Igen.

Steiermark. **Mariahof** (B. Hanf). Brutvogel, welcher unter allen Laubvögeln am frühesten (27. März, späteste Beobachtung 3. April) ankommt und auch am spätesten uns verlässt: ist bisweilen noch Ende October zu beobachten. — (B. Hanf und R. Paumgartner). 1 Stück am 1. April. — (F. Kriso.) Hörte ihn am 2. April schon allenthalben singen. — **Pöls** (St. Bar. Washington). War voriges Jahr, in welchem die Art in ganz erstaunlicher Anzahl erschien, auch als Brutvogel sehr zahlreich vertreten; heuer dagegen war die Zahl der Brutpaare keine sehr grosse.

Ungarn. **Oravitz** (A. Kocyan). Am 6. April (0° C., Westwind) mehrere; Abzug 25.—30. September und noch am 11. November 1 Stück gesehen und erlegt.

110. *Phyllopneuste Bonellii*, Vieill. — Berglaubvogel.

Kärnten. **Mauthen** (F. C. Keller). 12. und 14. Mai. In der Nähe eines Nestes erlegte ich ein ♀ des *Cuc. conorus* mit vollständig legereifem Ei; Abzug sehr vereinzelt vom 10. bis 28. August.

Salzburg. **Hallein** (V. v. Tschusi). 6., 22., 24. August je 1 Stück; zeigt sich jetzt seltener.

Steiermark. **Mariahof** (B. Hanf). Ein nicht gar seltener Brutvogel, welcher erst anfangs Mai zurückkommt und uns schon im August wieder verlässt. Lärchenwälder sind sein Lieblingsaufenthalt. — (B. Hanf und R. Paumgartner). 28. Juli ganz befiederte Junge. — **Pöls** (St. Bar. Washington). Kommt im Kainachthale nicht vor.

Ungarn. **Szepes-Béla** (M. Greisiger). Im Hochwalde der Tátra. (Genauere Beobachtungen wären sehr erwünscht, da diese Art in den Central-Karpathen bisher nicht beobachtet wurde. v. Tschusi).

111. *Hypolais elaica*, Linderm. — Oelbaumspötter.

Dalmatien. Spalato (G. Kolombatović). Vom 27. April bis 18. September.

112. *Hypolais salicaria*, Bp. — Gartenspötter.

Böhmen. Blottendorf (F. Schnabel). Den 8. Mai zum erstenmale gesehen. — **Klattau** (V. Stejda v. Lovcič). Der erste erschien am 6. Mai im Garten bei warmer Witterung; regelmässig kommt er in der ersten Woche Mai, wo bereits viele Insecten, besonders Blattläuse, vorhanden sind. — **Liebenau** (E. Semdner). Sind vom 10. Mai an ziemlich stark vertreten, finden sich in Gärten und Anlagen, auch in jungen Waldpflanzungen und nisten in niederen Sträuchern; waren bis 21. August sichtbar und dürften, da sie von dieser Zeit an fehlten, abgezogen sein. — **Nepomuk** (R. Stopka). Ziemlich häufig in Gärten und am Rande des Jungwaldes; liess sich zuerst am 3. Mai hören; Anfang September verlässt er unsere Gegend. — **Přibram** (F. Stejskal). Die ersten erschienen am 8. Mai; in den städtischen Anlagen nisteten 20, in den Stadtgärten 40 Paare; Ende August zogen sie ab. Fremde Gartenspötter erschienen schon in der zweiten Hälfte August am Durchzuge.

Bukowina. Kotzman (A. Lurtig). Zugvogel. — **Kupka** (J. Kubelka). Zugvogel. — **Solka** (P. Kranabeter). Kommt sparsam vor; erscheint im April, zieht im October ab.

Croatien. Agram (V. Diković). Am 8. September bemerkt. — **Varasdin** (A. Jurinac). An den Ufern und Inseln der Drau, welche mit Erlen, Weiden, Pappeln und niederem Gebüsche dicht bewachsen sind, ziemlich häufig; erscheint die letzten Tage April und zieht Ende August ab. 1883 kam der erste den 29. April an und 1884 der erste den 10. Mai.

Dalmatien. Spalato (G. Kolombatović). 22., 27., 28., 29. April; 1., 2., 4., 6. Mai; 15., 17., 20., 27. August; 2., 15., 21. September.

Kärnten. Mauthen (F. C. Keller). 1 Exemplar am 15. August.

Litorale. Monfalcone (B. Schiavuzzi). 19. August einige auf den Pappeln der Chaussée gegen die Thermalbäder.

Mähren. **Mährisch-Neustadt** (F. Jackwerth). Den ersten am 8. Mai gesehen; gemein. — **Oslawan** (W. Čapek). Nicht selten; am 8. Mai zuerst gehört; den 3. Juni auf einem Eichenstrauche am Waldrande (1 m. hoch) sein Nest mit 5 Eiern gefunden. — **Römerstadt** (A. Jonas). Hier allgemein »Spottvogel« genannt; nistet auf Obstbäumen und Haselstauden.

Salzburg. **Hallein** (V. v. Tschusi). 6. und 13. August je 1 Stück.

Schlesien. **Dzingelau** (J. Želisko). 20. April den ersten angetroffen; Hauptankunft 26. April (25. April Regen, $+4^0$ R., 26. April Nebel, $+4^0$ R., Südwest, 27. April Nebel, $+6^0$ R., Nordwestwind); Abzugsbeginn 23. September, Hauptabzug 29. September, Nachzügler 2. October. — **Ernsdorf** (J. Jaworski). »Gartensänger«, auch »Spötterling«. Ankunft Ende April, Abzug Anfang October; nistet Anfang Juni. — **Jägerndorf** (E. Winkler). 20. Mai, Abzug 12. September. — **Lodnitz** (J. Nowak). Ankunft 2. Mai, Abzug 29. August.

Steiermark. **Mariahof** (B. Hanf). Zieht erst Ende Mai hier durch, lässt dann auch seinen Gesang in meinem Garten hören, besonders wenn die Aepfelbäume blühen. — (B. Hanf und R. Paumgartner). 1 Stück am 15. Mai.

Ungarn. **Mosócz** (R. Graf Schaffgotsch). Nur dem Gesange nach beobachtet. — **Szepes-Igló** (J. Geyer). Erster Frühlingsgesang am 14. April im Hausgarten.

113. *Hypolais polyglotta*, auct. — Kurzflügeliger Gartenspötter.

Böhmen. **Přibram** (F. Stejskal). In den Stadtanlagen hat heuer bloss 1 Paar genistet; ist auch sonst sehr selten.

Dalmatien. **Spalato** (G. Kolombatović). 22., 28., 29. April; 4. Mai; 17. August.

Litorale. **Monfalcone** (B. Schiavuzzi). 23. Mai 1 Stück in meinem Garten, welcher dann fast täglich kam; 4. Juni 2, 6. Juli 1 Stück in meinem Garten; 9. Juli 1 ♀ erlegt.

114. *Acrocephalus palustris*, Bechst. — Sumpfrohrsänger.

Bukowina. **Kotzman** (A. Lurtig). Zugvogel. — **Terebleszty** (O. Nahlik). Zugvogel.

Croatien. Agram (Sp. Brusina). Am 6. Juli ein bei Agram gefangenes ♀ bekommen. — (V. Diković.) Am 18. September bemerkt.

Kärnten. Mauthen (F. C. Keller). Am Zuge am 10., 12., 16. und 17. Mai beobachtet.

Salzburg. Hallein (V. v. Tschusi). 22. Mai 2 Stücke, 23. 1 Stück. 25. 3 ♂, 26. ♂ im Garten.

Siebenbürgen. Fogarás (E. v. Czýnk). 4. Mai 3 Stücke; Brutvogel am »todten Alt«. — **Nagy-Enyed** (J. v. Csató). 18. Mai mehrere bei Koncza, 1 ♀ erlegt.

Steiermark. Mariahof (B. Hanf). Seltener Passant im Frühjahre; kein Rohrsänger brütet im Beobachtungsgebiete. 16. Mai 1 ♀. — **Pikern** (O. Reiser). Erst heuer bemerkte ich diesen Vogel und zwar beim Neste in der Nähe von Pobersch, unmittelbar am Drauufer. Das Nest stand etwa 15 cm. vom Boden im Weissdorngebüsch. Es ist sehr künstlich aus den feinsten Grashalmen gefertigt und enthielt am 16. Mai 6 frische Eier mit der grünlichen Grundfarbe.

115. *Acrocephalus arundinaceus*, Naum. — Teichrohrsänger.

Böhmen. Přibram (F. Stejskal). Heuer haben 2 Paare im Schilfe des städtischen Teiches bei Dušnik genistet; singt am meisten von 11—12 Uhr mittags und dann abends; erschien im Mai.

Bukowina. Terebleszty (O. Nahlik). Zugvogel.

Croatien. Agram (V. Diković). Mit vorigem am 18. September bemerkt. — **Varasdin** (A. Jurinac). Alljährlich, aber nicht häufig; Ankunft Mitte April, Abzug im August.

Dalmatien. Spalato (G. Kolombatović). 22., 25., 29. März; 1., 11., 12., 13., 28. April; 14., 16. September; 3. October.

Salzburg. Hallein (V. v. Tschusi). 10. Mai ♂, 15. 2 Stücke, 6. August ♀ ad., 7. ♀ ad., 20., 28., 30. August und 4. September je 1 Stück.

Schlesien. Lodnitz (J. Nowak). 4. Mai, Abzug Ende August.

Steiermark. Mariahof (B. Hanf). Selten.

116. *Acrocephalus turdoides*, Meyer. — Drosselrohrsänger.

Croatien. Agram (V. Diković). Am 24. August einen jungen Vogel bemerkt. — **Varasdin** (A. Jurinac). Häufig, beinahe an jedem mit Röhricht bewachsenen Sumpfe und Teiche; kommt die letzten Tage des April oder Anfang Mai an und verlässt die Gegend in der ersten Hälfte September. 1883 erschien er den 5. Mai (bei +11·8° C. und starkem Regen), 1884 den 26. April (bei +14·2° C.).

Dalmatien. Spalato (G. Kolombatović). 7., 9., 11., 12., 17., 28., 30. April; 2., 4., 6. Mai; 2., 14., 15., 16., 21. September; 3. October.

Litorale. Monfalcone (B. Schiavuzzi). 22. April die ersten im S. Antonio-Sumpfe; 4. Juni 1 ♂ bei den Thermen im Schilfrohre erlegt, in dessen Magen sich Coleopteren befanden; 24. Juli abgezogen; Durchzügler am 16. August, 1 Stück in oben erwähntem Schilfe; 2. September 1 ♂ im Lisert-Sumpfe erlegt; 17. September einzelne ebendaselbst.

Mähren. Oslawan (W. Čapek). Ein Exemplar wurde hier gefangen. Auf zwei kleinen Rohrteichen, etwa 7 Kilometer westlich von Brünn, als Brutvogel gewöhnlich; seit dem Jahre 1882 auch auf dem Teiche bei Nennowitz, eine Stunde südlich von Brünn.

Nieder-Oesterreich. Wien (O. Reiser). Häufiger Brutvogel der Donauauen bei Wien, namentlich in der Gegend von Stadlau bis Aspern.

Schlesien. Ernsdorf (J. Jaworski). »Rohrdrossel«, auch »Rohrschwätzer« oder »Weidendrossel«. Anfangs Mai, Abzug Mitte September; nistet im Teichschilf; selten.

Siebenbürgen. Fogarás (E. v. Czýnk). Ziemlich häufig; 10. Mai bei Nordwestwind; brütet am »todten Alt« und den Mundraer- und Dridiffer-Sümpfen. — **Nagy-Enyed** (J. v. Csató). 28. April mehrere bei Nagy-Enyed im Rohre singend.

Steiermark. Mariahof (B. Hanf). Erscheint einzeln anfangs Mai, selten im Herbste. — (B. Hanf und R. Paumgartner.) 18., 22. August und 25. September. — **Pöls** (St. Bar. Washington). Sehr spärlich und nur an einer einzigen sumpfigen Stelle des Beobachtungsgebietes als Brutvogel auftretend. War vor einigen Jahren auch dort noch nicht zu finden.

117. *Locustella naevia*, Bodd. — Heuschreckenrohrsänger.

Croatien. Varasdin (A. Jurinac). An den mit Gebüsch dicht bewachsenen Ufern der Drau, Plitvitza und Bednja nicht seltener Brutvogel. Das Volk kennt diesen Vogel nicht und meint, dass die bekannte schwirrende Stimme von einer Heuschrecke und nicht von einem Vogel herrühre. Erscheint in der zweiten Hälfte April und verschwindet gegen Ende September.

Kärnten. Mauthen (F. C. Keller). 2 Stücke am 15. September.

Litorale. Monfalcone (B. Schiavuzzi). Den 17. September 1 Stück bei Pietra rossa erlegt.

Nieder-Oesterreich. Wien (O. Reiser). Bedeutend spärlicher als die folgende verwandte Art, jedoch sicherer Brutvogel der lichten Auwaldungen.

Salzburg. Hallein (V. v. Tschusi). 15. Mai 2 ♂ gleichzeitig im Garten schwirrend; 8., 9., 20., 21., 30. August je 1 Stück.

Steiermark. Mariahof (B. Hanf). Wurde nur im Herbste, Ende August und Anfang September, in Erbsen- und Kartoffeläckern beobachtet, wo er in den Furchen wie eine Maus vor dem Hühnerhund läuft und daher nur im Fluge geschossen werden kann. — **Pöls** (St. Bar. Washington). Fehlt, selbst im Zuge.

118. *Locustella fluviatilis*, M. u. W. — Flussrohrsänger.

Croatien. Varasdin (A. Jurinac). Ueberall wie der Heuschreckenrohrsänger, zieht aber etwas früher ab.

Nieder-Oesterreich. Wien (O. Reiser). Da der »Layrer« noch immer zu den häufigen Brutvögeln der Umgebung Wiens gehört, bemühte ich mich schon seit zwei Jahren, das so schwer auffindbare Nest mit Eiern zu erlangen. Erst heuer gelang mir dies in der unmittelbaren Nähe der Militärschiessstätte. Am 20. Juni fand ich ein Nest mit 6 auffallend kleinen Eiern; 4 davon stark bebrütet, 2 unfruchtbar. Unmittelbar darnach entdeckte ich ein Nest mit wenige Tage alten Jungen. Das erste stand zwischen Gras, fast unmittelbar am Boden; das zweite in wildem Hopfen, etwa 40 cm. vom Boden, ohne die charakteristische Unterlage aus trockenen, leichten Blättern; beide sehr schwer auffindbar.

Ich verjagte den alten Vogel, der auf den Jungen sass, zweimal vom Neste; das erstemal flog er zwischen dem Blätterdache sachte ab, das zweitemal producirte er seine Kunst, sich vom Nestrande wie ein Stein fallen zu lassen und dann zwischen dem üppig wuchernden Unkraute mäuseähnlich fortzuschlüpfen. Schliesslich erhielt ich noch von Herrn Fournes, der ja den Vogel in seinem Brutgeschäfte am eingehendsten beobachtet hat, ein am 8. Juni gefundenes Gelege mit der prachtvollen purpurrothen Punktirung. Ausser den Gegenden in der Nähe der Donau wurde der Flussrohrsänger im Wienerwalde von Herrn Fournes bei Hütteldorf und von mir bei Kalksburg im Gütenbachthale, einem einsamen Waldthale, in der Nähe des k. k. Thiergartens gelegen, zur Brutzeit schwirrend angetroffen.

Siebenbürgen. **Nagy-Enyed** (J. v. Csató). 12. Mai 1 ♂ schwirren gehört.

Steiermark. **Pöls** (St. Bar. Washington). Fehlt.

119. *Locustella luscinioides*, Sav. — Nachtigallrohrsänger.

Bukowina. **Solka** (P. Kranabeter). Gehört zu den sparsamen Zugvögeln; erscheint, je nach der Witterung, Ende April, Anfang Mai und zieht Ende September und Anfang October ab. — **Terebeszty** (O. Nahlik). Zugvogel.

Steiermark. **Mariahof** (B. Hanf). Sehr seltener Passant. Am 23. April 1874 war ich so glücklich, diesen Fremdling an den Ufern des Furtteiches zu schiessen. Auffallend sind die steifen, grätenartigen Sehnen der Läufe, vermöge welcher er mehr zum Laufen als zum Klettern befähigt ist, daher er sich nur am Boden unter dem dichtesten Gestrüppe aufhielt und schnell wie eine Maus von einem Verstecke zum andern lief.

120. *Calamoherpe aquatica*, Lath. — Binsenrohrsänger.

Dalmatien. **Spalato** (G. Kolombatović). 22., 25., 31. März; 1., 5., 11., 12., 13., 22., 27., 28., 29. April; 1., 2., 4., 6. Mai; von 1. August bis Ende October.

Kärnten. **Mauthen** (F. C. Keller). 1 ♂ am 20. September.

Litorale. **Monfalcone** (B. Schiavuzzi). 22. April 1 ♂ in Locavez erlegt; 18. September einzelne im Schilfe beim Meeresufer; 3. October 1 ♀ bei Locavez erlegt.

Salzburg. **Hallein** (V. v. Tschusi). 25. August 1 Stück.

Steiermark. **Mariahof** (B. Hanf). Erscheint regelmässig im Herbste am Furtteiche, wo er sich dann gewöhnlich bis Ende October aufhält. — (B. Hanf und R. Paumgartner.) 21, 22., 23., 25., 26., 27. April; 2. Mai; 19., 22. August; 25. September; 11. October 5—10 Stücke.

121. *Calamoherpe phragmitis*, Bechst. — Schilfrohrsänger.

Dalmatien. **Spalato** (G. Kolombatović). 25., 31. März; 1., 5., 12., 13., 27., 28., 29. April; 4., 6. Mai; 15., 17., 20., 26., 29. August; 2., 6., 12., 14., 15., 16., 21., 30. September; 5., 7., 9., 20., 26., 30. October; 5., 12. November.

Litorale. **Monfalcone** (B. Schiavuzzi). 18. September einige im Lisert-Sumpfe.

Mähren. **Oslawan** (W. Čapek). Am 4. September ein ♂ längs des Flusses beobachtet; brütet wahrscheinlich bei Namiest.

Salzburg. **Hallein** (V. v. Tschusi). 1. August 1 ad.

Siebenbürgen. **Fogarás** (E. v. Czýnk). Am »todten Alt« und in dem Mundraer-Sumpfe ziemlich häufiger Brutvogel. Den ersten am 16. April gesehen. — **Nagy-Enyed** (J. v. Csató). 4. Mai viele, wahrscheinlich an demselben Tage angelangt.

Steiermark. **Mariahof** (B. Hanf). Der häufigste Passant im Frühjahre wie im Herbste; in letzterer Jahreszeit hält er sich auch lange Zeit am Teiche auf. — (B. Hanf und R. Paumgartner). 16., 17., 25. April; viele am 26., 27., 28., 29. April; 2. Mai, 28. Juli 1 Stück; 29. Juli 6 Stücke; 31. Juli und 1., 14., 18., 19., 22. August viele; 12. September 3 Stücke; 25. September viele; 4., 8. October täglich etliche.

122. *Calamoherpe melanopogon*, Temm. — Tamarisken-rohrsänger.

Dalmatien. **Spalato** (G. Kolombatović). 16., 22., 25. März; 25., 30. October.

123. *Cettia sericea*, Natt. — Seidenartiger Schilfsänger.

Litorale. **Monfalcone** (B. Schiavuzzi). 6. März 1 ♂ im Zaune nächst dem Friedhofe der Marcilliana erlegt, das in meiner Sammlung steht (Länge 153 mm.); 29. Mai in Liprandi's Walde singen gehört.

124. *Pyrophthalma melanocephala*, Gm. — Schwarzköpfiger Sänger.

Dalmatien. Spalato (G. Kolombatović). 6., 9., 12. Januar; 5., 10., 28. Februar; 6., 11., 30. März; 9. April; 5., 6., 7. August; 2., 12. September; 6., 9. October; 8., 13., 15. November; 2., 13., 19., 30. December.

125. *Pyrophthalma subalpina*, Bonelli. — Weissbärtiger Sänger.

Dalmatien. Spalato (G. Kolombatović). Vom 29. März bis 22. August.

126. *Sylvia curruca*, Linn. — Zaungrasmücke.

Böhmen. Blottendorf (F. Schnabel). Am 1. Mai die erste gesehen. — **Liebenau** (E. Semdner). Ankunft 24. April, Abzug am 15. und 16. September. — **Nepomuk** (R. Stopka). Wegen Mangel an Sträuchern selten. — **Přibram** (F. Stejskal). Erschien vom 12.—15. Mai und zog am 15. August fort; ein Paar nistet alljährlich in den Stadtanlagen.

Bukowina. Solka (P. Kranabeter). Gehört zu den häufigen Zugvögeln. Erscheint Anfang Mai, Ende April und zieht Anfang October ab.

Croatien. Agram (V. Diković). Am 12. September eine Familie und am 19. October eine zweite bemerkt. — **Varasdin** (A. Jurinac). In dichtem, dornigen Gebüsche, in Hecken und Auen, in Gärten und Parkanlagen häufig. Trifft hier in der zweiten Hälfte April ein und verschwindet gegen Ende September.

Dalmatien. Spalato (G. Kolombatović). Vom 9. April bis 20. October.

Kärnten. Mauthen (F. C. Keller). Ziemlich häufiger Brutvogel. Ankunft am 20. und 23. April, Abzug vom 12. bis 20. September in vereinzelten Exemplaren.

Litorale. Monfalcone (B. Schiavuzzi). 14. April ein singendes ♂.

Mähren. Goldhof (W. Sprongel). Am 26. April sah ich ein ♂, einige Tage darauf auch das ♀. Dieses Paar baute sein Nest in einem dichten Gebüsche von Prunus padus, 2 m. über dem Boden; ich entdeckte es am 31. Mai, wo die Jungen schon ausgekrochen waren. — **Oslawan** (W. Čapek). Ziemlich gewöhnlich. Am 27. und 30. April die ersten angelangt. — **Römerstadt** (A. Jonas). Gemein. Am 23. April zuerst beobachtet.

Salzburg. Hallein (V. v. Tschusi). 28. April 1 Stück, 29. ♂, ♀; 14. Mai Nest mit 5 Eiern in einem Berberisstrauche; 29. Juli viele; 9. August eine Brut mit den Alten; 16.—22. viele; 26. August bis 12. September mehrfach; 18. ♂ singend; 24. die letzte.

Schlesien. Lodnitz (J. Nowak). Ankunft 22. April, Abzug Mitte August.

Siebenbürgen. Nagy-Enyed (J. v. Csató). 14. April 2 Stücke im Garten.

Steiermark. Mariahof (B. Hanf). »Klappergrasmücke«, »Müllerchen«, »Holzgrasmücke«. Kommt Ende April zurück. Brütet nicht bloss in Stachelbeerstauden, sondern auch in niedrigen, von den Schafen abgefressenen, daher dichtverwachsenen Fichten und bleibt ziemlich lange im Herbste bei uns. — (B. Hanf und R. Paumgartner.) 2 Stücke am 17. April. — **Pöls** (St. Bar. Washington). Von Mitte April bis anfangs Mai war die Zaungrasmücke, namentlich an den von Weiden umsäumten Ufern der Kainach, sowie auch in Feldgehölzen, in ebensolcher Menge zu beobachten, wie im Vorjahre der Weidenlaubvogel; in jedem Gebüsche, in jedem Röhrichte wimmelte es förmlich von diesen kleinen Sängern; oft sah ich gleichzeitig 8—12 auf einem Weidenstrunke. Die meisten zogen stromaufwärts. Trotz des schlechten Wetters sangen die ♂, welche, wenn mein Auge mich nicht täuschte, gegen die ♀ in bedeutender Ueberzahl waren, fast unablässig. Das massenhafte Erscheinen der Zaungrasmücke in diesem Jahre ist für mein Beobachtungsgebiet um so bemerkenswerther, als dieselbe in manchen Zugszeiten oft ganz und gar fehlte.

Ungarn. Oravitz (A. Kocyan). Sehr wenige; Zug nicht bemerkt. — **Szepes-Igló** (J. Geyer). War schon am 20. April hier, liess aber erst am 24. ihr Lied ertönen.

127. *Sylvia cinerea.* Lath. — Dorngrasmücke.

Böhmen. Liebenau (E. Semdner). Vgl. *Sylvia atricapilla.* — Nepomuk (R. Stopka). Genug häufig; singt vom Mai bis Mitte Juni; im September habe ich sie nicht mehr gesehen.

Bukowina. Kuczurmare (C. Miszkiewicz). Erscheint im Mai. — Kupka (J. Kubelka). Kommt vor. — Solka (P. Kranabeter). Gehört zu den häufigen Zugvögeln: erscheint Ende April und zieht Ende October ab.

Croatien. Agram (V. Diković). Am 13. September eine Familie und am 20. September noch eine bemerkt. — (A. Smit.) Erschien Mitte April und zog anfangs October ab. — Varasdin (A. Jurinac). Sehr häufig. 1883 die erste den 18. April, 1884 den 13. April gesehen; zieht Ende September ab.

Dalmatien. Spalato (G. Kolombatović). Vom 6. April bis 14. September.

Kärnten. Mauthen (F. C. Keller). Brutvogel. Ankunft Ende April. Abzug Ende September.

Litorale. Monfalcone (B. Schiavuzzi). 15. April bei Locavez.

Mähren. Fulnek (G. Weisheit). Brutvogel. — Oslawan (W. Čapek). Seltener Brutvogel. Am 17. Juni flügge Junge. — Römerstadt (A. Jonas). Kommt seltener vor als die vorige Art.

Nieder-Oesterreich. Wiener-Neustadt (O. Reiser). Vor 3 Jahren fand ich in einem sumpfigen, mit Schilf bewachsenen Graben, in der Nähe des Bahnhofes von Wiener-Neustadt, ein im dichten Schilfe verstecktes Nest, in welchem sich 6 Eier mit auffallend röthlichem Colorit befanden. Da ich den alten Vogel nicht beobachten konnte, hielt ich die Eier damals für die des Flussrohrsängers. Nachdem ich jedoch heuer im Prater ein ähnliches Gelege fand, kann ich constatiren, dass die fraglichen Eier der *S. cinerea* angehören. Die aschgrauen Schalenflecke werden die Eier der *S. cinerea* immer sicher und leicht von anderen unterscheiden lassen, mögen sie auch was immer für eine Farbe besitzen. Im vorliegenden Falle also: Erythrismus.

Salzburg. Abtenau (F. Höfner). Ankunft 2. Mai (trüb, + 12° C.). — Hallein (V. v. Tschusi). 24. April erste, 1. Juli flügge Junge, 29. Juli viele, 9.—16. August einzelne, 10. September 1 Stück.

Schlesien. **Dzingelau** (J. Želisko). Ankunft ♂ 20. April. Hauptzug (♂ und ♀) 23. April (22. trüb, regnerisch, früh +4° R., mittags +11° R.; 23. früh ebenso, mittags +6° R.; 24. früh ebenso, Westwind, mittags +7° R.). Hauptabzug 27. September bei Nordostwind; Nachzügler am 29. September und 4. October je ein Stück gesehen. — **Ernsdorf** (J. Jaworski). Ankunft Ende April, Abzug Anfang September; seltener als die Gartengrasmücke. — **Jägerndorf** (E. Winkler). 30. April die erste gesehen; Abzug 18. September. — **Lodnitz** (J. Nowak). Ankunft 30. April, Abzug Ende August.

Siebenbürgen. **Fogarás** (E. v. Czýnk). Nicht selten. 18. April und 14. Mai volles Gelege; 24. September Abzug. — **Nagy-Enyed** (J. v. Csató). 28. April 1 Stück.

Steiermark. **Mariahof** (B. Hanf). Häufiger Brutvogel, der auch bisweilen in Kornfeldern sein Nest baut; ist bis Ende September in Kartoffeläckern zu beobachten. — (B. Hanf und R. Paumgartner). 1 Stück am 28. April. — **Pöls** (St. Bar. Washington). Am 26. April die erste, tagsdarauf mehrere. 5. Mai viele.

Ungarn. **Oravitz** (A. Kocyan). Sehr wenige; Zug nicht bemerkbar.

128. *Sylvia nisoria*, Bechst. — Sperbergrasmücke.

Croatien. **Agram** (V. Diković). Am 9. August eine Familie und am 26. August einen jungen Vogel bemerkt. — (A. Smit). Mitte April bemerkte ich sie und anfangs October zog sie ab. — **Varasdin** (A. Jurinac). Nicht selten, wird aber oft übersehen; von Ende April bis Mitte August.

Dalmatien. **Spalato** (G. Kolombatović). 19., 24. August; 6. September.

Kärnten. **Mauthen** (F. C. Keller). 1 ♂ am 5. Mai.

Mähren. **Brünn** (W. Čapek). Gemein. Am 10. Mai ein ♂ (längs des Flusses) angekommen, am 22. Mai schon beim Eierlegen gesehen.

Nieder-Oesterreich. **Wien** (O. Reiser). Sehr häufig bei Wien (Kalksburg), Wiener-Neustadt.

Siebenbürgen. **Nagy-Enyed** (J. v. Csató). 28. April einige singen gehört.

Steiermark. Pöls (St. Bar. Washington). Früher nicht allzu selten, verschwand seit den letzten 5 Jahren mehr und mehr, und ich glaube, sie nicht mehr unter die Brutvögel meines Beobachtungsgebietes zählen zu dürfen.

129. *Sylvia orphea*, Temm. — Sängergrasmücke.

Dalmatien. Spalato (G. Kolombatović). Vom 7. April bis 18. September.

130. *Sylvia atricapilla*, Linn. — Schwarzköpfige Grasmücke.

Böhmen. Liebenau (E. Semdner). Ankunft 2. Mai bei warmer Witterung und vorherrschendem Nordostwind; in geringer Anzahl vertreten. Abzug am 19. und 20. September. Den Bruten wurde durch Katzen sehr nachgestellt. — **Přibram** (F. Stejskal). Nistet bei Pičina in geringer Anzahl; in den Stadtanlagen nur einmal genistet. Frühjahrzug Mitte Mai, Herbstzug Ende September.

Bukowina. Kotzman (A. Lurtig). Zugvogel. — **Kupka** (J. Kubelka). Zugvogel. — **Solka** (P. Kranabeter). Gehört zu den häufigen Sommervögeln. Erscheint Ende April, zieht Anfang October ab.

Croatien. Agram (V. Diković). Am 21. October eine Familie bemerkt. — (A. Smit). Kommt in unseren Gegenden gewöhnlich anfangs April an; doch erinnere ich mich sehr gut, dass ich das Nest mit Eiern schon am 12. April aufgefunden habe. Anfangs October zieht sie weg. — **Krizpolje** (A. Magdić). Ich fand den 25. Juni einen jungen Albino und sandte ihn dem zoologischen Museum zu Agram. — **Varasdin** (A. Jurinac). Zahlreicher Brutvogel, aber eifriger Nachstellungen wegen jetzt weniger häufig als vorher. Trifft gewöhnlich gleichzeitig mit der Nachtigall um die Mitte April hier ein; 1884 bemerkte aber ein Vogelsteller ein »Schwarzplattel« in einer Strassenhecke ganz nahe der Stadt bereits den 5. März, und schon den 6. März fing dasselbe ein anderer Vogelsteller in derselben Hecke mit Leimruthen. Ich selbst sah eine schwarzköpfige Grasmücke den 25. März und die folgenden Tage desselben Jahres in einem dichten Weidengebüsche am Drauufer. Den 17. April bereits ein fertiges Nest auf einer Drauinsel gefunden. Verlässt die Gegend gegen Ende September.

Dalmatien. Spalato (G. Kolombatović). Standvogel; in grösserer Menge vom 13. September bis Ende März.

Kärnten. Mauthen (F. C. Keller). Brutvogel. Erschien vom 20. bis 28. April; Abzug vom 20. September bis 6. October.

Mähren. Mährisch-Neustadt (F. Jackwerth). 26. April 1 ♂ gesungen. — Oslawan (W. Čapek). Gemein. Am 21. März ein ♀, am 21. April ein ♂; 8. Mai Paare am Brutplatze; vom 20.—30. Mai überall vollzählige Gelege (4, selten 5 Stücke). Die ♂ habe ich von 9 bis 1/25 brütend gesehen. Am 17. Juni die ersten flüggen Jungen; am 20. October noch ein Paar angetroffen. Schon zweimal fand ich die Eier schön röthlich gefärbt. — Römerstadt (A. Jonas). »Schwarzplattel«. Zahlreich vertreten in den Wäldern.

Salzburg. Hallein (V. v. Tschusi). 2. Mai ♂ mit zum Theile noch brauner Kopfplatte im Garten; 13. Juli ♂ ad. in voller Mauser, singend im Garten; 29. viele; vom 16. August an wenige und meist junge Vögel; 19. October ♂ ad.

Schlesien. Dzingelau (J. Želisko). »Schwarzplatel«. ♂ und ♀ kamen am 13. April; Hauptzug ♂ und ♀ am 16. (15. und 16. trüb, Nordost, früh + 4° R., am 17. bewölkt, nachmittags Schneefall); Hauptabzug 6. September (warm. Südwind).

Siebenbürgen. Nagy-Enyed (J. v. Csató). 28. April mehrere ♂♂.

Steiermark. Mariahof (B. Hanf). »Schwarzplattel«. Ein nicht häufiger Brutvogel, der spät ankommt und uns früh verlässt. Ein besonderer Liebhaber von Beeren; ich habe selbst in den Excrementen der Jungen Körner der Elsenbaumfrucht beobachtet. — Pöls (St. Bar. Washington). Mitte April war diese Grasmücke schon ziemlich zahlreich eingerückt; seltsamerweise bekam ich aber erst zu Ende dieses Monates (am 29.) das erste ♀ zu Gesichte.

Ungarn. Mosócz (R. Graf Schaffgotsch). Seltener Sommervogel; vom Mai bis September. — Oravitz (A. Kocyan). 28. April die ersten. — Szepes-Béla (M. Greisiger). Am 5. Mai bei Béla an der Poper im Laubgebüsche 1 ♂ gesehen.

131. *Sylvia hortensis*, auct. — Gartengrasmücke.

Böhmen. **Böhmisch-Leipa** (F. Wurm). Am 12. Mai angekommen. — **Nepomuk** (R. Stopka). Kommt sehr selten vor.

Bukowina. **Kotzman** (A. Lurtig). Zugvogel. — **Solka** (P. Kranabeter). Gehört zu den häufigen Sommervögeln. Erscheint gegen Ende April oder Anfang Mai und zieht Ende September ab. — **Toporoutz** (G. Wilde). Kommt vor.

Croatien. **Agram** (Sp. Brusina). Am 25. August 1 ♂ und 1 ♀. — (V. Diković). Am 29. August eine Familie und am 21. September einen jungen Vogel bemerkt. — **Krizpolje** (A. Magdić). Kommt vor. — **Varasdin** (A. Jurinac). Zahlreicher Brutvogel. Erscheint Ende April und zieht Ende September ab. 1884 den 29. April den ersten bemerkt.

Dalmatien. **Spalato** (G. Kolombatović). Vom 17. April bis 21. September.

Kärnten. **Mauthen** (F. C. Keller). Brutvogel. 28. April, 2. und 3. Mai; Abzug vom 15.—20. September einzelne, 22. viele, bis Ende wieder einzelne.

Litorale. **Monfalcone** (B. Schiavuzzi). 17. September in Pietra rossa.

Mähren. **Goldhof** (W. Sprongel). Seltener Sommervogel. — **Oslawan** (W. Čapek). Nicht gewöhnlich. Am 20. April zuerst ein ♂ im Garten gesungen. Im Gesange, Benehmen, in der Bauart des Nestes und Farbe der Eier stimmt sie beinahe vollkommen mit der vorangehenden Art überein.

Salzburg. **Abtenau** (F. Höfner). Ankunft 9. Mai. — **Hallein** (V. v. Tschusi). 12. Mai ♂; 13.—22. August viele, 26. einzelne, 1. September mehrere, 13.—17. einzelne.

Schlesien. **Ernsdorf** (J. Jaworski). Ankunft Ende April, Abzug anfangs September; häufig. — **Jägerndorf** (E. Winkler). 27. April; Abzug 16. September.

Siebenbürgen. **Fogarás** (E. v. Czýnk). Häufiger Brutvogel. 2. Mai die erste, 27. September die letzte. — **Nagy-Enyed** (J. v. Csató). 24. April 2 Stücke.

Steiermark. **Mariahof** (B. Hanf). Ein nicht häufiger Brutvogel, welcher erst gegen Ende Mai ankommt und uns ziemlich früh wieder verlässt. Wie Herr F. C. Keller (vgl. I. Jahresbericht [1882] p. 104), so habe auch ich solche Maden an den Flügeln und Köpfen junger Gartenrothschwänze schon als Studiosus beobachtet. [Der bekannte Dipterologe, Prof. J. Mik, an den ich mich bezüglich Aufklärung über diese Made wandte, hält sie einer Calliphora-Art angehörig, welche Fliege als Made auf jungen Vögel schmarotzt. Es wäre gewiss von Interesse, vorkommenden Falles die Fliege zu ziehen. V. v. Tschusi].

Ungarn. Mosócz (R. Graf Schaffgotsch). Seltener Sommervogel. — **Oravitz** (A. Kocyan). Den 16. Mai viele bei den Dörfern am Bache. — **Szepes-Béla** (M. Greisiger). Am 25. April (Südwind, warm, tagsvorher schwacher Nordwind, heiter und warm) in Béla ein Stück gesehen.

132. *Merula vulgaris*, Leach. — Kohlamsel.

Böhmen. Liebenau (E. Semdner). 1. April gesungen; einzelne überwintern hier, doch zieht die Mehrzahl gegen Süden. Ihr Abzug fand den 3. October statt, da sie seit diesem Tage nicht mehr gesehen wurden (siehe *Turdus musicus*). — **Nepomuk** (R. Stopka). Hält sich hier das ganze Jahr auf, ist aber nicht zahlreich.

Bukowina. Kotzman (A. Lurtig). Zugvogel. — **Kupka** (J. Kubelka). Zugvogel. — **Obczina** (J. Zitný). Zugvogel; ist am 4. April hier eingetroffen. — **Solka** (P. Kranabeter). Gehört zu den häufigen Zugvögeln: erscheint zeitlich, heuer schon den 24. März, in grösseren Massen erst im April; nistet ziemlich hoch, brütet zweimal des Jahres (heuer schon am 3. Juni das zweite Gelege von 4 Eiern). Das Brutgeschäft besorgen beide Eltern gemeinschaftlich und zwar das Männchen vom Vormittag bis etwa 2 Uhr Nachmittag. Nach 16 Tagen erscheinen die Jungen, die aber das Nest erst nach 5 Wochen verlassen. — **Terebleszty** (O. Nahlik). Zugvogel. — **Toporoutz** (G. Wilde). Kamen im Frühjahre vom 21. März bis 4. April in Flügen an und zogen nach Ost und Südost.

Croatien. Krizpolje (A. Magdić). Kommt vor. — **Varasdin** (A. Jurinac). Häufiger Standvogel.

Dalmatien. Spalato (G. Kolombatović). Vom 1. Januar bis 2. April; 22. September bis Ende December.

Kärnten. Mauthen (F. C. Keller). Häufiger Brutvogel. Mehrere Jahre hindurch immer den ganzen Winter an den gewöhnlichen Standplätzen beobachtet. Bei starkem Schneefalle kommen sie stets zum Futterplatze und holen sich die getrockneten Ebereschenbeeren.

Litorale. Monfalcone (B. Schiavuzzi). 15. Mai Junge schon flügge; 26. October einzelne am Zuge bei Marcilliana: 27. October 2 am Zuge in Locavez. — **Triest** (L. Moser). »Merlo«. Standvogel in den öffentlichen Gärten von Triest und Miramare; hier im December und Januar sehr häufig beisammen und sehr zutraulich. Die Weibchen häufig am Vogelmarkte feilgeboten.

Mähren. Fulnek (G. Weisheit). Standvogel. — **Goldhof** (W. Sprongel). Einzelne Paare bewohnen die benachbarten Auen. Im December wurde ein ♀ täglich beim Hofe beobachtet. wo es sich an den Beeren des wilden Weines gütlich that. — **Oslawan** (W. Čapek). Gewöhnlicher Brutvogel. Im Herbste verschwinden viele; gewöhnlich sah ich die hier gebliebenen (♂ und ♀) das Laub im Walde umwenden und durchsuchen. Am 21. Februar habe ich zuerst das Frühlingslied vernommen und am 9. April das erste Gelege gefunden. Das ♂ sitzt in den Mittagsstunden am Neste.

Nieder-Oesterreich. Kalksburg (O. Reiser). Bei Kalksburg wurden mir heuer am zweiten März vollzählige Amselgelege gezeigt. — **Melk** (V. Staufer). Ankunft 10. März. — **Mödling** (J. Gaunersdorfer). 3. April viele in den Gärten der Umgebung; 6. April in einem Garten ein Nest mit 4 Jungen. Im Sommer findet sich *Merula* mehr in den Wäldern der Umgebung, gegen Herbst, Anfang November, sucht sie wieder die Gärten auf, in denen sie im Winter sehr häufig ist.

Salzburg. Hallein (V. v. Tschusi). 25. Februar erster Gesang, 3. März vielfach pfeifend; 19. October zuerst im Garten.

Schlesien. Ernsdorf (J. Jaworski). »Schwarzdrossel«. Ankunft zu Anfang April, Wegzug Ende October; nistet im Mai; ziemlich häufig. — **Lodnitz** (J. Nowak). Kam zu Anfang des Winters in die Dörfer, was ich noch nie beobachtet hatte.

Siebenbürgen. Fogarás (E. v. Czýnk). Am Fusse des Gebirges und überhaupt in jedem Gehölze gemein. Im Galatzer und Felmerer Walde brütend. Am 5. März die erste; am 5. April, nachdem am 4. meterhoher Schnee gefallen war, kamen sie zu Thal; am 15. April keine mehr zu sehen.

Steiermark. Mariahof (B. Hanf). Ein Brutvogel, welcher uns im Winter grösstentheils verlässt; nur einzelne bleiben zurück, welche meist eine sichere Beute der Sperber werden. — **Pöls** (St. Bar. Washington). Am 25. und 26. April je ein Nest; ersteres mit vollzähligem, letzteres mit unvollständigem Gelege. Im Mai (3. und 4.) fand ich mehrere Nester, wovon einige am Boden angelegt waren, mit Jungen.

Ungarn. Mosócz (R. Graf Schaffgotsch). Standvogel; nimmt nach Vertilgung der Katzen im Garten sehr zu. — **Szepes-Béla** (M. Greisiger). Am 10. December wurden in Keresztfalu auf *Sorbus aucuparia*-Beeren 2 Stücke gesehen. — **Szepes-Igló** (J. Geyer). Brut- und theilweise auch Standvogel unserer Wälder, doch häufiger auf den Südlehnen unseres Erzgebirges, als auf den nördlichen; scheint auch Laubwald mehr zu bevorzugen als Nadelwälder.

133. *Merula torquata*, Boie. — Ringamsel.

Böhmen. Rosenberg (F. Zach). Wurde im October mit Krammetsvögeln gefangen. Die Ringamsel ist hier früher nie gesehen worden.

Bukowina. Obczina (J. Zitný). Kommt nur auf dem Durchzuge hier vor. Ich habe sie nur im zeitlichen Frühjahre beobachtet und sie stets auf südlichen Lehnen in der Nähe von sumpfigen Stellen gefunden; jedenfalls aus dem Grunde, weil dort der Schnee früher wegschmolz und sie leichter Nahrung fand. — **Solka** (P. Kranabeter). Gehört zu den seltenen Stand-, bez. Strichvögeln; während des Sommers verweilt sie in höheren Lagen, dagegen kommt sie gegen den Winter in die Niederungen. — **Straza** (R. v. Popiel). Den 23. März beobachtet. — **Terebleszty** (O. Nahlik). Zugvogel.

Dalmatien. Spalato (G. Kolombatović). 2., 7., 10. Januar.

Kärnten. Mauthen (F. C. Keller). Am 25. März ein grosser Zug. Ist im Gebirge ein häufiger Brutvogel.

Mähren. Oslawan (W. Čapek). Ein ♀ wurde hier vor einigen Jahren erlegt und ist in hiesiger Schulsammlung aufbewahrt.

Siebenbürgen. Fogarás (E. v. Czýnk). Im Hochgebirge in den Latschen (Legföhren) gemein. Auch sie war am 5. April bei tiefem Schnee mit der Schwarzamsel, Wachholder-, Mistel- und Singdrossel herabgekommen.

Steiermark. Mariahof (B. Hanf). »Kranzamsel«. Brutvogel, welcher bei seiner Ankunft im Frühjahre gleich seine Brutplätze in der an die Alpen grenzenden Waldregion aufsucht und nur bei späterem Schneefalle in die Niederungen kommt. Im September und noch anfangs October erscheint sie auf den Kirschbäumen der höher gelegenen Gehöfte. — Pikern (O. Reiser). Sehr häufig in der Umgebung des schwarzen See's auf der Planina und von da weiter, wo sich Nadelholz findet. Verräth das Nest durch Klagerufe jedem, der sich der Brut nähert.

Ungarn. Mosócz (R. Graf Schaffgotsch). Sommervogel; kommt Ende Mai und war heuer sehr häufig. — Oravitz (A. Kocyan). 29. März erste bei —2° C. morgens; Paare am 6. April; 30. Mai flügge Junge; Abzug von 1.—6. October. — Szepes-Igló (J. Geyer). Scheint nicht nur auf dem Hochgebirge in der Krummholzregion, sondern auch auf den Bergen zweiten Ranges zu nisten. Im Frühjahre und auch im Sommer sah ich sie oft in den höheren Regionen am Südabhange des Posálló bei Rosenau.

134. *Turdus pilaris*, Linn. — Wachholderdrossel.

Böhmen. Blottendorf (F. Schnabel). Die ersten am 14. October, dann am 20., 26. und 27., später noch kleine Flüge; dann keine mehr bis 25. December, wo grosse Züge ankamen. — Nepomuk (R. Stopka). Erscheint nur im Herbste, jedoch in geringer Anzahl; Vogelbeerbäume sind hier wenige und Wachholder kommt gar nicht vor. Im November wurde hier ein Stück geschossen. — Přibram (F. Stejskal). Hat zahlreich in den Wäldern bei Bohutín und Smolotel genistet. Hauptzug am 15. October und 20. März.

Bukowina. Kotzman (A. Lurtig). Am 29. März eingetroffen. — Kupka (J. Kubelka). Durchzugsvogel im Frühjahre und Herbste. — **Solka** (P. Kranabeter). Gehört zu den häufigen Standvögeln. Im Sommer sieht man sie wenig, dagegen kommt sie in grösserer Zahl, oft zu Hunderten, im Herbste vor. (Wäre, wenn die Angabe bezüglich des Vorkommens durch's ganze Jahr kein Irrthum, sehr interessant und nähere Angaben erwünscht. v. Tschusi.) — **Straza** (R. v. Popiel). 4. April. — **Terebleszty** (O. Nahlik). Als verschwunden zu betrachten.

Croatien. Agram (V. Diković). Am 16. November bemerkt. — **Varasdin** (A. Jurinac). Von October bis März überall häufig; die meisten am Zuge im October, November und im März. Den 3. December 1883 4 Stücke erlegt; den 9. März 1884 mehrere Flüge beobachtet; den 29. October 1884 die erste Schar bemerkt.

Dalmatien. Spalato (G. Kolombatović). Vom 1. Januar bis 2. März; vom 5. November bis Ende December.

Kärnten. Mauthen (F. C. Keller). »Kranewitter«. 26. Februar und 10. und 11. März; brütete in einzelnen Paaren. Am 1. und 2. März erfolgte ein bedeutender Schneefall und den 4. März kam ein Flug von mehr als 100 Stücken auf dem Rückzuge aus dem Lesachthale hier an, dem am 5. März noch mehrere kleine Schwärme folgten. Abzug am 18., 20., 21. und 24. December; ein vereinzelter Schwarm von etwa 50 Stücken kam erst am 2. Januar. (Nähere Angaben über das Brüten, Zahl der Paare und Standort der Nester wären sehr willkommen. v. Tschusi.)

Litorale. Monfalcone (B. Schiavuzzi). 17., 18., 19., 22. Februar sehr viele am Zuge. — **Triest** (L. Moser). »Ginepronee«. Im heurigen Winter weitaus seltener als im Vorjahre in den Gärten und Wäldchen der Umgebung. Am 17. Januar 1885 im Walde oberhalb St. Bortolo einige beobachtet; wird am Wildpretmarkte häufig feilgeboten.

Mähren. Goldhof (W. Sprongel). »Krammetsvogel«. Kommt in's Beobachtungsgebiet nur im Winter, wo sie sich in den Auen aufhält und öfters auch in's freie Land zu den Höfen fliegt, um die Beeren von Sorbus aucuparia zu verzehren. Heuer erblickte ich beim Hofe das erste Exemplar am 9. October; am 17. November war wieder eine *T. pilaris* beim Hofe, desgleichen am 26. November; am 1. December 2 Paare. Am 2. December kam eine Schar von 15—20 Stücken aus Nord, hielt sich aber nicht lange auf. Seit der Zeit bis zum Jahresschlusse war kein Exemplar beim Hofe. Die Ursache mag in dem eingetretenen Thauwetter zu suchen sein; ich machte überhaupt die Wahrnehmung, dass *T. pilaris* nur bei eingetretenen Frösten aus den Auen in's freie Land kam. — **Oslawan** (W. Čapek). Seit vielen Jahren brüten sie im östlichen Mähren (bei Keltsch), wo ich im Jahre 1883 etwa 20 Paare antraf (Mittheil. d. orn. Ver. in Wien 1884, Nr. 1). Heuer brüteten zum erstenmale in der hiesigen Gegend zwei Paare in einem kleinen Kiefernwalde, nahe bei Oslawan. Im Winter öfters in Gesellschaften; am 14. März die letzten am Rückzuge gesehen. 3 Stücke blieben hier, und man sah sie fortwährend in den kleinen Kiefernbeständen (»Hájek«) an der westlichen Seite von Oslawan. Am 19. Mai sah ich zu meiner Freude das Paar beim Nestbau, und am 27. Mai fand ich 5 Eier in dem Neste. Dasselbe stand auf einer Kiefer, 8 m. hoch, hart am Wege, kaum einige Hundert Schritte von den Häusern. Die Vögel waren nicht scheu; oft sah ich, wie sie Krähen aus der Umgebung verfolgten. Noch ein anderes Paar musste in der Nähe (Kreuzelwald) gebrütet haben. Später verschwanden die Vögel und wurden durch nordische ersetzt. Im October waren wenige zu sehen. — **Römerstadt** (A. Jonas). Im Jahre 1883, so auch im verflossenen, in ganzen Schwärmen den Winter hindurch auf Ebereschen zu finden und war schon am 21. November anzutreffen. Hier werden sie allgemein »Ziemer« genannt und massenhaft geschossen. — **Studein** (J. Zahradnik). 1882 war ich in der angenehmen Lage, Herrn V. R. v. Tschusi zu Schmidhoffen eine Nachricht über das Nisten dieses Vogels in Böhmen überreichen zu können. Seit dieser Zeit liess ich es an Nachfragen über diesen Gegenstand nicht fehlen, und diese führten zu dem Resultate, dass das Nisten des Krammetsvogels im böhmisch-mährischen Gebirge allgemein und eine bekannte Thatsache sei. Der Brutplatz, der schon einige Jahre hindurch benützt wird, liegt nahe an dem gegen die »Untere Mühle« führenden Wege. Die Nester standen kaum 10' über dem Boden und enthielten 4 Junge.

Nieder-Oesterreich. Mödling (J. Gaunersdorfer). Im December in den Wäldern, wiewohl nicht allzu häufig.

Ober-Oesterreich. Ueberackern (A. Kragora). Anfangs November in ungeheuren Scharen hier eingetroffen und in den Innauen sich niedergelassen, wo sie so lange blieben, als die rothe Frucht der Sandbeere (Hippophae rhamnoides) vorhanden war. Später, bei Eintritt der heftigeren Kälte und vielem Schnee, zerstreuten sie sich mehr, ja es wurden einzelne Exemplare im Forste getroffen und auch erlegt, welche sehr abgemagert waren. Dies ist ein Beweiss, dass Noth und Nahrungsmangel diesen so geselligen Vogel zum Einzelnstreichen zu zwingen vermag.

Salzburg. Hallein (V. v. Tschusi). 13. Januar 10—12 Stücke, 18. März 1 Stück, 22. October 1, 2. December 4 Stücke.

Schlesien. Dzingelau (J. Želisko). Hier jetzt ziemlich häufiger Standvogel, der seine Lebensweise den Ortsverhältnissen angepasst hat und, nach der Vermehrung zu urtheilen, sich wohl befinden muss. Am 26., 27. und 30. October, 11., 12. und 16. November ungeheure Züge aus Nordost kommend und gegen Süden in's Gebirge ziehend. — **Ernsdorf** (J. Jaworski). Der »Krammetsvogel« kommt Ende März, nistet gleich nach der Ankunft, doch bloss zeitweise, bei uns 2—3 Jahre nach einander, bleibt dann 5—6 Jahre aus und kommt dann bloss im Durchzuge anfangs October vor. War dieses Jahr in grossen Scharen da. — **Jägerndorf** (E. Winkler). »Kraniwitter«, auch »Ziemer«. Ankunft 4. Februar, Wegzug 14. October. — **Lodnitz** (J. Nowak). Kommt gewöhnlich anfangs Juni*), beginnt sogleich den Nestbau und Ende Juni sind bereits Junge; bleibt bis etwa Mitte September, erscheint ziemlich zahlreich anfangs December, bleibt etwa bis März bei uns und verschwindet dann wieder. — **Troppau** (E. Urban). Mitte Januar einige bemerkt.

Siebenbürgen. Fogarás (E. v. Czýnk). Nur im Sommer nicht in der Ebene, sonst das ganze Jahr in Flügen von 6—15 Stücken zu finden. Am 5. April ebenfalls am Rückstriche. (Nach einer späteren brieflichen Mittheilung hat der Herr Beobachter am 11. Mai 1885 in der Vistisora den Krammetsvogel

*) Auf eine Anfrage bezüglich der späten Ankunftzeit wurde mir obige Angabe bestätigt. v. Tschusi.

überall im Gebirge angetroffen und steht durch diese Nachricht das Brüten dieses Vogels in den Fogaráser Alpen so ziemlich ausser Frage. v. Tschusi) — **Nagy-Enyed** (J. v. Csató). 24. Februar 20, 15. und 17. März 40, 13. April mehrere bei Nagy-Enyed, 26. October 6 Stücke bei Koncza.

Steiermark. Mariahof (B. Hanf). »Krammetzvogel«, »Kronabeter«. Wintervogel. Erscheint schon Ende October in der niederen Alpenregion, wo ihm Wachholderbeeren reichliche Nahrung bieten, und kommt dann, wenn der Schnee diese Nahrung bedeckt, auf die Vogelbeeren in die Niederungen und, wenn diese häufig sind, bleibt er den Winter hindurch in grossen Scharen bei uns. Verlässt uns Ende Februar, doch werden bis gegen April kleinere oder grössere Züge beobachtet. Sind jedoch die Vogelbeeren sparsam, dann ziehen sie im Winter fort. — (B. Hanf und R. Paumgartner). 28. Februar; 15, 17. und 21. März 10—20 Stücke, 27. März 20—30 Stücke; 5.—17. November 20—30; 22. 80—100; 4. December 100—200, 11. 40—50 Stücke. — **Pöls** (St. Bar. Washington). Bisher nur am Zuge und als Wintervogel beobachtet. In Wald in Obersteiermark bemerkte ich Mitte August vorigen Jahres einen Schwarm des *T. pilaris.*

Tirol. Innsbruck (L. Bar. Lazarini). 26. Februar einige in der Höttingerau (25.—27. Schneefall über Nacht); 4. März 1 Stück in der Höttingerau; 11. October die ersten, dann keine bis 19. November und von da an den ganzen Winter hindurch nicht selten; 9. December einen Schwarm bei der Igler Almhütte, ober dem hl. Wasser, gesehen.

Ungarn. Mosócz (R. Graf Schaffgotsch). »Krammetzvogel«. Wintervogel. Kommt in Jahren, wo viele Wachholderbeeren reif werden, sehr häufig vor; war heuer, besonders Anfang November, im Garten auf Vogelbeerbäumen sehr häufig, von December an aber nur mehr im Walde. — **Oravitz** (A. Kocyan). 8.—12. März die letzten; 22. October im Gebirge; 9. December an den Ebereschen, mehr als unten. — **Szepes-Béla** (M. Greisiger). Am 29. März (Nordwind, regnerisch, tagsvorher ebenso) bei Nagy-Eör auf Wiesen mehrere 100 Stücke gesehen und 1 Stück geschossen; im Ovarium bis Hirsekorn grosse Eier, im Magen Pflanzenfasern und Chitinschalen von Käfern; am 30.

(schwacher Nordwind, trübe) zogen grössere Flüge von Süd nach Nord bei Béla vorbei; am 11. November (starker Nordostwind, heiter, Feld noch schneefrei) an der Poper bei Béla 4 Stücke auf einer Wiese gesehen; am 27. (—12° R., Schneefall) in Keresztfalu 11 Stücke auf Sorbus aucuparia, L., gesehen; am 5. December (windstill, 0° R., 2 Tage vorher —21° R.) in Keresztfalu auf Sorbus 5 Stücke gesehen. — **Szepes-Igló** (J. Geyer). Kommt gewöhnlich mit dem ersten Schnee, der die Berge bleibend deckt; scheint jedoch in den letzten Jahren an Zahl abgenommen zu haben, da man jetzt nur schon ausnahmsweise einen Krammetsvogelverkäufer auf unseren Märkten antrifft. Diesen Winter (1884/85) sah ich noch keinen Vogel dieser Species.

135. *Turdus viscivorus*, Linn. — Misteldrossel.

Böhmen. Blottendorf (F. Schnabel). Am 14. October 9 Stücke gesehen, später keine mehr. Erscheint bei uns von allen Drosselarten am frühesten, manchmal schon Anfang Februar und legt im März schon Eier. — **Nepomuk** (R. Stopka). Ziemlich häufig; hörte sie das erstemal am 21. Februar; 3. Juni erwachsene Junge. — **Oberrokitai** (K. Schwalb). Im October eintreffend, im März von Süden nach Norden weiterziehend. — **Přibram** (F. Stejskal). Hat bei Bohutín zahlreich, in mittlerer Anzahl bei Obcow genistet.

Bukowina. Obczina (J. Zitný). Kommt auch im Winter hier vor. — **Solka** (P. Kranabeter). Gehört zu den häufigen Standvögeln.

Croatien. Agram (V. Diković). Am 12. October einen Flug bemerkt. — **Krizpolje** (A. Magdić). Kommt vor. — **Varasdin** (A. Jurinac). Nicht zahlreich; im Winter häufiger als im Sommer.

Dalmatien. Spalato (G. Kolombatović). Vom 1. Januar bis 10. März; vom 28. October bis Ende December.

Kärnten. Mauthen (F. C. Keller). »Zarer«. 26. und 27. Februar; erster Gesang am 13. März; brütet im Nadelwalde des Mittelgebirges; Abzug vom 12.—20. November.

Litorale. Monfalcone (B. Schiavuzzi). Seltenheit. 24. Juli 1 Stück an der Tagliata und einige in Locavez. — **Triest** (L. Moser). »Tordo colombo«. In den Eichenwipfeln des Boschetto nächst Triest häufig im December; wird viel auf den Markt gebracht.

Mähren. Fulnek (G. Weisheit). Kommt vor. — Goldhof (W. Sprongel). Im Winter einzeln vorkommend. — Oslawan (W. Čapek). Brutvogel hiesiger Kiefernwälder, der im Winter daselbst häufig zu sehen ist. Im Frühjahre suchen sie auf Wiesen und Hutweiden Nahrung. Am 10. März waren die Gesellschaften schon getrennt und am 14. April waren alle 4 Eier gelegt. Das Nest fand ich auf Kiefern, 6—7 m. hoch. — Römerstadt (A. Jonas). Kommt sehr selten vor.

Nieder-Oesterreich. Mödling (J. Gaunersdorfer). Wurde einigemal im Winter in den Wäldern auf dem Aninger getroffen. (Im Berichte von 1882 irrigerweise als fehlend eingetragen, ebenso *Turdus pilaris.*)

Salzburg. Hallein (V. v. Tschusi). Ueberwinterte in bedeutender Zahl.

Schlesien. Ernsdorf (J. Jaworski). Standvogel; nistet Ende April und Anfang Mai.

Siebenbürgen. Fogarás (E. v. Czýnk). Häufig. Im Felmerer und Galatzer Walde am 24. März viele singen gehört. Sie ist auch im Winter oft zu treffen; doch bin ich der Ansicht, dass selbe nordische sein dürften, wie Herr v. Tschusi angibt. Am 7. April sah ich sie auch am Rückstriche. — Nagy-Enyed (J. v. Csató). 6. Januar 2 ♀, 13. April 1 Stück erlegt.

Steiermark. Mariahof (B. Hanf). »Zaarer«. Brutvogel. Ein oder die andere bleibt im Winter und verkündet uns mit den Finken und Ammern zuerst durch ihren helltönenden Gesang den Frühling. Kommt schon Mitte Februar zurück. — (B. Hanf und R. Paumgartner). 14. Februar 8, 27. Februar, 7., 8., 12. März 15—20. 13. 30—40, 14. 40—50; täglich mehr bis 24. März. — (F. Kriso). 11. März im Walde den Gesang vernommen. — Pöls (St. Bar. Washington). Wie gewöhnlich sparsam vertreten; ein Nest mit 3 Eiern am 26. April.

Ungarn. Mosócz (R. Graf Schaffgotsch). Seltener Sommervogel; kommt nur einzeln und sehr selten auch im Winter vor. — Szepes-Igló (J. Geyer). In unseren Wäldern die gemeinste Species; als Standvogel das ganze Jahr hindurch sichtbar. Am 24. Februar erster Frühlingsgesang; um 25 Tage früher als im Vorjahre.

136. *Turdus musicus*, Linn. — Singdrossel.

Böhmen. **Böhmisch-Leipa** (F. Wurm). Vorboten am 2. März, Hauptzug am 30. März. — **Böhmisch-Wernersdorf** (A. Hurdálek). Zum erstenmal am 15. März gehört. — **Liebenau** (E. Semdner). Ankunft 29. März bis 1. April, Abzug 21.—23. September. — **Nepomuk** (R. Stopka). Häufig: wurde schon am 2. Februar gehört. — **Přibram** (F. Stejskal). Hauptzug Anfang März, im Herbste am 15. October. — **Rosenberg** (F. Zach). Nest mit 4 Jungen am 3. Juni; am 24. Februar zuerst singen gehört. — **Wirschin** (A. Wend). Ankunft 26. März, in Mehrzahl 28. März; Gesang 27.—30. März; Nestbau 15. April; voller Gesang 28. April; Abzug 4. September.

Bukowina. **Kotzman** (A. Lurtig). Zugvogel. — **Kupka** (J. Kubelka). Zugvogel. — **Obczina** (J. Zitný). Kam anfangs April an und zog Ende September ab. — **Petroutz** (A. Stranský). Ankunft 20. März. — **Solka** (P. Kranabeter). Erscheint als Zugvogel zeitlich im März bis April, heuer den 28. März, obwohl fast überall noch eine tiefe Schneedecke lag. Das Nest bauen sie in einer Höhe von 3—4 m. zwischen den Gabelungen der Sträucher und Bäume und legen im Mai (heuer den 6.) 5—6 Eier, aus denen nach 16 Tagen die Jungen (heuer den 22. Mai) erscheinen. Sie nisten zweimal und enthält das zweite Gelege 4 Eier. Ziehen scharenweise im September ab. — **Straza** (R. v. Popiel). 4. April. — **Terebleszty** (O. Nahlik). Zugvogel. — **Toporoutz** (G. Wilde). Erstes Erscheinen am 21. März früh am Zuge nach Norden; die Hauptmasse zog vom 22.—28. März nach Norden, Westen und Nordwesten, die Nachzügler am 29. März gegen Nordosten; Abzug den 2. November nach Südosten.

Croatien. **Agram** (V. Diković). In einem Fluge am 12. October mit voriger bemerkt. — **Varasdin** (A. Jurinac). Häufig. Trifft hier um die Mitte März ein und verlässt die Gegend gewöhnlich Anfang October. Als 1883 um die Mitte März bedeutender Schnee und die Temperatur den 14. März auf — 12° C. gefallen war, hatten die bereits angelangten Singdrosseln viel zu leiden; einige, die ich erhalten hatte, waren so schwach, dass sie sich nicht aufrecht halten konnten. Eine wurde den 15. December 1883 erlegt. 1884 den 25. März die erste gehört. Den 10. Juni fand ich auf einer Drauinsel ein Nest mit 5 beinahe ganz flüggen Jungen; es wird wohl eine zweite Brut gewesen sein.

Dalmatien. Spalato (G. Kolombatović). Vom 1. Januar bis 26. April; vom 10. October bis Ende December.

Kärnten. Mauthen (F. C. Keller). Zog sehr unregelmässig vom 12. bis 18. März; am 1. April hatten die Paare ihre Brutplätze bezogen; Abzug ebenfalls sehr unregelmässig vom 1.—10. October.

Krain. Laibach (C. v. Deschmann). Vereinzelt am 31. Januar; angekommen am 25. Februar; Abzug am 27. September.

Litorale. Monfalcone (B. Schiavuzzi). 6. März viele am Zuge.

Mähren. Fulnek (G. Weisheit). Ankunft 16. März; Brut 13. Mai durch 15 Tage; das Nest auf einer schwachen Fichte, 4·5 m. hoch, gefunden. — Goldhof (W. Sprongel). Sommervogel; kommt spärlich vor. Ankunft am 19. März. — Oslawan (W. Čapek). Am 13. März habe ich die ersten 2 ♂ um 8 Uhr früh gehört; den 15. April waren alle 4 Eier gelegt; den 2. October noch 3 Stücke gesehen. — Römerstadt (A. Jonas). Ziemlich gemein. Die ersten Exemplare wurden am 30. März beobachtet.

Nieder-Oesterreich. Mödling (J. Gaunersdorfer). Wurde heuer zuerst am 24. Februar beobachtet; im ganzen seltener als *Merula vulgaris.*

Salzburg. Abtenau (F. Höfner). Ankunft 1. März. — Hallein (V. v. Tschusi). 8. März einige, 13. März viele singend, 22. mehrere im Garten; 1. August 1 Stück im Garten, 7. October 3 Stücke; einzelne bis 22. October.

Schlesien. Dzingelau (J. Želisko). Hauptankunft von ♂ und ♀ am 13. März (12. heiter, warm, bei Südostwind, $+8^0$ R. vormittags; 14. kühl, Nebel, früh $+1^0$ R. bei Nordost, Regen; 14. heiter bei Südwest); am 6. April erstes Gelege vollzählig; Beginn des Abzuges 25. September (heiter bei Nordost); Hauptzug 28. September bis 8. October (Südwestwind, bewölkt); Nachzügler 13. October (Westwind). — Ernsdorf (J. Jaworski). Ankunft Mitte April. Wegzug anfangs October; ziemlich häufig. — Lodnitz (J. Nowak). 28. Februar.

Siebenbürgen. Fogarás (E. v. Czýnk). Sehr häufiger Brutvogel. Am 5. April beobachtete ich auch bei ihr einen Rückstrich. Tagelang trieb sie sich mit Schwarz-, Ring-, Wachholder- und Misteldrosseln in der Ebene in Gärten und an Bachrändern herum, bis auch sie am 15. April mit den anderen von den genannten Plätzen verschwunden war. — **Nagy-Enyed** (J. v. Csató). 11. März mehrere in den Wäldern.

Steiermark. Mariahof (B. Hanf). »Drescherl«. Häufiger Brutvogel, der uns Ende October verlässt und anfangs April zurückkommt. — (B. Hanf und R. Paumgartner). 14., 15. März je 1 Stück, 17. 5, 9. April viele. — (F. Kriso). Ersten Gesang am 14. März vernommen. — **Pöls** (St. Bar. Washington). An Singdrosseln herrschte heuer ein ziemlicher Mangel.

Ungarn. Mosócz (R. Graf Schaffgotsch). Sommervogel, der Ende März kommt und im Gebirge sehr häufig ist. — **Szepes-Béla** (M. Greisiger). Am 13. März (Südwind, Regen, tagsvorher Südwind und heiter) in Zsdjár (Tátra) ein Paar gesehen; am 14. (Nordwestwind, heiter und kalt) in Javorina und Zsdjár mehrere Stücke; 20. October (Südwind, regnerisch, tagsvorher starker Nordwind und Schneegestöber) im Garten zu Béla noch 1 Stück gesehen. — **Szepes-Igló** (J. Geyer). Nistet auch bei uns, ist aber seltener als vorhergehende Species. Auffallend ist mir, dass man in den letztverflossenen Jahren fast jeden Herbst einzelne todte Exemplare einbringt, welche unter der Telegraphenleitung aufgefunden wurden: so auch jetzt am 13. September 1 Stück, welches noch warm war, als man es aufhob. Am 8. April erster Frühlingsgesang.

137. *Turdus iliacus*, Linn. — Weindrossel.

Böhmen. Blottendorf (F. Schnabel). Die ersten wurden am 5. October gehört, zogen bis Mitte November, dann keine mehr: heuer ungeheuer viele; Zugrichtung von Nord nach Süd. — **Přibram** (F. Stejskal). Nisteten besonders bei Plass und Obecnic. (Diese Angabe beruht wohl auf einem Irrthume! v. Tschusi.)

Bukowina. Kupka (J. Kubelka). Durchzugsvogel im Frühjahre und Herbste. — **Solka** (P. Kranabeter). Gehört zu den sparsamen Durchzugsvögeln; erscheint Ende März, zieht Ende October ab.

Croatien. Varasdin (A. Jurinac). Selten am Zuge; im October und November und im März beobachtet.

Dalmatien. Spalato (G. Kolombatović). 2., 10., 17., 27. Januar; 1., 5., 18., 25., 26. Februar; 2., 4. März; 5., 15. November; 1., 6., 30. December.

Kärnten. Mauthen (F. C. Keller). Am Frühjahrszuge sehr vereinzelt; am 2. November ein Flug von circa 100 Stücken.

Litorale. Triest (L. Moser). Wird im November und December in ganzen Bündeln mit den beiden vorhergehenden zu Markte gebracht.

Mähren. Oslawan (W. Čapek). Am Frühjahrszuge häufig; vom 3.—27. April viele, auch (nordische) Singdrosseln waren unter ihnen.

Salzburg. Hallein (V. v. Tschusi). 27. October 4 Stücke im Garten.

Schlesien. Dzingelau (J. Želisko). Frühjahrszug wie bei der Singdrossel, da sie gemeinschaftlich erscheinen; Hauptdurchzug den 13. März. — **Ernsdorf** (J. Jaworski). »Rothdrossel«, »Weindrossel«. Seltener Durchzugsvogel zu Ende October.

Steiermark. Mariahof (B. Hanf). Passant. Einzeln mit der Wachholderdrossel, aber nicht jedes Jahr beobachtet.

Ungarn. Mosócz (R. Graf Schaffgotsch). Sehr seltener Durchzugsvogel im October. — **Oravitz** (A. Kocyan). Am 1. December beim Hause auf Ebereschen.

138. *Monticola cyanea*, Linn. — Blaudrossel.

Dalmatien. Spalato (G. Kolombatović). Standvogel.

Kärnten. Mauthen (F. C. Keller). »Blaublattl«. Ein Nest mit Jungen wurde in der Fondrilalpe von dem Landesthierarzte Oertl aus Klagenfurt aufgefunden und vom Finanzwach-Oberaufseher Warto nach Mauthen gebracht, wodurch die allgemein verbreitete Meinung, dass die Blaudrossel in Kärnten nicht Brutvogel sei, am besten wiederlegt wurde.

139. *Monticola saxatilis*, Linn. — Steindrossel.

Croatien. Krizpolje (A. Magdić). Ihr Nest fand ich den 12. Juni mit 4 Eiern.

Dalmatien. Spalato (G. Kolombatović). Vom 7. April bis 10. September.

Mähren. Brünn (W. Čapek). Ein Paar brütete (nur bis zum Jahre 1882) alljährlich am »rothen Berge« bei Brünn. Heuer habe ich mehrere Paare am Iglawa- und Rokytnaflusse bei Eibenschitz brütend beobachtet; diese Brutplätze werden jedes Jahr bezogen.

Nieder-Oesterreich. (O. Reiser). Regelmässige, oder wenigstens zeitweilige Brutorte, die ich zuverlässig als solche kenne, sind in Nieder-Oesterreich: Der grosse Steinbruch am sogenannten Himmel bei Wien, die Kalkbrüche zu Kaltenleutgeben, die hohe Wand bei Wiener-Neustadt und die Gegend um das Tauben- und Geldloch am Oetscher in einer Höhe von 1500 m. — **Mödling** (J. Gaunersdorfer). Sommervogel. 1. Mai und 5. Juni auf der hiesigen Kirche in den Abendstunden singend getroffen; ob hier brütend, konnte nicht constatirt werden.

Siebenbürgen. Nagy-Enyed (J. v. Csató). 18. April mehrere bei Nyermező und Toroczko Szent-György.

Steiermark. Mariahof (B. Hanf). »Steinröthel«. Sehr selten, besonders brütend. Im Jahre 1834 hat ein Paar in der verfallenen Ruine »Steinschloss« gebrütet und einmal habe ich diesen Vogel auf einem Ausläufer des Zirbitzkogels in der Alpenregion gesehen. — **Pöls** (St. Bar. Washington). Fehlt im Beobachtungsgebiete. Wenige Stunden südlich (am Berge Platoch) tritt sie als Brutvogel auf.

Ungarn. Szepes-Igló (J. Geyer). Bei uns ein seltener Vogel, wurde aber doch von mir an seinem Brutplatze beobachtet. Im Frühling des Jahres 1853 konnte ich sie am Drevenik nächst dem Zipser Schlosse längere Zeit beobachten. 1856 nistete ein Paar am Kirchthurme in Jekelsdorf (bei Göllnitz); die 3 Jungen wurden ausgenommen und im Pfarrhause gross gezogen.

140. *Ruticilla tithys*, Linn. — Hausrothschwänzchen.

Böhmen. Liebenau (E. Semdner). 20. März zahlreich angekommen; Abzug 29. und 30. September. — **Nepomuk** (R. Stopka). Zahlreich vertreten; in einem Gebäude nistet gewöhnlich aber nur ein Paar. Am 18. März sah ich zum erstenmal das Männchen, während das Weibchen einige Tage später kam; Ende März erschienen nach einem Schneewetter mehrere. Am 26. April hatte ein Paar auf einem Querbalken unter der Stiege sein Nest fertig gebaut; von da verscheucht, legte es sein Nest hinter einer Statue in der Kirche an, darauf in einer Mauer, von hier durch Regen vertrieben, baute es an einem anderen Orte zum viertenmal ein neues Nest, wo es endlich am 19. Juli Junge fütterte. Wurde am 24. October das letztemal gesehen, an welchem Tage grosse Kälte mit Regen und Schnee eintrat. — **Přibram** (F. Stejskal). Nistete zahlreich in hiesigen Gärten; Ankunft Anfang März, Abzug Ende October.

Bukowina. Kuczurmare (C. Miszkiewicz). Erscheint im April und zieht im October weg. — **Solka** (P. Kranabeter). Erscheint Anfang März (heuer den 17.) und zieht Ende August und Anfang September ab. Die Ankunft erfolgt einzeln, der Abzug familienweise in der Nacht. Beide Eltern bebrüten die 2 Gelege in 16. Tagen.

Croatien. Agram (V. Diković). Am 17. October und am 23. November bemerkt.

Dalmatien. Spalato (G. Kolombatović). Vom 1. Januar bis 27. März; vom 2. October bis Ende December.

Kärnten. Mauthen (F. C. Keller). »Brondnerl«. Gemeiner Brutvogel; erschien am 28. März, Abzug zerstreut vom 10. October bis 8. November.

Litorale. Monfalcone (B. Schiavuzzi). 31. Januar 1 ♀, 18. Februar 1 ♂ erlegt; 24. October 2 Stücke in Locavez, 27. October einige in S. Antonio.

Mähren. Goldhof (W. Sprongel). Kommt spärlich vor. In der Regel Zugvogel; ein ♀ wurde aber auch im Winter im Beobachtungsgebiete angetroffen. — **Mährisch-Neustadt** (F. Jackwerth). 18. März das erste gesehen. — **Oslawan** (W. Čapek). Gewöhnlicher Brutvogel. Am 18. März 2 ♂ und 1 ♀; von Mitte September bis Mitte October sangen einige ♂♂ lustig auf den Dächern; am 20. October verschwanden die letzten. — **Römerstadt** (A. Jonas). Hier anzutreffen.

Nieder-Oesterreich. Melk (V. Staufer). Ankunft den 16. März. — **Pressbaum** (O. Reiser). Am 11. Juni 5 frische Eier in der Pfalzau bei Pressbaum, welche die seltene, mauerläuferähnliche Punctirung zeigten, in einem sehr belebten Gartenspeisesaale gefunden.

Ober-Oesterreich. Ueberackern (A. Kragora). Ankunft den 2. April.

Salzburg. Abtenau (F. Höfner). Ankunft den 28. März. — Hallein (V. v. Tschusi). 12. Januar ein überwinterndes ♂ ad.; 15. März ♂, 20. ♂ und ♀; 11. September viele, 3. October ad. und juv. mehrfach, 11. einzelne, 12. mehrere, auch ♂♂ ad., bis 19., 20.—31. einzelne, 19. November ♂ sen.

Schlesien. Dzingelau (J. Želisko). 20. März ♂, Hauptankunft 26. und 28. März (26. Schneefall bei $+4^0$ R., Nordostwind; 28. trüb, Nordost, abends Regen; 29. abends Gewitter). Abzugsbeginn 28. September (heiter, warm), Hauptabzug 23. bis 29. September. — Ernsdorf (J. Jaworski). »Schwarzkehlchen«. Ankunft zu Anfang April, Abzug Ende September; ziemlich häufig. — Jägerndorf (E. Winkler). 5. April; weggezogen 21. October. — Lodnitz (J. Nowak). Ankunft 6. April; ein Nest mit 6 Eiern fand ich am 19. auf einem Balken an einer Kegelbahn; Abzug Ende September. — Troppau (E. Urban). 1. April früh das erstemal gehört, am 21. September zum letztenmal.

Siebenbürgen. Nagy-Enyed (J. v. Csato). 18. April mehrere bei Nyermezö und Torsczko Szent-György, 22. October mehrere bei Tibor.

Steiermark. Mariahof (B. Hanf). »Branderl«. Häufiger Brutvogel. 16. März Ankunft, 21. October noch 3 Vögel gesehen. — (F. Kriso.) Am 17. März 1 Exemplar; 28. Mai flügge Junge, deren in der Umgebung viele zu sehen waren; 14. October (Schnee und stark gefroren) mehrere noch hier. — Pikern (O. Reiser). Fehlt auf der Höhe des Bachern bei keiner Köhlerhütte, wurde aber heuer das erstemal in niedrigerer Lage, nämlich auf unserem Weingartenhaus, beobachtet.

Tirol. Innsbruck (L. Bar. Lazarini). 11. April bei Schneefall mehrere in den Gebüschen am Innufer in der Hallerau gesehen; 12. ♂ und ♀ daselbst; 4. August zahlreich am Patscherkofel angetroffen.

Ungarn. Mosócz (R. Graf Schaffgotsch). Sommervogel; vom Mai bis September. — Oravitz (A. Kocyan). 27. März einzelne ♂, 7. April ♂ ♀. — **Szepes-Béla** (M. Greisiger). Am 25. März (Nordwind, kalt, Schneegestöber, tagsvorher Südwind und warm) bei Busócz 1 ♂ gesehen; 27. September (Nordostwind, heiter und kalt) bei Késmark 2 Stücke; 2. October (schwacher Südwind, heiter und warm, abends Regen, tagsdarauf Schneefall auf dem Gebirge bis zur Krummholzregion) auf der Tátra beim »Eisernen Thor« 1 ♂ gesehen; 11. October (Südwind, heiter, tagsvorher regnerisch) bei Béla 1 Stück gesehen; 16. October (kalter Südwestwind, regnerisch) bei Nagy-Eör noch 2 Stücke gesehen; 19. October (starker Nordwind, Schneegestöber, tagsvorher stürmischer Nordwind und Regen und auf den Bergen Schneefall) bei Béla noch ein Stück gesehen. — **Szepes-Igló** (J. Geyer). Der am regelmässigsten und am zeitigsten ankommende Frühlingssänger; er verweilt von allen vielleicht auch am längsten bei uns. Am 29. März erster Frühlingsgesang, am 7. October letzter Herbstgesang.

141. *Ruticilla tithys*, Linn. var. *montana* *), Chr. L. Br. — Bergrothschwänzchen.

Ungarn. Oravitz (A. Kocyan). Am 18. Mai ein Nest mit 5 Eiern.

142. *Ruticilla phoenicura*, Linn. — Gartenrothschwänzchen.

Dalmatien. Spalato (G. Kolombatović). Vom 1. Januar bis 13. April; vom 2. October bis Ende December.

Kärnten. Mauthen (F. C. Keller). »Brandnerl«. Häufiger Brutvogel; erschien am 2., 3. und 4. April; Herbstzug vereinzelt den ganzen September bis Mitte October.

Krain. Laibach (C. v. Deschmann). Am 10. März, am 24. April in den Stadtgärten häufig, am 2. Mai starke Züge.

Litorale. Monfalcone (B. Schiavuzzi). 2., 20. October in Begliano.

Mähren. Fulnek (G. Weisheit). Zugvogel. — **Goldhof** (W. Sprongel). Kommt spärlich vor. Das erste Exemplar sah

*) Diese von Chr. L. Br. vom gemeinen Hausrothschwänzchen unterschiedene Form, welche im männlichen Geschlechte niemals ein schwarzes Kleid anlegt, bewohnt die Alpen und Karpathen. v. Tschusi.

ich heuer am 4. April, das letzte am 30. October; fängt auch Bienen. — **Oslawan** (W. Čapek). Häufiger Brutvogel. 9. April zuerst am Flusse gesehen; 10. April mehrere und am 10. Mai vollzähliges Gelege. Vor zwei Jahren fand ich hier in seinem Neste zwei blaue, vollkommen entwickelte Kukukseier und heuer wieder eines in demselben Thale. Am 6. Juni fand ich ein Gelege von fünf Stücken, das mit einem Kranze von feinen, dunkel rostfarbenen bis blass bräunlichen Punkten versehen war; derselbe Fall von Erythrismus ist mir schon einmal bei Brünn vorgekommen. Der Vogel brütet auch tief in einsamen Wäldern. Am 3. October das letzte ♀ gesehen. — **Römerstadt** (A. Jonas). Am 29. April beobachtet und am 4. September zum letztenmale gesehen.

Nieder-Oesterreich. Mödling (J. Gaunersdorfer). 30. Mai ein Nest mit 5 Jungen in einem Gartenhause, in nächster Nähe eines Bienenstandes; die Alten fingen fleissig die Bienen ab.

Ober-Oesterreich. Ueberackern (A. Kragora). Ankunft den 24. März.

Salzburg. Abtenau (F. Höfner). Ankunft 5. April. — **Saalfelden** (V. Eisenhammer). Den 20. März zuerst. — **Hallein** (V. v. Tschusi). 16. April, 24. ♂ und ♀ vielfach; 20. August keine mehr, 26.—29. je 1 Stück; 1.—10. September mehrere, 12. ♂ ad., 13. September; 4. October einige, 5.—6. mehrere, 20. ♀.

Schlesien. Dzingelau (J. Želisko). 28. März ♂, 29. erstes ♀ (27. warm, heiter, abends Frost, ebenso am 28.; 29. trüb, abends im Osten Gewitter; 30. Nebel bei Südwest); Hauptankunft 2. April (+1° R., Nordostwind). — **Lodnitz** (J. Nowak). Ankunft 2. oder 3. April, Abzug Ende September. — **Troppau** (E. Urban). 21. März 1 ♂.

Siebenbürgen. Nagy-Enyed (J. v. Csató). 3. April (am 3., 4. und 5. April war Frost) 4 Stücke, 13. April mehrere; 29. September 1 ♂.

Steiermark. Mariahof (B. Hanf). »Weissblattel«. Nicht häufiger Brutvogel. — (B. Hanf und R. Paumgartner). 7. April ♂, 9. ♀. — (F. Kriso). Den 4. April früh den ersten Gesang gehört; 9. Mai trug ein ♀ Baustoffe zu einem Neste, das in der alten Friedhofsmauer angelegt war; den 13. lagen in einem Nistkästchen 7 Eier, am 28. Mai waren Junge darin. — **Pikern** (O. Reiser). Ein Gelege vom 8. Mai aus einem hohlen Apfelbaume zeigt auf leicht blaugrünem Grunde viel dunklere, etwa 2 mm. breite Ringe; dabei hat ein Ei einen weissen, körnigen, salpeterähnlichen Ueberzug. — **Pöls** (St. Bar. Washington). Trat in bei weitem grösserer Anzahl auf als im Vorjahre; am 27. März sah ich die ersten Gartenrothschwänzchen, dieselben dürften jedoch schon früher eingetroffen sein. Anfangs Mai beobachtete ich mehrere Paare beim Bauen der Nester.

Tirol. Innsbruck (L. Bar. Lazarini). Am 3. April zuerst bei Innsbruck gesehen worden.

Ungarn. Mosócz (R. Graf Schaffgotsch). Sommervogel. — **Szepes-Igló** (J. Geyer). Seltener als vorhergehender, aber Brutvogel; wurde diesmal zuerst am 16. April beobachtet, sang aber noch nicht.

143. *Luscinia minor*, Chr. L. Br. — Nachtigall.

Böhmen. Wirschin (A. Wendt). Ankunft 22. April, Gesang 26. April, Abzug 24. August; selten.

Bukowina. Kuczurmare (C. Miszkiewicz). Sommer-, bez. Brutvogel. Am 6. Mai in der Abenddämmerung geschlagen. — **Kupka** (J. Kubelka). Zugvogel. — **Petroutz** (A. Stranský). Ankunft den 29. April. — **Solka** (P. Kranabeter). Gehört zu den seltenen Zugvögeln, da ihr hier die natürlichen Bedingungen, ruhige, ausgedehnte Auen, fehlen. Erscheint vom April bis Mai und zieht Anfang October ab. — **Terebleszty** (O. Nahlik). Zugvogel.

Croatien. Agram (V. Diković). Am 22. August altes Paar und am 7. September einen jungen Vogel bemerkt. — (A. Smit). Kommt anfangs April und zieht anfangs October ab. — **Krizpolje** (A. Magdić). Kommt vor. — **Varasdin** (A. Jurinac). Ungemein zahlreicher Brutvogel. Die Nachtigall ist in Croatien überhaupt so häufig, dass sie geradezu die croatische Nachtigall mit Fug und Recht genannt werden kann. Es gibt in der Varasdiner Ebene kaum ein eine etwas grössere Bodenfläche einnehmendes Gebüsch, wo sich die Nachtigallen nicht aufhalten möchten. Ende April, Mai und Juni bis zum Johannistag erschalt allüberall in den Auen und im Gebüsche der herrliche Gesang, und es ist leicht, vermittelst eines Schlagnetzes einer Anzahl von Nachtigallen in kurzer Zeit habhaft zu werden. Die Nachtigall wird als Stubenvogel vielfach gehalten, und ist in den häufigen Nachstellungen der Grund zu suchen, dass hierorts dieser Vogel jetzt merklich weniger zahlreich ist als vor etwa 10 Jahren. Die Nachtigall trifft bei uns regelmässig um die Mitte April ein und im September verlässt sie ihre Heimat. Den 15. April 1883 hielt ich mich den ganzen Tag in einem ausgedehnten dichten Gebüsche auf, aber nicht eine Nachtigall war zu bemerken, während in den Weingärten des 1½ Stunden entfernten Varasdinergebirges denselben Tag eine Menge Nachtigallen beobachtet wurden. Den 16. und 17. April hatte es zeitweise geregnet und den 19. April (+16·9° C. mittags) fand ich sie bei ausnehmend schöner Witterung in demselben Gebüsche beinahe vollzählig vertreten. 1884 hörte ich den ersten Schlag den 13. April (herrliches Wetter, 2 Uhr nachmittags +17° C.) auf einer Drauinsel.

Dalmatien. Spalato (G. Kolombatović). Vom 31. März bis 12. September.

Kärnten. Mauthen (F. C. Keller). 2 Stücke nach einem warmen Regen bei Südwind am 26. April; 2 ♂ und 1 ♀ am 29. April; brütet an einigen Stellen am Lurnfelde. Herbstzug vereinzelt Ende August.

Krain. Laibach (C. v. Deschmann). Am 2. Mai starke Züge; am Herbstzuge den 21. September.

Litorale. Monfalcone (B. Schiavuzzi). 14. April die erste um Mitternacht schlagen gehört; 21. Juli 1 juv. im Garten von Beaufort.

Mähren. Fulnek (G. Weisheit). Zugvogel, der sich durch die Nachstellungen der Vogelsteller von Jahr zu Jahr vermindert. — **Goldhof** (W. Sprongel). In der benachbarten Au »Mönitzer Nesselwald« nisteten 2 Paare. Den ersten Gesang vernahm ich am 1. Mai. — **Kremsier** (J. Zahradnik). Häufig im Schlossgarten, wo sie vor der allgemeinen Verfolgungswuth, besonders der halbreifen Schuljungen, sicheren Schutz findet. — **Oslawan** (W. Čapek). In der nächsten Umgebung brüten im Oslawathale (an Waldbächen und im Schlossgarten) mehrere Paare; am 16. April habe ich zuerst den noch etwas gedämpften Schlag am Brutplatze gehört; am 30. April waren alle hier, am 16., 19. und 21. Mai habe ich vollzählige Gelege (5 oder 4 Stücke) gefunden. Bei einem Neste beobachtete ich, dass es auf das vorjährige gebaut worden war. — **Römerstadt** (A. Jonas). Fehlt hier.

Nieder-Oesterreich. Mödling (J. Gaunersdorfer). 11. Mai zum erstenmale gehört.

Schlesien. Lodnitz (J. Nowak). Hielt sich vom 20. April bis 6. Mai in einem nahen Schlossparke auf, verliess aber den Ort wieder und war dann heuer nirgends mehr zu sehen.

Siebenbürgen. Fogarás (E. v. Czýnk). 15. April (Südwind) Ankunft, Abzug 24. September. Nicht seltener, aber auch nicht häufiger Brutvogel.

Steiermark. Mariahof (B. Hanf). Seltener Passant. — (B. Hanf und R. Paumgartner). 1 Stück am 16. April. — **Pöls** (St. Bar. Washington). Nur am Zuge; brütet bei Schloss Reichenberg im südlichen Steiermark.

144. *Luscinia philomela,* Bechst. — Sprosser.

Bukowina. Toporoutz (G. Wilde). Kommt vor.

Croatien. Agram (Sp. Brusina). Am 25. August ein junges ♀ gefangen. — (A. Smit.) Kommt bei uns nicht vor, obwohl ich gehört habe, dass man sie im Herbstzuge unweit Agram bei Brdovec bemerkt haben will.

Kärnten. Mauthen (F. C. Keller). Nur 2 Stücke am 16. August; sie hielten sich 3 Tage im Garten auf.

Siebenbürgen. Nagy-Enyed (J. v. Csató). 21. April 1 Stück, 22. die erste bei Fenes schlagen gehört; 28. in allen Wäldern viele; 14. September eine bei Oláh-Lapád.

Steiermark. Pöls (St. Bar. Washington). Nur im Zuge.

Ungarn. Szepes-Igló (J. Geyer). Nur in manchen Jahren vereinzelt am Durchzuge.

145. *Cyanecula suecica,* Linn. — Rothsterniges Blaukehlchen.

Kärnten. Mauthen (F. C. Keller). 1 ♂ wurde am 28. April in Oberdrauburg gefangen.

Mähren. Kremsier (J. Zahradnik). Das Exemplar der Sammlung stammt aus den »oberen Gärten«, einer an der March gelegenen grossen Obstgartenanlage. — **Mährisch-Neustadt**

(F. Jackwerth). Den 24. April 1 Stück gesehen; seltener Durchzugsvogel.

Steiermark. Mariahof (B. Hanf). Ich besitze ein hier erlegtes Exemplar.

146. *Cyanecula leucocyanea*, Ch. L. Br. — Weisssterniges Blaukehlchen.

Kärnten. Mauthen (F. C. Keller). Mehrere Stücke am 2. September, vereinzelt bis 18. September.

Krain. Laibach (O. Reiser). Soll im Laibacher Moore nisten.

Mähren. Goldhof (W. Sprongel). Ein Paar wurde in den Gärten des benachbarten Neuhofes zu Beginn April einigemale beobachtet. — **Mährisch-Neustadt** (F. Jackwerth). Nicht gar zu selten am Frühjahrs- und Herbstzuge. — **Oslawan** (W. Čapek). Am Frühjahrszuge längs der Oslawa, besonders bei Eibenschitz, vom 2. April bis 2. Mai hie und da 1 Stück (♂ und ♀) gesehen.

Schlesien. Ernsdorf (J. Jaworski). Kommt Ende April an, zieht im August weg; selten. — **Lodnitz** (J. Nowak). 28. März einzeln im Durchzuge. Ich bekam am 28. März eine *Cyanecula* lebend; nach etwa 4 Tagen verminderte sich der weisse Kehlfleck bedeutend, und als mir am 7. April der Vogel verendete, war von dem weissen »Stern« nur mehr ein weisslicher Streifen zu sehen.

Steiermark. Mariahof (B. Hanf). Dieser schöne Vogel besucht uns fast jährlich einzeln anfangs April, Ende August und anfangs September; kommt bisweilen auch in den Kartoffel- und Erbsenfeldern vor. — (B. Hanf und R. Paumgartner). 9., 16. April ein ♀, 16., 25. ♂, 26. 2, 27. 1 ♂.

147. *Cyanecula leucocyanea*, Ch. L. Br., var. *Wolfii*, Ch. L. Br. Wolf's Blaukehlchen.

Kärnten. Mauthen (F. C. Keller). 2 Exemplare mit der vorigen Art am 2. September.

Steiermark. Mariahof (B. Hanf). Ist seltener als das vorhergehende. — (B. Hanf und R. Paumgartner). 1 ♂ den 16. April.

148. *Dandalus rubecula*, Linn. — Rothkehlchen.

Böhmen. Aussig (A. Hauptvogel). Am 21. März kamen sie in Pömmerle an. — **Blottendorf** (F. Schnabel). Das erste am 16. März gesehen. — **Klattau** (V. Stejda v. Lovčic). Erschien am 14. März zugleich mit *Ruticilla tithys*. — **Nepomuk** (R. Stopka). Hörte es zum erstenmale am 31. März; Regen- und Schneewetter waren wahrscheinlich Ursache, dass es später ankam als sonst. Das letzte sah ich am 26. September. Hält sich hier im dichten, niedrigen Walde auf, meist in der Nähe des Wassers. — **Přibram** (F. Stejskal). Nistete zahlreich; Frühlingszug Anfang April, Abzug 15. October. — **Rosenberg** (F. Zach). Flog am 24. December in das Schulhaus.

Bukowina. Kotzman (A. Lurtig). Zugvogel. — **Kupka** (J. Kubelka). Zugvogel. — **Solka** (P. Kranabeter). Sparsam auftretender Zugvogel; erscheint im April und zieht anfangs October ab.

Croatien. Agram (V. Diković). Am 21. September und 29. October bei Agram bemerkt. — **Varasdin** (A. Jurinac). Häufiger Brutvogel. Die meisten am Zuge im September und anfangs März; viele überwintern hier.

Dalmatien. Spalato (G. Kolombatović). Vom 1. Januar bis 22. März und vom 11. September bis Ende December.

Kärnten. Mauthen (F. C. Keller). »Rothkröpfl«. Am 2. März 1 ♂, am 8. März 2 ♂; Hauptzug am 20. März bei schwachem Nordwind; ist sehr häufiger Brutvogel; Herbstzug vom 24. October bis 12. November; letztes Exemplar am 4. December.

Krain. Laibach (C. v. Deschmann). Häufig am 7. März; am 2. Mai starke Züge.

Litorale. Monfalcone (B. Schiavuzzi). 2. April 1 Stück in Locavez; 1. October sehr viele angekommen (Doberdó), 10. einzeln an den Thermen, 12., 24. in S. Antonio.

Mähren. Goldhof (W. Sprongel). Kommt vor, ist aber ein seltener Zugvogel. — **Mährisch-Neustadt** (F. Jackwerth). Die ersten am 20. März gesehen. — **Oslawan** (W. Čapek). Am Frühjahrszuge vom 13. März bis Ende April häufig, als Brutvogel seltener; 17. Juni flügge Junge; 2. October die letzten am Zuge; 28. October ein Stück. — **Römerstadt** (A. Jonas).

Ziemlich häufig. Am 20. März die ersten, am 14. October das letzte.

Nieder-Oesterreich. Mödling (J. Gaunersdorfer). 28. Januar mehrere Exemplare am Mödlingbache gesehen; im Sommer häufig in den Wäldern, seltener in Gärten.

Salzburg. Abtenau (F. Höfner). Ankunft 20. März heiter). — Hallein (V. v. Tschusi). 14. März 1 Stück; 15. der erste Gesang; 22. 2 Stücke; 1. Juli juv. im Garten; 12. bis 15. October mehrfach, 1 ♂ singend; einzelne bis 29. October.

Schlesien. Dzingelau (J. Želisko). 15. März ♂ und ♀ angekommen (14. und 15. heiter, Südwest; 16. früh um 7 Uhr — 4° R.); Hauptankunft zwischen 17.—20. März bei heiterem Wetter; Hauptabzug 18. October (17. Regen bei Südwest; 18. Gewitter. + 4° R., im Gebirge Schnee); am 12. November ein Nachzügler (11. nachts starker Schneefall, der viele Zugvögel überraschte; 12. und 13. ebenfalls Frost und Schnee). — Ernsdorf (J. Jaworski). Ankunft Ende März, Abzug Mitte October; häufig. — Jägerndorf (E. Winkler). 2. April das erste gesehen, Abzug nicht beobachtet. — Lodnitz (J. Nowak). Ankunft Ende März, Abzug 20. September. Einen so frühen Abzug habe ich kaum je bemerkt; am 4. December wurde jedoch ein Stück hier noch gefangen.

Siebenbürgen. Fogarás (E. v. Czýnk). In den Wäldern gemein. 3. März das erste singen gehört, das letzte am 23. November gesehen. — Nagy-Enyed (J. v. Csató). 21. März das erste gesungen, 23. mehrere; 22. Mai ein Nest mit 4 Eiern und 1 Kukuksei bekommen; 22. October 4 Stücke bei Krakko (Schneegestöber).

Steiermark. Mariahof (B. Hanf). »Rothkröpfel«. Ein nicht häufiger Brutvogel, der uns im November verlässt und anfangs März zurückkommt. — (B. Hanf und R. Paumgartner). 14. und 16. März je ein Stück, 17. viele; 7. October 3 Stücke. — (F. Kriso). — Pikern (O. Reiser). Ankunft 1883 am 18. März; am 14. Mai ein Gelege von 6 Stücken mit ganz gleichförmiger Fleckung, welches der Vogel verlassen hatte, weil ein Jäger zufällig dicht daneben ausgeruht hatte. Heuer am 10. Mai ebenfalls 6 frische Eier mit schönem Fleckenkranze und noch am 16. Juli 5 bebrütete; der Vogel ist sehr häufig.

Ungarn. **Mosócz** (R. Graf Schaffgotsch). Sehr häufiger Sommervogel; einige Exemplare bleiben auch im Winter da. — **Oravitz** (A. Kocyan). 28. März (+ 1° C.) die ersten; Abzug vom 24.—30. September. — **Szepes-Béla** (M. Greisiger). Am 2. October (schwacher Südwind, heiter und warm, abends Regen, tagsdarauf Schneefall auf dem Gebirge bis in die Krummholzregion) ein Stück auf der Tátra gesehen. — **Szepes-Igló** (J. Geyer). Zug-, bez. Brutvogel. In unseren Gebüschen und Wäldern allenthalben anzutreffen. Erster Frühlingsgesang diesmal schon am 26. März.

149. *Saxicola oenanthe*, Linn. — Grauer Steinschmätzer.

Böhmen. **Liebenau** (E. Semdner). Vom 11. Mai an vereinzelt zu sehen; einige brüteten. Ankunft bei warmer, heiterer Witterung, Abzug am 24. September. — **Nepomuk** (R. Stopka). Ist nur an sehr wenigen Orten zu sehen. Den ersten sah ich am 21. April; laut Aussage Anderer soll er schon am 12. April dagewesen sein; fliegt wahrscheinlich schon Anfang September fort.

Bukowina. **Solka** (P. Kranabeter). Gehört zu den sparsamen Zugvögeln; erscheint Ende März und zieht Anfang October ab.

Croatien. **Agram** (V. Diković). Am 4. October 12 Stücke bemerkt.

Dalmatien. **Spalato** (G. Kolombatović). Vom 17. März bis 12. September; am 31. August Zugbeginn.

Kärnten. **Mauthen** (F. C. Keller). Mehrere Exemplare vom 20. bis Ende April; Herbstzug von Ende August bis 20. September; letzter 2. October.

Litorale. **Monfalcone** (B. Schiavuzzi). 2., 22. und 23. April einzelne in S. Antonio; 5. August Zug in Locavez, 25., 28. noch da; 12. September wieder sehr grosser Zug in den Wiesen am Meeresufer; 15., 18., 21. September einzelne in S. Antonio und Pietra rossa; 25. September einige auf den Wiesen am Meeresufer. — **Triest** (L. Moser). Am 5. October in starken Zügen beobachtet.

Mähren. **Oslawan** (W. Čapek). Ein gewöhnlicher Brutvogel. 22. März ein ♂ längs des Flusses angekommen, anfangs April alle hier. Am 13. April fand ich ein Ei frei am Boden einer Höhle; den 15. September waren sie schon fort. — **Römerstadt** (A. Jonas). Hier vertreten; am 4. Mai den ersten beobachtet.

Salzburg. Hallein (V. v. Tschusi). 25. April ♂, ebenso den 8.; 28. August 1 juv., 31. 2—3 Stücke; 1. September mehrfach; bis 16. October einzelne.

Schlesien. Dzingelau (J. Želisko). »Steinschmatzer«. 23. April ein ♂, sonst keinen gesehen. — **Ernsdorf** (J. Jaworski). Ankunft Mitte März, Abzug Mitte September; häufig. — **Lodnitz** (J. Nowak). 21. April, Abzug Mitte September.

Siebenbürgen. Nagy-Enyed (J. v. Csató). 2. April 2, 18. viele bei Nyermezö und Töroczko-Szent-György; die Männchen verfolgten die Weibchen.

Steiermark. Mariahof (B. Hanf). Brütet in der Alpenregion. — (B. Hanf und R. Paumgartner). Zuerst den 29. März. 30. viele, ebenso den 9., 23.—27. April; 12. October zuletzt. — **Pikern** (O. Reiser). Fehlt im Beobachtungsgebiete gänzlich. — **Pöls** (St. Bar. Washington). Erschien später als gewöhnlich. Am 22. April die ersten (2 ♂); 23. April mehrere ♂ und ♀; am 25. bemerkte ich eine grössere Anzahl (♂ und ♀), welche in Gesellschaft von *Pratincola rubetra*, Linn. umherstreiften.

Tirol. Innsbruck (L. Bar. Lazarini). 8. April 3 Stücke in der Hallerau am Innufer, 11. mehrere ♂ und ♀ ebendort; Ende August ziemlich zahlreich, sowohl in den Auen am Inn, als im Mittelgebirge bei Vill vorhanden.

Ungarn. Mosócz (R. Graf Schaffgotsch). Sommervogel. — **Szepes-Béla** (M. Greisiger). Am 4. April (Nordostwind, heiter, Temperatur während der Nacht unter 0° R.) bei Busócz ein Paar und bei Béla 3 Stücke gesehen; 20. (Nordwind, Schneefall und Regen, tagsvorher Schneefall und Frost) bei Béla auf dem Felde 5 Stücke; 26. (Südwind, warm und regnerisch) bei Béla viele; 4. September (Südwind, heiter und warm) bei Sarpanietz (Béla) eine Familie von 5 Stücken herumziehend. — **Szepes-Igló** (J. Geyer). Bei uns kein seltener Brutvogel.

150. *Saxicola stapazina*, Temm. — Weisslicher Steinschmätzer.

Dalmatien. Spalato (G. Kolombatović). Vom 17. März bis 6. September.

Litorale. **Monfalcone** (B. Schiavuzzi). 1. Mai einer im Garten; 10. Mai sehr viele auf dem Karste bei Sistiana; 28. Mai in Locavez gepaart; 4. Juni 1 Stück in Locavez; 5., 25. und 28. August Zug in Locavez; 1. September noch da und 2. September 1 Stück erlegt; 5., 9., 15., 18., 21. September einzelne bei der Stadt, bei Locavez und Pietra rossa.

151. *Saxicola aurita*, Temm. — Ohrensteinschmätzer.

Dalmatien. **Spalato** (G. Kolombatović). Vom 17. März bis 6. September.

Litorale. **Monfalcone** (B. Schiavuzzi). 14. Juni 1 ♂ im Garten erlegt, 19. Juni 1 ♂ und 1 ♀ im Garten; 11. Juli 1 juv. in Locavez.

152. *Pratincola rubetra*, Linn. — Braunkehliger Wiesenschmätzer.

Croatien. **Agram** (V. Diković). Am 16. September familienweise und am 3. October noch bemerkt. — **Varasdin** (A. Jurinac). Von Anfang März bis Anfang October; ein häufiger Brutvogel.

Dalmatien. **Spalato** (G. Kolombatović). Vom 15. März bis 2. Mai; 6., 9., October; 12. November.

Kärnten. **Mauthen** (F. C. Keller). Ziemlich seltener Brutvogel; zog vom 15. bis 24. April; erstes Gelege am 14. Mai; Herbstzug zerstreut von Mitte bis Ende September.

Litorale. **Monfalcone** (B. Schiavuzzi). 1. September die ersten in S. Antonio, wovon ein ♂ mit einem 2 mm. verlängerten Oberkiefer erlegt wurde, das in meiner Sammlung steht; 9., 10., 12., 15. September einzelne in S. Antonio, Tagliata, Locavez.

Mähren. **Oslawan** (W. Čapek). Am Zuge hie und da, aber brütend nur bei Kelč (siehe bei *Turdus pilaris*) angetroffen; 8. Mai ein Paar; am Herbstzuge einzelne.

Nieder-Oesterreich. **Wiener-Neustadt** (O. Reiser). Zahlreich zur Brutzeit im Thale der neuen Welt beobachtet.

Salzburg. **Hallein** (V. v. Tschusi). 25. April mehrere ♂; 1 Juli flügge Junge; 9. August viele, 16. familienweise, ebenso den 20. und 21.; 23. (W., +17°, schön) viele, 26. keine, 28., 29., 30. und 1.—7. September mehrere, 23. 1 juv.

— **Saalfelden** (V. Eisensammer). Erschien in den letzten Tagen März; den 27. Mai entdeckte ich ein Nest mit 5 Eiern.

Schlesien. Lodnitz (J. Nowak). Ankunft 20. April, Abzug Ende August.

Siebenbürgen. Fogarás (E. v. Czýnk). Sehr häufiger Brutvogel; 24. März den ersten (S.-O.), 26. September den letzten gesehen. — **Nagy-Enyed** (J. v. Csató). 15. April 2, 18. einige.

Steiermark. Mariahof (B. Hanf). »Wiesenschmätzer«. »Grasmucken«. 18. April. — (B. Hanf und R. Paumgartner). 22. April ♂, ♀, 23.—27. viele. — **Pikern** (O. Reiser). Ziemlich häufig, besonders gern auf Wiesen, die von Gebüschen und kleinen Waldparcellen durchzogen werden. — **Pöls** (St. Bar. Washington). Spärlich vertreten; wird nicht alljährlich brütend angetroffen. 16. April das erste ♂, 23. April viele mit *Saxicola oenanthe*, Linn.; 25., 26. und 30. April sehr viele, grösstentheils ♀.

Tirol. Innsbruck (L. Bar. Lazarini). 6. September 5 bis 6 Stücke im Villermoos gesehen.

Ungarn. Oravitz (A. Kocyan). In Oravitz keine, bei den Dörfern spärlich vertreten. — **Szepes-Béla** (M. Greisiger). Häufig auf Feldwiesen. Am 24. April (schwacher Nordwind, heiter und warm, tagsvorher Nordostwind, warm und Regen) bei Béla im Friedhofe 2 Stücke; 26. (Südwind, warm und regnerisch im Felde viele gesehen. — **Szepes-Igló** (J. Geyer). Scheint bei uns nicht so häufig zu sein als der Steinschmätzer.

153. *Pratincola rubicola*, Linn. — Schwarzkehliger Wiesenschmätzer.

Croatien. Agram (V. Diković). Am 8. October familienweise und am 3. November noch bemerkt. — **Varasdin** (A. Jurinac). Zahlreich. Erscheint bereits die ersten Tage des März und verlässt die Gegend Ende September oder Anfang October. 7. März ein ♀, 11. ein ♂, 12. ein Paar; den 7. October noch mehrere Paare beobachtet.

Dalmatien. Spalato (G. Kolombatović). Vom 1. Januar bis 22. März; 13. August 1 Exemplar, dann vom 22. September bis Ende December.

Kärnten. Mauthen (F. C. Keller). Heuer sehr schwach vertreten: einige Exemplare Ende September; ein Nest mit 2 Eiern am 28. April.

Litorale. Monfalcone (B. Schiavuzzi). 11. März 1 Stück im Garten, 2. April einer in Locavez, 6. Juni 1 ♂ und 1 ♀ bei Aris Baustoffe tragend.

Mähren. Goldhof (W. Sprongel). Ziemlich häufig; das erste Exemplar sah ich am 20. März. — **Oslawan** (W. Čapek). Einige Paare brüten längs der Strasse zwischen Oslawan und Eibenschitz, einige wieder in geeigneten Schluchten bei Zbeschau und suchen diese Plätze jedes Jahr auf; am 16. März 4 Stücke (paarweise) hier angelangt. — **Römerstadt** (A. Jonas). Ist ziemlich gemein; am 19. April 1883 zuerst gesehen.

Salzburg. Hallein (V. v. Tschusi). 4. October 3—4 Stücke ad. und juv., 5. 2 Stücke, 6. 1 Stück, 7. 2 Stücke, 10.—12. 3—4 Stücke, 14. und 20. je 1 ♂.

Schlesien. Dzingelau (J. Żelisko). »Schwarzkehlchen«. 18. März ♂ und ♀ (17. Nebel, 18. Schneefall, 10 cm. Schneehöhe; 19. trüb, 0° R., Westwind). Dieser Vogel hat seit 12 Jahren zum erstenmale hier in 4 Paaren gebrütet. Er kann unmöglich übersehen worden sein, weil er, wo er vorkommt, auffällt. Im Gebirge lag der Schnee um etwa 3 Wochen länger, und dieser Umstand mag ihn zur Brut hier gezwungen haben; früher habe ich ihn nur im Gebirge angetroffen. Am 20. September 4 Stücke (ganzes Nest) am Zuge (trüb, Westwind).

Siebenbürgen. Nagy-Enyed (J. v. Csató). 11. März 10 Stücke zerstreut, nur 1 ♀; 4. April ♂ und ♀; 22. October 2 Stücke.

Steiermark. Mariahof (B. Hanf). Einzeln am Durchzuge im Frühjahre wie im Herbste. — (B. Hanf und R. Paumgartner). 24. September 1 Stück, 8. October ♂. — **Pöls** (St. Bar. Washington). Sehr stark vertreten, nistet vorzugsweise auf den Wildoner Feldern und kam schon Ende März an. Ich fand auf meinen Streifzügen im Beobachtungsgebiete etwa 16 bis 17 Brutpaare auf.

Ungarn. Szepes-Béla (M. Greisiger). Am 25. März (Nordwind, kalt, Schneegestöber, tagsvorher Südwind, heiter und warm) bei Busócz am Rande der Fahrstrasse 5 Stücke am Boden zwischen Schleh- und Weissdorngebüsch sitzen gesehen. Dies waren die ersten, welche ich bis jetzt in der Zips gefunden habe.

154. *Motacilla alba*, Linn. — Weisse Bachstelze.

Böhmen. Aussig (A. Hauptvogel). Am 17. Januar flog über die Stadt eine weisse Bachstelze; am 2. Februar wurde eine in Prödlitz beobachtet. — **Böhm.-Leipa** (F. Wurm). Vorboten am 7. Februar, Hauptzug am 17. Februar. — **Böhmisch-Wernersdorf** (A. Hurdálek). Erschien am 20. März und gleich darauf die gelbe. — **Klattau** (V. Stejda v. Lovčic). Erschien zuerst am 29. Februur in ziemlich grosser Anzahl an sumpfigen Stellen längs der Flüsse und Bäche, obwohl zu der Zeit noch ziemlich kalte Witterung herrschte. — **Liebenau** (E. Semdner). Ankunft: 1. April in grösseren Schwärmen, theilweise weiterziehend. Witterung neblig, Regen und Thauwetter, Wind gegen S.-W. Abzug: 23. September Ansammlung, 27. Abzug; Nachzügler noch den 29. September. — **Nepomuk** (R. Stopka). Ziemlich häufig; erscheint im Februar und zieht Ende October fort; heuer waren einzelne nach strengen Frösten noch im December zu sehen und einige überwinterten sogar, da der Schnee nicht lange liegen blieb. — **Oberrokitai** (K. Schwalb). 2. März. — **Wirschin** (A. Wend). Ankunft 6. März, in Mehrzahl 12. März; Gesang 10. und 13. März; Abzug 17.—20. October.

Bukowina. Kotzman (A. Lurtig). Am 23. März angelangt. — **Petroutz** (A. Stranský). Ankunft 27. März. — **Solka** (P. Kranabeter). Gehört zu den häufigen Zugvögeln; erscheint Ende März, Anfang April (heuer den 26.) und zieht Ende September (heuer den 22.) ab. — **Straza** (R. v. Popiel). 23. März. — **Toporoutz** (G. Wilde). Standvogel.

Croatien. Agram (A. Smit). Kommt schon anfangs März an. — **Varasdin** (A. Jurinac). Gemeiner Brutvogel. Ankunft Ende Februar; doch bleiben viele hier zurück, auch in ziemlich strengen Wintern.

Dalmatien. Spalato (G. Kolombatović). Vom 1. Januar bis 16. April; vom 2. Juli bis Ende September einzelne, vom 1. October bis Ende December in Menge.

Kärnten. Mauthen (F. C. Keller). »Bauvögerl«. Brutvogel. Erschien am 26. Februar; am 4. März mehrere bei Schnee am Rückzuge; Hauptzug am 12. März; Herbstzug vom 20. October bis Mitte November.

Krain. Laibach (C. v. Deschmann). Vereinzelt längs der Laibach am 8. Januar; häufig am 24. Januar, sehr häufig am 26. Februar.

Litorale. Monfalcone (B. Schiavuzzi). Stand- und Zugvogel. 28. April 1 ♂ in Locavez; 19. August Ankunft der Durchzügler in S. Antonio; 1. September viele; den ganzen Winter häufig. — **Triest** (L. Moser). Am 12. October zwischen Herpelje-Cosina und Materia, zu beiden Seiten der Fiumaner Strasse, am Morgen zwischen 6 und 7 Uhr, in auffallender Menge. Die Nacht ruhig und warm, morgens Gewitter; der 12. October, ein unfreundlicher, rauher Tag, mit häufigen Strichregen.

Mähren. Fulnek (G. Weisheit). Ankunft 16. März. — **Goldhof** (W. Sprongel). Kommt als Brutvogel ziemlich häufig vor. Ankunft am 9. März; 16. Mai fand ich ein Gelege mit 5 Eiern unter dem Strohdache eines Bienenhauses; am 23. Mai fielen die Jungen aus. — **Mährisch-Neustadt** (F. Jackwerth). 12. Februar die erste gesehen. — **Oslawan** (W. Čapek). Gemeiner Brutvogel. Bei Brünn die erste am 20., hier am 22. Februar gesehen; dann wieder erst den 9. März ein ♂, 11. März mehrere; am 23. April war das Gelege vollzählig. Im Spätsommer besonders auf neugeackerten Feldern; seit 24. October keine gesehen. — **Römerstadt** (A. Jonas). Jedes Jahr zahlreich vertreten. Am 16. März zuerst, am 16. November zum letztenmale beobachtet.

Nieder-Oesterreich. Melk (V. Staufer). Ankunft 16. März. — **Mödling** (J. Gaunersdorfer). 10. Februar am Mödlingbache beobachtet; 27. und 28. März in einem Garten eine grössere Schar (20—30 Stücke). — **Pressbaum** (O. Reiser). Brütet massenhaft in den Holzstössen hinter der Station Pressbaum. Am 10. Juni flogen daselbst die meisten Jungen ab.

Ober-Oesterreich. Ueberackern (A. Kragora). Ankunft den 5. März.

Salzburg. Abtenau (F. Höfner). Ankunft 6. März (früh trüb. + 1·6° C., nachmittags Regen und Schnee). — **Hallein**

(V. v. Tschusi). 25. Februar 1 Stück, 3. März mehrere; 5. zuerst gesungen; 21. Mai flügge Junge; 29. August mehrfach mit *Budytes flavus*; 6. September viele; 18., 20., 7. October mehrfach, 2., 3., 4.—7. October viele, 11.—18. einzelne, 19. mehrere, 22. hauptsächlich juv., 29. die letzte. Heuer hat keine hier überwintert. — **Saalfelden** (V. Eisensammer). Am 5. März sah ich die ersten.

Schlesien. Dzingelau (J. Želisko). 6. Februar erste. 10. März einzelne angekommen: Hauptankunft (♂ und ♀) am 13. (5. Februar früh Regen, mittags +8° R.; 6. Nebel, dann heiter, mittags +7° R.; 7. ebenso, mittags +6° R.; 10., 11. und 12. März heiter bei Südwest; 13. Nebel, kühl, +1° R., Nordost). Am 7. Mai junge, etwa 3 Tage alte Bachstelzen angetroffen. — **Ernsdorf** (J. Jaworski). »Bachstelze«, auch »weisse Stelze«. Ankunft Mitte März, Abzug Anfang October; nistet etwa 14 Tage nach Ankunft; häufig. — **Jägerndorf** (E. Winkler). 12. Februar die ersten, 21. October die letzte gesehen. — **Lodnitz** (J. Nowak). Ankunft 16. Februar, Abzug der Hauptmasse etwa Mitte October; eine sah ich noch am 2. December, wo alles mit Schnee und Eis bedeckt war, welche, als dann gelinderes Wetter eintrat, sich verlor. — **Troppau** (E. Urban). 10. März ♂ und ♀.

Siebenbürgen. Fogarás (E. v. Czýnk). Häufiger Brutvogel. 11. März (Südostwind), 15. März viele. 18. September fortgezogen (Südwest). — **Nagy-Enyed** (J. v. Csató). 15. März 2; 1. April (früh nach einem Nachtregen) mehrere auf den Dächern der Häuser bei Al-Vincz; 15. April 15 Stücke; 20. September viele auf dem Zuge; 10. October 10 Stücke auf den Dächern der Häuser in Nagy-Enyed, 14. October 16, 21. 1 Stück bei Czelna.

Steiermark. Mariahof (B. Hanf). »Schofhalterl«. Ziemlich häufiger Brutvogel. — (B. Hanf und R. Paumgartner). 29. Februar, 3., 4., 5., 6. März je eine, 8. 3 Stücke, 10. viele; 24. Mai flügge Junge; 12. und 15. October viele ad. und juv., 24. 9 Stücke, 25. 2 Stücke; 4. November 1 juv. — (F. Kriso). 29. Februar 1 Stück. Am 1. März starker Schneefall; das trübe, stürmische Wetter dauerte tagelang und war keine Bachstelze zu sehen. Am 9. März, als sich das Wetter besserte, waren die

Bachstelzen wieder hier, 10. März mehrere, 29. sehr viele; 11. October zahlreich auf den Feldern in Gesellschaft von *Alauda arvensis*. — **Pikern** (O. Reiser). Absonderlicherweise nistete eine auf einer Kugelakazie, und zwar an der quirlförmigen Abzweigung der Seitenäste vom Hauptstamme. — **Pöls** (St. Bar. Washington). Am 27. April ein Nest mit 5 Jungen, 3. Mai Nest mit 6 Jungen.

Tirol. Innsbruck (L. Bar. Lazarini). 9. März ziemlich viele an den Innufern gesehen; sollen schon einige Tage hier sein (kalter Morgen, Reif auf den Gebüschen, Schnee zollhoch auf den Feldern).

Ungarn. Mosócz (R. Graf Schaffgotsch). Sehr häufiger Sommervogel. — **Oravitz** (A. Kocyan). 11. März bei —4° C. die erste, die aber mittags verschwand; 20. und 21 mehrere; 15. October die letzten 3 Stücke gesehen. — **Szepes-Béla** (M. Greisiger). Am 12. März (schwacher Ostwind, heiter und warm) bei Béla 1 Stück gesehen; 14. (Nordostwind, heiter und kalt, tagsvorher Südwind und regnerisch) in Zsdjár 2 gesehen; 18. (windstill und heiter, des Nachts starker Frost) viele bei Béla; 4. September (Südwind, heiter und warm) bei Sarpanietz Béla) ein grössere r Flug, wahrscheinlich schon auf dem Zuge; 8. und 11. October (Südwind, regnerisch, tagsvorher heiter und Südwind) bei Béla auf dem Felde noch mehrere gesehen; 17. (kalter Südwestwind, regnerisch) bei Nagy-Eör noch 1 Stück gesehen. — **Szepes-Igló** (J. Geyer). Bei uns ziemlich häufig; sobald der Schnee von den Aeckern geschwunden, erscheint dieser Vogel oft einzeln, oft in Mehrzahl und verschwindet gewöhnlich mit Ende September. Diesmal schon am 16. März zwei Stücke beobachtet.

155. *Motacilla sulphurea*, Bechst. — Gebirgsbachstelze.

Böhmen. Aussig (A. Hauptvogel). Am 19. Januar wurde auf dem Kreuzbache in Pömmerle eine gelbe Bachstelze beobachtet. — **Nepomuk** (R. Stopka). Kommt in geringer Anzahl vor; manchmal ist keine, selbst im Sommer, einige Tage, ja Wochen lang zu sehen. Das erste Paar flog am Waldbache am 3. April herum; mehrere, wahrscheinlich aus einem Neste stammende Bachstelzen. waren am 8. Juni an den Wasserröhren im Teiche; dort sah ich auch zum letztenmal zwei am 2. November. — **Rosenberg** (F. Zach). Am 3. März die erste gesehen; am 1. Mai bereits Junge.

Bukowina. Terebleszty (O. Nahlik). Zugvogel.

Croatien. Agram (A. Smit). Bleibt in unseren Gegenden den ganzen Winter hindurch und zwar nicht auf den Feldern, sondern in Dörfern und in der Stadt.

Dalmatien. Spalato (G. Kolombatović). Vom 1. Januar bis 7. März; vom 1. October bis Ende December.

Kärnten. Mauthen (F. C. Keller). Brutvogel. Erschien zahlreich am 2. April; Herbstzug von Anfang bis 10. November.

Litorale. Monfalcone (B. Schiavuzzi). 15. September die ersten in Locavez, 26. October einzelne; im Winter häufig.

Mähren. Goldhof (W. Sprongel). Am 29. Mai sah ich ein Exemplar, seither nicht mehr. — **Oslawan** (W. Čapek). Gewöhnlicher Brutvogel längs der Flüsse und Waldbäche; ist auch den ganzen Winter zu sehen. Den 6. März hörte ich zuerst das Hochzeitslied; am 27. März und 6. April vollzählige Gelege (5—6 Stücke) gefunden; am 5. Juli 15 Stücke auf über's Wasser hängenden Zweigen gemeinschaftlich schlafend angetroffen. — **Römerstadt** (A. Jonas). Im Gebirge an Bächen sehr häufig zu sehen.

Nieder-Oesterreich. Mödling (J. Gaunersdorfer). Wurde heuer seltener gesehen.

Salzburg. Hallein (V. v. Tschusi). 2. Januar ♂ und ♀, 16. 3 Stücke, 1 ♂ gesungen; 20. und 24. November je 1 Stück, 27. 2 Stücke, ebenso den 24., 25. December.

Schlesien. Dzingelau (J. Želisko). 12. März einzeln eingetroffen (11. heiter, warm, Südwest, mittags $+12^0$ R., 12. ebenso, $+8^0$ R., 13. Nebel, kühl, $+1^0$ R., Nordost); brüteten heuer hier nicht. — **Ernsdorf** (J. Jaworski). »Gebirgsstelze«, auch »gelbe Stelze«. Ankunft anfangs März, Wegzug im October; nistet im April. — **Lodnitz** (J. Nowak). Ankunft wie bei *M. alba*; nur 1 Exemplar.

Siebenbürgen. Fogarás (E. v. Czýnk). Häufiger Brutvogel im Gebirge. 3. Januar die ersten, 2. December die letzte. — **Nagy-Enyed** (J. v. Csató). 6. Januar und 10. November je 1 Stück.

Steiermark. Mariahof (B. Hanf). Nicht häufiger Brutvogel; es bleibt aber manches Paar an warmen Quellen und Bächen im Winter bei uns. — (F. Kriso.) 21. März 1 Stück in der Nähe des Schulhauses. — **Pikern** (O. Reiser). Hat vergangenes Jahr im Dachboden eines Jägerhäuschens, welches hart am Bache steht, mit Erfolg genistet. Heuer waren 2 Paare zu bemerken, von denen eines in der Ritze eines Steinbruches in der Nähe desselben Baches nistete. Das Paar näherte sich mit den Nistmaterialien nur äusserst vorsichtig dem Brutplatze. Das Treiben der Vögel in der Nähe desselben war reizend anzusehen. Am 11. April enthielt das Nest 5 Eier und folgte unmittelbar darauf eine zweite Brut. — **Pöls** (St. Bar. Washington). ♂ und ♀ vom 27.—29. April an einem Nebenflusse der Kainach.

Ungarn. **Mosócz** (R. Graf Schaffgotsch). Sehr häufiger Standvogel an Bächen. — **Oravitz** (A. Kocyan). 15. März; 17. Mai 5 Eier; 2. October abgezogen; am 4. December an der Quelle ein ♀. — **Szepes-Béla** (M. Greisiger). Am 18. März (windstill, heiter, des Nachts starker Frost) bei Béla 1 Stück gesehen; 20. (Südwind, heiter und warm) in Javorina viele; 14. September (schwacher Südostwind und heiter) 1 Stück in der Stadt Béla; 15. (schwacher Südostwind und heiter) 1 Stück in Rox; 6. October (schwacher Ostwind, heiter und warm) in Béla. 7. (Südwind, heiter) in Zsdjár, 11. (Südwind, heiter) in Béla mehrere gesehen. — **Szepes-Igló** (J. Geyer). An unseren Gebirgsbächen eben so häufig, als vorhergehende Species, die beide zugleich kommen und auch fortziehen. Dieses Jahr beobachtete Herr Alex. Novák, Beamter in der Stephanshütte, daselbst am Hernadflusse am 29. Januar 1 Stück.

156. *Budytes flavus*, Linn. — Gelbe Schafstelze.

Böhmen. **Klattau** (V. Stejda von Lovčic). Erschien am 23. April am Ufer des Baches bei kalter und regnerischer Witterung und zwar in so grosser Menge, wie sie bis jetzt nie gesehen wurde. Ihre einzige Nahrung bestand in einer gewissen Gattung von Frühlingsfliegen, welche fast die ganze Wasserfläche bedeckten. Nach einigen Tagen flogen sie davon und bloss einzelne wurden im Sommer hie und da, besonders an Wasserwehren*), beobachtet.

---

*) Diese wohl *M. sulphurea*! v. Tschusi.

Bukowina. **Kotzman** (A. Lurtig). Zugvogel. — **Solka** (P. Kranabeter). Sparsamer Zugvogel. 24. April Ankunft, 18. September Abzug.

Croatien. **Agram** (V. Diković). Am 28. September bemerkt. — **Varasdin** (A. Jurinac). Nach Angabe des Försters A. Forst am Zuge im September und April beobachtet worden.

Dalmatien. **Spalato** (G. Kolombatović). Vom 26. März bis 22. April und vom 5.—29. September.

Kärnten. **Mauthen** (F. C. Keller). »Schofholterl«. Vereinzelt am 4., 5., 6. und 8. April; nicht gerade seltener Brutvogel. Herbstzug in kleineren oder grösseren Flügen vom 25. September bis 10. October.

Litorale. **Monfalcone** (B. Schiavuzzi). 21. September 1 ♀ bei Pietra rossa. Nach Gr. Vallon's Beobachtung nistet dieser Vogel bei den Isonzoufern bei Sagrado.

Mähren. **Fulnek** (G. Weisheit). Zugvogel. — **Mährisch-Neustadt** (F. Jackwerth). Kommt Mitte April häufig am Durchzuge an. — **Oslawan** (W. Čapek). Nur am Zuge den 6. Mai ein Paar unterhalb Oslawan gesehen; nistet vielleicht bei Eibenschitz. — **Römerstadt** (A. Jonas). Hier zahlreich vertreten. 13. März und 16. October beobachtet.

Nieder-Oesterreich. **Melk** (V. Staufer). Ankunft 16. März. — **Wien** (O. Reiser). Habe diesen Vogel bisher in der Umgebung von Wien nur in zwei Paaren an der Liesing bei Kalksburg beobachtet; ich konnte jedoch das Nest nicht finden. Erst nachdem die Jungen gänzlich flügge waren, erlegte ich ein altes ♀ mit einem Brutflecken.

Salzburg. **Hallein** (V. v. Tschusi). 5. April 1 Stück, ebenso den 29.; 2., 25., 28. Mai und 2. Juni; 2. August 2 Stücke, 28.—29. mehrere; 1. September 10 Stücke, 16.—22. mehrfach, 23. 1 Stück, 27., 28. mehrere, 29. einzelne; 2., 7., 8. October je 1 Stück.

Siebenbürgen. **Fogarás** (E. v. Czýnk). Nicht selten am »todten Alt«. 2. April bei Nordwestwind die erste; 10. April Gesang; 20. September die letzte. — **Nagy-Enyed** (J. v. Csató). 4. Mai mehrere bei Tövis; 27. Juli einige bei Nagy-Enyed.

Steiermark. **Mariahof** (B. Hanf). »Schafshalterl«. Nur am Durchzuge im Frühjahre in grösseren Flügen Ende April und anfangs Mai auf den Feldern bei weidenden Schafen oder neben dem Pfluge zu beobachten; im Herbste selten Unter ihnen kommen auch Individuen mit schwarzem Kopfe (*Budytes borealis*, Sund.) ohne die weissen Streifen ober den Augen vor. — (B. Hanf und R. Paumgartner). 21. April 8, 24.—28. 20 bis 30 Stücke. — **Pöls** (St. Bar. Washington) Am 3. Mai ein Nest mit 4 Eiern und 2 Jungen.

Ungarn. Oravitz (A. Kocyan). 30. August 4 junge Vögel beim Hause auf den Wiesen.

157. *Budytes borealis*, Sund. — Nordische Schafstelze.

Kärnten. Mauthen (F. C. Keller). 2 Stücke mit der vorigen Art am 30. September.

Steiermark. Mariahof (B. Hanf und R. Paumgartner). 17. April 1 Stück.

158. *Budytes cinereocapilla*, Licht. — Feldegg's Schafstelze.

Dalmatien. Spalato (G. Kolombatović). *Budytes melanocephalus* den 12., 14. und 15. April beobachtet. [Bezüglich des Vorkommens des *B. melanocephalus* in Dalmatien haben wir bereits im I. Jahresberichte (1882, p. 121, Zweifel ausgesprochen, welche auch das an das k. k. zool. Hof-Museum in Wien von Herrn Prof. G. Kolombatović eingesandte Paar nicht zu beseitigen vermochte, da das ♂ leider gerade an den Kopfpartien defect ist. v. Tschusi.]

159. *Anthus aquaticus*, Bechst. — Wasserpieper.

Dalmatien. Spalato (G. Kolombatović). Vom 1. Januar bis 6. April und vom 20. September bis Ende December.

Kärnten. Mauthen (F. C. Keller). Brütet in den Alpen; erstes Gelege 27. April; kommt im Herbste in's Thal; einige ziehen ab. einzelne überwintern; bei dem starken Schneefalle am 15. und 16. Januar jedoch waren alle verschwunden.

Litorale. Monfalcone (B. Schiavuzzi). 6., 26. März einzelne an der Tagliata; 13. October die ersten am Meeresufer, 21., 24., 27. viele in Rosega, S. Antonio, Locavez; 26. November in Rosega; 19. December viele in Pietra rossa. Sehr häufiger Vogel in sumpfigen Localitäten und am Meeresstrande durch den ganzen Winter.

Salzburg. Hallein (V. v. Tschusi). Ueberwinterte sehr zahlreich. 18. Januar viele mit *Turdus viscivorus* auf den Abern, 28. 40—50 Stücke, 31. 30—40 Stücke; 1. Februar mehrere, 26.—29. je 1 Stück; 14. April 2 Stücke; 5. October die ersten 5—6 Stücke im Thale. 29. mehrere; 19. November (nach Schneegestöber) 4—5 Stücke: mehrere bis Ende December am Bache.

Siebenbürgen. Fogarás (E. v. Czýnk). Brütet im Hochgebirge. Nicht selten den ganzen Winter über zu sehen; so heuer noch am 2. Januar und 24. December.

Steiermark. Mariahof (B. Hanf). Brutvogel in der Alpenregion: kommt schon anfangs März an und verlässt uns erst im November. — (B. Hanf und R. Paumgartner). 27. Februar und 4.—7. März je 1 Stück, 16. März 6 Stücke; 12. October viele. — **Pöls** (St. Bar. Washington). 1 Exemplar sah ich am 18. April an der Mur.

Ungarn. Oravitz (A. Kocyan). 29. März (bei —2° C., Ostwind) die ersten, 20.—25. September die letzten.

160. *Anthus pratensis*, Linn. — Wiesenpieper.

Böhmen. Liebenau (E. Semdner). Am 24. April vereinzelt angetroffen; am 12. September Ansammlungen in grösseren Scharen an Abhängen und wahrscheinlicher Abzug gegen Süden. — **Přibram** (F. Stejskal). In mittlerer Anzahl genistet; Ankunft am 1. März, Abzug Ende September.

Croatien. Varasdin (A. Jurinac). Bis jetzt nur ein den 28. Juli 1883 gefangenes Stück erhalten.

Dalmatien. Spalato (G. Kolombatović). Vom 1. Januar bis 30. März und vom 19. October bis Ende December.

Kärnten. Mauthen (F. C. Keller). Vereinzelt auch als Brutvogel: erschien Ende März und zog wieder Ende October und in der ersten Hälfte November ab.

Krain. Laibach (C. v. Deschmann). Hat sich am 29. September in starken Zügen auf dem Moraste eingestellt.

Litorale. Monfalcone (B. Schiavuzzi). 2. April 1 Stück (♀ in Mauser) bei Locavez: 2. October die ersten am Meeresstrande bei Staranzano, 7., 21., 24., 27. October viele in Rosega und S. Antonio. Häufiger Vogel auf den trockenen Wiesen des Karstes durch den ganzen Winter.

Mähren. Oslawan (W. Čapek). Durchzugsvogel. Am 1. 7. und 9. April einige; am 2. October zuerst am Rückzuge und zwar in Familien, ebenso am 9. October; am 15. um 4 Uhr nachmittags etwa 100 Stücke; 16. einige und den 23. noch 5 Stücke, immer in derselben Linie von Norden nach Süden, ohne Umwege zu machen, ziehend. Ruhen gewöhnlich auf Stoppelfeldern aus und lassen ihr »Bs-bst« fortwährend hören.

Salzburg. Hallein (V. v. Tschusi). 3. und 13. März je 1 Stück; 5. April mehrere; 16. September mehrere bis 11. October; 12.—23. in Flügen, dann einzelne bis 4. November; der letzte den 20.

Schlesien. Ernsdorf (J. Jaworski). »Pieplerche«. Mitte März bis October und November; häufig. — **Lodnitz** (J. Nowak). Ankunft 23. April; am 16. November, während alles verschneit war, noch einen gesehen.

Siebenbürgen. Fogarás (E. v. Czýnk). Bloss im Herbste und zwar am 30. October in 4 Exemplaren bemerkt. — **Nagy-Enyed** (J. v. Csató). 6. April 30 Stücke auf sumpfigen Wiesen; 6. October mehrere bei Váralja-Boldogfalva.

Steiermark. Mariahof (B. Hanf). Nur am Durchzuge in grösseren Flügen, oft in Gesellschaft des Wasserpiepers zu derselben Zeit beobachtet. — (B. Hanf und R. Paumgartner.) 12. März 3 Stücke, 17.—26. viele; vom 24. April täglich *Anthus aquaticus, pratensis* und *arboreus*. — **Pikern** (O. Reiser). Da ich den Wiesenpieper bis heuer noch nicht beobachtet hatte, war ich sehr erstaunt, ihn am 29. Mai am Neste auf 2 Eiern brütend zu finden. Eine Verwechslung mit *A. arboreus* ist durchaus ausgeschlossen. Das Nest stand am Rande einer Waldblösse unter einer Birke, und die beiden Eier waren schon so bebrütet, dass nur eines mehr zu präpariren war, das andere zersprang. — **Pöls** (St. Bar. Washington). Am 25. April 1 Exemplar im Schlossparke gesehen. (Seit 1878 das erste Stück, welches mir im Beobachtungsgebiete zu Gesichte kam.)

Ungarn. Oravitz (A. Kocyan). Vom 1.—10. October viele an kleinen Sümpfen. — **Szepes-Béla** (M. Greisiger). Am 6. October (schwacher Ostwind, heiter und warm) auf dem Felde bei Béla mehrere Stücke gesehen.

161. *Anthus cervinus*, Pall. — Rothkehliger Pieper.

Kärnten. Mauthen (F. C. Keller). Fand am 4. Mai ein Nest mit Gelege nahe dem Zusammenflusse der Gail und Valentin. Eine Anfrage an den Herrn Beobachter bestätigt dessen Angabe. v. Tschusi.]

Steiermark. Mariahof (B. Hanf). Seltener Passant im Frühjahre, in den ersten Tagen des Mai: nur im Jahre 1847 habe ich am 27. April ♂ und ♀ geschossen, während alle übrigen im Mai und zwar am 14. Mai 1855 ein ♀, am 4. Mai 1857 ein ♂, am 1. Mai 1865 ein ♂ und ein ♀, 10. Mai 1865 ein ♂ und ein ♀, 6. Mai 1871 ein ♂, 9. Mai 1877 ein ♂ erbeutet wurden; im Herbste habe ich nur am 6. October 1857 ein ♂ und ♀ erlegt.

162. *Anthus arboreus*, Bechst. — Baumpieper.

Böhmen. Blottendorf (F. Schnabel). Am 2. Mai den ersten gehört. — **Böhmisch-Leipa** (F. Wurm). Die ersten am 19. Februar, Hauptzug am 5. März. — **Klattau** (V. Stejda v. Lovčic). Am 9. März erster Gesang: nistet hier sehr häufig. — Nepomuk (R. Stopka). Sehr wenige sind in Holzschlägen, in jungen, dichten Wäldern und auf bewachsenen Abhängen zu finden; im September habe ich sie nicht mehr gesehen. — **Příbram** (F. Stejskal). Bei Žirow nisteten 7 Paare, bei Lesenic mehrere.

Croatien. Agram (V. Diković). Am 23. August und 19. September in Familien und noch am 30. September bemerkt.

Dalmatien. Spalato (G. Kolombatović). Vom 6.—22 April; vom 17. September bis 30. October.

Kärnten. Mauthen (F. C. Keller). Brutvogel. 11.—20. April: 20. bis Ende September.

Mähren. Oslawan (W. Čapek). Gewöhnlicher Brutvogel. Am 2. April die ersten singen gehört; am 12., 19. und 25. April frische Gelege (5—6 Stücke) gefunden. Die Färbung der verschiedenen Gelege ist sehr variabel.

Salzburg. Hallein (V. v. Tschusi). 11. April 1 Stück, 28. ♂, ♀; 19. Juli mehrfach auf den Hafergarben; 26. keine mehr; 29. und 30. mehrere; 1. September bis 4. October einzelne; 6.—14. mehrere, doch gewöhnlich vereinzelt.

Schlesien. Dzingelau (J. Želisko). 12. April ♂, 15. ♀ (11. heiter, Ostwind, früh —3° R., 12. Nebel bei +6° R., 13. früh Nebel, +3° R., 15. trüb, Nordostwind, +4° R.).

Siebenbürgen. Fogarás (E. v. Czýnk). Den ersten am 4. April, den letzten am 2. October. Nicht selten. — Nagy-Enyed (J. v. Csató). 13. April mehrere; 14. September viele vereinzelt.

Steiermark. Mariahof (B. Hanf). »Schmelchen«. Brutvogel. Kommt Ende April zurück und verlässt uns im September. — (B. Hanf und R. Paumgartner.) 18., 21. April. — Pikern (O. Reiser). Sehr häufig, besonders in halber Höhe des Gebirges. Der Baumpieper hat unter allen Vögeln nach meiner Ansicht die der Färbung nach verschiedenartigsten Eier. Gelege Nr. 1, 20. Mai (5 Stücke bebrütet): grünlich grauer Grund, zahlreiche feine und gleichmässige Fleckung von dunkelbrauner Farbe; Gelege Nr. 2, 18. Mai (4 Stücke frisch): röthlich grauer Grund, mit einzelnen schwarzbraunen Tupfen von Brandfleckencharakter; Gelege Nr. 3, 18. Mai (4 Stücke frisch): rosafarbener Grund, mit zahlreichen feinen und einzelnen starken rothbraunen Adern. — Pöls (St. Bar. Washington). Diese in der Regel sehr spärlich vertretene Pieperart war heuer auffallend häufig. Am 19. April hörte ich das erste Exemplar; die meisten Baumpieper trafen jedoch erst am 25., 26. und 28. April ein.

163. *Agrodroma campestris*, Bechst. — Brachpieper.

Dalmatien. Spalato (G. Kolombatović). Vom 10. April bis 20. September.

Kärnten. Mauthen (F. C. Keller). Ein Paar am 28. April, mehrere am 20. und 25. September und 1. und 7. October.

Litorale. Monfalcone (B. Schiavuzzi). 15. April die ersten in Locavez (♂ Länge 174, Flügel 95 cm.), ebenso den 22., 28.; 13. Mai in der Stadt; 25., 28. Mai in Locavez je 1 ♂ erlegt; 4. Juni einige in Locavez; 6. Juni ein Nest mit 4 stark bebrüteten Eiern von dem Roccaberg erhalten; 7. Juni ein Nest mit 4 Eiern und einem von *Cuculus canorus* von dem Roccaberg bekommen; 20. Juni ein Nest mit 3 Dunenjungen und einem Ei zum Ausschlüpfen reif; 25. Juli 1 juv. in Locavez erlegt; 22., 28. August wenige in Locavez; 1. September sehr wenige daselbst und in der ersten Hälfte September verschwunden.

Salzburg. Hallein (V. v. Tschusi). 9. Mai 1 Stück; 29. August ♂, ♀ ad.; 1. und 27. September einzelne, 30. 1 Stück.

Schlesien. Lodnitz (J. Nowak). Durchgezogen vom 5. bis 10. April; Herbstzug den 10.—15. October. Nistend habe ich selben noch nie angetroffen.

Steiermark. Mariahof (B. Hanf). Zieht im Mai hier durch, selten im Herbste. — (B. Hanf und R. Paumgartner.) 18. August 2 Stücke; 5. September 1, 12. 3 Stücke.

164. *Corydalla Richardi*, Vieill. — Spornpieper.

Kärnten. Mauthen (F. C. Keller). 2 Stücke am 26. October.

Salzburg. Hallein (V. v. Tschusi). 29. October 1 Stück beobachtet.

Steiermark. Mariahof (B. Hanf). Am 30. April 1871 war ich so glücklich, diesen so seltenen Vogel, der jetzt meine Sammlung ziert, auf einem verwachsenen Maulwurfshügel zu schiessen.

165. *Galerida cristata*, Linn. — Haubenlerche.

Böhmen. Nepomuk (R. Stopka). Zahlreich vertreten.

Bukowina. Kotzman (A. Lürtig). Standvogel. — **Obczina** (J. Zitný). Ist hier Standvogel. — **Solka** (P. Kranabeter). Gehört zu den häufigen Standvögeln. — **Toporoutz** (G. Wilde). Standvogel.

Croatien. Agram (A. Smit). Verbleibt in Städten und Dörfern den ganzen Winter. — **Krizpolje** (A. Magdić). Den 23. Mai fand ich ihr Nest. — **Varasdin** (A. Jurinac). Ueberall sehr häufiger Standvogel.

Dalmatien. Spalato (G. Kolombatović). Standvogel.

Kärnten. Mauthen (F. C. Keller). Heuer als Brutvogel sehr schwach vertreten; in der zweiten Hälfte November trafen mehrere ein, um zu überwintern.

Litorale. Monfalcone (B. Schiavuzzi). Häufiger Standvogel.

Mähren. Goldhof (W. Sprongel). Häufig vorkommender Standvogel. Beginn der Paarung am 18. Februar; am 6. Mai entdeckte ich ein Gelege mit 4 Eiern; die Jungen fielen am 16. Mai aus. — **Kremsier** (J. Zahradnik). Im Winter der gewöhnlichste Vogel an den Strassen und in der Stadt. — **Oslawan** (W. Čapek). Gemein. 20. Februar zuerst das Hochzeitslied hoch in der Luft gesungen; am 31. März habe ich 3 Eier (ausnahmsweise schon die volle Zahl) gefunden. In Neudorf hält sich ein Exemplar auf, welches in beiden Flügeln zwei oder drei von den ersten Federn weiss hat. — **Römerstadt** (A. Jonas). Häufiger Standvogel.

Nieder-Oesterreich. Mödling (J. Gaunersdorfer). Ziemlich häufiger Standvogel. Heuer auch im Sommer einigemale (20. Juni) in den Strassen gesehen, was sonst wohl in der Regel im Winter der Fall zu sein pflegt.

Salzburg. Hallein (V. v. Tschusi). Im Vergleiche zu anderen Jahren häufig am Durchzuge. 12., 13., 20., 22. März je 1 Stück; 7. und 8. October 1 Stück, 15. 1 Stück nach N.-W., 17. 5 Stücke, 22. mit *Alauda arv.*, 30. 2 Stücke nach N.-W., 31. 1 Stück mit *Al. arv.* nach N.-W.; 3. November 2 Stücke; 5. 1 Stück.

Siebenbürgen. Fogarás (E. v. Czýnk). Sehr häufiger Stand- und Brutvogel. — **Nagy-Enyed** (J. v. Csató). Standvogel. 7. Mai ausgewachsene Junge.

Steiermark. Mariahof (B. Hanf). »Schopflerche«. Obschon diese Lerche in Untersteiermark ein gar nicht seltener Brutvogel ist, habe ich sie in meiner Umgebung doch erst dreimal beobachtet. — **Pikern** (O. Reiser). Kommt ausschliesslich in nächster Nähe der Stadt (Marburg) vor.

Ungarn. Mosócz (R. Graf Schaffgotsch). Seltener Standvogel. — **Szepes-Igló** (J. Geyer). Bei uns ziemlich gemeiner Standvogel, der sich im Winter allgemein in die Ortschaften drängt.

166. *Lullula arborea*, Linn. — Haidelerche.

Böhmen. Blottendorf (F. Schnabel). Die ersten kamen am 24. Februar. — **Nepomuk** (R. Stopka). Ankunft anfangs März. — **Wirschin** (A. Wend). Ankunft 16. und 19. März; Gesang 17. und 21. März; Abzug 24. October.

Bukowina. Kotzman (A. Lurtig). Standvogel.

Croatien. Agram (V. Diković). Am 30. September und am 20. November noch je 1 Stück bemerkt. — **Varasdin** (A.

Jurinac). Anfangs Februar bis Ende October nicht selten; die meisten bei ihrer Ankunft im Februar.

Dalmatien. Spalato (G. Kolombatović). Vom 1. Januar bis 15. März und vom 1. October bis Ende December.

Kärnten. Mauthen (F. C. Keller). Brütend nicht angetroffen; 27. Februar; 5.—14. October.

Litorale. Monfalcone (B. Schiavuzzi). 21. October mehrere in Rosega, 27. October in Locavez.

Mähren. Oslawan (W. Čapek). Kommt brütend vor. Am 26. Februar erschien schon das erste Paar am Nistplatze. Am 13. März fand ich vier Brutplätze besetzt; immer sind es mit Gras bewachsene Flächen am Rande der höher gelegenen Kiefernwälder. Am 4. April waren schon alle 4 Eier gelegt. Im Spätsommer sind die Vögel in Familien zu sehen; gegen Ende October verlassen sie uns; zuletzt habe ich noch am 4. November 1 Stück gehört. — **Römerstadt** (A. Jonas). An der hohen Haide und an Abhängen zahlreich vertreten; auch an einzelnen Bergabhängen und Wäldchen im Sommer gemein; brütet zweimal im Jahre. Am 14. März 1883 und 20. März 1884 zuerst gesehen.

Nieder-Oesterreich. Melk (V. Staufer). Ankunft 16. März.

Schlesien. Dzingelau (J. Želisko). 3. März 5 Stücke im Zuge (3. Frost bei Ostwind, früh -8^0 R.; 10. heiter, Südwest, früh $+3^0$ R.; 11. und 12. heiter, warm, mittags $+10^0$ R.); Hauptzüge 10.—13. März (13. Nebel, kühl, Nordost, $+1^0$ R., mittags Regen). Abzug der Hauptmasse 9. October (Regen); Nachzügler 22. (kühl, 0^0 R.). — **Ernsdorf** (J. Jaworski). Ankunft Ende März, Abzug im October; nistet hier häufig.

Siebenbürgen. Nagy-Enyed (J. v. Csató). 11. März 3 Stücke gesungen.

Steiermark. Mariahof (B. Hanf). »Waldlerche«. Zieht im März und October hier durch; ist ziemlich selten und brütet bei uns nicht. — (B. Hanf und R. Paumgartner.) 5 Stücke am 5. März.

Ungarn. Mosocz (R. Graf Schaffgotsch). Sommervogel, der Ende März kommt. — **Oravitz** (A. Kocyan). 19. März bei $+3^0$ C. auf der Birkhahnbalz einige bei Dörfern, in Oravitz dieses Jahr keine. — **Szepes-Iglo** (J. Geyer). In unseren Wäldern eben nicht selten. Ein Paar kommt beinahe alljährlich bis nahe zur Stadt; dieses Jahr jedoch nicht beobachtet.

167. *Alauda arvensis*, Linn. — Feldlerche.

Böhmen. Aussig (A. Hauptvogel). Am 15. März hörte ich hier die ersten Feldlerchen. — **Blottendorf** (F. Schnabel). Die ersten kamen am 5. Februar an. — **Böhmisch-Leipa** (Fr. Wurm). Die ersten am 6., Hauptzug am 20. Februar. — **Klattau** (V. Stejda v. Lovčic). Einzelne erschienen am 3. Februar; am 21. Februar trat wärmeres und heiteres Wetter ein, wobei in den Ebenen zahlreiche Feldlerchen herumflogen und auch da blieben, obwohl am 27. Februar kalte Witterung mit Schneefall herrschte. Der Abzug erfolgte am 7. October bei Regenwetter, also um 14 Tage später als im Jahre 1883, wo sie schon am 25. September gänzlich fort waren; warme Witterung, welche bis Mitte October dauerte, mag die Ursache gewesen sein. — **Liebenau** (E. Semdner). Einzelne erschienen am 11., am 12. und 13. Februar aber kam das Gros, welches sich theils in der Umgebung vertheilte, theils aber weiter gegen Norden seinen Zug nahm (starker Südwind, düstere Tage, abwechselnd Regen mit Schneefall; bei Nacht Frost und Eis). Infolge dieser Witterung zogen sich auch die meisten temporär nach dem südlich gelegenen Flachlande zurück, um bei eintretender wärmerer Witterung wieder zu erscheinen. Am 5. März Wiederkehr und bleibende Niederlassung. Sie hielten sich noch in Gesellschaften auf und fanden, da eine gelindere Witterung eingetreten, ihr Futter. (Am 5. März schöner, heiterer Tag, Nordostwind, Thauwetter, die Felder beinahe schneeleer, nur die Nacht hell und frostig, des Morgens stark gefroren.) Waren bis 4. October 1883 in den Fluren sichtbar und fehlten seit diesem Tage. Sonst wurden dieselben bei gelindem Herbste noch Mitte October hier angetroffen; heuer aber war die Witterung rauh, stürmisch und veränderlich, was wahrscheinlich der Grund des zeitigen Abzuges gewesen sein mag. Für die Brut war das Wetter heuer ziemlich günstig. — **Nepomuk** (R. Stopka). Stellt sich jedes Jahr zahlreich ein; Anfang September werden sie unruhig, fliegen gewöhnlich zu mehreren beisammen und bereiten sich auf den Abzug vor.

Zogen Mitte September, als vor dem 15. schlechte Witterung eingetreten war, fort; einige sollen noch am 21. October dagewesen sein. — **Oberrokitai** (K. Schwalb). 15. März die ersten eingetroffen. — **Přibram** (F. Stejskal). Die ersten erschienen schon am 28. Januar bei sehr schöner Witterung, schneefreiem Boden und gelindem Westwinde. Der Abzug erfolgte im October: zuerst ziehen die Männchen mit einigen Weibchen, ihnen folgen dann die übrigen Weibchen nach. — **Rosenberg** (F. Zach). Vom 1.—6. März bereits gesungen. — **Wirschin** (A. Wend). 25. Februar einzeln, 2. März in Mehrzahl nach S.-N.; 27. Februar und 2. März Gesang; 17. October Abzug nach S.-W.

Bukowina. Kotzman (A. Lurtig). »Zaiworonka«. Standvogel. — **Kupka** (J. Kubelka). Zugvogel. — **Petroutz** (A. Stranský). Ankunft 2. März. — **Solka** (P. Kranabeter). Gehört zu den sparsamen Zugvögeln und erscheint schon Ende März; den 9. April wurde schon ein Gelege von 6 Eiern gefunden, aus denen nach 15—16 Tagen die Jungen ausfielen. Jährlich machen sie 2 Bruten. Der Abzug geschieht scharenweise mit eingetretener Abenddämmerung und zwar gegen den Wind. — **Terebleszty** (O. Nahlik). Zugvogel. — **Toporoutz** (G. Wilde). Kommt vor.

Croatien. Agram (V. Diković). Am 14. October einen grossen Flug und am 3. December kleine Flüge bemerkt. — (A. Smit). Ende Februar hört man schon welche. 1880 sah ich sie noch anfangs December, obwohl nur sporadisch; scharenweise fand ich sie heuer noch anfangs November. Der Zug findet gewöhnlich Ende October statt und zwar früh bis 9 Uhr; nachtüber halten sie auf den Hirsefeldern Rast. — **Krizpolje** (A. Magdić). Kommt vor. — **Varasdin** (A. Jurinac). Sehr häufig. Neben der Haidelerche ist wohl die Feldlerche die erste Botin des Frühlings. Sie erscheint bereits anfangs Februar, manchmal schon Ende Januar und wird in manchen Jahren von Kälte und Hunger viel geplagt. Den 6. Februar 1884 fand ich ein halb verhungertes Exemplar. Der Abzug erfolgt Ende September oder Anfang October.

Dalmatien. Spalato (G. Kolombatović). Vom 1. Januar bis 7. April und vom 5. October bis Ende December.

Kärnten. **Mauthen** (F. C. Keller). 8. Februar 6 Stücke, 15. Februar mehrere; am 3. März bei Schnee 2 Stücke am Rückzuge, die wieder am 15. März erschienen; Abzug zerstreut den ganzen October hindurch.

Krain. Laibach (C. v. Deschmann). Am 22. Februar angekommen.

Litorale. Monfalcone (B. Schiavuzzi). Sehr häufiger Stand- und Zugvogel. 26. März an der Tagliata, 2. April in Locavez; 4. Mai schon flügge Junge; 4. Juni einige in Locavez; 12. Juni ein Nest mit 3 frischen Eiern auf dem Roccaberg; 21. October Durchzugvögel in Rosega, ebenso den 24. October in S. Antonio und Locavez, wie überhaupt den ganzen Winter. — **Triest** (L. Moser). »Lodola«. Am 12. December 1884 und noch am 29. Januar 1885. In ganzen Schnüren am Wildpretmarkte, angeblich in Buje in Istrien gefangen.

Mähren. **Fulnek** (G. Weisheit). Ankunft 15. März; Brut 18. Mai, Brütezeit 15 Tage; das Nest auf einer freien Stelle neben einem Erdklumpen gefunden. Es besteht aus kurzen, dürren Grashalmen, aussen aus gröberen, innen aus zarteren, nebst etwas Laub und Moos. — **Goldhof** (W. Sprongel). Trat heuer im Beobachtungsgebiete in grosser Menge auf. Am 14. Februar bemerkte ich das erste Exemplar und am 17. traf der Hauptzug ein. Beginn der Paarung am 22. Februar; am 17. April fand ich ein Nest mit 3 Eiern, das jedoch infolge eingetretenen Schneefalles mit Eisbildung verlassen wurde. Am 26. Mai sah ich schon vollkommen flügge Junge. — **Mährisch-Neustadt** (F. Jackwerth). 16. Februar die erste singen gehört. — **Oslawan** (W. Čapek). Vom 6.—13. December 1883 habe ich ganze Gesellschaften (der Boden war kaum zur Hälfte mit Schnee bedeckt) gesehen. Heuer sind die ersten bei Brünn am 10., hier am 13. Februar angelangt. Am 21. Februar habe ich zuerst das Frühlingslied gehört; am 27. Juni sah ich gegen Abend ein ♂, das auf einer Erdscholle stand und seinen prächtigen Gesang erschallen liess. Von Ende September striechen sie über die Felder hin und her, gegen Mitte November waren sie verschwunden. Am 4. December traf ich ein einzelnes Stück an. Der ganze December war ziemlich warm ohne Schnee. Noch am 2. Januar 1885 wurden ganz bestimmt 3 Stücke bei Neudorf beobachtet und gleich darauf kam grosse Kälte. — **Römerstadt** (A. Jonas). Kommt Ende Februar und zieht Ende October. Heuer habe ich am 11. November zahlreiche Scharen von Lerchen zu beobachten Gelegenheit gehabt, wo selbe sonst um diese Zeit nicht mehr anzutreffen waren.

Nieder-Oesterreich. Melk (V. Staufer). Ankunft 21. Februar. — **Mödling** (J. Gaunersdorfer). Kam Anfang Februar.

Salzburg. Hallein (V. v. Tschusi). 31. Januar 6 Stücke auf den Feldern (S., S.-O., $+7^0$, sonnig), den nächsten Morgen dieselben; 3. Februar 9 Stücke, die dann nach S. zogen; 6. und 11. je 1 Stück, 15. 7 Stücke, 17. (O., $+4^0$) 30 Stücke, 19. (Ostwind) 2 Stücke, 20. (Südostwind) 50—60 auf den Feldern; bis 25. kleine und grössere Flüge, 26. (Schnee im Thale, N.-O., $+1^0$) 2 Stücke nach S., 27. (N.-W., $+1^0$, Schneefall in der Nacht im Thale) alle verschwunden; nachdem am 1. März das Thal schneefrei zu werden begann, erschienen am 2. 10—15 Stücke, den 3. mehrere Züge, 12. vereinzelte nach N.-W., 24. 3 Stücke. 2. October 6 Stücke, 3. 4. 5. mehrere, 13. einzelne nach N.-W., ebenso den 14. und 15., 16. Flüge nach N.-W., 17. einzelne, 19. (nach Schneefall im Gebirge bei S.-W., $+6^0$, trüb) zogen den ganzen Tag kleine und grössere Flüge mit grosser Eile, niedrig fliegend, nach N.-W.; 21. und 22. (bei S.-W.) kleine Flüge nach N.-W., 23. und 24. einzelne nach N.-W., 25. (nach und vor Schneefall, bei Regen, S., $+2^0$) einige grosse, 4—500 Individuen zählende Flüge nach N.-W.; 26. einige Stücke, 31. einige Flüge vormittags nach N.-W.; 4. und 7. November je 1 Stück, 19. nach Schneefall einige zuerst nach S., dann nach N.-W., 22. die letzte. — **Saalfelden** (V. Eisensammer). Erschienen in der zweiten Märzwoche; vermöge der günstigen Herbstwitterung sah ich noch Mitte November einige, wohl verspätete; denn der Hauptschwarm verschwand Anfang November.

Schlesien. Dzingelau (J. Żelisko). 5. Februar die erste Lerche gesehen (früh Regen, trüb, warm, $+7^0$ R.), 17. ♂ angekommen, 18.—21. neue Züge (17.—21. heiter, 17. Nordost, mittags -2^0 R., 18. Südost, früh -8^0 R., 20. und 21. Südost, mittags $+2^0$ R.); 26. Februar zogen die Lerchen bei

Schneefall (— 2° R.), welcher bis 29. dauerte, fort; 6. März kamen die Lerchen zurück. Beginn des Abzuges 15. September (heiter bei andauerndem Nordost); 22.—27. September Züge der Lerchen (27. in den Niederungen Frost): Nachzügler 22., 31. October; am 20. November 4 Stücke bei Tag nach Südwest ziehend (Frost. — 5° R.). — **Ernsdorf** (J. Jaworski). Ankunft Mitte Februar, Abzug Anfang November. Dieses Jahr hat die Brut durch ungünstige Witterung im Frühjahre viel gelitten. — **Jägerndorf** (E. Winkler). 10. März die erste gesehen, Abzug 22. September. — **Lodnitz** (J. Nowak). Ankunft 5. Februar. Hauptabzug 14. October; einzelne kamen bis 20. November vor. — **Troppau** (E. Urban). 19. Februar einige, 26., 27. viele; Ende October noch einige hier.

Siebenbürgen. Fogarás (E. v. Czýnk). Sehr häufiger Brutvogel. Die erste am 12. Februar gesehen, am 14. viele trillern gehört: Abzug am 16. October bei Nordwestwind. Bei uns erscheinen nur solche, welche hier brüten. — **Nagy-Enyed** (J. v. Csató). 7. März 2 bei Csombord. 7. 30. 15. 40 bei Nagy-Enyed; 24. October 5 bei Drasso. 27. 2 bei Koncza, 29. 2 Stücke bei Drasso.

Steiermark. Mariahof (B. Hanf). Der erste Frühlingsbote, der bisweilen, wenn er schneefreie Aecker antrifft, schon anfangs Februar zurückkommt und uns erst im November verlässt. — (B. Hanf und R. Paumgartner). 7. Februar 1, 14. 5, 4. März 20—30, 5., 6. 40—50, 8. 2, 10.—12. 20—30, 13. überall, 14. 100—200, 22. bei 100; 12. October 15, 14. 70—80, 21. 20—30, 24. 30—40, 5. November 100, 8., 9. 2, 19. 10—20, 21. (N.-W., schön) 10—12 Stücke, 22. die letzte. — (F. Kriso). Schon im Februar anwesend: 11. März viele. — **Pöls** (St. Bar. Washington). 19. April 1 ♂.

Tirol. Innsbruck (L. Bar. Lazarini). 9. März ziemlich zahlreich vorhanden; stiegen und sangen, obwohl die Felder noch zollhoch mit frischem Schnee bedeckt waren.

Ungarn. Mosócz (R. Graf Schaffgotsch). Sehr häufiger Sommervogel. — **Oravitz** (A. Kocyan). 18., 19. März die ersten; Abzug zu den Aeckern sehr zeitig und nach dem Abmähen der Wiesen (d. i. bis Ende Juli) selten zu sehen. — **Szepes-Béla** (M. Greisiger). Am 23. Februar (Südwind, heiter, warm, ebenso tagsvorher. Feld grösstentheils schneefrei) im Felde bei Béla und Rokusz einige Stücke; 26. (Südwind, heiter, warm) Lerchen singen schon überall; 6. März (Nordostwind, kalt. Schneesturm) Feldlerchen in ziemlich grosser Anzahl da; 10. (schwacher Südwind, wärmer, tagsvorher noch starker Nordwind und kalt) im Felde überall schon zahlreich; 14. (Nordostwind, heiter und kalt, tagsvorher Südwind und regnerisch) in Zsdjár (Gebirgsdorf) viele gesehen; 19. October (starker Nordwind und Schneegestöber, tagsvorher ebenso und Regen) auf dem Felde bei Rox noch 1 Stück gesehen; 1. November (windstill, heiter und warm) bei Béla auf dem Felde die letzte. — **Szepes-Igló** (J. Geyer). Ein allenthalben verbreiteter Brut- und beliebter Singvogel; erscheint gewöhnlich mit Anfang März und zieht im September fort. Dieses Jahr liess eine einzelne schon am 23. Februar ihr Lied hoch in der Luft erschallen. 12. Juni flügge Junge; am 14. Juli noch singend.

168. *Melanocorypha calandra.* Linn. — Kalanderlerche.

Dalmatien. Spalato (G. Kolombatović). 5., 20. Januar, 3. Februar; 7., 12. November.

Kärnten. Mauthen (F. C. Keller). Erschien in wenigen Exemplaren am 16. Mai.

Litorale. Triest (L. Moser). »Calandron«. Am 2. November in Promontore (Südspitze Istriens) auf den Feldern häufig beobachtet: Wetter sonnig, bei leichtem Borin (N.-O.). Als Singvogel in Triest häufig am Markte.

169. *Calandrella brachydactyla.* Leissl. — Kurzzehige Lerche.

Dalmatien. Spalato (G. Kolombatović). 15., 16., 17. April.

Kärnten. Mauthen (F. C. Keller). 2 Stücke am 4. Mai; ist dahier ein sehr seltener Zugvogel.

Steiermark. Mariahof (B. Hanf). Seltener Passant. Am 19. April 1870 war ich so glücklich, diesen südlichen Vogel (♂) auf einem Kornacker unserer Hochebene zu schiessen und am 6. Mai 1884 erlegte P. Roman sozusagen an demselben Orte ein Weibchen, das Haferkörner im Magen hatte. — (B. Hanf und R. Paumgartner). Ein ♀ den 6. Mai bei Schnee in der Ebene erlegt.

170. *Phileremos alpestris*, Linn. — Alpenlerche.

Kärnten. Mauthen (F. C. Keller). Ein starker Flug hielt sich am 27. und 28. April auf dem Hochplateau des Zollner auf; zieht sehr hoch, wird deshalb vom Thale aus nur höchst selten beobachtet.

Mähren. Kremsier (J. Zahradnik). Am 16. Januar wurde mir dieser schöne und seltene Vogel von einem meiner Schüler gebracht. Er strich mit 8 anderen Genossen und mit *Fringilla montifringilla* in der Nähe eines Wirthschaftsgebäudes umher und wurde die ganze Gesellschaft auf Leim gefangen. Leider gingen die 8 durch Zufall zu Grunde; das wohlerhaltene Exemplar schmückt schon unsere Sammlung. Im Magen fand ich ausser sehr feinen, weissen und fast cubischen Quarzkörnchen auch noch Samen verschiedener Unkräuter. Einer meiner Schüler der hiesigen Ackerbauschule, wo ich den Vogel zeigte, um auf ihn aufmerksam zu machen, theilte mir mit, dass er diesen Vogel am 21. Januar in Hullein in den Gassen und zwar bei 80 Stücke gesehen habe und ihm der fremde Vogel gleich damals aufgefallen sei. Bemerkenswerth ist noch der Umstand, dass das Wetter vor dem 16. durchaus nicht streng war; allerdings fiel recht viel Schnee und dieser thaute gerade auf. [Laut Anfrage herrscht über die Richtigkeit dieser Angabe kein Zweifel. v. Tschusi.]

VIII. Ordnung.

Crassirostres. Dickschnäbler.

171. *Miliaria europaea*, Swains. — Grauammer.

Bukowina. Solka (P. Kranabeter). Gehört zu den sparsamen Zugvögeln. Er erscheint im April und zieht im October ab.

Croatien. Agram (A. Diković). Am 2. November grosse Flüge und am 24. November einen grossen Flug bei Agram bemerkt. — Krizpolje (A. Magdić). Kommt vor. — Varasdin (A. Jurinac). In jeder Jahreszeit gemein.

Dalmatien. **Spalato** (G. Kolombatović). Standvogel.

Kärnten. **Mauthen** (F. C. Keller). 3 Stücke am 24. April.

Litorale. **Monfalcone** (B. Schiavuzzi). Sommer- und Wintervogel, dabei in bedeutender Zahl auch Durchzugsvogel im Herbste. 19. Januar nahe der Thermen; 22., 28. April einige in S. Antonio und Locavez; 9. September ungeheure Scharen in Locavez, welche am 12. September fast verschwunden waren; 15. September wieder ungeheure Scharen in Locavez; 17. September kleinere Scharen; 1. und 27. October und den ganzen Winter hindurch eine Schar in Locavez.

Mähren. **Goldhof** (W. Sprongel). Kommt ziemlich häufig vor. — **Kremsier** (J. Zahradnik). Unser Exemplar stammt aus dem Fürstenwalde. — **Oslawan** (W. Čapek). Mehrere Paare nisten um Eibenschitz herum, auch unterhalb Oslawan. Am 2. November 1883 sah ich noch 8 Stücke; heuer langten am 27. Januar zuerst 4 Paare bei Eibenschitz an; 10. Februar sah ich einige bei Senohrad, wo sie ebenfalls nisten; 16. Mai wurde ein Gelege im Kleefelde gefunden; 6. November waren noch viele hier; 27. November sah ich 2 Stücke mit Haubenlerchen und Goldammern auf der Strasse in Oslawan (Schnee); am 4. December (dieselben?) zwei Stücke auf Stoppelfeldern und am 6. December nur ein Stück mitten in Oslawan auf der Strasse. — **Römerstadt** (A. Jonas). Einzelne Paare nisten auf trockenen Wiesen im niedrigen Gebüsche. Am 2. Mai ein Nest mit 4 Eiern angetroffen. In manchen Jahren erscheint dieser Vogel im Herbste in grossen Scharen bei uns, wie z. B. im Jahre 1879.

Nieder-Oesterreich. **Wiener-Neustadt** (O. Reiser). Sicher beobachtet im Thale der neuen Welt, unweit Wiener-Neustadt.

Siebenbürgen. **Fogarás** (E. v. Czýnk). Sehr häufiger Stand- und Brutvogel. — **Nagy-Enyed** (J. v. Csató). Standvogel.

Steiermark. **Pöls** (St. Bar. Washington). Bisher nur am Zuge beobachtet; 26. April 1 ♂, 27. 1 ♂ und 4 ♀; 3. und 4. Mai je ein ♂. Leider konnte ich nicht constatiren, ob eines der beobachteten Paare dieser hier seltenen Ammerart übersommerte.

Ungarn. Szepes-Igló (J. Geyer). Bei Rosenau (im Sajóthale) beobachtete ich ihn alljährlich in der wärmeren Jahreszeit, hier in Igló noch nicht.

172. *Euspiza melanocephala*, Scop. — Schwarzköpfiger Ammer.

Dalmatien. Spalato (G. Kolombatović). Vom 7. Mai bis 2. August.

Litorale. Monfalcone (B. Schiavuzzi). 6. Juni 1 ♂ bei Aris. Vallon hat diese Art bei Sagrado gefunden.

173. *Emberiza citrinella*, Linn. — Goldammer.

Böhmen. Nepomuk (R. Stopka). Kommt zahlreich vor. Am 6. August fand ich noch ein Nest mit Jungen auf der Erde in einem Strauche neben dem Teiche. Das Nest war unansehnlich aus groben Halmen verfertigt, nur in der Mitte weicher ausgepolstert.

Bukowina. Kotzman (A. Lurtig). Standvogel. — **Kupka** (J. Kubelka). Standvogel. — **Obczina** (J. Zitný). Standvogel, stark vertreten. — **Solka** (P. Kranabeter). Gehört zu den häufigen Standvögeln. — **Terebleszty** (O. Nahlik). Strichvogel. — **Toporoutz** (G. Wilde). Kommt vor.

Croatien. Krizpolje (A. Magdić). Häufig. — **Varasdin** (A. Jurinac). Sehr zahlreicher Standvogel.

Dalmatien. Spalato (G. Kolombatović). Vom 1. Januar bis 15. März und vom 3. November bis Ende December.

Kärnten. Mauthen (F. C. Keller). Gemeiner Standvogel.

Litorale. Monfalcone (B. Schiavuzzi). 4. Februar einer auf den Pappeln bei S. Giovanni.

Mähren. Goldhof (W. Sprongel). Nächst dem Haussperlinge der gemeinste Standvogel. — **Oslawan** (W. Čapek). Gemeiner Standvogel. Vom October Gesellschaften auf Stoppelfeldern und Strassen; sie schlafen in Gebüschen am Waldrande. Am 14. Februar habe ich zuerzt den Frühjahrsgesang gehört, und am 8. Mai waren alle Eier gelegt. Blass oder schmutzig rostfarbene Gelege, auch ohne Adern, wie ich sie einigemale bei Brünn gefunden habe, sind mir hierorts nicht vorgekommen. — **Römerstadt** (A. Jonas). Gemeiner Standvogel.

Nieder-Oesterreich. Mödling (J. Gaunersdorfer). Standvogel. Im Winter gemein auf Strassen und in Gärten; gegen Ende März öfter auf eben bebauten Gerstenfeldern gesehen, welche sie mit besonderer Vorliebe aufzusuchen scheinen.

Salzburg. Hallein (V. v. Tschusi). 11. Februar erster Gesang; 26. August ein Nest mit halbflüggen Jungen.

Schlesien. Ernsdorf (J. Jaworski). Häufiger Standvogel. — **Troppau** (E. Urban). Ebenso.

Siebenbürgen. Fogarás (E. v. Czýnk). Sehr häufiger Stand- und Brutvogel. — **Nagy-Enyed** (J. v. Csató). Standvogel.

Steiermark. Mariahof (B. Hanf). »Amering«. Der treueste und häufigste Standvogel. — (F. Kriso). Gemein wie der Spatz; im Winter häufig auf unserem Futterplatze. 1. April Nistmaterial tragen gesehen. — **Pöls** (St. Bar. Washington). Schritt heuer sehr spät zum Brutgeschäfte. Die Nester, welche zwischen dem 18. und 26. April von mir aufgefunden wurden, enthielten bis zum letztgenannten Tage höchstens 3 Eier. Am 3. Mai beobachtete ich einen etwa 25 Köpfe starken Schwarm, grösstentheils ♂, nach Osten ziehend (schönes, warmes Wetter, schwacher Ostwind).

Ungarn. Mosócz (R. Graf Schaffgotsch). Sehr häufiger Standvogel. 13. Juni wurde ein Nest mit 6 Eiern bei der Heumath zerstört; 15. Juni Nest mit 3 Jungen und 2 Eiern gefunden; 7. September brütete noch ein ♀, dessen Nest tagsdarauf von Raubthieren zerstört war. — **Szepes-Béla** (M. Greisiger). Am 30. September (schwacher Ostwind, heiter und warm) bei Béla schon auf dem Striche. — **Szepes-Igló** (J. Geyer). Sehr häufiger Standvogel auf den Feldern und im Walde, im Winter sich massenhaft in die Ortschaften drängend. Erste Probe im Frühlingsgesange am 31. Januar.

174. *Emberiza cirlus*, Linn. — Zaunammer.

Dalmatien. Spalato (G. Kolombatović). Standvogel.

Litorale. Monfalcone (B. Schiavuzzi). 10. Februar 1 ♀ in Pietra rossa erlegt; 3., 5., 6., 23. März ebendaselbst.

175. *Emberiza cia*, Linn. — Zippammer.

Dalmatien. Spalato (G. Kolombatović). Vom Januar bis 3. April und vom 29. September bis Ende December.

Kärnten. Mauthen (F. C. Keller). 1 Stück am 24. November.

Litorale. Monfalcone (B. Schiavuzzi). 5. Januar 1 ♂ erlegt, 7., 10. 1 ♀; 10. Februar 1 ♂ und 1 ♀ in der Stadt erlegt, 19. 3 ♀ und 1 ♂ ebendaselbst; 19. December einige in Pietra rossa.

Nieder-Oesterreich. Wiener-Neustadt (O. Reiser). Brutvogel der hohen Wand und zwar in derselben Gegend, wie *Miliaria europaea*, aber direct in den Felswänden, oft in bedeutender Höhe, aber auch im Gerölle. 20. Mai 4 frische Eier (siehe Nr. 12 der Mittheil. d. ornith. Vereines in Wien, VII. Jahrg.).

Siebenbürgen. Fogarás (E. v. Czýnk). Selten. Am 2. April ein Paar bemerkt. — **Nagy-Enyed** (J. v. Csató). 29. Februar 2 Stücke erlegt.

Steiermark. Mariahof (B. Hanf). Ein sehr seltener Passant; ich besitze nur ein Exemplar dieser Art.

176. *Emberiza hortulana*, Linn. — Gartenammer.

Böhmen. Přibram (F. Stejskal). Kommt sehr selten vor; heuer hat in den Stadtanlagen bloss ein Paar genistet.

Croatien. Krizpolje (A. Magdić). Den 22. Mai ein Nest mit 4 Eiern gefunden, das ganz nahe an den Wurzeln einer Hecke stand und aus Gräsern, Moos gebaut und inwendig mit Wolle, Rosshaar und Borsten ausgefüttert war.

Dalmatien. Spalato (G. Kolombatović). Vom 15. März bis 28. Juni.

Kärnten. Mauthen (F. C. Keller). Brütete in mehreren Paaren; erschien Ende April und zog vom 10.—21. September.

Nieder-Oesterreich. Leobersdorf (O. Reiser). Ziemlich häufiger Brutvogel bei Matzendorf nächst Leobersdorf. Ich fand daselbst Eier und Junge.

Salzburg. Hallein (V. v. Tschusi). 29. August 1 Stück. 30. ♂ jun.

Steiermark. Mariahof (B. Hanf). Ein seltener Passant. Am 18. Mai 1861 schoss ich ein Weibchen dieser Art. — **Pöls** (St. Bar. Washington). Noch nie beobachtet.

177. *Schoenicola schoeniclus*, Linn. — Rohrammer.

Croatien. Agram (V. Diković). Am 11. December eine Familie bemerkt.

Dalmatien. Spalato (G. Kolombatović). Vom 1. Januar bis 28. März und vom 2. October bis Ende December.

Kärnten. Mauthen (F. C. Keller). Vom 12.—20. März am Zuge nicht selten; Herbstzug spärlich Ende October.

Litorale. Monfalcone (B. Schiavuzzi): 26. März an der Tagliata; 6. April 2 daselbst; 9. September die ersten in Locavez: 21. October sehr viele in Rosega: 19. November einige in Pietra rossa.

Salzburg. Hallein (V. v. Tschusi). 15. März 1 Stück, mehr nicht gesehen; 27. September, 7., 15., 16. und 17. October je 1 Stück; 19. 2, 20. und 21. 6—8 Stücke, 22.—24. einzelne.

Schlesien. Ernsdorf (J. Jaworski). Seltener Durchzugsvogel im October.

Siebenbürgen. Fogarás (E. v. Czýnk). Beinahe das ganze Jahr zu sehen. 16. Februar der erste, 5. December der letzte; brütet im Mundraer Rohre und bei Dridif.

Steiermark. Mariahof (B. Hanf). »Rohrspatz«. Passant. Zieht schon Ende März hier durch und ist vom Anfang September bis Mitte November am Teiche anzutreffen. — (B. Hanf und R. Paumgartner). 4. März 1. 17. 2. 4., 5., 6., 7. April; 17. April ♂; 27. und 30. September je 3 Stücke; 1., 3., 7. und 9. October viele, bis 23. täglich mehrere; 24. November letzter.

Ungarn. Oravitz (A. Kocyan). Bei Trstena an der »Schwarzen Arva« den 13. März 1 Stück erlegt.

178. *Schoenicola intermedia*, Mich. — Mittlerer Rohrammer.

Kärnten. Mauthen (F. C. Keller). 1 ♂ und ♀ am 20. October. Trotzdem dieser Vogel sehr selten beobachtet wird, glaube ich doch, dass er nicht gar so überaus selten ist, vielmehr oft übersehen oder mit der vorigen Art verwechselt wird, obgleich er sich schon durch seinen Ruf ganz markant unterscheidet.

Steiermark. Mariahof (B. Hanf). Ein seltener Passant.

179. *Plectrophanes lapponicus*, Linn. — Lerchenspornammer.

Krain. Laibach (C. v. Deschmann). ♂ und ♀ wurden bei der Ziegelhütte des Herrn Treo nächst Vaitsch bei Laibach am 17. November gefangen.

180. *Plectrophanes nivalis*, Linn. — Schneespornammer.

Mähren. Oslawan (W. Čapek). Ein ♂ wurde am 12. December in der Umgebung erlegt und ausgestopft.

Schlesien. Ernsdorf (J. Jaworski). Acusserst seltener Durchzugsvogel im November, December und Januar.

Ungarn. Szepes-Igló (J. Geyer). Am 12. März 1881 ein lebendes Exemplar bei Herrn Apotheker Aurel Scherffel in Felka, welches tagsvorher nächst genannter Stadt von Knaben mit den Händen gefangen wurde. Es steht jetzt ausgestopft im Museum der genannten Stadt.

181. *Montifringilla nivalis*, Linn. — Schneefink.

Kärnten. Mauthen (F. C. Keller). Heuer sehr spärlich im Alpengebiete.

Steiermark. Mariahof (B. Hanf). »Alpenspatz«, »Steinspatz«. Brutvogel in unseren Hochgebirgen, besonders häufig auf einigen Ausläufern des Hochschwab im Brucker Kreise; kommt sehr selten in die Niederungen.

182. *Passer montanus*, Linn. — Feldsperling.

Böhmen. Blottendorf (F. Schnabel). Heuer sehr wenige.

Bukowina. Toporoutz (G. Wilde). Kommt vor.

Croatien. Varasdin (A. Jurinac). Ungemein häufig.

Dalmatien. Spalato (G. Kolombatović). Vom 1. Januar bis 25. März und vom 2. October bis Ende December.

Kärnten. Mauthen (F. C. Keller). »Spatz«. Stand- und Brutvogel.

Litorale. Monfalcone (B. Schiavuzzi). Standvogel. 21. Februar 1 ♀ mit grauen Flecken auf der Stirne erlegt.

Mähren. Goldhof (W. Sprongel). Kommt häufig vor. — **Kremsier** (J. Zahradnik). Neu war mir die aus einem Dorfe nächst Bystřic a/Hostein zugekommene Beobachtung, dass der Feldsperling im Winter paarweise sein Nachtquartier in der Nähe der menschlichen Wohnungen beziehe im Gegensatze zum *P. domesticus*. — **Oslawan** (W. Čapek). Vom October bis etwa Mitte März in Gesellschaften von öfters 100—200 Stücken. Am 6. Mai fand ich vollzählige Gelege; die Eier eines und desselben Geleges sind oft sehr verschieden gefärbt. — **Römerstadt** (A. Jonas). Standvogel.

Nieder-Oesterreich. Mödling (J. Gaunersdorfer). Standvogel. 3. Mai in einem Garten beobachtet.

Siebenbürgen. Fogarás (E. v. Czýnk). Sehr häufiger Standvogel.

Steiermark. Mariahof (B. Hanf). »Spatz«. Ein zahlreicher, schädlicher Standvogel. — (F. Krisó). Am 6. Juni viele flügge Junge angetroffen.

Ungarn. Mosócz (R. Graf Schaffgotsch). Seltener Standvogel. — **Oravitz** (A. Kocyan). Wie alljährlich. Vom 20. bis 24. September Flüge; 15—30 Stücke bis zum Schneefall. — **Szepes-Béla** (M. Greisiger). Am 14. März in Zsdjár (Gebirgsdorf) viele gesehen. — **Szepes-Igló** (J. Geyer). Bei uns ziemlich häufiger Standvogel. Dieses Jahr brütete ein Paar auch im Hausgarten in einem Astloche eines sehr alten Birnbaumes. Das Männchen beobachtete ich fast jeden Morgen, wie es mit auffallend emporgehobenem Kopfe zwischen den Pflanzungen meiner Baumschule einherstolzirte, um die an die Oberfläche gekommenen Insecten aufzulesen. Die Jungen verliessen etliche Tage vor Johanni das Nest.

183. *Passer domesticus*, Linn. — Haussperling.

Böhmen. Blottendorf (F. Schnabel). Nimmt alljährlich an Zahl zu, so zwar, dass er im Hochsommer in grossen Flügen die Weizenfelder arg heimsucht; auch den Kirschbäumen verursacht er erheblichen Schaden. — **Nepomuk** (R. Stopka). Sehr verbreitet. Schadet in Gärten, indem er Setzlinge und Knospen abbeisst; mir haben sie im Garten fast alle Blüthenknospen an einem Birnbaume vernichtet.

Bukowina. Kupka (J. Kubelka). Standvogel. — **Solka** (P. Kranabeter). Gehört zu den häufigen Standvögeln. — **Straza** (R. v. Popiel). Fehlt im Gebirge gänzlich; 3 eigens angesiedelte Paare verschwanden in kurzem. Die Ursache ist wohl Mangel an Kornfrucht und die rauhe Witterung. — **Terebleszty** (O. Nahlik). Standvogel. Am 7. August wurde mir im Dorfe ein weisses Exemplar vorgewiesen. — **Toporoutz** (G. Wilde). Standvogel; im Ueberflusse vorkommend.

Croatien. Agram (A. Smit). Anfangs November bemerkte ich, dass Spatzen Stroh, Federn und anderes Material unter Dächer trugen, um sich ein warmes Winterquartier einzurichten. — **Krizpolje** (A. Magdić). Massenhaft. — **Varasdin** (A. Jurinac). Massenhaft; wird zur Feldplage.

Dalmatien. Spalato (G. Kolombatović). Standvogel.

Kärnten. Mauthen (F. C. Keller). »Spatz«. Gemeiner Brut- und Standvogel.

Litorale. Monfalcone (B. Schiavuzzi). Gemeiner Stand- und Strichvogel.

Mähren. Fulnek (G. Weisheit). Standvogel. — **Goldhof** (W. Sprongel). Gemein. Vom August an bis in's Frühjahr hinein kommt er bei den Höfen in Scharen von vielen Hunderten vor. — **Oslawan** (W. Čapek). Sehr häufig. Ein vollkommener Albino wurde im Steinbruche bei Hrubschitz erlegt. Auch hier kam mir ein fast ganz weisses Exemplar vor, das nur am Kopfe und Flügel einige normal gefärbte Federn hatte. — **Römerstadt** (A. Jonas). Gemeiner Standvogel.

Siebenbürgen. Fogarás (E. v. Czýnk). Gemeiner Standvogel.

Steiermark. Mariahof (B. Hanf). »Spatz«. Ein Brutvogel, wovon uns viele im Winter verlassen. — (F. Kriso). 1. April Nestmaterial tragend.

Ungarn. Mosócz (R. Graf Schaffgotsch). Seltener Standvogel. — **Oravitz** (A. Kocyan). Ende März erschien, nur bei gelindem Wetter, einigemale ein Paar, nistete aber nicht. Im Herbste kamen einige mit den Feldspatzen und verblieben beim Hause. — **Szepes-Igló** (J. Geyer). Ein häufiger Standvogel. 5. Februar schleppte ein ♂ Strohhalme zum Nestbau; am 15. Februar erster Paarungsstreit; am 22. März Begattung; am 8. Juni flügge Junge; am 20. Juni Begattung zur zweiten Brut; am 15. August flügge Junge der zweiten Generation.

184. *Passer cisalpinus*, Temm. — Italienischer Haussperling.

Litorale. Monfalcone (B. Schiavuzzi). Nicht seltener Stand- und Strichvogel. 20. April 1 ♂ und 1 ♀ in meinem Garten erlegt. Messungen: ♂ Totall. 163, Flügell. 78, ♀ Totall. 162, Flügell. 74.

185. *Fringilla coelebs*, Linn. — Buchfink.

Böhmen. Blottendorf (F. Schnabel). Die ersten kamen am 29. Februar an; schon Anfang September zogen die ersten fort und gegen Ende October die letzten. — **Böhmisch-Wernersdorf** (A. Hurdálek). Erschien am 14. März; scheint sich bedeutend zu vermehren; nistet auch gern in Nestern vom vorigen Jahre. — **Liebenau** (E. Semdner). Am 3. März vereinzelt angelangt, während der Hauptzug am 4. erschien und sich nach verschiedenen Richtungen vertheilte. Am 3. ein heiterer Tag mit Sonnenschein, schwacher Luftzug aus Südost. Thauwetter; die Nacht jedoch kalt und hell, und der Schnee verlor sich infolge der seit einigen Tagen herrschenden schönen Witterung langsam von Wiese und Feld. Am 6. März verschwanden dieselben zumeist wegen eingetretener schlechten Witterung und des dadurch bedingten Futtermangels. Vom 6.—19. März anhaltender Schneefall mit heftigen Stürmen. Erst am 20. März kehrten die Vögel allmählich zurück und bevölkerten die Gärten und Wälder. Am 20. schön, warm, starkes Thauwetter und schwacher Luftzug von Süden. In den Gärten fehlten sie schon seit 19. September; in den Wäldern und Auen hingegen bemerkte man dieselben bis 6. October in grösseren Mengen. Seit dieser Zeit waren sie auch im Walde nur sehr vereinzelt anzutreffen. Die Brut hat durch Raubvögel sehr viel gelitten und es sind von den Jungen verhältnissmässig wenige flügge geworden. — **Nepomuk** (R. Stopka). Gehört zu unseren am meisten verbreiteten Vögeln, hält sich hier mehr in Wäldern als in Gärten auf und kommt im Winter zu den Gebäuden. — **Přibram** (F. Stejskal). Hauptzug am 15. März, Abzug am 2. October; heuer blieben viele Paare über den ganzen Winter hier.

Bukowina. Kotzman (A. Lurtig). Standvogel. — **Kuczurmare** (C. Miszkiewicz). Im Winter sind sie den Knospen der Buchen in grosser Anzahl schädlich. — **Kupka** (J. Kubelka).

Zugvogel. — **Obczina** (J. Zitný). Strichvogel. — **Solka** (P. Kranabeter). Gehört zu den häufigen Standvögeln; im Herbste, erscheinen sie massenhaft in Gärten. Das Nest bauen sie niedrig gut gedeckt, gewöhnlich in Wachholdersträuchern. — **Terebleszty** (O. Nahlik). Zugvogel. — **Toporoutz** (G. Wilde). Standvogel.

Croatien. Agram (V. Diković). Am 19. October eine grosse Schar von etwa 300 Stücken bei Agram gesehen. — (A. Smit). Die Männchen verbleiben in unseren Gegenden den ganzen Winter, die Weibchen ziehen in strengen Wintern ab und kommen anfangs Februar zurück. — **Krizpolje** (A. Magdić). Vorigen Winter waren diese Vögel massenhaft, während sich heuer sehr wenige zeigten. — **Varasdin** (A. Jurinac). Sommer und Winter ♂ und ♀ sehr gemein.

Dalmatien. Spalato (G. Kolombatović). Vom 1. Januar bis 22. April und vom 29. September bis Ende December.

Kärnten. Mauthen (F. C. Keller). Gemeiner Brutvogel. Die Weibchen verschwinden gewöhnlich schon Ende October, während die Männchen überwintern.

Litorale. Monfalcone (B. Schiavuzzi). 14. März Beginn des Schlages; 13. October die ersten in S. Antonio am Durchzuge.

Mähren. Fulnek (G. Weisheit). Ankunft 17. März. — **Goldhof** (W. Sprongel). Standvogel; nicht gar häufig. — **Oslawan** (W. Čapek). Scheint mir als Brutvogel seltener geworden zu sein. Am 13. Januar zwei Paare, 21. 8 Stücke; später hie und da einige; am 15. Februar 30 Stücke am Zuge gegen Norden; den 12. März habe ich zuerst den Frühlingsschlag gehört; am 13. März noch gesellschaftlich mit Ammern und Feldspatzen auf Stoppelfeldern; den 18. April das erste Nest fertig. Anfangs October kleine Familien, 9. October grössere Scharen; bis Ende des Jahres stets einige, wahrscheinlich nordische Vögel, in Gärten und auf Strassen. — **Römerstadt** (A. Jonas). Kommt vor und überwintert.

Nieder-Oesterreich. Mödling (J. Gaunersdorfer). Vom zeitigen Frühjahre an (März) konnte man die ♂ häufig schlagen hören.

Salzburg. Abtenau (F. Höfner). Ankunft 15. Januar; 13. März erster Schlag. — **Hallein** (V. v. Tschusi). 25. Februar erster Schlag, 3. März mehrfach; 8. (nach schwachem Schneefalle im Thale, bei Westwind) viele ♂♂, 22. auch ♀♀; 23. Nest zu einem Drittel fertig; 8. Mai mehrere Bruten ausgeflogen; 1. September viele auf den Feldern; 12. October viele mit *Fringilla montifringilla* und *Cannabina sanguinea*; vom 16. an bis 27. wenige ♂ und ♀; 1. December ♂ und ♀, 20. 2 ♂.

Schlesien. Ernsdorf (J. Jaworski). »Edelfink«, »Gartenfink«. Ankunft März, Abzug Ende October; selten, nach 6—8 Jahren einmal nistend. — **Lodnitz** (J. Nowak). Am 20. März schlagend.

Siebenbürgen. Fogarás (E. v. Czýnk). Verlässt uns im October; 12. Februar den ersten Finkenschlag gehört. Habe weder ♂, noch ♀ heuer im Winter gesehen.

Steiermark. Mariahof (B. Hanf). Brutvogel; nur einige Männchen, bisweilen auch ein Weibchen, bleiben im Winter bei uns. — **Pöls** (St. Bar. Washington). Der Beginn des Brutgeschäftes fiel in die erste Hälfte April; zwischen dem 20. und 28. April enthielten nahezu alle Nester, welche ich auffand, 4 bis 5 Eier. In einem Neste fand ich schon am 1. Mai etwa 3 Tage alte Junge. Am 25. April notirte ich einen aus circa 60—80 Stücken (♂ und ♀) bestehenden Flug nach Nordosten bei entgegengesetzter Windrichtung.

Ungarn. Mosócz (R. Graf Schaffgotsch). Sehr häufiger Sommervogel; 5. Juni Nest mit 6 circa 3 Tage alten Jungen gefunden. — **Oravitz** (A. Kocyan). 17. März die ersten, 28. mehrere; 18. October die letzten; einzelne überwintern. — **Szepes-Béla** (M. Greisiger). Am 14. März (Nordostwind, heiter und kalt, tagsvorher Südwind und regnerisch) in Zsdjár viele Flüge; 24. April (schwacher Nordwind, heiter und warm, tagsvorher Nordostwind und Regen) einen Flug von 6 Stücken bei Béla; 7. September (Südwind, tagsdarauf Nordwind und Regen) an der Poper bei Bela mehrere Flüge; 30. (schwacher Ostwind, heiter und warm) bei Béla an der Poper mehrere Flüge. — **Szepes-Igló** (J. Geyer). Bei uns kein Standvogel und nicht ein Stück im Winter zu sehen. Ein einzelnes Exemplar am 25. Februar beobachtet; am 11. März erster Finkenschlag; am 15. Juni flügge Junge; am 8. Juli verstummte der Gesang.

186. *Fringilla montifringilla*, Linn. — Bergfink.

Böhmen. Blottendorf (F. Schnabel). Heuer ungewöhnlich viele. Die ersten wurden am 27. September bemerkt; täglich zogen dann ohne Unterbrechung einige Scharen bis Anfang November von Nord nach Süd. — **Nepomuk** (R. Stopka). Hält sich hier im Winter häufig mit Ammern, Finken und Grünlingen auf Feldern und bei Wohngebäuden auf; im Februar verlässt er unsere Gegend. — **Přibram** (F. Stejskal). Ist zahlreicher am Durchzuge erschienen.

Bukowina.*) **Kupka** (J. Kubelka). Zugvogel. — **Petroutz** (A. Stranský). Ankunft 6. März. — **Solka** (P. Kranabeter). Gehört zu den sparsamen Standvögeln (?).

Croatien. Varasdin (A. Jurinac). Nur in den Wintermonaten bei uns. In schneelosen Wintern halten sie sich in den benachbarten Auen auf und sind ziemlich selten; in strengen, schneereichen Wintern zeigen sie sich dagegen häufig in den Feldern und Gärten.

Dalmatien. Spalato (G. Kolombatović). 12., 24. Januar; 6., 7. Februar; 10., 25. November.

Kärnten. Mauthen (F. C. Keller). Erschien vom 26. Januar bis 12. Februar einzeln oder zu 2—20 Stücken; Herbstzug in Flügen den ganzen November hindurch.

Mähren. Oslawan (W. Čapek). Am 20. October 1883 15 Stücke bei Weisskirchen (im östlichen Mähren), vier Tage darauf 2 Stücke hier bei Oslawan gesehen. Heuer am 9. März ein Paar mit Buchfinken, dann merkwürdigerweise noch am 28. April (wahre Frühjahrstemperatur) eine Familie von 6 Stücken gegen Abend in einem jüngeren Kiefernbestande angetroffen. Von Ende November bis an das Ende des Jahres habe ich hier viermal eine grosse Schar beobachtet.

Salzburg. Hallein (V. v. Tschusi). 14., 15. März einzelne im Walde; 11. October einzelne, ebenso den 12.—27. mit *Fringilla coelebs*; 19. November einige, 24.—26. viele; vereinzelte bis 27. December.

*) Genauere Angaben, die ein Urtheil ermöglichen, ob die Art im Lande brütet, wären erwünscht. v. Tschusi.

Siebenbürgen. Fogarás (E. v. Czýnk). Im Gebirge häufig, wo er auch brütet*); erscheint nur bei grossem Schneefalle in der Ebene, so am 24. December.

Steiermark. Mariahof (B. Hanf). »Poenk«, »Nigobitz«. Streicht im Herbste bisweilen zu Tausenden hier durch und bleiben auch manchmal viele im Winter bei uns, wenn Lärchen und Fichten reichlich besamt sind. — (B. Hanf und R. Paumgartner). 12., 14. März 1 Stück, 22. bei Schnee 60—100 Stücke; 8.—9. April je 1 Stück; 21. October 1 Stück; 17. November viele; 11. December über 100. — **Pikern** (O. Reiser). Am 7. Mai wurde mir von einem sehr intelligenten Jäger ein Nest mit 3 stark bebrüteten Eiern überbracht, von denen derselbe bestimmt behauptete, sie gehörten dem »Nigowitz« an. Es stand in einer Höhe von etwa 800 m. ü. M., 3 m. hoch auf einer Buche. Ich kenne sehr wohl die Unzuverlässigkeit solcher Angaben, werde aber die Oertlichkeit im Auge behalten, da die Form und Färbung der Eier zu sehr von *Fringilla coelebs* abweicht. Höchst abnorm ist darunter eines mit der colossalen Länge von $22^1/_2$ mm. gegen 14 mm. Breite. Dabei haben die Eier die Färbung der Brandflecke von *Fr. coelebs*, welche sich gegen das stumpfe Ende, bei dem langen Ei aber gegen das spitze verdunkelt. Auch die Brutzeit ist auffallend, da am 11. Mai frische und noch nicht ausgelegte *Fr. coelebs*-Gelege an gleicher Oertlichkeit (eines auf *Taxus baccata*) gefunden wurden, während das fragliche Gelege am 7. Mai 3 hoch bebrütete Eier aufwies.

Ungarn. Oravitz (A. Kocyan). Sehr spärlich. 28. October 4 Stücke. — **Szepes-Béla** (M. Greisiger). Am 5. December mehrere im Garten zu Béla, 29. (Südwind, starker Schneefall, ebenso tagsvorher) viele in den Gärten daselbst.

187. *Coccothraustes vulgaris*, Pall. — Kirschkernbeisser.

Böhmen. Blottendorf (F. Schnabel). »Laske«. Nistet

*) J. v. Csató constatirte ihn zuerst als Brutvogel für Siebenbürgen, wo er auch von Sr. k. k. Hoheit dem Kronprinzen Rudolf (vgl. »Ornith. Skizzen aus Siebenbürgen« in: »Gesammelte orn. und jagdl. Skizzen«. Wien 1884. p. 75) in grösseren Flügen im Juli und August angetroffen wurde. v. Tschusi.

nicht selten bei uns und ist in Zunahme begriffen; heuer im September und October sehr zahlreich erschienen.

Bukowina. **Kotzman** (A. Lurtig). Standvogel. — **Kuczurmare** (C. Miszkiewicz). Ist auch im Winter, gewöhnlich auf Pappeln, anzutreffen; im Sommer sehr häufig, besonders auf wilden Kirschenbäumen. — **Kupka** (J. Kubelka). Zugvogel. — **Solka** (P. Kranabeter). Gehört zu den sparsamen Standvögeln. Zur Zeit der Kirschreife erscheinen sie in grösserer Anzahl. — **Terebleszty** (O. Nahlik). Zugvogel. — **Toporoutz** (G. Wilde). Kommt vor.

Croatien. **Agram** (Sp. Brusina). Am 14. und 24. Januar je ein bei Agram gefangenes ♂ bekommen. — **Varasdin** (A. Jurinac). Nicht seltener Brutvogel. Im Sommer in den Wäldern und Weingärten, im Winter streichend in der Ebene; am häufigsten am Striche im October und November.

Dalmatien. **Spalato** (G. Kolombatović). 21., 26. Februar; 22. März; 6., 7. November; 2. December.

Kärnten. **Mauthen** (F. C. Keller). Brutvogel. Erschien vom 15.—20. Februar und vom 10.—17. December.

Litorale. **Triest** (L. Moser). »Frisolin« in Istrien, »Frisotto« in Triest genannt. Am 20. Januar 1885 überbrachte mir ein Schüler ein in seinem Garten erlegtes Exemplar; im December sehr häufig am Markte.

Mähren. **Fulnek** (G. Weisheit). Im Frühjahr und Herbst. — **Goldhof** (W. Sprongel). Kommt nur als Strichvogel selten vor. — **Kremsier** (J. Zahradnik). Ziemlich häufig in den Gärten. — **Oslawan** (W. Čapek). Am 4. Januar einige, am 27. eine Gesellschaft von 20 Stücken, später hie und da. Brütet, obzwar selten, am Waldrande längs der Bäche. Am 30. Juni flügge Junge; im Herbste habe ich ihn sehr selten gesehen. — **Römerstadt** (A. Jonas). Seltener Strichvogel. Am 15. Juli 4 Stücke beobachtet.

Nieder-Oesterreich. **Mödling** (J. Gaunersdorfer). Heuer konnte ich ihn in der Umgebung nicht beobachten.

Salzburg. **Hallein** (V. v. Tschusi). 23. und 29. Juni je ein Paar; 5. Juli ad. und juv., 23. ♂, ♀, 29. ♂, ♀ und juv.

Schlesien. **Jägerndorf** (E. Winkler). »Kernbeisser«. 14. April angekommen. — **Ernsdorf** (J. Jaworski). »Kernbeisser«, »Kirschfink«. Ankunft Mitte März, Abzug im October; manches Jahr bleibt er den Winter hindurch hier; häufig. — **Lodnitz** (J. Nowak). Während des ganzen Winters in einzelnen Paaren vorhanden und habe ich auch am 23. December einen bekommen.

Siebenbürgen. Fogarás (E. v. Czýnk). Nicht so häufig wie bei Kronstadt. — **Nagy-Enyed** (J. v. Csató). 14. März 1 Stück, 13. April mehrere.

Steiermark. Mariahof (B. Hanf). »Kernbeiss«. Unregelmässiger Strichvogel, der bei uns nicht brütet. — (B. Hanf und R. Paumgartner). 27. Februar 8—10 Stücke, 29. 1 Stück; 4. März 2, 12., 13. je 1, 28. 10—13, 31. März und 1., 2. April je 4. — **Pikern** (O. Reiser). Ein für die hiesige Gegend sehr seltener Vogel; in 6 Jahren nur 2 gesehen und erlegt. — **Pöls** (St. Bar. Washington). 16. April 1 Paar im Schlossparke; 3. Mai 2 Exemplare im Kaiserwalde.

Ungarn. Mosócz (R. Graf Schaffgotsch). Sehr seltener Sommervogel. — **Oravitz** (A. Kocyan). Den ganzen October auf den Buchen, sonst sehr selten. — **Szepes-Igló** (J. Geyer). Im Sajóthale etwas häufiger, als hier im Hernadthale.

188. *Ligurinus chloris*, Linn. — Grünling.

Böhmen. Blottendorf (F. Schnabel). Heuer ungewöhnlich viele im Winter; hat seit 10 Jahren bedeutend an Zahl zugenommen. — **Liebenau** (E. Semdner). Ankunft in grösseren Zügen am 7. April; einige nisten hier. — **Nepomuk** (R. Stopka). Häufig; hält sich besonders an Waldrändern auf und sitzt gern auf der Spitze höherer Bäume; im Winter gesellt er sich den Ammern zu.

Bukowina. Kotzman (A. Lurtig). Standvogel. — **Kupka** (J. Kubelka). Zugvogel. — **Solka** (P. Kranabeter). Gehört zu den sparsamen Zugvögeln. Erscheint Anfang bis Ende April und zieht Anfang bis Ende October ab. — **Toporoutz** (G. Wilde). Standvogel.

Croatien. Varasdin (A. Jurinac). Ganz gemeiner Brutvogel; viele überwintern hier. Die meisten erscheinen im September und October, zu welcher Zeit an den hier sehr häufigen

Sonnenblumen (Helianthus annuus, Linn.) zahlreiche Scharen sich aufhalten.

Dalmatien. Spalato (G. Kolombatović). Standvogel. Grosse Züge am 22. März und 11., 12. October.

Kärnten. Mauthen (F. C. Keller). »Grünling«. Brut- und Strichvogel.

Litorale. Monfalcone (B. Schiavuzzi). 19. Januar eine Schar in S. Antonio; 26. October Zug in Locavez.

Mähren. Fulnek (G. Weisheit). Zugvogel. — **Goldhof** (W. Sprongel). Kommt vor. Im December hielten sich 8 Stücke ständig beim Hofe auf; ich sah sie jedoch nie in Gesellschaft der Ammern. — **Kremsier** (J. Zahradnik). Im Winter 1884/85 ein ♀ in einem Garten gefangen. — **Oslawan** (W. Čapek). Im Januar nicht beobachtet; 2. Februar eine Familie, später öfters; 15. Mai frisches Gelege von 6 Stücken; im October und November spärlich, später sehr selten. — **Römerstadt** (A. Jonas). Gemeiner Standvogel. Am 20. März zum erstenmal in ganzen Scharen gesehen, was sonst nur im Winter der Fall war.

Nieder-Oesterreich. Mödling (J. Gaunersdorfer). 22. Juni in einem Garten ein Nest mit 5 Jungen.

Salzburg. Hallein (V. v. Tschusi). 25. April mehrere ♂♂ singend; 10. August Alte mit flüggen Jungen im Garten; 3. October mehrere, einzelne bis 30. November.

Schlesien. Jägerndorf (E. Winkler). »Grünhänfling«. Am 1. April zuerst gesehen. — **Troppau** (E. Urban). Ebenso.

Siebenbürgen. Fogarás (E. v. Czýnk). Nicht zu häufiger Brut- und Standvogel.

Steiermark. Mariahof (B. Hanf). Brutvogel. Viele bleiben auch im Winter bei uns. — (B. Hanf und R. Paumgartner.) Ueber 100 am 1. März. — (F. Kriso.) 29. März liessen viele den sonoren Ruf hören; 4. April zahlreich hier; 4. August hörte ich auf dem Lindenbaume viele Junge. — **Pöls** (St. Bar. Washington). Stark vertreten. 27. April 3 Nester mit 2. resp. 3 Eiern; 2 dieser Nester waren auf Pinus strobus, Linn. angelegt. Letztere besassen den 4. Mai das vollständige Gelege.

Ungarn. Mosócz (R. Graf Schaffgotsch). Häufiger Sommervogel. — **Szepes-Béla** (M. Greisiger). Am 30. September (schwacher Ostwind, heiter und warm) schon mehrere

Flüge bei Béla an der Poper auf dem Striche angetroffen: 27. November (Temperatur — 12° R., tagsvorher — 15° R. 2 Stücke in Keresztfalu, Sorbusbeeren verzehrend. — **Szepes-Igló** (J. Geyer). Bei uns Brut- und Strichvogel, aber nicht häufig. Am 3. April erster Frühlingsgesang; am 1. Juli in Gemeinschaft mit *Loxia curvirostra* die noch grünen Zapfen der Lärchen- und Fichtenbäume im Garten verwüstend.

189. *Serinus hortulanus*, Koch. — Girlitz.

Böhmen. Aussig (A. Hauptvogel). Die Girlitze haben sich seit einigen Jahren in der Gegend sowohl längs der Elbe, als dem Gebirge nach sehr stark vermehrt; doch ist im Herbste ihre Zahl immer viel grösser, als die der daselbst nistenden. Sie fressen sehr gerne den Samen des Wegerichs. In Pömmerle am 10. April angekommen. — **Blottendorf** (F. Schnabel). Den 8. Mai zum erstenmal gesehen. Ungefähr im Jahre 1860/61 wurde der Girlitz hier zum erstenmal beobachtet, und der Vogelsteller, welcher ihn fing, nannte ihn »Meerzeisig«, unter welchem Namen er bis jetzt hier bekannt ist. Von Jahr zu Jahr vermehrt er sich, so dass heute schon viele Paare in unserem Orte nisten.

Croatien. Varasdin (A. Jurinac). Sehr häufiger Brutvogel. Im Spätherbste scharen sie sich zu sehr grossen Flügen zusammen und streichen in Gesellschaft mit Grünlingen, Sperlingen und insbesondere mit Bluthänflingen in den Feldern herum. Sie verlassen ihre Heimat mit Ende November oder noch später und kehren schon Anfang März zurück.

Dalmatien. Spalato (G. Kolombatović). Vom 1. Januar bis 21. April und vom 1. October bis Ende December.

Kärnten. Mauthen (F. C. Keller). »Hirngrill«. Brutvogel. Erschien am 20. und 24. März; zog den ganzen November zerstreut.

Litorale. Monfalcone (B. Schiavuzzi). 26. October einige am Zuge.

Mähren. Mährisch-Neustadt (F. Jackwerth). »Meerzeischen«. Ziemlich häufiger Brutvogel. Den ersten am 7. April gesehen. — **Oslawan** (W. Čapek). Brütet auf Obstbäumen, Linden, jungen Kiefern, besonders aber auf Akazien. Am 2. April 1 ♂, am 5. 12 Stücke in Gesellschaft; 20. Mai ein fertiges Nest gefunden. Von Anfang October kleine Gesellschaften, von denen die letzten am 6. November wegzogen.

Nieder-Oesterreich. Mödling (J. Gaunersdorfer). »Hirngrillerl« genannt. Im April (4. und 26.) wurden in einem Garten gegen 20 Stücke beobachtet; im Sommer heuer nicht gar viele. — **Wien** (O. Reiser). Als Brutvogel häufig beobachtet bei Kalksburg und Bruck a/Leitha.

Salzburg. Hallein (V. v. Tschusi). 4. April zuerst; 29. August viele ad. und juv.; 6. und 10. September mehrere, 30. 6—8 Stücke; 3. October einige, 4.—9. mehr oder minder zahlreich, 19. 30—40 Stücke, 20. 5—6 Stücke, 22. ♂, ♀; 19. November nach Schneefall 3 Stücke, 21. der letzte.

Schlesien. Dzingelau (J. Želisko). Hauptankunft 15. April (13. früh Nebel, $+3^0$ R., 14. ebenso, nachmittags Regen, 15. Nordostwind, $+4^0$ R., 16. trüb bei Nordost); Abzugsbeginn 2. October (Regen). Hauptzug 12. October (11. Südwest, veränderlich, abends Regen, 12. heiter, schön, Südwest, 13. bewölkt); 31. October einzelne noch da. — **Jägerndorf** (E. Winkler). »Gartenkrängel«. 19. Mai zuerst bemerkt. — **Lodnitz** (J. Nowak). Ankunft 17. April; anfangs Mai baute ein Paar sein Nest auf einer kleinen Fichte mitten in einem Hofe, worunter sich stets Menschen bewegten. Die Vögel waren aber nur zuweilen da; früh kamen sie gewöhnlich erst in der 10. Stunde und hielten sich etwa bis Mittag auf. Sie vollendeten zwar das Nest, bezogen es aber nicht zur Brut und hielten sich dann in einem Nachbargarten auf, den Besuch ihres Nestes schliesslich ganz aufgebend. — **Troppau** (E. Urban). 9. April ♂ singend.

Steiermark. Mariahof (B. Hanf). »Hirngrillerl«. Regelmässiger Brutvogel, der uns Ende September verlässt und Ende März oder anfangs April zurückkehrt. — (B. Hanf und R. Paumgartner.) 30. März ein Paar. — (F. Kriso.) 29. März singen gehört; 4. April zahlreich in Gärten und Wäldern. — **Pöls** (St. Bar. Washington). Im Schlossparke beobachtete ich bloss 2 Brutpaare; das Nest eines derselben enthielt am 29. April 3 Eier.

Ungarn. Oravitz (A. Kocyan). 4. Mai die ersten; von Mitte October bis Mitte November viele. — **Szepes-Béla** (M. Greisiger). In Obstgärten. — **Szepes-Igló** (J. Geyer). Etliche

Paare erscheinen jedes Frühjahr bei uns, um hier zu nisten. Erster Frühlingsgesang am 10. April; am 27. Juni flügge Junge im Hausgarten.

190. *Citrinella alpina*, Scop. — Zitronenzeisig.

Kärnten. Mauthen (F. C. Keller). Brutvogel in den carnischen Alpen.

191. *Chrysomitris spinus*, Linn. — Erlenzeisig.

Böhmen. Nepomuk (R. Stopka). Erscheint Anfang März, fliegt im October in Gesellschaften umher und zieht Ende desselben Monates fort. — **Přibram** (F. Stejskal). Nistet hier sehr selten.

Bukowina. Kotzman (A. Lurtig). »Czeszek«. Standvogel. — **Kupka** (J. Kubelka). Standvogel. — **Solka** (P. Kranabeter). Gehört zu den sparsamen Standvögeln, erscheint aber im Herbste in grösseren Massen, welche sich jedoch während des Winters beträchtlich vermindern. — **Terebleszty** (O. Nahlik). Standvogel. — **Toporoutz** (G. Wilde). Standvogel.

Croatien. Agram (V. Diković). Am 12. October kleine Flüge bei Agram. — **Krizpolje** (A. Magdić). Sehr selten. — **Varasdin** (A. Jurinac). Häufiger Standvogel.

Dalmatien. Spalato (G. Kolombatović). 5., 12. März; 5., 9., 12., 14., 20. October; 1., 3., 5. November.

Kärnten. Mauthen (F. C. Keller). »Zeiserl«. Brutvogel in den Nadelwaldungen. Erschien Ende Februar und zog am stärksten am 16. November.

Litorale. Monfalcone (B. Schiavuzzi). 16. October Zug; heuer ziemlich abundant.

Mähren. Fulnek (G. Weisheit). Kommt vor. — **Goldhof** (W. Sprongel). Im engeren Beobachtungsgebiete nur am 24. April angetroffen; 3 Paare auf Stellaria media. — **Oslawan** (W. Čapek). Im Januar und Februar spärlich; 20. März zuletzt ein Stück; am 2. November 50 Stücke auf Erlen »beim Teichel«; bis Ende des Jahres öfters, besonders längs des Mühlgrabens. — **Römerstadt** (A. Jonas). Hält sich vom November bis Ende März in kleinen Scharen auf Erlen auf.

Am 20. November viele Hunderte in Flügen in Gemeinschaft von Grünlingen beobachtet.

Nieder-Oesterreich. Mödling (J. Gaunersdorfer). 13. Mai in einem Garten circa 30 Stücke.

Salzburg. Hallein (V. v. Tschusi). 14. October 3 ♀ im Garten. 31. 10—15 Stücke.

Schlesien. Ernsdorf (J. Jaworski). »Zeisig«. Häufig Ankunft Mitte April, Abzug Anfang October. Wenn genug Sämereien vorkommen, lebt er hier als Strichvogel und nistet in hiesiger Gegend zeitweise; heuer geschah es nicht. — **Jägerndorf** (E. Winkler). Den 12. April sind die ersten »Griszeisige« angekommen und den 24. October Zeisige und Distelfinken fortgezogen.

Siebenbürgen. Fogarás (E. v. Czýnk). Häufiger Standvogel. Auf den Erlen der »Papiermühle« zu Hunderten den ganzen Winter. — **Nagy-Enyed** (J. v. Csató). 28. April 30 Stücke.

Steiermark. Mariahof (B. Hanf). »Zeiserl«. Strichvogel, bisweilen auch Brutvogel. Nistet schon im März, wenn es vielen Nadelholzsamen gibt; doch es vergehen oft mehrere Jahre, wie bei den Fichtenkreuzschnäbeln, bis man wieder einen brütenden Zeisig antrifft. — **Pöls** (St. Bar. Washington). Weniger zahlreich als in anderen Jahren. Am 22. April sah ich ein Paar beim Nestbau beschäftigt.

Ungarn. Mosócz (R. Graf Schaffgotsch). Seltener Standvogel. — **Szepes-Béla** (M. Greisiger). Am 3. März (Südwind, heiter, mittags warm, tagsvorher Nordwind, kalt, doch heiter) bei Béla viele laut zwitschernde Flüge auf den Bäumen; 29. September (schwacher Ostwind, heiter und warm) bei Béla schon Flüge auf dem Striche. — **Szepes-Igló** (J. Geyer). Ein häufig vorkommender Brut- und Strichvogel unserer Wälder, der besonders zahlreich die Erlenbäume in den Thälern besucht, um die reifen Samen derselben zu verzehren.

192. *Carduelis elegans*, Steph. — Stieglitz.

Böhmen. Liebenau (E. Semdner). Brut-, bez. Zugvogel. Erschien am 25. März in bedeutender Anzahl und liess sich hier zahlreich nieder. Zu dieser Zeit sind sie noch in Gesellschaften anzutreffen und leben zumeist in Auen und an Waldrändern; erst im April suchen sie die Gärten auf und nisten auf mittelgrossen Obst- und Zierbäumen. Anfangs September zeigen sie sich manchen Tag in ziemlicher Menge, verschwinden aber bald wieder; einzelne sieht man zuweilen auch im Winter. — **Nepomuk** (R. Stopka). Kommt häufig vor. — **Přibram** (F. Stejskal). Nistet hier. Vogelfänger unterscheiden der Färbung des Gefieders und dem Gesange nach drei Formen; so soll am Friedhofe bei Bohostič der Gartenstieglitz, bei Ober-Lišnic der Erlenstieglitz und bei Wětrow der Waldstieglitz nisten. [Eine genaue Angabe der Unterschiede wäre erwünscht. v. Tschusi.]

Bukowina. Kotzman (A. Lurtig). »Szigel«. Standvogel in besonderer Menge. — **Kuczurmare** (C. Miszkiewicz). Standvogel unserer Wälder und Feldhölzer, kommt aber in letzteren in grösserer Anzahl vor. — **Kupka** (J. Kubelka). Standvogel. — **Obczina** (J. Zitný). Standvogel. — **Solka** (P. Kranabeter). Gehört zu den sparsam vorkommenden Standvögeln. — **Terebleszty** (O. Nahlik). Zugvogel. — **Toporoutz** (G. Wilde). Standvogel.

Croatien. Krizpolje (A. Magdić). Hier ein sehr seltener Vogel. — **Varasdin** (A. Jurinac). In den mit Weberkarden und Disteln bewachsenen, sonst unfruchtbaren Ebenen treten zahlreiche, ungemein grosse Flüge, besonders im Herbste auf. Die hiesigen Vogelsteller unterscheiden zwei ständige Formen: 1. den Waldstieglitz oder Sechser, 2. den Feldstieglitz oder Vierer. Die Waldstieglitze halten sich gewöhnlich in den Erlen- und Buchenbeständen auf, von deren Samen sie sich vorzugsweise ernähren. Sie sind grösser und schöner gefärbt, die weissen Spiegel, Flecken an den Schwungfedern, sind kleiner und im Schwanze sind jederseits drei seitliche Federn an ihrer Innenfahne mit weissen Flecken versehen, weswegen sie auch »Sechser« genannt werden. Die Feldstieglitze halten sich am liebsten auf Feldern und mageren Weiden auf, wo es viele Weberkarden und Disteln gibt, deren Samen sie sehr gern fressen. Sie sind kleiner und nicht so schön gefärbt wie die Waldstieglitze. Die weissen Flecken an den Schwungfedern sind grösser und nur zwei Schwanzfedern sind jederseits mit weissen Augen versehen, woher sie den Namen »Vierer« haben. Die »Sechser«

haben eine stärkere Stimme und singen schöner als die »Vierer«, weshalb die ersteren theurer verkauft werden als die letzteren.

Dalmatien. Spalato (G. Kolombatović). Standvogel. Zahlreicher Zug am 22. März und 12. October.

Kärnten. **Mauthen** (F. C. Keller). »Stieglitz«. Brut- und Strichvogel.

Litorale. **Monfalcone** (B. Schiavuzzi). Häufiger Stand-, Sommer- und Zugvogel. 22. April eine kleine Schar in Locavez; 21. Mai schon flügge Junge im Garten; 1. October eine Schar am Zuge in S. Antonio, 24. einige Scharen ebendaselbst.

Mähren. **Goldhof** (W. Sprongel). Ziemlich häufig vorkommender Standvogel, der hier meistens auf Akazien nistet. — **Oslawan** (W. Čapek). Im Januar wenige; am 10. Februar etwa 50 Stücke; bis Ende März kleine Gesellschaften. Als Brutvogel ziemlich spärlich; vom September wieder zahlreicher. — **Römerstadt** (A. Jonas). Häufiger Stand- und Strichvogel.

Salzburg. **Hallein** (V. v. Tschusi). 13., 29. April je 1 Stück; 1. October 1, 3. 10—12, 5., 7., 13. je 1. 26. ♂ und ♀; 12. December 30 Stücke.

Schlesien. **Ernsdorf** (J. Jaworski). Ankunft Ende März, nistet in der zweiten Hälfte des Mai und zieht Mitte October weg; häufig. — **Troppau** (E. Urban). 15. Juli flügge Junge.

Siebenbürgen. **Fogarás** (E. v. Czýnk). Häufiger Standvogel. — **Nagy-Enyed** (J. v. Csató). 15. April ein Flug von 80 Stücken; nisten in der Stadt auf wilden Kastanienbäumen.

Steiermark. Mariahof (B. Hanf). Ein nicht häufiger Strichvogel, welcher nur ein paarmal brütend beobachtet wurde. — (B. Hanf und R. Paumgartner). 29. Februar 10—12, 8., 10., 11. März 10—20; 31. October 7 Stücke. — (F. Kriso). 23. Juli ein ♂ beim Schulhause gesungen; 28. August Junge getroffen; 5. September wieder Junge; 9. October 15 Stücke auf den Distelköpfen einer Tratte. — **Pöls** (St. Bar. Washington). Am 27. April ein Flug von circa 30 Stücken bei ziemlich heftigem Nordwestwind nach Nordost; 29. April Nest mit 3 Eiern auf einer Fichte.

Ungarn. Mosócz (R. Graf Schaffgotsch). Seltener Standvogel. — **Szepes-Béla** (M. Greisiger). Am 30. September (schwacher Ostwind, heiter und warm) bei Béla viele

Flüge auf dem Striche. — Szepes-Igló (J. Geyer). Stand- und theilweise auch Strichvogel, der im Herbste auf Distelgewächsen vielfach angetroffen wird. Proben im Frühlingsgesang am 13. Februar.

193. *Cannabina sanguinea*, Landb. — Bluthänfling.

Böhmen. Liebenau (E. Semdner). In ziemlich starken Zügen am 20. März angekommen; einige brüteten. Abzug 24. März gegen Süden, bei starkem Froste und Nordostwind; neue Durchzüge um Mitte September, mit kurzem Aufenthalte vom 13.—15. — **Nepomuk** (R. Stopka). Erscheint Ende Februar und verlässt zeitlich unsere Gegend. — **Přibram** (F. Stejskal). Heuer zahlreich nistend in den Wäldern »Hatě«. Frühjahrszug Ende Februar, Herbstzug Mitte October; einige überwinterten daselbst.

Bukowina. Kotzman (A. Lurtig). Standvogel. — **Kuczurmare** (C. Miszkiewicz). Standvogel, aber nur auf dem Felde vorkommend. — **Toporoutz** (G. Wilde). Standvogel.

Croatien. Varasdin (A. Jurinac). Sehr zahlreicher Stand-, bez. Strichvogel. Im Herbste und Winter vereinigen sie sich zu ungemein grossen Scharen und streichen in Gesellschaft mit Finken, Sperlingen, Goldammern und Girlitzen im Felde herum.

Dalmatien. Spalato (G. Kolombatović). Standvogel. Zahlreicher Zug am 19., 22., 24. März und 11., 12. October.

Kärnten. Mauthen (F. C. Keller). Vom 15. März an in vereinzelten Exemplaren; brütete heuer in der Umgebung nicht; erschien in grösserer Zahl am 21. und 28. November und am 8. December.

Litorale. Monfalcone (B. Schiavuzzi). 22. April eine kleine Schar aus etwa 12 Individuen in Locavez am Zuge; 28. April 2 daselbst erlegt.

Mähren. Fulnek (G. Weisheit). Kommt vor. — **Goldhof** (W. Sprongel). Standvogel, aber spärlich vorkommend. — Kremsier (J. Zahradnik). Im Januar 1884/85 in 2 Exemplaren gefangen. — **Oslawan** (W. Čapek). Brütend in einem jungen Tannengehege, dann hie und da unter überhängenden Wurzeln angetroffen. Durch den ganzen Winter grössere Scharen (oft

100—200 Stücke) auf Stoppelfeldern; am 7. April 4 Eier gefunden. — **Römerstadt** (A. Jonas). Standvogel. Im Herbste und Winter massenhaft anzutreffen.

Nieder-Oesterreich. Mödling (J. Gaunersdorfer). 22. Juli auf einem wilden Birnbaume ein aus Haaren, Erde etc. hergestelltes Nest mit 4 Jungen getroffen.

Salzburg. Hallein (V. v. Tschusi). Erschien heuer weit häufiger als sonst am Herbstzuge. 15. März und den 29. April 1 Stück nach Norden; 31. August 3, 27. September 2; 5. October 2 Flüge zu 7—12 und 20 Stücken, 7.—10. einige, 12. 20—30 in einem Finkenfluge, 13.—26. einzelne, 28. 5, ebenso den 29.; 26. November 1, 27. 2; 1. und 25. December ♂. ♀, 30. und 31. je 1 Stück.

Schlesien. Troppau (E. Urban). Als Strichvogel häufig.

Siebenbürgen. Fogarás (E. v. Czýnk). Standvogel. — **Nagy-Enyed** (J. v. Csató). 13. April gepaart; im Winter in Flügen.

Steiermark. Mariahof (B. Hanf). »Hanöferl«. Durchzugsvogel, bisweilen auch in grösseren Flügen im Herbste wie im Frühjahre; brütet nicht bei uns. — (B. Hanf und R. Paumgartner.) 5. März 1, 11. 3, 13. 20, 14. 10—12 Stücke, 17. der letzte; 15., 21. October 150—200, 23. viele; 3., 5. November je 1 Stück, 8. 4, 20. 8—10; 7. December 100.

Ungarn. Mosócz (R. Graf Schaffgotsch). Häufiger Standvogel. — **Szepes-Béla** (M. Greisiger). Am 13. März (Südwind, trüb, nachmittags Regen, tagsvorher Südwind und heiter) mehrere Schwärme bei Béla; 24. April fand ich im Friedhofe in Béla in einer Gruppe junger Fichtenbäumchen, circa 1 m. ober der Erde, auf den Zweigen dicht am Stamme ein Nest mit 4 Eiern; 31. Mai fand ich im Garten in einem Fliederbusche, circa 1·5 m. ober der Erde, ein Nest mit 3 bebrüteten Eiern, aus denen am 16. Juni die Jungen ausschlüpften; am 19. Juni fiel ein Junges bei einem heftigen Sturme heraus und erhängte sich in einem Zwiesel; den 30. Mai verliessen die anderen zwei das Nest. Am 6. September (Nordwind) am Schwarzbache bei Béla mehrere Flüge von je 10—30 Stücken; 30. (schwacher Ostwind, heiter und warm) an der Poper bei Béla viele Flüge, ebenso den 6. October (schwacher Ostwind, heiter und warm) bei Béla. — **Szepes-Igló** (J. Geyer). Bei uns nicht selten, mitunter in grösseren Scharen beisammen, besonders im Herbste und im Frühjahre vor Beginn der Paarungszeit. 23. März und Ende Juni Begattung.

194. *Cannabina flavirostris*, Linn. — Berghänfling.

Kärnten. Mauthen (F. C. Keller). 3 Stücke am 22. November.

195. *Linaria alnorum*, Chr. L. Br. — Leinfink.

Böhmen. Nepomuk (R. Stopka). Besucht uns in grösseren Gesellschaften im Winter und pflegt Ende Februar fortzuziehen. — **Příbram** (F. Stejskal). Heuer nicht erschienen.

Bukowina. Kupka (J. Kubelka). Durchzugsvogel im Frühjahre und Herbste.

Croatien. Varasdin (A. Jurinac). Erscheint nur in strengen Wintern, in manchen Jahren in bedeutender Menge. Die hiesigen Vogelsteller unterscheiden zwei Formen von Leinfinken. Die eine ist der gewöhnliche Leinfink, der fast alljährlich unsere Gegend besucht, und die zweite, welche sehr selten oder, wie die Vogelsteller sagen, nur jedes siebente Jahr hier erscheint, ist der sogenannte Grauleinfink (*Linaria borealis*).

Kärnten. Mauthen (F. C. Keller). Am Herbstzuge am 28. October.

Krain. Laibach (C. v. Deschmann). Beachtenswerth ist die Angabe eines hiesigen bäuerlichen, alten Vogelfängers, dass der Leinfink oder Meerzeisig (*Fringilla linaria*), der in früheren Jahren in grosser Menge bei uns im Erlengehölze zu überwintern pflegte, von Jahr zu Jahr seltener wird, ja ganz ausbleibt. Vor 20 Jahren konnten sich die Vogelfänger der Meerzeisige gar nicht erwehren; man fing auf Leimruthen in einem Tage ganz leicht 400 Stücke. Später wurde der Vogel eine Seltenheit; im Vorjahre sah mein Gewährsmann nur etliche 8 Stücke und im Jahre 1884 bekam er gar keine zu Gesicht.

Mähren. Oslawan (W. Čapek). Erscheint regelmässig jeden Winter; auch heuer wurden Scharen auf den Erlen am Mühlgraben gesehen. — **Römerstadt** (A. Jonas). Im Winter 1883 am 12. December beobachtet, sonst sehr selten.

Nieder-Oesterreich. Mödling (J. Gaunersdorfer). Heuer nicht beobachtet worden.

Schlesien. Lodnitz (J. Nowak). Ankunft 19. December; bloss ein Schwarm, der bis über den Monat hinaus da blieb.

Steiermark. Mariahof (B. Hanf). »Meerzeiserl«. Durchzügler, welcher im October und November bisweilen in grossen Scharen zu uns kommt und sich längere Zeit aufhält, besonders wenn die Birken besamt sind. 2. October viele beobachtet.

Ungarn. Szepes-Igló (J. Geyer). Besucht im Herbste mancher Jahre oft scharenweise unsere Erlenbäume.

196. *Linaria rufescens*, Schl. u. Bp. — Südlicher Leinfink.

Dalmatien. Spalato (G. Kolombatović). 29. October.

Kärnten. Mauthen (F. C. Keller). 2 kleine Flüge am 10. und 14. Juli beobachtet.

Salzburg. Hallein (V. v. Tschusi). 16. August 1 Stück im Garten.

Steiermark. Mariahof (B. Hanf). Kommt im Beobachtungsgebiete auch brütend vor. Ich habe diesen Vogel oft im Sommer beobachtet und selbst auch zwei Nester desselben gefunden und besitze sowohl Eier, als Junge im Nestkleide. Es gibt im Herbstkleide viele Männchen, die noch keine rothe Brust haben, aber doch von den Weibchen an dem lebhafteren Roth der Kopfplatte, wie auch durch die zwar noch grau bedeckten rothen Wangen zu unterscheiden sind. — (B. Hanf und R. Paumgartner). 16. Mai 2 Stücke beim Teiche; 1. October 40—50*, 9.—11. 50—60, 12. über 100, vom 23. an viele täglich. — (F. Kriso.) Am 14. October eine Schar gesehen.

197. *Carpodacus erythrinus*, Pall. — Carmingimpel.

Bukowina. Kupka (J. Kubelka). Kommt vor.

198. *Pyrrhula europea*, Vieill. — Mitteleuropäischer Gimpel.

Böhmen. Blottendorf (F. Schnabel). Wird alle Jahre seltener, so dass ich im Herbste nur 3 Stücke gesehen habe.

---

*) Es scheint näher liegend, dass die hier verzeichneten ziemlich grossen Schwärme der vorhergehenden Form angehört haben dürften. v. Tschusi.

Bukowina. Kuczurmare (C. Miszkiewicz). Standvogel unserer Wälder. — Kupka (J. Kubelka). Standvogel. — Obczina (J. Zitný). Standvogel. — Terebleszty (O. Nahlik). Zugvogel. — Toporoutz (G. Wilde). Standvogel.

Croatien. Agram (Sp. Brusina). Am 7. und 11. Januar je ein ♂, 16. Januar ein ♀ und am 18. Januar 2 ♀ und 3 ♂, alle bei Agram gefangen, bekommen. — Varasdin (A. Jurinac). Häufiger Stand- und Strichvogel.

Dalmatien. Spalato (G. Kolombatović). 12. Februar.

Kärnten. Mauthen (F. C. Keller). Ist im Mittelgebirge Brutvogel und das ganze Jahr hindurch zu finden, da er unstät herumstreicht.

Mähren. Fulnek (G. Weisheit). Im Frühjahre und Herbste. — Goldhof (W. Sprongel). Kommt in kleineren Gesellschaften im December und verbleibt gewöhnlich bis März. Er hält sich hauptsächlich in den benachbarten Auen auf. Heuer zog er schon anfangs Februar fort. — Kremsier (J. Zahradnik). Im December im Sternwalde. — Oslawan (W. Čapek). Am 2. November 1883 zuerst; den ganzen Winter hindurch einige gesehen; am 30. März noch ein ♂. Im Winter fressen sie hier besonders die Früchte von Ligustrum, suchen auch an Bächen und Feldern und am Waldrande nach Nahrung; im Frühjahre verzehren sie meistens die saftigen Espenknospen und Blüthen. Heuer erschienen sie etwa Mitte November sehr spärlich. — Römerstadt (A. Jonas). Erscheint in kleinen Flügen im Winter.

Nieder-Oesterreich. Mödling (J. Gaunersdorfer). Heuer nicht beobachtet: scheint im ganzen hier selten zu sein.

Salzburg. Hallein (V. v. Tschusi). War heuer sehr sparsam vertreten. 5. Juli juv. im Garten, ebenso den 11. August; 6. October 2 Stücke, 31. 1 ♂.

Schlesien. Ernsdorf (J. Jaworski). Häufiger Standvogel. — Jägerndorf (E. Winkler). 1. December einen gehört.

Siebenbürgen. Fogarás (E. v. Czýnk). Erscheint im Winter, aber nicht zahlreich. — Nagy-Enyed (J. v. Csató). 13. April mehrere ♂ und ♀; 21. December 1 Stück bei Nagy-Enyed.

Steiermark. Mariahof (B. Hanf). Brutvogel, welcher auch im Winter bei uns bleibt. — **Pöls** (St. Bar. Washington). ♂ und ♀ am 30. April im Kaiserwalde.

Ungarn. Mosócz (R. Graf Schaffgotsch). Standvogel, heuer sehr selten. — **Oravitz** (A. Kocyan). Heuer äusserst wenige. — **Szepes-Béla** (M. Greisiger). Am 2. October (Südwind, heiter und warm) ein Stück auf der Tátra; 5. December (0° R., zwei Tage vorher — 21°) in Béla in den Gärten mehrere gehört; 7. (starker Südwind, Thauwetter) viele; 21. (starker Westwind, ebenso tagsvorher) in der Tátra bei Podspadi auf Sorbus aucuparia viele gesehen. — **Szepes-Igló** (J. Geyer). Ein gar nicht seltener Brut- und Strichvogel unserer Wälder, der noch vor Ende des Winters flugweise in die Gärten kommt, um sich hier von den Knospen der Bäume (insbesondere von Acer platanoides, Spitzahorn) zu nähren und dadurch der Obsternte empfindlichen Schaden zuzufügen.

199. *Pyrrhula major*, Chr. — Nordischer Gimpel.

Böhmen. Nepomuk (R. Stopka). Erscheint nur im Winter in kleinen Gesellschaften, besonders auf Lerchenbäumen; frisst Knospen ab; Ende Februar wurde er nicht mehr beobachtet.

Kärnten. Mauthen (F. C. Keller). Den 14. Januar erschien eine Gesellschaft von 6 Stücken.

200. *Loxia pityopsittacus*, Bechst. — Föhrenkreuzschnabel.

Bukowina. Kupka (J. Kubelka). Kommt vor. — **Solka** (P. Kranabeter). Gehört zu den sparsam vorkommenden Standvögeln. — **Toporoutz** (G. Wilde). Standvogel.

Nieder-Oesterreich. Mödling (J. Gaunersdorfer). Nicht beobachtet worden; kommt sonst vor.

Schlesien. Ernsdorf (J. Jaworski). »Kiefernkreuzschnabel«. Ankunft November und December, Abzug im Mai. Kommt äusserst selten vor; nach 8—10 Jahren einmal in kleinen Scharen zu 4—5 Stücken.

201. *Loxia curvirostra*, Linn. — Fichtenkreuzschnabel.

Bukowina. Solka (P. Kranabeter). Sparsam vorkommender Standvogel.

Croatien. Varasdin (A. Jurinac). Selten im Herbste.

Kärnten. Mauthen (F. C. Keller). »Kreuzvogel«. Brut- und Strichvogel.

Litorale. Monfalcone (B. Schiavuzzi). Herr Rittmeister v. Beaufort gibt an, am 24. Januar einen in seinem Garten gesehen zu haben. Der nächste Standort dieser Vögel ist der Tarnowaner Wald.

Mähren. Fulnek (G. Weisheit). Im Frühjahre und Herbste. — **Oslawan** (W. Čapek). Mehr westlich gewiss Brutvogel, hier nur am Striche. Den 10. Juni, dann am 1. und 4. Juli je eine Familie auf Kiefern und Fichten gesehen. — **Römerstadt** (A. Jonas). »Krones«. Erscheint in ganzen Schwärmen im Juli und September in Fichtenwäldern.

Salzburg. Hallein (V. v. Tschusi). 2. Juli 10—15 Stücke, 3. 1 ♂, 4. 4 ad. und juv., 12. 3 Stücke; 6. September ♂.

Schlesien. Ernsdorf (J. Jaworski). »Krummschnabel«. Ankunft im November, Wegzug Mai. Dieses Jahr waren nur einzelne in hiesiger Gegend. — **Jägerndorf** (E. Winkler). »Krummschnabel«. Ist hier Standvogel.

Siebenbürgen. Fogarás (E. v. Czýnk). Im Gebirge, aber auch sehr selten.

Steiermark. Mariahof (B. Hanf). »Krumbschnabel«. Strichvogel. Wenn Fichten oder Lärchen reichlich besamt sind, ein ziemlich häufiger Brutvogel, so auch im Jahre 1885. Schon am 28. Januar machte ein ♀ auf einer leicht ersteiglichen jungen Fichte ihr Nest; aber am 13. Februar trug sie das Nestmaterial aus diesem Neste in die Krone einer nicht ersteiglichen hohen Fichte. Als wollte dieser Vogel meine früheren Beobachtungen zu Schanden machen, wurden dann nach einander vier Nester entweder in den Kronen oder weit vom Stamme hoher Fichten, ja eines derselben auf einer unersteiglichen Lärche weit vom Stamme entdeckt. Endlich am 27. Februar und am 3. März beobachtete ich zwei Paare, welche ihre Nester auf jungen, ersteiglichen Fichten ganz in der Höhe bauten. — **Pikern** (O. Reiser). War heuer, offenbar des reichlichen Samens wegen, zur Frühlingsbrutzeit in allen Lagen des Gebirges zahlreich zu treffen, verschwand dann bis Ende October gänzlich aus der Niederung und kam erst sehr spät wieder herab.

Ungarn. Mosócz (R. Graf Schaffgotsch). Seltener Standvogel. — Oravitz (A. Kocyan). Einige im Mai, in den Vorbergen vom September bis December mehrere und im Hochgebirge keine (in der Niederung Fichtensamenjahr). Junge, sowie Brutvögel wurden nicht beobachtet. — **Szepes-Béla** (M. Greisiger). Am 21. Juni sah ich in der Stadt Béla einen Flug. Um diese Zeit kommen alljährlich einige Flüge in die Gärten der Stadt, um die galläpfelähnlichen Auswüchse der Ulmenblätter zu durchsuchen. 21. December in der Tátra bei Podspadi auf den Fichten überall sehr viele gesehen. — **Szepes-Igló** (J. Geyer). Erscheint seit mehreren Jahren schon in kleineren und grösseren Schwärmen regelmässig mit Anfang Juli in unseren Gärten. Was sie hier suchen, war mir bisher ein Räthsel. Dieses Jahr erschien der erste Flug schon am 1. Juli und machte sich allsogleich an das Abkneipen und Auslesen der grünen Zapfen, besonders auf den Lärchenbäumen, wobei sie eine derartige Furchtlosigkeit manifestirten, dass sie mitunter auch dann nicht aufflogen, wenn ein hingeworfener Stein selbst den Ast berührte, auf welchem sie sassen. Diese Arbeit wurde tagtäglich fortgesetzt, bis alle grünen Zapfen geplündert und zur Erde geworfen waren. Ihre fleissigen Mitarbeiter waren die Grünlinge.

IX. Ordnung.

Columbae. Tauben.

202. *Columba palumbus*, L. — Ringeltaube.

Böhmen. **Blottendorf** (F. Schnabel). Den 18. Mai junge Tauben. — **Böhmisch-Leipa** (F. Wurm). Am 28. Februar angekommen. — **Klattau** (V. Stejda v. Lovčic). Wurde einzeln in den Wäldern am 3. März beobachtet; erst am 13. März erschienen, wie alljährlich, grosse, nach Hunderten zählende Schwärme auf den jungen Saatfeldern längs dem Walde. Nistet hier in Fichtenwäldern, aber selten. — **Oberrokitai** (K. Schwalb). Anfangs April die ersten getroffen. — **Nepomuk** (R. Stopka). Einige Anfang März angekommen, die hier genistet haben.

Bukowina. Kotzman (A. Lurtig). Strichvogel. — **Kuczurmare** (C. Miszkiewicz). Zieht im Winter weg. — **Kupka** (J. Kubelka). Zugvogel. — **Obczina** (J. Zitný). 9. März eingetroffen. Diese Art wird auch jährlich weniger, woran ebenfalls die Abnahme der Althölzer in der hiesigen Gegend schuld ist. — **Solka** (P. Kranabeter). Sparsamer Zugvogel. Erschien den 11. April und zog den 14. September ab. — **Straza** (R. v. Popiel). 7. Mai. — **Terebleszty** (O. Nahlik). Zugvogel. Die Bebrütung dauerte circa 21 Tage.

Croatien. Agram (V. Diković). Am 10. October ein grosser Flug und am 27. November noch eine einzelne bemerkt. — **Varasdin** (A. Jurinac). Am Zuge im Herbst und Frühjahr; im Herbst sind Flüge von 20—30 Stücken in den benachbarten Eichenwäldern nicht selten. Nach der Aussage der Jäger soll sie im Ivančica-Gebirge brüten.

Dalmatien. Spalato (G. Kolombatović). 5., 6. Januar; 26., 27. Februar; 15., 16., 20., 24. März; 10., 15., 16., 24. September; 2., 6., 7., 8., 10., 15., 20., 22., 27., 30. October; 1., 2., 3., 6., 12., 20., 25. November; 1., 3. December.

Kärnten. Mauthen (F. C. Keller). Kein seltener Brutvogel. 20. März Ankunft, Ende October Abzug.

Krain. Laibach (C. v. Deschmann). In Scharen am 25. Februar.

Mähren. Goldhof (W. Sprongel). Kommt sparsam vor. Ankunft am 9. März. — **Oslawan** (W. Čapek). Gewöhnlicher Brutvogel. Die unserigen kamen den 4.—15. März, die nordischen erschienen am Durchzuge den 3. April in 10, 5. April in 15 und am 6. um 9 Uhr früh in 38 Stücken. Den 11. September habe ich etwa 30 Stücke auf den steinigen Lehnen des Iglawathales (nicht weit von der Ruine Tempelstein) gesehen. — **Römerstadt** (A. Jonas). Ankunft am 13. März 1883 und 20. März 1884; verweilt bis 15. October bei uns. Erscheint in grossen Scharen.

Nieder-Oesterreich. Mödling (J. Gaunersdorfer). Seit Mitte Februar hier; ziemlich häufig.

Ober-Oesterreich. Ueberackern (A. Kragora). Ankunft den 6. März; Auftreten ziemlich häufig.

Salzburg. **Hallein** (V. v. Tschusi). 17. März 2 Stücke von S.-O.; 6., 12., 18. und 24. October je 1 Stück.

Schlesien. **Dzingelau** (J. Želisko). 11. März ♂ und ♀ angekommen (10. heiter kalt, Südwest, mittags + 3° R., 11. heiter, warm, Süd, mittags + 10° R., 12. ebenso, + 8° R.); 24. März grosse Züge gegen Nordost (23., 24. und 25. Ostwind, 26. Schneefall); 10. September eine von Falken zerrissene, vom Neste genommene junge Taube angetroffen (wahrscheinlich zweite Brut oder Spätbrut). Beginn des Abzuges am 20. September, Hauptzug 26.—30. (vorherrschend schwacher Nordost). — **Ernsdorf** (J. Jaworski). »Wildtaube«. Ankunft Ende März, Abzug Anfang October, brütet im Mai; häufig. — **Lodnitz** (J. Nowak). Am 16. März schon einige gehört.

Siebenbürgen. **Fogarás** (E. v. Czýnk). Im Gebirge, aber nicht sehr häufig. 25. März die erste. — **Nagy-Enyed** (J. v. Csató). 6. April 25 Stücke bei Nagy-Enyed.

Steiermark. **Mariahof** (B. Hanf). Häufiger Brutvogel, der uns im October verlässt und anfangs März zurückkommt; besucht im Herbste in grossen Scharen die Erbsenfelder. — (B. Hanf und R. Paumgartner). 11. März 3, 13. März 7, 22. (bei Schnee) 58 Stücke, 23. viele; 21. April am Neste; 5. September 2—300. — **Pikern** (O. Reiser). Die seltenste der drei Taubenarten. Am 17. Juli ein grosses Nestjunges auf der Felberinsel in der Drau gefunden, an welcher Oertlichkeit alle drei Taubenarten in beträchtlicher Zahl brüten. — **Pöls** (St. Bar. Washington). Der Frühjahrszug dauerte etwa bis zum 26. April. Am 25. fand ich das erste Nest, welches ein vollzähliges Gelege enthielt.

Tirol. **Innsbruck** (L. Bar. Lazarini). 9. April 3 Stücke in der Hallerau; bis anfangs October nicht selten am Mittelgebirge südlich von Innsbruck; am 11. October früh, bei starkem Schneefall, sehr viele, nachmittags alle verschwunden.

Ungarn. **Mosócz** (R. Graf Schaffgotsch). Sommervogel. Vom April bis Mitte September häufig. — **Oravitz** (A. Kocyan). 29. März die ersten gehört; 20. September Schwärme auf Buchensamen. — **Szepes-Béla** (M. Greisiger). Am 5. März im Walde bei Keresztfalu 2 Stücke gesehen. — **Szepes-Igló**

(J. Geyer). Findet sich allenthalben als Zugvogel in unseren Wäldern.

203. *Columba oenas*, L. — Hohltaube.

Böhmen. Nepomuk (R. Stopka). Nistet in unseren Wäldern. Erschien anfangs März, war aber nicht zahlreich. — **Přibram** (F. Stejskal). Einige Paare nisteten bei Plass. Ankunft 15. April, Abzug 30. September.

Bukowina. Kuczurmare (C. Miszkiewicz). Den 20. März angekommen und mit Ende October abgezogen. — **Kupka** (J. Kubelka). Zugvogel. — **Obczina** (J. Zitný). Wurde erst am 1. April beobachtet. — **Solka** (P. Kranabeter). Erscheint Mitte März und zieht Mitte September ab. — **Toporoutz** (G. Wilde). Kommt nur sehr selten vor. Den 14. März vormittags Zug nach Nordosten; Eintreffen der Hauptmasse bis 20. März und Eintreffen der Nachzügler am 22. März.

Croatien. Varasdin (A. Jurinac). Wie die Ringeltaube.

Dalmatien. Spalato (G. Kolombatović). 2., 7., 8. Januar: 1., 9., 28. Februar; 6., 8., 20. November; 2., 7. December.

Kärnten. Mauthen (F. C. Keller). Brutvogel. 12. März Ankunft, Abzug 20.—28. October.

Krain. Laibach (C. v. Deschmann). Am 8. März.

Mähren. Fulnek (G. Weisheit). Ankunft 10. April, Abzug 1. September; Brut 25. Mai. Das Nest in einer hohlen Buche, 10 m. hoch. — **Goldhof** (W. Sprongel). Kommt ziemlich häufig vor und nistet in den benachbarten Auen. Ankunft am 20. März; die letzten Exemplare (6 an der Zahl) sah ich am 15. October in südlicher Richtung ziehen. — **Oslawan** (W. Čapek). Hie und da brütet zerstreut ein Paar. Die schon geschilderte Staaren- und Dohlencolonie im Boučiwalde beherbergt jährlich 6—7 Paare; am 10. März langten sie daselbst zugleich mit den Staaren an und am 12. April und 30. Mai habe ich beide Eier gefunden. Den 26. März blieb hier ein Zug (8 Paare) nordischer Vögel über Nacht. — **Römerstadt** (A. Jonas). Seltener als die Ringeltaube und nicht in Scharen hier auftretend.

Nieder-Oesterreich. Melk (V. Staufer). Ankunft den 24. Februar.

Ober-Oesterreich. Ueberackern (A. Kragora). Ankunft den 21. Februar; Vorkommen immer sporadischer, da die alten Nistbäume immer mehr schwinden.

Salzburg. Hallein (V. v. Tschusi). 12. October nachmittags 2 Stücke nach N.-W.

Schlesien. Dzingelau (J. Želisko). 11. März zwei ♂; Hauptzug, jedoch sehr schwach, zwischen dem 14. und 26. bei vorherrschendem Nordostwind. Beginn des Abzuges 3. October bei Südost, den 4.—7. (Nordost) sammelten sich die Tauben in ungeheurer Menge, zogen aber nicht ab; 8. (Südwest, bewölkt) eine ungeheure, kaum zählbare Menge zog an diesem Tage fort; am 12. war keine Hohltaube zu sehen. Es war interessant zu beobachten, wie die Vögel auf einen günstigen Wind warteten. — Lodnitz (J. Nowak). Am 2. April durchgezogen.

Siebenbürgen. Fogarás (E. v. Czýnk). Sehr häufig. Brütet im Galatzer-, Felmerer- und Buchholzerwalde. Die erste am 12. Februar bei Südostwind gesehen; 14. Februar grosse Flüge (S.-W.); 22. October Abzug bei Südwind. — Nagy-Enyed (J. v. Csató). 8. Februar gehört, 12. 50 Stücke; 26. October 20, 1. November 100, 2. 7, 12. 100 Stücke.

Steiermark. Mariahof (B. Hanf). Ein seltener Passant. — (B. Hanf und R. Paumgartner). 11. April 2, 8. October eine. — Pikern (O. Reiser). Viel häufiger, weil viele geeignete Brutbäume vorhanden. — Pöls (St. Bar. Washington). Ein Paar am 30. April.

Ungarn. Mosócz (R. Graf Schaffgotsch). Seltener Sommervogel vom April bis Mitte September.

204. *Columba livia*, Linn. — Felsentaube.

Croatien. Krizpolje (A. Magdić). Kommt vor. — Varasdin (A. Jurinac). Ebenfalls nur im Herbst und Frühjahr. Im Herbste besuchen sie scharenweise Hirse- und Maisfelder, wo es viel Zwecken (Brachypodium) gibt, deren Samen sie gern fressen.

Dalmatien. Spalato (G. Kolombatović). Vom 1. Januar bis 10. April und vom 17. August bis Ende December; am 18. October zahlreicher Zug.

Litorale. Monfalcone (B. Schiavuzzi). Nistet in den Karsthöhlen. 10. Mai nistend in den Felsenlöchern der Karstwand von Duino. — **Triest** (L. Moser). Am 12. October einen Schwarm von mehr als 60 Stücken auf einer Jagd im Zlaunik-Gebirgsstocke bei der Mala Vrata beobachtet.

205. *Turtur auritus*, Ray. — Turteltaube.

Böhmen. Nepomuk (R. Stopka). Nistet hier, jedoch selten; habe sie in der Fasanerie beobachtet; kommt erst im Mai und zieht Ende September fort. — **Přibram** (F. Stejskal). Zahlreicher im Květener Reviere nistend. Ankunft Anfang Mai, Abzug 15. September.

Bukowina. Kotzman (A. Lurtig). »Holub diki«. Zugvogel. — **Kuczurmare** (C. Miszkiewicz). Den 8. Mai angekommen und im October abgezogen. — **Kupka** (J. Kubelka). Zugvogel. — **Obczina** (J. Zitný). Wurde erst am 4. Mai bemerkt und trifft in der Regel später als die zwei vorerwähnten Arten ein. — **Petroutz** (A. Stránský). Ankunft 17. April. — **Solka** (P. Kranabeter). Erscheint Ende April und zieht Mitte September ab. — **Terebleszty** (O. Nahlik). Zugvogel. — **Toporoutz** (G. Wilde). Erschien in Flügen am 13. März nachmittags, nach Westen ziehend; die Hauptmasse kam am 24. März morgens in Scharen.

Croatien. Agram (V. Diković). Am 27. August und 28. September eine Familie bei Agram beobachtet. — **Krizpolje** (A. Magdić). Kommt vor. — **Varasdin** (A. Jurinac). Häufiger Brutvogel. Erscheint um die Mitte April; der Herbstzug beginnt Mitte September und dauert gegen 4 Wochen.

Dalmatien. Spalato (G. Kolombatović). Vom 21. April bis 21. Mai und vom 1. August bis 12. September.

Kärnten. Mauthen (F. C. Keller). 2 Exemplare am 6. Mai.

Krain. Laibach (C. v. Deschmann). Am 30. April.

Litorale. Monfalcone (B. Schiavuzzi). 28. Mai an den Thermen; 4. Juni mehrere daselbst; 29. Juli 1 Stück in Locavez.

Mähren. Fulnek (G. Weisheit). Zugvogel. — **Goldhof** (W. Sprongel). Kommt ziemlich häufig vor; bleibt vom April bis September im Beobachtungsgebiete. — **Oslawan** (W. Čapek). Gewöhnlich. Am 26. April zuerst ein Paar gesehen.

Brütet meistens an den Lehnen der Waldthäler, besonders längs des Flusses. Am 20. Mai fand ich ein Gelege.

Nieder-Oesterreich. Mödling (J. Gaunersdorfer). Ziemlich häufig in den Wäldern.

Salzburg. Hallein (V. v. Tschusi). 22. August 1 Stück nach N.-W.; 9. September ♂ und ♀ ad. am Felde.

Schlesien. Dzingelau (J. Želisko). 23. April ♂ und ♀ angetroffen (22. trüb, früh + 1° R., mittags + 10° R.; 23. regnerisch, früh + 4° R., mittags + 6° R., 24. trüb, Westwind, früh + 4° R., mittags + 7° R.).

Siebenbürgen. Fogarás (E. v. Czýnk). Ziemlich häufig. 19. April die erste gesehen; 10. September die letzten 5 Stücke. — **Nagy-Enyed** (J. v. Csató). 2. April 5 Stücke bei Nagy-Enyed gesehen, mehrere gehört.

Steiermark. Mariahof (B. Hanf). Erscheint anfangs Mai am Durchgange. — **Pikern** (O. Reiser). Die häufigste Taube. Den 15. Juli massenhaft in allen Waldpartien; 20. Juli die meisten Paare mit den Jungen abgezogen; 26. Juli war nicht eine einzige Taube im Walde mehr anzutreffen, sondern alt und jung befanden sich im weiten Pettauerfelde zerstreut. — **Pöls** (St. Bar. Washington). Am 25. April die erste, mehrere am 26.; Hauptmasse 1.—3. Mai.

Ungarn. Mosócz (R. Graf Schaffgotsch). Seltener Sommervogel: im Walde sehr selten beobachtet. Seit circa 10 Jahren kommen alljährlich 3—4 Paare auf dieselbe Baumgruppe (Erlen) im Garten, die am Rande des Teiches steht. Heuer zogen sie anfangs September fort. — **Szepes-Igló** (J. Geyer). Im Sajóthale häufiger, als hier im Hernadthale.

X. Ordnung.

Rasores. Scharrvögel.

206. *Tetrao urogallus*, Linn. — Auerhuhn.

Croatien. Lika (Sp. Brusina). Am 17. Mai 1 ♂ aus Lika bekommen.

Kärnten. Mauthen (F. Keller). »Grosser Hahn«. Auf allen Gebirgen Brut- und Standvogel.

Krain. Laibach (C. v. Deschmann). Den 1. April im Waldreviere von Dobrova, eine Stunde westlich von Laibach, auf der Balz erlegt. Die Auerhennen kamen im Winter oft in des Messners Garten, welcher sich bei der an einem Felsabhange gleichsam angeklebten, einzeln stehenden Filialkirche von Petelinc, in der Pfarre St. Katharina, (einer bei 2000′ hohen Bergregion, die mit den Alpen in keinem Zusammenhange steht) befindet.

Litorale. Triest (L. Moser). Auf den Höhen des k. k. Tarnowaner Waldgebirges, zumeist in der Buchenregion, ziemlich häufig.

Mähren. Oslawan (W. Čapek). Vor etwa 8 Jahren wurden in den Namiester Revieren mehrere Paare von Auer- und Birkenwild in Freiheit gesetzt. Ob und wie sich das Auerwild accommodirt hat, weiss ich nicht anzugeben. Im Jahre 1885 wurde im Winter 1 ♂ bei Senohrad im Oslawathale beobachtet. — **Römerstadt** (A. Jonas). Auf dem Altvatergebirge häufig. — **Studein** (J. Zahradnik). Kommt im Rásná-Revier (an der Javařice) vor.

Ober-Oesterreich. Ueberackern (A. Kragora). Die Balz des Auerwildes begann wegen der abnormen Frühjahrswitterung schon äusserst früh und zwar am 12. Februar, zog sich aber sehr, bis nahezu Ende April, in die Länge. Durch diese ungewöhnlich lange Dauer verlor die Balz sehr an der gewöhnlichen Lebhaftigkeit. Einzelne sonst bewährte Balzplätze waren ganz verlassen; das ganze Auerwild concentrirte sich auf zwei Plätzen, wodurch auch das erhoffte Resultat nicht erzielt wurde. Den 20. August hörte ich wieder abends einen Hahn sehr lebhaft balzen, was durch längere Zeit währte; überhaupt wurden schon Ende Juli und durch den ganzen August Hähne beobachtet, welche besonders abends sehr lebhaft balzten. Das erste Nest mit 3 Eiern fand ich am 29. April, ein zweites mit 8 Eiern in einem Plänter-Schlag, wo noch gearbeitet wurde. Die Leute, welche darauf aufmerksam gemacht worden waren, solche Nester ja zu schonen, umgaben dasselbe mit einem Wall von Föhrenreisig und überdachten es, so dass das Ganze wie ein Kobel aussah. Die Henne liess sich dadurch in ihrem Brutgeschäfte nicht stören, verliess auch die Eier nicht, obwohl sie ganz gewiss unwillkürlich zu wiederholtenmalen mit einem Zweige berührt worden sein musste. Am 2. Juni (Pfingstmontag) fiel das Gelege glücklich aus und war dann die Kette (5 Hähne und 3 Hennen) noch später sehr oft beisammen in der Nähe zu sehen. Eine zweite Brut wurde dieses Jahr nicht beobachtet. Den 12. December sah ich am späten Nachmittage 2 Hähne bei einem sehr heftigen Weststurme ungewöhnlich hoch streichen, sich eigentlich mehr von dem Sturme forttragen lassen; da dieses aber in der untersten Partie des Forstes war, so haben selbe unstreitig diesen verlassen und sind also ausgewandert.

Salzburg. Hallein (V. v. Tschusi). 23. Januar ♀ am Heuberge.

Schlesien. Ernsdorf (J. Jaworski). Standvogel, brütet im Juni; oft werden die Eier verschneit und dann verlässt der Vogel das Nest.

Siebenbürgen. Fogarás (E. v. Czýnk). Im ganzen Fogaráscher-Gebirge ziemlich zahlreich vertreten. Den ersten Hahn hörte ich am 16. April, den letzten am 10. Mai balzen.

Steiermark. Mariahof (B. Hanf). Ziemlich häufiger Standvogel in den Mittelgebirgen. — Marburg (O. Reiser). Häufiger Brutvogel des Bachergebirges in Untersteiermark. — Pikern (O. Reiser). Das Auerhuhn hat sich in den letzten zwei Jahren am Bachern in erfreulicher Weise vermehrt. Welche Unbill oft eine neue Generation dieses Vogels zu erfahren hat, zeigt folgender Vorfall: Hirtenburschen kundeten in dem Reviere von Hausambacher eine brütende Auerhenne aus. Dieselben schossen hierauf in einer Entfernung von 10 Schritten mit einer Pistole auf den Vogel, ohne ihn zum Aufstehen zu bringen. Schliesslich wurde die Henne gefangen und sammt den stark bebrüteten Eiern (man hörte schon darin das Piepsen der Küchlein) in einem Topfe dem Verwalter gebracht, welcher, weil die Henne durch ihren Ungestüm im engen Raume die Eier vorzeitig zerbrochen hatte, das gequälte Thier wieder ausliess. Trotzdem hatte noch im October ein Bauer 2 selbstaufgezogene Stücke von dieser Brut. — Pöls (St. Bar. Washington). Nachdem sich das im Jahre 1882 in den Kaiserwald (im Kainachthale) eingewanderte Auerwild im vergangenen Jahre vermehrt und auch den Winter 1883/84 sowohl in unserem, wie auch im Nachbarreviere verblieb, so steht zu hoffen, dass es auch fernerhin Standwild bleibt. Im heurigen Jahr betrug der Gesammtstand an Hähnen im Kaiserwalde 5 Stücke, wovon ein alter Hahn (im Nachbarreviere) während der Balzzeit, welche sehr frühe (Ende März) begann, abgeschossen wurde.

Ungarn. Mosócz (R. Graf Schaffgotsch). Seltener Standvogel; Nest am 28. April 1880 unfern eines Schnepfennestes gefunden. Balzzeit in der Regel von Anfang April bis Mitte Mai. — Oravitz (A. Kocyan). Während der ganzen Balzzeit nur 2 Stücke gesehen. — Szepes-Béla (M. Greisiger). Im Hochwalde. — Szepes-Igló (J. Geyer). Ist bei uns nicht gar so selten, häufiger jedoch unter dem Königsberge und in den ausgedehnten, wohlgepflegten herzoglichen Coburgischen Wäldern, als im Rayon der hohen Tatra anzutreffen. Im Frühjahre 1868 erhielt ich ein Exemplar aus den Marmaros, welches einen übermässig ausgestopften Kropf hatte. Anfänglich meinte ich, dass dies ein Machwerk des betreffenden Jägers sei; als ich aber die Sache näher untersuchte, fand ich, dass die gleichförmig grossen Zweigspitzen von Fichten als Nahrungsstoff von dem Vogel selbst abgezwickt und verschluckt worden waren.

207. *Tetrao medius,* Meyer. — Rackelhuhn.

Krain. Laibach (C. v. Deschmann). Wurde von Herrn Victor Gallé auf der Černahora bei Mojstrana, im oberen Savethale, am 20. März erlegt.

208. *Tetrao tetrix,* Linn. — Birkhuhn.

Böhmen. Přibram (Fr. Stejskal). Wurde zahlreich bei Plass und St. Iwan beobachtet.

Kärnten. Mauthen (F. Keller). »Kleiner Hahn«. Im ganzen Gebirge Brut- und Standvogel.

Mähren. Oslawan (W. Čapek). Das bei Namiest sehr zahlreich in Freiheit gesetzte Birkwild hatte sich in alle Reviere der Umgebung verbreitet und ziemlich accommodirt. Es brütet jetzt durch einige Jahre bei Ketkovitz, Lukovan, in dem sehr günstig gelegenen Neudörfer-Reviere und heuer auch im Zbeschauer-Walde. Im Winter sind besonders die Hennen öfters zu sehen. Mit dem Eierlegen wurde am 20. Mai begonnen und gewöhnlich 5 Stücke gelegt. Das ♀ sitzt sehr fest, so dass man es mit den Händen ergreifen könnte. — **Römerstadt** (A. Jonas). Im Gebirge häufig vertreten und auch auf Rabenstein und Ferdinandsthal angetroffen. — **Studein** (J. Zahradnik). In dem Světlá-Reviere ziemlich häufig. Nach dem Berichte des Studeiner Forstamts-Adjuncten, Herrn K. Schandl, war der Balzplatz im Jahre 1882 kaum 50 Schritte von dem hart am Walde gelegenen Dorfe Světlá auf einer Lichtung, und es haben sich daselbst nicht weniger als 11 Hähne eingefunden.

Ober-Oesterreich. Ueberackern (A. Kragora). Fehlte bis jetzt in hiesiger Gegend gänzlich. Heuer im Frühjahre erschienen jedoch plötzlich im Bachforste, in der Nähe der Stadt Braunau gelegen, 2 Hennen und 1 Hahn, welcher auch fleissig balzte, und eine der Hennen brachte auch ihr Gelege von 6 Stücken glücklich durch; es scheint also, dass sich dieses interessante Wild auch hier einzubürgern gesonnen sei.

Schlesien. Ernsdorf (J. Jaworski). Seltener Standvogel; nistet anfangs Juni.

Steiermark. Mariahof (B. Hanf). Ein ziemlich häufiger Standvogel in der höheren Waldregion. Brütet unter den Tetraoniden am spätesten. — **Marburg** (O. Reiser). Nicht häufig, doch Brutvogel des Bachergebirges. — **Pikern** (O. Reiser). Auch im Faaler und Gonobitzer-Reviere ist das Birkhuhn bedeutend seltener geworden, und jeder Versuch des Wildes, sich in neuen Waldtheilen anzusiedeln, scheitert an dem Unverstande der dortigen Jäger. So wurde eine Brut, die Rebhuhngrösse erreicht hatte, auf der Blösse bei St. Heinrich, von welcher Gegend das Birkhuhn längst verschwunden ist, völlig vertilgt, worauf die alten Vögel verschwanden. — **Pöls** (St. Bar. Washington). Früher Brutvogel, jetzt nicht mehr. Im Jahre 1881 zog Birkwild in den Kaiserwald, vermehrte sich einmal, ist aber jetzt wieder verschwunden.

Ungarn. Oravitz (A. Kocyan). Beste Balz in den Vorbergen am 9.—15. April. — **Szepes-Béla** (M. Greisiger). Bis in der Krummholzregion der Tátra. — **Sepes-Igló** (J. Geyer). Bei weitem häufiger als vorhergehende Species, besonders auf den Südlehnen der höheren Berge des Sajothales. Scheint Laubwälder den Nadelwäldern vorzuziehen.

209. *Tetrao bonasia*, Linn. — Haselhuhn.

Bukowina. **Kupka** (J. Kubelka). Standvogel. — **Obczina** (J. Zitný). Ist ein häufig vorkommender Standvogel. — **Solka** (P. Kranabeter). Sparsam vorkommend.

Croatien. **Krizpolje** (A. Magdić). Kommt über Winter sehr häufig vor. — **Varasdin** (A. Jurinac). Im Ivančica- und Warasdiner-Gebirge nicht seltener Standvogel.

Kärnten. **Mauthen** (F. Keller). In allen Buchenwäldern Brut- und Standvogel und ziemlich häufig, da nur wenige der hiesigen Jäger die Jagd auf dasselbe verstehen.

Litorale. **Triest** (L. Moser). »Francolin«. Im November und December 1884 wurden viele auf den Markt gebracht.

Mähren. **Oslawan** (W. Čapek). Früher Standvogel in hiesigen Revieren, jetzt nirgends mehr; vor etwa 15 Jahren wurden noch einige beobachtet. — **Römerstadt** (A. Jonas). Ziemlich zahlreich in der Berg- und Waldregion vertreten, so z. B. im Ferdinandsthal.

Ober-Oesterreich. **Ueberackern** (A. Kragora). Der Abschuss von Hähnen scheint auf den Stand dieser Gattung sehr günstig einzuwirken; voriges Jahr wurde damit begonnen und circa 6, heuer dagegen schon über 20 Stücke abgeschossen.

Siebenbürgen. **Fogarás** (E. v. Czýnk). Ziemlich häufiger Standvogel.

Steiermark. **Mariahof** (B. Hanf). Standvogel in der mittleren Waldregion; nimmt bedeutend ab. — **Marburg** (O. Reiser). Sehr zahlreicher Brutvogel in den waldigen Ausläufern des Bacher-Gebirges in Untersteiermark. — **Pikern** (O. Reiser). In der Vermehrung des Haselwildes ist hier ein kleiner Stillstand zu verzeichnen. Es sind wieder neuerliche, sicher beobachtete Unthaten des Mäusebussard zu verzeichnen. Eine brütende Henne wurde beim Streumähen geköpft. Ich erhielt von den 8 Eiern 6 Stücke am 15. Mai, die sehr stark bebrütet waren. — **Pöls** (St. Bar. Washington). Gut vertretener Brutvogel.

Ungarn. **Mosócz** (R. Graf Schaffgotsch). Häufiges Standwild. Heuriger Abschuss 45 Stücke. Am 26. Mai circa

3—4 Tage alte Junge gefunden, die am 2. August fast ganz ausgewachsen waren und nicht mehr auf den Lockruf der Alten kamen. Am 24. Juni Kette mit circa wachtelgrossen Jungen gefunden. — **Oravitz** (A. Kocyan). Beste Balz vom 9. bis 15. April. — **Sepes-Belá** (M. Greisiger). Auf Waldmooren in der Tátra. — **Sepes-Igló** (J. Geyer). Ist auch nicht selten bei uns. Ausser den Mäusebussarden wird ihm von den Bergbewohnern eifrig nachgestellt, die es in höchst einfach construirten Fallen aus Brennholz fangen.

210. *Lagopus alpinus*, Nilss. — Alpenschneehuhn.

Kärnten. Mauthen (F. Keller). Im ganzen Gebirge Brut- und Standvogel.

Steiermark. Mariahof (B. Hanf). Zahlreicher Standvogel in der höheren Alpenregion.

211. *Perdix saxatilis*, M. u. W. — Steinhuhn.

Dalmatien. Spalato (G. Kolombatović). Am 20. November durch unsere Felder ziehend.

Kärnten. Mauthen (F. Keller). Brutvogel in der alpinen Region; zieht sich im Winter an die südlichen Gehänge.

Steiermark. Mariahof (B. Hanf). Ein ziemlich seltener Standvogel in felsigen Gebirgen, besonders in Holzschlägen, wenn solche mit Felspartien gemischt sind; wird selten in der Alpenregion angetroffen. — **Pikern** (O. Reiser). In wenigen Exemplaren auf den Hügeln hinter Ankenstein a. d. Drau beobachtet; ziemlich häufig jedoch auf den Felsenabhängen oberhalb von Faal bis zum »bösen Winkel«.

Ungarn. Sepes-Igló (J. Geyer). Ist bisher in unserem Gebiet unbekannt. Der ungarische Karpathenverein machte bereits Versuche, diesen Vogel in der H. Tátra zu acclimatisiren; das Resultat ist bisher noch unbekannt. Am Schlusse dieses Jahres brachte Herr Coloman Jácz, k. k. Hauptmann, 3 Stücke aus Dalmatien, welche dem hiesigen städtischen Waldmeister mit der Bedingung übergeben wurden, dieselben bis zum herannahenden Frühjahr bestens zu pflegen und sie dann an geeigneten Orten unseres Revieres auszulassen.

212. *Starna cinerea*, Linn. — Rebhuhn.

Böhmen. Nepomuk (R. Stopka). Nimmt stets ab.

Bukowina. Kotzman (A. Lurtig). »Koropatka«. Standvogel. — **Kupka** (J. Kubelka). Ist gänzlich verschwunden, da demselben die im Frühjahre und Herbste eines jeden Jahres anhaltenden starken Regengüsse und rapiden Temperaturwechsel ungünstig waren. — **Solka** (P. Kranabeter). Seltener Standvogel; die Ursache ist einerseits rücksichtsloser Abschuss und Vertilgung der Gelege durch Füchse, Hunde etc., anderseits Mangel an ihnen entsprechenden Verhältnissen. — **Terebleszty** (O. Nahlik). Standvogel, aber spärlich. — **Toporoutz** (G. Wilde). Kommt vor.

Croatien. Krizpolje (A. Magdić). Brutvogel. — **Varasdin** (A. Jurinac). Ungewöhnlich häufiger Standvogel. Die nacheinander folgenden milden Winter haben eine starke Vermehrung der Rebhühner zur Folge gehabt; im Herbste 1884 ungemein zahlreich.

Dalmatien. Spalato (G. Kolombatović). Am 24. October und 10. November durch unsere Felder ziehend.

Kärnten. Mauthen (F. C. Keller). Brut- und Standvogel; nur einzelne Ketten streichen im Spätherbst und Winter thalauf und thalab.

Litorale. Monfalcone (B. Schiavuzzi). 6. März Paarungsbeginn.

Mähren. Fulnek (G. Weisheit). Standvogel. — **Goldhof** (W. Sprongel). Im Beobachtungsgebiete, der Wildkammer der überhaupt als sehr wildreich bekannten erzherzogl. Albrecht'schen Herrschaft Gr.-Seelowitz, übertrifft das Rebhuhn an Häufigkeit des Vorkommens nur der Haussperling, im Winter die Rabenkrähe und allenfalls der Goldammer. Die Ketten lösten sich um den 21. Februar in Paare auf. — **Oslawan** (W. Čapek). Gemein. Vom 10. Februar an paarten sie sich, vom 22. nur mehr Paare angetroffen; am 11. März fand ich ein frisches Ei auf einem Waldwege; 20. Juni waren bei zwei Bruten die Jungen ausgeschlüpft. — **Römerstadt** (A. Jonas). Stand-, bez. Strichvogel, da im strengen Winter zahlreiche Hühner in das ebene Land ziehen. Brütet erst Ende Juni bei uns.

Schlesien. Ernsdorf (J. Jaworski). Standvogel. Die Brut hat heuer durch ungünstige Witterung im Frühjahre viel gelitten.

Siebenbürgen. Fogarás (E. v. Czýnk). Nicht zu häufiger Stand- und Brutvogel. Habe es auch gelegentlich der Gemsjagd in der Latschenregion gefunden und ebenso in den Wachholdersträuchern.

Steiermark. Mariahof (B. Hanf). Ein nicht seltener Standvogel, welcher, wenn der Schnee fest wird, und er das grüne Korn, seine vorzüglichste Winternahrung, nicht mehr erreichen kann, sich in die sonnseitigen Wälder oder bisweilen sogar in die Alpen-Region begibt und daher auch in schneereichen Wintern grösstentheils durchkommt, wie dies auch im Winter 1884/85 der Fall war. — **Pikern** (O. Reiser). Ende August trafen zwei Jäger der Herrschaft Faal bei der Jagd auf Schildhähne mittelst des Vorstehhundes etwa 300—400 Stücke Rebhühner inmitten des, die sog. »schwarzen Seen« umgebenden Krummholzes, 1300 m. hoch, an. Dieselben standen schockweise vor dem Hunde auf und wurden trotz eifrigen Suchens weder denselben, noch die folgenden Tage in der ganzen Umgebung gefunden.*) 7 Stücke wurden erlegt, erwiesen sich schwächer als die zu gleicher Zeit in hoher Lage beobachteten Hühner und war die graue Färbung vorherrschend. Am 21. August war ich bei Ankenstein gelegentlich einer Jagd Zeuge, wie zwei Hühner aus einer ziehenden Kette auf einer ziemlich hohen, breitästigen Föhre für einige Zeit baumten. — **Pöls** (St. Bar. Washington). Die ersten, ein vollzähliges Gelege enthaltenden Nester fand ich in den ersten Tagen des Mai. Ein am 3. Mai aufgefundenes Nest war ungefähr $1\frac{1}{2}$ m. über dem Erdboden auf einem Heuhaufen angelegt.

Ungarn. Mosócz (R. Graf Schaffgotsch). Standwild. Das Klima ist ihm zu rauh, um sich reichlich zu vermehren. Am 9. Juli circa 10 Tage alte Junge gefunden; 24. August eine andere Kette (Gabler); Anfang September eine weitere Kette

*) Waren offenbar Zughühner, über deren Vorkommen, Lebensweise, Grösse, Färbung und Zeichnung möglichst ausführliche Details sehr erwünscht wären. v. Tschusi.

gefunden, die noch nicht Gabler waren (wahrscheinlich waren selbe aus einem zweiten Gelege hervorgegangen). — **Szepes-Béla** (M. Greisiger). Am 30. November (Nordostwind, sehr kalt, während der Nacht starker Sneefall, ebenso tagsvorher), wurden auf der Strasse bei Béla 2 ♂ verhungert oder erfroren aufgefunden; den 12. December wurde bei Maldur 1 einjähriges ♂ in einer Scheuer gefangen, welches von einem Raubvogel verfolgt, dahin sich geflüchtet hatte. — **Szepes-Igló** (J. Geyer). Ist bei uns zumeist Stand- und nur in strengeren Wintern auch Strichvogel, dessen gedeihlicher Vermehrung vielerlei Factoren hindernd in den Weg treten, da ihm, ausser den zahlreich hier nistenden Raubvögeln, auch die sogenannten »Sonntagsjäger« eifrig nachstellen. Ueberdies wird für ihre Pflege im Winter wohl auch nirgends Sorge getragen.

213. *Coturnix dactylisonans*, Meyer. — Wachtel.

Böhmen. Blottendorf (F. Schnabel). Früher waren alljährlich einige Wachtelpaare in den hiesigen Fluren; heuer wurde kein einziges bemerkt. — **Böhmisch-Leipa** (F. Wurm). Der erste Ruf wurde am 20. Mai gehört. — **Liebenau** (E. Semdner). Die Anzahl ist sehr gering im Verhältnisse zu früheren Jahren. Sie kamen den 20. Mai (schöner, warmer Tag, schwacher Luftzug aus S.-O.) an und wurden bis 10. September hier beobachtet; der Abzug erfolgte in der Nacht auf den 11. September. — **Nepomuk** (R. Stopka). Kommt im Mai und zieht wieder im September fort; sehr selten, weil hier keine grösseren ebenen Flächen sind. 26. Mai das erste und 25. Juni das letztemal gehört; am 24. September wurde noch eine auf der Jagd geschossen. — **Přibram** (F. Stejskal). Wurde bei Hatě schon am 15. Mai gehört; Abzug am 15. September.

Bukowina. Kotzman (A. Lurtig). »Prepelica«. Zugvogel. — **Kupka** (J. Kubelka). Zugvogel. — **Solka** (P. Kranabeter). Sparsam. Erschien den 22. Mai und zog den 17. October in der Nacht scharenweise ab. — **Terebleszty** (O. Nahlik). Hat sich seit circa 4 Jahren sehr vermindert. Kommt in der zweiten Hälfte des April und auch selbst anfangs Mai noch an. Anfangs Juni wurde im Getreide ein Gelege von 12 Eiern gefunden. — **Toporoutz** (G. Wilde). Kommt vor.

Croatien. Agram (V. Diković). Am 21. August mittlere und am 10. October kleine Flüge gesehen. — (A. Smit). Mitte October 1880 wurden Wachteln in Agram todt gefunden, die, wahrscheinlich am Zuge begriffen, des starken Nebels wegen an die Gebäude anflogen und sich tödteten. — **Varasdin** (A. Jurinac). Häufig. Der erste Schlag wird gewöhnlich die letzten Tage April, spätestens in den ersten Tagen Mai gehört und zwar 1882 den 20. April, 1883 1. Mai, 1884 29. April. Die meisten im Durchzuge im September. Die Zeit der Herbstwanderung ist verschieden: bei warmer und trockener Witterung verbleiben sie lange in ihrer Heimat; ist aber die Witterung regnerisch und kühl, so verschwinden die Wachteln, einige Nachzügler ausgenommen, bereits Ende September gänzlich. Auch die hiesigen Jäger machen einen Unterschied zwischen Zug- und Standwachteln. Die Zugwachteln sollen anders gefärbt und kleiner sein als die Standwachteln.

Dalmatien. Spalato (G. Kolombatović). 5., 6. Januar, 1., 22. Februar; 31. März und 15. April durchziehend; Mai, Juni, Juli nistend; 15. August, 12., 22. September durchziehend; 12., 15., 26. October, 1., 12. November, 9. December.

Kärnten. Mauthen (F. C. Keller). Die erste erst am 31. Mai geschlagen; Abzug vom 20. bis 25. September.

Krain. Laibach (C. v. Deschmann) Am 10. April; noch am 15. October in der Umgebung.

Litorale. Monfalcone (B. Schiavuzzi). In der ersten Hälfte August Zugbeginn; 2. October einzelne am Fusse des Berges vor dem Lisertsumpfe.

Mähren. Fulnek (G. Weisheit). Zieht im Frühlinge und Herbste durch und vermindert sich von Jahr zu Jahr infolge des Massenfanges im Süden. — **Goldhof** (W. Sprongel). Spärlicher Brutvogel. Am 30. April zuerst geschlagen. — **Oslawan** (W. Čapek). Gewöhnlich den ersten Ruf am 11. Mai gehört. Am 7. Juni fand ich ein Nest mit 9 Eiern; denselben Tag um halb zwölf Uhr wurde das 10. gelegt, das nur sehr fein und dicht punktirt war. Die (besonders frisch gelegten) Eier erscheinen wie mit einem weissblauen Staub bedeckt; mit Wasser konnte man zwar diese Färbung abwischen, wodurch die kaffeebraune Grundfarbe sichtbar wurde, bald erschien aber der erwähnte Anhauch wieder, natürlich etwas schwächer, und noch nach einigen Monaten konnte man denselben beobachten. — **Römerstadt** (A. Jonas). Am 20. Mai die erste Wachtel schlagen gehört. Kommt sehr zahlreich bei uns vor; im Herbste oft massenhaft in Wickenfeldern anzutreffen. Am 7. October die letzten geschossen.

Nieder-Oesterreich. Melk (V. Staufer). Ankunft 24. April.

Salzburg. Hallein (V. v. Tschusi). 19. Mai erster Ruf; fehlte als Brutvogel und war auch am Herbstzuge sehr selten.

Schlesien. Dzingelau (J. Želisko). 3. Mai die erste angetroffen (2. regnerisch, Ostwind; 3. heiter, Ostwind; 4. heiter, Südost). Im ganzen wurden auf einer Fläche von circa 14.000 Joch 4 Paare angetroffen. Der Vogel wird von Jahr zu Jahr seltener. Einzelne Wachteln wurden am 13., 21., 24., 29. September gefunden, am 3. October die letzte gesehen. — **Ernsdorf** (J. Jaworski). Selten. Abzug September, nistet anfangs Juli. — **Jägerndorf** (E. Winkler). 23. Mai die ersten angekommen, 22. September abgezogen. — **Lodnitz** (J. Nowak). Den ersten Schlag am 4. Mai gehört. Es waren heuer sehr wenige Wachteln hier; zu Ende October und Anfang November sah ich jedoch mehrere. — **Troppau** (E. Urban). Erst am 20. Mai die erste gehört; auch hier waren heuer, soviel ich bemerken konnte, nur sehr wenige.

Siebenbürgen. Fogarás (E. v. Czýnk). Ziemlich häufiger Brutvogel. 18. April die erste gesehen, 23. April mehrere gefunden (Südwestwind); 8. Mai den ersten Wachtelschlag gehört; 22. October fortgezogen (bei Nordostwind, fortwährend kaltes, nasses Wetter); eine verspätete fand ich am 12. November, als schon hoher Schnee lag, in dem Uferweidengestrüppe an der Aluta. — **Nagy-Enyed** (J. v. Csató). 1. Mai 5 Stücke bei Nagy-Enyed gehört; 3. October mehrere. 4. October 4 Stücke bei Réa, 27. October 1 Stück bei Koncza erlegt.

Steiermark. Mariahof (B. Hanf). Meine, auf vielfache Beobachtungen beruhende Ueberzeugung*), dass sich Wachteln bisweilen in ihrem Geburtsjahre noch fortpflanzen, bestätigte auch eine im Herbste 1884 gemachte Beobachtung, indem mein nicht

*) Vgl. I. Jahresber. (1882) p. 148.

ferner Hund am 10. September eine junge Wachtelmutter und ich ein Junges derselben noch im vollkommenen Dunnenkleide fing. Dass ich eine junge von einer alten Wachtel unterscheiden kann, glaube ich, wird man nicht leicht bezweifeln können. Möchten nur die vogelkundigen Jagdfreunde sich die Mühe nehmen, jede Feder, besonders die Schwung- und Steuerfedern näher zu besichtigen, sie würden eine gewisse Regelmässigkeit im Wechsel derselben finden und den jungen von dem alten Vogel leicht unterscheiden. Dass man in anderen Gegenden diese Beobachtung nicht gemacht hat, mag wohl die Ursache sein, dass man dieses gemeine Federwild näher zu betrachten nicht der Mühe werth fand. Dass niedere, aber nicht südlicher gelegene Gegenden günstiger für obige Beobachtungen sein sollten, möchte ich, ohne anmassend zu sein, bezweifeln, da die Wachteln als echte Zugvögel in meinem zwar hoch, aber doch südlich gelegenen Beobachtungsgebiete eben so früh ankommen, als in anderen nicht südlicher gelegenen Gegenden; andererseits die hiesigen Verhältnisse für die Fortpflanzung einer jungen Wachtel sogar günstiger sind, weil Ende August und Anfang September Hafer und Erbsen und das Sommergetreide noch grösstentheils auf den Wurzeln stehen, wodurch sie daher für ihr Gelege noch vollkommenen Schutz findet und nicht so früh, wie in niederer gelegenen Gegenden, durch den Schnitt des Getreides vertrieben wird. — (B. Hanf und R. Paumgartner). 13. und 15. Mai. — Pikern (O. Reiser). Heuer auf einem Terrain von circa 2500 Joch bei geeignetster Lage nur 24 Wachteln erlegt.

Tirol. Innsbruck (L. Bar. Lazarini). 10. Mai die ersten in den Wiltnerfeldern vernommen; der Herbststrich war schlecht und nur wenige waren um den 7. October in der Hallerau am Durchstrich eingefallen.

Ungarn. Mosócz (R. Graf Schaffgotsch). Sommervogel; in den Jahren 1881 und 1882 sehr häufig, seitdem häufig. Mitte Mai die erste gehört; am 4. October noch 6 angetroffen; am 26. October eine gesehen, was aber ganz ausnahmsweise der Fall war; am 15. Juni Gelege von 15 Eiern angetroffen, am 30. Juni dieselben ausgebrütet gefunden. — Szepes-Béla (M. Greisinger). Am 10. Mai (schwacher Nordostwind, heiter und warm) bei Béla die ersten gehört. — Szepes-Igló (J. Geyer).

XI. Ordnung.

Grallae. Stelzvögel.

214. *Glareola pratincola*. Briss. — Halsbandgiarol.

Dalmatien. Spalato (G. Kolombatović). 15., 30. April.

Steiermark. Mariahof (B. Hanf). Seltener Passant. Wurde am 16. Mai 1870 in der Nähe der Hungerlacke auf einem grünen Kornfelde erlegt.

215. *Otis tarda*. Linn. — Grosstrappe.

Bukowina. Kotzman (A. Luttig). »Drofa«. Standvogel. — Terebleszty (O. Nahlik). Seltener Durchzugsvogel im Frühjahre und Herbste. Es wurde hier die Wahrnehmung gemacht, dass *Otis tarda*, Linn., welche aus den Steppen Rumäniens im Herbste gegen Süden zieht, theilweise auf den mit Raps bebauten Feldern (auf Baron Kapri's Gut Negostina, im Bezirke Sereth) überwintert, hingegen im Frühjahre in ihre Steppenheimat zurückzieht. — Toporoutz (G. Wilde). Eintreffen eines Fluges von circa 30 Stücken am 27. März vormittags.

Kärnten. Feldkirchen (B. Hanf). Ein ♂ wurde am 11. December 1862 erlegt und ziert, von mir präparirt, meine Sammlung.

Ungarn. Szepes-Igló (J. Geyer). Fehlt in unserem Gebiete. Erwähnenswerth erscheint mir übrigens die Thatsache, dass sich in einem Winter der Sechziger Jahre 1 Stück bis nach Csetnek (Com. Gömör) verirrte, wo es vor Kälte und Hunger halb erstarrt, mit den Händen gefangen werden konnte.

216. *Otis tetrax*. Linn. — Zwergtrappe.

Dalmatien. Spalato (G. Kolombatović). 5. April; 12., 14. October; 22. November; 2. December.

Litorale. Triest (L. Moser). »Gallina de Montagna«. Am 5. December 1884 kaufte ich am hiesigen Wildpretmarkte ein ♀ dieses Vogels. Dasselbe war aber derart zerschossen, dass man an ein Ausstopfen nicht denken konnte. Es wurde nach Aussage des Händlers am Karste geschossen. Das Erscheinen dieses Vogels ist für unsere Gegenden bemerkenswerth.

Mähren. Kremsier (J. Zahradník). Wurde im Herbste 1884 gelegentlich einer Jagd in der Umgebung Kremsiers versprengt gesehen und geschossen; leider war das Exemplar so arg zugerichtet, dass man es nicht der Mühe werth hielt aufzubewahren. Mein Gewährsmann ist der fürsterzbischöfl. Forstingenieur Herr Janda. Das Vorkommen ist auch aus dem Grunde glaubwürdig, da im Jahre 1874 eine Zwergtrappe in Freiberg in Mähren gelegentlich einer Schnepfenjagd erlegt wurde. Das geschossene Exemplar bekam ich damals zu Gesicht.

Siebenbürgen. Fogarás (E. v. Czýnk). Sehr selten. Im Sommer soll ein Stück bei Mundra gesehen worden sein.

217. *Oedicnemus crepitans*, Linn. — Triel.

Croatien. Varasdin (A. Jurinac). Selten. Den 15. April 1883 4 Stücke im Felde; 10. Mai 1883 1 Paar auf einer sandigen Drauinsel beobachtet und den 11. Juli ein auf dem Drauufer gefangenes Exemplar lebend erhalten; 31. August 1884 ein am Drauufer erbeutetes junges Exemplar bekommen.

Dalmatien. Spalato (G. Kolombatović). 30. März; 7., 12. April; 6., 12., 14., 20. October; 7., 10. November.

Kärnten. Mauthen (F. C. Keller). 1 Stück am 24. April.

Krain. Laibach (C. v. Deschmann). An der Save am 4. März.

Salzburg. Hallein (V. v. Tschusi). 27. September 7 Stücke am Felde in einem Fluge beisammen.

Siebenbürgen. Fogarás (E. v. Czýnk). Sehr selten. Bei den Mundraer Sümpfen am 20. September 2 Stücke, wovon ich eines erlegte.

Steiermark. Mariahof (B. Hanf). Dieser Passant kommt fast jährlich im April und Anfang Mai. Früheste Beobachtung: 4. April 1884, späteste: 6. Mai 1851. Auffallend häufig erschien er im Jahre 1884 und zwar den 11. April 8, 24. 11, 28. 20,

29. 5, 30. 4. 4. Mai 1 Exemplar. Im Herbste erscheint er sehr selten; nur am 4. November 1864 habe ich 2 Junge erlegt. — **Pikern** (O. Reiser). Brütet alljährlich auf einer kleinen Insel in der Drau, unterhalb Marburg bei Pobersch, in 2 Paaren. — **Pöls** (St. Bar. Washington). Traf heuer ausserordentlich frühzeitig ein; schon am 1. Mai fand ich 1 Paar auf dem sogenannten Murgries bei Wildon, woselbst alljährlich 1—2 Paare zu brüten pflegen.

Tirol. Innsbruck (L. Bar. Lazarini). 9. April morgens 5 Stücke in der Hallerau, 1 Stück nachmittags; 11. April bei Schneefall 3 in der Hallerau; 11. October bei sehr starkem Schneefalle 15 Stücke auf einer Sandbank am Inn (Hallerau) ruhend angetroffen.

Ungarn. Szepes-Igló (J. Geyer). Gegen das Ende der Sechziger-Jahre hatte ich in Rosenau nur einmal Gelegenheit, einen auf der Strasse todt aufgefundenen und mir eingebrachten Vogel dieser Species näher zu beaugenscheinigen; sonst sah ich ihn nicht wieder.

218. *Charadrius squatarola*, Linn. — Kiebitzregenpfeifer.

Bukowina. Kotzmann (A. Lurtig). Durchzugsvogel.

Kärnten. Mauthen (F. C. Keller). Ein Stück am 20. September.

Steiermark. Mariahof (B. Hanf). Sehr seltener Passant. Am 18. Mai 1849 beobachtet und am 23. September 1867 erlegt.

219. *Charadrius pluvialis*, Linn. — Goldregenpfeifer.

Bukowina. Kotzmann (A. Lurtig). Durchzugsvogel.

Croatien. Varasdin (A. Jurinac). Selten. In dem ungewöhnlich milden Winter 1880/81 ein Stück den 12. December in der Roggensaat erlegt und ein zweites den 29. October 1881 erhalten.

Dalmatien. Spalato (G. Kolombatović). 2., 7. Februar; 8., 16. März; 5., 13. November.

Krain. Laibach (C. v. Deschmann). An der Save am 3. März.

Mähren. Mährisch-Neustadt (F. Jackwerth). Im Herbste am Durchzuge nicht selten. 1. October 5 auf einem Sturzacker angetroffen, davon einen geschossen; 19. October 7 Stücke.

Nieder-Oesterreich. Mödling (J. Gaunersdorfer). Im October (Ende) wurde ein Stück von einem Bahnwächter der Südbahn aufgefunden, welches sich an den Telegraphendrähten verletzt hatte; es wurde ausgestopft.

Salzburg. Hallein (V. v. Tschusi). 19. November 1 Stück nach Schneefall nach N.-W.

Steiermark. Mariahof (B. Hanf). Ziemlich seltener Passant; öfter im Frühjahre als im Herbste. 7. März 1880 früheste, 11. April 1884 späteste Beobachtung.

Ungarn. Szepes-Igló (J. Geyer). Fehlt unserem Gebiete; doch zur Zeit der beiden Züge, welche er — nach meiner bisherigen Wahrnehmung — nur abends zu unternehmen pflegt, konnte ich ihn nach dem mir wohl bekannten Lockrufe schon oftmals in mein Tagebuch eintragen: in diesem Jahre hörte ich ihn nicht.

220. *Eudromias morinellus*, Linn. — Mornell.

Dalmatien. Spalato (G. Kolombatović). 10. März viele Individuen.

Kärnten. Mauthen (F. C. Keller). Brutvogel am Zollner.

Steiermark. Mariahof (B. Hanf). Brutvogel auf den Ausläufern des Zierbitz-Kogels. Ich besitze Eier und Junge dieses Vogels. Am Zuge in den Niederungen noch nie beobachtet.

Ungarn. Szepes-Igló (J. Geyer). Kommt auf unserem »Königsberge« vor: 1 Stück befindet sich auch in meiner Vogelsammlung.

221. *Aegialites cantianus*, Lath. — Seeregenpfeifer.

Dalmatien. Spalato (G. Kolombatović). 21. November.

Litorale. Monfalcone (B. Schiavuzzi). 30. Juli einige in Rosega.

Ungarn. Szepes-Béla (M. Greisiger). 9. Juni am Steinbache ober Gross-Lomnitz 1 Stück; 3. Juli ober Béla auf einer sumpfigen Waldwiese gleichfalls 1 Stück.

222. *Aegialites hiaticula*, Linn. — Sandregenpfeifer.

Dalmatien. Spalato (G. Kolombatović). 11., 15., 23. April; 3., 4. Mai; 15., 19. Juli; 1., 15. August.

Steiermark. Mariahof (B. Hanf). Ein seltener Passant. — **Pöls** (St. Bar. Washington). 3 Exemplare am 26. April an der Mur bei Wildon.

223. *Aegialites minor*, M. u. W. — Flussregenpfeifer.

Croatien. Varasdin (A. Jurinac). Von Anfang April bis Ende August an den Ufern und den mit Schotter und Sand bedeckten Inseln der Drau gemein. In milden Wintern überwintern viele hier.

Dalmatien. Spalato (G. Kolombatović). 3., 7., 8., 20., 29. April; 3., 4. Mai bis 15., 29. August.

Kärnten. Mauthen (F. C. Keller). ♂ und ♀ am 18. April.

Mähren. Oslawan (W. Čapek). Brutvogel. Am 3. April das erste, 8. April mehrere Paare gesehen; noch am 9. April zog ein Paar über Oslawan hinauf, längs des Flusses; 15. Mai die Jungen ausgeschlüpft; den 26. Juni habe ich die zweite Brut (3 Eier) gefunden.

Nieder-Oesterreich. Liesing (O. Reiser). 2 Paare brüten alljährlich im fast trockenen Bette der Liesing bei Rodaun nächst Wien.

Schlesien. Dzingelau (J. Želisko). 30. April an der Olsa das erste Paar angetroffen.

Steiermark. Mariahof (B. Hanf). »Gieshändl.« Brutvogel an der Mur. Kommt jährlich Mitte April an die Ufer des Furtteiches und der »Hungelake.« — (B. Hanf und R. Baumgartner.) Am 9. Mai. — **Pikern** (O. Reiser). Noch am 14. Juli fand ich 4 hoch bebrütete Eier auf derselben kiesigen Insel, wo auch *Oedicnemus crepitans* brütet. Der Vogel strich schon sehr zeitig von denselben ab. — **Pöls** (St. Bar. Washington). Durch die Höhe des Wasserstandes der Kainach, deren Fluthen im April alle den Flussregenpfeifern zum Aufenthalte dienenden Sandbänke überschwemmten, waren dieselben gezwungen, nahe dem Flusse gelegene Brachäcker aufzusuchen;

auf solchen fand ich die Regenpfeifer in kleine Trupps von 4 bis 5 Stücken vereinigt, namentlich in der Zeit vom 23.—30. April.

Ungarn. **Szepes-Igló** (J. Geyer). Wurde in diesem Jahre nicht beobachtet.

224. *Vanellus cristatus*, Linn. — Kiebitz.

Böhmen. **Böhmisch-Leipa** (Fr. Wurm). Vorboten erschienen am 13. März, der Hauptzug kam am 26. April an. — **Klattau** (V. Stejda v. Lovčic). Am 4. März in der Früh wurde ein Zug hoch in den Lüften, in der Richtung von Süd gegen Nord, beobachtet; am selben Tage erschienen auch einzelne an den Wiesen längs des Flusses Angel; am 8. März waren sie überall schon häufig; nisten hier regelmässig zahlreich. — **Nepomuk** (R. Stopka). Hält sich hier von Ende Februar bis zum November genug zahlreich an feuchten Wiesen und Feldern auf. — **Přibram** (F. Stejskal). Colonien in der Umgebung sind bei Konětop, Žirow, Dubenec und Tisow. Ankunft 1. März, Abzug Ende September. — **Wirschin** (A. Wend). Ankunft 6. bis 8. März, Abzug 3. October nach Süden.

Bukowina. **Kotzman** (A. Lurtig). Am 15. März nordöstlich ziehend. — **Kupka** (J. Kubelka). Kommt vor. — **Solka** (P. Kranabeter). Seltener Durchzügler. Erscheint während des Frühjahrs- und Herbstzuges und verweilt hier nicht länger wegen Mangel an geeigneten Plätzen. — **Terebleszty** (O. Nahlik). Standvogel. — **Toporoutz** (G. Wilde). 18. März nachmittags ein Flug von circa 20 Stücken.

Croatien. **Agram** (V. Diković). Am 26. October ein grosser Flug und am 3. December ein mittlerer bei Agram. — **Kravarsčiča** (Sp. Brusina). Am 1. April 1884 1 ♂ aus Kravarsčiča bekommen. — **Varasdin** (J. Jurinac). Erscheint gewöhnlich in der zweiten Hälfte März und zieht Anfang October ab; aber in gelinden Wintern überwintern viele hier. Ungewöhnlich grosse Scharen von 40—50 Individuen wurden den 10., 11., 12., 13., 14. und 15. März 1882/83 beobachtet, als den 10. und 11. ein bedeutender Schneefall eintrat und die Temperatur den 14. März auf —12° C. gefallen war.

Dalmatien. **Spalato** (G. Kolombatović). 29. Februar; 5., 25. März; 15. April bis 12., 22. October 25., 28. November.

Kärnten. **Mauthen** (F. C. Keller). 12., 15. und 16. März; 28. October, 2., 8. und 12. November.

Krain. **Laibach** (C. v. Deschmann). Nach dem Berichte eines Jägers in den Sümpfen von Aquileja am 19. Januar nicht selten; auf dem Laibacher Morast in Scharen am 15. Februar, am 16. October und am 29. November.

Litorale. **Monfalcone** (B. Schiavuzzi). 2. Januar in Locavez; 27. September die ersten in Rosega; 24. October 1 Stück in Locavez; 20. November 1 Stück in St. Antonio.

Mähren. **Goldhof** (W. Sprongel). Sommervogel. Die ersten Exemplare wurden bei Gross-Niemschitz am 10. Februar, bei Neuhof am 23. Februar, bei Goldhof am 7. März bemerkt. Ein Nest mit 4 halbflügen Jungen fand ich am 26. Juni am Mautnitzer-Canal. — **Oslawan** (W. Čapek). Nur zwischen Mohelno und Lhanitz ein Paar brütend beobachtet, in Oslawan selbst gar nicht gesehen. — **Römerstadt** (A. Jonas). Am 15. März die ersten Paare gesehen; einzelne nisten auf feuchten Wiesen.

Nieder-Oesterreich. **Melk** (V. Staufer). Ankunft 4. März.

Salzburg. **Abtenau** (F. Höfner). 7. März 14 Stücke. — **Hallein** (V. v. Tschusi). 11. Februar nachmittags 6 Stücke von N. nach S., dann wieder zurück; 26. (bei Schneefall, N.-O.) 2 Stücke nach S.-O.; 8. April 1 Stück; 17. November 2 Stücke (18. Schneefall).

Schlesien. **Dzingelau** (J. Želisko). Hauptankunft am 10. März; (9. März heiter, kalt, Südwest, + 3° R. in der Sonne; ebenso am 10., nur um 1° R. wärmer; 11. heiter, warm, mittags im Schatten + 8° R.); Abzug nicht bemerkt. — **Ernsdorf** (J. Jaworski). Ankunft Mitte März; nistet hier; selten Abzug. — **Lodnitz** (J. Nowak). Ankunft 25. Februar, Abzug 29. October. — **Troppau** (Schmidt). Ankunft 8. März.

Siebenbürgen. **Fogarás** (E. v. Czýnk). Nicht so häufig als früher, woran das Trockenlegen der Wiesen Schuld trägt. Am 19. März die ersten, 20. März viele bei Mundra und Dridiff (S.-O.); 20. October die letzten bei Südwestwind. — **Nagy-Enyed** (J. v. Csató). 3. März 1 Stück, 17. März 6 Stücke.

Steiermark. Mariahof (B. Hanf). Regelmässiger Passant, doch öfters im Frühjahr als im Herbst. — (B. Hanf und R. Baumgartner.) 7. März 1 Stück, 11. 5 Stücke, 15. 3 Stücke; 1. April 1 Stück; 1. August 1 Stück, 23. 20—30 Stücke. — **Pöls** (St. Bar. Washington). 1 Exemplar am 16., 17. und 23., 3 ♂ am 30. April.

Tirol. Innsbruck (L. Bar. Lazarini). 26. Februar 3 Stücke in der Höttinger-Au (25.—27. etwas Schneefall über Nacht); 7. März einige und den 9. 1 Stück in der Ambraser-Au; 11. October 4 Stücke in der Haller-Au (starker Schneefall).

Ungarn. Mosócz (R. Graf Schaffgotsch). Sommervogel. Im Jahre 1883/84 je ein Paar öfters im Juli auf einer sumpfigen Wiese beobachtet. — **Neusiedl** (O. Reiser). Bei der Musterung der vielen hundert Eier, die alljährlich auf dem Wiener Markte feilgeboten werden, kann man die verschiedensten Abnormitäten an Form und Farbe beobachten. So gelangte ich in den Besitz eines Geleges von 3 Stücken, welches sehr entwickelten Chlorismus zeigt. Aus Neusiedl am See erhielt ich ein Ei dieses Vogels, welches bei poröser Schale sich infolge eines salpeterähnlichen Ueberzuges sehr rauh anfühlt; endlich ein Ei mit folgenden abnormen Massen: L. 52, Br. 32, gegen gewöhnlich L. 46, Br. 33. *mm.* — **Sepes-Igló** (J. Geyer). Fehlt unserem Gebiet, vielleicht selbst als Zugvogel.

225. *Haematopus ostralegus*, Linn. — Austernfischer.

Croatien. Varasdin (A. Jurinac). Sehr selten. Bis jetzt ein einziges Exemplar erhalten, welches ich der Güte des Herrn Grafen v. Orsich zu verdanken habe. Der Graf hatte den Vogel den 20. October 1882 11 Uhr vormittags auf einer überschwemmten Wiese in der Gemeinde Jurketinetz (½ Stunde westlich von Varasdin) allein gefunden und erlegt. Ich sandte den Vogel dem zool. Museum zu Agram [1]).

Dalmatien. Spalato (G. Kolombatović). 10. und 21. April.

[1]) Es ist das erste im Lande erlegte Exemplar. von Tschusi.

226. *Strepsilas interpres*, Linn. — Steinwälzer.

Ungarn. Szepes-Igló (J. Geyer). Ein für Naturkunde sich besonders interessirender Sextaner beobachtete am 25. April [1]) ein Stück beim obern Wehr längere Zeit hindurch, wie es der Reihe nach die entsprechenden Steine umwälzte und nach den darunter befindlichen Insecten haschte.

227. *Grus cinereus*, Bechst. — Grauer Kranich.

Bukowina. Kotzman (A. Lurtig). Am 15. März nordöstlich ziehend. — **Kuczurmare** (Miskiewicz). Den 30. März in Massen durchgezogen. — **Petroutz** (A. Stranský). Ankunft 21. März, Abzug 15. September. — **Solka** (P. Kranabeter). Erscheint nur während des Zuges. — **Straza** (R. v. Popiel). 28. März (trüb, +8°, Südwestwind), am 29. (trüb, +6°, starker Nebel, windstill), am 19. April (hell, +13°, windstill), am 7. October (regnerisch, +4°, Nordostwind) von N.-O. nach S.-W. und am 23. (feucht, kühl, +6°, Nordwestwind) durchgezogen. — **Terebleszty** (O. Nahlik). Durchzugvogel im Frühjahre und Herbste. — **Toporoutz** (G. Wilde). 2. October ein Flug von circa 40 Stücken nach Südosten um 7 Uhr morgens.

Croatien. Krizpolje (A. Magdić). Den 5. April sah ich eine Schar von Süden gegen Nordwesten ziehen. — **Varasdin** (A. Jurinac). Am Durchzuge in bedeutender Höhe im October regelmässig beobachtet, lässt sich aber hier sehr selten nieder. Ende März oder Anfang April überfliegt er wieder diese Gegend.

Dalmatien. Spalato (G. Kolombatović). 9., 22. Februar; 22. März; 30. October; 5. und 24. November.

Siebenbürgen. Fogarás (E. v. Czýnk). Nicht häufig. Am 2. April ein Paar auf einer Wiese beim Mundraer-Sumpfe gesehen; dürfte bei uns brüten. Am Herbstzug nicht bemerkt.

Steiermark. Mariahof (B. Hanf). Ein seltener Passant und gewöhnlich nur einzelne Individuen; nur einmal waren 3 und ein andersmal 4 Exemplare anwesend. Früheste Beobachtung 22. März (1842), späteste 19. April (1884).

[1]) Falls der Vogel nicht erlegt wurde, kann diese Angabe nur mit Reserve aufgenommen werden. v. Tschusi.

Ungarn. **Szepes-Igló** (J. Geyer). In den Sechziger-Jahren erhielt ich ein bei Dobschau im oberen Sajóthale geschossenes Exemplar (♀), dessen Federn jedoch dicht mit Vogelläusen bedeckt waren; noch in der Gymnasial-Sammlung vorhanden.

228. *Grus virgo*, Linn. — Jungfernkranich.

Ungarn. **Szepes-Igló** (J. Geyer). Im December 1871 brachte man ein bei Sümegh (nächst Jgló) erlegtes Stück, das ich auf keine Weise acceptiren konnte, da ich nach dem Uebersiedeln von Rosenau vollauf mit Ordnen meiner Sachen beschäftigt war. In meiner Bedrängniss hatte ich den Vogel auch gar nicht genauer untersucht. Professor Jermy kaufte denselben und präparirte ihn und theilte mir sodann mit Freuden mit, welche Acquisition er gemacht habe, nachdem ich dieselbe ausgeschlagen.

XII. Ordnung.

Grallatores. Reiherartige Vögel.

229. *Ciconia alba*, Bechst. — Weisser Storch.

Böhmen. **Böhmisch-Leipa** (Fr. Wurm). Einzelne kamen am 14. März an und der Hauptzug erschien am 22. April. — **Liebenau** (E. Semdner). Durchzug am 7., 10. und 14. April in grosser Anzahl von N.-W. her; einige liessen sich in einem Walde in der Nähe nieder und zogen am Morgen des 8. gegen N.-O. (Witterung kühl, trübe und veränderlich, Windrichtung nördlich). — **Nepomuk** (R. Stopka). Wurde heuer nicht bemerkt; sonst aber hält er sich hier paarweise am Durchzuge auf, jedoch nie zahlreich. 1883 1 Paar im Frühling auf einer Wiese. — **Oberrokitai** (K. Schwalb). 23. April nachmittags nach 3 Uhr 20 Stücke von S.-O. nach N.-W. ziehend; 25. September 10 von N.-W. nach S. in grosser Höhe gezogen. — **Přibram** (Fr. Stejskal). Wurden am Zuge bloss bei Pěčina beobachtet.

Bukowina. **Kotzman** (A. Lurtig). »Buszok«. Am 25. März direct nach N.-O., am 17. April Nachzügler. Am

11. August begannen die Störche sich zu sammeln; 17. August Hauptzug der Störche. Es traf sich heuer, dass ich einer Massenansammlung von Störchen vor ihrem Abzuge zusehen konnte. Eine grosse Hutweide wurde zum Sammelplatze auserwählt. Hier bemerkte ich zuerst eine bereits niedergelassene Schar von circa 50 Störchen, zu der sich nach kurzer Zeit eine zweite Schar gesellte, bald darauf kam eine dritte, dann eine vierte u. s. w., und es dauerte keine Stunde, so war die Hutweide mit Störchen besäet. Nun begann zwischen ihnen ein Durcheinandergehen, ein Flügelerheben durch längere Zeit und aus dieser Storchmasse bildeten sich zwei Reihen, zwischen denen etliche Störche auf- und abschreitend eine förmliche Musterung hielten. Eine halbe Stunde verblieb der Zug rangirt auf der Hutweide stehen, endlich erhob sich die nach Hunderten zählende Schar, kreiste etliche Male in den Lüften und fort ging es dann in die Ferne. — **Kuczurmare** (Miszkiewicz). Den 10.—15. April in sehr grossen Mengen angekommen. — **Kupka** (J. Kubelka). Zieht im Frühjahre und Herbste durch. — **Petroutz** (A. Stranský). Ankunft 26. März. — **Solka** (P. Kranabeter). Erschien den 18. April und zog Mitte September ab. — **Straza** (R. v. Popiel). Zieht gegen den Wind. 24. März; 19. April 10 Uhr vormittags von S.-W. nach N. — **Terebleszty** (O. Nahlik). Zug- bez. Brutvogel; das ♂ brütet gewöhnlich in den Nachmittagsstunden. — **Toporoutz** (G. Wilde). Erstes Erscheinen am 25. März nachmittags am Zuge nach Norden; 27. März mittags in Flügen zu 10 und 16 Stücken, auch nach Norden.

Kärnten. **Mauthen** (F. C. Keller). Am Zuge den 20. August.

Krain. **Laibach** (C. v. Deschmann). 1 Exemplar den 6. Mai von einem Fischer auf dem Moraste erlegt.

Mähren. **Fulnek** (G. Weisheit). Im Frühjahr und Herbst. — **Mährisch-Neustadt** (F. Jackwerth). 3. April 18 Stücke nach N.-W. bei N.-O.; 7. April 8 Stücke nach N. bei S.; 16. April einige 30 von Norden kommend nach Süden (N.-W.); die folgenden Tage (N.-O., Schnee, —2° R.) hat offenbar ein Rückzug in südlichere Gegenden stattgefunden; 22. April (bei N.-W.) 7 und 3 Stücke nach N.-W.; 26. April gegen 60 nach N.-W, bei Süd, vorher Regen; 10. Mai 5 vormittags und 1 Stück nachmittags nach N.-W. (S.-O., heiter). — **Goldhof** (W. Sprongel). Nur während des Durchzuges zu sehen. — **Oslawan** (W. Čapek). Durchzugsvogel, besonders im Frühjahre. Am 1. April um 7 Uhr Früh 1 Stück im Oslawathale; am 20. April 12 Paare nach Westen ziehend; im Herbste selten. — **Römerstadt** (A. Jonas). Am 20. April 12 Störche von S.-W. gegen N.-O. beobachtet; 30. September sind ebenfalls einzelne Störche oberhalb unserer Stadt durchgezogen.

Ober-Oesterreich. Ueberackern (A. Kragora). Das eine Exemplar traf hier am 2. August ein und liess sich auf den Feldern nieder, wurde aber von einem Bauern bemerkt, der, da er den grossen Vogel nicht kannte, ihn erlegte.

Schlesien. Dzingelau (J. Želisko). 16. April einzelne Störche im Zuge; hier nie brütend. 7. Juli einen Storch herumirrend angetroffen; 8. August 9 Stücke am Zuge. — **Jägerndorf** (E. Winkler). 16. April zogen Störche durch, dann wieder den 8. November. — **Lodnitz** (J. Nowak). Mitte März zogen 8 Stücke durch; 12. April waren einen Tag lang hunderte hier, von welchen ich auch ein angeschossenes Stück bekam, dem der Oberschnabel etwa 3 cm. weggeschossen war, infolge dessen er das Futter nicht packen konnte. Ich habe nun den Schnabel mit einer Blechspitze versehen, mit der er auch ohne weiteres das Futter fassen konnte.

Siebenbürgen. **Fogarás** (E. v. Czýnk). Im Frühjahr und Herbst nicht selten. Brütet in Mundra, Dridiff, Voila, Szombatfalva, Ucsa, überhaupt längs der ganzen Aluta an geeigneten Stellen. Die ersten am 21. März nach S.-W. ziehend gesehen, am 24. bei Mundra auf den Wiesen; Abzug 2. September bei Südostwind. — **Nagy-Enyed** (J. v. Csató). 22. und 23. März je 12 Stücke; 22. August bei 2000.

Steiermark. **Mariahof** (B. Hanf). Zieht Ende April und anfangs Mai, grösstentheils einzeln, hier durch; nur einmal habe ich bei 30 Stücke beobachtet. 15. April 1840 früheste, 12. Juni 1850 späteste Beobachtung. — (B. Hanf und R. Paumgartner). 1 Stück am 20. April. — **Pöls** (St. Bar. Washington). 30. April 4 Stücke auf einer versumpften Wiese.

Ungarn. Mosócz (R. Graf Schaffgotsch). Herbstdurchzugsvogel. Am 10. September 4 Exemplare, am 7. September 1 Exemplar auf einer feuchten Wiese beobachtet. — Oravitz (A. Kocyan). Zog in 14 Stücken bei Regen und Nebel am 28. August westwärts. — Szepes-Béla (M. Greisiger). Am 6. April 6 Stücke bei Béla (schwacher Nordostwind, heiter, nachts Frost); 17. 4 Stücke bei Béla gesehen (Nordwind, regnerisch, ebenso tagsvorher); 21. zogen bei Béla 12 Stücke von Süd nach Nord und auf dem Felde zwischen Béla und Rox sah ich circa 30 Stücke in den Abendstunden Nahrung suchend (schwacher Nordwind, trübe und warm, tagsvorher Nordwind, Schneefall und Regen); am 22. September wurde bei Sarpanietz (Béla) 1 Stück gesehen und geschossen (Ostwind, heiter). — Szepes-Igló (J. Geyer). Immer noch auf beiden Durchzügen beobachtet. Am 3. April zogen 3 Stücke über die Stadt hinweg; am 9. August liess sich eine grosse Schar, welche von Westen her kam, in der Nähe der Bergstadt Merény (Wagendrüssel) am Göllnitzflusse nieder, von der 1 Stück auch erlegt wurde; am 30. August zog eine kleine Schar nächst unserer Stadt südwärts; am 1. October zog eine ziemlich starke Schar in der Abenddämmerung nordwärts.

230. *Ciconia nigra*, Linn. — Schwarzer Storch.

Bukowina. Solka (P. Kranabeter). Gehört zu den ausserordentlichen Seltenheiten, verweilt in grossen Waldungen in höheren Lagen und ist dem Menschen gegenüber ungemein scheu. — Terebleszty (O. Nahlik). »Kral«. Beobachtet.

Croatien. Ruma (Sp. Brunnia). Am 2. August von Ruma in Slavonien 3 halbflügge Vögel lebend bekommen, wovon 2 ♂, 1 ♀ waren. Am 31. Juli 1884 einen alten Vogel aus Krizpolje und am 10. August ein junges, bei G. Ivanec in der Gemeinde Bistra geschossenes ♀ bekommen. — Krizpolje (A. Magdić). Den 23. Juli fand ich ein Exemplar in einem Dorfe von Krizpolje todt und faul, und am 29. September wurde ein alter Vogel in einem Kukuruzfelde geschossen.

Steiermark. Mariahof (B. Hanf). Irrgast. Nur am 28. März 1866 glückte es mir, ein Weibchen selbst zu beobachten und zu erlegen.

231. *Falcinellus igneus*, Leach. — Dunkelfarbiger Sichler.

Croatien. Varasdin (A. Jurinac). Spärlich. Den 3. Mai 1880 ein Flug von 15 Individuen in der Nähe des Plitritzabaches beobachtet, den 7. October 1883 ein Stück erhalten.

Dalmatien. Spalato (G. Kolombatović). 23. März, 15. April, 5. Mai.

Vorarlberg. Fussach (L. Bar. Lazarini). 17. September wurde 1 Stück bei Fussach am Bodenseeufer geschossen und sodann in Bregenz, wo ich Gelegenheit hatte es zu sehen, präparirt.

232. *Ardea cinerea*, Linn. — Grauer Reiher.

Bukowina. Kotzman (A. Lurtig). Zugvogel. — **Kupka** (J. Kubelka). Spärlich; zieht im Frühjahre und Herbste durch. — **Solka** (P. Kranabeter). Seltener Zugvogel. — **Terebleszty** (O. Nahlik). Zugvogel.

Croatien. Varasdin (A. Jurinac). Häufig. Im September ziehen viele weiter südlich; eine bedeutende Anzahl aber verbleibt jeden Winter hier. Auch im ungewöhnlich strengen Winter 1879/80 habe ich aus dieser Gegend mehrere erhalten, von denen aber 4 Stücke erfroren gefunden wurden und deren Mägen ganz leer waren. Die im Herbste abgezogenen kehren schon im März zurück. Den 23. September 1882 wurde um 5 Uhr früh ein Flug von etwa 20 Stücken am Drauufer beobachtet.

Dalmatien. Spalato (G. Kolombatović). 2., 19., 20., 21., 22., 23., 27. März; 5., 14. April; 26. Juli; 8., 12. September; 30. October; 11. November.

Kärnten. Mauthen (F. C. Keller). Am Zuge am 20. April und 28. August.

Krain. Laibach (C. v. Deschmann). Am 4. März.

Litorale. Monfalcone (B. Schiavuzzi). 18. Januar einer am Meeresstrande; 8. Mai einzelne am Meeresstrande in Marcilliana; 27. November 1 juv. am Meeresstrande erlegt.

Mähren. Kremsier (J. Zahradnik). Ziemlich häufig. Unsere Sammlung besitzt 3 Exemplare: eines davon, ein vollkommen ausgefärbtes altes ♂; das jüngste wurde im October 1884 im Bystřic a. H. erlegt. — **Oslawan** (W. Čapek). Seltener

Durchzugsvogel. Am 10. Juli 3 Stücke bei Eibenschitz, am 6. December ein Stück am Iglawaflusse.

Siebenbürgen. Fogarás (E. v. Czýnk). Sehr gemein. Am »todten Alt« bei Mundra, Dridiff u. s. w. überall immer zu finden. Am 26. Februar den ersten beim »todten Alt«, Süd-Ostwind; 27. September die letzten bei Nord-Ostwind gesehen. Brütet in Szombatfalva im Gestütsparke. — **Nagy-Enyed** (J. v. Csató). 15. März 4 Stücke.

Steiermark. Mariahof (B. Hanf). Jährlich am Durchzuge im Frühjahre, selten im Herbste. — (B. Hanf und R. Paumgartner.) 22. April 4, 24., 25. April je 1, 26. April 6 Stücke; 1., 2., 6., 10., 12., 13., 17., 18. Mai je 1 Stück; 16. September 1 Stück. — **Pöls** (St. Bar. Washington). Am 17., 18. und 19. April je 1 Exemplar; zwischen dem 20. und 26. April täglich 3—5 Exemplare.

Tirol. Innsbruck (L. Bar. Lazarini). 25. März 2 Stücke in der Hallerau; 12. April 1 Stück ebendort und auch welche bei Völs und Kematen; in der Woche vom 4. zum 11. Mai wurde 1 Stück bei Ranalt im Stubaithal erlegt.

Ungarn. Szepes-Igló (J. Geyer). Nur zeitweise am Durchzuge beobachtet.

233. *Ardea purpurea*, Linn. — Purpurreiher.

Bukowina. Solka (P. Kranabeter). Ausserordentliche Seltenheit und nur einmal während des Frühjahrszuges gesehen.

Croatien. Varasdin (A. Jurinac). Weniger zahlreich als der graue Reiher; einige überwintern hier.

Dalmatien. Spalato (G. Kolombatović). 23., 28., 30. März; 6., 14. April; 25. Juli.

Kärnten. Mauthen (F. C. Keller). 1 ♂ am 8. Mai.

Litorale. Monfalcone (B. Schiavuzzi). 8. August 2 juv. am Meeresstrande in Locavez; 5., 24. und 25. September je einer am Meeresstrande.

Siebenbürgen. Fogarás (E. v. Czýnk). Nicht selten. Am 7. April den ersten bei Mundra erlegt. Ist wie *Ardea cinera* bei Mundra und Dridiff immer, seltener am »todten Alt« zu finden. Den letzten fand ich am 26. September. — **Nagy-Enyed** (J. v. Csató). 30. März 2 Stücke.

Steiermark. Mariahof (B. Hanf). Wird nicht jährlich beobachtet. Die grösste Zahl sah ich am 1. Mai 1863, nämlich 22 Stücke; früheste Beobachtung 8. April 1850, späteste 12. Mai 1853. — (B. Hanf und R. Paumgartner.) 19., 20. April je 2, 21. April und 4. Mai je 1 und den 8. Mai 3 Stücke.

Tirol. Innsbruck (L. Bar. Lazarini). Den 13. April 1 Stück bei Brixen geschossen.

234. *Ardea egretta*, Bechst. — Silberreiher.

Bukowina. Kotzman (A. Lurtig). Seltener Zugvogel. — **Solka** (P. Kranabeter). Grosse Seltenheit und nur während des Durchzuges erscheinend.

Dalmatien. Spalato (G. Kolombatović). 25. März. 23. November.

Kärnten. Mauthen (F. C. Keller). Am Zuge am 12. September.

Siebenbürgen. Fogarás (E. v. Czýnk). Sehr selten. Am 7. April 2 Stücke am Durchzuge auf einer überschwemmten Wiese bei Mundra gesehen.

235. *Ardea garzetta*, Linn. — Seidenreiher.

Croatien. Varasdin (A. Jurinac). Sehr selten. Ein Stück im Juni 1884 bei Druschkovetz erlegt.

Dalmatien. Spalato (G. Kolombatović). 22., 23., 31. März; 6., 14., 15. April; 13., 16. August.

Krain. Laibach (C. v. Deschmann). Am 8. Mai vom Schneeberg erhalten.

Siebenbürgen. Fogarás (E. v. Czýnk). Sehr selten. Am 18. Mai bei Mundra ein Exemplar gesehen. — **Nagy-Enyed** (J. v. Csató). 3. Mai 2 Stücke.

Steiermark. Mariahof (B. Hanf). Ein seltener Passant. In den fünfziger Jahren schoss ich 5 Stücke. 27. April 1880 früheste, 4. Juni 1856 späteste Beobachtung.

236. *Ardea ralloides*, Scop. — Rallenreiher.

Croatien. Gross-Goriza (Sp. Brusina). Ein ♀ am 29. April bekommen.

Dalmatien. Spalato (G. Kolombatović). 25., 27. März, 7., 15., 28. April.

Krain. Laibach (C. v. Deschmann). Von Veixelberg am 8. Mai erhalten.

Siebenbürgen. Nagy-Enyed (J. v. Csató). 23. April 1 ♀ bei Al-Vincz erlegt.

Steiermark. Mariahof (B. Hanf). Ein seltener Passant. 6. Mai 1854 früheste, 29. Mai 1855 späteste Beobachtung.

237. *Ardetta minuta*, Linn. — Zwergreiher.

Croatien. Varasdin (A. Jurinac). Nicht selten. Ein ♂ ad. den 7. Mai 1881, ein ♀ ad. den 12. Mai 1882 erhalten; ein ♂ juv. nach einem starken Platzregen den 22. September 1882 lebend gefangen; ein ♂ ad. den 29. April 1884.

Dalmatien. Spalato (G. Kolombatović). 15., 20., 25., 29. April; 1., 5., 17., 25. Mai.

Kärnten. Mauthen (F. C. Keller). Am Zuge am 27. April.

Krain. Laibach (C. v. Deschmann). Am 7. Mai.

Mähren. Kremsier (J. Zahradnik). Ein schönes ♂ wurde im Juni von Herrn k. k. Bezirkscommissär L. Uhlíř im Fürstenwalde gelegentlich einer Entenjagd geschossen. — **Oslawan** (W. Čapek). Ein einzigesmal im Sommer verirrt beobachtet.

Siebenbürgen. Fogarás (E. v. Czýnk). Gemein. Brütet im Mundraer, Dridiffer Rohr und am »todten Alt«. Am 7. Mai die ersten gesehen. Bei der Entensuche jedesmal im Schilfe und Röhrichte einige aufgestossen. Die letzten am 22. September gesehen.

Steiermark. Mariahof (B. Hanf). Ein im Frühjahre nicht gar seltener Passant, doch nicht alljährlich; im Herbste nur 2 Junge erlegt. Früheste Beobachtung am 3. April 1848, späteste am 31. Mai 1845. — (B. Hanf und R. Paumgartner). 25. September ♂ juv. — **Pöls** (St. Bar. Washington). Brütet zuweilen in einem undurchdringlichen Rohrdickichte am Murflusse bei Wildon.

Ungarn. Neusiedl (O. Reiser). Zahlreicher Brutvogel im Neusiedler See. — **Szepes-Igló** (J. Geyer). Wurde mir in

Rosenau mehrmals eingebracht. Einmal hatte man diesen Vogel in jenem Gebiete sogar brütend angetroffen; hier sah ich ihn noch nicht.

238. *Nycticorax griseus*, Strickl. — Nachtreiher.

Croatien. Moravic (Sp. Brusina). Am 26. März 1884 1 ♂ bei Morović geschossen. — **Varasdin** (A. Jurinac). Am Durchzuge im Spätherbste werden nicht selten Flüge angetroffen; den 8. December 1884 1 ♀ juv. erlegt.

Dalmatien. Spalato (G. Kolombatović). 12., 22., 23., 26. März; 4., 7., 14. April; 12. August.

Krain. Laibach (C. v. Deschmann). Am 25. April.

Litorale. Monfalcone (B. Schiavuzzi). 8. Mai 1 ♀ juv. in den Sümpfen bei Marcilliana erlegt.

Siebenbürgen. Fogarás (E. v. Czýnk). Selten. Am 14. Mai 2 Stücke auf den Erlen der Papiermühle. — **Nagy-Enyed** (J. v. Csató). 15. April 1 Stück bei Fugad erlegt; 18.—24. Mai 4 Stücke bei Koncza.

Steiermark. Mariahof (B. Hanf). Ein seltener Passant. Früheste Beobachtung 14. April 1840, späteste 6. Juni 1856.

Ungarn. Szepes-Igló (J. Geyer). Selbst im Durchzuge hier kaum noch beobachtet.

239. *Botaurus stellaris*, Linn. — Rohrdommel.

Bukowina. Kotzman (A. Lurtig). Zugvogel. — **Solka** (P. Kranabeter). Seltener Durchzügler. Erscheint im Frühjahre im Mai und im Herbst im August. — **Terebleszty** (O. Nahlik). Zugvogel. — **Toporoutz** (G. Wilde). Kommt vor.

Croatien. Varasdin (A. Jurinac). Nicht seltener Brutvogel.

Dalmatien. Spalato (G. Kolombatović). 5., 6., 12., 22. März; 5., 9. September.

Kärnten. Mauthen (F. C. Keller). 3 Stücke am 30. Mai.

Krain. Laibach (C. v. Deschmann). Am 13. März 1 Stück.

Litorale. Monfalcone (B. Schiavuzzi). 11. März 1 Stück erlegt; 5. October und 12. December je 1 Exemplar am Meeresstrande; 22. December einer in einem Graben bei Marcilliana.

Mähren. **Römerstadt** (A. Jonas). Am 20. Mai 1883 im sumpfigen Wäldchen eine Rohrdommel beobachtet.

Siebenbürgen. **Fogarás** (F. v. Czýnk). Nicht selten. Brütet bei Mundra und Dridiff. Die erste am 21. April beim todten Alt, die letzte den 10. September. — **Nagy-Enyed** (J. v. Csató). 2. October 1 Stück von Puszta Kamarás erhalten.

Steiermark. **Mariahof** (B. Hanf). Ein seltener Passant, den ich nur im Herbste und zwar am 15. September 1856 und am 27. September 1863 erlegte. Alle Reiherarten, mit Ausnahme des grauen Reihers, der bisweilen auch schon Ende März erschien, sind Ende April und grösstentheils erst im Mai hier beobachtet worden. — **Pöls** (St. Bar. Washington). Ein in vollster Mauser befindliches ♀ ward am 28. April erlegt.

Ungarn. **Szepes-Igló** (J. Geyer). Nur einmal erinnere ich mich, sie in früheren Jahren am Durchzuge beobachtet zu haben.

240. *Rallus aquaticus*, Linn. — Wasserralle.

Croatien. **Varasdin** (A. Jurinac). Spärlich. 1 Stück den 17. Mai 1881 und eines in einem Hofe in der Stadt selbst; den 30. December lebend gefangenes Stück erhalten.

Dalmatien. **Spalato** (G. Kolombatović). 5., 9., 12., 26., 30. Januar; 9., 12., 22., 27. Februar; 2., 3., 9., 15., 22., 23., 25., 27. März; 7., 15. April; 2., 8., 12., 26. September; 1., 5., 8., 17., 30. October; 4., 5., 11., 20. November und 7. December.

Krain. **Laibach** (C. v. Deschmann). Am 7. April.

Litorale. **Monfalcone** (B. Schiavuzzi). Häufig, auch durch den ganzen Winter; 6. und 26. März an der Tagliata; 8. August ein Nest mit 7 frischen Eiern im Schilfe des Pietrarossa-Sumpfes; 1. September Zugbeginn; 5. September, 21. October 2 in Rosega; 27. October 2 in Locavez; 5. November einzelne in Locavez und S. Antonio; 26. November eine in Rosega.

Mähren. **Oslawan** (W. Čapek). Am Herbstzuge einigemal einzeln vorgekommen; 27. September ein schönes ♂ gefangen. — **Kremsier** (J. Zahradnik). Häufig. — **Römer-**

stadt (A. Jonas). »Rohrhühnchen«. Kommt im Herbste vor. Am 20. September 1883 eine geschossen.

Salzburg. **Hallein** (V. v. Tschusi). 29. October 1 ♂ erlegt.

Siebenbürgen. **Fogarás** (E. v. Czýnk). Selten. Am 19. September das einzige Exemplar gesehen.

Steiermark. **Mariahof** (B. Hanf). Ein seltener Passant, welcher aber von mir öfter im Herbste als im Frühjahre beobachtet wurde. — **Pöls** (St. Bar. Washington). 1 ♂ am 30. April.

Tirol. **Innsbruck** (L. Bar. Lazarini). Den 5. December 1 ♂ in der Höttingerau geschossen.

Ungarn. **Szepes-Béla** (M. Greisiger). Am 22. Juli wurde in Nagy-Eör ein schon flügges Junges gefangen; 8. October 1 Stück bei Béla am Felde gesehen. — **Szepes-Igló** (J. Geyer). Kommt vor, obgleich von mir hier noch nicht beobachtet.

241. *Crex pratensis*, Bechst. — Wiesenralle.

Böhmen. **Blottendorf** (F. Schnabel). Den 24. Juni das erstemal gehört. Den 2. Juli wurde beim Abmähen des Heues das Nest gefunden; dasselbe war in einer kleinen Vertiefung auf der Wiese angelegt und bestand das Gelege aus 9 Eiern. — **Klattau** (V. Stejda v. Lovčic). Ankunft (schnarrend) am 17. Mai; nistet hier häufig und ist an allen Orten im Frühjahr zu hören. — **Nepomuk** (R. Stopka). Lässt sich selten im Mai und Juni auf irgend einer Wiese hören; ausgebreitete Wiesen fehlen ihm. — **Přibram** (F. Stejskal). Erscheint in grösserer Anzahl auf den Wiesen bei Května; bei Bohutin ist sie selten. Ankunft Ende Mai, Abzug um den 15. September.

Bukowina. **Kotzmann** (A. Lurtig). Zugvogel. — **Kupka** (J. Kubelka). Zugvogel. — **Solka** (P. Kranabeter). Sparsamer Zugvogel. Erschien den 19. Mai und zog den 15. September ab. — **Terebleszty** (O. Nahlik). Zugvogel. Anfangs Juni 11 Eier.

Croatien. **Varasdin** (A. Jurinac). In manchen Jahren, z. B. 1883 ungemein häufig, während 1884 nicht eine gehört wurde. Die Ursache davon ist mir unbekannt. Der Herbstzug beginnt Mitte September, einzelne Nachzügler werden noch Ende October beobachtet. Anfangs Mai erscheint sie wieder.

Dalmatien. Spalato (G. Kolombatović). 5., 15., 22., 27., 29. April; 2., 3., 5. Mai; 12., 15., 23. August; 21. September; 24., 26., 28. November.

Kärnten. Mauthen (F. C. Keller). Brutvogel. Am 20. Mai die erste gehört; Abzug Ende September und Anfang October.

Krain. Laibach (C. v. Deschmann). Am 12. April zuerst gehört.

Litorale. Monfalcone (B. Schiavuzzi). 14. September einzelne bei Ronchi; 25. September die ersten bei Monfalcone.

Mähren. Fulnek (G. Weisheit). Zugvogel. — **Goldhof** (W. Sprongel). »Wiesenralle«. Brutvogel. Kommt spärlich vor. — **Kremsier** (J. Zahradnik). »Glgač«. Häufig. — **Oslawan** (W. Čapek). Seltener Brutvogel. Zuerst am 1. Juni gehört.

Nieder-Oesterreich. Melk (V. Staufer). Ankunft 24. April.

Salzburg. Hallein (V. v. Tschusi). 15. Mai zuerst gehört; 20. August 1 Stück; mehr nicht beobachtet.

Schlesien. Dzingelau (J. Želisko). 8. Mai einzelne Paare angekommen (heiter, Südostwind); auch heuer selten. Abzugsbeginn 21. September; Hauptzug 26. September bis 13. October (Südost, warm). Am 10. November 2 junge zurückgebliebene Vögel angetroffen. — **Ernsdorf** (J. Jaworsky). »Wachtelkönig«, auch »Strohschneider«, »Wiesenschnarrer«. Ankunft Mitte Mai, Abzug im October; sehr selten. — **Jägerndorf** (E. Winkler). 21. Mai den ersten »Retzer« gesehen. — **Troppau** (E. Urban). 9. Mai Ruf des ♂ zum erstenmal gehört.

Siebenbürgen. Fogarás (E. v. Czýnk). Sehr häufiger Brutvogel; 20. Mai die erste gefunden und »schnarren« gehört, 11. October die letzte gesehen. — **Nagy-Enyed** (J. v. Csató). 7. Mai eine geschnarrt; 14. September 2 durch Jagdhunde aufgestöbert; 3. und 4. October bis 10 gefunden und einige erlegt.

Steiermark. Mariahof (B. Hanf). »Strohschneider«, »Wachtelkönig«. Ein nicht häufiger Brutvogel, welchen man erst gegen Ende Mai schnarren hört, und der uns gegen Ende September wieder verlässt. — (B. Hanf und R. Paumgartner).

8. Mai. — **Pöls** (St. Bar. Washington). Zum erstenmale am 26. April vernommen; mehrere Exemplare hörte ich am 3. und 4. Mai.

Tirol. Innsbruck (L. Bar. Lazarini). 12. Mai die erste in den Wiltner Feldern vernommen.

Ungarn. Mosócz (R. Graf Schaffgotsch). Seltener Sommervogel. Kommt nach den Wachteln und zieht vor ihnen fort. — **Szepes-Béla** (M. Greisiger). Am 17. Mai (Südwind und warm) an der Poper die ersten gehört; 8. October (Südwind, regnerisch) bei Béla auf dem Felde noch 1 Stück gesehen. — **Szepes-Igló** (J. Geyer). Seit 1881 hat sich ihre Anzahl bedeutend vermindert. Dieses Jahr hörte ich ihr Knarren am 1. Juni zum erstenmal. Am 11. September wurde ein lebendes Exemplar eingebracht, dessen Federhaut längs der Kehle abgerissen war.

242. *Gallinula pygmaea*, Naum. — Zwergsumpfhuhn.

Bukowina. Terebleszty (O. Nahlik). Zugvogel.

Dalmatien. Spalato (G. Kolombatović). 23. März; 6., 7., 15. April; 4. Mai; 26. Juli; 5., 6. August.

Steiermark. Mariahof (B. Hanf). Ein seltener Passant. 6. Mai 1851 früheste und am 26. Mai 1860 späteste Beobachtung. Am 15. October 1843, am 20. August 1867 und am 12. October 1884 wurden junge Vögel dieser Art erlegt, den 30. October 1884 (Schnee) noch ein Stück dieser Art beobachtet. — (B. Hanf und R. Paumgartner). 11., 31. October und 1. November je 1 Stück.

243. *Gallinula minuta*, Pall. — Kleines Sumpfhuhn.

Bukowina. Terebleszty (O. Nahlik). Zugvogel.

Mähren. Kremsier (J. Zahradnik). Mit der folgenden am Krasic im Herbste 1884.

Siebenbürgen. Fogarás (E. v. Czýnk). Nicht häufig. 2. April das erste bei Mundra.

Steiermark. Mariahof (B. Hanf). Ebenso selten, wie das vorhergehende; früheste Beobachtung 11. April 1850, späteste 28. Mai 1842. — (B. Hanf und R. Paumgartner). 21. April 1 Stück.

244. *Gallinula porzana*, Linn. — Getüpfeltes Sumpfhuhn.

Böhmen. Nepomuk (R. Stopka). Ein Exemplar mit verwundetem Beine wurde am 18. August aufgefunden.

Bukowina. Kupka (J. Kubelka). Zugvogel.

Croatien. Agram (Sp. Brusina). Am 12. März 1 ♀ aus Jasenak und am 14. März 1 ♂ aus Varasdin bekommen. — Varasdin (A. Jurinac). Spärlich. Bis jetzt 3 Stücke erhalten, worunter 1 lebend gefangenes ♂.

Dalmatien. Spalato (G. Kolombatović). 26. Februar: vom 2. März bis 7. April: 29. Juli: 3., 13. August: 2., 7., 21. September; 3. October und 26. November.

Litorale. Monfalcone (B. Schiavuzzi). 22. Februar: 26. März 1 ♀ an der Tagliata erlegt; 14. August Durchzug; 22. August 1 ♂ pull. lebend im Sumpfe des Pietra-rossa-See's gefangen; 18. September sehr wenige mehr.

Mähren. Kremsier (J. Zahradnik). In Krasic und im Fürstenwalde.

Salzburg. Hallein (V. v. Tschusi). 7. October 1 Stück.

Siebenbürgen. Fogarás (E. v. Czýnk). Sehr häufig am todten Alt, in den Mundraer und Dridiffer Sümpfen und auf feuchten Wiesen. Das erste am 7. April, das letzte bei meterhohem Schnee am 17. November auf geknicktem Schilfe am festgefrorenen »todten Alt« gefunden. — Nagy-Enyed (J. v. Csató). 15. April 2 Stücke.

Steiermark. Mariahof (B. Hanf). Kommt jährlich im Frühjahr, bisweilen schon Ende März und im Herbste gegen Ende August an den Ufern des Furtteiches und der Hungerlacke vor, wo es sich dann im Herbste auch längere Zeit aufhält. — (B. Hanf und R. Paumgartner). 7., 12. April; 16., 17., 18. je 2, 20. 1 Stück, 22., 24., 25., 27. je 2, 28. und 29. je 3 Stück; 18., 19. August: 5., 11., 12. und 21. October. — Pikern (O. Reiser). Am 20. September erlegte ich ein ♂ in einem Kukuruzfelde bei Rothwein, in der Nähe eines kleinen Teiches.

Tirol. Innsbruck (L. Bar. Lazarini). 4. März 2 Stücke in der Höttingerau; im Herbste in Maisäckern und Mösern wiederholt, jedoch seltener als in anderen Jahren, angetroffen.

Ungarn. Szepes-Igló (J. Geyer). Scheint bei uns nicht selten zu sein, da fast jedes Jahr, besonders im Herbste, einzelne, auch lebende Exemplare, eingebracht werden.

245. *Gallinula chloropus*, Linn. — Grünfüssiges Teichhuhn.

Bukowina. Solka (P. Kranabeter). Sparsamer Zugvogel. Kommt im April und zieht im September ab. — Terebleszty (O. Nahlik). Zugvogel. Ein Nest mit 13 Eier im Juni gefunden; die Bebrütung dauerte über 20 Tage.

Croatien. Agram (Sp. Brusina). Am 30. Juni 1884 aus der Umgebung Agram 1 ♂ und 1 ♀; am 26. September aus Krizpolje 1 junges ♀ erhalten. — Varasdin (A. Jurinac). Nicht selten.

Dalmatien. Spalato (G. Kolombatović). 10, 12. Januar; 2., 5., 8., 26. Februar; 2., 9., 23., 25. März; 7. April; 26. August; 2., 5., 7., 17., 20. September; 1., 3., 8., 17., 30. October; 5., 11., 21., 26. November und 7. December.

Kärnten. Mauthen (F. C. Keller). Brutvogel. Ist seit der Ausführung der Gail-Regulirungswerke seltener geworden.

Krain. Laibach (C. v. Deschmann). Am 26. April beobachtet.

Litorale. Monfalcone (B. Schiavuzzi). 5. September 2 im Pietra-rossa-See; 21. October eines in Rosega. — Triest (L. Moser). Am 16. Juni überschickte mir Schlossverwalter E. v. Orel aus Miramare ein dort erlegtes Exemplar.

Mähren. Goldhof (W. Sprongel). Nur vereinzelt an den Schlammfängen bei Neuhof zu sehen. Heuer beobachtete ich keines. Die Ursache davon liegt in dem Umstande, weil heuer in den Schlammfängen wenig Wasser war. — Römerstadt (A. Jonas). Nur am Durchzuge im Herbste bei uns an Teichen zu finden, so z. B. am 12. October.

Schlesien. Dzingelau (J. Želisko). 21. April 1 Stück am Zuge an der Olsa angetroffen. — Ernsdorf (J. Jaworski). »Teichhuhn« oder »Rothblässchen«. Ankunft im April, Abzug im October; nicht gar selten. — Lodnitz (J. Nowak). 1 Stück am 27. December bekommen.

Siebenbürgen. Fogarás (E. v. Czýnk). Ueberall, aber nirgends häufig. Sah am 24. März das erste; brütet im Mundraer und Dridiffer Sumpfe.

Steiermark. Mariahof (B. Hanf). Bisweilen Brutvogel. — (B. Hanf und R. Paumgartner). 17. April. — **Pöls** (St. Bar. Washington). Am 18. und 19. April je 1 Stück; am 27. dieses Monates viele; 2 Teichhühner überwinterten heuer auf einem Nebenflusse der Kainach, welcher warme Quellen besitzt.

Ungarn. Szepes-Igló (J. Geyer). Am 22. April 1 todtes, aber noch ganz frisches Exemplar nächst der Eisenbahn gefunden und eingebracht, dessen Oberschenkel zur Hälfte fehlte.

246. *Fulica atra*, Linn. — Schwarzes Wasserhuhn.

Böhmen. Nepomuk (R. Stopka). Fast jedes Jahr halten sich hier einige auf; am 14. April wurde ein Stück geschossen. — **Přibram** (F. Stejskal). Nistet in der Umgebung bloss an zwei Orten und zwar an den Teichen bei Pičina und Žiwotic.

Bukowina. Kotzman (A. Lurtig). Am 24. März eingetroffen. — **Solka** (P. Kranabeter). Sparsam. Kommt im April und zieht im September ab. — **Terebleszty** (O. Nahlik). Zugvogel.

Croatien. Varasdin (A. Jurinac). Gemein. Grosse Flüge noch nicht beobachtet. In milden Wintern bis Mitte December hier; anfangs März erscheinen sie wieder.

Dalmatien. Spalato (G. Kolombatović). 10., 12. Januar; 2., 5., 8., 26. Februar; 2., 9., 25. März; 7. April; 26. August; 5., 10., 17., 29. September; 1., 5., 8., 17. October; 5., 11., 21. November; 7. December.

Kärnten. Mauthen (F. C. Keller). Wird von Mitte März bis December in jedem Monate beobachtet; hier und da ein Exemplar überwinternd.

Krain. Laibach (C. v. Deschmann). Am 2. März angetroffen.

Litorale. Monfalcone (B. Schiavuzzi). 10. Februar 1 ♀ am Pietra-rossa-See erlegt; 21. September 2 im Pietra-rossa-See; 7. October 6 in Locavez; 24. October einzelne in Locavez.

Häufiger Wintervogel, besonders auf dem offenen Meere, wo er in Scharen von über 20 Exemplaren zusammen zu sehen ist.

Mähren. Goldhof (W. Sprongel). Vereinzelt an den Schlammfängen bei Neuhof; heuer war dort keines zu sehen. — **Römerstadt** (A. Jonas). Erscheinen häufig im November auf den Teichen, stehenden Wassertümpeln und Bacharmen. Am 15. November 2 Stücke erlegt; eines im Walde und das andere in einem unfernen Wassertümpel.

Salzburg. Hallein (V. v. Tschusi). 24. November wurde ein von einem Habichte verfolgtes ♂ auf freiem Felde am Schnee gefangen.

Schlesien. Jägerndorf (E. Winkler). »Schwarzes Rohrhuhn«. 14. April und 28. September durchgezogen.

Siebenbürgen. Nagy-Enyed (J. v. Csató). 15. April einige in einem Teiche gehört.

Steiermark. Mariahof (B. Hanf). War früher Brutvogel auf den Schlossteichen, leider gegenwärtig nicht mehr; erscheint auch nur selten auf dem Furtteiche. — (B. Hanf und R. Paumgartner). 19. October; 13., 14. und 15. November. — **Pikern** (O. Reiser). Am 3. erschien in der Nähe des Pikerer Weingartenhauses nachmittags ein Paar dieser Vögel, welche so von dem Fluge erschöpft waren, dass sich das ♀ mit den Händen greifen liess, während das ♂ entfloh. Es wurde lebend meinem Bruder in Marburg überbracht. Der Ort des Fanges liegt etwa 600 *m* hoch und ist kein grösseres Gewässer in der Nähe. — **Pöls** (St. Bar. Washington). 3. Mai 8 Stücke.

Tirol. Innsbruck (L. Bar. Lazarini). 11. April (Schneefall) in einem Wassergraben bei Hall erlegt und ein zweites Stück wurde um dieselbe Zeit ebenfalls bei Hall geschossen. — **Niederdorf** (L. Bar. Lazarini). Nach Mittheilung des Herrn Prof. Dr. Karl v. Dalla-Torre wurde am 19. April bei Niederdorf im Pusterthal ein lebendes, hoch im Mittelgebirge an einem Waldrande ergriffen und lebend in das Gasthaus nach Niederdorf gebracht.

Ungarn. Szepes-Béla (M. Greisiger). Hier selten. Am 28. März wurde bei Nagy-Eör an der Poper ein ♂ geschossen. — **Szepes-Igló** (J. Geyer). Nicht selten am Durchzuge. Was Herr Th. Wokral im Jahresberichte 1882 darüber mittheilt, habe ich, besonders in Rosenau, zu wiederholtenmalen erfahren, da die öfters lebendig eingebrachten Blässhühner nicht weit unter der Spitze des Posállóberges erbeutet wurden, was mich, als es zum erstenmale geschah, ebenfalls stutzig machte, später aber das eigenthümliche Vorkommen wohl erklärte. Dieses Jahr erhielt ich ein Stück aus Torna (Komitat Abauj-Torna), welches am dortigen herrschaftlichen Parkteiche am 25. Januar geschossen worden war.

247. *Porphyrio hyacinthinus*, Temm. — Purpurhuhn.

Steiermark. Mariahof (B. Hanf). Wurde am 20. August von Völkermarkt in Kärnten eingesendet, wo es in einem Garten erlegt worden war.

XIII. Ordnung.

Scolopaces. Schnepfenvögel.

248. *Numenius phaeopus*, Linn. — Regenbrachvogel.

Bukowina. Terebleszty (O. Nahlik). Durchzugsvogel.

Dalmatien. Spalato (G. Kolombatović). 6., 16. April; 23. October.

Steiermark. Mariahof (B. Hanf). Sehr seltener Passant. Ein einziges Exemplar wurde am 11. April 1858 auf einem Felde in der Umgebung des Furtteiches erlegt.

249. *Numenius tenuirostris*, Vieill. — Dünnschnäbeliger Brachvogel.

Dalmatien. Spalato (G. Kolombatović). 6., 15. April; 12. August.

250. *Numenius arquatus*, Cuv. — Grosser Brachvogel.

Croatien. Varasdin (A. Jurinać). Spärlich. Den 7. November 1881 wurde von Herrn Grafen Orsich eine Schar von 26 Individuen beobachtet und eines davon erlegt; ein zweites den 14. October 1884 erhalten.

Dalmatien. **Spalato** (G. Kolombatović). 9. Januar; 26. Februar; 2., 9., 25. März; 15. April; 21., 22. October; 9., 10. November; 20. December.

Kärnten. **Mauthen** (F. C. Keller). Mehrere Exemplare am 20. März, 2. April, 14. und 26. October.

Krain. **Laibach** (C. v. Deschmann). 24. März auf dem Moraste eingetroffen, wo er nistet.

Litorale. **Monfalcone** (B. Schiavuzzi). 13. October die ersten am Meeresstrande; 24., 27. October einer in S. Antonio (N.-S. Richtung); 7. November einer in Alberoni; 26. November am Meeresstrande, ebenso auch im December. Heuer war diese Art sehr gemein, besonders am Meeresstrande bei dem Hafen von Rosega. — **Triest** (L. Moser). Nach Mittheilung des Herrn Petritsch im Januar 1885 sehr häufig um Monfalcone.

Ober-Oesterreich. **Ueberackern** (A. Kragona). »Heidschnepf«. Den 31. Juli und den 4. August je eine Partie von etlichen Stücken von Nord nach Süd durchgezogen.

Siebenbürgen. **Fogarás** (E. v. Czýnk). Selten. Habe bei Mundra am 14. September von 2 Exemplaren eines geschossen. — **Nagy-Enyed** (J. v. Csató). 21. März 1 Stück pfeifen gehört; 16. August abends 9 Uhr zogen bei Regen mehrere pfeifend über Nagy-Enyed.

Steiermark. **Mariahof** (B. Hanf). Ein seltener Passant und sehr scheuer Vogel, den man nur am Durchzuge an seinen Doppelpfiff erkennt.

Tirol. **Innsbruck** (L. Bar. Lazarini). 15. September 1 Stück in der Ambraserau geschossen.

Ungarn. **Oravitz** (A. Kocyan). Am 3. April bei Trstena 1 Stück. — **Szepes-Igló** (J. Geyer). Vor vielen Jahren sah ich ihn mit Ende August häufig auf den sumpfigen Wiesen nächst Popràd.

251. *Limosa aegocephala*, Bechst. — Schwarzschwänzige Uferschnepfe.

Bukowina. **Terebleszty** (O. Nahlik). Durchzugsvogel.

Dalmatien. **Spalato** (G. Kolombatović). 6., 16., 21., 30. März; 6. April.

Steiermark. Mariahof (B. Hanf). Ein seltener Passant. Am 9. April 1853 und am 24. April 1846 erlegte ich diesen Vogel an der Hungerlacke und am Furtteiche.

Ungarn. Neusiedl (O. Reiser). Es gelang mir heuer, etwa 50 brütende Paare bei Neusiedl am See zu constatiren. Die braune und grünliche Spielart der Eier war ziemlich gleichmässig vertreten. Alle 4 untersuchten Gelege von 2—4 Stücken wurden in den letzten Apriltagen gelegt.

252. *Scolopax rusticola*, Linn. — Waldschnepfe.

Böhmen. Aussig (A. Hauptvogel). Am 18. Mai sah ich in Pömmerle, in der sogenannten Salzlacke im Walde, ein Paar alte Waldschnepfen mit 4 Jungen. — **Böhmisch-Leipa** (Fr. Wurm). Vorboten am 13. März, Hauptzug am 28. März. — **Nepomuk** (R. Stopka). Wird hier selten und nur vereinzelt gesehen.

Bukowina. Kotzman (A. Lurtig). »Slunka«. Am 24. März angelangt. — **Kuczurmare** (C. Miszkiewicz). Frühjahrszug vom 4.—20. April. — **Kupka** (J. Kubelka). Zieht im Herbste und Frühjahre mit dem Winde durch; wurde noch am 15. Mai bemerkt. — **Petroutz** (A. Stránský). Ankunft am 27. März. — **Solka** (P. Kranabeter). Häufiger Zugvogel, der hier durch den ganzen Sommer verbleibt und auch in höheren Lagen nistet. Erscheint Ende März bis April (heuer die erste am 7. April) und zieht hauptsächlich im October ab; die letzte heuer am 5. November gesehen. — **Obczina** (J. Zitný). Heuer erst am 8. April eingetroffen, woran die rauhe Witterung Schuld trug. Von den mit der Cultur beschäftigten Leuten wurden 2 Nester mit je 4 Eiern beim Plattenhacken zerstört und im Juli wurden 2 junge Schnepfen, welche sich beim Fliegen durch den Telegraphendraht beschädigten, gefangen. Es ist dadurch zur Genüge nachgewiesen, dass die Waldschnepfe hier nistet. — **Straza** (R. v. Popiel). 3. April. — **Terebleszty** (O. Nahlik). Zugvogel. — **Toporoutz** (G. Wilde). Die ersten einzeln am 19. März abends nach S.-W.; Hauptmasse bis 27. März nach W.; Nachzügler am 30. März früh und abends nach N.-O.; 30. September abends Zug nach N.-O.

Croatien. Agram (A. Smit). Die Schnepfenjagd beginnt in unseren Gegenden gewöhnlich mit 1. November und endet mit 15. desselben Monats; noch den 6. December 1884 eine gesehen. — **Varasdin** (A. Jurinac). Am Zuge in manchen Jahren häufig, in anderen wieder spärlich. Der Hauptzug dauert von den letzten Tagen des Septembers bis Ende October; aber einzelne Nachzügler werden noch bedeutend später beobachtet. Als am 10., 11. und 12. März 1883 ein bis 30 *cm* hoher Schnee und die Temperatur auf — 12° C. gefallen war, wurden mehrere Schnepfen erfroren gefunden. 1884 den 16. März 7, den 23. März 2, den 10. October 5, den 19. October 2, den 11. November 3, den 4. und den 24. December je 1 Schnepfe erlegt.

Dalmatien. Spalato (G. Kolombatović). 9., 12. Januar; 12., 26. Februar; 2., 9., 27. März; 2. April; 21., 22., 23. October; 5., 11., 20. November; 5., 11., 20. December.

Kärnten. Mauthen (F. C. Keller). 5 Stücke am 15. März; 30. October; 4. und 8. November.

Krain. Laibach (C. v. Deschmann). Erste Ankömmlinge am 26. Februar; am Herbstzuge eingetroffen am 21. September, häufiger am 3. October.

Litorale. Monfalcone (B. Schiavuzzi). 21. Februar einige bei der Stadt; 22. März einzelne am Zuge (Nordostwind); 9. November die ersten in Pieris. Seit dieser Zeit hat man bis zur zweiten Hälfte des Decembers fast täglich einzelne Exemplare gesehen. Der herrschende Wind war immer NO. (Borra) mit remittirender Stärke und nach dem 15. November traten kühle Tage, jedoch ohne Schnee, ein. — **Triest** (L. Moser »Becaccia«. Nach Mittheilungen des Forstwartes W. Wachs in Karnica im Tarnowaner Gebirge beobachtete selber die Waldschnepfe nur am Herbstzuge, niemals jedoch im Frühlinge. Am 28. September schoss Herr Petritsch die erste Waldschnepfe in Dollina. Am Wildpretmarkte sah man sie heuer sehr häufig bis in den Januar hinein.

Mähren. Fulnek (G. Weisheit). Ankunft den 20. März. — **Goldhof** (W. Sprongel). Während des Durchzuges bemerkt man hier und da ein Exemplar in den benachbarten Auen. — **Oslawan** (W. Čapek). Am 13. März 1 Stück, 18. wenige; vom 29. März bis 3. April immer einige. Brütet hier auch, natürlich sehr vereinzelt. Es wurde beobachtet, dass sie die Jungen im Schnabel wegträgt. Der Herbstzug war sehr schwach; am 1. November 1 Stück. — **Römerstadt** (A. Jonas). Zugvogel. Am 25. März die erste und am 20. October die letzten gesehen; erscheint überhaupt seit einigen Jahren spärlich.

Nieder-Oesterreich. Melk (V. Staufer). Ankunft 17. März. — **Mödling** (J. Gaunersdorfer). Trafen hier den 15. April ein; am 9. December wurde ein Stück in der Nähe von Gaden angetroffen.

Salzburg. Hallein (V. v. Tschusi). 21. October 6 Stücke am Zinken, 30. 1 Stück in der Salzachau.

Schlesien. Dzingelau (J. Želisko). 30. März ein Stück angetroffen (28. heiter, warm; 29. trüb, abends Gewitter, Ostwind; 30. früh Nebel bei Südwestwind). 30. September 1 Stück bei Nordostwind, 8. October 1 Stück bei Südwest. — **Ernsdorf** (J. Jaworski). Ende März, Ende October; selten.

Siebenbürgen. Fogarás (E. v. Czýnk). Sehr häufiger Brutvogel im Gebirge. 21. März die erste am »Tüsk«; der Herbstzug hat uns kaum berührt. Die erste sah und schoss ich am 11., die letzte am 29. October. — **Nagy-Enyed** (J. v. Csató). 14. März der erste, 23. März mehrere am Abendstriche; 7. April 11 Stücke am Abendstriche; 3. October 2 Stücke bei Réa in den Auen, 29. October 1 Stück bei Drasso gesehen.

Steiermark. Mariahof (B. Hanf). Im Frühjahre ein sehr seltener Passant, im Herbste regelmässig am Zuge von Ende October bis halben November; hat an Zahl in letzteren Jahren sehr abgenommen, ist aber ausnahmsweise hier auch Brutvogel. Ich besitze ein Ei, welches ich in der mittleren Waldregion der Grewenze fand. — (B. Hanf und R. Paumgartner). 2. October 1 Stück.

Tirol. Innsbruck (L. Bar. Lazarini). Den 1. März wurde die erste bei Bozen, den 9. die erste bei Brixen, den 17. die erste bei Innsbruck und zwar bei Völs geschossen; den 23. wurde bei Innsbruck 1 Stück am Abendstrich quarrend beobachtet (leichter Südwind, prachtvoller Abend; 24. und 25. Regen und Schnee); 26. 2 Stücke nächst Innsbruck erlegt; 29. 1 Stück bei Natters am Abendstrich gesehen, 1 Stück bei Wiesingen nächst Jenbach geschossen; 2. April 2 Stücke bei Natters am Striche gesehen; 3. mehrere beim »Waldhäusel« nächst Wilten am Abend gestrichen.

Ungarn. Mosócz (R. Graf Schaffgotsch). Sommervogel. Nistet hier im Gebirge circa 1200 *m* hoch. Am 28. April 1880 ein Nest in unmittelbarer Nähe eines Nestes des *Tetrao urogallus* gefunden. Im Frühjahre (März) guter Zug auf den Vorbergen, allein meist ausser Schussdistanz, was die Höhe des Fluges anbetrifft. Am 15. Mai 1883 beobachtete ich abends auf einem circa 1000 *m* hohem Berge 15—20 Stücke, tagsdarauf früh am Morgen mindestens ebensoviele. Im Herbste seit dem Jahre 1879 noch nie eine Schnepfe gesehen, erst heuer und zwar am 10., 19. October und 2. November immer je eine und immer an derselben Stelle. — **Oravitz** (A. Kocyan). 10. April (bei $+3^0$ abends und Westwind) die erste von Westen gegen Osten, am 12. 4 Stücke; vom 16. bis 20. (Schneefall) keine; 21. April 4 Stücke, sonst überall nur wenige; Abzug unbestimmt. — **Szepes-Béla** (M. Greisiger). Am 21. März (Südwind, heiter und warm, ebenso tagsvorher) im Goldsberg bei Béla 1 Stück; 23. April (schwacher Nordost, Regen, ebenso tagsvorher) strichen bei Sarpanietz (Béla) 15 Stücke; 6. April (schwacher Nordost, heiter, während der Nacht noch starker Frost) bei Sarpanietz (Béla) 6 Stück streichend; 12. Juli wurde im Hochwalde bei Villa Lersch von Holzfällern ein Nest mit halbbebrüteten Eiern gefunden. Die einmal aufgescheuchte Alte ging nicht mehr zurück aufs Nest. 6. October (schwacher Ostwind, heiter und warm, Schnee weggethaut) wurden bei Javorina auf der Tatra 2 geschossen und den 24. bei Béla ein Stück ganz unversehrt gefangen. — **Szepes-Igló** (J. Geyer). Die erste Schnepfe soll dieses Jahr auf Leibitzer Terrain am 12. April geschossen worden sein.

253. *Gallinago scolopacina*, Bp. — Becassine.

Böhmen. **Klattau** (V. Stejda v. Lovčic). Erschien einzeln am 9. März auf Wiesen. Nistet hier bloss nahe an Sümpfen im Schilfe und vermehrt sich bis October so stark, dass alljährlich bei den besonders auf sie abgehaltenen Jagden eine grosse Anzahl erlegt wird. — **Nepomuk** (R. Stopka). Am 20. April ziemlich zahlreich gesehen.

Bukowina. Kotzman (A. Lurtig). Zugvogel. — **Terebleszty** (O. Nahlik). Zugvogel.

Croatien. Agram (Sp. Brusina). Am 15. März ein ♀ und am 25. Mai 2 ♀ aus Ruma in Slavonien bekommen. — **Varasdin** (A. Jurinac). Nur am Herbst- und Frühjahrszuge.

Dalmatien. Spalato (G. Kolombatović). Vom 1. Januar bis 7. April und vom 12. August bis Ende December.

Kärnten. Mauthen (F. C. Keller). Zwei einzige Exemplare am 15. und 20. October beobachtet.

Krain. Laibach (C. v. Deschmann). Nach dem Berichte eines Jägers in den Sümpfen von Aquileja am 19. Januar nicht selten.

Litorale. Monfalcone (B. Schiavuzzi). 6. März viele, 26. März einige an der Tagliata; 2. April einige am Meeresstrande; 22. Juni 1 Stück vor S. Antonio auf den Wiesen; 16. August seit einigen Tagen angekommen; 28. August, 1. September sehr viele. Sie kommen vom Meere in Scharen von 8—10 Individuen (SW-NO-Richtung) an und fallen auf den Sümpfen in der Nähe des Meeresstrandes ein. 13. September 1 ♀ bei Locavez erlegt; 27. October nicht so häufig; 20. November einzelne in S. Antonio.

Mähren. Goldhof (W. Sprongel). Im Juni des Jahres 1883 wurde die hiesige Gegend theilweise überschwemmt und zu dieser Zeit wurden öfters Exemplare gesehen; sonst kommt diese Art hier nicht vor. — **Römerstadt** (A. Jonas). Noch nie beobachtet.

Salzburg. Hallein (V. v. Tschusi). 17. und 18. October je 1 Stück, 29. 2 Stücke auf einer Wiese.

Siebenbürgen. Fogarás (E. v. Czýnk). Sehr häufiger Brutvogel im Mundraer Sumpfe; am »todten Alt« nur im Frühjahre und Spätherbste. 19. März bei Süd-Ostwind die erste, 22. März viele, 2. November ungefähr 10 Stücke rufend nach Süd-Ost (kaltes, unfreundliches Wetter, Nordwind). Einzelne Exemplare überwintern an warmen Quellen und Brüchen. So fand ich am 18. December noch 2 Stücke bei den Ziegelscheuern. — **Nagy-Enyed** (J. v. Csató). 30. März 4 bei Al-Vincz; 15. April 2 bei Nagy-Enyed; 27. Juli 1 Stück ebendaselbst. Auf dem Herbstzuge waren täglich bei Gyula-Fehésvár sehr viele und wurden bis 200 Stücke erlegt.

Steiermark. Mariahof (B. Hanf). »Moosschnepf«, »Zscharker«. Zugvogel, welcher häufiger im Herbste als im Frühjahre kommt. Nimmt ebenfalls bedeutend ab. — (B. Hanf und R. Paumgartner). 27., 31. März je 1 Stück, 7. April, 22. Mai und 11. August je 2 Stücke, 18. 1 Stück, 20. 3 Stücke, 6., 19., 28. October und 11. November je 1 Stück.

Tirol. Innsbruck (L. Bar. Lazarini). 11. April bei Schneefall 1 Stück in der Hallerau gesehen; 23. November 1 Stück am Höttingergiessen; 7. December 4 Stücke daselbst.

Ungarn. Mosócz (R. Graf Schaffgotsch). Sehr seltener Herbstvogel. Im September 1883 3—4 Stücke gesehen, heuer gar keinen.

254. *Gallinago major*, Bp. — Grosse Sumpfschnepfe.

Bukowina. Kotzman (A. Lurtig). »Krzik«. Zugvogel. — Solka (P. Kranabeter). Erscheint sparsam während des Durchzuges Ende März und im October. — **Terebleszty** (O. Nahlik). Zugvogel.

Croatien. Agram (Sp. Brusina). Am 15. März 1884 ein ♀ Exemplar aus Ruma in Slavonien bekommen.

Dalmatien. Spalato (G. Kolombatović). 22. März, 6. bis 18. April.

Kärnten. Mauthen (F. C. Keller). 20., 24. und 30. April, 24. October.

Mähren. Fulnek (G. Weisheit). Im Frühjahre und Herbste.

Nieder-Oesterreich. Lobau (O. Reiser). Ein frisches Gelege (3 Stücke) am 28. April auf einer feuchten Wiese der Lobau.

Siebenbürgen. Fogarás (E. v. Czýnk). Zu Zeiten nicht sehr selten. So schoss ich am 2. August auf einer feuchten Wiese an der Rakovitza 2 Stücke, am 7. August 1 Stück, am 21. August 3 Stücke, am 26. August 1 Stück mit 2 Krickenten auf einen Schuss erlegt.

Steiermark. Mariahof (B. Hanf). »Wiessschnepf«. Ein seltener Passant, doch öfters im Frühjahre als im Herbste.

18. April 1846 früheste, 16. Mai 1881 späteste Beobachtung. — **Pöls** (St. Bar. Washington). Nur am Zuge und zwar sehr selten.

Tirol. Innsbruck (L. Bar. Lazarini). 6. October 1 Stück in der Nähe der Telegraphenlinie bei Schwaz verletzt angetroffen.

255. *Gallinago gallinula*, Linn. — Kleine Sumpfschnepfe.

Böhmen. Nepomuk (R. Stopka). Einige wurden am 20. September beobachtet.

Bukowina. Kotzman (A. Lurtig). Durchzugsvogel. — Solka (P. Kranabeter). Erscheint sparsam während des Durchzuges im März und October. — Terebleszty (O. Nahlik). Durchzugsvogel.

Croatien. Agram (Sp. Brusina). Am 25. März aus Ruma 2 Exemplare bekommen.

Dalmatien. Spalato (G. Kolombatović). 9., 12., 22., 31. Januar; 2., 15., 29. Februar; 2., 9., 25. März; 6., 7. April; 16., 19., 23., 31. October; 5., 11., 20. Noember; 7. December.

Siebenbürgen. Fogarás (E. v. Czýnk). Im Mundraer Sumpfe am Durchzuge nicht selten; einzelne Exemplare bis im December zu finden. Die erste am 10. März, die letzte am 21. November. — **Nagy-Enyed** (J. v. Csató). 25. October 1 Stück bei Kutfalva erlegt.

Steiermark. Mariahof (B. Hanf). Erscheint nicht jährlich und nur einzeln.

Tirol. Innsbruck (L. Bar. Lazarini). 7. October und 8. December je 1 Stück am Höttinger Giessen erlegt.

Ungarn. Szepes-Igló (J. Geyer). Nicht selten bei uns am Durchzuge.

256. *Totanus fuscus*, Linn. — Dunkler Wasserläufer.

Croatien. Varasdin (A. Jurinac). Sehr selten. Den 15. December 1883 erlegte Oberförster P. Wittmann ein Stück bei Vinitza, das jetzt im Agramer Museum steht.

Dalmatien. Spalato (G. Kolombatović). 11. September.

Kärnten. Mauthen (F. C. Keller). 1 Exemplar am 14. April.

Steiermark. Mariahof (B. Hanf). Ein seltener Passant. Früheste Beobachtung 30. April 1846, späteste 26. Juni 1877. Am 28. August 1869 wurde dieser Vogel im Jugendkleide erlegt; 6. Mai 1884 (viel Schnee) wurde ein ♀ am Wege, der nicht vollkommen eingeschneit war, geschossen.

257. *Totanus calidris*, Linn. — Gambett Wasserläufer.

Dalmatien. Spalato (G. Kolombatović). 7., 12. Januar; 9. Februar; 1., 4., 5., 9., 25. März; 3., 7., 13., 23., 30. August; 2., 11., 17., 20. September; 16. October; 11. November.

Litorale. Monfalcone (B. Schiavuzzi). 15. October 1 Stück am Meeresstrande erlegt; 21. October in Locavez und Rosega; 24. und 27. October, 5. und 26. November Scharen von circa 12 Individuen am Meeresstrande.

Siebenbürgen. Fogarás (E. v. Czýnk). Am 26. August 2 Stücke im seichten Morastwasser des »todten Alt« zufällig aus einem Fluge von 8 Stücken mit einem *Totanus glottis* auf einen Schuss erlegt. Selbe befinden sich in meiner Sammlung; sonst bis jetzt nicht gesehen.

Steiermark. Mariahof (B. Hanf). Eben so selten wie der vorige. 1. April 1852 früheste, 9. Juni 1882 späteste und letzte Beobachtung.

258. *Totanus glottis*, Bechst. — Heller Wasserläufer.

Dalmatien. Spalato (G. Kolombatović). 7., 15. April; 3., 7. August; 5. October.

Litorale. Pirano (B. Schiavuzzi). 28. und 30. März je 1 ♂ bei Strugnano erlegt; 7. November 1 ♀ bei Alberoni geschossen.

Mähren. Oslawan (W. Čapek). Nur etwa zweimal hier gesehen.

Siebenbürgen. Fogarás (E. v. Czýnk). Mit *Totanus calidris* vermischt am »todten Alt« am 26. August zum erstenmale beobachtet und 1 Stück mit 2 Gambettwasserläufern erlegt, welches in meiner Sammlung steht. — **Nagy-Enyed** (J. v. Csató). 28. Juli 1 Stück.

Steiermark. Mariahof (B. Hanf). Ein in früheren Zeiten nicht seltener, gegenwärtig aber schon seltener Passant; gerne in Gesellschaft von *Totanus glareola* und zwar Ende April oder anfangs Mai.

259. *Totanus stagnatilis*, Bechst. — Teichwasserläufer.

Bukowina. Solka (P. Kranabeter). Erscheint während des Durchzuges in grösserer Anzahl im Herbste.

Dalmatien. Spalato (G. Kolombatović). 7. April und 20. August.

Steiermark. Mariahof (B. Hanf). Sehr seltener Passant; verirrte sich erst dreimal in das Beobachtungsgebiet und zwar am 22. Juni 1854 und am 29. April und 2. Mai 1863.

260. *Totanus ochropus*, Linn. — Punktirter Wasserläufer.

Böhmen. Klattau (V. Stejda v. Lovčić). Erschien am 25. Februar an den Sümpfen längs den Wiesen; nistet hier.

Dalmatien. Spalato (G. Kolombatović). 2., 9., 25., 28., 31. März; 7., 15. April; 2., 22. August; 2., 11., 17., 20. September.

Litorale. Monfalcone (B. Schiavuzzi). 1. Januar 1 ♀ erlegt (Länge 254, Flügel 140 *cm*); im November 1 Stück in Pietra rossa.

Salzburg. Hallein (V. v. Tschusi). 23. Juli wurde ein alter Vogel unter dem Telegraphen todt gefunden; denselben Tag zogen 1/4 5 Uhr nachmittags 2 Stücke nach N.-W.

Siebenbürgen. Fogarás (E. v. Czýnk). An der Aluta nicht selten. 22. April der erste. — **Nagy-Enyed** (J. v. Csató). 7. April (warmer Regen) 2, 15. Juni 3, 27. Juli 5 Stücke.

Steiermark. Mariahof (B. Hanf). Nicht selten sowohl im Frühjahre, als im Herbste am Durchzuge. Erscheint unter allen Wasserläufern am frühesten, bisweilen schon Ende März oder anfangs April, während alle anderen Totanus- und Tringa-Arten erst Ende April oder anfangs Mai durchziehen. — (B. Hanf und R. Paumgarten). 27. März 1, 25. September 2 Stücke. — **Pöls** (St. Bar. Washington). Am 21. April 2 Stücke, am 22. 8, am 28. 4 Exemplare, am 3. Mai 1 ♂.

Tirol. Innsbruck (L. Bar. Lazarini). 9. April 3—4 in der Hallerau am Inn, 1 Stück bei Petnau erlegt; 12. Juli 1 Stück an einem Weiher bei Mareit nächst Sterzing in 1100 m. Meereshöhe; 29. Juli 1 Stück ebendort an einem Waldrande.

261. *Totanus glareola*, Linn. — Bruchwasserläufer.

Dalmatien. Spalato (G. Kolombatović). 2., 9., 25., 28., 31. März; 7., 15. April; vom 15. Juli bis 2. September.

Salzburg. Hallein (V. v. Tschusi). 12. März und 19. Juni je 1 Stück; 24. August 1 Stück nach Norden.

Siebenbürgen. Fogarás (E. v. Czýnk). An der Aluta am 22. April der erste; am Durchzuge nicht selten. — Nagy-Enyed (J. v. Csató). 7. April (warmer Regen) 1 Stück, 4. Mai mehrere bei Tövis; 27. Juli 20 Stücke bei Nagy-Enyed zerstreut auf überschwemmten Wiesen.

Steiermark. Mariahof (B. Hanf). Gewöhnlicher Passant im Frühjahre, etwas seltener im Herbste. — (B. Hanf und R. Paumgartner). 16. April 2, 17. 4, 30. 2 Stücke; 2. Mai 2, 16. 1, 18. 5 Stücke; 29. Juli 6 Stücke; 18. August 1 Stück.

Ungarn. Szepes-Béla (M. Greisiger). Am 8. März (Nordwind, trübe, kühl, ebenso tagsvorher) wurden bei N.-Eör an dem Schwarzbache viele gesehen.

262. *Actitis hypoleucus*, Linn. — Flussuferläufer.

Bukowina. Solka (P. Kranabeter). Hier von März bis October. — Terebleszty (O. Nahlik). Zugvogel.

Croatien. Varasdin (A. Jurinac). Vom Anfang April bis Ende September an der Drau, Hitvitza und Bednja häufiger Brutvogel.

Dalmatien. Spalato (G. Kolombatović). Vom 25. März bis 22. April; vom 2. August bis 29. September.

Kärnten. Mauthen (F. C. Keller). Ankunft 28. April, Abzug 20. August; brütete am Gailflusse.

Krain. Laibach (C. v. Deschmann). An der Save am 16. März.

Litorale. Monfalcone (B. Schiavuzzi). 1873 fand Graf Vallon diese Art an den Ufern des Isonzoflusses nistend und sammelte dort 2 Eier.

Mähren. Oslawan (W. Čapek). Brutvogel, jedoch ziemlich selten. Am 20. April kamen die ersten an.

Salzburg. Hallein (V. v. Tschusi). 13. Mai zum erstenmale; 27. Juni Dunenjunge.

Schlesien. Dzingelau (J. Zelisko). 30. März (Regen, warm) ♀ und ♂ an der Olsa angetroffen, hat auch dort gebrütet: 19. Mai ein Nest mit 5 Eiern und den Brutvogel angetroffen.

Siebenbürgen. Fogaras (E. v. Czýnk). Häufig an sandigen geröllígen Ufern der Aluta im Frühjahre; den 17. April der erste.

Steiermark. Mariahof (B. Hanf). »Griesshändel«. Brutvogel an der Mur. — (B. Hanf und R. Paumgartner.) 14., 15., 18., 23. und 24. April je 1 Stück; 5., 16. Mai je 3; 20. Juli 1 Stück. — Pöls (St. Bar. Washington). Sehr auffallend war im heurigen Jahre das Erscheinen einer grossen Anzahl Flussuferläufer im Kainachthale, woselbst ich dieselben, mit Ausnahme eines einzigen Males (siehe den Bericht von 1882) nie beobachtete. Beinahe auf jeder Sandbank waren ein oder zwei Paare zu bemerken. Ich kann mir die Einwanderung der Art nur dadurch erklären, dass die Brutstätten der Flussuferläufer an der Mur infolge der Regulirung dieses Flusses grösstentheils verschwunden sind und *Actitis hypoleucus*, Linn. (welcher an der Mur alljährlich brütete) durch diese Veränderung gezwungen ward, andernorts Brutplätze aufzusuchen und solche am Kainachflusse fand.

Tirol. Innsbruck (L. Bar. Lazarini). 27. August 1 Stück in Mareith bei Sterzing an einem Weiher in 1100 *m* Höhe erlegt; 6. September 1 Stück am Lansersee.

Ungarn. Mosócz (R. Graf Schaffgotsch). 29. Juli 1884 1 Exemplar beobachtet. — Oravitz (A. Kocyan). Die ersten am 25. April; vom 4. Juli ab keine mehr. — Szepes-Igló (J. Geyer). Nicht selten. Am 6. April flog 1 Stück pfeifend den Hernadfluss aufwärts.

263. *Machetes pugnax*, Linn. — Kampfschnepfe.

Dalmatien. Spalato (G. Kolombatović). 2., 9., 25., 31. März; 7., 15. April.

Krain. Laibach (C. v. Deschmann). Auf dem Moraste am 15. Februar und am 27. August.

Siebenbürgen. Fogarás (E. v. Czýnk). Am 2. Juli fand ich auf einer künstlich überschwemmten Wiese der kgl. Domänen-Direction Stock- und Krickenten, Strandläufer, Nebelkrähen, Bachstelzen und 9 Stücke Kampfschnepfen, von welchen ich zwei schoss. Zufällig waren beide Männchen, welche noch ihr Turnierkleid, d. h. den charakteristischen Kragen, die streifen Brustfedern und Warzen im Gesichte hatten. Beide stehen in meiner Sammlung. Am 5. Juli sah ich zwei rufend gegen Osten ziehen, 17. Juli eine; am 25. Juli, als die Aluta alle Wiesen überschwemmte, 6 Stücke zwischen Kiebitzen, Strandläufern und Knäckenten; 31. Juli 5 Stücke noch dort; am 2. August noch dort, dann verschwunden bis 21. und 23. August; am 24. August die letzten 12 Stücke im Schlamme des durch die Rakovitza erzeugten Tümpels, neben dem »todten Alt« gesehen. Unter fortwährendem Locken durchwateten und durchsuchten sie gar emsig den Tümpel nach allen Richtungen. — **Nagy-Enyed** (J. v. Csató). 26. Juli 30 Stücke auf überschwemmten Wiesen.

Steiermark. Mariahof (B. Hanf). Erscheint gewöhnlich erst im Mai in Gesellschaft des *Totanus glareola* und zwar kommen viel mehr Weibchen als Männchen, welch' letztere sehr selten sind, vor. — (B. Hanf und R. Paumgartner). 2 Stücke am 17. Mai.

Tirol. Innsbruck (L. Bar. Lazarini). 28. März wurden 2 ♂ im Winterkleide mit einzelnen schwarzen Federn des beginnenden Sommerkleides von Sterzing, wo sie erlegt wurden, hieher gebracht; 30. von 2, welche in der Ambraserau an einer Sandbank am Inn gesehen wurden, bekam ich eines im gleichen oben angegebenen Federkleide.

Ungarn. Oravitz (A. Kocyan). 23. September bei Trstena 1 ♀.

264. *Tringa alpina*, Linn. — Alpenstrandläufer.

Dalmatien. Spalato (G. Kolombatović). 2. Februar; 2., 9., 25., 31. März; 15. April; 22. Juli; 2., 22. August; 15., 30. September; 16., 19., 23., 31. October.

Kärnten. Mauthen (F. C. Keller). 2 Stücke am Zuge am 24. Mai.

Litorale. Monfalcone (B. Schiavuzzi). 21. October und 26. November Scharen am Meeresstrande.

Steiermark. Mariahof (B. Hanf). Ein seltener Passant. Ich besitze 4 Exemplare, 2 vom 12. November 1874, 1 juv. vom 14. September 1883.

265. *Tringa alpina* var. Schinzi, Chr. L. Brehm. — Schinz' Alpenstrandläufer.

Steiermark. Mariahof (B. Hanf). Seltener Passant. Am 7. April 1847 erlegt.

266. *Tringa subarquata*, Güld. — Bogenschnäbliger Strandläufer.

Bukowina. Terebleszty (O. Nahlik). Passant.

Dalmatien. Spalato (G. Kolombatović). 7., 15. April; 22. Juli.

Steiermark. Mariahof (B. Hanf). Seltener Passant. 11. Mai 1853, 6. Mai 1857.

267. *Tringa Temmincki*, Leisl. — Temminck's Zwergstrandläufer.

Dalmatien. Spalato (G. Kolombatović). 2., 7., 15., 22. April; 1., 9., 22. Mai; 2., 22. Juli; 2., 22. August.

Kärnten. Mauthen (F. C. Keller). 1 Stück am 16. April.

Steiermark. Mariahof (B. Hanf). Ein Passant am 16. Mai 1849 und am 15. Mai 1873.

268. *Tringa minuta*, Leisl. — Zwergstrandläufer.

Schlesien. Lodnitz (J. Nowak). 9. April angekommen.

Siebenbürgen. Fogarás (E. v. Czýnk). Auf dem Durchzuge am 22., 24. und 25. August einen Flug von ungefähr 30 Stücken auf dem Tümpel neben dem »todten Alt« im Schlamme gesehen. Nach jedesmaligem Aufjagen machte der Schwarm einige Schwenkungen und setzte sich unter fortwährendem Locken auf den alten Platz, geschäftig nach Nahrung suchend. Zwei Exemplare stehen in meiner Sammlung.

Steiermark. Mariahof (B. Hanf). Seltener Passant; am 26. Mai 1846 und am 31. Mai 1880.

269. *Limicola platyrhyncha*, Temm. — Kleiner Sumpfläufer

Steiermark. **Mariahof** (B. Hanf). Seltener Passant; am 19. Mai 1876 an der Hungerlacke.

270. *Himantopus rufipes*, Bechst. — Grauschwänziger Stelzenläufer.

Dalmatien. **Spalato** (G. Kolombatović). 20. März; 7., 15., 27. April.

Krain. **Laibach** (C. v. Deschmann). In den städtischen Anlagen in Tivoli nächst Laibach am 1. April von einem Officiere lebend gefangen; hat sich wahrscheinlich an einem Telegrapfendrahte verletzt. ♂ und ♀ an der Save nächst der Eisenbahnstation Laase am 11. April erlegt.

Siebenbürgen. **Nagy-Enyed** (J. v. Csató). 4. Mai 3 Stücke bei Tövis.

Steiermark. **Mariahof** (B. Hanf). Seltener Passant. 9. April 1858, 14. Mai 1871 und am 22. April 1872.

271. *Recurvirostra avocetta*, Linn. — Avosett-Säbler.

Siebenbürgen. **Nagy-Enyed** (J. v. Csató). 20. Mai 3 Stücke bei Maros-Ujvár, wovon ein ♀ sich in meiner Sammlung befindet.

Steiermark. **Mariahof** (B. Hanf). Wurde im Mai 1883 bei Rakersburg in Untersteiermark geschossen und mir zur Präparation eingesendet; befindet sich im Stifte Admont.

XIV. Ordnung.

Anseres. Gänseartige Vögel.

272. *Anser cinereus*, Meyer. — Graugans.

Böhmen. **Aussig** (A. Hauptvogel). Am 9. März zogen über den Ziegenberg 4 Wildgänse. — **Böhmisch-Leipa** (F. Wurm). Ankunft am 10. Februar. — **Oberrokitai** (K. Schwalb). 4. September (warm) 3 Stücke am Durchzuge von N.-W. nach S.-O.

Bukowina. Kuczurmare (C. Miszkiewicz). Den 6. April angekommen und den 20., 22., 23. September abgezogen. — **Kupka** (J. Kubelka). Spärlich; zieht im Frühjahre und Herbste durch. — **Solka** (P. Kranabeter). Zugvogel. Erscheint beim Durchzuge im März, heuer den 11., und zieht im September, heuer den 17., bis October ab. — **Straza** (R. v. Popiel). Zieht gegen den Wind. — **Terebleszty** (O. Nahlik). Durchzugsvogel im Frühjahre und Herbste; am 9. October. Am 29. März eine Schar bemerkt, welche aber durch ein Schneegestöber zum Rückzuge gezwungen wurde. — **Toporoutz** (G. Wilde). Erschien den 10. März abends in Scharen am Zuge nach SO.; Hauptmasse vom 12. bis 19. mit dem Winde nach NO., SO. und O.; Nachzügler den 24. nachmittags 3 Uhr nach Norden; 19. und 26. September abends Zug nach S. und SO.

Croatien. Varasdin (A. Jurinac). Am Durchzuge im Herbste nicht selten; sie fallen aber nur ausnahmsweise ein, noch weniger im Frühjahre.

Kärnten. Mauthen (F. C. Keller). Am Zuge am 20. und 31. December.

Mähren. Fulnek (G. Weisheit). Im Frühjahre und Herbste. — **Goldhof** (W. Sprongel). Während des Durchzuges manchmal zu sehen; in der Umgebung hält sie sich längere Zeit nirgends auf. — **Oslawan** (W. Čapek). Wurde manchmal am Zuge beobachtet, heuer jedoch nicht erschienen. — **Römerstadt** (A. Jonas). Seit dem Jahre 1880 noch keine am Durchzuge hier beobachtet.

Nieder-Oesterreich. Mödling (J. Gaunersdorfer). 6. September, also auffallend früh, Wildgänse auf dem Zuge beobachtet; auch in der weiteren Umgebung (Bruck a. d. Leitha) fiel das zeitige Erscheinen der Wildgänse auf.

Schlesien. Jägerndorf (E. Winkler). 26. März und 26. September »wilde Gänse« durchgezogen. — **Lodnitz** (J. Nowak). Am 13. März durchgezogen.

Steiermark. Mariahof (B. Hanf). Irrgast. Am 25. März 1852 und im März 1867.

Ungarn. Szepes-Igló (J. Geyer). Nur am Durchzuge beobachtet. Am 18. October flog abends 10 Uhr eine Schar laut schreiend südwärts.

273. *Anser segetum*, Meyer. — Saatgans.

Bukowina. Solka (P. Kranabeter). Durchzugsvogel, der in grösseren Scharen während des Herbstzuges erscheint.

Dalmatien. Spalato (G. Kolombatović). 2., 6. Januar; 2., 7. Februar; 2., 9., 31. März; 22., 23. November; 5., 31. December.

Krain. Laibach (C. v. Deschmann). In Scharen am 14. Februar; vom 1. bis 8. März, nach den starken Schneefällen vom 1. bis 3., worauf Thauwetter eintrat, Züge von Saatgänsen; am 9. November (in der zweiten Monathälfte war eine ungewöhnlich strenge, anhaltende Winterkälte eingetreten).

Litorale. Monfalcone (B. Schiavuzzi). 18. März eine Schar am Meeresstrande bei Locavez; 24. Februar 1 ♀ bei Zaule erlegt (Triester Museum); 31. März eine Schar von etwa 20 Individuen auf dem Ballo bei Locavez.

Siebenbürgen. Fogarás (E. v. Czýnk). Am 11. März bei Südostwind ziehen gesehen; schon lange wurden hier keine ruhend gefunden. — **Nagy-Enyed** (J. v. Csató). 8. März 6 Stücke.

Steiermark. Mariahof (B. Hanf). Selten am Durchzuge zu Ende Februar und im März.

274. *Cygnus musicus*, Bechst. — Singschwan.

Croatien. Agram (Sp. Brusina). Am 15. Januar ein ♂ aus Gospič, am 11. Januar ein ♀ aus Niemuh und am 27. Januar 1 ♂ von Lasinja bekommen.

Dalmatien. Spalato (G. Kolombatović). 4. Januar.

Krain. Laibach (C. v. Deschmann). Nach dem Berichte eines Jägers in den Sümpfen von Aquileja am 19. Januar nicht selten; auf dem Zirknitzer See am 31. Januar; am 3. und 24. December an der Save bei Gurkfeld erlegt.

Litorale. Monfalcone (B. Schiavuzzi). 22. October (heftiger NO.) 3 Exemplare auf dem Sumpfe vor dem Cretton bei S. Antonio, ungefähr 250 Schritte von der Berglehne entfernt, gesehen; 2 davon waren schneeweiss und 1 schmutzigweiss.

275. *Tadorna cornuta*, Gm. — Brandente.

Bukowina. Kotzman (A. Lurtig). Durchzugsvogel.

276. *Tadorna casarca*, Linn. — Rostente.

Bukowina. Kotzman (A. Lurtig). Durchzugsvogel.*)

277. *Spatula clypeata*, Linn. — Löffelente.

Bukowina. Kotzman (A. Lurtig). Zugvogel. — **Terebleszty** (O. Nahlik). Zugvogel.

Dalmatien. Spalato (G. Kolombatović). 2. Januar; 5., 7. Februar; 9., 22., 27. März; 7. April; 22., 23. November.

Krain. Laibach (C. v. Deschmann). Am 3. März auf dem Moraste eingetroffen.

Litorale. Monfalcone (B. Schiavuzzi). 16. October 4 auf dem offenen Meere erlegt; 2 davon, 1 ♂ juv. und 1 ♀, enthielten im Magen viele Hydrobia (Süsswasserschnecke), mehrere Amphipoden, viel Quarzsand, ein Paar Stücke von rothem Marmor, einige Bruchstücke von Cyclope neritea, Rissoa cristata, 3 Asseln, 1 Stückchen Schieferstein, viel Zostera etc., etc.

Mähren. Oslawan (W. Čapek). Im Frühjahre wurden bei Eibenschitz 3 Stücke erlegt.

Siebenbürgen. Fogarás (E. v. Czýnk). Selten. Habe nur zwei ♂ heuer gesehen und geschossen und zwar das eine am 5. Juli, das andere am 12. August.

Steiermark. Mariahof (B. Hanf). Erscheint fast jährlich im Frühjahre in wenigen Individuen, im Herbste nicht. 17. März 1841 früheste, 17. Juni 1845 späteste Beobachtung. — **Pöls** (St. Bar. Washington). Selten und nur am Zuge.

Ungarn. Szepes-Igló (J. Geyer). In den Sechziger-Jahren erhielt ich in Rosenau 2, in deren Magen ich Ueberreste von Planorbis (Tellerschnecke) fand.

278. *Anas boschas*, Linn. — Stockente.

Böhmen. Klattau (V. Stejda v. Lovcič). Einzelne Exemplare, auch Paare, ja selbst grössere Gesellschaften beisammen, wurden zum erstenmale am 12. Februar und zwar an den von der Angel überschwemmten Wiesen beobachtet. Kommen alljährlich und halten sich regelmässig an jenen Wiesen auf, wo vor

*) Nähere Angaben über diese und die vorhergehende Art wären erwünscht. v. Tschusi.

Jahren grosse Teiche waren; bleiben bis Mitte April hier, fliegen dann fort, ohne dass ein Paar daselbst nisten würde. — **Nepomuk** (R. Stopka). Eine wurde am Teiche Ende Februar gesehen; häufiger erscheint sie im Herbste, jedoch nie zahlreich.

Bukowina. Kotzman (A. Lurtig). »Kaczka dika«. Strichvogel. — **Kuczurmare** (C. Miszkiewicz). Im April zwei Stockenten angekommen; im Juni 9 Junge in Lachen angetroffen. — **Kupka** (J. Kubelka). Zugvogel. Erscheint regelmässig durch mehrere Jahre auf einem kleinen, circa 30 Ar messenden Teiche im Riede »Watra Satului«, zu Kupka und hat die Eigenthümlichkeit von allen anderen ihrer Art, dass sie an diesem Teiche mit Hausenten durch den ganzen Sommer lebt. Das Gelege befand sich auf einer im früher erwähnten Teiche gelegenen kleinen Insel, welche mit Schilf und hohem Sumpfgrase bewachsen war. Der Zutritt zum Gelege war unmöglich und wurde daraus geschlossen, dass das Gelege an dem Orte sich befinde, da die Ente während des Brütens, nur von dem bezeichneten Orte ausgehend, gesehen wurde. Die Bebrütung dauert volle 28 Tage. Das ♂ verliess gleich bei Beginn des Brütens den Teich und wurde daselbst nicht mehr gesehen. Die Jungen erschienen nicht auf einmal; es wurden zuerst 2, darauf in 3 Tagen 5 und schliesslich nach Verlauf von noch 2 Tagen 7 Junge am Rande der Insel bemerkt. Diese Zahl erwies sich später als richtig und sind oft die 7 jungen Stockenten am Teiche gesehen worden, so auch die alte *Anas boschas*, welche jedoch nur selten der jungen Brut angeschlossen bemerkt wurde. Ende August flogen die jungen Stockenten oft auf die naheliegenden Sümpfe, kamen aber regelmässig nach Verlauf von einigen Stunden auf ihren Stammort zurück. — **Solka** (P. Kranabeter). Gehört zu den seltenen Stand-, Strich-, wie auch Zugvögeln. — **Terebleszty** (O. Nahlik). Zug-, bez. Brutvogel. — **Toporoutz** (G. Wilde). Zugvogel. Zog am 13. März abends paarweise nach Südost, Hauptmasse am 18. und 23. März morgens nach Ost und Nordost, Nachzügler am 26. März morgens nach Südost.

Croatien. Krizpolje (A. Magdić). In Jezerana, besonders bei Ueberschwemmungen, unter der Kapela häufig. — **Varasdin** (A. Jurinac). Sehr häufig, zumeist wohl im Spätherbste und im Winter; die grösste Schar von über 200 Stücken habe ich den 15. Februar 1883 um 10 Uhr vormittags an einem Sumpfe in der Nähe der Drau beobachtet.

Dalmatien. Spalato (G. Kolombatović). 2., 4., 6., 7., 8., 27. Januar; 2., 4., 9., 12., 13., 28. Februar; 1., 2., 9., 22., 28. März; 2., 7. April; 26. Juli; 22., 23., 29., 30. November; 2., 8., 10., 11., 12. December.

Kärnten. Mauthen (F. C. Keller). In einzelnen Exemplaren das ganze Jahr hindurch zu finden.

Krain. Laibach (C. v. Deschmann). Nach dem Berichte eines Jägers in den Sümpfen von Aquileja zu tausenden am 19. Januar; am 17. Februar auf dem Moraste bei Laibach und ebenso in grossen Scharen am 3. März; starke Züge am 10. September.

Litorale. Monfalcone (B. Schiavuzzi). 6. März Paarungsbeginn; 7 an der Tagliata, meistentheils ♀; 2. und 22. April einige in Locavez gepaart; 6. Mai einige auf dem Ballo; 5. Juli Junge; 19. August Ankunft der Zugenten in ungeheuren Scharen; 26. Januar eine Varietät erlegt, von welcher die Beschreibung in den Mittheilungen des ornith. Vereines, 1884, Seite 38, zu finden ist. — **Triest** (L. Moser). Ital.: »Mazurin«. Am 9. October beobachtete ich die Stockente in grossen Zügen vom Norden her kommend, zwischen 8 und 9 Uhr vormittags. Im Winter werden grosse Mengen dieses Vogels aus der Gegend von Marano im Venetianischen, sowie aus den Sümpfen der Narenta nach Triest auf den Markt gebracht. Am 27. Januar 1885 zählte ich auf dem Markte an 40 Paare, trotz der seit 14 Tagen unaufhörlich stürmenden Bora.

Mähren. Fulnek (G. Weisheit). Im Frühjahre und Herbste. — **Goldhof** (W. Sprongel). An den Schlammfängen von Neuhof nisteten manches Jahr ein bis zwei Paare. In grösserer Menge wurde sie während der Ueberschwemmung im Juni 1883 beobachtet; heuer sah ich kein Exemplar. — **Kremsier** (J. Zahradnik). Häufig. — **Oslawan** (W. Čapek). Brütet zahlreich an den Namiester Teichen. Vom September an unternimmt sie in Familien weite Streifzüge und erscheint an unseren Flüssen. Frieren bei Namiest die Teiche zu, ist diese Art immer am

Oslawa- und Iglawaflusse anzutreffen, besonders unterhalb Oslawan, wo sie den ganzen Winter hindurch offenes Wasser findet. Vom 20. November bis zu Ende des Jahres waren sie daselbst zu sehen. Ein Paar brütete heuer hoch im Budkovitzer Reviere bei Eibenschitz, mitten im Walde, auf einem ganz unscheinbaren Sumpfe, etwa 1 Kilometer vom Flusse entfernt. Später erschien das ♀ mit den Jungen am Rokytnaflusse. — **Römerstadt** (A. Jonas). Kommt spärlich vor, am meisten noch im November.

Ober-Oesterreich. Ueberackern (A. Kragora). Den 28. April fand ich in einer lückigen Föhrenjugend, eine starke Viertelstunde vom Innflusse entfernt, das Nest einer brütenden Ente. Die Ente, unwillkürlich aufgescheucht, kehrte sogleich wieder zu demselben zurück und brütete auch alle 11 Eier glücklich aus.

Salzburg. Hallein (V. v. Tschusi). 5. December 2 Stücke.

Schlesien. Ernsdorf (J. Jaworski). Ankunft Ende März, Abzug Ende October. Selten. — **Jägerndorf** (E. Winkler). 26. und 27. März durchgezogen.

Siebenbürgen. Fogarás (E. v. Czýnk). Stand- und Brutvogel. Im Winter auf der Aluta, im Sommer auf dem »todten Alt«, im Mundraer Sumpfe, bei Dridiff, überhaupt in allen Tümpeln und Teichen längs der Aluta. — **Nagy-Enyed** (J. v. Csató). In kleinerer und grösserer Anzahl überwinternd auf offenen Flüssen und an warmen Quellen.

Steiermark. Mariahof (B. Hanf). Bisweilen Brutvogel. Erscheint im Frühjahre und auch im Herbste und in letzterer Zeit in grösseren Flügen. — (B. Hanf und R. Paumgartner). 30. März; 23. October 2, 31. 3 Stücke; 8. November 2 Stücke. — **Pöls** (St. Bar. Washington). War heuer stärker als gewöhnlich vertreten. Drei Mitte April gefundene Nester besassen bereits das volle Gelege.

Tirol. Innsbruck (L. Bar. Lazarini). 2. und 3. März 13 Stücke bei Völs und Kranebitten am Inn; 9. 9 Stücke in der Hallerau am Inn; 25. 1 ♂ in der Hallerau; 2. April bei 25 Stücke nächst Kematen am Inn; 7. October 3 am Lansersee; 7. December 2 am Höttingergiessen; 8. 1 Stück ebendaselbst; 13. 9 Stücke am Lohbach in der Höttingerau.

Ungarn. Mosócz (R. Graf Schaffgotsch). Am 12. Juni 3 Stücke, am 7. September 1 Stück am Gartenteiche beobachtet. — **Oravitz** (A. Kocyan). Der Hauptstrich am 25., 26., 27. März an der schwarzen Árva, zwischen Ujste und Wizne bei Trstena, war reich wie selten. Am 4. April in derselben Gegend nur 3 Spiessenten einige Krick- und Knäckenten und mehrere Kiebitze. — **Szepes-Béla** (M. Greisiger). 6. Januar (Südwind, aber sehr kalt, Poper zugefroren, nur wenig offene Stellen) waren bei Busócz auf der Poper 2 Stücke, ♂ und ♀. — **Szepes-Igló** (J. Geyer). Am Durchzuge häufig beobachtet, hin und wieder auch etliche erlegt.

279. *Anas acuta*, Linn. — Spiessente.

Böhmen. Přibram (F. Stejskal). Ein Exemplar wurde heuer im August am Přibramer Teiche erlegt. Die Hauptrichtung, in welcher alle Vögel durch unsere Umgebung ziehen, geht von der Burg Orlik an der Moldau gegen Heiligenberg bei Přibram hin.

Dalmatien. Spalato (G. Kolombatović). 2., 4., 7., 8. Januar; 2., 4., 27. Februar; 2. März; 7. April; 21. October; 23. November; 8., 10., 11. December.

Kärnten. Mauthen (F. C. Keller). 1 ♂ und ♀ am 30. März.

Krain. Laibach (C. v. Deschmann). Am 3. März auf dem Moraste eingetroffen.

Litorale. Triest (B. Schiavuzzi). 9. Januar 1 ♂ in der Nähe der Stadt erlegt.

Siebenbürgen. Fogarás (E. v. Czýnk). In zwei Exemplaren zum erstenmale am 26. März in den Driditler Teichen beim Enteneinfall geschossen. — **Nagy-Enyed** (J. v. Csató). 13. September 1 Stück erlegt.

Steiermark. Mariahof (B. Hanf). Zieht fast jährlich durch, doch öfter im Frühjahre als im Herbste. Früheste Beobachtung 25. März 1852, späteste 24. April 1883. — (B. Hanf und R. Paumgartner). Am 8. April.

Tirol. Innsbruck (L. Bar. Lazarini). 19. März einige bei Innsbruck.

Ungarn. Oravitz (A. Kocyan). Mehrere, s. *Anas boschas.*

280. *Anas strepera*, Linn. — Mittelente.

Bukowina. **Terebleszty** (O. Nahlik). Zugvogel.

Dalmatien. **Spalato** (G. Kolombatović). 4., 6., 7. Januar; 2., 28. Februar; 1., 9. März; 7. April; 2., 22. November; 2., 12. December.

Krain. **Laibach** (C. v. Deschmann). Am 3. März einige auf dem Moraste eingetroffen.

Steiermark. **Mariahof** (B. Hanf.) »Schnatterente«. Ein seltener Passant. Früheste Beobachtung 13. April 1864, späteste 7. Mai 1880.

Ungarn. **Oravitz** (A. Kocyan). Einzeln, s. *Anas boschas.*

281. *Anas querquedula*, Linn. — Knäckente.

Bukowina. **Kotzman** (A. Lurtig). Zugvogel. — **Terebleszty** (O. Nahlik). Zugvogel. — **Solka** (P. Kranabeter). Seltener Stand-, Strich- und Zugvogel.

Croatien. **Varasdin** (A. Jurinac). Gewöhnlich, aber nicht häufig; die meisten im Herbste und im Winter.

Dalmatien. **Spalato** (G. Kolombatović). 21., 26. Februar; vom 2. März bis 22. April.

Kärnten. **Mauthen** (F. C. Keller). Ende März und am 28. September und am 5. October.

Krain. **Laibach** (C. v. Deschmann). Am 3. März auf dem Moraste eingetroffen.

Litorale. **Monfalcone** (B. Schiavuzzi). 6. März Ankunft am Meeresstrande bei Locavez; 2., 15. einzelne ebendaselbst; 22. April sehr wenige; 15. September 1 ♀ am Meeresstrande erlegt (Seltenheit in diesem Monate). — **Triest** (L. Moser). Ital. »Cioscha«. Nach der Mittheilung des Herrn Petritsch in kleinen Schwärmen in Monfalcone; ziemlich häufig auf dem Markte den ganzen Winter hindurch.

Mähren. **Kremsier** (J. Zahradnik). Wird öfters geschossen.

Schlesien. **Lodnitz** (J. Nowak). Ankunft am 10. April.

Siebenbürgen. **Fogarás** (E. v. Czýnk). Sehr häufiger Brutvogel; die ersten am 8. März bemerkt. — **Nagy-Enyed** (J. v. Csató). 17. März in Flügen.

Steiermark. Mariahof (B. Hanf). »Rögerl«. Die gemeinste Ente am Durchzuge, doch häufiger im Frühjahre als im Herbste. — (B. Hanf und R. Paumgartner). 30. März 6, 31. 8, 6. April 3, 7. 20—30, 13. 3, 20. Juni 2 Stücke.

Tirol. Innsbruck (L. Bar. Lazarini). 19. März einige; 30. 10 in der Hallerau; 28. 1 Stück frisch erlegt von Sterzing; 7. October 1 Stück am Lansersee.

Ungarn. Oravitz (A. Kocyan). Viele, s. *Anas boschas*. — **Szepes-Igló** (J. Geyer). Kommt vor und wird auch mitunter erlegt. Im Frühjahre 1856 flügelte ich eine, die allsogleich verschwand, ohne aufzufliegen. Nach einer Woche fand man sie an jenem Orte unter Wasser todt an einem Aste hängen, an dem sie sich mit dem Schnabel festgeklammert hatte.

282. *Anas crecca*, Linn. — Krickente.

Bukowina. Kotzman (A. Lurtig). Zugvogel. — **Kupka** (J. Kubelka). Zieht im Frühlinge und Herbste durch. — **Toporoutz** (G. Wilde). Kommt vor.

Croatien. Varasdin (A. Jurinac). Wie die Knäckente.

Dalmatien. Spalato (G. Kolombatović). 4., 6., 7., 8., 27. Januar; 2., 4., 9., 12., 13., 28. Februar; vom 2. bis 28. März; 12. September; 2., 21. October; 2., 22., 23., 29., 30. November; 2., 8., 10., 11., 12. December.

Kärnten. Mauthen (F. C. Keller). Einzelne Exemplare vom 12. bis 18. März, am 19. ♂ und ♀; vereinzelt am Abzuge vom 10. bis 19. October und noch am 6. November 2 Stücke.

Krain. Laibach (C. v. Deschmann). Am 3. März auf dem Moraste eingetroffen; in grossen Scharen am 4. September.

Litorale. Monfalcone (B. Schiavuzzi). 24. September die ersten am Meeresstrande; von diesem Tage an fand man diese Art in grosser Menge den ganzen Winter hindurch in Scharen von etwa 20 Individuen, grösstentheils Weibchen.

Mähren. Kremsier (J. Zahradnik). Häufig. — **Oslawan** (W. Čapek). Kommt seltener (von Namiest) auf unsere Flüsse. — **Römerstadt** (A. Jonas). Zieht hie und da durch. Am 15. October in Irmsdorf beobachtet.

Siebenbürgen. Fogarás (E. v. Czýnk). Häufig; brütet auch im Mundraer Sumpfe. Die erste am 14. März gesehen. —

Nagy-Enyed (J. v. Csató). 23. März zwischen anderen Arten 1 Stück erlegt.

Steiermark. Mariahof (B. Hanf). »Kotantel«, »Griess-antel«. Nicht so gewöhnlich wie die vorige, doch jährlich einige am Zuge, sowohl im Frühjahre, als im Herbste. — (B. Hanf und R. Paumgartner). 9. Mai, 4. October 1, 8. 2, 24. 4; 5. November 1 Stück.

Tirol. Innsbruck (L. Bar. Lazarini). 7. März mehrere in den Auen um Innsbruck am Inn.

Ungarn. Mosócz (R. Graf Schaffgotsch). Soll an dem Turóczbache nisten. Am 25. October fiel 1 Exemplar in meiner Gegenwart, 20 Schritte von mir entfernt, am Teiche ein, überflog denselben zweimal, blieb fünf Minuten und strich dann ab; schien von einem Raubvogel verfolgt und vom übrigen Fluge versprengt worden zu sein. — **Oravitz** (A. Kocyan). Viele, vgl. *Anas boschas*. — **Szepes-Igló** (J. Geyer). Kommt auch vor, besonders am Durchzuge; hin und wieder wird ein Paar auch brütend angetroffen.

283. *Anas penelope*, Linn. — Pfeifente.

Dalmatien. (G. Kolombatović). 6., 8., 27. Januar; 2., 13., 28. Februar; 2., 22., 28. März; 21. October; 22., 30. November; 8., 10., 12. December.

Krain. Laibach (C. v. Deschmann). Am 3. März auf dem Moraste eingetroffen.

Siebenbürgen. Fogarás (E. v. Czýnk). Am 12. März ein Paar mit Moor-, Stock- und Knäckenten, aber alle gesondert, im »todten Alt« gefunden. Das erlegte ♂ steht in meiner Sammlung. — **Nagy-Enyed** (J. v. Csató). 23. März gemeinschaftlich mit anderen Arten; 1 Stück erlegt.

Steiermark. Mariahof (B. Hanf). Ein gewöhnlicher Passant. — (B. Hanf und R. Paumgartner). 7., 27. April 3, 29. 11, 30. 2 Stücke; 1. Mai 5 Stücke; 19. October 2 ♂, ♀.

Tirol. Innsbruck (L. Bar. Lazarini). 7. März mehrere in den Auen um Innsbruck am Inn; 9. April 1 ♀ bei Petnau erlegt.

284. *Fuligula nyroca*, Güldenst. — Moorente.

Bukowina. Terebleszty (O. Nahlik). Zugvogel.

Dalmatien. Spalato (G. Kolombatović). 11., 12., 28. März; 2., 7., 12. April; 21., 23. October.

Krain. Laibach (C. v. Deschmann). Am 25. März.

Litorale. Monfalcone (B. Schiavuzzi). Im Februar 1 ♂ in einem Tümpel in Castelvenere erlegt.

Siebenbürgen. Fogarás (E. v. Czýnk). Bis Mitte April gemein auf allen Teichen und Tümpeln; die ersten am 12. März.

Steiermark. Mariahof (B. Hanf). Ziemlich seltener Passant und nur im Frühjahre. — **Pöls** (St. Bar. Washington). Fast alljährlich, aber nur am Zuge beobachtet.

285. *Fuligula ferina*, Linn. — Tafelente.

Dalmatien. Spalato (G. Kolombatović). 4., 6., 7., 8. Januar; 2., 4., 12., 13., 28. Februar; 2., 8. März; 1., 9., 22., 28. April; 2., 22., 23. November; 2., 11., 12. December.

Kärnten. Mauthen (F. C. Keller). 2 ♂ und ♀ am 16. October.

Litorale. Monfalcone (B. Schiavuzzi). 26. März 1 Stück an der Tagliata; 15. September die ersten auf offenem Meere; 26. November Scharen daselbst.

Steiermark. Mariahof (B. Hanf). Ein seltener Passant im Frühjahre und im Herbste. — (B. Hanf und R. Paumgartner). 14. November 1 ♂.

286. *Fuligula marila*, Linn. — Bergente.

Dalmatien. Spalato (G. Kolombatović). 4., 7. Januar; 28. Februar; 2. März; 21. October; 29., 30. November; 10. December.

Steiermark. Mariahof (B. Hanf). Ein sehr seltener Passant, besonders die alten Männchen. Erschien am 17. April 1854, 20. November 1876 und 1. November 1881.

287. *Fuligula cristata*, Leach. — Reiherente.

Dalmatien. Spalato (G. Kolombatović). 9., 12. Februar; 4., 9., 12., 27. März; 22., 23. November; 8., 10. December.

Kärnten. **Mauthen** (F. C. Keller). 1 ♂ am 11. December.

Litorale. **Monfalcone** (B. Schiavuzzi). Bei Volosca (Istrien) den 11. März 1 ♀ erlegt (Baron Bretton); 26. November Scharen auf dem offenen Meere bei Monfalcone; 19. December auf dem See von Pietra-rossa.

Siebenbürgen. **Fogarás** (E. v. Czýnk). Sehr selten. Zufällig am 2. April von 3 auf der Aluta schwimmenden eine erlegt, die sich in meiner Sammlung befindet.

Steiermark. **Mariahof** (B. Hanf). »Elsteranten«. Wird immer seltener.

288. *Clangula glaucion*, Linn. — Schellente.

Dalmatien. **Spalato** (G. Kolombatović). 4., 6., 7. Januar; 9., 12., 13., 28. Februar; 29. März; 12., 19., 21., 22. October; 29., 30. November; 2., 8. December.

Mähren. **Kremsier** (J. Zahradnik). Im Winter 1883/4 aus Chropin.

Steiermark. **Mariahof** (B. Hanf). Die ♀♀ zogen in früheren Jahren in grossen Scharen, besonders im Herbste, durch, seltener waren die ♂. Diese Enten sind in auffallender Abnahme, so dass in manchem Jahre nicht ein Exemplar beobachtet wird.

Ungarn. **Szepes-Igló** (J. Geyer). Ausser dem im Vorjahre am 15. December aus Torna erhaltenen Stück, bekam ich noch kein anderes im Fleische zu Gesicht.

289. *Harelda glacialis*, Leach. — Eisente.

Steiermark. **Mariahof** (B. Hanf). Das einzige Exemplar meiner Sammlung schoss ich am 2. November 1856.

290. *Oidemia fusca*, Linn. — Sammetente.

Litorale. **Monfalcone** (B. Schiavuzzi). Den 26. Juni wurde von mir 1 ♂ juv. auf offenem Meere vor S. Antonio erlegt, welches sehr mager war und kränklich schien. Eine plötzliche Erkrankung verhinderte mich, den Vogel auszustopfen, welcher infolge der Hitze der Jahreszeit vollständig in Verwesung überging. Den 10. Juli wurde ein anderes Exemplar auf offenem Meere von meinem Fischer gesehen.

Steiermark. **Mariahof** (B. Hanf). Ein seltener Passant. Erschienen einzeln am 4. November 1830, 5. November 1871, 4. November 1874 und 21. October 1881. Mit Ausnahme des zweiten waren alle junge Vögel.

291. *Mergus merganser*, Linn. — Grosser Säger.

Croatien. **Agram** (Sp. Brusina). Am 11. Januar aus Sissek ein ♀ bekommen. — **Varasdin** (A. Jurinac). Nur in den strengsten Wintern. Den 24. Januar 1880 flogen in bedeutender Höhe, in südöstlicher Richtung über den Plitvitzabach bei Varasdin, vier Stücke, von denen eines erlegt wurde.

Dalmatien. **Spalato** (G. Kolombatović). 7. Januar; 9., 22. März; 3., 6. December.

Kärnten. **Mauthen** (F. C. Keller). Am 11. und 12. December je 1 Stück.

Mähren. **Goldhof** (W. Sprongel). Wie mir die beglaubigte Nachricht zukam, wurde ein ♀ am 20. November an der Zwittawa, in der Nähe von Raitz, erlegt.

Siebenbürgen. **Fogarás** (E. v. Czýnk). Selten. Am 2. November ein Stück. — **Nagy-Enyed** (J. v. Csató). 15. Januar in kleinen Flügen bei O.-Brettye.

Steiermark. **Mariahof** (B. Hanf). Seltener Passant. Am 10. Mai 1865 ein ♂ und am 1. October 1877 ein ♀. — (B. Hanf und R. Paumgartner). 12. April ♂ und ♀.

Ungarn. **Szepes-Igló** (J. Geyer). Im Winter 1855/6 wurden auf dem Göllnitzflusse unterhalb Göllnitz (Bergstadt) ein Stück geschossen und ein Stück lebend gefangen, welche für die Tafel zubereitet, ob des Fischthrangeschmackes kaum geniessbar waren.

292. *Mergus serrator*, Linn. — Mittlerer Säger.

Dalmatien. **Spalato** (G. Kolombatović). 7., 27. Januar; 2., 4., 9., 12., 13., 28. Februar; 9., 28. März; 21. October; 22., 23., 29. November; 3., 6. December.

Steiermark. **Mariahof** (B. Hanf). In früheren Zeiten ein nicht ungewöhnlicher Passant, bisweilen in grösseren Flügen, der jetzt immer seltener wird. 12. April ♂ und ♀.

293. *Mergus albellus*, Linn. — Kleiner Säger.

Croatien. Agram (Sp. Brusina). Am 18. Januar ein ♂ aus Sissek bekommen.

Dalmatien. Spalato (G. Kolombatović). 4., 6., 27. Januar; 2., 4., 9., 12., 13., 28. Februar; 2., 9., 28. März; 12., 19., 21., 22. October; 22., 23., 29. November; 2., 3., 6. December.

Krain. Laibach (C. v. Deschmann). ♂ am 7. Januar auf der Laibach erlegt.

Steiermark. Mariahof (B. Hanf). Ist am Furtteiche noch nicht vorgekommen. Im Februar 1859 wurde mir ein ♂ von Obdach und am 1. Februar 1881 ein ♂ von dem Orte Kappel am Gurkflusse in Kärnten eingesendet.

XV. Ordnung.

Colymbidae. Taucher.

294. *Alca torda*, Linn. — Tordalk.

Litorale. Triest (L. Moser). Am 7. Juni überschickte mir Herr Schlossverwalter E. v. Orel ein Exemplar dieses Vogels, das in der kleinen Bucht vor dem »Museum« in Miramare vom Waldhüter erlegt wurde. Ich übersandte das seltene Thier an Herrn Dr. Schiavuzzi in Monfalcone, welcher das Ausstopfen besorgte. Zur genauen Bestimmung übersandte ich den Vogel an Herrn Victor Ritter von Tschusi zu Schmidhoffen. In Anbetracht der grossen Seltenheit des Vorkommens in den Gewässern der Adria verehrte ich diesen Alken dem Museum Sr. kaiserl. Hoheit des durchlauchtigsten Kronprinzen Rudolf, welcher Vogel auch huldvollst entgegengenommen wurde. Im September erfuhr ich vom Waldhüter, dass noch ein zweites Exemplar in Miramare erlegt wurde. — (B. Schiavuzzi). Das am 7. Juni bei Miramare erlegte ♂ im Uebergangskleide war mager und hatte Fische im Magen. Totallänge 405, Flügel 183 *cm*. In denselben Tagen wurden zwei ♂ vor Muggia auf offenem Meere erlegt, wovon eines schwarz am Rücken, das andere grau punktirt war. Bis zum 26. Juni sah man noch ein anderes Individuum auf dem offenen Meere vor Monfalcone, Duino oder Sdobba. [Näheres in den

Mittheilungen des Wien. ornith. Vereines, 1884, Seite 127 und in der Zeitschrift für gesammte Ornithologie, 1884, Seite 243.]

295. *Podiceps cristatus*, L. — Haubentaucher.

Böhmen. Klattau (V. Stejda v. Lovčic). Ein Exemplar erschien am 12. April am Teiche in der Gemeinde Bezděkow bei Klattau. Früher wurde er hier nie beobachtet. — **Nepomuk** (R. Stopka). Hält sich hier fast jedes Jahr am Zuge auf: heuer wurde er nicht beobachtet.

Croatien. Agram (Sp. Brusina). Am 31. März aus Bukovie ein ♂ bekommen. — **Varasdin** (A. Jurinac). Spärlich; in vier Jahren nur drei Stücke erhalten.

Dalmatien. Spalato (G. Kolombatović). 4., 27. Januar; 4., 9., 12., 28. Februar; 2., 9., 28. März; 2. April; 12., 19., 21., 22. October; 22., 23., 29. November; 2., 6. December.

Kärnten. Mauthen (F. C. Keller). 1 ♂ am 26. März.

Mähren. Kremsier (J. Zahradnik). Am Marchflusse wird der Haubentaucher öfters geschossen; unsere Sammlung hat 4 Exemplare.

Schlesien. Ernsdorf (J. Jaworski). Auf den Teichen der benachbarten Dörfer, jedoch selten.

Siebenbürgen. Fogarás (E. v. Czýnk). Selten. Wurde von Herrn Hauptmann Czakó bei Dridiff in einem Teiche am 10. April erlegt.

Steiermark. Mariahof (B. Hanf). Ein ziemlich seltener Passant im Frühjahre und im Herbste.

Ungarn. Oravitz (A. Kocyan). Einzeln, vgl. *Anas boschas*. — **Szepes-Igló** (J. Geyer). Im Jahre 1872 wurde ein Stück im Straczenoer Thale am Göllnitzflusse erlegt und mir zugeschickt, welches auch jetzt noch in der Gymnasialsammlung vorhanden ist.

296. *Podiceps rubricollis*, Gm. — Rothhalsiger Steissfuss.

Dalmatien. Spalato (G. Kolombatović). 9. November.

Litorale. Monfalcone (B. Schiavuzzi). 31. Juli 1 ♀ ad. auf dem offenen Meere vor Rosega erlegt. Totallänge 385, Flügel 155 *cm*; Hals roth, Iris gelb; im Magen Fische und drei Schmarotzerwürmer. 14. October 1 ♂ ad. auf offenem Meere vor dem Ballo erlegt. Totallänge 435, Flügel 167 *cm*; im Magen Algen und Federn, letztere vom Vogel selbst, eine von *Carduelis elegans*. Hals roth und grau, Gurgel weisslich, Iris hellgelb. — **Triest** (L. Moser). Nach Mittheilungen des Herrn Petritsch wurde von ihm am 20. September ein Exemplar in Monfalcone erlegt.

Siebenbürgen. Fogarás (E. v. Czýnk). Nicht selten am »todten Alt«. Am 29. Mai und 2. Juli je ein Stück für meine Sammlung geschossen. — **Nagy-Enyed** (J. v. Csató). 23. März ein Stück erlegt.

Steiermark. Mariahof (B. Hanf). Noch seltener als der vorhergehende. Erschien einzeln am 18. Mai 1840, 30. April 1885 ♂ und ♀, 13. Juli 1855, 15. October 1872 und am 16. April 1881. — **Pöls** (St. Bar. Washington). Am 23. April bemerkte ich auf einem der im Kaiserwalde gelegenen Teiche, an welchem mir durch die liebenswürdige Erlaubniss des Jagdbesitzers, Herrn Grafen Desenffans d'Avernas auf seltene Durchzügler zu jagen gestattet ist, unter einer Schar Stockenten ♂ einen Schwimmvogel, den zu erkennen wegen der bedeutenden Entfernung nicht möglich war. Als die Enten sich späterhin erhoben, blieb derselbe einige Secunden lang ruhig sitzen, um dann plötzlich mit einem höchst sonderbar klingenden, klappernden oder schnarrenden Geschrei auf dem Wasserspiegel hinzuplätschern; allmählich erhob er sich zu einer gewissen Höhe und flog nun mit rapider Schnelligkeit, mit äusserst raschen Flügelschlägen den Stockenten nach, welche er auch trotz des ziemlich bedeutenden Vorsprunges, welchen letztere gewonnen hatten, in kürzester Zeit einholte. Als er zum zweitenmale den Teich umkreiste, wagte ich einen Schuss auf eine allerdings sehr bedeutende Distanz. Glücklicherweise traf ich den Vogel, wenn auch nicht tödtlich, doch so, dass er seine Geschwindigkeit einigermassen zu mässigen genöthigt war; ein Schuss des mich begleitenden Revierjägers brachte ihn vollends flügellahm geschossen herunter, worauf er unter heftigem Geschrei, welches ungefähr durch die Silben »klek, kleck, kerr« ausgedrückt werden kann, sofort unter dem Wasserspiegel verschwand. Nach einiger Zeit, innerhalb welcher er fortwährend auf 1—1 $^1/_2$ Minuten tauchte und wieder erschien, erhielt er noch einen Schuss, worauf er das Ufer zu erreichen suchte und hierbei unsere Beute wurde. Es war ein prächtig ausgefärbtes ♂ des in Steiermark nur selten erscheinenden rothhalsigen Steissfusses, welchen ich bisher in meinem Beobachtungsgebiete als Durchzügler noch nicht kennen gelernt hatte.

Ungarn. Oravitz (A. Kocyan). Einzeln, vgl. *Anas boschos.* — Szepes-Igló (J. Geyer). Ausser dem im Vorjahre am 5. Mai bei Krompach erlegten, kam mir noch kein zweites Exemplar zu Gesicht.

297. *Podiceps arcticus*, Boie. — Hornsteissfuss.

Steiermark. Mariahof (B. Hanf)*). Seltener Passant. Am Furtteiche selbst habe ich erst ein Exemplar im schönen Kleide am 7. Mai und ein Stück im Winterkleide (Datum unbekannt) erlegt. Zwei Exemplare im Sommerkleide wurden mir aus anderen nahe gelegenen kleinen Teichen eingeliefert.

298. *Podiceps nigricollis*, Sund. — Ohrensteissfuss.

Croatien. Agram (Sp. Brusina). Am 15. April ein bei Varasdin an der Drau, am 7. Juli ein bei Agram geschossenes ♀ bekommen. — Varasdin (A. Jurinac). Selten. Den 12. April ein Stück erlegt.

Dalmatien. Spalato (G. Kolombatović). 4., 12. Februar; 2., 9., 28. März; 2. April; 23. November.

Krain. Laibach (C. v. Deschmann). ♂ (Prachtexemplar) am 26. April erlegt.

Litorale. Monfalcone (B. Schiavuzzi). 28. April 1 ♂ im Frühlingskleide bei Rosega im Netze gefangen. Totallänge 324, Flügel 130 *cm.* 25. September die ersten in Locavez; 26. November einzelne auf offenem Meere.

Siebenbürgen. Fogarás (E. v. Czýnk). Selten. Am 29. März 4 Stücke auf der Aluta, von welchen ich auf den ersten Schuss 3 erlegte. Das vierte kam wieder auf die Stelle, wo die gefallenen Brüder durch meine Hündin apportirt wurden.

---

*) Was im I. Jahresberichte (1882) über *Podiceps arcticus* mitgetheilt wurde, bezieht sich auf *Podiceps auritus (nigricollis).* Hanf.

Steiermark. Mariahof (B. Hanf). Ebenfalls sehr selten. Im Frühjahre erschienen im Sommerkleide die ersten zwei Exemplare und zwar am 16. Mai 1854 und am 14. Mai 1879 auf dem Furtteiche. Im Herbste kommen sie im Winter- oder Jugendkleide öfters und zwar in kleinen Familien. Am 27. September 1863 2 Exemplare, am 19. September 1867 7 Exemplare und am 14. September 1882 8 Exemplare.

Ungarn. Oravitz (A. Kocyan). Einzeln, vgl. *Anas boschas.* — **Szepes-Béla** (M. Greisiger). Am 1. Mai an der Poper bei Lublau 1 ♂ geschossen. Im Magen waren bloss einige Federchen.

299. *Podiceps minor*, Gm. — Zwergsteissfuss.

Böhmen. Nepomuk (R. Stopka). Am 2. April wurden einige an einem kleinen Teiche gefangen; einige erschienen auch am 15. August. Findet hier keine passende Brutplätze. — **Příbram** (F. Stejskal). In der nächsten Umgebung hielt sich bloss 1 Paar am Teiche Spálený bei der Gemeinde Dušníky trhové auf.

Croatien. Varasdin (A. Jurinac). Nicht häufig. 6. November 1881 wurde in dem Schlossteiche, mitten in der Stadt, ein Stück mit der Hand gefangen; 16. Februar 1882 beim Fischen ein Stück mit dem Netze aus der Hitvitza herausgezogen; 11. März 1883 ein Stück am Hitvitza-Ufer gefangen.

Dalmatien. Spalato (G. Kolombatović). Vom 1. Januar bis 20. April und vom 2. August bis Ende December.

Kärnten. Mauthen (F. C. Keller). Wurde in jedem Monate dieses Jahres getroffen.

Litorale. Monfalcone (B. Schiavuzzi). 29. Februar in Pietra rossa 4 ♀ erlegt, die im Magen Süsswasserschnecken hatten; 2. April 3 Stücke erlegt, eines davon in fast vollkommenem Frühlingskleide, welches im Magen Samen und Wasserinsecten hatte; 25. Juli Ankunft am Pietra rosso See; 21. September sehr viele, 5. November einzelne im Locavezflusse.

Mähren. Goldhof (W. Sprongel). Manches Jahr an den Schlammfängen von Neuhof zu sehen; heuer bemerkte ich keinen. — **Kremsier** (J. Zahradnik). Im November am Chropiner Teiche erlegt. — **Oslawan** (W. Čapek). Im Herbste kommt er von den Namiester Teichen längs der Flüsse zu uns und bleibt ziemlich zahlreich durch den ganzen Winter; noch am 9. März habe ich ein Stück gesehen. Im Herbste erschienen sie wieder am 5. November. — **Römerstadt** (A. Jonas). Seit dem Jahre 1882 wurde dieser Taucher hier im Beobachtungsgebiete nicht mehr wahrgenommen.

Schlesien. Dzingelau (J. Żelisko). Am 4. October vier Stücke (1 alter, 3 junge Vögel) am Bache angetroffen. Dieser Vogel ist an grösseren offenen Bächen das ganze Jahr hindurch zu finden. — **Ernsdorf** (J. Jaworski). »Kleiner Steissfuss«. Ende April, Ende October; selten.

Siebenbürgen. Fogarás (E. v. Czýnk). Häufiger Standvogel. Im Sommer auf den Teichen, im Winter auf der Aluta.

Steiermark. Mariahof (B. Hanf und R. Paumgartner). 7. April 2, 16. 1 Stück; 24. August mehrere; 21. September 2, 26. 4 Stücke; 9. October bis 15. November 2 bis 3 Stücke. — **Pöls** (St. Bar. Washington). War heuer gut vertreten und auch auf solchen »Lahnen« (rohrbewachsenen Tümpeln) zu beobachten, welche in der Regel keine Zwergsteissfüsse beherbergen; zweifellos muss das Erscheinen derselben auf solchen Lahnen dem Umstande zugeschrieben werden, dass einer jener Teiche, welche mir als Hauptquartier der in Rede stehenden Art bekannt sind, heuer trocken lag. Am 2. Mai erlegte ich ein schön ausgefärbtes ♀; als dasselbe aus dem Wasser geholt ward, entdeckte man auch ein mit 5 starkbebrüteten Eiern belegtes Nest, dessen Rand kaum aus dem Wasserspiegel hervorragte. Die Eier lagen auf einer sehr dünnen Binsenschichte, welche dem Wasser allseits freien Eintritt gestatteten.

Ungarn. Oravitz (A. Kocyan). Am 14. November bei Trstena 1 Stück. — **Szepes-Igló** (J. Geyer). Häufiger als *Podiceps cristatus* beobachtet und eingebracht.

300. *Colymbus arcticus*, Linn. — Polarseetaucher.

Dalmatien. Spalato (G. Kolombatović). 22. November.

Krain. Laibach (C. v. Deschmann). Am 10. November wurde ein ♂ bei Weixelberg in einem Walde lebend gefangen und an das Museum abgeliefert.

Litorale. Monfalcone (B. Schiavuzzi). 26. November einige auf dem offenen Meere.

Steiermark. Mariahof (B. Hanf). Erscheint im Herbste nicht gar selten, bisweilen auch in grösseren Flügen, im Jugend- oder Uebergangskleide Ende October und anfangs November, dagegen selten im Frühjahre im schönen Sommerkleide. Am 29. April 1863 5 Stücke, am 10. Mai 1865 1 Stück, am 3. Mai 1867 1 Stück. — **Pöls** (St. Bar. Washington). Die vorstehende Art, welche nur selten mein Beobachtungsgebiet berührt, habe ich erst ein einzigesmal nach dem Monate December beobachtet und war ich daher sehr überrascht, am 21. April dieses Jahres auf dem Forsterteiche im Kaiserwalde ein Exemplar dieser schönen Taucherart zu erblicken. Dasselbe hielt sich stets in der Mitte des sehr grossen Teiches auf und zeigte sich anfangs gar nicht scheu, späterhin aber, nachdem der Taucher durch einige, der bedeutenden Distanz halber wirkungslose Schüsse beunruhigt war, suchte er sich durch häufiges Untertauchen der ihm drohenden Gefahr nach Möglichkeit zu entziehen. Nie versuchte er Gebrauch von seinen Schwingen zu machen. Ehe er in die Tiefe verschwand, liess er jedesmal ein äusserst starktönendes, sehr weithin hörbares »kö-ick« erschallen; oft blieb er über 3 Minuten unter Wasser und legte innerhalb dieser Zeit manchmal sehr bedeutende Strecken zurück. Beim Auftauchen und namentlich später, als er verwundet ward, vernahm ich einen anderen Laut von ihm, welcher wie »kraou« oder »raoou« (mit dem Tone auf der letzten Sylbe) klang. Erst am anderen Tage ward mir das Glück zu Theil, das seltene Stück — ein im schönsten Hochzeitskleide stehendes, ungewöhnlich starkes ♂, welches 3 *kg.* wog — durch einen Postenschuss auf gut hundert Schritte zu erlegen. Da die Grössenverhältnisse der Exemplare dieser Species sehr variiren, so erlaube ich mir die — vor der Praeparation abgenommenen — Masse des von mir erbeuteten Polarseetauchermännchens beizufügen:

Länge der Oberkieferfirste	0·075 *m.*
Länge des (von der Spitze bis zur Mundspalte gemessenen) Schnabels	0·11 »
Länge des Unterkiefers	0·107 »
Länge der Tarsen	0·08 »
Länge der äusseren Zehe (ohne Nagel 0·12) mit Nagel	0·13 »

Länge der mittleren Zehe (ohne Nagel 0·09) mit Nagel . . . . 0·105 *m.*
Länge der inneren Zehe (ohne Nagel 0·085) mit Nagel . . . . 0·096 »
Länge der rückwärtigen Zehe (ohne Nagel 0·015) mit Nagel . . . . 0·02 »
Totallänge (von der Schnabelspitze bis zum Schwanzende gemessen) . . . . 0·8 »
Breite des Rückens . . . . 0·25 »
Flügellänge . . . . 0·43 »

Ungarn. Oravitz (A. Kocyan). Ein ♀ am 14. November (Länge 75 *cm*) in Árva bei Alt-Kubin an dem Árvaflusse durch Herrn v. Csillaghy erlegt. — **Szepes-Béla** (M. Greisiger). Am 20. April wurde bei Késmark an der Poper ein Stück geschossen. — **Sepes-Igló** (J. Geyer). In Rosenau wurden mir in den Sechziger-Jahren mehreremale im Spätherbste erlegte, noch im Jugendkleide befindliche Exemplare eingebracht, davon ich auch jetzt noch 2 Stücke besitze.

301. *Colymbus septentrionalis*, Linn. — Nordseetaucher.

Dalmatien. Spalato (G. Kolombatovic). Vom 1. Januar bis 2. April und vom 22. November bis Ende December.

Litorale. Monfalcone (B. Schiavuzzi). 26. November einige auf offenem Meere.

Mähren. Kremsier (J. Zahradnik). Unsere 2 Exemplare stammen aus Krasic, wo sie im Spätherbste 1883 geschossen wurden.

Steiermark. Mariahof (B. Hanf). Ist im Frühjahre im Sommerkleide noch nie erschienen. Im Herbste am 28. October 1862 1 Stück, am 10. November 1863 2 Stücke und am 28. October 1871 1 Stück.

302. *Colymbus glacialis*, Linn. — Eisseetaucher.

Mähren. Oslawan (W. Čapek). Ein junger Vogel wurde hier vor einigen Jahren erlegt.

303. *Pelecanus onocrotolus*, Linn. — Gemeiner Pelikan.

Bukowina. Kotzman (A. Lurtig). Seltener Passant. Als aussergewöhnliche Erscheinung wird der gemeine Pelikan im

Herbste nach heftigen Südoststürmen vereinzelt auf offenen Feldern und Teichen angetroffen und ist so ermattet, dass ihn die ländliche Bevölkerung leicht zu erlegen vermag. Ein schönes Exemplar wurde im September 1883 in meiner Gegenwart auf dem Staviczaner Teiche geschossen.

304. *Carbo cormoranus*, M. u. W. — Kormoranscharbe.

Dalmatien. Spalato (G. Kolombatović). 12. Februar; 2., 9. März; 5. April; 17. Juni; 13. August; 9. September; 19., 21. October.

Kärnten. Mauthen (F. C. Keller). 1 Stück am 17. Mai.

Mähren. Kremsier (J. Zahradnik). Wurde vor einigen Jahren in Kojetein geschossen und befindet sich im Besitze eines meiner Bekannten.

Nieder-Oesterreich. Wien (O. Reiser). Oft sieht man sie, namentlich zur Brutzeit, niedrig über die Kronprinz Rudolfs-Reichsbrücke bei Wien stromaufwärts ziehen.

Steiermark. Mariahof (B. Hanf). Seltener Passant. Nur am 27. October 1854 erlegte ich zwei ♀ im Jugendkleide am Furtteiche. — Pöls (St. Bar. Washington). Rarissimum; brütet hier nicht.

Ungarn. Szepes-Igló (J. Geyer). Im Hochsommer des Jahres 1866 erhielt ich 2 Stücke, welche bei Tornalya am Sajóflusse erlegt worden waren.

305. *Carbo graculus*, Linn. var. Desmaresti, Payr. — Südliche Krähenscharbe.

Dalmatien. Spalato (G. Kolombatović). Standvogel auf der Insel Solta.

Litorale. Monfalcone (B. Schiavuzzi). 9., 10. Januar 1 ♂ und 1 ♀ bei Abbazia erlegt; 24. Februar 1 ♂ ad. bei Volosca; 2. März 1 ♂ juv. daselbst, ebenso den 11. März 1 ♂ ad., den 16. 1 ♀ ad. und den 20. April 1 ♂. Alle diese Vögel wurden von Herrn Baron Bretton geschossen und sind theils in dessen Besitze, theils im Triester Museum.

306. *Puffinus Kuhlii*, Boie. — Grauer Taauchersturmvogel.

Dalmatien. Spalato (G. Kolombatović). 29. März.

Steiermark. Mariahof (B. Hanf). Am 17. Mai 1858 wurde mir dieser Vogel von Bruck a. d. Mur eingesandt.

XVI. Ordnung.

Laridae. Mövenartige Vögel.

307. *Lestris pomarina*, Temm. — Mittlere Raubmöve.

Bukowina. Kotzman (A. Lurtig). Seltener Passant.

Steiermark. Mariahof (B. Hanf). Dieser seltene Passant wurde in den ersten Jahren meiner ornithologischen Thätigkeit am Furtteiche erlegt und befindet sich in meiner Sammlung im Stifte St. Lambrecht.

308. *Lestris Buffoni*, Boie. — Kleine Raubmöve.

Bukowina. Kotzman (A. Lurtig). Seltener Passant.

309. *Larus argentatus*, Brünn. — Silbermöve.

Böhmen. Oberrokitai (K. Schwalb). 29. Juni 1 Stück von N.-W. nach S.-O.

Kärnten. Mauthen (F. C. Keller). Den 20. September auf den Sumpfwiesen in Grafendorf.

310. *Larus argentatus* var. Michahellesi, Bruch. — Südliche Silbermöve.

Litorale. Monfalcone (B. Schiavuzzi). 1. Mai und 4. Juni auf dem Ballo.

311. *Larus fuscus*, Linn. — Heringsmöve.

Dalmatien. Spalato (G. Kolombatović). Durchs ganze Jahr.

Siebenbürgen. Nagy-Enyed (J. v. Csató). 15. Juni ein ausgewachsenes ♀ erlegt, das sich in meiner Sammlung befindet.

Steiermark. Mariahof (B. Hanf). Seltener Passant. In den ersteren Jahren, da ich noch kein Tagebuch führte, erlegt.

312. *Larus canus*, L. — Sturmmöve.

Dalmatien. Spalato (G. Kolombatović). Vom 1. Januar bis 2. April und vom 26. Juli bis Ende December.

Krain. Laibach (C. v. Deschmann). Am 24. November.

Mähren. Oslawan (W. Čapek). Am 12. December wurde ein Individuum am Iglawaflusse bei Eibenschitz erlegt.

Steiermark. Mariahof (B. Hanf). Am 3. November habe ich das einzige Exemplar meiner Sammlung am Furtteiche geschossen.

313. *Xema melanocephalum*, Natt. — Schwarzköpfige Möve.

Dalmatien. Spalato (G. Kolombatović). 1., 2., 3., 4., 6., 9., 28. März.

Litorale. Monfalcone (B. Schiavuzzi). 13. April eine Schar von etwa 30 Individuen im Frühlingskleide vor Muggia (Beobachtung von Herrn Fr. Petritsch).

314. *Xema minutum*, Pall. — Zwergmöve.

Dalmatien. Spalato (G. Kolombatović). 2., 3., 16. Januar; vom 2. bis Ende December.

Steiermark. Mariahof (B. Hanf). Das einzige Exemplar meiner Sammlung habe ich am 10. September 1852 am Furtteiche erlegt.

315. *Xema ridibundum*, Linn. — Lachmöve.

Böhmen. Böhmisch-Leipa (F. Wurm). Die ersten kamen am 13. März, der Hauptzug erfolgte am 15. desselben Monats. — **Klattau** (V. Stejda v. Lovocič). Erschien zuerst am 15. März in Paaren und bald darauf in grosser Anzahl an seichten Wässern und sumpfigen Wiesen. Bleibt hier bis Mitte, manchmal auch bis Ende April, nistet hier aber nicht, wird bloss am Frühjahrszuge beobachtet und hält sich hier deswegen auf, weil sie an den überschwemmten Wiesen um diese Zeit reichliche Nahrung findet. — **Nepomuk** (R. Stopka). Die ersten zwei sah ich am 22. März um 5 Uhr beim Teiche. Von Anfang April hielten sich an den überschwemmten Wiesen zahlreiche Scharen über einen Tag auf; im Mai waren bloss einige zu sehen: am 25. Juni erschien auf den überwässerten Wiesen wieder eine Schar, so auch an einem Tage im Juli; das letztemal sah ich sie am Felde in der Nähe des Teiches am 9. August.

Wahrscheinlich besuchen sie unsere Gegend von ihrem Nistorte bei »Hluboká«, wohin sie abends wieder zurückfliegen.

Dalmatien. Spalato (G. Kolombatović). Vom 1. Januar bis 21. April; vom 5. Juli bis Ende December.

Kärnten. Mauthen (F. C. Keller). 28. und 30. März; 1 ♂ 18. Juli: 12., 17. und 24. December.

Krain. Laibach (C. v. Deschmann). Im Moraste am 27. August: von Schneeberg in Innernkrain am 15. December erhalten.

Litorale. Monfalcone (B. Schiavuzzi). 30. Juli und 28. August in Rosega: 1. September in S. Antonio am Meeresstrande: 15. September eine grosse Schar auf den Lisertwiesen, vom Meere ankommend, in der Richtung von SO.: 21., 24. October viele in Locavez und Rosega; 21. December 1 ♀ juv. in Locavez erlegt.

Mähren. Kremsier (J. Zahradnik). Erscheint am Chropiner Teiche zu Tausenden. — **Oslawan** (W. Čapek). Durchzugsvogel, der längs der Flüsse zieht. Brütet zahlreich bei Chropin und auf den Teichen bei Namiest; sie unternehmen weite Streifzüge. Am 16. Mai 4 Stücke an der Iglawa; durch den ganzen Juni 1—4 Stücke unterhalb Oslawan; am 27. September wieder 2 Stücke am Iglawaflusse.

Nieder-Oesterreich. Melk (V. Staufer). Ankunft 16. März.

Schlesien. Troppau (E. Urban). 14. März einige an der Mora bemerkt; Abzug nicht mehr wahrgenommen.

Steiermark. Mariahof (B. Hanf). Erscheint zu den verschiedensten Zeiten, sowohl im Frühjahre und Sommer, wie auch im Herbste am Furtteiche und seiner Umgebung. — (B. Hanf und R. Paumgartner). 17. April 1 Stück im Winterkleide, 18. im Sommerkleide. 30. 1 Stück; 26. Mai 10; 1. August juv., 10., 20. je 1; 24. September, 14. October je 1 Stück. — **Pöls** (St. Bar. Washington). Früher Brutvogel, jetzt nicht mehr. Seit der Beendigung der Flussregulirungsarbeiten (welche ihre Brutplätze zerstörten) ist die Lachmöve im Beobachtungsgebiete nur mehr gelegentlich in vereinzelten Exemplaren zu sehen. 2 Exemplare am 4. Mai an der Kainach.

Ungarn. Szepes-Igló (J. Geyer). Kommt hin und wieder am Durchzuge vor.

316. *Sterna anglica*, Mont. — Lachmeerschwalbe.

Dalmatien. Spalato (G. Kolombatović). 17. April und 28. Juli.

Steiermark. Mariahof (B. Hanf). Am 20. Juni 1882 wurde ein altes Männchen am Furtteiche erlegt.

317. *Sterna cantiaca*, Gm. — Brandmeerschwalbe.

Dalmatien. Spalato (G. Kolombatović). 4., 9. Februar; 6. März; 5. October.

318. *Sterna fluviatilis*, Naum. — Flussseeschwalbe.

Croatien. Agram (Sp. Brusina). Am 12. Juni 1 ♂ bei Agram bekommen. — Varasdin (A. Jurinac). Von anfang April bis Mitte oder Ende August sehr häufig und Brutvogel.

Dalmatien. Spalato (G. Kolombatović). 2., 6. April; 25. Juli; 3. August.

Kärnten. Mauthen (F. Keller). 1 Stück am 28. August.

Krain. Laibach (C. v. Deschmann). Häufig.

Litorale. Monfalcone (B. Schiavuzzi). 4. Juni bei der Mündung des Timavoflusses; 24. Juli in Locavez; 12. September ein kleiner Flug von 4 Individuen in S. Antonio auf offenem Meere.

Nieder-Oesterreich. Wien (O. Reiser). Schon im April auf einer Sandbank des Kaiserwassers bei Wien ein Ei gefunden, welches aber faul war.

Siebenbürgen. Fogarás (E. v. Czýnk). Selten. Am 29. Mai ein Stück am »todten Alt« gesehen und erlegt.

Steiermark. Mariahof (B. Hanf). Auch von dieser sonst nicht seltenen Seeschwalbe erschien nur am 6. September 1856 ein Exemplar am Furtteiche, das in meiner Sammlung steht. — Pöls (St. Bar. Washington). Am 1. Mai 6 Exemplare an der Mur nächst Wildon.

Tirol. Innsbruck (L. Bar. Lazarini). 22. Mai 1 Stück am Inn, Hallerau.

Ungarn. Szepes-Igló (J. Geyer). Unterhalb Kaschau beobachtete ich zu Anfang der Fünfziger-Jahre diesen Vogel am Hernadflusse ziemlich häufig; hier sah ich ihn noch nicht.

319. *Sterna minuta*, Linn. — Zwergseeschwalbe.

Croatien. Varasdin (A. Jurinac). Weit weniger zahlreich als die Flussseeschwalbe.

Steiermark. Mariahof (B. Hanf). Besitze nur drei Exemplare (ein altes ♂ und zwei Junge) dieser Art vom 25. Juni 1860. — (B. Hanf und R. Paumgartner). 24. September ein Stück.

320. *Hydrochelidon leucoptera*, M. und Sch. — Weissflügelige Seeschwalbe.

Dalmatien. Spalato (G. Kolombatović). 2., 6., 7., 8., 9. April; 15., 16., 21. August.

Steiermark. Mariahof (B. Hanf). Erscheint im Frühjahre gewöhnlich erst in der zweiten Hälfte des Mai, im Herbste aber sehr selten. — (B. Hanf und R. Paumgartner). 30. Mai ein Stück.

321. *Hydrochelidon hybrida*, Pall. — Weissbärtige Seeschwalbe.

Dalmatien. Spalato (G. Kolombatović), 9., 25. April; 15., 16. August.

322. *Hydrochelidon nigra*, Boie. — Schwarze Seeschwalbe.

Dalmatien. Spalato (G. Kolombatović). 2., 6., 9., 28. März; vom 1. bis 25. April; vom 15. August bis 12. September.

Kärnten. Mauthen (F. C. Keller). 2 Exemplare am 19. April.

Krain. Laibach (C. v. Deschmann). Am 6. April.

Litorale. Monfalcone (B. Schiavuzzi). 16. August einige (die ersten) am Meeresstrande von Locavez, 25. August 2 ♂ juv. in Locavez erlegt, 28. August mehrere in Flügen von 3—4; 1. September viele in S. Antonio, 5. September eine Schar am Pietra rossa See (1 ♂ hatte Heuschrecken im Magen); 12. September mehrere vor S. Antonio.

Siebenbürgen. Fogarás (E. v. Czýnk). Am 27. April die erste, 29. April viele am »todten Alt« und die Aluta auf- und abschwebend; 29. Mai, 24. Juni ad.; am 25. Juli mehrere Junge (gescheckte) gesehen. — **Nagy-Enyed** (J. v. Csató).

4. Mai 1 Stück bei Maros-Béla gesehen; 27. Juli 10 Stücke ad. und juv. bei Nagy-Enyed über überschwemmten Wiesen fliegend.

Steiermark. Mariahof (B. Hanf). Die gemeinste Seeschwalbe, welche im Frühjahre gewöhnlich in der ersten Hälfte des Mai und im Herbste anfangs September am Furtteiche erscheint. — (B. Hanf und R. Paumgartner). 25. April 1 Stück; 6., 14., 20. Mai 3 Stücke, 30. Mai, 27. Juli, 11., 24., 29. September je 1 Stück. — **Pikern** (O. Reiser). Zwei Exemplare wurden unterhalb Marburg a. D. erlegt und befinden sich in der Sammlung meines Freundes Hans von Kadich.

Ungarn. Szepes-Igló (J. Geyer). Nur einmal sah ich diesen Vogel im Ziehen; in den Vierziger-Jahren hatte ein Schulkamerad (Moriz Müller) denselben oberhalb Kesmark an der Popper geschossen.

Allgemein gehaltene Beobachtungen.

Rapaces.

Croatien. Agram (Sp. Brusina). *Circus spec.*? Ein am 23. December bei Nemci erlegtes ♂ bekommen.

Fissirostres.

Litorale. Monfalcone (B. Schiavuzzi). Stadtbeobachtung des Herrn Rittmeisters de Beaufort: Am 25. April erschien eine sehr grosse Menge von Schwalben in seinem Garten, welche im Kreise herumflogen, und bald in die Höhe stiegen, bald sich senkten und dann in nördlicher Richtung verschwanden.

Salzburg. Saalfelden (V. Eisensammer). Die Schwalben erschienen anfangs April, sammelten sich jedoch bereits in der dritten Woche September und anfangs October erfolgte der Abzug. Einige Exemplare wurden jedoch noch, was hier eine grosse Seltenheit ist, am 5. November gesehen. Diese Spätlinge dürften wohl dann von der Kälte überrascht und zu Grunde gegangen sein.

Coraces.

Litorale. Triest (L. Moser). Gegen 5 Uhr morgens am 3. November 1883 in der Nähe von Aquileja ganze Schwärme von Dohlen (?), von den Bauern Corvi genannt, in beträchtlicher Menge (mehr als 200 Stück) und in bedeutender Höhe gesehen.

Cantores und Crassirostres.

Bukowina. Kuczurmare (C. Miszkiewicz). Bachstelze. Den 20. März angekommen und durch den ganzen Sommer hier verbleibend. Nest an den Ufern angebracht.

Litorale. Triest (L. Moser). Am 11. Februar unternahm ich einen Ausflug nach Lippiza bei nebeligem, ruhigen Wetter. Starker Nebel an der Küste, schwacher Sonnenschein auf dem Karste. Beim Ueberschreiten des Monte Spaccatosattels gewahrte ich am Karstplateau in den Hecken bei Padrich eine Menge Krammetsvögel, ebenso Hänflinge und Stieglitze in kleineren Flügen. Auf dem weiteren Gange zwischen den Gemeinden Padrich und Gropada sah ich Drosseln in ausserordentlich grosser Menge. Ein einzelner Zug enthielt 58 Vögel. Auf der Anhöhe von Gropada zeigten sich ebenfalls sehr viele Drosseln. Singende Hirtenmädchen scheuchten grosse Mengen dieser Vögel auf; in einem Fluge konnte ich mehr als 100 beobachten. Die Vögel sassen auf den Gipfeln der höchsten Eichen und flogen bei der Annäherung rasch davon. Der Wald von Lippiza war voll von diesen Sängern. In keinem Jahre noch hat man Drosseln und Krammetsvögel in solcher Menge hier beobachtet; vielleicht kann der überaus milde Winter als Ursache dieser Erscheinung angesehen werden. Am 17. Februar nahm ich auf dem Wege zum Schlosse Nussdorf nächst Adelsberg an 10 Stück Krammetsvögel, auf dem Felde Nahrung suchend, wahr. Am 20. Januar unternahm ich einen Ausflug bei herrlichem sciroccalen Wetter nach Nabresina und von da mit Wagen nach Cerouglie, nördlich von Sistiana. Als ich den Bahndamm passirte, wurde ich förmlich überrascht durch liebliches Gezwitscher, das aus den Eschenbüschen herübertönte. Als wir uns näherten, flogen eine Menge Krammetsvögel auf, auch sperlingsartige Vögel, Quicti im Volksmunde genannt. Die etwas zu grosse Entfernung liess mich die Species nicht genau erkennen. Es scheint also, dass diese Localität, wie überhaupt die gegen das Meer gelegenen Anhöhen, sowie die Localitäten von Triest bis Monfalcone, weil gegen die Bora geschützt, ein Winteraufenthalt für viele den Sommer im Norden verlebende Singvögel sind, der bei einbrechender kalter Witterung auch gewechselt werden kann.

Grallae und Anseres.

Bukowina. Kotzman (A. Lurtig). Am 25. Februar begann der erste Zug der Gänse und zwar von Westen nach Osten; vom 12. bis 15. März Hauptzug derselben nach Nordost, Nachzügler am 21. März direct nach Osten. Am 15. März zogen Kiebitze, Staare und Kraniche nordöstlich. Am 20. März erster Entenzug nach Osten. — **Straza** (R. v. Popiel). Enten-Gattungen ziehen mit dem Winde. Gänse zogen von Südwest nach Norden am 28. März 4 Uhr früh und den 29. 9 Uhr abends zurück; 23. October abends von Norden nach Süden.

Krain. Laibach (C. v. Deschmann). 9. März starke Züge von Wasservögeln, namentlich Enten und Reihern, nach durch eine Woche anhaltendem Regen mit Schneefällen in den Alpen. 26., 27. März nachts bei bewölktem Himmel starke Züge von Vögeln.

Litorale. Triest (L. Moser). Schüler Schmutz aus Barcola meldet am 20. Januar einen starken Entenzug. — Am 2. und 3. Februar meldete mir der Bahnwächter Mathias Rabuze aus Grignano starke Entenzüge; sie zogen niedrig und das Wetter war zum theil regnerisch, Nebelreissen. Vom 4. bis 11. Februar starker Nebel am Meere, an der Küste und in den Thalzügen, auf den Höhen des Karstes heiter. Am 10. Februar nebelig, auf den Höhen des Karstplateau's ziemlich sonnig, doch nur in den Mittagsstunden. Von Trebich über Opcina nach Triest. Auf dem Rückwege, unmittelbar vor Cologna, wurde ich durch Rufe aus den Lüften aufmerksam. Ich erkannte alsbald starke Entenzüge und zwar vier starke Züge nacheinander. Konnte ich auch selbst die Vögel nicht erspähen, denn sie zogen in bedeutender Höhe dahin, so hörte ich ihr lebhaftes Geplauder sehr gut, ja sogar das Schwirren der einzelnen Flüge war sehr gut vernehmbar. Es war gegen $6^1/_2$ Uhr abends, ruhig und mondhell; die Enten kamen vom Meere her und flogen in der Richtung gegen den Sattel des Monte Spaccato. Nach Mittheilung des Herrn Scholz sind am 14. Februar abends 7 Uhr 29 Stücke Wildenten knapp über den Wipfeln der Bäume in der Richtung von Congnole, also gegen Nordosten gezogen. Nach einer gefälligen Mittheilung des Herrn A. Scholz aus Lippiza zogen am 25. Januar gegen 5 Uhr nachmittags in Form einer Wolke ausserordentlich viele Enten aus der Richtung von Borst her gegen Süden, also nach dem Meere zurück. Einzelne Enten flogen den Haufen voran. Nach gütiger Bekanntgabe des Schlossverwalters von Miramare, Herrn Eduard von Orel, wurden von ihm folgende Züge beobachtet: Am 24. Januar zog ein grosser Entenschwarm um 9 Uhr vormittags in der Richtung gegen Opcina (Nordost), kehrte aber bald wieder zurück; am 11. Februar 6 Uhr abends kam ein kleiner Entenschwarm, etwa 50 Stücke, aus der Richtung von Grado und zog über Opcina weg; am 13. Februar um 5 Uhr abends kam ein grosser Entenschwarm von Grado her und lagerte sich auf der See zwischen Miramare und Barcola. Abzugsstunde und Richtung desselben nicht bekannt. Am 25. Februar um 10 Uhr vormittags grosser Entenzug, $10^1/_4$ Uhr grosser Zug von Wildgänsen, 6 Uhr abends starker Entenzug; am 26. Februar um 7 Uhr morgens Zug von 5 Stücken Gänsen; sämmtlich von den Lagunen kommend, über Miramare in der Richtung gegen Opcina.

Siebenbürgen. Nagy-Enyed (J. v. Csató). 27. Juli eine Gans auf einer überschwemmten Wiese gesehen; 15. September 16 Stücke.

Locale Beobachtungen über den Zug.

Bukowina. Straza (R. v. Popiel). Die Zugrichtung der Vögel im allgemeinen geht im Frühjahre von Süden und Südwesten nach Norden und Nordosten, im Herbste umgekehrt.

Tirol. Innsbruck (L. Bar. Lazarini). Als Durchzugstage können bemerkt werden: 7. März. Nach leichtem Südwinde am 6. und nächtlichem schwachen Schneefall folgte am 7. ein herrlicher Morgen und es fanden sich Tauben, Enten (darunter Pfeifenten und Krickenten), Kiebitze und Bachstelzen ein; die Vögel in den Stadtgärten sangen. 4. April war der relativ beste Schnepfenstrich, indem am Abend des 4. circa 6 Schnepfen im Wiltner Berge balzend gesehen wurden. 11. April Schneefall. Es fanden sich vor: *Hirundo riparia, Junx torquilla, Ruticilla tithys, Saxicola oenanthe, Ardea cinerea, Fulica atra*, verschiedene Enten und Seeschwalben. 6. Mai 8 Uhr morgens, als sich der ober der Stadt liegende Nebel lichtete, sah ich sehr viele *Cypselus apus* ober der Stadt kreisen. In der Nacht vom 23. zum 24. Juni hörte man allerhand Vogelstimmen ober der Stadt, wie ich glaube von Uferläufern und dergleichen. 15. Juli *Cerchneis tinnunculus* sehr zahlreich im Mittelgebirge bei Igls. u. Vill. 3. September die ersten *Scolopax rusticola* am Herbstzuge. 23. November Enten am Durchzuge hier passirt. Durchzug der Zeisige, Leinfinken und Bergfinken sehr gering. An Enten konnte ich beobachten, ohne die Art genau unterscheiden zu können: 4. März 1 Stück; 7. April bei Innsbruck relativ viele, auch kleine; 16. April circa 20 kleine, 30. April ziemlich viele bei Kematen am Inn; 12. April 4 mittelgrosse und 14 kleine; 20. April einige mittelgrosse in der Ambraserau am Inn; 23. November einige am Inn in der Hallerau. Nach Mittheilung aus Bozen waren dort am 3. März ziemlich viele Enten erschienen. Mehrere *Sterna* oder *Larus*, ohne die Art genau angeben zu können, doch wahrscheinlich *Xema ridibundum* am 12. April bei Völs und Kematen am Inn; 6. November 3 Stücke am Lansersee.

Diego Garcia

und

seine Seeschwalben.

Von

Dr. O. Finsch und Dr. R. Blasius.

Mit zwei Tafeln.

Zu den ärmsten Gebieten nicht nur der Tropen, sondern, mit Ausnahme des höchsten Nordens, der Welt überhaupt gehören die Lagunen-Inseln oder Atolle, jene merkwürdigen und eigenartigen Bildungen, welche mikroskopischen Organismen, Korallen ihre Entstehung verdanken. Im Gegensatze zu der gewöhnlichen Auffassung des Begriffes »Insel« bestehen die Atolle nicht aus einem Stückchen festen Landes, sondern aus vielen. Eine mehr oder minder grosse Anzahl kleiner Inseln umschliesst nämlich ringförmig eine Fläche Wassers, die Lagune. »Atoll« und »Insel« sind daher auseinander zu halten. So wird das Atoll von Jaluit in der Marshall-Gruppe aus etlichen 50 Inseln und Inselchen gebildet, von denen verschiedene bei Ebbezeit trockenen Fusses zu erreichen sind, während nur drei Oeffnungen nach dem Meere so tief sind, dass sie »Passagen« für Schiffe abgeben. Manche Atolle besitzen gar keine Schiffspassagen, andere nur solche für Böte und einzelne sind ringsum geschlossen. Sie bilden dann also nur einen Ring festen Landes, wie z. B. die Pfingst-Insel im Stillen Ocean, der bekanntlich unter allen Meeren die meisten Atolle aufweist. Die Breite dieses Landstreifens beträgt meist nur wenige hundert Schritte, selten eine Meile*), seine Höhe über die höchste Fluthmarke wenige Fuss. Die Atolle sind daher ausnahmslos

*) Seemeile! vier auf eine geographische.

niedrige Inseln, die sich nur durch ihre Bäume kenntlich machen. Da die höchsten Cocospalmen, von vielleicht 60 Fuss Höhe, vom Deck eines grösseren Schiffes nur wenige Meilen sichtbar sind, so kann ein Atoll leicht übersehen werden. Beim Ansegeln eines Atolls pflegen die Schiffer daher fleissiger

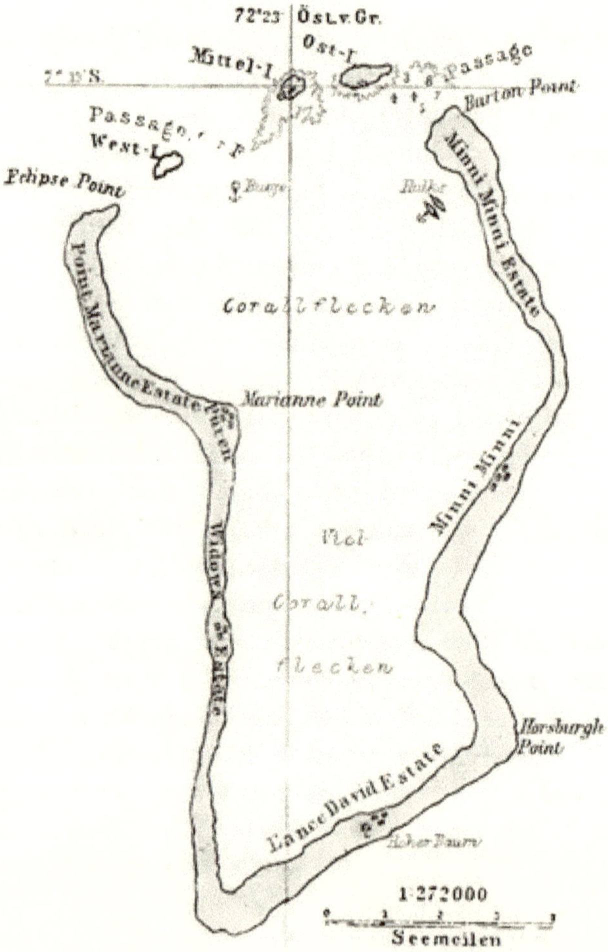

Ausguck zu halten, als bei einer hohen bergigen Insel, die oft auf viele, viele Meilen Entfernung schon hervortritt. Der erste Anblick eines Atolls ist wenig einladend! Scheinbar graues Strauchwerk taucht gleich einer Hecke aus dem Meere auf! Es sind die Wipfel der Cocospalmen, aus denen

sich beim schnelleren Näherkommen rasch die Palmen selbst mit der übrigen Baumvegetation entwickeln. Anfangs scheint Alles im Wasser zu stehen, oder vielmehr in dem weissen Schaumgürtel der Brandung, welche längs dem Strande hinbraust und diesen zum Theile verdeckt. Der letztere wird aus weissem Sande gebildet und man erblickt ihn meist erst, wenn die Stämme der Palmen sichtbar werden und man dem Atoll also schon ziemlich nahe gekommen ist. Auf Segelschiffen geht dies meist nicht so rasch, denn oft muss nach der Passage aufgekreuzt werden, so dass man das Landschaftsbild des Atolls oft stundenlang geniessen kann. Nach einer wochenlangen ermüdenden Seereise ist dies immerhin ein Genuss. Das Auge erfreut sich an dem wohlthuenden Grün einer dichten Laubbaumvegetation, unter der sich die schirmartigen Kronen der Cocospalmen besonders bemerkbar und den einzigen fremdartigen Eindruck machen. Sonst kommt nur noch der weisse Strand und die ewig wechselnde Brandung mit ihren Wellen- und Gischtbergen, vom Winde wie in Staub zerblasen, hinzu, um das einförmige Landschaftsbild eines Atolls zu vollenden.

Ich kannte diese Bilder zur Genüge aus dem Stillen Ocean, wie die Armuth der Atolle selbst, aber es freute mich doch, nachdem ich die Lacediven nur im Vorüberdampfen gesehen hatte, eines der wenigen Atolle des Indischen Oceans selbst betreten zu können. Dieses Atoll war Diego Garcia, das grösste der vier, welche den Chagos-Archipel bilden, nächst den Lacediven und Malediven die grösste Lagunen-Inselgruppe des Indischen Oceans und als südlicher Ausläufer der beiden vorher genannten Archipele zu betrachten.

Diego Garcia liegt auf 7° 13′ Süd und 72° 23′ Ost, 2085 Meilen von Aden und 2873 Meilen von Cap Leeuwin, also ungefähr auf halbem Wege vom Rothen Meere nach Australien. England hat sich daher diesen seiner Lage wegen wichtigen Platz gesichert und ihn mit den Seychellen als eine Dependenz der Colonie Mauritius unterstellt. Im Uebrigen hat das Atoll keine grosse Bedeutung, denn wie auf allen Atollen der Südsee liefert auch auf Diego Garcia nur die Cocospalme die einzigen Erträge und ohne dieselbe würde sich hier wie dort kein Weisser dauernd aufhalten. Während man in der Südsee jetzt fast ausschliesslich Copra d. h. den getrockneten Kern der Cocosnuss ausführt, wird auf Diego Garcia noch Cocosnussöl bereitet, und zwar jährlich an 150.000 Gallons. Drei Gesellschaften theilen sich in diesen Ertrag und beschäftigen unter der Leitung einiger Europäer, meist Franzosen, an 400 farbige Arbeiter, meist Neger von Mauritius. Ursprünglich besitzt Diego Garcia, wie der Chagos-Archipel überhaupt, keine Eingeborenen.

Die Lagune des Atolls Diego Garcia ist 13 Meilen lang, 5 Meilen breit und rings von einem Gürtel Land umschlossen, mit Ausnahme des äussersten Nordens, wo der Gürtel durch drei Inseln, die West-, Mittel- und Ostinsel, und vier Oeffnungen nach dem Meere unterbrochen wird. Die West-Passage, zwischen der West- und Mittelinsel, bildet eine bequeme fast eine Meile breite und vollkommen sichere Einfahrt für die grössten Schiffe, wie sie kaum ein Atoll der Südsee aufzuweisen hat.

Der »Chimborazo«, ein schöner Dampfer der »Orient Line of Steamers« (London), auf dem ich mich als Passagier nach Sydney an Bord befand, lief in der Früh des 9. Juli (1884) durch diese Passage ein, und ging in der Lagune, längsseits einem Kohlenhulk vor Anker. Diese Dampfer-Gesellschaft, eine der bedeutendsten Englands, hält hier eine Kohlenniederlage und errichtete auf der Ostinsel eine Niederlassung, zu welcher der »Chimborazo« Baumaterial (Bretter etc.) brachte.

Der Anblick dieses Atolls des Indischen Oceans stimmte im wesentlichen mit den in den Südseen gesehenen überein. Nur erschien schon von Weitem die Vegetation dichter und bildet einen anscheinend geschlossenen Wald, aus dem nur hie und da erkennbare Wipfel von Cocospalmen vorragten, die indess zuweilen von Laubbäumen überragt wurden. Mit dem Glase erblickte man in dem Grün der Vegetation übrigens hie und da dichtere Bestände von Cocospalmen, kleine Haine, deren Höhe aber sehr gleichmässig und gering erschien. Den inneren Rand der Lagune bildete, wie fast stets, ein Streifen weissen Sandes, und nur an der Nordost-

Passage und bei der Ostinsel brandete es über das Riff. Das Wasser der Lagune war wenig heller blau als das des Oceans, zeigte aber hie und da die schön hellgrünen Streifen, als Zeichen, dass auch hier seichte Stellen (Patches) nicht fehlen.

Einen auffallenden Contrast zu den Atollen der Südsee bildet auf Diego Garcia der Mangel an Menschen. Obwohl wir schon früh 6 Uhr Raketen abgeschossen hatten, so kam doch erst lange, nachdem wir fest lagen, ein Boot von der Ost-Insel ab, welches den Agenten der Gesellschaft, Herrn Spurge, brachte. Derselbe ist schon 16 Jahre auf dem Atoll ansässig und kennt es jedenfalls am besten. Welch ein Unterschied gegen die Südsee, wo schon ausserhalb der Lagune Canus langseit zu kommen pflegen, um Cocosnüsse zu bringen und — zu betteln! Hier war Alles still und todt. Nur zwei Boote mit farbigen Arbeitern zum Laden und Löschen kamen an, ausserdem noch ein kleines Segelboot mit drei Franzosen, die auf der Hauptinsel Stationen für Cocosöl-Fabrication haben.

Da keine Boote vorhanden waren, konnte Niemand an's Land gehen, ausser dem Capitän, der die Dampferbarkasse ausrüsten liess und so freundlich war, mich zu der Expedition einzuladen. Wegen der heftigen Brandung landeten wir nicht ohne einige Schwierigkeiten auf der Ostinsel, die das mannigfache und bunte Bild einer im Entstehen begriffenen Station zeigte. Unter Zelten und ähnlichen primitiven Schutzdächern war der Agent, wie seine Leute, alles Neger, untergebracht, wir selbst machten es uns unter dem Laubdache schattiger Bäume zurecht, wo wir, wie üblich, zunächst mit dem Nass der Cocosnuss bewirthet wurden.

Die Vegetation stimmte im Ganzen mit der der Atolle in der Südsee überein, war aber, wie sich dies schon von Weitem erkennen liess, viel üppiger. Wie in der Südsee wird das eigentliche Strandgebüsch von einem breitblätterigen Strauche gebildet, der hier aber viel grössere und üppigere Dimensionen erhält. Und so war es mit fast allen übrigen Sträuchern und Bäumen, deren Zahl, obwohl bedeutender als in der Südsee, immerhin gering ist. Es schienen drei verschiedene Arten von Laubbäumen vorzukommen, darunter eine sehr stattliche, die an 100 Fuss Höhe erreichen soll, sehr schnell wächst, aber ebenso schnell abstirbt. Der lindenblättrige *Hibiscus*, welcher in der Südsee die schönen gelben Blumen trägt, kommt hier auch vor, wird aber bedeutend grösser. Auch die auf den Marshalls heimische, an der Erde kriechende Ranke findet sich. Dagegen überraschte mich das Fehlen von *Pandanus*, der doch in der Südsee zu den Charakterbäumen der Atolle gehört. Ebenso sah ich nicht die rosenblüthige grosse, an der Erde hinkriechende Winde, die sich überall in der Südsee findet und vermisste auch die lilienartige grossblättrige Pflanze mit hübscher und dabei wohlriechender Blüthe, mit welcher sich die Marshallaner zu schmücken pflegen.

Am merkwürdigsten erschien mir aber vor Allem die Cocospalme, denn von der Art hatte ich bisher noch keine gesehen. Diese Palme ist sehr niedrig und trägt dabei. Bäume von 10—15′ Höhe, deren Blattspitzen bis auf den Erdboden reichen und ein hübsches Schattendach bilden, hingen schon voller Nüsse, die aber sehr klein sind. Wie ich vom Agenten erfuhr, sind diese niedrigen Palmen angepflanzte; die natürlichen haben einen schlanken Stamm und erreichen eine ziemliche Höhe. Ich sah sie später auf der Hauptinsel, aber keine so stattlichen Bäume wie in der Südsee. Die Palme gedeiht übrigens nur an gewissen Localitäten, und die dichten Haine sind alle künstlich gepflanzte. Die Palme scheint hier sehr langsam zu wachsen, denn der Agent zeigte mir zehn Jahre alte Exemplare, die aus den Blättern noch nicht heraus waren. Obwohl der Boden eine ziemlich ansehnliche Schicht Humus trägt und reicher als auf den Atollen der Südsee erscheint, gedeiht die Banane doch nicht, und es wurden nur Kürbisse, Melonen und Tomaten gezogen.

Von Hausthieren hielt man Hühner, Perlhühner, Enten und in einer Umzäunung eine Menge grosser Landschildkröten (*Testudo radiata*) von Madagascar.

Wie in der Südsee ist auch auf diesem Atoll das Thierleben ein sehr ärmliches. Kleine, behende Eidechsen, die auf den Südsee-Atollen sich so bemerkbar machen, beobachtete ich hier ebenso wenig als Schmetterlinge und Libellen, die dort ebenfalls kaum übersehen werden können, namentlich die farbenreichen Varietäten eines schönen Tagfalters (*Vanessa auge*) und einer schönen grossen Libelle. Aber ein Heer von Landkrabben, namentlich kleinen Einsiedlerkrebsen, bevölkerte auch hier den Strand wie das Gebüsch und allenthalben sah man die grossen Löcher im Erdreich, welche der Unkundige zunächst als Löcher von Ratten ansprechen würde. Wie ich vom Agenten erfuhr, fehlen aber sonderbarer Weise auf Diego Garcia Ratten, während sie, und zwar in beiden europäischen Arten (*Mus rattus* und *decumanus*), auf fast allen Atollen und Inseln der Südsee vorkommen. Ich beobachtete sie dort nicht selten auf permanent im Wasser stehenden Mangrove-Dickichten, wo sie, Vögeln und deren Eiern nachstellend, durchaus ein Baumleben führten.

Wie zu erwarten, stand auch das Vogelleben mit dieser allgemeinen Thierarmuth im Einklange. Zwar hatten am Tage vor unserer Ankunft grosse Mengen brauner Tölpel (*Sula fusca*) den Dampfer umschwärmt und einige Hoffnungen erweckt, aber auf der Insel selbst schien Alles todt zu sein. Bei der Niederlassung des Agenten erfreute nur die liebliche *Gygis alba*, die unbekümmert um das Treiben der Menschen auf niedrigen Bäumen nistete. Auch bemerkte ich hier ein anderes kleines, olivenbraunes Vögelchen, einen Landvogel, der sich behend im Gezweige der Bäume bewegte. Seine zirpende Lockstimme, wie die Färbung liessen mich zuerst an einen *Zosterops* denken, und zwar eine neue Art: Ich überzeugte mich aber bald, dass es ein Webervogel und zwar *Fondia madagascariensis* im Winterkleide war. Die Männchen trugen das unscheinbare Kleid des Weibchens, waren aber zum Theile in der »Verfärbung« begriffen, d. h. erhielten die prachtvoll rothen Federn aus den braunen, ohne Mauser! Die Art ist übrigens von Mauritius eingeführt und den Ansiedlern unter dem Namen »Cardinal« wohl bekannt.

Bald sollten wir indess von dem Reichthum der Vogelwelt, wenn nicht an Arten, aber an Individuen überrascht werden, eine Ueberraschung, die mir nirgends in der Südsee nur annähernd in so grossartiger Weise geboten worden war. Wir machten einen Spaziergang und kamen gar nicht weit von der Niederlassung durch das Dickicht tretend, auf einen grossen freien Platz, ohne jede weitere Vegetation als hie und da spärliches Büschelgras. Hier bot sich ein wunderbares Schauspiel! Der ganze Platz schien dicht mit Vögeln bedeckt, die sich bei unserer Annäherung nach und nach schreiend erhoben, ein ungeheurer Schwarm, der gewiss viele Tausende zählen mochte. Meine Begleiter sprachen von »Millionen«!, ich denke aber Hunderdtausend sind schon eine hübsche Anzahl. Die Vögel flogen uns so nahe um den Kopf, dass man mit einem langen Stocke welche hätte erschlagen können; in der That wurden drei durch Steinwürfe erlegt. Die Vögel hatten hier ihren Brutplatz und die Eier lagen, ohne jede Unterlage, zu Tausenden auf der Erde, meist kaum einen bis ein paar Schritte auseinander, so dicht, dass man oft unabsichtlich welche zertreten musste. Die Eier lagen auf der blossen Erde, nicht einmal eine Höhlung war gekratzt, wie dies sonst die meisten Erdbrüter thun, und das Gelege bestand ohne Ausnahme nur in einem Ei. Die Färbung, Marmorirung und Fleckung der Eier variirte in einer Weise, wie ich es bisher kaum gesehen zu haben mich erinnere. Es gab welche mit hellem, andere mit roströthlichem Grunde, ganz über und über gesprenkelt, dicht gefleckt, nur am Ende gesprenkelt oder gefleckt, fast ungefleckte, kurzum, eine unbeschreibliche Variation. Und doch stammten alle diese Eier im wesentlichen nur von einer Art, nämlich der schwarzen Seeschwalbe (*Sterna fuliginosa*), denn die zweite Art, der schwarze Noddy (*Anous stolidus*), war verhältnissmässig nur in geringer Anzahl vertreten: auf 100 *Sterna* schienen kaum 10 *Anous* zu kommen. Die Eier der letzteren (ebenfalls nur eins im Gelege) lassen sich frisch von denen der *Sterna* unterscheiden und scheinen weniger zu variiren. Beim Ausblasen fand ich das Dotter von *Anous* gelb, bei *Sterna* hoch orange-röthlich.

Die Vögel waren übrigens wenig scheu und liessen sich auf dem Neste bis auf sechs Schritte und weniger nahe kommen, wie sie bald wieder zu dem Ei zurückkehrten, sobald man sich etwas entfernt hatte. Ihre einzigen Feinde sind hier, neben den Ansiedlern, die Hühner derselben, doch werden im Ganzen nur wenige Eier weggenommen.

Nach Versicherung des Agenten kommen die Seeschwalben im Juni und bleiben bis gegen November. Sobald die Jungen ausgebrütet und flugfähig sind, verlassen die Vögel die Insel, bleiben in See und kommen nie mehr an Land zurück. Es scheint also auf Diego Garcia eine bestimmte Brütezeit stattzufinden, die jetzt eben in voller Blüthe war und begonnen hatte, denn alle Eier waren, mit wenigen Ausnahmen, frisch gelegt. Da es uns an Behältnissen zum Mitnehmen von Eiern fehlte, so konnte ich nur eine instructive Reihe der am meisten typischen und abweichenden Färbungsstufen sammeln, denn wir mussten leider von dem interessanten Platze viel eher scheiden, als mir lieb war. Ausser den Vogelbergen bei Nordcap hatte ich bisher nirgends in der Welt ein so reiches Vogelleben an einem Brüteplatz beobachtet; Diego Garcia wird daher unauslöschlich in meiner Erinnerung bleiben.

Nach meinen Erkundigungen ist übrigens der eben beschriebene Brüteplatz auf der Ostinsel der einzige auf Diego Garcia und wer denselben in seiner Verstecktheit nicht zu Gesicht bekam, würde nur über eine grosse Vogelarmuth zu berichten haben. In der That beobachtete ich auf der Hauptinsel, sowohl am Aussen- wie Innenriff nur wenige Vögel, im Ganzen die folgenden Arten:

Tachypetes aquila, L. — Sah ein paarmal einzelne fliegen; Capt. Ltnt. Graf Baudissin traf aber oberhalb Marianne Point hunderte von Fregattvögeln; sie nisten jedoch nicht auf dem Atoll.

Sula fusca *), Vieill. — Nur in See unweit des Atolls beobachtet, wird aber ohne Zweifel dasselbe zuweilen besuchen; scheint aber hier nicht zu brüten.

*) Bourne (Ibis 1886 p. 103) spricht von »two or three species of Boobies or Gannets (Sula)«.

*Sterna fuliginosa**), Gmel. — Brutvogel.

Anous stolidus, L. — Brutvogel.

Gygis alba (Sparrm.). — Brutvogel.

Numenius spec? — Ich beobachtete auf dem Aussenriff einen Brachvogel von der Grösse von *N. arquata*; selbstredend nur zufälliger Gast.

Foudia madagascariensis. — Eingeführt und Brutvogel.

»Taube«. — Graf Baudissin fand unterhalb Marianne-Point viele »Tauben«, über die er mir jedoch keine nähere Auskunft zu geben vermochte. Die Art ist zweifellos von Mauritius oder Madagascar eingeführt.

Es überraschte mich, keinen Tropikvogel (Phaëton) zu beobachten und der Agent versicherte, dass sie sehr selten seien. Im Vergleiche zu den Atollen der Südsee musste auch das Fehlen von *Ardea sacra* auffallen, wie dort *Actitis incanus*, *Charadrius fulvus* und *Strepsilas interpres*, unbeschadet ihrer hochnordischen Brüteplätze, auch im Hochsommer vereinzelt zu den nicht ganz ungewöhnlichen Erscheinungen der Vogelwelt gehören.

In Uebereinstimmung mit dem Titel unserer Abhandlung will ich zum Schlusse noch der Seeschwalben von Diego Garcia besonders gedenken. Ich beobachtete die drei folgenden Arten.

1. *Sterna fuliginosa.* Gml.

(Finsch und Hartl. Ornith. Centr. Polyn. p. 225.)

Alt. Oberseite nebst Zügel braunschwarz; Stirn und Vorderkopf wie ein Streif über dem Auge und alle unteren Theile, incl. der Kopf- und Halsseiten, unteren Flügeldecken und äussersten Schwanzfeder weiss. Länge *c* 15"; Flügel 10—10 $^1/_2$". Schnabel und Beine schwarz; Iris schwarzbraun.

Beide Geschlechter sind gleichgefärbt (Finsch).

Jung. Dunkel schwarzbraun, mit weissen Federenden auf Rücken und Flügeldecken, auf Brust und den unteren Schwanzdecken mit rostbräunlichen Endflecken; Stirn und Vorderkopf weissgrau bespitzt.

*) Bourne (Ibis 1886 p. 103) erwähnt: »Four kinds of Tern appear to be common and to breed.«

Dunenjunge tragen ein schwarzes Flaumkleid, auf der Oberseite mit gelblichweissen Spitzen (Gundlach).

Verbreitung: circum-aequatorial.

Brütend nur auf Diego Garcia, im Uebrigen nicht selten in der Südsee von mir beobachtet, wo sich die Art stets und in grösserer Anzahl nicht gar zu weit von der Küste entfernt zeigte.

Bezüglich des Brutgeschäftes habe ich schon früher (Ornithol. Centr. Polyn. p. 227) darauf aufmerksam gemacht, dass Audubon's Angabe »das Gelege von *Sterna fuliginosa* bestehe aus drei Eiern« mit denen aller übrigen Beobachter im Widerspruch steht. Nach Seebohm (History of British Birds. III p. 294) soll indess auch Hume auf den Lacediven »3 Eier« als die normale Zahl des Geleges gefunden haben. In Hume's »Nests and eggs of Indian Birds« ist die Art übrigens nicht erwähnt. Wenn daher Seebohm, sich nur auf diese zwei Zeugnisse stützend und unter Beiseiteschieben aller übrigen gegentheiligen, annimmt, »dass *Sterna fuliginosa* nur in Folge des Wegnehmens ihrer Eier gezwungen ist, auf einem Ei zu brüten, dass ihr Gelege aber, wenn sie ungestört bleibt, normal aus drei Eiern besteht«, so ist dies eben nur eine irrige Annahme. Sie beruht auf einer Stelle des Berichtes des Herrn Unwin (Ibis 1879, p. 278) über das Brutgeschäft der Art auf der Insel Ascension, in welcher dieser Beobachter erwähnt, dass eine ungeheure Anzahl von Eiern, »in a good mornings work about 200 dozen«, durch die Ansiedler weggenommen werde. Aber nirgends bezeichnet dieser Forscher, der vier Jahre auf der Insel beobachtete, dies als Ursache, dass der Vogel nur ein Ei bebrütet, im Gegentheile, er sagt sehr deutlich:

»each bird normally lays only one egg, but when constantly plundered the same bird lay several times«!

Diese wenigen Worte bezeichnen in der That Alles und stimmen durchaus mit meinen Beobachtungen und Erkundigungen auf Diego Garcia überein, wo überhaupt bei der geringen Anzahl von Bewohnern der Ostinsel gar nicht die Rede davon sein kann, dass hier die Art nur in Folge des Wegnehmens der Eier schliesslich nur eins bebrüte.

Ich kam im Anfange der Saison und fand die Vögel bereits auf dem frischen einen Ei brütend. Was hier die Menschenhand an Eiern wegnehmen konnte, musste gegenüber der zahllosen Menge nur ganz verschwindend sein und von anderen Localitäten über die wir Beobachtungen besitzen, dürfte das Wegnehmen der Eier kaum oder gar nicht in Betracht kommen. Ich führe die folgenden Beobachter an:

»1 Ei«: Gilbert (Westküste Australiens); »1 Ei«: Mc. Gillivray (Torresstrasse); »1 Ei«: Peale (Honden — Island, Paumotu); »one egg only is laid«: Crowfoot, Ibis 1885, p. 266 (Norfolk-Island).

Auf diese Zeugnisse hin darf man daher ohne Bedenken nur ein Ei als das wirkliche Gelege von *Sterna fuliginosa* annehmen!

Dasselbe gilt für ihre nächstverwandte, viel seltenere Art:

Sterna panayensis, Gml.

»1 Ei«: Gilbert; »1 Ei«: Mc Gillivray; »1 Ei«: Gräffe (Mc Keans-Insel). — Finsch und Hartl. Ornith. Centr.-Polyn. Taf. IV. f. 1. 2. 3 (Eier).

2. *Anous stolidus*, L.

(Finsch und Hartl. Ornith. Centr. Polyn. p. 234).

Alt. Dunkel rauchbraun; Stirn und Scheitel graulichweiss; oberer Augenrand schwarz, der untere weiss. Schnabel und Beine schwarz, Schwimmhäute zuweilen fleischbraun; Iris braunschwarz. — Länge 13—15″; Flügel: $9^1/_2$—$11^1/_2$″.

Beide Geschlechter gleichgefärbt.

Jüngere Vögel zuweilen ohne Weiss an Stirn, daher einfarbig rauchbraun. (*unicolor*, Erman, *Rousseaui*, Hartl; *galapagensis*, Sharpe.) — Dunenjunge tragen ein rauchschwärzliches Flaumkleid, an Stirn und Vorderkopf silberweiss scheinend. Andere bereits mit Federn bekleidete, aber noch nicht flugbare Junge sind schieferschwärzlich und zeigen nur einen sehr schmalen weisslichen Stirnrand; bei anderen ist der Stirnrand bis zum Auge weiss. (Finsch.)

Verbreitung: circum-aequatorial.

Diese Art gehört zu den häufigsten oceanischen Erscheinungen der tropischen Vogelwelt und man begegnet ihr nicht selten, aber stets vereinzelt, seltener in einiger Anzahl sehr weit vom Festlande entfernt. Solche Exemplare lieben es dann, namentlich bei einbrechender Nacht, in dem Raaenwerke des Schiffes einen Ruheplatz zu suchen, was ihnen meist erst nach vielen vergeblichen Versuchen gelingt. Sie können dann leicht mit der Hand ergriffen werden. Ich fand aber stets, dass es abgemattete Exemplare waren, die auf diese Weise Schutz suchten. Die Erscheinung eines solchen Vogels, der lautlos das Schiff schwerfällig umflattert, und im Mondenscheine viel grösser aussieht, hat etwas gespensterhaftes. Dennoch schenkt ihr der Seemann keine Aufmerksamkeit und hat keinerlei Sagen an sie geknüpft.

Gegenüber den echten Seeschwalben verdient die halbnächtliche Lebensweise der Noddies (*Anous*) besonders hervorgehoben zu werden. Auch an den Brüteplätzen kann man ihr dumpfes, tiefes Schnarren die ganze Nacht über hören und daran bemerken, dass die Vögel nicht ruhen. Ich beobachtete *Anous stolidus* in der Südsee von October bis März brütend an verschiedenen Localitäten des westlichen Pacific, sie scheint aber, wie soviele Vögel der Tropen, nicht an eine bestimmte Brütezeit gebunden. Wie andere *Anous* nistet auch *stolidus* gesellig, d. h. auf einem Baume stehen mehrere Nester, meist aber nur je eins auf demselben Aste. In der Südsee fand ich die Nester ausnahmslos in Bäumen, aber in der Construction sehr verschieden. Nicht selten ist dasselbe roh aus dürren Zweigen auf den Blättern der Cocospalme errichtet, aber ganz besonders werden die Büschel eines breitblätterigen Farrn (*Asplenium nidus*), der parasitisch in oft enormer Entwickelung auf den Aesten der Bäume wächst, benützt. Der Vogel macht sich dann auf diesem Blätterbüschel eine Vertiefung zurecht, in welcher das eine Ei liegt. Ich beobachtete an solchen Brutcolonien alle Studien der Bebrütung; während manche Paare noch Nestmaterial zusammentragen, hatten andere bereits flugfähige Junge; dabei waren viele der Brutvögel in voller Mauser.

Gegenüber den Beobachtungen in der Südsee war ich erstaunt, *Anous stolidus* auf Diego Garcia an der Erde brütend zu finden, umsomehr, als der freie Platz dicht von

Bäumen umrahmt, diese Nistweise also nicht mit Mangel an Bäumen zu erklären war. Aber die Nistweise und der Nestbau dieser Vögel ist je nach den Localitäten sehr verschieden. Nach Crowfoot brütet sie blos auf der Norfolkinsel auf dem blossen Erdboden. *Anous stolidus* nahm übrigens nicht gewisse Plätze des ungeheueren mit Eiern bedeckten Revieres ein, sondern jedes Paar bebrütete, abgesondert von den Artgenossen, sein einzelnes Ei.

Im frischen Zustande lassen sich die Eier leicht von denen von *Sterna fuliginosa* unterscheiden, besonders an einem Charakter, den ich bereits erwähnte, der aber Sammlern von Eierschaalen wenig nützt, nämlich die Färbung des Dotters. Dasselbe ist bei *Anous stolidus* gelb, bei *Sterna fuliginosa* hoch orangeröthlich; Crowfoot bestätigt diese Beobachtung (Ibis 1885, p. 264) »the yolk is of a deep red colour and this character will allways serve to distinguish these eggs, when fresh, from those of the Noddy-Tern (*Anous stolidus*) of which the yolk is bright yellow!«

Wenn Baedeker von *Anous stolidus* »zwei bis drei Eier« als Zahl des Geleges angiebt, so liegt hier wohl nur eine irrige Beobachtung zu Grunde. Nach allen mir zugänglichen sicheren Nachweisen besteht das Gelege von *Anous stolidus*, wie allen verwandten Arten in nur einem Ei! Vergleiche unter neueren Beobachtern: »Penrose, Ibis 1879. p. 280 (Ascension »1 Ei«); Finsch, Ibis 1880 p. 332 (Marshalls, Brutgeschäft: »1 Ei«); ib. p. 431. (Gilberts, Brutgeschäft: »1 Ei«); id., Journ. f. Ornith. 1880. p. 295 (Ponape), ib. p. 307 (Kuschai: Brutgeschäft: »1 Ei«); Crowfoot, Ibis 1885 p. 264. (Norfolkinsel: »1 Ei«).

Die Beobachtungen an verwandten Arten bestätigen diese Regel.

Anous melanogenys. Gray. »1 Ei« Kubary: Finsch, Ibis 1880 p. 332 (Marshalls: Brutgeschäft); id. Journ. f. Ornith. 1880. p. 295 (Ponape). — id. ib. p. 308 (Kuschai; Brutgeschäft: »1 Ei«). — Penrose, Ibis 1879. p. 280 (Ascension; Brutgeschäft: »1 Ei«); Crowfoot, ib. 1885 p. 264 (Norfolkinsel; Brutgeschäft: »1 Ei«).

Anous coeruleus. Bennett (*cinereus*, Neboux. Finsch und Hartl. Ornith. Centr. Polyn. p. 236 »3 Eier!!«: Peale (Paumotu): »1 Ei«: Gräffe (Mc. Keansinsel); »1 Ei«: Crowfoot, Ibis 1885 p. 265 (Norfolk Island).

Peale ist bekanntlich nicht sehr zuverlässig und seine Angabe von »3 Eiern« mit Vorbehalt aufzunehmen.

3. *Gygis alba* (Sparrm.)

(Finsch und Hartl. Ornith. Centr. Polyn. p. 254.)

Atlasweiss, Schnabel und Füsse schwarz; im Leben Basishälfte des Schnabels schön blau; Beine zart bleiblau: Schwimmhäute blass; Iris tiefbraun. Länge 10—11"; Flügel 8—9". Beide Geschlechter gleich. Verbreitung: circumaequatorial.

Diese Art, die schönste und lieblichste Erscheinung oceanischer Vogelwelt, fand ich nirgends in grosser Anzahl, sondern überall einzeln, oder nur da wo sie brüteten, in mehreren Paaren, wie eben auf Diego Garcia. Sie nisteten hier auf den niedrigen Blättern der Cocospalmen und wenige Zweiglein dienten als Unterlage des einen Eies, denn auch bei dieser Art besteht das Gelege nur aus einem Ei.

Wie bei *Anous* und anderen verwandten oceanischen Seeschwalben-Arten ist die Nistweise sehr verschieden. Zuweilen liegt das Ei nur auf einem schmalen Baumaste, oder ganz frei, ohne jede Unterlage auf einem Steine.

»1 Ei«: Gräffe (Mc. Keansinsel); »1 Ei«: (Gould); »1 Ei«: Penrose; Ibis 1879 p. 280 (Ascension); »1 Ei«: Tristram, ib. 1883. p. 48 (Fanning-Island); »1 Ei«: Crowfoot, ib. 1885 p. 267. (Norfolk-Island).

Bremen, Ende Januar 1887. **Dr. O. Finsch.**

Mein verehrter Freund, Dr. O. Finsch (Bremen), hatte die Güte, mir die von der Insel Diego Garcia mitgebrachten Eier von *Sterna fuliginosa* und *Anous stolidus* zur weiteren Bearbeitung zu übergeben. Es waren 10 Stück von der ersten und 2 Stück von der letzteren Art. Bei näherer Betrachtung zeigten sich allerdings ganz ausserordentliche

Abweichungen in der Färbung und Zeichnung, namentlich bei *Sterna fuliginosa*, aber auch gewisse Charaktere, die sämmtlichen *Sterna*-Eiern gleichmässig zukamen im Gegensatze zu den 2 Exemplaren von *Anous stolidus*. Um womöglich sichere Unterschiede in Zeichnung und Form aufzufinden, stellte ich genaue Messungen an und verglich dann in den grossen Sammlungen von A. Nehrkorn und H. Hollandt, die mir beide in der liebenswürdigsten Weise das Material ihrer Eiersammlungen zur Disposition stellten, beide Arten mit allen übrigen mir zugänglichen Seeschwalbeneiern. Hierbei stellte sich heraus, dass unsere beiden Seeschwalben von Diego Garcia leicht verwechselt werden können mit *Sterna cantiaca* und *Sterna panayensis*. Diese beiden Arten habe ich deshalb in den Kreis meiner Untersuchungen hineingezogen. Bei der Unterscheidung von Eiern lege ich einen ganz besonderen Werth auf die Form; die Form des Eies bestimmt sich ausser nach der Länge und Breite hauptsächlich durch die Lage desjenigen Punktes, wo die durch den grössten Querdurchmesser gelegte Ebene die durch den grössten Längsdurchmesser gelegte Ebene senkrecht schneidet. Mit den gewöhnlichsten Messungen mit Cirkel, wie sie bei Eiern gemacht zu werden pflegen, lässt sich dieser Punkt nicht finden. Um ihn mit Sicherheit zu bestimmen, wende ich bei Eiermessungen das Verfahren an, dass ich die Eier photographire und zwar so, dass die Längsaxe des Eies genau parallel, die Queraxe des Eies genau senkrecht zu der photographischen Aufnahme sich befindet. Auf diese Weise erhalte ich ein absolut genaues Bild des Eies in seinem Längsdurchschnitte auf Papier und kann nun an diesem Umrissbilde 1. den Längsdurchmesser, 2. den Querdurchmesser und 3. die Entfernung desjenigen Punktes, wo der grösste Querdurchmesser den grössten Längsdurchmesser senkrecht schneidet, von dem stumpfen Ende des Eies, die ich der Kürze halber »Dopphöhe« nenne, genau messen. Durch diese drei Maasse lässt sich die Form des Eies ziemlich genau bestimmen und das Verhältniss der einzelnen Maasse zu einander gibt uns ein ziffernmässiges Bild.

Ehe ich auf die Untersuchung, Beschreibung und Messung der für uns jetzt in Betracht kommenden Eier weiter eingehe, will ich in Ergänzung der oben angeführten Bemerkungen Finsch's zunächst erwähnen, was in den mir zugänglichen bedeutenderen Eierwerken sich über dieselben vorfindet.

Thienemann, Fr. A. L. bildet in seinen: Einhundert Tafeln colorirter Abbildungen von Vogeleiern zur Fortpflanzungsgeschichte der gesammten Vögel, 1856. von den in Rede stehenden Arten nur drei ab, da *Sterna panayensis* fehlt. Es finden sich von 1. *Sterna fuliginosa* 2 Eier auf Tafel 82 unter Nr. 5, von 2. *Anous stolidus* ebenfalls 2 Eier ibidem unter Nr. 4 und von 3. *Sterna cantiaca* 8 Eier auf Taf. 83 unter Nr. 3. Der Text zu diesen Arten ist nicht erschienen.

In F. W. J. Baedeker's Werke: Die Eier der europäischen Vögel, 1863 fehlt ebenfalls *Sterna panayensis*, von 1. *Sterna fuliginosa* sind 3 Eier auf Taf. 66, Nr. 5, von 2. *Anous stolidus* ebenfalls 3 Eier ibidem Nr. 4 und von 3. *Sterna cantiaca* 5 Eier auf Taf. 65, Nr. 2 abgebildet.

1. *Sterna fuliginosa*: »Die Neste liegen entweder zwischen Gebüschen oder auf dem blossen Felsen. Die Eier darin sind nur eins oder zwei. Diese sind auf thonweissem, bläulich weissem oder graubräunlich weissem Grunde reichlich und gleichmässig mit lilafarbenen, rostbraunen und schwarzen Flecken und Strichen bemalt. Zuweilen bilden grössere schräg gestrichene Flecke einen Gürtel um das stumpfe Ende«.

2. *Anous stolidus*: »Sie legt ihr Nest auf Büsche aus wenig Reiserwerk an, oder legt ihre zwei bis drei Eier*) auf den blossen Fels oder auf die Erde in eine flache Vertiefung. Diese Eier sind kleiner und dünnschaliger als die

*) Die Regel ist indess nur ein Ei! Vgl. vorn Seite 374. Bei der grossen Aehnlichkeit zwischen den Eiern dieser so naheverwandten Arten (z. B. den *Anous*) haben nur solche Exemplare Werth, deren Artenbestimmung zweifellos sicher ist, eine Bedingung, die sich zu damaliger Zeit wegen Mangel durchaus sicheren Materials wohl nicht immer erfüllen liess. O. F.

der Brandseeschwalbe (*Sterna cantiaca*). Ihre Farbe ist ein trübes graugelbliches Weiss; die Zeichnung besteht in violettgrauen Schalenflecken mit kleineren und grösseren dunkelbraunen und einigen schwarzen Flecken auf der Oberfläche, besonders am stumpfen Ende, wo diese zuweilen kranzartig sich vereinigen. Es kommen auch kalkweisse sparsam schwarzgefleckte Exemplare vor.«

3. *Sterna cantiaca*: »Sie nistet nahe am Meere, auf den Sanddünen (wo sie zur Aufnahme der Eier eine kleine Vertiefung scharrt), auf weiten, kurzbegrasten Flächen, auf glatten Felsen, — die Neste kaum 1' von einander abstehend. Der Satz besteht aus 2—3 Eiern, deren Grundfarbe thon-, kalk-, rostgelb-, grünlich-weiss, rostgelb und rothgelb vorkommt, deren unterste Flecke bleichviolett, mittlere braun und oberste schwarzbraun aussehen, und oft in einen Gürtel zusammenfliessen. Sie werden an drei Wochen, meist nur des Nachts bebrütet; die ausgeschlüpften Jungen verbergen sich geschickt«.

Alle drei Arten brüten in Colonien.

In dem neuesten Eierwerke, Seebohm, Henry. A History of british birds, 1885, vol. III, Seite 292 u. ff. und auf Taf. 48 finden wir 1. *Sterna fuliginosa* abgehandelt und drei Eier abgebildet. Seebohm sagt: »dass die russbraune Seeschwalbe in den Tropen vorkommt und sich nur zufällig in die gemässigte Zone verfliegt. Sie wurden zweimal in England, bei Burton-on-Trent und bei Wallingford (Berkshire) an der Themse, einmal in Deutschland bei Magdeburg, einmal bei Verdun in Frankreich und einmal bei Fenestrelle in Piemont (28. October 1862) erlegt. Im atlantischen Ocean sind ihre Hauptbrutplätze die Inseln an der Küste von Florida und Westindien, die Insel Ascension und St. Helena, im indischen Ocen die Inseln im rothen Meere, die Mekran-Küste, die Laccadive-Inseln, weiter östlich die Festlandsküsten und alle Inseln in den Tropen, die sich östlich durch den Malayischen Archipel und die Küsten von Australien nach Polynesien und die westliche Küste von Amerika von Californien nach Chili hinziehen. Einer der Hauptbrutplätze ist die Insel Ascension. Hier existiren drei Colonien, sie brüten meistens während unseres Winters, die Eier werden consequent weggenommen (durchschnittlich 2000—3000 Eier pro Tag), so dass sie immer nachlegen müssen und zuletzt nur auf einem Ei brüten. Hume constatirte auf den Laccadiveinseln, dass ihr volles Gelege drei Eier sind, auch Audubon sagt bei den Tortugasinseln, dass sie drei Eier als volles Gelege legen, wenn sie nicht gestört werden«.*)

Die Eier beschreibt Seebohm folgendermassen: »The eggs of the Sooty-Tern (*Sterna fuliginosa*) vary in ground-colour from white to pale buff; the surface-spots are reddish brown, and the underlying spots are pale brown. The markings are generally evenly distributed over the surface of the egg, occasionally somewhat sparsely so, and not unfrequently displaying a tendency to form a zone round the larger end. The spots are generally small, ranging from the size of buckshot downwards. The eggs vary in length from 2, 1 to 1, 8 inch, and in breadth from 1,5 to 1,35 inch. The approach nearest to certain varieties of the Sandwich Tern (*Sterna cantiaca*); but altough the spots on some examples of the eggs of the Sandwich Tern may be no larger in size, the are always darker in colour.«

Zum Schlusse erwähnt Seebohm, dass das Vorkommen von 2. *Sterna panayensis* und 3. *Anous stolidus* in England unsicher sei. Die Eier von *Anous stolidus* sind auf Taf. 49 (2 St.) abgebildet und wird erwähnt, dass die Eier von *Sterna panayensis* den Eiern von *Sterna fuliginosa* gleichen, nur etwas kleiner sind (Abbildungen davon sind nicht gegeben). 4. *Sterna cantiaca* ist von Seebohm auf Seite 272 und ff. abgehandelt und sechs Eier davon auf Taf. 48 abgebildet. Die Beschreibung der Eier auf Seite 275 lautet: »The eggs of the Sandwich-Tern are remarkably handsome, and are unrivalled in the boldness of the markings which the occasionally display. The ground-colour varies from pure white to brownish buff; the commonest colour is creamy white, and the rarest white with a slight tinge of olive. The colour

*) Diese Annahme ist nicht allgemein giltig und im Gegentheil nur ein Ei das Gelege; vgl. vorn Seite 372. O. F.

of the surface-spots is dark brown, frequently approaching black, whilst the underlying markings, which are generally very conspicuous, are pale slate-grey. The size, shape, and distribution of the spots present almost endless variations. In some of the handsomest eggs a fantastically shaped spot covers a third of the visible surface, and occasionally eggs are met with in which the spots are delicate though short streaks. The vary in length from 2, 3 to 1, 9 inch, and in breadth from 1,5 to 1,3 inch.«

Die von mir untersuchten Eier der in Rede stehenden vier Seeschwalben-Arten boten folgende äusseren Merkmale dar.

1. *Sterna fuliginosa*, Gml.

[Wie bereits erwähnt, konnte ich nur eine instructive Reihe von Eiern sammeln, die sowohl die typischen, wie die abweichendsten Färbungsstufen repräsentiren und was die Hauptsache ist, bezüglich der Artenbestimmung durchaus zweifellos sind. Da die aufgescheuchten Vögel sehr bald wieder zu ihrem Ei zurückkehrten, konnte man ihnen die Eier gleichsam unter dem Leibe wegnehmen. Durch Vermittlung meines verehrten Mitarbeiters Dr. R. Blasius gelangt diese interessante Reihe hier in der trefflichsten Weise zur Darstellung: ich möchte nur bemerken, dass die Färbung der frischen Eier weit lebhafter war. Wenn ich, soweit es Diego Garcia betrifft, neben den Beschreibungen von Dr. Blasius meine eigenen beifüge, so geschieht es nur, um zu zeigen, dass bei verschiedenen Schreibern leicht Abweichungen vorkommen können, hauptsächlich aber, um meine Beobachtungen einzufügen, die, als an Ort und Stelle gemacht, vielleicht einiges Interesse bieten. O. F.]

Nr. 1. (Fig. 1.) Diego Garcia (Finsch). Mattglänzend, mit zahlreichen Poren, hellgelblich-weisser Grundfarbe mit häufigeren namentlich am Doppende zu dichteren zu Haufen gruppirten oberflächlichen rothbraunen und vereinzelten kleinen tiefer liegenden aschgrauen Flecken.

[1. Matt, kaum glänzend; Grundfärbung unrein milchweiss mit gelblichem Anfluge: mit zahlreichen rundlichen dunkelbraunen und minder zahlreichen verwaschenen aschgrauen Flecken, die sich ziemlich gleichmässig über die ganze Eifläche vertheilen, aber am stumpfen Ende etwas grösser und dichtstehender sind.

Typisch in Form und Färbung. O. F.]

Nr. 2. (Fig. 2.) Diego Garcia (Finsch). Mattglänzend, mit zahlreichen Poren, gelblich-weisser Grundfarbe, mit zahlreichen grossen rothbraunen oberflächlichen und zahlreichen grossen aschgrauen tieferliegenden Flecken, die an dem Doppende etwas dichter gruppirt sind. Die meisten, sowohl der grauen als der rothbraunen Flecken haben eine länglich-runde Form, die mit den vom Doppende nach dem spitzen Ende zu von links nach rechts beschriebenen Spirallinien parallel laufen.

[2. Sehr schwach glänzend, fast matt; Grundfärbung unrein milchweiss mit zartem gelblichen Anfluge, mit ziemlich weitstehenden grossen länglich-rundlichen schön dunkelbraunen Tupfenflecken, die am stumpfen Ende sich dichter gruppiren, und etwas minder zahlreichen grossen verwaschenen aschgrauen Flecken, die zum Theil unter den braunen liegen.

In Form und Färbung sehr typisch. O. F.]

Nr. 3. (Fig. 3.) Diego Garcia (Finsch). Mattglänzend, sehr vereinzelte Poren, weissliche Grundfarbe mit reichlichen dunkelbraunen oberflächlichen und zahlreichen helleren und dunkleren aschgrauen tiefergelegenen Flecken, die beide am breiteren Ende ungefähr in der Mitte zwischen stumpfer Spitze des Eies und grösster Doppbreite zu einem dichteren Kranze gruppirt sind.

[3. Mattglänzend; auf milchweissem Grunde dicht mit kleinen dunkelbraunen Flecken besetzt, namentlich am stumpfen Ende, wo die Flecken sehr dicht stehen, dazwischen mit einzelnen sehr verwaschenen aschgrauen Flecken.

Färbung typisch, aber die Form gestreckt, länglich. O. F.]

Nr. 4. (Fig. 4.) Diego Garcia (Finsch). Mattglänzend, vereinzelte Poren, gelblich-weisse Grundfarbe mit dunkelbraunen oberflächlichen am Doppende zu einem deutlichen dichten Kranze gruppirten, sonst nur vereinzelt über das Ei vertheilten und vereinzelten tieferliegenden aschgrauen rundlichen Flecken.

[4. Kaum glänzend, fast matt; Grundfarbe unrein milchweiss, mit lebhaft dunkelbraunen Flecken, jedoch nur am stumpfen Ende zahlreicher, und so dicht stehend, dass sie einen deutlichen fast geschlossenen Kranz bilden, auf der übrigen Eifläche nur sehr vereinzelte und kleinere braune Punktflecke; dazwischen einzelne zart aschgrau verwaschene, namentlich unter dem braunen Fleckenkranz am stumpfen Ende.

Typisch, aber das Weiss der Grundfärbung stark vorherrschend. O. F.]

Nr. 5. (Fig. 5.) Diego Garcia (Finsch). Mattglänzend, vereinzelte Poren, weissliche Grundfarbe mit, namentlich am Doppende zu einem Kranze gruppirten, übrigens nur sehr sporadisch über das Ei vertheilten oberflächlichen dunkelbraunen und sehr vereinzelten aschgrauen tiefer gelegenen Flecken.

[5. Fast matt; milchweiss, am stumpfen Ende mit einzelnen grossen, scharfmarkirten lebhaft dunkelbraunen Tupfenflecken, die indess nur vereinzelt ineinander fliessen und nur einen undeutlichen Kranz bilden; die übrige Eifläche mit einzelnen sehr kleinen dunkelbraunen Punkten.

Weniger typisch. O. F.]

Nr. 6. (Fig. 6.) Diego Garcia (Finsch). Mattglänzend, vereinzelte Poren, gelblich weisse Grundfarbe mit ziemlich vielen dunkelbraunen theils über das ganze Ei vertheilten kleinen, theils am Doppende stärker und näher gruppirten grösseren und vereinzelten helleren und dunkleren aschgrauen tiefer gelegenen Flecken.

[6. Schwach glänzend; Grundfarbe unrein milchweiss, zart gelblich angehaucht, mit einzelnen grossen und vielen sehr kleinen rothbraunen Flecken, dazwischen kleine verwaschene aschgraue Flecke und Punkte; die aschgrauen Flecke sind einzeln den grossen braunen untergelegt, so dass die letzteren dann an dieser Stelle getrübt erscheinen.

Weniger typisch wegen der sehr grossen, wie geflammten braunen Flecke: Form gestreckt (ähnlich wie Nr. 3). O. F.

Nr. 7. (Fig. 7.) Diego Garcia (Finsch). Mattglänzend mit vereinzelten Poren, hellgelblichweisser Grundfarbe mit sehr dicht vertheilten dunkel rothbraunen oberflächlichen Flecken, die an der Doppseite dichter gruppirt sind, als am spitzen Ende und zahlreichen tiefer liegenden grauen Flecken.

[7. Mattglänzend; milchweiss, schwach gelblich angeflogen; am stumpfen Ende mit wenigen sehr grossen, ineinander verfliessenden lebhaft dunkel rothbraunen Flecken, im Uebrigen mit wenigen kleinen dunkelbraunen und verwaschen aschgrauen Fleckchen und Pünktchen.

Wenig typisch wegen der grossen braunen, am stumpfen Ende ineinander verfliessenden Flecken, was auf der Abbildung nicht so scharf hervortritt, als in Wirklichkeit. O. F.]

Nr. 8. (Fig. 8.) Diego Garcia (Finsch). Mattglänzend, mit vereinzelten Poren, hellgelblichweisser Grundfarbe mit oberflächlichen rothbraunen, namentlich am Doppende zu einem deutlichen Kranze gruppirten Flecken, die ähnlich wie die Eier 2 und 9 in einer von links vom Doppende nach rechts zum spitzen Ende zu verlaufenden Spirale zu hellrothbraunen länglichen Flecken zum Theil ausgewaschen sind und vereinzelten tiefer liegenden aschgrauen Flecken

[8. Kaum glänzend; Grundfarbe zart gelblichweiss, mit zahlreichen rothbraunen Flecken, die am stumpfen Ende ineinander verfliessen und hier eine nur wenig von der Grundfarbe unterbrochene braune Zone bilden; sehr wenige aschgrau verwaschene Pünktchen.

Wenig typisch! O. F.]

Nr. 9. (Fig. 9.) Diego Garcia (Finsch). Mattglänzend, mit sehr vereinzelten Poren, hellgelblichweisser Grundfarbe mit sehr dichten über das ganze Ei gleichmässig vertheilten rothbraunen oberflächlichen Flecken, die zum grösseren Theile in der Richtung einer vom Doppende nach der Spitze zu von links nach rechts verlaufenden spiralförmigen Linie zu hellrothbraunen Flecken ausgewaschen sind und zahlreichen über das ganze Ei gleichmässig vertheilten tieferliegenden aschgrauen Flecken.

[9. Matt, kaum glänzend; auf zart gelblich tingirtem weissem Grunde, über und über mit kleinen lebhaft braunen Flecken dicht gesprenkelt, dazwischen einzelne verwaschene aschgraue Pünktchen.

Aberrant wegen der dichten Sprenkelung. O. F.]

Nr. 10. (Fig. 10.) Diego Garcia (Finsch). Mattglänzend, zahlreiche Poren, hellbräunliche Grundfarbe mit zahlreichen dunkelbraunen in spiraligen vom Doppende nach der Spitze zu gesehen von links nach rechts laufenden Linien theilweise angeordnet und in dieser Richtung hin in die Länge verwaschenen Flecken, am Doppende stärker und dichter auftretend, und vereinzelten graubräunlichen tieferen Flecken.

[10. Matt, kaum glänzend; Grundfarbe rostzimmtbräunlich, mit ansehnlich grossen und vielen sehr kleinen matt dunkelrothbraunen Flecken, die grossen etwas zahlreicher am stumpfen Ende und zum Theil durch unterliegende verwaschen aschgraue Flecke getrübt.

Die aberranteste Färbungsstufe, die nur sehr vereinzelt vorkam. Am frischen Ei ist die rostrothbraune Färbung viel lebhafter als auf der Abbildung; solche Eier erinnern sehr an gewisse Raubvögeleier. O. F.]

Nr. 11. Mauritius (S. Nehrkorn). Mattglänzend, sehr feines Korn, zahlreiche Poren, von langgestreckterer Form (nicht gemessen!).

Thonweisse Grundfarbe, zahlreiche grössere dunkelrothbraune oberflächliche Flecken, die häufig etwas in's länglich ovale gehen und zwar in der Richtung einer Spirale, die vom Dopp aus nach rechts herum nach der Spitze zu geht, ebenso zahlreiche tiefer liegende grössere mattgraue Flecken gleichmässig über das Ei vertheilt.

Nr. 12. Mauritius (S. Nehrkorn). Mattglänzend, sehr feines Korn, zahlreiche Poren, von kürzerer Form (nicht gemessen!).

Thonweisse Grundfarbe, zahlreiche oberflächliche kleinere dunkelrothbraune Flecken, die am ganzen stumpfen

Ende dichter stehen als an den übrigen Theilen des Eies, und zahlreiche tiefer liegende kleinere mattgraue Flecken, ziemlich gleichmässig über das ganze Ei vertheilt.

Nr. 13. St. Thomas. (S. Nehrkorn). Mattglänzend, aber etwas stärker im Glanze als 11 und 12, feinkörnig, mit zahlreichen Poren, von länglicher Form (nicht gemessen!).

Schwach gelblich angeflogene thonweisse Grundfarbe, zahlreiche oberflächliche dunkelbraunrothe rundliche Flecke, die wohl am Doppende etwas zahlreicher stehen, als an den übrigen Theilen des Eies, ebenso zahlreiche tieferliegende kleine mattgraue leicht bräunlich angeflogene Flecke gleichmässig über das ganze Ei vertheilt.

Nr. 14. ? (S. Hollandt). Mattglänzend, mit zahlreichen flachen Poren. Thonweisse Grundfarbe, die oberflächlichen dunkelrothbraunen Flecken zu einem stark verdichteten Kranze am stumpfen Ende gruppirt, so dass dieses ganz mit Flecken bedeckt ist und zahlreiche mattgraue tieferliegende Flecken mit bräunlichem Anfluge.

Nr. 15. Ascension (S. Hollandt). Mattglänzend, feinkörnig mit zahlreichen flachen Poren. Thonweisse Grundfarbe, zahlreiche oberflächliche dunkelrothbraune Flecken, die am stumpfen Ende zu einem continuirlichen fast einen Centimeter breiten Kranze vereinigt sind, der ungefähr in der Mitte zwischen Pol des stumpfen Doppes und grösster Eibreite um das Ei herumzieht, der Dopp selbst ist ähnlich hell wie das übrige Ei, sehr vereinzelte tiefer liegende mattgraue Flecken mit schwachem bläulichem Anfluge.

Nr. 16. Ostafricanische Küste (S. Hollandt, ges. von Fischer). Fast glanzlos, feinkörnig mit zahlreichen flachen Poren. Hell gelblich-weisse Grundfarbe, zahlreiche oberflächliche hellrothbraune Flecken, die ziemlich gleichmässig über das ganze Ei vertheilt sind, zahlreiche tieferliegende mattgraue Flecken.

Nr. 17. Ostafricanische Küste (S. Hollandt, ges. von Fischer). Fast glanzlos, feinkörnig, mit zahlreichen flachen Poren. Hell-thonweisse Grundfarbe, sehr zahlreiche oberflächliche ganz kleine, zum Theil punktförmige dunkelbraunrothe Flecken, die am ganzen Dopp am dichtesten stehen und zahlreiche tieferliegende mattgraue sehr kleine Flecken.

Nr. 18. (?) (S. Hollandt). Mattglänzend, feinkörnig, zahlreiche flache Poren. Weisslich bräunlich gelbe Grundfarbe, zahlreiche oberflächliche rothbraune grössere Flecken, gleichmässig über das ganze Ei vertheilt, zahlreiche tiefer liegende mattgraue grössere Flecken, gleichmässig über das ganze Ei vertheilt.

2. *Anous stolidus*, Gml.

Nr. 1. (Fig. 11.) Diego Garcia (Finsch). Mattglänzend, mit zahlreichen Poren, gelblich-weisser Grundfarbe mit vereinzelten namentlich am Doppende dichten gruppirten oberflächlichen dunkelbraunen Flecken und vereinzelten aschgrauen tiefer gelegenen Flecken.

[11. Mattglänzend. Grundfarbe zart gelblichweiss, mit wenigen kleinen rundlichen dunkelbraunen Flecken und einigen verwaschenen aschgrauen; einzelne grössere von letzterer Färbung verfliessen am stumpfen Ende mit den braunen, wo die im Ganzen sparsame Fleckung noch am zahlreichsten ist.

Sehr typisch. O. F.]

Nr. 2. (Fig. 12.) Diego Garcia (Finsch). Matte, fast glanzlose Schaale, mit zahlreichen Poren, grauweisser Grundfarbe mit vereinzelten oberflächlichen dunkelrothbraunen kleineren und vereinzelten tieferliegenden aschgrauen Flecken.

[12. Glanzlos; Grundfarbe unrein milchweiss, sehr wenig gelblich tingirt, mit vereinzelten kleinen, am stumpfen Ende etwas grösseren und etwas zahlreicheren dunkelbraunen Flecken und Pünktchen, dazwischen mit vereinzelten zart aschgrau verwaschenen.

Die Eier von *Anous stolidus* unterscheiden sich im Allgemeinen von denen von *Sterna fuliginosa* durch die im Ganzen spärlichere Fleckung, aber gewisse Exemplare, wie das hier vorliegende (12) lassen sich kaum mehr unterscheiden. Noch schwieriger ist dies in Bezug auf die von *Anous melanogenys*, Gould. O. F.]

Nr. 3. Gilberts-Inseln. Maraki, ges. von Finsch. (Sammlung Nehrkorn). 4. December 1869 Schaale fast ohne Glanz, sehr feinkörnig, mit zahlreichen Poren. Ei von der länglichen Form, nicht gemessen. Schmutzig lehmgelbliche Grundfarbe mit sehr spärlichen dunkelbraunen matten oberflächlichen Flecken und sehr spärlichen bräunlich angeflogenen tiefer liegenden grauen Flecken.

Nr. 4. bez. 750 a. 6. 4. Februar 1877. (Sammlung Nehrkorn). Schaale fast glanzlos, ausserordentlich feines Korn, sehr zahlreiche Poren. Ei von der kürzeren Form, mattweisse Grundfarbe; vereinzelte oberflächliche mattrothbraune kleinere Flecke, die am stumpfen Ende etwas, aber nur sehr wenig, zahlreicher stehen, als an den übrigen Theilen des Eies, vereinzelte tieferliegende mattgraue kleine Flecken. Nicht gemessen.

Nr. 5. bez. 759. (S. Nehrkorn). Schaale fast glanzlos, feines Korn, zahlreiche Poren. Ei von der länglichen Form, gelblich weisse matte Grundfarbe, vereinzelte grössere und kleinere oberflächliche mattbraune Flecken, die am Doppende etwas dichter stehen und ebenso vereinzelte grössere und kleinere tieferliegende mattgraue Flecken. Nicht gemessen.

Nr. 6. Lacepede. (S. Hollandt). Glanzlos, flaches Korn, sehr vereinzelte Poren. Matt gelblich weisse Grundfarbe; vereinzelte mattbraune dunkle kleine oberflächliche Flecken, die am stumpfen Doppende etwas zahlreicher stehen, ohne irgendwie einen Kranz zu bilden, vereinzelte mattgraue tieferliegende Flecken.

Nr. 7. Gilberts-Inseln, gesammelt von Finsch (S. Hollandt). Glanzlos, feines flaches Korn, zahlreiche Poren. Matt weisslich gelbe Grundfarbe, vereinzelte mattbraune grössere oberflächliche Flecken, die am Doppende etwas dichter stehen, ohne irgendwie einen Kranz zu bilden, vereinzelte mattgraue grössere tieferliegende Flecken.

Nr. 8. Barthelemy. (S. Hollandt). Glanzlos, sehr feinkörnig, zahlreiche Poren. Matt weisse Grundfarbe, vereinzelte matt dunkelbraune oberflächliche Flecken, die am stumpfen Ende (Mitte zwischen grösstem Querdurchmesser und Doppende) zu einem schwachen Kranze gruppirt sind und vereinzelte mattgraue tieferliegende Flecken.

3. *Sterna panayensis*, Gml. (*anosthoetus*, Scop.)

Nr. 1 bez. 5781 a. (S. Nehrkorn). Schaale mattglänzend, ausserordentlich feines Korn, sehr zahlreiche Poren. Kurze Form der Eier. Thonweisse Grundfarbe, zahlreiche leuchtend dunkel rothbraune oberflächliche Flecken, die zu einem dichten Siebe am Doppende gruppirt sind, darunter sehr vereinzelte tiefer liegende mattgraue gleichmässig vertheilte Flecken.

Nr. 2 bez. N. (S. Nehrkorn). Schaale mattglänzend, ausserordentlich feines Korn, sehr zahlreiche Poren. Längliche Form. Thongrauweisse Grundfarbe, sehr zahlreiche sehr kleine, häufig punktförmige oberflächliche braunrothe Flecke, die am Doppende siebartig dichter gestellt sind und zahlreiche sehr kleine tieferliegende mattgraue Flecken.

Nr. 3 bez. N. (S. Nehrkorn). Schaale mattglänzend, ausserordentlich feines Korn, sehr zahlreiche Poren, kürzere Form. Grundfarbe weiss mit leichtem gelblichem Anfluge. Zahlreiche oberflächliche braunrothe kleine Flecken, die am Doppende etwas dichter stehen, als an den übrigen Theilen des Eies und zahlreiche mattgraue grössere und kleinere tieferliegende Flecken mit etwas bräunlichem Anfluge.

Nr. 4. Neu-Guinea (Godefroy). (S. Hollandt). Mattglänzend, ausserordentlich feines Korn, sehr zahlreiche Poren. Matt gelblichweisse Grundfarbe, zahlreiche dunkelrothbraune kleinere oberflächliche Flecken, gleichmässig über das ganze Ei vertheilt, kein Kranz und zahlreiche tieferliegende mattgraue kleine Flecken.

Nr. 5. ? (S. Hollandt). Mattglänzend, ausserordentlich feines Korn, sehr zahlreiche Poren. Matt thonweisse Grundfarbe mit ganz leichtem gelblichem Anfluge, sehr reichlichen oberflächlichen dunkelschwarzbraunen kleineren Flecken, die am Doppende dichter stehen, und reichliche kleine mattgraue tiefer liegende Flecken.

Nr. 6. ? (S. Hollandt). Mattglänzend, flaches feines Korn, vereinzelte Poren. Grundfarbe wie Nr. 5. Zahlreiche dunkel rothbraune oberflächliche Flecken, die am stumpfen Ende zu einem centralen wohl drei Centimeter im Durchmesser haltenden Flecke gruppirt sind, an dem auch die mattgrauen Flecke zahlreicher und grösser sind, vereinzelte mattgraue tieferliegende Flecken.

Nr. 7. ? (S. Hollandt). Mattglänzend, flaches sehr feines Korn, sehr zahlreiche Poren. Thonweisse Grundfarbe, sehr zahlreiche dunkelrothbraune ebenfalls kleine Flecken über das ganze Ei vertheilt, aber am Doppende dichter gruppirt und zahlreiche mattgraue tieferliegende Flecken über das ganze Ei vertheilt.

4. *Sterna cantiaca*, Gml.

Sämmtliche Eier dieser Art in der Sammlung Nehrkorn zeigen einen mehr oder weniger gelb-grünlichen Ton in der Grundfarbe und meistens untergemischte kritzelförmige Fleckchen, dabei die beiden Arten von Flecken, die matteren tiefer liegenden und die dunkleren oberflächlichen wie bei den drei vorhergehenden Arten, nur zeigen die letzteren niemals einen röthlichen Ton in ihrer Farbe, sondern ein reines Schwarzbraun, das höchstens einen etwas grünlichen Anstrich darbietet.

Sämmtliche Eier in der Sammlung Hollandt und der Sammlung meines verstorbenen Vaters zeichnen sich durch einen grünlichen Anflug in der Grundfarbe aus und zahlreiche kritzelförmige dunkle Flecke.

Zum Schlusse will ich die an den Eiern vorgenommenen Maasse übersichtlich zusammenstellen, indem ich bemerke, dass in der ersten Columne der grösste Längsdurchmesser, in der zweiten der grösste Querdurchmesser, in der dritten die Dopphöhe, in der vierten das Verhältniss des Querdurchmessers zum Längsdurchmesser in Procenten des Längsdurchmessers, in der fünften das Verhältniss der Dopphöhe zum Längsdurchmesser in Procenten des Längsdurchmessers angegeben ist. Je grösser die Verhältnisszahlen in der vierten und fünften Columne werden, desto kürzere stumpfere Form zeigt das Ei, je kleiner, desto schlankere länglichere Form, die Form der Eier ergibt sich darnach am besten aus den beiden letzten Columnen der Zahlentabelle.

Die vorgesetzten Nummern entsprechen den auf der Abbildung und im Texte angegebenen Zahlen.

1. *Sterna fuliginosa.*

Nr. 9. (Fig. 9.)	47,0	34,2	21,0	73	45	
» 5. (» 5.)	46,7	33,8	20,8	73	44	
» 10. (» 10.)	49,0	36,0	22,0	73	45	
» 2. (» 2.)	48,5	34,7	21,5	72	44	
» 14. —	47,9	34,3	21,0	72	44	S. H.
» 1. (Fig. 1.)	51,2	36,6	23	71	45	
» 15. —	52	35,5	22,5	68	43	S. H.
» 17. —	53,4	36,4	24,5	68	46	S. H.
» 16. —	51,9	34,8	22,0	67	42	S. H.
» 4. (Fig. 4.)	52,6	34,5	21,5	66	41	
» 18. —	51,8	33,6	22,0	65	42	S. H.
» 6. (Fig. 6.)	52	32,5	20,5	63	39	
» 3. (» 3.)	54,5	34	23	62	39	

2. *Anous stolidus.*

Nr. 2. (Fig. 12.)	49,5	35,3	22,0	72	44	
» 1. (Fig. 11.)	50,0	35,8	22,0	72	44	
» 8. —	49,8	35,2	22,5	70	45	S. H.
» 6. —	52,4	37,0	23,0	70	44	S. H.
» 7. —	54,2	36,2	23,5	67	43	S. H.

3. *Sterna panayensis.*

Nr. 6.	50,2	37,1	22,0	74	44	S. H.
» 4.	51,3	35,5	23,5	69	46	S. H.
» 5.	51,6	34,7	22,0	67	43	S. H.
» 7.	54,5	35,5	22,5	65	41	S. H.

4. *Sterna cantiaca.*

Nr. 1.	51,4	36,3	23,0	70	45	S. H.
» 2.	51,4	35,0	21,5	68	42	S. H.
» 3.	52,7	34,0	22,0	65	42	S. H.

Die Eier sind in der Weise hier angeordnet, dass zuerst diejenigen mit der kürzeren dickeren Form, zuletzt diejenigen mit der schlankeren dünneren Form aufgeführt sind, die vorgesetzten Nummern entsprechen denen im Texte.

Die Eier von *Anous stolidus* zeichnen sich durch eine mattere, weniger glänzende Schaale aus mit eigenthümlicher lehmgelblich-weisslicher Grundfarbe, die ich in einem Falle (Sammlung von A. Nehrkorn) mit guano-bräunlich gelblicher Farbe ziemlich gleichmässig überzogen gefunden habe.

Das Charakteristische der Eier besteht darin, dass die dunkleren oberflächlichen Flecke mattbraun sind und nicht die leuchtende Farbe haben, wie bei *Sterna fuliginosa*, und die mattgrauen tiefer liegenden Flecken in überwiegender Anzahl vorhanden sind.

Es betrug Maximum und Minimum beim

Längsdurchmesser	55,4	und	49,5	mm,	
Querdurchmesser	37,0	»	34,3	»	, bei der
Dopphöhe	23,5	»	21,5		

Die Eier von *Sterna fuliginosa* zeichnen sich sämmtlich durch einen wenig stärkeren Glanz, eine mehr milchweisse Grundfarbe mit schwachem gelblichem Anfluge aus, ein deutliches Hervortreten und Ueberwiegen der leuchtend braun gefärbten oberflächlichen Flecken und relativ viel weniger mattgraue tieferliegende Flecken.

Es betrug Maximum und Minimum beim

Längsdurchmesser	54,5	und	46,7	mm,	
Querdurchmesser	37,8	»	32,5	»	, bei der
Dopphöhe	24,5	»	20,5	»	

Diesen beiden stehen am nächsten die Eier von *Sterna panayensis*, dieselben haben den Charakter der Eier von *Sterna fuliginosa*, zeichnen sich aber in der Regel durch viel feinere Fleckung aus, ähnlich dem Ei von *St. fuliginosa* auf der Tafel I, Nr. 3.

Es betrug Maximum und Minimum beim

Längsdurchmesser	54,5	und	50,2	mm,	
Querdurchmesser	37,1	»	34,7	»	, bei der
Dopphöhe	23,5	»	22,0	»	

Eine Verwechslung mit *St. cantiaca* kann meiner Ansicht nach überhaupt nicht stattfinden, da diese meistens den für die meisten übrigen Seeschwalben charakteristischen gelbgrünlichen Grundton haben, der bei *fuliginosa, stolidus* und *panayensis* niemals vorkommt, und viele Eier dieser Art eigenthümliche feine Kritzelchen und Würzelchen dunkelbrauner Färbung zeigen, die bei den drei obengenannten Arten auch niemals beobachtet werden, ausserdem die dunkeln fast schwarzen Flecke in der Oberfläche der Schaale bedeutend überwiegen.

Es betrug Maximum und Minimum beim

Längsdurchmesser	52,7	und	51,4	mm.
Querdurchmesser	36,3	»	34,0	» . bei der
Dopphöhe	23,0	»	21,5	»

In der Form finden wir, wie die mitgetheilten absoluten und relativen Zahlen ergeben, keine durchgreifenden Unterschiede, namentlich nicht zwischen *fuliginosa* und *stolidus*, stumpfere dickere und schlankere Formen kommen bei allen vier Arten vor, auch ergeben die Maasse, dass *St. panayensis* nicht, wie Seebohm angiebt, kleiner ist als *St. fuliginosa*, nur hat *St. panayensis* nach den von mir untersuchten Exemplaren einen durchschnittlich grösseren Querdurchmesser und dadurch wohl eine meistens stumpfere dickere Form, als *St. fuliginosa*, die die Eier etwas kleiner aussehen lässt, als sie in Wirklichkeit, wie die Maasse ergeben, sind. Auch *Sterna cantiaca* zeichnet sich durch einen stärkeren Querdurchmesser und eine dickere Form aus.

Die abweichendsten Formen und Zeichnungen der *Sterna fuliginosa*- und *Anous stolidus*-Eier, die von den mir sonst vorliegenden Abbildungen von Thienemann, Bädecker und Seebohm erheblich abweichen, habe ich durch Herrn Heller, Präparator am Herzoglichen Naturhistorischen Museum zu Braunschweig, auf anliegenden Tafeln abbilden lassen. Dieselben geben uns eine übersichtliche Darstellung der ausserordentlichen Mannigfaltigkeit, in der sich uns, ausser vielen anderen Seeschwalben, auch die Eier der *Sterna fuliginosa* darbieten.

Die beiden Thienemann'schen Abbildungen von *Sterna fuliginosa* gleichen am meisten den Eiern 3 und 6 auf unserer Tafel, die drei in Bädeckers Werke sehen sich selbst untereinander ausserordentlich ähnlich und stimmen am besten mit Nr. 3 unserer Tafel, die schönsten und charakteristischsten Bilder hat uns unstreitig Seebohm geliefert, auch sie gleichen am meisten der Nr. 3 unserer Tafel.

Bei *Anous stolidus* finden sich in Thienemann zwei Abbildungen, die viel stärker gefleckt sind, als irgend welche Eier, die ich von dieser Art sah und die der *St. fuliginosa* sehr ähnlich sehen, die drei Nachbildungen im Bädecker sind charakteristischer, aber bedeutend zahlreicher gefleckt, als die beiden hier abgebildeten, die beiden von Seebohm haben Aehnlichkeit mit unserer Abbildung Nr. 11, geben aber nicht den eigenthümlichen matten Schein der Schaale ganz wieder, der *stolidus* charakterisirt, übrigens sind sie vortrefflich ausgefallen.

Zum Schlusse erübrigt es mir, meinen Freunden Nehrkorn und Hollandt, die mir in liebenswürdigster Weise das Material zu dieser Untersuchung zur Disposition stellten, meinen besten Dank abzustatten.

Braunschweig, 19. Januar 1887.

Dr. R. Blasius.

III. Jahresbericht (1886)

über

den Vogelzug auf Helgoland.

Von

H. Gätke.

Januar 1. Westlich frisch, Nebel ganzen Tag.	Nichts.
2. W. frisch, trübe. Ab. klar.	Nichts.
3. W.N.W. schwach, klar. Nachmittag Nebel. Ab. trübe. S.W. etwas durchbrechend, Nacht heftig 8.	Nichts.
4. W. mässig bedeckt, früh Regen.	Viele Lerchen über dem Meere, nördlich—Ost? — *Larus minutus* täglich sehr viel.
5. W. heftig, Schnee, Hagel u. Regen-Böen. Stürmisch, Blitz u. Donner!	Nichts.
6. Nördlich. 1°. Ziemlich heftig, klar, einzelne Wolken von N., Ab. N. O. stiller. Während d. Nacht still und Schneefall.	*Al. arvensis* und *alpestris*, erstere ziemlich viel, letztere zerstreut — *Emb. nivalis* ein paar kleine Züge — *Scol. rusticola* 3—4, *gallinago* u. *gallinula* ein paar — *Larus minutus* ungeheuer viel zwischen Düne u. Land.
7. Früh still, klar, später westlich, schwach, Ab. still.	*Turd. merula* ziemlich viel, alte Gelbschnäbel, *pilaris* einige — *F. cannabina* eine Schaar von 15—20, *montium* und *linaria* einige — *Emb. nivalis* einige.

8. S. zu W. stürm. dick. Nachmittag Schneegestöber. Ab. wenig still. 3°.	Nichts — ein paar *merula* treiben sich in Gärten herum.
9. Oestlich still, bewölkt, 2°. Mittag N. O. heftig.	Nichts — *merula* noch da. *L. glacialis*, alten Vogel erhalten.
10. Oestlich schwach bewölkt, 1°.	Wenige Krähen, herumstreifend — *Alauda* dto. — *F. montifringilla* einige — *F. montium* wenige — *T. merula* einige alte ♂.
11. S. S. W. schwach, dick bewölkt, 1°. Ab. Schneegestöb.	Wenige *T. merula* und *pilaris* — *F. montifringilla* und *chloris*.
12. O. still, 1°, bedeckt.	Einige *T. merula* und *pilaris*, dieselben? Dornbeeren im Garten essend — *Chloris*, ein oder zwei Schnepfen.
13. S. S. W. heftig, Minim. S. Skandinavien, Thauwetter.	Nichts.
14. O. schwach. 1°, leicht bewölkt.	Obige vereinzelt herumtreibend — *Chloris*.
15. S. W. heftig, Nebel in der Nacht bis früh 9 Uhr 16., dick.	Nichts.
16. W. heftig, früh Nebel, später bewölkt. Nachmitt. klar, kalt.	*Emb. nivalis* 40—50 — *Fr. chloris* 20—30 Herumtreiber.
17. S. S. W. stürm. Früh Schneesturm, tagsüber dick, Ab. klar, mit Mond stiller.	Nichts.
18. S. sehr heftig, bedeckt.	Nichts.

19. W. und W. N. Früh wenig Regen u. Schnee, später sonnig. Ab. klar, S. W. schwach.	*Sturnus* ein paar — *T. pilaris* 10—20 — *Al. arvensis* einige herüberziehend — *Fr. chloris* und *Par. major*, wohl Herumtreiber.
20. O. Früh Nebel, später Schnee und Regen, Wind frisch.	Nichts.
21. O. still, trübe, Schnee.	Nichts.
22. O. still, dick mit Schnee. Nachmitt. weniger.	Sehr viel *Al. alpestris* überziehend — auch *Fr. cannabina*.
23. O. u. S. O. frischer. Etwas mehr Frost.	Viele *F. cannabina, linaria, montium* — weniger *chloris* — sehr viel *carduelis*. *Turdus pilaris* und *merula*, wenige Wintergäste.
24. O. S. mässig, 2°. Klar, schön.	Nichts.
25. S. O. frisch, früh u. Nacht Schneefall, Frost 3° und mehr. Mitt. plötzlich Thauwetter mit feinem feuchtem Niederschlag.	Nichts.
26. und 27. S. O. schwach bis früh, trübe mit Nebel, Thauwetter.	Nichts.
28. S. W. schwach, dick. 29. dto.	Sehr viel *Anth. rupestris* — wenig *pilaris* und *merula*.
30. S. W. frisch, Regen, Nachmittag klar.	Viele *Anth. rupestris*.
31. S. S. W. und S. stürmisch. Regen, Schnee.	*Al. arvensis* ziemlich viel S.—N.

Februar 1. S. W. stürmisch, gegen Nacht stürmischer, Schnee u. Hagel-Böen.	Nichts.
2. 3. 4. umlaufende Winde, schwach, Schnee.	Nichts.
5. dto. Vorm. Schnee und Nebel.	Nichts.
6. klar, 3°, S. O. u. O. S. O. schwach.	Nichts — Nachts 3—4 Lerchen — *T. merula* und *pilaris* — Herumtreiber.
7. 2°.	*T. merula* alt — *Al. arvensis* nach O. — Beide nur wenig — *merula* während der Nacht.
8. S. O. und S. W. schwach.	*T. merula* ziemlich viel, alt — *F. montifringilla*, *cannabina* und *montium* ziemlich viel.
9. S. S. W. still, 2°.	Nichts.
10. S. O. schwach, klar und Nebel wechselnd, Nacht starker Reif, 1 bis 2°.	Nichts.
11. S. O. dicker Nebel, Rauhreif.	Nichts.
12. still, umlaufend, 2°.	Viele Lerchen auf der Klippe.
13. S. S. O. frisch, 2°.	Viele Lerchen und 50—60 Staare. — Letztere lassen vermuthen, dass schon Zug stattfindet.
14. S. u. S. zu W. schwach, dick, 1°.	Nichts.
15. S. O. schwach, dick bedeckt, 0°.	*Sturnus* früh Hunderte auf dem Zuge — *Al. arvensis* früh Tausende auf dem Zuge W.—O., auch während der Nacht.

16. Nebel, 3°, S. O. mässig.	Nichts.
17. O. S. O. schwach, bis 27. östl. mässig u. schwach, 1—3°, dick bedeckt.	Nichts — 23., 24. und 25., auch letzte Nacht viele Lerchen, 100.000 nach Ost überhin und über das Meer, letzten Tag gegen Abend viele zurück, westwärts — 24. 1 St. *Sax. rubicola.*
28. O. u. S. O. sehr heftig, klar, 5°.	Nichts.
März 1. O. u. S. S. O. stürmisch, klar, früh 7°, Bremen 11°, Abend und Nacht stürmisch.	Nichts.
2. S. O. sehr stürmisch Nr. 9, früh klar, 11 U. Vorm. dick mit Schnee, 8°, Nachm. Schneegestöber, Ab. still.	Nichts.
3. O. N. u. O. Früh still, dick, 5°.	*Sy. rubecula* 1 St. bei Hühnern — viele Schaaren *An. marila* — einzeln ferner *Mergus serrator* und *Cygn. musicus.*
4. N. N. W.—W. N. frisch, wolkig, Thauwetter.	Nichts.
5. N. N. W. schwach, klar früh, später ganzen Tag still, ganz klar, sonnig, warm, aber im Schatten Frost.	22 Gänse überhin, *segetum.*
6. östlich still, Nachmittag Süd West schwach, ganz klar, Nacht und früh	*F. tinnunculus* 3 St. — *C. frugilegus* 15—20 — *Alauda* wenig — *Anth. pratensis* ziemlich viele.

2°, spät Nachmittag dick, etwas Schnee, über Null, Ab. klar.	
7. N. N. W. schwach, klar.	Nichts.
8. O. still, klar, schön. 2°, Nachmittag 1 Stunde Nebel.	Ein paar *Corv. cornix* und *frugilegus.*
9. still, klar, dicker Reif, 2°, Nacht bis 4°.	*Al. arvensis* während der Nacht sehr viel niedriger Zug, trotzdem die Atmosphäre ganz besonders sternklar — einige beim Leuchtfeuer — *Char. vanellus* einige.
10. S. O. schwach, bedeckt, 2°, trübe, Nachmitt. u. Ab. ganz klar, Ost.	Nichts.
11. O. schwach, dick bedeckt, 2—3°, Nebel von 9 Uhr Vorm. bis 3 Uhr Nachmittag, dann bedeckt, Ab. klar.	Nichts.
12 O. S O. schwach, dick, 2—3°, Nachmitt. Sonne durch.	Nichts.
13. O. schwach, bewölkt, sonnig, 1°. Nacht wenig Frost.	*Sturnus* einige — *Anth. rupestris* ziemlich.
14. O. und O. N. O. still, im Laufe des Tages über Null, Wolken u. Sonne.	Nichts.
15. O. N. frisch, Nacht Frost, am Tage wenig über Null.	Nichts.

16. O. N. ziemlich heftig, Nacht und früh ziemlich viel Schnee, schwaches Thauwetter. Ab. unter Null.	Nichts.
17. O. u. O. S. 1—2", Wind frisch, bedeckt.	Nichts.
18. S. O. frisch, Nacht 1—2", wolkig und sonnig.	Nichts.
19. S. O. leicht, 3 bis 4". trübe.	*C. frugilegus* eine ziemliche Anzahl und *cornix* einige — *Sturnus* dto. — *Al. arvensis* sehr viel, aber sich hier niederlassend und kümmerlich — *T. viscivorus* ungeheuer viel Zug über dem Meere — *Emb. nivalis* ziemlich, alte Vögel.
20. S. S. O. schwach, Ab. W. S. trübe. 3", Vorm. milder, schwach - feiner Regen, Thauwett. Ab. Nebel.	Massenhafter Zug — *F. aesalon* einige — *tinnunculus* dto. — *C. frugilegus* Tausende — *cornix* weniger — *Sturnus*, *Alauda*, *Anthus pratensis*, *T. merula* wenige — *musicus* u. *iliacus* einige — *Al. arvensis* Hunderttausende — *alpestris* einige — *arborea* ein paar — *Anth. pratensis* sehr viel — *rupestris* weniger — *Fr. cannabina* mehrere Flüge — *Char. auratus*, *Vanellus*, *hiaticula*, alle sehr viel — *Tringa alpina* wenige — *Scol. gallinago* mehrere — *Col. palumbus* einige — ungeheuer viel Zug über dem Meere.
21. S. W. ganz still, Nebel ganze Nacht und Tag. Frühlings Anfang.	*Al. arvensis* und *Char. auratus* über dem Nebel ziehend, Stimme herunterschallend — *Corv. monedula* etwa 30—40 — Abends von 9 Uhr an

	sehr viel Zug über Nebel von Lerchen, Goldregenpfeifern, Kibitzen, Halsbandregenpfeifern etc. — Lerchen beim Thurm gefangen — 3 bis 4 *Par. major* und 1 St. *Sy. rubecula* hier durchgewintert.
22. still, südl., warm, Nebel oder dick ganze Nacht ohne Unterbrechung bis Nm. um 3, dann sehr trübe.	*C. frugilegus* ungeheuer viel — *monedula* weniger — *cornix* keine — *Sturnus* Millionen — *T. merula* wenige — *Al. arvensis* viele — *arborea* einige — *A. pratensis* und *rupestris* — *F. cannabina* viele — *montium* einige — *chloris* dto. — *Emb. citrinella* ein schönes Expl. — *Char. auratus* Tausende — *Vanellus* ebenfalls viele — *hiaticula* ziemlich viel — *Scol. rusticola* 1 St., nicht geschossen — *Tr. islandica* einige — *alpina* mehrere — von früh bis Abend ungeheuer viel Zug. Erste Schnepfe.
23. S.O. frisch, früh Nebel, Nachmittag Nebel.	*C. frugilegus* ziemlich viel — *cornix* wenige — *monedula* einige — *Sturnus* viele — *T. merula* und *musicus* einige — *viscivorus* 1 St. — *Mot. lugubris*? zwei — *Anth. pratensis* und *rupestris* nicht viel — *Al. arvensis* sehr viel — *Fr. coelebs* ♂, *cannabina* ziemlich viel — *chloris* einige — *Fr. montana* 20—30 — *Emb. nivalis* einige — *citrinella* dto. — *Char. auratus* und *vanellus* viele, auch über Nacht — *hiaticula* einige.
24. S.S.O.—O.S.O. Nebel von 6—11 Vorm., ganz still, klar, warm, sonnig.	*F. tinnunculus* 1 St. — *buteo* 1 St. — *C. frugilegus* massenhaft ganzen Tag — *cornix* wenig — *Sturnus* nur in kleinen Schaaren — *T. merula* und *musicus* zerstreut — *viscivorus* 1 St.

— *Sy. rubecula* einige — *M. lugubris* einige — *alba* mehrere — *T. pluvialis* einige — *Anth. pratensis* viele — *rupestris* ziemlich viel — *Alauda* ziemlich bedeutend ziehend — *alpestris* einige — *arborea* ein paar — *Fr. coelebs, cannabina* ziemlich viel — *montium* kleine Schaar — *Scol. rusticola* 1 St. geschossen — *Char. auratus, vanellus* u. *hiaticula* ziemlich viel — auch *Col. palumbus* 2—3 St. (auch während der Nacht sehr viel).

25. S. schwach, klar, schön. Nacht Reif und Frost, leichte Wolken v. S.S.W. Ab. 9 U. Nebel.

F. aesalon und *tinnunculus* einige — *C. frugilegus, cornix* und *monedula* ungeheuer viel, Millionen — von Früh bis Abends so weit mit Fernrohr zu beiden Seiten der Insel zu sehen, eben solche Massen, gar nicht zu schätzen welche Zahlen — *Sturnus* auch ungeheuer viel — *T. merula, musicus* und *iliacus* ziemlich viel — *Accentor* sehr viel — *T. parvulus* dto. — *Sy. tithys* ein paar schöne Expl. — *Mot. alba* sehr viel — *Sax. oenanthe* einige — *Anth. pratensis* viele — *rupestris* weniger — *Al. arvensis* wenige — *alpestris* einige Schaaren — *Emb. citrinella* mehrere — *Fr. coelebs, cannabina* und *montium* ziemlich — *montifringilla* einige — *Char. auratus, vanellus* und *hiaticula* viele — *Scol. rusticola* 1 St. — *gallinago* 1 St. — *Col. palumbus* einige — *Anser* und *Anas* ungeheuer viel ziehend — *Regulus* einige.

26. S. still, Nebel, auch ganze Nacht,

C. frugilegus und *cornix*, aber nur wenig, Nebels wegen — *T. merula*

9 Vorm. dick mit Regen, ganzen Tag Nebel und Nacht bis 3 Vorm.	und *musicus* ziemlich, kamen herab da es um 11 Vorm. ein wenig klar wurde.
27. S. W. frisch, dick. Regen, Ab. jagende Nebelwolken.	*T. merula* und *musicus* einzeln — *Sy. rubecula* — *Acc. modularis* — *Motacilla* — *Anthus* — *Par. coeruleus* 1 St. — ein paar Schnepfen — *Col. oenas* 1 St. — Gar kein Zug.
28. W. frisch, früh klar, 7 Vormittag Nebel, 10 Vorm. klar, ganzen Tag Nebel.	Kein Zug — *Corv. cornix* früh während einer Stunde ziemlich viel überhin — *Turd. iliacus* einige — *R. flavicapillus* einige — *Fr. coelebs* und *montifringilla* ziemlich viel — *Rall. aquaticus* 1 St. — *Scol. rusticola* und *gallinago* einige — *Num. arquatus* ein paar.
29. S. W. still, dicker Nebel, 10 U. 30 M. Nebel fort, bedeckt, Wind frisch.	*F. tinnunculus* einige — *C. cornix* einige Flüge — *Sturnus* ziemlich viel — *T. merula* u. *musicus* einige — *iliacus* weniger — *Sy. rubecula* und *tithys* einige — *Sy. rufa* 1 St. — *Reg. flavicapillus* einige — *Sax. rubicola* 1 St. — *Troglodytes* ziemlich — *Accentor* einige — *Emb. citrinella* 1 St. — *Fr. coelebs* viele — einige *montifringilla* — *Anth. pratensis* ziemlich — *rupestris* weniger — *Mot. alba* einige — *Ch. auratus*, *vanellus*, *hiaticula* wenig — *Tr. alpina* einige — *Scol. rusticola* einige — *Fr. montana* noch da.
30. W. S. heftig, klar, Nacht sehr heftig gewesen mit Regen.	*F. peregrinus* 1 St. — *aesalon* und *tinnunculus* einige — *C. cornix* und *frugilegus* nicht viel — *Sturnus* eine Schaar von 50—60 — *T. merula* ziemlich viel — *Sy. rubecula* und *accentor* einige — *Reg. fl.* einige —

	Sax. oenanthe ♂ wenige — *Mot. alba* — *Sy. tithys* wenig — *F. coelebs* viele helle schöne ♂ — *montifringilla* weniger — *cannabina* ein paar Flüge — *montium* ein paar — *montana* noch da, 30—40 — *Scol. rusticola* 10 geschossen — *gallinago* einige, *Ch. vanellus* ein paar.
31. S.W. sehr heftig, Nacht stürmisch mit Regen, dick, Ab. besser, klarer.	Nichts — *F. tinnunculus* 1 St. — *Corvus* keine — *Sturnus* keine — *Col. palumbus* 1 St. — *Scol. rusticola* ein paar — *Tr. alpina* einige — *Pod. minor* 1 St.
April 1. W. heftig, klar, kalt.	Fast gar kein Zug.
2. S. sehr frisch, klar, kalt.	Sehr wenig Zug — *F. peregrinus, aesalon* und *tinnunculus* einige — *Par. caudatus* zwei — *Corv. cornix* einige — *Sturnus* ein paar kleine Flüge — *T. torquatus* keine — *merula, musicus* und *iliacus* ganz wenig — *Sy. rubecula* einige — *tithys* dto. — *Oenanthe* und *Accentor* alles wenig — *Reg. flavicapillus* — *Alauda* — *Fringilla coelebs* und *cannabina* wenig — *Scol. rusticola* 4—5 geschossen — *Col. palumbus* 6—8.
3. S.W. heftig, früh klar, später trübe W. Ab. stiller, Nebel.	*C. cornix* ziemlich viel — auch *frugilegus* — *Sturnus* ziemlich viel — *T. torquatus* einige — *musicus* ziemlich — *merula* wenig — *Sy. rubecula* einige — *Accentor* — *oenanthe* ziemlich — *Mot. alba* massenhaft — *flava* einige — *Anthus* nicht viel — *Al. alpestris* eine Schaar von 30 St. — *Emb. citrinella* u. *schoeniclus* einige — *Fr. coelebs* und *montifringilla* wenige — *cannabina*

	viele — *montium* dto. — *Upupa* mehrere — auch tagszuvor schon — *Col. palumbus* 10—15 — *Scolopax* keine — *Tot. calidris* — *Tr. alpina* — überwinterter *Par. major* abgezogen.
4. S. W. frisch, klar, Nacht schwerer Thau.	Fast gar kein Zug — *Strix otus* 1 St. — *C. cornix* spät Nachmittag ein paar Flüge ostwärts — *Par. coeruleus* einige — *C. familiaris* 1 St. — *Al. alpestris* — *Motacilla* zerstreut.
5. S. W. frisch, klar, später dick.	Nichts — ein paar *Par. coeruleus* und *Sy. phoenicurus* 1 ♂ — *Fr. linaria* 1 ♂ — *Fr. linaria* 1 St. — *Fr. carduelis* — *Mot. alba* und *flava* — *Sy. rufa* 1 St.
6. S. W. windig, Nebel.	Nichts — während der Nacht viel Zug — *T. torquatus* — *Ch. auratus* etc. einzeln — *T. merula*, *iliacus* und einige *Vanellus*.
7. W. N. W. frisch, klar, kalt.	Nichts — *H. ostralegus* ein sehr schöner geschossen und gestopft.
8. südlich, früh dick mit Regen, Nacht stürmisch, später S. W., Abend südlicher mit fallendem Barometer.	*F. peregrinus* 1 St. — *Corv. cornix* und *monedula* wenig — *Sturnus* dto. — *T. torquatus* und *musicus* einige — *Ch. vanellus* ziemlich viel — *Num. arquatus* ziemlich — *Scolopax* 1 St. — *Col. palumbus* einige. — Im Ganzen fast gar kein Zug — während der Nacht *Haem. ostralegus* — *Vanellus* — *Numenius* ziemlich viel Zug.
9. W. S. W. frisch, klar mit Schauer, kalt, Nachmittag Hagelböen.	Fast gar kein Zug — *C. cornix* einige Flüge — *T. torquatus* und *musicus* ganz vereinzelt — *pilaris* auch ganz wenig — *Ch. hiaticula* ein od. zwei Stücke.

10. Früh westlich still, klar, kühl, Nachmittag 3^h O. schwach, klar.	*F. aesalon* einige — *C. cornix* viele ganzen Tag gezogen — *Sturnus* eine kleine Schaar — *T. torquatus, iliacus, pilaris* einige — *Al. alpestris* ziemlich ziehend — *M. alba* mehrere — *lugubris* 1 St. — *Emb. miliaria* 1 St. *Anth.* wenig — *Scol. rusticola* einige — *gallinago* dto. — *Col. palumbus* zwei. — Im Ganzen fast gar kein Zug.
11. Früh O. N. O. schwach, bedeckt, später N. N. O. frisch, Regen.	*F. aesalon* einige — *tinnunculus* dto. — *Corvus* vereinzelte Nachzügler — *Sturnus* dto. — *Sy. suecica* 1 Expl. — *T. torquatus, musicus* sehr viel, *pilaris* weniger — *viscivorus* einige — *Sy. rubecula* und *trochilus* ziemlich viel — *T. parvulus* dto. — *Accentor* auch wenig — *M. alba* ziemlich — *lugubris* einige — *Anthus* wenig — *arboreus* einige — *Sax. oenanthe* ziemlich viel ♀ — *Scolopax* gar nicht — *Col. palumbus* ziemlich viel — ganze Nacht viel Zug von *T. torquatus* und *musicus* — *Ch. auratus* — *N. arquatus.*
12. W. N. W. schwach, klar, Nachmittag Nebel, kalt, 1^0.	Fast gar kein Zug.
13. S. S. W. still, klar, kalt, wenig über 0^0.	*F. aesalon* und *tinnunculus* einige — *C. cornix* ziemlich — *T. merula, torquatus, musicus, pilaris* mässig — *viscivorus* einige — *M. alba* — *Anth. pratensis* u. *rupestris* — *Fr. cannabina, chloris* — *Saxicola* — *Vanellus* — *Num. arquatus* — *Tot. ochropus* — Zug nur schwach.
14. N. W. kalt.	Zug schwach — *Corv. cornix* — *T. torquatus, musicus* und *pilaris* —

	M. alba — *Anth. pratensis* — *Al. arvensis* u. *alpestris* — *Sax. oenanthe* *Emb. citrinella* — *Fr. cannabina* u. einige *montifringilla* — *Crex pratensis* einige — *Scol. rust.* 10—12 gefangen.
15. N. N. W. windig, kalt, bedeckt.	*F. tinnunculus* einige — wenige Drosseln — *Sy. phoenicurus* 2—3 St. — *Saxicola* — *Mot. lugubris* 1 St. — *Al. arvensis* ziemlich — *alpestris* 20—30 — 2—3 Schnepfen — *A. cinerea* 1 St. — *Upupa* 2 St.
16. N. N. O. frisch, kalt.	Fast kein Zug — *Sy. trochilus* wenige *phoenicurus* dto. — *Mot. alba* dto. — *Saxicola* zerstreut — *Al. arvensis* schwach — *alpestris* ziemlich, 50 St.
17. O. S. O. schwach, sonn., warm, Nacht gewitterreich.	*F. aesalon* einige — *tinnunculus* mehrere — *Saxicola* ziemlich — *Al. arvensis* ziemlich — *alpestris* dto. *M. alba* wenige — *Anth. pratensis* ziemlich — *F. cannabina* viele — *Scol. gallinago* ein paar. — Wegen Gewitterluft wenig Zug.
18. O. still, Wolken von S. S. O. Nachmittag Gewitterwolk., ferner Donner, Ab. Regen.	*F. aesalon* und *tinnunculus* einige — *T. torquatus* und *musicus* wenige — *Mot. flava* einige — *alba* mehrere — *Saxicola* ziemlich — *Al. alpestris* 15—20 — *Fr. chloris* ziemlich — *Emb. citrinella* ein paar — *Char. auratus* einige — *T. calidris* und *ochropus* ein paar — wegen Gewitterwolken nur sehr schwacher Zug.
19. O. frisch, klar, kühl, hohe Wolken S. O.	*F. haliaëtus* 1 St. — *aesalon* und *tinnunculus* ziemlich viel — *C. cornix*, *frugilegus* u. *monedula* starker Zug — *T. merula*, *torquatus*, *musicus* u. *pilaris* alle ziemlich viel — *Sy. trochilus* zerstreut — *phoenicurus* meh-

	rere — *Accentor* ziemlich viel — *Sy. rubecula* viele — *M. alba* und *flava* viele — *Al. alpestris* 50—60 Stück — *Fr. coelebs* — *Ch. auratus* und *vanellus* zerstreut — 2 bis 3 Schnepfen.
20. Ost, frisch, kalt.	*F. haliaëtus* 1 St. — *aesalon* u. *tinnunculus* mehrere ♀ — *Turdus* wenig — *Saxicola* dto. — *Anthus* dto. — *Motacilla alba* dto. — *Fr. coelebs* u. *montifringilla* wenig — 2 Schnepfen geschossen — *Beckassinen* dto. — Sehr wenig Zug.
21. Früh Ost, frisch, kalt, feiner Regen, Ab. südl. schwach, Nebel, wärmer.	Obige ganz vereinzelt — Lummen an Brutplätzen in der Klippe angekommen — Nachmittag wieder abgeflogen — tagsüber Nebel — Zug verhindert — während der Nacht sehr viel Zug beim Leuchtfeuer über Nebel.
22. Südlich schwach, später S. S. O. bewölkt, kalt.	*F. aesalon* einige ♀ — *C. cornix* und *monedula* starker Zug — *T. torquatus, musicus* u. *pilaris* ziemlich viel — *Mot. alba* — *Anth. pratensis* viele — *arboreus* wenige — *Sy. trochilus, rubecula* und *phoenicurus* ♂, ziemlich viel — *Fr. coelebs, montifringilla* und *chloris* viele — *Col. palumbus* einige — *Cic. alba* 1 St. — *H. ostralegus* mehrere — *Numenius arquatus* dto. — nur eine Schnepfe erlegt — Lummen ganzen Tag in der Klippe.
23. Oestl. schwach, klar, kalt.	*F. peregrinus* ein paar — *aesalon* und *tinnunculus* mehrere — *nisus* einige — *T. musicus, torquatus* u. *pilaris* ziemlich in der Frühe — *Anth. arboreus* mehrere — *pratensis* viele —

	M. alba und *flava* viele — *Sy. trochilus, rubecula* und *phoenicurus* ziemlich — *Emb. citrinella* einige — *Fr. coelebs, montifringilla* u. *chloris* ziemlich viel — *Al. alpestris* ziemlich viel — *Reg. flavic.* einige — *Troglodytes* zerstreut — *Ch. auratus* und *hiaticula* zerstreut — *Numenius* ziemlich viel — *Col. palumbus* — *Tot. glottis* einige — *calidris* dto. — *glareola* dto. — *H. ostralegus, Scol. rusticola* und *gallinago* wenige —
24. N. N. O. schwach, klar, kalt.	Wenig Zug — *F. aesalon* u. *tinnunculus* — Drosseln wenig — *Sy. ficedula* dto. — *Mot. alba* u. *flava* dto. — *Anth. pratensis* sehr viel — *Al. alpestris* viele — *Fringilla* wenige *Crex pratensis* einige — Schnepfen 4—5 erlegt — *Hir. rustica* etwa 20 Stück.
25. N. frisch, klar, kalt.	Fast gar kein Zug — Drosseln, Pieper, Bachstelzen u. Buchfinken zerstreut.
26. N. und N. N. O. schwach, leicht bedeckt, kühl.	Fast gar kein Zug — Obige ganz einzeln — Rothkehlchen einige.
27. O. N. O. schwach, leicht bewölkt, kalt.	*F. peregrinus, aesalon* u. *nisus* einige — *C. cornix* ziemlich viel — *T. musicus* wenige Vormittag und früh — *Sy. rubecula* und *trochilus* zerstreut — *M. alba* wenige — *flava* mehrere — *Anth. pratensis* ziemlich viel — *Al. alpestris* ziemlich viel — *Fr. coelebs, cannabina, chloris* und *montium* ziemlich viel — *montifringilla* weniger, ganzen Monat nur wenige — *Emb. hortulana* die Ersten. *Mus. luctuosa* ♂ dto. — *Hir. rustica* ziemlich viel — *Ch. auratus* und

	squatarola einige — Schnepfenzug wenig — *Tot. calidris* dto. — *Tot. ochropus* einige.
28. Früh N. W. ganz still, klar, Vorm. warm. Nachmittag W. windig, kalt.	Früh und Vormittag ziemlich starker Zug — *F. aesalon* und *nisus* — *C. cornix* u. *monedula* — *T. torquatus* und *musicus* -- *Sy. trochilus*, *curruca* und *cinerea* — *Sax. oenanthe* und *rubetra* — *Anth. arboreus* u. *pratensis* — *Mot. alba* und *flava* — *Al. alpestris* — *Emb. hortulana* ♂ — *miliaria* — *Fr. chloris* u. *carduelis* — *Hir. rustica* — *Col. palumbus* — *Ch. auratus*, *hiaticula* und *vanellus* — *H. ostralegus* — *Tot. calidris* und *ochropus* — *Scol. gallinula* — *Numenius*.
29. N. N. O. sehr frisch, sehr kalt, hohe Wolken von West, tiefere von N. O.	Fast kein Zug — einige *aesalon* — *T. musicus* — *Trochilus* — *Anth. pratensis* — *Saxicola* u. *Hir. rustica*.
30. O. N. O. still, klar, wärmer.	Wenig Zug wie Tags zuvor.
Mai 1. N. W. heftig, wolkig, kalt.	Fast kein Zug — *Corv. cornix* — *T. musicus* — *M. flava* — *Sax. oenanthe* und *rubetra* — *Sy. phoenicurus* — *Anth. arboreus* u. *pratensis* — *J. torquilla* 2—3 St. — 2—3 Schnepfen u. Bekassinen — Alles ganz zerstreut.
2. N. O. heftig, kalt, bewölkt, Abends stiller.	*F. peregrinus* und *aesalon* — wenige Drosseln — *M. flava* — *Sax. oenanthe* — ein paar Schnepfen. — Fast gar kein Zug.
3. N. O. schwach, klar, schön, Cirri O. Mittelhohe zer-	*F. peregrinus* und *aesalon* ♀ einige, *tinnunculus* mehrere — *nisus* dto. — *C. cornix*, *frugilegus* und *monedula*

streute Wolken, träger W.	ziemlich viel — *T. torquatus* ziemlich viel — *musicus* wenige — *Sy. trochilus* und *phoenicurus* ziemlich viel — *cinerea* weniger — *Accentor* ziemlich — *M. alba* wenige — *flava* viele — *Anth. arboreus* viele — *pratensis* dto. — *Al. alpestris* noch ziemlich viel, 60—80 — *Emb. lapponica* ein oder zwei Stück — *F. cannabina* ziemlich — *carduelis* einige — *Char. auratus* einige — *Numenius* viele.
4. still, klar, schön, Nacht Reif, Cirri, träger N. O. vereinzelte tiefere Wolken, träger W.	Früh weniger Zug, des Reifes halber, später am Morgen und Vormittag sehr lebhaft — *F. peregrinus* 2—3 St. — *aesalon* ♀ und *tinnunculus* mehrere — *C. cornix*, *frugilegus* u. *monedula* lebhafter Zug — *T. musicus* ziemlich viel — *torquatus* weniger — *Mus. luctuosa* ♂ viele — *Sy. trochilus*, *rubecula*, *phoenicurus* — *Accentor* — *Sax. oenanthe* u. *rubetra*, *M. flava* — *Al. alborea* einige — *alpestris* immer noch viel — *Emb. citrinella* einige — *hortulana* viele — *J. torquilla* — *F. cannabina* viele — *chloris* dto. — *carduelis* einige — *Col. palumbus* etwa 10 St. — *Num. phaeopus* viele, 32 in einer Kette — *Ch. auratus* einige — *hiaticula* viele — *H. ostralegus* dto. — *Tot. calidris* häufig — Nachts viel Zug von *Num.*, *Tot.*, *Haemat.*, *Char.*
5. still, klar, schön, Früh schwer. Thau, Nachmitt. N. N. O. kühl.	*F. peregrinus* und *aesalon* einige — *tinnunculus* und *nisus* mehrere — *C. cornix*, *frugilegus* und *monedula* viele — *T. musicus* ziemlich viel — *torquatus* und *viscivorus* einige — *pilaris* ein paar Schaaren — *M.*

	luctuosa ♂ — *Sy. phoenicurus* viele — *trochilus* und *cinerea* wenige — *phragmitis* einige — *M. alba* wenige — *flava* viele — *Anth. arboreus* und *pratensis* ziemlich viel — *Al. alpestris* mehrere Flüge von 15 bis 30 Stück — *Emb. hortulana* und *schoeniclus* — *Col. palumbus* 15 bis 20 — *Tot. glottis, calidris, ochropus* u. *hypoleucus* — *Num. ph.* — *Scol. rusticola* 2—3 St. — *Sax. oenanthe* und *rubetra.*
6. nordöstlich, still, klar, warm.	Starker Zug — *F. haliaëtus, peregrinus* und *aesalon* — *tinnunculus?* und *nisus* — *C. cornix, frugilegus* und *monedula* — *T. musicus, torquatus* und *pilaris* — *M. luctuosa* zur Hälfte ♀ — *Sy. trochilus, phoenicurus, cinerea, atricapilla, phragmitis* und *locustella* — *Sax. oenanthe* meist ♀ — *rubetra* — *Mot. alba* einige — *flava* viele — *Anth. arboreus* viele — *pratensis* einige — *Al. alpestris* viele Flüge überhin — *Emb. hortulana, citrinella* und *schoeniclus* — *F. carduelis* einige — *Hir. rustica* und *urbica* — *Col. palumbus* ziemlich viel — *Tot. calidris* und *hypoleucus.*
7. still, nördlich trübe bedeckt, Wolken O. N. O.	Starker Zug — *F. haliaëtus, peregrinus, aesalon, tinnunculus* und *nisus* — Drosseln: *musicus, torquatus* u. *pilaris* — *Mus. luctuosa* ♂, viele ♀ — *Sy. trochilus, cinerea* u. *hortensis* — *phoenicurus* viele ♀ — *phragmitis* und *palustris* — *suecica* — *Sax. oenanthe* und *rubetra* letztere viele — *Mot. alba* einige — *flava* viele — *Anth. arboreus* viele —

	pratensis wenige — *Al. alpestris* viele überhin — *Emb. hortulana* u. *citrinella* viele — *Fr. carduelis* mehrere — *Troglodytes* viele — *J. torquilla* viele — *Hir. rustica* u. *urbica* viele — *Col. palumbus* bis 20 Stück — *turtur* einige — *Crex pratensis* ziemlich viel — *Tot. glottis, calidris, ochropus, glareola* und *hypoleucus* — *Num.* — *Tringa. Passer pusillus*, Pall.
8. still, südlich klar, warm, leichte hohe Wolken von N., Abends N. kalt, 6—8 Uhr Nebel.	Früh und Vormittag sehr viel Zug — stärker als Tags zuvor — Falken, Drosseln, Pieper, Sylvien, *suecica, hortensis, sibilatrix, palustris, trochilus* und *phragmitis* — *Mus. luctuosa* viele, meist ♀ — *Sax. oenanthe* wenige — *rubetra* viele — *Al. alpestris* noch ziemlich viel — *Emb. hortulana* viele — *citrinella* und *schoeniclus* einige — *J. torquilla* — *Hir. rustica* und *urbica* — *Crex pratensis* ziemlich viel — *Col. turtur* 4 Stück — *Tot. calidris, ochropus, glareola* und *hypoleucus* — *Ch. cantianus* — *Himantopus.*
9. N. N. W. frisch, klar, kalt.	Kein Zug — zerstreute Drosseln — Pieper, Stein- und Wiesenschmätzer — *Al. alpestris.*
10. N. N. W. frisch, leichte Wolken, kalt.	Fast gar kein Zug — einige Falken, Bachstelzen, Pieper.
11. N. heftig, sehr kalt, hohe Wolken westlich, tiefere, N.	Kein Zug — einige Falken und Bachstelzen.
12. N. schwach, klar, gegen Ab. kalt.	Kein Zug — einige kleine Falken u. Bachstelzen — *M. alba* u. *flava* — Wiesenpieper und Wiesenschmätzer.

13. O. S. O. frisch, dick bezogen, Wolken von Süd, Mittag Regen.	Starker Zug — *F. haliaëtus, nisus, subbuteo* — *Corv. cornix* noch ziemlich — *Turd. musicus, torquatus* und *pilaris* viele — *Mus. luctuosa* ♀ — *grisola* — *Sy. hypolais, trochilus, sibilatrix, suecica, cinerea, hortensis, rubecula, phragmitis* alle sehr viel — *Sax. oenanthe* wenige — *rubetra* sehr viel — *ruticilla* — *M. flava* sehr viel — *Al. alpestris* auch immer viele — *Anth. arboreus* viele — *Emb. hortulana* viele — *J. torquilla* ziemlich viel — *Caprimulgus* mehrere — *Hir. rustica* u. *urbica* viele — *Cypselus* viele — *Crex pratensis* ziemlich viel — *Char. morinellus* 10—15 — *Col. palumbus* mehrere — *Turtur* einige — *Char. squatarola* einige — *Tot. glottis* und *ochropus* — Schnepfen 10—12 — *Char. hiaticula.*
14. S. W. schwach, warm, einzelne Wölkchen.	Sehr starker Zug während der Früh- u. Vormittagsstunden — *F. peregrinus, aesalon, tinnunculus* und *nisus* — *T. musicus* und *pilaris* — *Mus. grisola* und *luctuosa* — *Sy. suecica* und *phoenicurus* ♀, *cinerea, hortensis, trochilus, ficedula, sibilatrix, phragmitis* u. *palutsris* — *Mot. flava* — *Anth. arboreus* — *Emb. hortulana* — *Fr. carduelis* — *Hir. rustica* — *urbica* und *riparia* — *Cypselus* — *Col. palumbus* — *oenas, turtur* letztere ziemlich viel — *Char. hiaticula* — *Tr. alpina* — *Tot. calidris* und *hypoleucus.*
15. Westlich heftig, Regenböen, sehr kalt.	Kein Zug — einige Stein- u. Wiesenschmätzer — gelbe Bachstelzen.

16. N. W. stürmisch, Regenböen, kalt.	Kein Zug — einige Stein- und Wiesenschmätzer — ein Paar Baumpieper — Bekassinen
17. Westlich bewölkt, Nachm. stiller und warmer Regen.	Wenig Zug — *F. haliaetus, aesalon, tinnunculus* einzelne ♀ — *T. torquatus* einige — *Sy. cinerea* einige — *Sax. rubetra* einige — *oenanthe* wenige — *Mot. flava* ziemlich viel — *Anth. arboreus* einige, *pratensis* etwas mehr — *Hir. rustica* nicht viel — *Tot. glottis* zwei St. — *glareola* mehrere — *Ch. cantianus* ein Paar — *Haematopus* mehrere.
18. S. W. frisch, bedeckt und Regen.	Sehr wenig Zug — *F. tinnunculus* u. *nisus* einige — *Sy. phoenicurus, cinerea* und *phragmitis* — *Sax. rubetra* — *Al. alpestris* noch etwa 20—30 spät — *Emb. hortulana* mehrere — *Mot. flava* ziemlich viel — *Col. turtur* einige — *Crex pratensis* dto.
19. Südlich schwach.	Viel Zug — *F. tinnunculus* und *nisus* — *subbuteo* 1 St. — *Corv. cornix* und *monedula* noch ziemlich viel — *Lan. collurio* ein Paar — *Sy. trochilus, phoenicurus* ♀, *cinerea* ♀ — *phragmitis* und *suecica* — *Mus. grisola, luctuosa* ♀ — *Sax. rubetra* viele — *oenanthe* ♀ wenige — *Mot. flava* viele, halb ♀ — *Anth. arboreus* und *pratensis* viele — *Cuculus* mehrere — *Caprimulgus* einige — *Hir. rustica, urbica, riparia* viele — *Cypselus* viele — *Col. palumbus* und *turtur* ziemlich viel — *Char. cantianus* 1 St. — *hiaticula* viele — *T. pugnax* — *Haematopus* — *Tot. calidris* und *glareola* — *Anth. campestris* 1 St.

20. südlich still, klar, heiss.	Sehr starker Zug — alles von Tags zuvor — *Tot. ochropus* — *Ch. vanellus.*
21. N. O. schwach, klar warm.	Wiederum starker Zug aller genannten Arten — dazu *Char. morinellus* und *vanellus.* Alte Vögel wie Tags zuvor — wohl solche, deren Brut zerstört.
22. N. O. frisch, dick bewölkt, kalt, Wolken v. N. W.	Nur unbedeutender Zug — einige *trochilus* — *M. flava* — *Anth. pratensis* — *Fr. montana* eine kleine Schaar.
23. O. schwach, klar, heiss.	Starker Zug — *F. subbuteo* 1 St. — *aesalon* ♀ und *tinnunculus* u. *nisus* mehrere — *Lan. collurio* einige — *Mus. grisola* ziemlich viel — *luctuosa* ♀ — *Sy. trochilus, phoenicurus* ♀ — *cinerea, hortensis, atricapilla, suecica, phragmitis* — *Sax. rubetra* viele — *oenanthe* ♀ weniger — *Mot. flava* viel — *melanocephala* einige — *Anth. arboreus* viele — *pratensis* wenige — *Emb. hortulana* viele — *Hir. rustica, urbica* und *riparia* — *Cypselus* — *Caprimulgus* — *Crex* — *Char. morinellus* und *squatarola* — *Num. phaeopus, Tot. glottis, ochropus, glareola* — *hypoleucus* — Turteltauben.
24. Südl. ganz still, warm, klar. Nachmittags W. 5 Nm. sehr heftig, bedeckt und kalt. Abends klar, still.	Während der Nacht und früh starker Zug — *F. tinnunculus* und *aesalon* — *nisus* zerstreut — *Lan. collurio* — *M. grisola* viel — *luctuosa* weniger — *Oriolus* 1 St. — *Sy. suecica* ein Paar — *phoenicurus* ♀, *cinerea, nisoria* ein St., *atricapilla* einige Exemplare — *trochilus* u. *phragmitis* ziemlich — *palustris* mehrere

	— *Mot. flava* viele, *melanocephala* ein Paar — *Anth. arboreus* viele — *pratensis* wenige — *J. torquilla* ziemlich — *Caprimulgus* dto. — *Hirundo* viele — *Cypselus* dto. — *Col. turtur* 10—15 — *Crex* ziemlich viel — *Tot. calidris* mehrere — Nachmittag fast alles fort.
25. S. frisch, tiefe Wolken S. W. oben S. Regen.	Sehr wenig Zug. — Einige kleine Falken — 1 St. *Lan. excubitor* — wenige *Sy. phoenicurus* — *trochilus* u. *cinerea* und *phragmitis* — *M. grisola* und *luctuosa* — *Mot. flava, Anth. arboreus* und *pratensis* — *Sax. oenanthe* und *rubetra* — *Hirundo* — *P. coturnix* 2 St. — *Col. turtur* ein Paar — *Totanus* u. *Numenius*.
26. S. W. schwach.	Fast kein Zug. — Zerstreute Vögel wie Tags zuvor.
27. O. trübe, schwach, dunstig. Nachm. S.—S. W. Regenschauer.	Sehr schwacher Zug. — *Lan. collurio* einige — sonst zerstreut dieselben wie Tags zuvor.
28. S. W. frisch klar.	Kein Zug — einige Turteltauben und Steinschmätzer und *M. flava*.
29. S. S. W. schwach, schön.	Kein Zug — *Col. turtur* jedoch sehr viel — *Fr. linaria* 1 St. — Schwalben — *Totanus* — *Ch. hiaticula*.
30. Nördlich still, klar, cirri v. S. W.	Kein Zug — *Col. turtur* wieder ziemlich viel — auch *Hirundo*-Arten — *Fr. montana*, die sich bis etwa 100 Stück angesammelt, abzogen.
31. N. O. still, klar, warm. Abends N. kalt.	Wenig Zug. *Mus. grisola* und wenige *luctuosa* — *Sax. oenanthe* zerstreut — *F. linaria* noch da — *Ch. vanellus* ein Paar alte Vögel — *Tot. calidris*, *Haematopus* dto.

Juni 1. O. S. O. frisch, cirri W.	Kein Zug — ganz wenig zerstreute kleine Vögel.
2. Nördlich still, kalt.	Kein Zug — wenige Herumtreiber — kleine Vögel — *Alauda sibirica* ♀, schöner Vogel, 2 Stück.
3. N. N. W. — schwach, früh Regen.	Nichts — ziemlich viel *Col. turtur.*
4. Nördlich, schwach bewölkt, kalt.	Nichts — *Col. turtur* mehrere.
5. N. N. W. — N. dick, kalt.	Nichts — *Col. turtur* einige.
6. N. — N. O. schwach, klar, sehr kühl.	*Hir. rustica* einige — *Caprimulgus* 1 St. — *Loxia* drei graue Vögel.
7. N. frisch, dunstige Wolken, sehr kalt.	Gar nichts.
8. N. frisch, bewölkt, sehr kalt.	Nichts — einige *Col. turtur* — *Sax. oenanthe* — 1 St. *Al. alpestris.*
9. Oestlich still, klar, warm.	Nichts — wenige *Sax. oenanthe* — *Emb. hortulana* — 1 St. *Al. alpestris* — *Loxia* einige.
10. O. S. O. still, schön.	Sehr wenig — *Mot. flava* — *Anth. arboreus* — *Cypselus.*
11. Südlich still, Nacht Nebel, Ab. Regen.	Nichts — obige zerstreut — *Numenius* — *Tot. calidris.*
12. S. W. schwach, schön.	*F. buteo* ein Paar — sonst nichts.
13. Westl. schwach, Regen, später klar.	*F. buteo* mehrere — *Hirundo* dto.
14. N. W. frisch, Wolken, S. W. kalt, stürmisch.	Nichts.
15. W. stürmisch, Regen, Nachm. N. W. klar.	*Sturnus* junge die Ersten — einige Flüge von 20 — 50.
16. N. W. stürmisch, Regenschauer, kalt.	Nichts.

17. N. N. W. windig, Regenschauer, kalt.	Nichts.
18. Oestlich klar, warm.	*Ch. auratus* junge und *Vanellus* junge — einige *Num. phaeopus* dto.
19. frisch N. O., heftig bewölkt, später O. — S. O. klar, warm.	*T. saxatilis* ♀ 1 St. im Garten — *M. grisola* ein Paar — *Hir. rustica* einige — *Char. auratus* junge — *Vanellus* junge — *Numenius* dto. — *Tr. pugnax* 4 St. — ein weisser geschossen.
20. Oestlich windig bis schwach, klar, warm.	*Hir. rustica* und *urbica* 20 — 30 St. — *Vanellus* junge — ziemlich viel — *auratus* ein Paar — *Numenius* ziehend.
21. W. N. W. windig, heftig, Abends kalt.	Nichts — *Tot. calidris* einige junge.
23. — 24. N. N. W. stürmisch, kalt.	Nichts.
25.—26. S. W. — W. etwas besser.	*F. tinnunculus* junge — *T. musicus* einige junge im Garten.
27. — 28. N. O. — O. still, klar, warm.	Zug zurück — *F. tinnunculus* junge — *Sturnus* junge, hunderte — *Hir. rustica* und *urbica* — *Char. hiaticula* — *Tot. calidris* und *glottis*, *hypoleucus* — *Tr. subarquata* — *Haematopus* — *Num. phaeopus* — alles junge.
29. N. W. still, klar, schön.	*Sturnus* junge, sehr viele — *Hirundo* ziemlich — *Col. palumbus* — *Tot. calidris* — *Ch. hiaticula* — *Num. phaeopus* — *Haemotopus*.
30. Nördlich schwach, klar.	*Sturnus* junge, viele — *Ch. vanellus* junge viele.
Juli 1. N. O. frisch u. später N. N. W. mässig, klar, warm.	*Sturnus* junge, Schaaren von hunderten. *Hir. rustica* einige alte — *Cypselus* junge — *Ch. hiaticula* — *Tot. calidris* junge.

2. N. W. mässig, klar, warm.	*Sturnus* junge, grosse Schaaren — *Ch. hiaticula* — *T. calidris* — *Num. phaeopus.*
3. Nachts — früh Nebel — W. frisch.	*Sturnus* junge, weniger.
4. N. W. klar, warm.	*Sturnus* junge, sehr viele
5. N. N. W. schwach, klar, warm.	*Sturnus* junge, viele Schaaren.
6. W. schwach, klar, sehr warm.	*T. musicus* einige — *pilaris* dto. — *Ch. hiaticula* — *vanellus* — *Scol. gallinago* — *T. calidris* — *Num. phaeopus* alles junge ziemlich viel.
7. S. W. schwach, klar, heiss.	*Sturnus* junge, ziemlich viel — *T. musicus* 8 — 10 St. — *hiaticula* u. *vanellus* und *calidris* — *Num. arquatus* — *phaeopus.*
8. N. W. frisch, klar, kühl, später O. N. O. heftig. dicke Wolken von S. W.	*Sturnus* junge, früh ein paar hundert — *T. musicus* einige — *Ch. hiaticula* — *Sc. gallinago* — *Num. phaeopus* — *Ar. cinerea* 1 St. — gegen Ab. *Sturnus* in Schaaren von 3 — 400 auch kleine *Sylvien* — *ficedula* u. *phoenicurus.*
9. N. W. — N. N. W., sehr frisch, cirri von S. W. kalt, Abends eisig kalt.	*Sturnus* junge, nicht viel — *hiaticula.*
10. N. N. W. frisch, früh eisig kalt.	*Sturnus* junge, ein paar hundert — *T. musicus* 10 — 15 — *Ch. hiaticula* — *Tot. calidris* — *Num.* zerstreut.
11. N. W. mässig, klar, warm, cirri v. S. W.	*Sturnus* ziemlich viel — *T. musicus* mehrere — *Ch. hiaticula* zerstreut — *cantianus* 1 St. — *Vanellus* junge — *Tot. calidris* u. *ochropus* — *Num. phaeopus.*
12. S. W. windig, früh Regen, warm, 6 Nm. Nebel.	*Sturnus* jung., ziemlich viel — *T. musicus* wohl dieselben von gestern — *Ch. hiaticula* viele junge — *T. calidris* dto.

13. Westlich still, warm, Abends S. Nacht heftig.	*Sturnus* junge, Schaaren von hunderten — *T. musicus* 20 — 30. — *Ch. hiaticula, cantianus* und *vanellus* junge — *T. calidris.*
14. S. heftig, klar, — später bedeckt, S. S. W. heftig, Nachm. Regen.	*Sturnus* junge, wenig — *T. musicus* von Tags zuvor — *Hir. rustica* junge, einige — *Col. palumbus* ein Paar — *C. canorus* ein ♀ jung — *Ch. vanellus* einige — *Num. arquatus* dto.
15. N. W. W. frisch, Abends eisig kalt.	Wenige junge Staare, sonst nichts.
16. Westlich schwach, — Nachm. still, klar, östlich warm.	*C. canorus* 1 St. — *Sax. oenanthe* einige junge — *Ch. hiaticula* und *vanellus* junge — *Num. phaeopus* — *Tot. ochropus.*
17. N. W. heftig, wolkig, frisch, kalt.	*Ch. hiaticula* — *Tot. glottis* — *hypoleucus.*
18. Südlich still, warm.	*Cuc. canorus* junge — *Alcedo ispida* 1 St.
19. S. S. O. frisch, klar, heiss, still.	*Ch. hiaticula* — *Num. phaeopus* — *Tot. calidris* — *Cuc. canorus* junge, mehrere — *Cypselus* viele — *Ch. hiaticula* — *vanellus* — *auratus* alles junge — *Scol. gallinago* junge — *Num. arquatus* u. *phaeopus* — *Tot. calidris* — *ochropus* -- *hypoleucus.*
20. S. W. frisch, sonnig u. wolkig, (Bojlogt-) böige Luft.	*Hir. rustica* — *Cypselus* ziemlich viel — *A. cinerea* junge — *Num. phaeopus* — *Tot. ochropus.*
21. S. O. schwach, klar, heiss, Ab. wieder frisch.	*Fr. serinus* ein junges — *Hir. rustica* ziemlich viel — *Cypselus* dto. — *Num. phaeopus* — *Tot. calidris.*
22. S. O. frisch, Gewitterwolken.	*Cuc. canorus* mehrere junge — *Scol. gallinago* junge einige — *Ch. vanellus* junge — *Num. phaeopus* — *Tot. calidris.*

23. Südlich still, bedeckt, warm, Nachm. sonnig, Abends ganz still.	*Loxica curvirostra* einige graue Vögel — *Cuculus* junge einige — *Cypselus* Flüge, immer junge — *Num. phaeopus* — *Tot. calidris* — *hypoleucus* — *Ch. hiaticula* — *Scol. gallinago* junge.
24. Frisch S. O. still, warm, bedeckt — Vormittag S. still, Regen, Nachm. S. W. frisch, klar — Abends N. W. stürmisch.	*F. tinnunculus* junge — *Cuculus* junge — *Hir. rustica, urbica* u. *riparia* — *Ch. vanellus* — *Num. phaeopus* — *Tot. calidris* junge — *Scol. gallinago* junge.
25. Früh W. frisch, klar — Abends still, S. O. Wolken von W.	*F. tinnunculus* junge — *Hir. rustica* junge, sehr viel — *Cuculus* junge — *Num. phaeopus.*
26. S. S. W. still, warm.	*Ch. hiaticula* und *vanellus* junge — *Num. phaeopus* — *Tot. glottis* — *glareola* — *ochropus* — *hypoleucus* und *calidris.*
27. Südlich still, warm — Mittag Gewitter, Regen — Nachmittag — W. N. — N. W. heftig kalt.	*Loxia curvirostra* 8 — 10 Stück graue Vögel — *Cuculus* junge, einige — *Tot. calidris* und *glareola* — *hypoleucus* — *ochropus.*
28. N. W. heftig, kalt, bewölkt.	*Loxia* einige.
29. N. W. frisch, wolkig, kalt.	*Hir. rustica* — *urbica* einige — *Ch. hiaticula* einige.
30. Südlich, S. O.— S. W. schwach, bewölkt, warm.	*F. tinnunculus* junge — *Sax. oenanthe* junge ziemlich viel — *Loxia* mehrere — *Cuculus* — *Hirundo rustica, urbica* u. *riparia* — *Num. arquatus* und *phaeopus* — *Tot. calidris* — *Scol. gallinago* — *Larus argentatus* ganz jung — *F. tinnunculus* junge.

31. S. O. — S. W. frisch, Donner, bewölkt.	*Sy. phoenicurus* junge — *Loxia* eine kleine Gesellschaft — *Hirundo* einige — *Cuculus* einige junge — *Ch. hiaticula* u. *vanellus* junge — *Tot. calidris* und *ochropus*.
August 1. Südlich still, warm, schön.	*Hir. urbica* sehr viel — *rustica* weniger — *riparia* ziemlich — *Cuculus* junge, einige — *Num. phaeopus* — *Tot. glottis*.
2. S. O. — N. O. schwach, klar, warm — Nachm. bedeckt, frisch.	*Hir. urbica* viele — *Cuculus* 1 alter Vogel — *Tot. calidris*.
3. N. W. heftig, kalt, früh sehr kalt.	*Hir. urbica* — *Cuculus* — *Num. arquatus*, *phaeopus* — *Tot. hypoleucus* — *Scol. gallinago* vereinzelte Vögel.
4. N. W. windig, kalt, dick bewölkt, feiner Regen.	*Sax. oenanthe* junge, ziemlich viel — *Num. phaeopus* — *Tot. calidris* — *ochropus* — *glottis*.
5. W. N. W. windig, sehr kalt.	*Sax. oenanthe* junge, ziemlich — *Hir. urbica* — *cuculus* junge — *Ch. auratus* u. *vanellus* junge — *Scol. gallinago* — *Tot. calidris*.
6. S. W. schwach, hohe Wolken v. N., Abends windig.	*Sax. oenanthe* junge, ziemlich — *Hir. urbica* weniger — *Tot. ochropus*.
7. N. W. mässig, feiner Dunstregen, Abends S. S. W.	Nachts ziehend: *Num. arquatus* und *Scol. gallinago* — *Sy. trochilus* mehrere junge gelbe — *Sax. oenanthe* u. *rubetra* ziemlich junge — *Cuculus* junge — *Ch. auratus* junge — *Scol. gallinago* — *Num. arquatus* und *phaeopus*.
8. N. W. sehr frisch, kühl — Nachm. westlich stiller u. wärmer.	*F. tinnunculus* junge, ein Paar — *Sy. sibilatrix* einige — *trochilus* mehrere, alles junge — *Sax. oenanthe* junge, ziemlich viel — *Hir. rustica* einige — *urbica* mehrere.

9. W. N. still, klar, warm.	*Sy. trochilus* junge, ziemlich — *Hirundo* weniger — *Saxicola* weniger — *Ch. auratus* einige — *Num. phaeopus* — *Tot. ochropus* und *glottis?*
10. Südlich, frisch bedeckt — Nachm. — Abends Ost still, wenig Regen, Donner.	*Turd. musicus* einige — *Sy. trochilus* wenige — *Sax. oenanthe* ziemlich — *rubetra* wenige — *Loxia* eine kleine Gesellschaft — *Hir. rustica* und *urbica* nicht viel — *riparia* ziemlich — *Cuculus* ein Paar — *Ard. cinerea* ein Paar junge.
11. N. W. heftig, dick bewölkt, kalt, Abends klar.	Kein Zug.
12. W. N. W. frisch, starkes Gewitter mit Regen — Unwetter.	Nichts.
13. S. O. besser, bedeckt.	*Sy. trochilus* ziemlich — *Cypselus* ziemlich viel — *Anas tadorna* ein junger Vogel.
14. ganz still, warm, bezogen, Regen.	*Lanius excubitor* 1 St. — *Sy. trochilus* zerstreut — *Sax. oenanthe* ziemlich viel — *rubetra* weniger — *Ch. hiaticula* junge — *Tot. calidris* junge — *Scol. gallinago* junge, alle ziemlich viel.
15. N. N. W. frisch, bewölkt, kalt, — Nachmittag klar, stiller, wärmer.	*Lanius excubitor* 2 St. — *Sy. trochilus* zerstreut — *phoenicurus* ziemlich — *Sax. oenanthe* dto. — *Char. hiaticula* u. *auratus* junge — *Tot. calidris* und *ochropus* — *Haem. ostralegus* junge Vögel — *Num. arquatus* — *Scol. gallinago* alles nur wenig.
16. Südlich frisch, sonnig, Nachm. S. O. — Abends S. S. W. heftig, Regen.	*Lanius excubitor* — *major?* 1 St. — *Sy. trochilus* — *phoenicurus* — *Sax. oenanthe* viele — *rubetra* weniger — *Hir. urbica* ziemlich viel —

	Num. arquatus — *Haem. ostralegus* — *Tot. ochropus* — *glottis* — *Scol. gallinago* und *gallinula*.
17. S. W. schwach, dick mit Regen, Nachm. still, klar, schön, Abends ganz stilll.	*Sy. trochilus* ziemlich viel — *phoenicurus* wenige, *Sax. oenanthe* viele junge — *Ch. auratus* u. *hiaticula* — *Tot. hypoleucus* — *Num. arquatus* — Nachts Langbeiner — viele *hiaticula*.
18. Still, Wolken v. N. O., klar, warm, Nachts schwerer Thau.	*Sy. trochilus* — *phoenicurus* — *Mot. alba* — *Sax. oenanthe* mässig — *Emb. hortulana* ziemlich jung — *Num. arquatus* — *Haem. ostralegus* *Tot. ochropus* — *Ch. auratus* und *hiaticula* — *Tr. alpina* — *Scol. gallinago* und *gallinula*.
19. O. N. O. — N. O. frisch, bedeckt, später klar, schön, Abends bedeckt.	*F. tinnunculus* mehrere — *Cyanecula* 1 St. — *Sy. trochilus* — *palustris* — *phoenicurus* — *Sax. oenanthe* und *rubetra* viele — *Mot. flava* — *Hir. urbica, rustica* — *riparia* — *Cypselus* — *Emb. hortulana* junge viele — *J. torquilla* — *Upupa* — *Cuculus* — *Ch. auratus* — *hiaticula* — *vanellus* — *Num. arquatus* — *Tot. glottis* — *glareola* — *Scol. gallinago* u. *gallinula* — Alles sehr viel — erster starker Zug.
20. N. O. still, klar, warm.	*T. pallidus* junge — *Sy. trochilus* — *M. luctuosa* junge — *Mot. flava* — *Sax. oenanthe* und *rubetra* — *Emb. hortulana* — *Cuculus* alle jung — *Num. arquatus* — *H. ostralegus* — *Tot. glottis* u. *hypoleucus* — *Scol. gallinago* u. *gallinula* — Alles ziemlich viel.
21. Frisch südlich, still, später schwach, Ost, klar, heiss.	*T. musicus* 6—8 St. im Garten junge — *Sy. trochilus* — *Mus. grisola* — *luctuosa* — *Sax. oenanthe* u. *rubetra*

	— *Mot. flava* — *Anth. arboreus* — *Al. arboreus* — *Em. hortulana* — *Scol. gallinago* — *Ch. auratus* ein Paar — *Tot. ochropus* und *calidris* — dem Wetter nach merkwürdig wenig Zug.
22. O. S. O. frisch, klar, warm, später stiller, Abends bedeckt.	*F. nisus* junge, mehrere — *Sy. trochilus* und *phoenicurus* nicht viel — *T. musicus* einige — *M. flava* — *Anth. arboreus* und *pratensis* junge — *Emb. hortulana* — *Cuculus* junge — *Ch. morinellus* junge — *Num. arquatus* — *T. glareola* — *Scol. gallinago* u. *gallinula* — Zug ziemlich frisch — Abends Zug von *Num.*, *Char.*, *Tot.*, *Tringa* u. *Haematopus*.
23. Oestlich schwach, klar, warm.	*F. nisus* junge, mehrere — *tinnunculus* dto. — *T. musicus* 20 St. — *Sy. trochilus* u. *phoenicurus* — *cinerea* — *Mus. grisola* u. *luctuosa* junge — *Anth. arboreus*, *pratensis* — *Emb. hortulana* — *Sax. oenanthe* u. *rubetra* — *Num. arquatus* und *phaeopus* — *Tot. calidris* — *Scol. gallinago* u. *gallinula* alle ziemlich viel. Nacht viel Zug von Langbeinern.
24. O. S. O. schwach, klar, warm.	*F. haliaetus* — *nisus* — *tinnunculus* juv. — *T. musicus* einige — *Sy. trochilus* — *phoenicurus* u. *cinerea* — *Sax. oenanthe* u. *rubetra* — *Mus. grisola* und *luctuosa* — *Anth. arboreus* und *pratensis* — *Mot. flava* — *Emb. hortulana* junge — *Char. auratus* — *Num. arquatus* — *Scol. gallinago* u. *gallinula* — Nachts viel Zug überhin Langbeiner.
25. O. S. O. still, heiss, schwerer Thau, frisch.	*F. nisus* ziemlich viel junge — *Sy. trochilus* u. *cinerea* ziemlich —

	phoenicurus wenige — *Sax. oenanthe* und *rubetra* — *Anth. arboreus* — *Emb. hortulana* junge noch immer — *Mot. flava* — *Num. arquatus* u. *Bekassinen.*
26. Nördlich schwach, trübe, bedeckt, später westlich mässig warm.	*F. nisus* u. *tinnunculus* einige — *Sy. trochilus* u. *cinerea* — *suecica* zerstreut — *M. flava* — *Sax. oenanthe* u. *rubetra* mässig — *Mus. grisola* u. *luctuosa* zerstreut — *Em. hortulana* — *Hir. rustica* — *Cypselus* — *J. torquilla* — *Tot. calidris* u. *ochropus.*
27. W. N. frisch, leicht bewölkt, Abends still, klar.	*Lan. collurio* junge, ein Paar — *Sy. trochilus* — *cinerea* ziemlich — *suecica* ein Paar — *Sax. oenanthe* — *Fring. montana* eine Schaar — *Cypselus* einige Flüge — *Tot. calidris* — Nicht viel Zug.
28. Still, südlich klar, heiss.	*F. nisus* u. *tinnunculus* junge — *Sy. trochilus*, *phoenicurus* juv. — *cinerea hortensis* — *Mus. grisola* und *luctuosa* viele im Garten — *Sax. oenanthe* u. *rubetra* — *Anth. arboreus* — *Emb. hortulana* — *Jynx torquilla* — *Hir. rustica* — *Cypselus* — *Ch. auratus* — *Tot. calidris* u. *ochropus* — *Bekassinen* — guter Zug, auch Nachts viel überhin Langbeiner.
29. S. S. O. früh frisch, klar, heiss.	*F. peregrinus* ein junger — *aesalon* junge, ein Paar — *nisus* u. *tinnunculus* mehrere — *Sy. trochilus* — *phoenicurus* — *suecica* — *cinerea* — *hortulana* — *Mus. grisola* und *luctuosa* — *Mot. flava* — *Anth. arboreus* — *Sax. oenanthe* u. *rubetra* — *Em. hortulana* — *Jynx torquilla*

— *Cuculus* — *Hir. rustica* u. *urbica* — *Ch. morinellus* u. *auratus* junge — *Tot. calidris* — *Tringa alpina* u. *interpres.* — Alles sehr viel — sehr bedeutender Zug auch während der Nacht.

30. N. O. schwach, früh bis Mittag Nebel, Nachmit. klar, still, heiss.

F. nisus u. *tinnunculus* nur ein Paar — *Sy. trochilus* u. *phoenicurus* — *suecica* — *cinerea* — *hortulana* — *Mus. grisola* u. *luctuosa* — *Mot. flava* — *alba* — *Sax. oenanthe* keine — *rubetra* sehr viel — *Anth. arboreus* wenig — *pratensis* — viele *Fr. montana* Schaaren — *Tot. hypoleucus* Schaar unter der Klippe — ziemlich viel, aber erst vom Mittag an hauptsächlich gekommen.

31. S. O. still, klar, heiss. Nacht Nebel gewesen.

Sy. trochilus u. *phoenicurus* — *cinerea* einige — *Mus. grisola* u. *luctuosa* — *Sax. oenanthe* u. *rubetra* — *Mot. flava* — *Anth. campestris* — *arboreus* u. *pratensis* — *Emb. hortulana* — *Tot. ochropus* — *Scol. gallinula* — nicht sehr bedeutender Zug — Nebel verhindert.

September 1. S. klar, sehr heiss, Abends Gewitterwolken auf Süden Donner.

F. nisus zerstreut — *Sy. trochilus* — *cinerea* u. *hortulana* — *phoenicurus* — *Mus. grisola* u. *luctuosa* viele — *Mot. flava* — *Anth. arboreus* — *pratensis* u. *campestris* 1 St. — *Sax. oenanthe* u. *rubetra* viele — *Emb. hortulana* junge, einzelne alte — *Hir. rustica* u. *riparia* — *urbica* wenige — *Ch. auratus* zerstreut — *Tot. ochropus* ein Paar — Nachmittag fast alles fortgezogen.

2. Oestlich schwach, klar, heiss, leichte

Sy. trochilus, *phoenicurus* und einige *hortensis* — *Mus. luctuosa* — *Sax.*

Gewitterwolken auf S. W., früh Donner, Abends bis Mitternacht heftiges Gewitter mit Regen.	*oenanthe* u. *rubetra* — *Anth. arboreus* u. *pratensis* — *Mot. flava* — *Emb. hortulana* — *Num. arquatus* — *H. ostralegus* — *Ch. auratus* — *Scol. gallinago.* — Alles nur zerstreut der Gewitterluft halber.
3. O. N. O. schwach, klar, heiss, später frisch, Abends kühl.	*F. aesalon* einige junge — *nisus* dto. — *Lan. collurio* junge, ein Paar — *T. musicus* wenige — *Sylvien* wenige, zerstreut — *Emb. hortulana* — *Sax. oenanthe* — *Mot. flava* — *Anth. arboreus* u. *pratensis* — *Hir. rustica* — *Jynx* — *Ch. auratus* u. *vanellus* — *Num. arquatus.* — Kein rechter Zug, wohl Gewitter irgendwo.
4. O. N. O. mässig, klar, warm.	*F. aesalon* junge — *tinnunculus* und *nisus* ziemlich viel — *Sy. trochilus* wenige — *curruca* mehr — *hortensis* zerstreut — *phoenicurus* ziemlich — *Mus. luctuosa* ziemlich viel — *Saxicola oenanthe* u. *rubetra* wenige — *Mot. flava* und *alba* junge — *Anth. arboreus* u. *pratensis* ziemlich — *Col. palumbus* mehrere — *Char. auratus* u. *morinellus* junge, einige — *Num. arquatus* — *Tot. ochropus.* — Nicht starker Zug — Gewitter?
5. O. frisch, klar, warm, Abends u. Nachts Gewitter.	Alle obigen nebst *Hir. rustica.* — Zug nicht viel wegen starker Gewitterluft.
6. S. S. O. Nachm. S. S. W., Abends W. schön, still.	*F. aesalon, tinnunculus* u. *nisus* junge — *Sturnus* ein paar Flüge — *Sy. trochilus, phoenicurus* — *cinerea* u. *hortensis* — *Cuculus* junge — *Mot. flava* — *Anth. arboreus, pratensis* u. *Richardi* 2 St. — *Upupa* 1 St. — *Ch. auratus* u. *morinellus* junge — *Num. arquatus? rostroth* — *H. ostralegus* — *Tr. interpres.*

7. S. S. W. schwach, klar, warm.	*F. tinnunculus* — *Sy. phoenicurus, trochilus* — *Anth. arboreus* und *pratensis* — *Mot. flava* — *Mus. luctuosa* — *Sax. oenanthe* u. *rubetra* — *Emb. hortulana* — *Ch. auratus* — alles nur zerstreut.
8. Westlich schwach, dick mit Regen, Mittag klar.	*F. tinnunculus* einige — *T. musicus* wenige — *oenanthe* — *trochilus* — *A. pratensis* — *Ch. auratus* — wenige Vögel, kein Zug.
9. S. W. windig, dick.	*F. tinnunculus* — *Anth. pratensis* — Nichts.
10. N. N. O. schwach, Regenwolken.	*Sax. oenanthe* — *Sy. trochilus* — zerstreut, kein Zug.
11. W. mässig, klar, warm, Ab. still.	*F. tinnunculus* u. *nisus* junge, mehrere — *T. musicus* ziemlich viel — *Sy. trochilus* — *Sax. oenanthe* u. *rubetra* — *Mot. flava* — *Anth. arboreus* u. *pratensis* — *Emb. hortulana* — *Ch. auratus* — *Scol. gallinago* — *Mus. grisola* im Garten. Alles ziemlich zahlreich.
12. S. W. frisch. Ab. still, klar, warm.	*F. nisus* junge — *T. musicus* ziemlich — *Mot. flava* u. *alba* — *Anth. arboreus* wenige — *pratensis* viele — *Fr. coelebs* einige im Garten — *Ch. auratus* ein Paar — *hiaticula* mehrere — *Scol. gallinago* zerstreut. Zug im Ganzen unbedeutend.
13. S. W. schwach, sonnig, Abends ganz still östlich.	*F. nisus* einige — *T. musicus* nicht viel — *trochilus* wenige — *Mus. grisola* einige — *luctuosa* wenig — *Mot. flava* ein paar Gesellschaften — *Anth. pratensis* ziemlich viel — *Sax. oenanthe* u. *rubetra* ziemlich — *Emb. hortulana* einige alte Vögel — *Ch. auratus* zerstreut.

14. S. O. schön, still, klar, warm, schwerer Thau.	*T. musicus* ziemlich viel — *nisus* u. *tinnunculus* immer da — *Sturnus* viele Flüge — *Sy. trochilus* u. einige *rufa* junge — *cinerea, hortensis, phoenicurus* alte Vögel — *Mus. luctuosa* ziemlich viel — *Mot. flava* viele — *Anth. campestris* ein Paar — *arboreus* ziemlich viele, *pratensis* dto. — *Emb. hortulana* nicht viel, zur Hälfte alt — *F. coelebs* einige — *Ch. auratus* — *Scol. gallinago.* — Im ganzen lebhafter Zug.
15. N. — N. O. frisch, klar, kühl.	*F. nisus* ziemlich viel — ein alter Vogel — Staare ein paar kleine Flüge — *T. musicus* ziemlich viel — *Sy. phoenicurus* viele alte Vögel — *trochilus* u. *rufa* letztere junge — *Mus. luctuosa* — *Sax. oenanthe* sehr viel — *rubetra* — *Mot. flava* — *Anth. arboreus* u. *pratensis* — *Emb. hortulana* und *nivalis* letztere nur wenige — *Fr. coelebs* viele — *Ch. auratus* u. *morinellus* junge, letztere sehr häufig diesen Herbst, mehr wie je. Sehr lebhafter Zug, wohl festes gutes Wetter.
16. S. O. schwach, schön, Vormittag wolkig.	*F. peregrinus*, ein Paar — *tinnunculus* u. *nisus* ziemlich viel — *T. torquatus* u. *musicus* sehr viel — *Sy. rubecula* ziemlich viel — *trochilus* u. *rufa* — *cinerea, hortensis, phoenicurus* viele alt — *Mus. luctuosa* viele — *Mot. flava* u. *alba* viele — *Anth. arboreus* u. *pratensis* — *Sax. oenanthe* — *Al. arvensis* — *Emb. hortulana* alt — *nivalis* viele — *Fr. coelebs* — *Col. palumbus* ziemlich — *Ch. auratus* — *Lanius*

rufus junge — *Tot. ochropus.* — Sehr starker Zug, namentlich alle kleinen Vögel sehr viel.

17. S. O. schön, still, klar warm. *F. peregrinus* — *aesalon* — *tinnunculus* u. *nisus* — alles wie Tags zuvor, fast ebenso starker Zug, auch *Anth. campestris* und noch wieder *Sax. rubetra.*

18. N. O. schwach bewölkt. *F. aesalon* ziemlich viel junge — *tinnunculus* u. *nisus* wenige — *T. torquatus* u. *musicus* viele — *Sy. phoenicurus* u. *suecica* ziemlich viele — *rubecula* — *trochilus* u. *rufa* — *cinerea, hortensis* — *Reg. flavicapillus* viele — *Mus. luctuosa* — *Mot. flava* und *alba* — *Sax. oenanthe* und *rubetra* — *Anth. arboreus* u. *pratensis* — *Emb. hortulana* u. *nivalis* — *Fr. coelebs* — *Cypselus* grosse Flüge — *Col. palumbus* mehrere — *Crex pratensis* zerstreut — *Picus major* einige junge — *Scol. rusticola* 1 St. — *gallinago* u. *gallinula* — *Emb. pusilla* 1 St. (von Ludwig gesehen) — alles sehr starker Zug.

19. S. O. frisch, klar, schön. *F. peregrinus, aesalon, tinnunculus* u. *nisus* — *T. musicus* — *Sturnus* — *Mus. luctuosa* — *Sy. phoenicurus, suecica* — *trochilus* u. *rufa* — *rubecula* — *cinerea* u. *hortensis* — *Reg. flavicapillus* — *Acc. modularis* — *Sax. oenanthe* u. *rubetra* — *Mot. flava* und *alba* — *Anth. Richardi* mehrere, *arboreus* u. *pratensis* — *Emb. nivalis* — *F. coelebs* — *Col. oenas* 1 St. — *palumbus* mehrere — *Ch. auratus* u. *vanellus*

— *Scol. gallinula.* — Sehr starker Zug aller kleinen Vögel.

20. S. O. sonnig, schön. Alle obigen wieder zahlreich — *Picus major* einige junge — *Accentor* — auch *Anth. Richardi* mehrere.

21. N. N. O. frisch, klar. *F. nisus* einzeln — *Sturnus* Flüge — *T. musicus* nicht so viel — *Sy. phoenicurus, rubecula* u. *cinerea* ziemlich — *trochilus* u. *rufa* wenige — ein *sibilatrix* — *Mus. luctuosa* nicht viel — *Mot. flava* — *Anth. arboreus* wenige — *pratensis* viele — *Emb. nivalis* kleine Flüge — *F. coelebs* ziemlich viel — *Pic. major* 1 Stück — *Ch. auratus* — *Scol. gallinago.* — Zug nicht bedeutend.

22. N. O. schön, Wetter. *F. haliaëtus* 1 St. — *nisus* zerstreut — *tinnunculus* dto. — *Strix brachyotus* ziemlich — *Cor. cornix* viele Flüge — *Sturnus* sehr viele Flüge — *Turd. torquatus* u. *musicus* ziemlich viel — *Sy. phoenicurus* u. *rubecula* viele — *trochilus* u. *rufa* — *suecica* — *cinerea* nur zerstreut — *Acc. modularis* ziemlich viele — *Reg. flav.* dto. — *Sax. oenanthe* viele — *Mot. flava* u. *alba* — *Anth. arboreus* u. *pratensis*, letztere viele — *Emb. nivalis* ziemlich viele — *lapponica* einige — *Fr. coelebs* viele — *montifringilla* zerstreut — *Hir. rustica* ziemlich viel — *Pic. major* ein paar junge — *Col. palumbus* 10 — 15 St. — *Ch. auratus* sehr viel — Dap 20 geschossen. — *Scol. gallinago.* — Ziemlich starker Zug aller kleinen Vögel.

23. N. O. — W. S. W. wenig Wind, schön.	*F. peregrinus, aesalon* u. *nisus* — *Cor. cornix* bedeutend ziehend — *T. musicus* ziemlich — *torquatus* weniger — *Sturnus* mehrere grosse Flüge — *Sy. phoenicurus* — *rubecula* — *trochilus* u. *rufa* — *phragmitis* — *accentor* — *Reg. flav.* — *Troglodytes* — *Sax. oenanthe* — *Mot. flava* u. *alba* — *Anth. arboreus* — *pratensis, rupestris* — *Al. arvensis* — *Emb. nivalis* u. einige *lapponica* — *F. coelebs* u. *montifringilla* — *Hir. rustica* u. *riparia* — *Pic. major* einige junge — *Col. palumbus* — *Char. auratus* u. *vanellus* — *Scol. gallinago* u. *gallinula*. — Ziemlich starker Zug besonders kleiner Vögel.
24. O. N. O. schwach, leicht bewölkt — Abend N. W. kühl.	*F. nisus* u. *tinnunculus* einige — *Sturnus* einige Flüge — *T. musicus* wenige — *Sy. rubecula* — *phragmitis* — *Reg. flav.* — *Accentor* — *Al. arvensis* — *Anth. arboreus* — *pratensis* — *rupestris* — *Mot. flava* u. *alba* — *Fr. coelebs* — *Pic. major* ein Paar — *Col. palumbus* einige — *Ch. auratus* — *Scol. gallinula* — wenige — *Emb. pusilla*, nicht geschossen.
25. N. N. W. frisch, Regen.	Alles wie Tags zuvor — *Al. alpestris* einige kleine Flüge — *Tr. parvulus* einige — *Reg. flav.* — *Emb. pusilla* 1 St., nicht erhalten.
26. S. W. still, bedeckt feucht.	Wie Tags zuvor, nur sehr wenig Zug. — *Reg. flavicapillus* viele.
27. S. W. heftig, Nachm. stürmisch Nr. 7, Nacht Nr. 9, dick, Regen.	Nichts.

28. N. W. Nr. 6, später Nr. 7.	Nichts.
29. W. S. schwach, feiner Regen.	Nichts — zerstreute *A. rupestris* und *pratensis* — *F. coelebs* — 1 St. *Sy. phoenicurus* mit weissen Flügeln.
30. W. N. frisch, dick.	Nichts.
October 1. S. bedeckt, schwach — Abends O. frisch, klar.	*F. tinnunculus* — *Sturnus* ziemlich viel — *T. torquatus* u. *musicus* — *Sy. phoenicurus* — *rubecula* — *trochilus* — *Acc. modularis* — *Mot. alba* u. *flava* — *Anth. campestris, arboreus, pratensis* u. *rupestris* — *Reg. cristatus* — *Fr. coelebs* — *Crex pratensis* — *Ch. auratus* — *Col. palumbus* — ziemlich viel von allen kleinen Vögeln.
2. S. O. schwach, dunstig, Nachmit. S. S. W., später bis W. N. W.	Früh wenig Zug, später sehr viel — *F. aesalon* — *Sturnus* viele — *T. musicus* u. *merula* — *Sy. phoenicurus* — *rubecula* — *trochilus* — *Mus. luctuosa* — *Reg. cristatus* — *Sax. oenanthe* — *Mot. alba* und *flava* — *Anth. campestris, arboreus, pratensis, rupestris* — *Al. arvensis* — *Emb. schoeniclus* und *nivalis* — *Fr. coelebs* — *chloris* viele — *Hir. rustica* — *Col. palumbus* — *Ch. auratus* — *squatarola* — *vanellus* — sehr viel Zug.
3. S. O. frisch, klar.	*F. aesalon* — *Strix brachyotus* — *Corv. cornix* einige Schaaren — *frugilegus* weniger — *Sturnus* viele — *T. musicus* und *torquatus* nicht viel — *Sy. phoenicurus* — *rubecula* — *trochilus* — *Acc. modularis* — *Sax. oenanthe* — *Trog. parvulus* — *Mot. alba* u. *flava* — *Anth. pratensis* u. *rupestris* — *Al. arvensis* — *Emb. schoeniclus* u. *nivalis* — *Fr. coelebs*,

montifringilla u. *cannabina* — *Ch. auratus* — *Col. palumbus* — kleine Vögel alle ziemlich viel — Nachts Lerchen beim Thurm gewesen.

4. O. S. O. frisch, schön. *F. aesalon* u. *tinnunculus* — *Lanius excubitor* einige — *C. cornix* viele — auch *frugilegus* — *Sturnus* dto. — *T. torquatus* und *musicus* ziemlich viel — *iliacus* einige — *Sy. phoenicurus, rubecula* — *trochilus* — *Reg. cristatus* — *Acc. modularis* — *Sax. oenanthe* — *Anth. arboreus, pratensis* und *rupestris* — ein *cervinus* — *Mot. alba* u. *flava* — *Al. alpestris* — *Al. arvensis* — *Emb. schoeniclus* u. *nivalis* — *Fr. coelebs* — *montifringilla* — *Col. palumbus* — *Scol. gallinago* — sehr viel Zug.

5. O. S. O. frisch, klar. *F. aesalon* u. *tinnunculus* — *nisus* — *cineraceus* junge — *Strix. brachyotus* — *C. cornix* und *frugilegus* viele Schaaren — *Sturnus* dto. — *T. musicus. iliacus* u. *torquatus* — alle obigen kleinen Vögel sehr viele — *Emb. lapponica* ein Paar — *Col. oenas* ein Paar — *Hir. riparia* viele — *rustica* u. *urbica* dto. — 1 Schnepfe geschossen, 2 im Netz gefangen.

6. O. u. O. S. O. frisch, klar. *F. aesalon, tinnunculus, nisus, cineraceus* junge — *haliaetus* 1 St. — *Strix otus* u. *brachyotus* — *Lan. excubitor* — *Sturnus* viele — *C. cornix* und *frugilegus* viele — *T. merula. musicus* u. *iliacus* — *Sy. phoenicurus, rubecula* — *trochilus*, — *R. cristatus* — *Trog. parvulus* — *Acc. modularis* — *M. flava* wenige — *Anth. arboreus, pratensis* und *rupestris* — *Alauda*

	wenig — *Emb. schoeniclus* u. *nivalis* einige — *Col. palumbus* einige — *Scolopax* 2 — 3 gefangen — *Fr. coelebs, cannabina* u. *linaria* — im Ganzen wenig Zug — *C. cornix* — *F. coelebs* — *A. pratensis* und *R. cristatus* aber sehr viel.
7. O. — S. O. schwach, leicht bedeckt.	*F. aesalon, tinnunculus, nisus, Strix otus* und *brachyotus* — *Lan. excubitor* — *Corv. cornix* und *frugilegus* — *Sturnus* alles sehr viel — *T. torquatus* — *musicus* und *iliacus* — *Sy. phoenicurus* — *rubecula, trochilus, Sy. superciliosa* 1 Stück — *Reg. cristatus* — *Acc. modularis* — *Trog. parvulus* — *Anth. pratensis* u. *rupestris* — *Al. arvensis, arborea* u. *alpestris* — *Emb. nivalis* — *Fr. coelebs* u. *montifringilla* — *Col. palumbus* — *Scol. rusticola* 5 — 6 gefangen — *gallinula* einige.
8. S. O. frisch, bedeckt.	*F. aesalon, tinnunculus* und *nisus* — *Strix otus* u. *brachyotus* — *C. cornix* u. *frugilegus* — auch *monedula* — *Sturnus* — *T. torquatus* — *musicus* u. *iliacus* — *Sy. rubecula, trochilus* — *R. cristatus* — *Acc. modularis* — *Sax. oenanthe* — *Mot. alba* — *Anth. pratensis* u. *rupestris* — *Al. arvensis, arboreus* und *alpestris* — *Emb. schoeniclus* u. *nivalis* — *Fr. coelebs, cannabina* u. *montifringilla* — *Col. palumbus* — *Scol. rusticola* ein Paar gefangen.
9. S. — W. N. W. schwach, trübe, Nachmittag klar.	*F. tinnunculus* u. *nisus* — *C. cornix* — *Sturnus* nicht viel — *T. musicus* u. *iliacus* schwach — *Sax. rubecula, trochilus* — *R. cristatus* — *A. modu-*

	laris — *Sax. oenanthe* — *Anth.* weniger — *Al. arvensis*, *arborea* u. *alpestris* — *F. coelebs* u. *montifringilla* — *Emb. schoeniclus* u. *nivalis* — *Scol. rusticola* ein Paar — *gallinago* und *gallinula* einige — nur schwacher Zug.
10. S. W. — W. N. W. frisch, bewölkt, Regen.	Sehr wenig Zug der obigen — alles nur vereinzelt.
11. S. W. — N. W. heftig viel Regen.	Fast gar nichts — *F. aesalon* — *C. frugilegus* — wenig *T. musicus* — *F. coelebs* u. *Emb. nivalis.*
12. W. S. W. frisch, bewölkt.	Sehr wenig Zug — *F. peregrinus* 1 Stück — *aesalon* ein Paar — *R. cristatus* — *T. iliacus* — *Al. alpestris* — *M. alba* — alles vereinzelt.
13. S. W. sehr heftig, schwerer Regen.	Gar kein Zug — einige *R. cristatus.*
14. W. S. leichter Regen, Nachmitt. still.	Kein Zug. Nachmittag Krähen — einige Zeisige — *Fr. spinus* — *Emb. nivalis* — *Ch. auratus* — *Anth. rupestris.*
15. S. W. frisch, dunstig, 3 Nachm. S. O. Sturm.	Früh kein Zug. — Vormittag viele *C. cornix* — viele *T. musicus* und *iliacus* — *Sax. oenanthe* — *Anth. pratensis* u. *rupestris* — viele *Fr. coelebs* u. *montifringilla* — wenige *Al. arvensis*, *arborea* und *alpestris.* — Mittag ungeheuer viel — *Anth. pratensis* — viele *T. torquatus* — *merula* — *musicus* u. *iliacus* — mit Ausbruch des S. O. Sturmes um 3 Nachmittag alles fort.
16. S. O. frisch.	*F. aesalon*, *tinnunculus* u. *nisus* einige — *C. cornix*, *peregrinus* sehr viel — *monedula* weniger — *Sturnus* ziemlich viel — *T. musicus* und

	iliacus ziemlich viel — *Sy. rubecula* viel — *Sax. oenanthe* und *rubetra* ziemlich viel — *Accentor* dto. — *R. cristatus* viel — *Alauda arvensis* viele — *arborea* u. *alpestris* einige — *Anth. pratensis* und *rupestris* ziemlich — *Emb. schoeniclus* und *nivalis* nicht viel — *F. coelebs* und *montifringilla* sehr viel — *T. parvulus* ziemlich viel — *Anth. Richardi* einige — *Ch. auratus* und *vanellus* einige — Abend von 7—8½ *Al. arvensis* beim Leuchtfeuer.
17. O. S. O. sehr heftig, Regen.	Früh nichts — später alle obigen vereinzelt — ein *F. peregrinus* — *Fring. spinus* eine kleine Schaar — *R. cristatus* zerstreut.
18. S. frisch, bewölkt.	*F. aesalon* u. *nisus* — *Strix brachyotus* — *C. cornix* und *monedula* nur schwach — *Sturnus* ziemlich viel — *T. torquatus* u. *pilaris* einige, *musicus* u. *iliacus* ziemlich viel — *Sy. rubecula*, *phoenicurus* — *R. cristatus* und *Sax. oenanthe* einige — *Accentor* u. *T. parvulus* viele — *Anth. pratensis* u. *rupestris* viele — *M. alba* einige — *Al. arvensis* ziemlich viel, *arborea* *alpestris* einige — *Emb. schoeniclus* viele, *nivalis* weniger — *Fr. coelebs* — *montifringilla* viele, *spinus* einige — *Scol. rusticola* 5 — 6 geschossen.
19. O. S. O. leicht, klar, schön.	*F. albicilla* 1 St. — *peregrinus*, *aesalon* u. *nisus* — *C. frugilegus* u. *monedula* viele, *cornix* weniger — *Sturnus* viele Schaaren — *T. musicus* u. *iliacus* ziemlich — *vicivorus*, *pilaris* u. *torquatus* einige — *Sy. rubecula* ziemlich viel — *hortensis* wenige —

	Reg. cristatus ziemlich viel — *Accentor* viele — *Emb. nivalis* kleine Gesellschaft — *Fr. coelebs* viele — *montifringilla* weniger, *spinus* ziemlich viel — *cannabina* ziemlich viel — *Al. arvensis* u. *alpestris* viele, *arborea* und *cristatus* ein Paar — *Scol. rusticola* 7 — 8 geschossen.
20. O. S. O. frisch, bedeckt, Nachm. Ostwind.	Alle obigen, aber nur schwacher Zug. Ziemlich viel *Fringillen* u. *Tr. parvulus* und 34 *Scol. rusticola* erlegt.
21. S. S. W. schwach, bedeckt.	Sehr wenige, vereinzelte der obigen, keine Schnepfen — ein Paar *Scol. gallinago.*
22. W. N. still, leicht bedeckt.	Fast gar kein Zug — vereinzelt: *F. peregrinus, tinnunculus* — *T. merula, musicus* u. *iliacus* — *Al. arvensis* — *alpestris* und *arborea* — *Anthus* — *Fringillen* u. s. w. 3—4 Schnepfen geschossen.
23. N. W. Früh später, O. schwach bedeckt.	Wenig Zug der obigen — *Emb. citrinella* — *Parus major* einige — 18 — 20 Schnepfen — am Abend mit dunkler Luft viel Zug beim Leuchtfeuer: besonders *T. torquatus* — *Alauda arvensis* wenige — *Sturnus* — *Limosa* und *Tringen.*
24. O. frisch.	Nicht viel Zug — *F. aesalon, tinnunculus* und *nisus* — *Sturnus* — *T. merula, musicus* — *iliacus* u. *pilaris* — *Sy. rubecula* — *Accentor* — *T. parvulus* — *R. cristatus* — *Par. major* — 2 — 3 Schnepfen — alles nur zerstreut.
25. O. S. O. heftig, klar.	*F. peregrinus* — *aesalon* — *tinnunculus, nisus* — *Strix brachyotus* — *C. cornix* zahllose Schaaren v. tausenden fortwährend überhin — *Sturnus* —

	T. merula. musicus, iliacus, pilaris, alle nur wenig — *Sy. rubecula, Accentor* — *R. cristatus* — *T. parvulus* — *Emb. citrinella, schoeniclus, nivalis* — *Par. major* — *Fr. coelebs, montifringilla* und *montium* — *Al. arvensis* — *alpestris* — *Hir. rustica* — *Scol. rusticola* ein Paar — *gallinago* einige — am Nachmittag sehr viel *F. nisus* — sonst Zug nicht bedeutend.
26. S. O. frisch, bewölkt.	Wenig Zug der obigen — *Hir. riparia* — nur 1 Schnepfe geschossen.
27. S. O. stürmisch, bewölkt.	Nichts — *F. albicilla* eine geschossen, ins Meer gefallen — *F. peregrinus, nisus* — am Nachmittag ziemlich viele *F. nisus* und *Fr. coelebs.*
28. S. O. heftig, zerstreut, bewölkt.	Wenig Zug — *F. peregrinus, tinnunculus, nisus, buteo* u. *apivorus* — *Strix brachyotus* — *C. cornix* ziemlich viel — *Sturnus* nicht viel — *T. musicus* wenig — *Alauda* — *Anthus* — *Emberiza* — *Fringillen* — *Parus* — *Accentor* — *Regulus* — *Trochilus* alles nur zerstreut — *F. montium* eine kleine Schaar.
29. Südlich, frisch, klar, Nacht Frost, Horizont trübe.	Sehr wenig Zug der obigen — *F. lagopus* 1 St. — keine Schnepfen.
30. Westlich schwach, Thau, Frost, Nebel.	Fast gar nichts — *Strix brachyotus* — *C. cornix* — *T. pilaris, merula* — *musicus* — *Sy. rubecula* — *R. cristatus* — *Accentor* — *Anth. pratensis* u. *campestris* — *Al. arvensis* u. *alpestris* — *Fr. coelebs* u. *montifringilla* — *Col. palumbus* 8 — 10 — *Scol. rusticola* — *Emb. cia* 1 Stück.

31. S. O. schwach, Nacht und früh Nebel, Regen.	Kein Zug, obige vereinzelt — *Anth. Richardi* 1 Stück.
November 1. S. O. frisch, wolkig.	Fast nichts — *C. cornix* und *monedula* — *Sturnus* — *T. merula* — *musicus* und *pilaris* wenige — *Al. arvensis* — *Anth. pratensis* und *rupestris* — — *Emb. citrinella* — *F. coelebs* — — *Sy. rubecula* und *T. parvulus* — Alles nur ganz vereinzelt.
2. Nacht S. S. W. Nebel, Früh S. S. O. Nebel.	Kein Zug — *Str. otus* ein Paar — *Sturnus* wenig — vereinzelte *Turdus* — *Anthus* — *Emb. citrinella* — *Sy. rubecula* und *hortensis* — *R. cristatus* — *Par. major* — *Rallus aquaticus* 1 St.
3. S. S. W. leichter Staubregen.	Kein Zug — Nachmittag *Sturnus* wenig — *F. haliaetus* — *peregrinus* — einzelne *Turdus, Anthus, Alauda, Fringilla, Sy. rubecula* — *T. parvulus, Par. major* einzelne Vögel — *Scol. gallinago* ein Paar.
4. W. S. W. heftig, Regen.	Nichts — vereinzelte *Turdus* — *Alauda* — *Anthus* — *Sy. rubecula* — *R. cristatus* — *Par. major* — *Scol. rusticola* 1 St.
5. S. S. W. frisch, bewölkt.	Gar kein Zug — einzelne Herumtreiber wie oben.
6. S. W. heftig, treibende Wolken.	Kein Zug.
7. S. W. — W. sehr heftig, dick, Sturm, Regenwolken.	Nichts.
8. Westlich leicht bedeckt, Regen.	Wenig Zug — *Strix brachyotus* — *C. cornix* u. *monedula* — *Sturnus* — *T. pilaris, merula, iliacus* — *Al. arvensis* und *alpestris* — *Emb. ni-*

	valis — 30—40 Schnepfen geschossen.
9. O. S. O. heftig, Regen, Nachmitt. O. N. O.	Wenig Zug. Die Obigen in wenigen Stücken — *Num. arquatus* — *Sy. supersiliosa* 1 St. — 4—5 *Scol. rusticola*.
10. S. W. — O. S. O. schwach bedeckt.	Schwacher Zug — *Str. brachyotus* und *otus* — *C. cornix* kleine Flüge — *T. pilaris* ziemlich viel — *merula*. *musicus* und *iliacus* wenige — *Sy. rubecula*, *R. ignicapillus*, *T. parvulus*, *Par. major* einige — *Anthus* wenige — *Al. arvensis* ziemlich viel — *arborea* u. *alpestris* weniger — *Emb. citrinella* und *miliaria* einige, *nivalis* eine Schaar — *Num. arquatus* ziehend — *Scol. rusticola* 1 St.
11. S. O. — W. S. W. frisch, trübe.	Wenig Zug — *F. peregrinus* — *Strix brachyotus* — *C. cornix* — *T. pilaris* und *iliacus* — *Al. arvensis*, *arborea* und *alpestris* — *Sy. rubecula* — *Emb. citrinella* und *nivalis* — *Fr. montium* — *Par. major* — Alles nur zerstreut — *Scol. rusticola* ein Paar.
12. S. S. O. — Südl. massig bewölkt.	Wenig Zug — *Strix brachyotus* einige — *C. cornix* mehrere kleine Schaaren — *T. pilaris* und *iliacus* — *Al. arvensis* und *alpestris* ziemlich viel, *arborea* einige — *Sy. rubecula* immer noch einige — *Emb. citrinella* und *nivalis* — *Par. major* — *Fr. montium* eine kleine Schaar.
13. S. S. W. heftig, dick, Regen.	Kein Zug.
14. W. S. W. mässig, Nachmitt. N. W. Regen.	Wenig Zug — *C. frugilegus* eine kleine Schaar — die Obigen zerstreut, noch einige *Accentor* — *Col.*

	palumbus ein Paar — 5—6 *Scol. rusticola* geschossen.
15. N. O. — S. O. schwach.	Wenig Zug — *C. cornix* und *frugilegus* ein Paar kleine Flüge — *T. pilaris, merula* und *iliacus* — *Al. arvensis* — *Anth. pratensis* — *Sy. rubecula* — *Accentor* — *Sax. rubicola* — *Emb. citrinella, schoeniclus* und *nivalis* — *T. parvulus.*
16. W. S. W. mässig, Regen dick.	Nichts — *Strix otus* ein Paar — Obige vereinzelt.
17. S. W. heftig, bedeckt Regen.	Nichts.
18. N. N. O. stiller. klar.	Wenig Zug — *Corv. cornix* und *frugilegus* noch ziemliche Flüge — *T. pilaris, merula* und einige *musicus* — *Mot. lugubris* im Winterkleide 1 St. — *Al. arvensis* und *alpestris* ziemlich viel — *Fr. montium* eine Schaar von 30—40 — *Scol. rusticola* 3—4 geschossen.
20. Südlich, schwach, gutes Wetter.	Etwas mehr Zug — *C. cornix* und *frugilegus* noch ziemlich viel — *T. merula* und *musicus* ziemlich viel — *Sy. rubecula* und *accentor* dto. — *Anth. pratensis* ziemlich viel — *Richardi* ein Paar — *Al. arvensis* und *alpestris* weniger — *Emb. citrinella* und *nivalis* einige — *Fr. coelebs, montifringilla* und *cannabina* ziemlich — *Par. major* einige — *Scol. rusticola* 4—5 geschossen.
21. W. — N. O. frisch, kalt.	Zug wird sehr schwach — *T. merula* einige.
22. N. O. mässig, klar, kalt.	*C. cornix* eine kleine Schaar.
23. O. — O. N. O. stark, klar.	*C. cornix* einige — *T. merula* wenige — *Al. arvensis* und *Emb. nivalis*

	ziemlich viel — *F. montium* eine kleine Schaar — 3—4 *Scol. rusticola* geschossen.
24. N. W. windig, bewölkt.	*F. peregrinus* 1 St. — *T. merula* — *Al. arvensis* — *Emb. nivalis* einige — 1 St. *Scol. rusticola* geschossen.
25. N. N. W. frisch.	*F. aesalon* 1 St. alt — *Al. arborea* — *Emb. schoeniclus.*
26. N. N. W. stark. Bis Ende des Monats N. N. W. und W., 30. W. S. W.	Nur ganz einzelne *T. merula* und *Al. arvensis.*
December 1. u. 2. N. W. heftige Hagelböen.	*Uria* Tausende in der Klippe an den Brutplätzen.
3. N. — W. schwach, Hagelböen früh.	*F. nisus* 1 St. — *T. pilaris* und *merula* einige — *Sc. rusticola* 2—3 — *Ch. auratus* früh mehrere Schaaren.
4. S. W. sehr heftig bedeckt.	Nichts — einige *T. pilaris.*
5. W. frisch bis heftig, Nachts Sturm Nr. 9.	Nichts.
6. W. N. — N. W. heftig.	Nichts — *Par. major* einige — *Emb. nivalis* eine Schaar.
7. still, Regen. Minimum West vom Scandinavischen, Nachts Blitz, Donner, Hagel; W. stürmisch.	*Al. alpestris* einige — *Emb. nivalis* wenige — 1 St. *Scol. rusticola.*
8. S. W. sehr stürmisch, dick — tiefes Minimum N. W. Irland, 705 Mm!!!	Nichts.
9. S. W. — S. S. W. sehr stürmisch bis W. 11. Minimum über Nordsee 710 Mm.!!!	Nichts.

10. S. W. stürmisch, etwas besser — Glas fängt an zu steigen.	Nichts.
11. 12. S. W. heftig, Regen.	Nichts.
13. W. N. W. heftig, bewölkt.	Nichts.
14. N. W. mässiger, klar, Abends still, östlich.	*Al. alpestris* sehr viele überhin — *T. merula*, *Sy. rubecula*, *F. coelebs*, *Par. major* einige — *Emb. nivalis* Schaaren — *Ch. auratus* Schaaren.
15. S. — S. S. W. stürmisch, Nr. 9.	*Larus minutus* sehr viel zwischen den Inseln.
16. S. W. früh still, Abends N. W. stürmisch, Regen, Glas steigt.	Nichts.
17. N. W. frisch, wenig Wolken.	*T. merula* — *pilaris* ziemlich — *Emb. nivalis* eine grosse Schaar — *Scol. rusticola* und *gallinago* mehrere.
18. W. — N. W. frisch, Schnee u. Hagelböen.	*T. merula* — *Al. arvensis* ziemlich — *Scol. rusticola* einige — *Ch. auratus* und *T. alpina* Schaaren überhin.
19. S. O. mässig, klar, etwas Frost.	*C. cornix* kleine Schaaren — *T. merula* und *musicus* ziemlich — *Al. arvensis* — *E. nivalis* Flüge — *T. montifringilla*, *chloris* und *montium* ziemlich viel — *Scol. rusticola* 5—6 geschossen.
20. O. schwach, klar, etwas Frost.	*F. nisus* und *tinnunculus* mehrere — *C. cornix* ein paar kleine Flüge — *Sturnus* mehrere — *T. merula* und *iliacus* kleine Gesellschaft — *Al. arvensis* ziemlich viel — *alpestris* weniger — *E. nivalis* ziemlich viel — *F. chloris*, *cannabina*, *montifringilla* und *montium* ziemlich viel —

	carduelis einige — *Ch. auratus* und *Num. arquatus* viele überhin — 3—4 *Scol. rusticola* geschossen — *Anas* sehr viel übers Meer ziehend.
21. O. schwach, klar, klar, 2°.	*T. merula* und *iliacus* mehrere — *Scol. rusticola* ein Paar.
22. O. — S. O. schwach, bedeckt.	*T. merula* und *iliacus* einige — *Al. alpestris* ziemlich — *arvensis* weniger — 1 St. *Scol. rusticola.*
23. S. O. schwach bedeckt, Abends nördlich.	*T. merula* einige — *Emb. nivalis* zerstreut — *F. montium* eine kleine Schaar.
24. W. S. W. frisch, Regen.	Nichts.
25. N. W. frisch, Regenschauer.	Nichts.
26. W. S. W. frisch, wolkig.	Nichts.
27. O. frisch, dick mit Schnee 1 1/2°.	Nichts.
28. W. dick mit Regen.	*Motacilla citreola* je ein sehr hübsches Exemplar geschossen und gestopft — *Strix otus* 1 St. geschossen — *Sturnus* einige — *T. pilaris* eine Schaar — *Mot. alba* ein Paar — *Al. arvensis* kleine Flüge — *alpestris* mehrere.
29. Westlich, mässig dick bewölkt.	*Strix otus* ein Paar — *T. pilaris* sehr viel — *Al. arvensis* ziemliche Gesellschaft.
30. N. O. frisch, dick bewölkt, etwas Frost.	*T. pilaris* eine grosse Schaar — *Al. arvensis*, keine Flüge während der Nacht, viele *T. merula, Ch. auratus* und *Num. arquatus* überhin.
31. N. O. schwach, trübe.	*F. albicilla* 1 St. — *F. merula* ziemlich viel — *pilaris* sehr viele — *Al. alpestris* tausende — *arvensis* viele.

Beitrag zur Vogelfauna von Portorico

von

Dr. A. Stahl.

Bayamon, Februar 1887.

Die Anzahl der bis jetzt in Portorico bekannten Vögel ist den übrigen Antillen gegenüber eine verhältnissmässig beschränkte, und dies ist seiner geographischen Lage und Entfernung vom Festlande mehr als seiner Ausdehnung zuzuschreiben.

Zwischen dem 17° und 18° nördlicher Breite dürfte man eine reiche Fauna erwarten; seine mehr als 200 Km. sich von O. nach W. erstreckende Länge und etwa 80 Km. Breite bietet ein vollkommen grosses Gebiet zur Entfaltung einer weit zahlreicheren Fauna. Dr. J. Gundlach, ein 45 Jahre in Cuba thätiger deutscher Zoolog, hat sich durch sein unermüdliches Wirken anerkennungswürdige Verdienste erworben, besonders durch seine Erforschungen unseres Thierreiches.

Seine im Journale f. Ornithologie, Jahrg. 1878 S. 157 u. ff., veröffentlichte Liste und kurze Nachrichten über unsere Vögel erhebt die Zahl nur auf 153 Arten, von welchen eine, *Conurus evops* längst erloschen ist. Gegenwärtige Greise erinnern sich, von ihren Eltern gehört zu haben, dass dieser kleine Papagey zu jenen alten Zeiten existirte und stellenweise sogar in den Pflanzungen Schaden anrichtende Schaaren vorkamen, bald aber durch unermüdliche Verfolgung gänzlich ausgerottet ist. Später wurden von mir *Creciscus jamaicensis*, Gml. und *Actiturus longicauda*, Lath. entdeckt, folglich ist 154 die wahre Zahl aller bis jetzt bekannten Vögel, von welchen etwa ein Drittheil Strichvögel vorstellen: *Falconidae*, alle *Hirundinidae*, fast alle *Sylvicolidae*, *Charadriadae* und *Scolopacidae*, ebenfalls *Anatidae* und *Laridae*.

Die Einwanderung und der Durchzug im Spätsommer von den Vereinigten Staaten Nordamerikas nimmt seinen Weg über die am S. O. Ende gelegene Halbinsel Florida direct an das kaum 2° nach S. gelegene Cuba, und von da nach Jamaica, oder in südöstl. Richtung über die Bahamainseln nach St. Domingo, dessen östliches Ende weit über die letzten Meeresfelsen und Bänke jener Inselgruppe hinausreicht, so dass Portorico in einer nicht unbedeutenden Entfernung von diesem freien und leichten Wege absteht und 13° östlich von Florida entfernt liegt und über 2° von den letzten Bänken der Bahamas.

Diese geographischen Lageverhältnisse bedingen und verursachen für die Einwanderung der Vögel nicht geringe Schwierigkeiten, besonders den Sylvicoliden und allen den Familien, deren Flugvermögen den langflügeligen Sterniden bedeutend nachsteht.

Der Durchzug beginnt schon Mitte August, zunächst mit *Dendroica striata*, *Parula americana* und *Setophaga ruticilla* unter den Aves aereae, und *Aegialeus semipalmatus*, *melodus* und *Rhyacophilus solitarius* unter den Aquaticae.

Am 9. August 1886, etwas früher als in vergangenen Jahren, sah ich einen Schwarm von *Gambetta flavipes*, Gml. mit wenigen *G. melanoleuca*, Gml. untermischt. Ende August bekam ich zuerst zu sehen *Actodromas minutilla*, *Ereunetes pusillus*, *Tringoides macularius* und *Haematopus palliatus*. Erst Mitte September waren unsere Ufer und Sümpfe voll aller übrigen *Charadriadae* und *Scolopacidae*.

Diese regelmässigen Durchzüge bieten sonst nichts Auffallendes noch Besonderes dem Beobachter; da aber sich dieselben zu den südlich gelegenen Antillen und der nördlichen Küste des Festlandes Südamerikas fortsetzen, so folgt, dass schon im November fast alle diese Strich- und Zugvögel verschwinden oder nur vereinzelt vorkommen.

Anfangs März beginnt die Auswanderung und der Rückzug wieder nach Nordamerika, und endlich im April sieht man nur wenige kleine Trupps und vereinzelte Individuen herumfliegen, bis sie Ende April ganz und gar verschwinden.

Die letzten diese Ufer verlassenden sind *Ereunetes pusillus*, L., *Actodromas maculata*, beide Arten *Gambetta* und *Calidris arenaria*, L.

Die einzigen das ganze Jahr verweilenden sind *Ochthodromus Wilsonius*, und *Oxyechus vociferus*, L.

Einzelne Individuen von *Actodromas maculata*, Vieill. kommen das ganze Jahr vor an Bach und Flussrändern.

Ausser den angegebenen Strandvögeln, welche theils durchstreifen, theils durchwintern, kann man als wahre hier überwinternde Zugvögel streng nur folgende rechnen:

Falconidae.

Pandion carolinensis, Gml. (Guincho). Selten, an Flussmündungen Fische fangend, dringt 1—2 Meilen landeinwärts, wohl nie weiter.

Buteo pennsylvanicus, Wils. (Guaraguao de sabana). Selten im Gebirge.

Falco anatum, Bon. (Halcón de patos). Vereinzelt in Sümpfen, nährt sich von Wasservögeln, besonders Enten.

Hypotriorchis columbarius, Linn. (Gavilán). Kommt selten vor und gewöhnlich nahe der Küste und in flachem Lande.

Strigidae.

Brachyotus Cassini, Brewer. (Múcaro de sabana). Gundlach hält ihn für einen Zugvogel; ich habe ihn sowohl im Winter als im Sommer gesehen und erlegt. Kommt mehr in flachem Lande vor.

Einige Vögel bieten in ihrer Wanderungszeit Auffallendes, ja Räthselhaftes. Unter diesen muss ich besonders auf die Schwalben aufmerksam machen. Die am häufigsten vorkommenden sind: *Progne dominicensis*, Gml., *Petrochelidon fulva*, Vieill. und *Chordeiles minor*, Cab.

Am 2. Januar dieses Jahres sah ich zum erstenmale *Petr. fulva*. — *Prog. dom.* erscheint Ende December, ich muss aber bemerken, dass ich seit etwa acht Jahren jährlich später eintretende Einwanderung beobachte, so dass man sie jetzt eigentlich erst Ende Januar oder Anfangs Februar zu sehen bekommt, dagegen vor acht Jahren sogar schon am

23. December. Ende Juni verschwinden sie wieder, wohin, ist noch nicht ergründet. Das Auffallende hierbei ist das Einwandern zu Mitte unserer Winterzeit, das Verbleiben in den kühlsten Wintertagen, grade zur Regenzeit, ihr Fortbestehen während der Trockenzeit März, April und Mai, und das Wiederverschwinden im Juli, mitten in der heissesten Jahreszeit und der starken Gewitter. *Petrochelidon fulva* verschwindet später, etwa im August oder September.

Anfangs December, wenn man sonst noch keine beobachtet, entdeckte ich eine Unmasse in einer Höhle bei Aguadilla, an der westlichen Küste. Ich schoss einige und es fiel mir auf, dass sie trotzdem die Höhle nicht verliessen. Es ist noch ein Räthsel, welchen Weg sie einschlagen, und wo sie von August bis December verbleiben.

Die *Caprimulgidae* erscheinen im April und verlassen uns im October, folglich und im Gegensatze zu den von N. im Winter herüberwandernden, kommen sie im Sommer vor und verschwinden im Winter.

Laniidae.

Phyllomanes calidris, L. (Bien-te-veo). Lässt seine klangvolle Stimme in Februar hören. Dieses Jahr, 1887, hörte ich ihn zum ersten Male am 5. Im September fliegt er wieder fort; folglich verweilt er vom Ende unserer kühlen Jahreszeit bis Mitte der heissen.

Wandernde *Turdidae* kennen wir nicht.

Sylvicolidae.

Sämmtliche mit Ausnahme von *Dendroica petechia*, L. und *D. Adelaidae*, Baird. (Canario de mangle), sind Zugvögel, grossentheils überwinternde.

Parula americana, L., *Dendroica striata*, Forst. und *Setophaga ruticilla*, L. langen schon Ende August an. Gleich darauf folgen *Dendroica palmarum*, Gml., *D. caerulescens*, Gml., *Mniotilta varia*, L., *Seiurus aurocapillus*, L., und die übrigen *Sylvicolidae*.

Tanagridae und *Tyrannidae* wandern nicht. Gleiches gilt von unseren *Fringillidae*, *Icteridae*, *Corvidae*, *Dacnididae* und *Trochilidae*.

Alcedinidae.

Ceryle alcyon, L. An Sümpfen, Bach- und Flussrändern, dringt tief ins Land bis zu dem hohen Gebirge. Von October bis April.

Picidae kennen wir nur eine süssige Art.

Cuculidae, *Psittacidae* und *Columbidae* wandern nicht.

Rallidae.

Parra jacana, L. Kommt wohl nur selten vor.

Porzana carolina, L. Trifft man nicht wenige an Sumpf- und Bachrändern.

Creciscus jamaicensis, Gml. Versteckt im Grase an schlammigen Stellen.

Laterirallus Gossei, Bon. Begleitet die vorige, aber sehr selten.

Fulica americana, Gml. In Teichen und Flüssen den ganzen Winter durch.

Ibidae.

Eudocimus albus, L. An abgelegenen Orten selten.

Ardeadeae wandern nicht.

Scolopacidae.

Wandern sämmtlich ein oder streichen durch vom August bis October und verschwinden die letzten im April beim Rückzuge.

Einige Individuen von *Actodromas maculata*, *minutilla* und *Ereunetes pusillus* bleiben auch den Sommer durch, besonders die erste.

Charadriadae.

Auch diese wandern zu gleicher Zeit mit voriger Familie. *Ochthodromus Wilsonius* Orb. und *Oxyechus vociferus*, L. wandern nicht. *Strepsilas interpres*, L. ist die letzte unsere Insel verlassende Art.

Colymbidae.

Podiceps dominicus, Gml. Besucht im Winter unsere Teiche.

Anatidae mit Ausnahme von *Poecilonetta bahamensis*, Catesby und *Dendrocygna arborea*, L. sind alle Strich- oder Zugvögel.

Laridae.

Sterna paradisea, Brünn und *antillarum*, Less. kommen im September massenhaft auf die Uferklippen; *Haliplana fuliginosa*, Gml. schoss ich nur einmal im Juni an der Südküste; *Thalasseus regius* u. *acuflavidus* und *Chroicocephalus atricilla*, L. trifft man das ganze Jahr.

Pelecanidae.

Phaëton flavirostris, Brandt. besucht unsere Küsten schon Ende Januar und verlässt uns im Juli.

Nistende Zugvögel sind allein folgende: *Phyllomanes calidris.* — *Progne dominicensis.* — *Petrochelidon fulva.* — *Chordeiles minor.* — *Fulica americana.* — *Erismatura rubida.* — *Phaëton flavirostris.*

Verhängnissvolle Tage für die Vogelwelt.

Von

Gustav Schneider.

Basel, im März 1887.

Die Zeit vom 13. bis 18. dieses Monats war in hiesiger Gegend äusserst verhängnissvoll für die Vögel. Am 13. fing es an zu schneien und schon am 14. war der Boden mit einer ziemlich dicken Schneeschicht bedeckt; es schneite aber auch am 14. noch fort, und in der Nacht vom 14. auf den 15. sank die Temperatur auf 10° R. unter Null. Der 16. war wieder wärmer, allein vom 17. auf den 18. ging die Temperatur nochmals auf 12° unter Null zurück.

Schon am 13. fanden sich zahlreiche Staare, Singdrosseln, Amseln und Buchfinken in meinem Garten ein und fielen gierig über das ihnen gestreute Futter her. Ihre Zahl vergrösserte sich bis zum 16. Eine Anzahl Rothkehlchen, zwei Rothschwänze und mehrere Bergfinken hatten sich auch eingefunden. Vom 16. an verringerte sich die Zahl der zum Futterplatz kommenden Vögel beträchtlich, und wie es sich zeigte waren die armen Thiere massenhaft zu Grunde gegangen. Man brachte mir bereits am 15. eine Menge von Staaren, Singdrosseln und weissen Bachstelzen die todt aufgelesen worden waren, die Zahl derselben wurde aber mit jedem folgendem Tage grösser. Ich notire am Schlusse die Arten und ihre Stückzahl, welche mir zugekommen sind, und bemerke dabei, dass die meisten derselben in einem Umkreise von einer halben Stunde aufgefunden worden sind. Jägern, denen ich vollen Glauben schenken darf, versicherten mir, dass man in den Wäldern grosse Körbe voll todter Vögel hätte sammeln können. Die Zahl der Umgekommenen ist jedenfalls ganz enorm. Schweizer Zeitungen berichteten, dass auch im Bodensee viele Vögel umgekommen seien. Die Thiere hätten versucht, den See zu überfliegen, seien aber so matt gewesen, dass sie vielfach in das Wasser gefallen und ertrunken wären. Auf den Dampfschiffen, die auf der Fahrt gewesen seien, hätten oft ganze Schaaren eine Ruhepause gemacht. Aus dem bernischen Jura wurde gemeldet, dass die ermatteten, Schutz und Futter suchenden Vögel in Masse gefangen und feil geboten wurden, doch sollen die Uebelthäter zur Rechenschaft gezogen worden sein. In unserer Gegend sind während der Zeit viele Kiebitze und Mäusebussarde geschossen worden.

Uebersicht der Vögel, welche todt aufgelesen und mir zwischen den 15. und 20. März zugestellt wurden.

Milvus regalis, Briss. Milan	1	Stück
Otus vulgaris, Flem. Waldohreule	5	»
Corvus frugilegus, L. Saatkrähe	1	»
Monedula turrium, Brehm, Dohle	1	»
Sturnus vulgaris, Johnst. Staar	43	»
Turdus merula, L. Amsel	7	»
» *viscivorus*, Aldrov. Misteldrossel	5	»
» *musicus*, L. Singdrossel	38	»
Ruticilla tithys, Brehm, Hausrothschwanz	1	»
Cyanecula suecica, Brehm, Blaukehlchen	1	»
Erythacus rubecula, Linn. Rothkehlchen	14	»
Sylvia atricapilla, Scop. Schwarzkopf	1	»
Motacilla alba, L. weisse Bachstelze	31	»
Anthus arboreus, Bechst. Baumpieper	11	»
Alauda arvensis, L. Feldlerche	7	»
Emberiza schoeniclus, L. Rohrammer	3	»
Fringilla coelebs, L. Buchfink	8	»
» *montifringilla*, L. Bergfink	3	»
Columba palumbus, L. Ringeltaube	4	»
Tetrao urogallus, L. Auerhenne	1	»
Total	186	»

Dritter Nachtrag

zur

Ornis caucasica

für das Jahr 1885

von

Dr. Gustav Radde in Tiflis.

(Mit einer Karte.)

Die allerhöchst befohlene transcaspische und Nord-Chorassan-Expedition, welche schon im Januar 1886 begann und im September erst endigte, hat mich daran verhindert, früher die Einschaltungen zur *Ornis caucasica* zu geben, welche sich als Beobachtungsresultate meiner Reisen in den Hochgebirgen des südlichen Dagestan ergaben. Die transcaspischen, schon 1886 sehr bedeutenden ornithologischen Materialien (über 800 Bälge) sind in diesem Frühlinge durch die Ergänzungsreise des Herrn Dr. Walter, den ich bis zum Amu-darja an die neue Afganengrenze entsendete und dem es auch gelungen ist, im Mai die höchste Stelle des schwer gangbaren Kopet-dagh zu besuchen, sehr bereichert worden, und werden im zoologischen Bande unseres Reisewerkes thunlichst bald dem Publicum vorgelegt werden. Jene transcaspische Welt, die eben so eigenartig in ihrer gesammten Naturveranlagung, wie oft barock und originell in der Gestaltung der einzelnen Organismen ist, bietet auch in ornithologischer Hinsicht nur schwache Beziehungen zu der westlicheren Vogelwelt des Kaukasus.

Was nun mein Reisegebiet von 1885 anbelangt, so findet Jeder, dem an eingehenden Mittheilungen geographischer Natur darüber gelegen ist, im XVIII. Ergänzungsbande (Heft Nr. 85) 1886--1887 zu Dr. A. Petermann's Mittheilungen aus Justus Perthes' geographischer Anstalt, herausgegeben von Prof. Dr. A. Supan, Gotha 1887. Auskunft und erläuternde Karten. Hier nur die nöthigsten Daten über diese Reise.

Ich begab mich am 11./23. Juni 1885 nach Nucha, einer Kreisstadt des elisabethopolischen Gouvernements, die bereits auf dem Fusse des grossen Kaukasus an seiner Südseite im Meridian von 47° 12′ 13″ östlich von Grnw. in 748 Meter über dem Meere liegt. Die Excursionen der nächsten Tage galten ebensowohl der zum Theil üppigen davorlagernden Ebene, wie auch dem Hochgebirge, welches zuerst östlich in Lazal (3509 Meter) und dann westlich im Salawat (3640 Meter) besucht wurde. Am 22. Juni/4. Juli begab ich mich sodann, östlich in der Ebene reisend, nach Kutkaschin. Von hier aus konnten das seiner uralten Kastanienbäume (*C. vesca*) wegen berühmte Bumthal und auch die im weiten Umkreise wohlbekannten heissen Quellen von Istisu, welche bei einer Temperatur von 39,2° C. in 1566 Meter Höhe an linker Thalseite ganz nahe vom Bette des Bumbaches sprudeln.

Am 25. Juni/7. Juli wurde die beschwerliche Reise von der Süd- zur Nordseite des grossen Kaukasus begonnen. Wir stiegen im Thale des Kutkaschinbaches aufwärts. Dasselbe ist, wie alle in der östlichen Hälfte des grossen Kaukasus an der Südseite gelegenen, sehr steil und ein tief geschnittenes Querthal. In dem von Lesginern bewohnten Dorfe Mutschuch (1704 Meter) blieben wir zur Nacht. Am 26. Juni/8. Juli musste der Kaukasus überstiegen werden. Von gutem Wetter begünstigt forcirten wir nach Möglichkeit die steile Schlucht des Damir-oparan-tschai, passirten schon 7 Uhr früh in 2147 Meter die Baumgrenze, hier durch einzelne Krüppeleichen und Weiden angedeutet, und konnten uns dann im Bereiche der basalalpinen Wiese leichter bewegen. Auf der nordwestlichen Quellhöhe des erwähnten Baches haben wir nach und nach die hochalpine Zone erreicht und klimmen nun bald im lockern Schieferschurf. Der Aufstieg ist stellenweise schwierig. Um 11 Uhr befand ich mich in 3223 Meter Höhe am Kurwaplatze auf der Wasserscheide zwischen den Kura- und Kusari-tschai-Zuflüssen, die Schneeschmelze war hier im vollen Gange. — Nach anstrengendem Ritte kamen wir gegen Abend endlich zu einem Hirtenstande. Am Fusse des Pirli-dagh in 3013 Meter Höhe, angesichts der grandiosen Südfronte des Schah-dagh blieben wir.

Am 27. Juni/9. Juli wurde an der Westseite des Schah-dagh die Meereshöhe von 3700 Meter erreicht (4255 ist die Gipfelhöhe am östlichen Ende) und damit für diese Jahreszeit wenigstens die Grenze des phanerogamen Pflanzenlebens. Das nächste Ziel war nun das grosse Dorf Kurusch, das höchst gelegene im ganzen Kaukasus. Vis-à-vis vom mächtigen Basardusy (4600 Meter) angesichts seiner Firne und Gletscher hängt es, gleich einem riesigen Schwalbeneste, an dem unteren Theile der Südfront des Schalbus in 2492 Meter Meereshöhe. Unmittelbar im Norden hebt sich steil jener Schalbus und erreicht in seiner stark verwitterten, jurassischen Gipfelhöhe die eminente Höhe von 4300 Meter. Mein mehrtägiger Aufenthalt in Kurusch wurde auf Excursionen vornehmlich im Gebiete der üppigen basalalpinen Wiese verwendet. Es überraschte mich sehr, dass in diesem Gebiete, wo weit und breit kein Strauch, kein Bäumchen zu finden, von überall her der Karmingimpel das schöne Flöten erschallen liess. *Pyrrhula erythrina* war hier gemein und in Ermanglung eines besseren und geschickteren Singstandes hatte er sich die rasch heraufschiessenden *Heracleum*-Stauden gewählt, ja auch das Nest stets oben auf dieser Riesenumbelle ganz frei gebaut, so dass es täglich höher und höher geschoben wurde, da die Pflanze, einmal in die Entwicklung getreten, ungemein rasch wächst.

Am 29. Juni/11. Juli wurde die Südfront des Schalbus erstiegen. Die grösste von mir erstrebte Höhe belief sich auf 3500 Meter. Die über *Megaloperdix caucasica* hier gemachten Beobachtungen findet der Leser in den Specialmittheilungen.

Am 1./13. Juli reisten wir weiter. Seitdem die Westseite des Schah-dagh auf dem Wege nach Kurusch umgangen war, befanden wir uns im Quelllande des S'amur, jener grossen Wasserstrasse nach Osten, welche dem Caspi tributär ist. Unser nächstes Ziel war Achty. Wir traten, stets thalabwärts wandernd und die Dörfer Pirkent und Mikra passirend, Nachmittags bei dem Orte Miskindsha in das Hauptthal des S'amur und obwohl noch in 1200 Meter Seehöhe doch in die heisse Zone. Merops, Turteltauben, Blauraken umgaukelten uns und in den Gärten von Achty sang der Pirol. Am 6./18. Juli ging es weiter, die Quellen des S'amur sollten zuerst erstrebt und dann die mächtige Scheide zwischen S'amur und S'ulak im hohen Nussa-Passe überstiegen werden. Unser erstes Ziel war das Dorf Rutul (1410 Meter) durch die Waldreste und das gute Gedeihen des Wallnussbaumes für uns besonders interessant. Am 7./19. Juli passirten wir das Dörfchen Lutschek in 1565 Meter; die Mittagssonne sengte förmlich, die Felsenschlucht war enge, oben an den Wänden spielten Alpenkrähen, unten tobten die Fluthen des Flusses. Abends wurde Ichrek erreicht und hier ein Tag gerastet. Wir befanden uns hier fast 2000 Meter über dem Meere (Messung 1933). Am 9./21. Juli setzte ich die Reise fort. Es galt zunächst nach Arachkul zu kommen. Enger und enger schliesst sich das Quellthal des S'amur, die gegen Norden exponirten Thalgehänge sind hie und da licht mit Birkengestrüpp bestanden, von den Inseln leuchten uns anmuthig die lebhaft rosa blühenden Complexe von *Epilobium Dodonaei* Vill. aus dem Graugrün der *Hippophae*-Bestände entgegen. Ueberall singt die reizende *Metoponia pusilla*. Wir befinden uns in Arachkul bereits im Bereiche der subalpinen Wiese, *Scabiosa caucasica* und *Betonica grandiflora* sind ihre wesentlichen Schmuckpflanzen. Am 10./22. Juli wurde von hier aus die erste Excursion zur Südfront des Dulty-dagh gemacht und bei schlechtem Wetter der 3225 Meter hohe Johe-Pass erreicht. Die botanische Ausbeute war lohnend, die kleine, sehr seltene *Betckea caucasica* Boiss. fiel uns heute zu. Die Vogelwelt dort oben, wie überall im hohen Dagestan, ist an Arten und Individuen äusserst arm. Wenige Schneefinken, einige Larvenlerchen und wo passende Steilwände ein Volk schwatzender Alpenkrähen, dann und wann kreisende Geier, ein *Neophron* — das ist Alles. Man ist ja in der Nähe der erdrückend ruhigen Hochalpenwelt, das Reich des Todes umgibt uns.

Am 12./24 Juli galt es, im Nussa-Passe die hohe Scheide zwischen S'amur und S'ulak-System zu überschreiten. Bei anfänglich vortrefflichem Wetter gelang es uns, um die Mittagszeit in 3694 Meter Höhe die kahlen Schiefer des erwähnten Passes zu ersteigen. Aber Nebel und fliegende Wolken umgaben uns abwechselnd. Unbekümmert ging es weiter, immer thalabwärts im dichten Regen. Durchnässt erreichte ich Abends beim Dunkelwerden das Dorf Kusrach und erfreute mich lesginischer Gastfreundschaft, die allerorten in diesem hochinteressanten Lande über alles Lob erhaben geübt wird. Wir befanden uns wieder in 2162 Meter Seehöhe. Am 13./25. Juli wurde die Strecke Weges von Kusrach nach Kasi-Kumuch zurückgelegt und hier für's erste fester Fuss gefasst. Schon am 15./27. Juli konnte ich meine zweite Excursion zum Dulty-dagh beginnen, zwar an diesem Tage vom Wetter begünstigt, jedoch am folgenden gestört. Die Hauptrichtung nach Süden einhaltend, legten wir zuerst eine bedeutende Strecke Weges in der saftig grünen Ulaar-Ebene zurück, passirten dann die Dörfer Tschurtaschi und Choludun und traten dann an das linke Felsenufer des hinstürzenden Kasi-Kumuch-Koissu. Diesem Ufer entlang aufwärts, auf oft steilem Gehänge und schmalem Pfade, wanderten wir fort, bis Abends das letzte ärmliche Lesginendörfchen Tscharalu in 2543 Meter Höhe erreicht wurde. Bis 9 Uhr früh hinderte uns ein fatales Hochwetter. Wir mussten im Hauptthale des Flusses, Angesichts der ernsten Firnfronten des Dulty-dagh, einigen Schutz unter Felsenwänden suchen und abwarten. Nebel, Regengüsse und scharfer Wind wechselten. Erst gegen 9 Uhr wurde es etwas besser und wir wagten wieder unser Ziel zu verfolgen. Der Fuss des Passes wurde um 10 Uhr zu 2957 Meter bestimmt und nachdem noch ein Theil des Aufstieges bis zur Grenze des phanerogamen Kräuterwuchses betreten worden war, kehrten wir wieder in's Hauptthal zurück und erreichten am 17./29. Juli Kasi-Kumuch. Vom 21. Juli/2. August bis zum 27. Juli/8. August hielt ich mich in Gunib, der berühmten Bergfeste Schamyl's auf. Zu wiederholten Malen besuchte ich das jetzt fast unbewohnte geräumige Kalkplateau, auf dessen centraler Einsenkung in der vorderen Hälfte noch die Reste des Auls stehen, wo der Imam lebte. Obwohl auf der gegen Norden gekehrten Seite dieses überall jäh in die Tiefe abstürzenden Plateau's liebliche Birkenhaine untermischt mit lichtem Kiefernbestande stehen, so war dennoch das Vogelleben ausserordentlich spärlich vertreten, es gab da weder eine Meise noch einen Specht und nichts von den lieblichen Sängern. Uebrigens hebt sich das Plateau gegen Westen bis zu 2352 Meter Höhe, während der Ostfuss am schwarzen Koissu nur in 867 Meter Höhe liegt und die russische Ansiedelung oben am östlichen Rande im Mittel mit 1450 Meter bestimmt wurde.

Am 27. Juli/8. August ging es weiter, die Strecke bis nach Chunsach am awarischen Koissu sollte zurückgelegt werden. Schon gegen 10 Uhr begann der Regen, die Passage durch die enge, steilwandige Felsenschlucht des Karadagh - Gebirges wurde gefährlich. Jenseits derselben erreichten wir bald die gleichnamige Station und reisten von hier im Postwagen trotz des sehr schlechten Wetters weiter. Bei der Brücke, welche über den hochangeschwollenen awarischen Koissu führt und die wenige Stunden, nachdem wir sie passirt hatten, fortgerissen wurde, befanden wir uns in 677 Meter Höhe und hatten nun die Ostfronte des Chunsach-Plateau's auf vielgewundener Poststrasse langsam zu erreichen und in 1800 Meter Höhe ihren Rand zu betreten. Regen und Nebel hatten uns vollständig durchnässt und erst um 10 Uhr Abends erreichten wir das gastfreundliche Haus des Kreis-Chefs, Fürsten Wachwachow. Gleich dem gunibschen Plateau ist auch das chunsachische ein Kalkmassiv mit rundherum senkrecht abstürzenden Wänden, dessen Hauptachse fast 30 Kilometer Länge besitzt und ein sanft eingesenktes Längenthal darstellt, in welchem der Tobot-Bach fliesst. Die höchsten Punkte der Randkette steigen bis zu 2100 Meter an, die tiefsten in der Mittelfläche des Plateau's liegen in 1540 Meter Höhe. Am 29. Juli/10. August wurde der gesammte westliche Theil dieser Plateauebene besucht, ein Gebiet reicher Cultur der nordischen Cerealien, die von üppigen Wiesen unterbrochen werden.

Durch unaufhörlichen Regen wurde ich gezwungen, bis zum 1./13. August in Chunsach zu bleiben. Man hatte volles Recht des Wetters wegen besorgt zu sein, es war das die herbstliche Wetterwende für das Hochgebirge, dessen Firnfelder neuen reichen Vorrath an frischem Schnee erhielten und dessen tosende Bäche, hochangeschwollen, Weg und Steg vielerorts vernichteten. Durch diese Regen wurden unsere gefassten Reisepläne total verändert, da es keine Möglichkeit gab, den awarischen Koissu thalaufwärts zu bewandern. Am ersten Tage ging es noch ganz gut. Wir bewegten uns hoch auf linker Thalwand des Koissu, im sterilen, stellenweise schlecht bestrauchten Schieferschurf. Ueberall wurde an den verdorbenen Pfaden gebessert. Im Dörfchen Waktluk (1605 M.) blieben wir. Am 2./14. August entschied sich unser Schicksal. Man konnte im Thale des Flusses nicht weiter kommen, ein Glück war es, dass die Brücke von Hadatla unversehrt geblieben war. Ich überschritt sie, um dann auf rechter Thalwand des awarischen Koissu bergan zu steigen und Uroda (1471 M.) zu erreichen, den Sitz des Naib Inkatschilo. Hier nun musste abermals auf besseres Wetter gewartet werden. Zwar konnte am 4./16. August eine Excursion zum Nordende des mächtigen Bogos-Stockes gemacht werden, jedoch war es nur möglich in 2433 Meter Höhe eine Zeichnung der Kette zu entwerfen. Die alpine Zone lag überall im frischen Schnee.

Unter den obwaltenden Umständen war es geboten, den beschwerlichen Weg von Uroda über den Ketz-Pass zu machen und bei dem Dörfchen Tlarata, hoch oben am awarischen Koissu, den Weg nach Beshita zu gewinnen. Am 5./17. August wurde diese Reise in Angriff genommen. Schon um 2 Uhr Nachmittag erreichte ich das letzte diesseits gelegene Dörfchen, es liegt in finsterer Schlucht und heisst Sumada, in 1868 Meter Höhe. Mit Tagesanbruch ging es am 6./18. August weiter, zuerst in alpiner Wiese, die nun schon die Herbstflora zeigte, mit den Gruppen von *Gentiana caucasica* und dem stengellosen *Cirsium esculentum*.

Bald folgte die hochalpine Zone. Trümmergestein, Schieferschurf mit den charakteristischen, in dichter Polsterform wachsenden Pflanzenarten: *Saxifraga muscoides* Wulf., *S. exarata*, *S. laevis* MB., *S. hirculus* L., *S. sibirica* L., *Chamaesciadium flavescens* CAM., *Veronica telephiifolia* Vahl. und andere. Ab und zu gingen vor uns Bezoarziegen-Rudel auf. Um 1 Uhr wurde der Ketz-Pass in 3468 Meter Höhe erreicht. Der Wind ging scharf aus Westen. Der seltene *Doritis Nordmanni* flog jetzt hier.

An der Westseite wurde auf alpiner Wiese mit reichlichem Quellengrunde gerastet. Hier erkrankte ich. Schon am Abend lag ich in Fieberhitze. Mit Mühe und Noth wurde die weite Strecke bis Tlarata noch an diesem Tage zurückgelegt. Auf diesem Wege gab es stellenweise Wald und an seiner oberen Grenze auch eine üppige Rhododendronzone (*Rh. caucasicum*). Die orientalische Tanne fehlt im gemischten Hochwalde, welcher aus Kiefern, Weissbirken und Zitterpappeln sich aufbaute und ein hohes Unterholz von Ebereschen, Vogelbeeren, *Xylosteum* und *Viburnum* ernährt. In 2743 Meter Höhe befanden wir uns in der Rhododendronzone und in 2983 Meter Höhe überstiegen wir den Chalata-Kali-Pass, um dann beständig abwärts steigend im Thale des Unchada-sesul-tsar-Baches spät Abends das ersehnte Ziel Tlarata zu erreichen.

Am 8./20. August beschleunigte ich, geängstigt vom gastrischen Fieber, die Reise. Das grosse Dorf Beshita, an der westlichen Quellenhöhe des awarischen Koissu gelegen, wurde gegen Abend erreicht. Am 9./21. August galt es, die Wasserscheide zwischen awarischem und andischem Koissu zu erreichen und südwärts wendend den Kamm des grossen Kaukasus nahe vom 3125 Meter hohen Nikos-ziche zu übersteigen und das Wassersystem der Kura im Nebenthale des Tschely (dem Alasan tributär) zu erreichen. Ich schliesse diesen kurzen Bericht mit denselben Worten, die im erwähnten Ergänzungshefte zu Petermann's Mittheilungen gedruckt stehen, damit dem Ornithologen von Fach dienend, der neben der systematischen Forschung auch Freude hat an den durch die Vogelwelt geschmückten Naturscenerien und Detailbildern:

»Die untergehende Sonne vergoldete das Laub riesiger Ahornbäume, welche, zerstreut vertheilt und ab und zu mit Rothbuchen abwechselnd, an der äussersten Baumgrenze stehen.

Immer ist es der dem *Acer pseudoplatanus* L. nahe verwandte *Ac. Trautvetteri* Medw., den man so hoch im Gebirge in so kräftiger Entwickelung findet. Trotz meines elenden Zustandes war ich doch empfänglich nicht allein für die Schönheiten dieser Hochgebirgsscenerien. Es hat sich mir am 10./22. August Abends vor Sonnenuntergang ein Detailbild aus dem imponirenden Panorama so fest in die Seele geprägt, dass ich es nimmermehr vergessen kann! Auch hat dergleichen wohl kaum ein Europäer jemals gesehen und deshalb will ich hier von ihm sprechen.

Im Bereiche jener äussersten, über die Baumgrenze vorgeschobenen Ahorne, deren oft 60 Centim. dicke Stämme in den Kronen stark verwettert waren, standen hier und da Ebereschen. Ihre reifenden rothen Beerendolden glühten in den letzten Strahlen der Abendsonne und die hohen Ahornkronen warfen lange Schatten auf die Wiesengründe. Es war wohl still um uns her. Aber als wir so schweigend hinwanderten, ein jeder für sich, hörte ich plötzlich den für solche Höhen fremdartigen Ruf von Bienenfressern (*Merops apiaster*). Diese schönen Vögel waren vor ihrer weiten Reise zum fernen Süden, wie sie dies alljährlich thun, in die hohe Waldzone gewandert, und zwar der vielen Wespen wegen, die sich hier zur Zeit der Wildfruchtreife fleissig tummeln. Schwebend und flatternd, dann eilig abwärts schiessend, versuchten sie auf dem schlanken Geäste der Ebereschen zu fussen, immer dabei den einsilbigen Lockton ausstossend. Es gelang ihnen. In wenigen Augenblicken sassen ihrer zehn im Sorbus-Gebüsche zwischen Laub und rothen Beeren und darüber goss die scheidende Sonne den Abschiedspurpur. Das war entzückend schön und auch ein kranker Mensch freut sich daran. Erst um 11 Uhr bei hellem Mondlicht kam ich in Schildi an, fand freundliche

Aufnahme bei dem Dorfältesten, bettete mich nahe den in grossen Thongefässen vergrabenen Weinvorräthen (im Maran) und erfuhr, als die Packpferde ankamen, dass eines von ihnen den Strapazen erlegen sei. Am 11./23. erreichte ich Telaw, von wo die Reise im Wagen über Gombori nach Tiflis fortgesetzt wurde. Am 13./25. August war die Expedition in die Hochalpen des Dagestan beendet.«

Dies gesammte Gebiet liegt, mit Ausschluss der heissen Zone am Südfusse des grossen Kaukasus, in der basalalpinen und alpinen Zone. Nur an einzelnen Stellen an der Nordseite berührte ich die heisse Zone und zwar in ziemlich bedeutenden Höhen (1200 M.), bei Exposition der Lage gegen Süden. Zu dieser Jahreszeit, also Hochsommer, ist die Ornis dieser Gegend arm. Zumal fällt es auf, dass hoch im Dagestan selbst die gewöhnlichen Arten, z. B. Alpenlerchen und Schneefinken, nirgends häufig angetroffen wurden. Ich muss aber, bevor ich nun die Specialia anführe, bemerken, dass ornithologische Beobachtungen diesmal nur ganz nebensächlich gemacht wurden, die eigentlichen Zwecke der Reise wurden auch diesmal durch geographische Interessen und umfangreiche botanische Sammlungen vertreten.

Ich gehe bei Aufführung meiner dagestanischen Notizen dem Systeme nach, welches in der *Ornis caucasica* befolgt wurde und schalte die Beobachtungen, welche Dr. Walter um Neujahr 1887 bei Lenkoran machte, mit ein.

Vultur cinereus Gml. Ich kann auch für den Dagestan bestätigen, was ich pag. 55 der »Ornis« im Allgemeinen über das Vorkommen des Kuttengeiers gesagt habe. Ich habe ihn in der alpinen und hochalpinen Zone meines Reisegebietes (1885) nirgends gesehen. Immer war es der Gänsegeier, den ich antraf. Wiederholentlich aber wurden mir in Tiflis lebende Exemplare gebracht, was eben auch darauf hinweist, dass der Vogel die tieferen Gebiete, die heisse Zone vornehmlich bewohnt.

Gyps fulvus Briss. Im dagestanischen Mittelgebirge, zumal auf der Strecke von Kasi-Kumuch nach Gunib, der Westseite des mächtigen Turtschi-dagh entlang, gab es viele

Gänsegeier. Am Nachmittage des 21. Juli/2. August kreisten da auf der Suche nach Beute etliche zwanzig Stück unweit vom Dorfe Tschoch. Nicht anders verhielt sich das damit bei Chunsach und am Sa-i-Gebirge, wo die Geier in Gesellschaft von *Fregilus* lebten und unbesorgt um die Horste etlicher Steinadler waren.

Neophron percnopterus L. ist über das ganze dagestanische Gebiet verbreitet, aber nirgends häufig; im Sommer findet man ihn sogar einzeln in der hochalpinen Zone. Auf dem Gunib-Plateau lebte ein Paar alter *Neophron*, es wurde von mir aus dem lichten Birkengehölze, in welchem der Barjatinski'sche Tempel zum Andenken an die Gefangennahme Schamyl's steht, aufgescheucht (22. Juli/3. August). Am Matlas auf dem Chunsach-Plateau wurde dieser Aasgeier mehrfach beobachtet (29. Juli/10. August).

Gypaëtos barëatus L. Bei den Awaren in Chunsach: Tschuduk, bei den Lesginern in Arachkul: Kashir, dies ist wahrscheinlich die richtigere Benennung, die folgende gilt auch den Geiern. Bei den Lesginern in Kurusch am oberen S'amur: Ketschal-Kerkes, das heisst eigentlich Kahlkopf, da aber der betreffende Lesginer, mein Begleiter, den Vogel selbst sah, als wir hoch auf dem Schalbus ruhten, so nehme ich den Namen an, es ist wahrscheinlich, dass er auch dem Gänsegeier gilt.

Niedrig schwimmend suchte der Lämmergeier die äussersten Weideplätze am 29. Juni/11. Juli am Schalbus in 3418 Meter Höhe ab (altes, weissbäuchiges, starkwüchsiges Weibchen). Mehrfach wurden Lämmergeier auch im Quellthale des Kurtai-tschai beobachtet, ebenso am 1./13. August an den Steilwänden des Sa-i-Gebirges, wo sie in der Nachbarschaft von Gänsegeiern, *Neophron* und Steinadlern lebten. Man darf demnach behaupten, dass in den Gebirgen des südlichen Dagestan der Vogel überall, wenn auch nicht häufig zu finden ist. Den Awaren war es bekannt, dass die Lämmergeier starke Knochen aus grossen Höhen, zu denen sie sich fliegend erheben, fallen lassen, um sie zu zertrümmern. In Chunsach wollten die Jäger sogar wissen, dass sie in Hungerszeiten Quarzsteine in gleicher Weise behandeln und die Brocken gierig verschlucken.

Den beiden grossen Edelfalken: *F. peregrinus* Briss. und *F. saker* Briss. bin ich im Dagestan nicht begegnet. Dr. Walter, welcher neuerdings für das kaukasische Museum gewonnen wurde und um Weihnachten 1886 bei Lenkoran jagte, schrieb mir: In Folge des überaus warmen Herbstes und Winters 1886 wurde die Südwestküste des Caspi von nur geringen Mengen verschiedener Sumpf- und Wasservögel besucht und dementsprechend gehörten *F. peregrinus* und *F. saker* dort zu den Seltenheiten. In der Umgegend von Lenkoran und Kumbaschinsk konnte ich vom 23. bis 29. December 1886 keine beobachten. Am 29. December 1886/10. Januar 1887 die zwei ersten Exemplare bei Kumbaschinsk, ohne dass diesen viele gefolgt wären. Zahlreicher zeigte sich *F. peregrinus* vom 2.—4./14.—16. Januar 1887 in und an den Gärten der Steppe zwischen Kumbaschinsk und S'alian. Auch *Falco aesalon* fehlte bis Anfang Januar 1887 im Talyscher Tieflande.

Falco subbuteo L. Auf dem Chunsach-Plateau am Matlas einmal am 29. Juli/10. August 1885 gesehen.

Neuerdings hat Dr. Walter am 23. December 1886/4. Januar 1887 *Falco subbuteo* bei Kumbaschinsk nachgewiesen. Dies bestätigt die von mir pag. 22 Nr. 6 gemachte Mittheilung, dass der Baumfalke im Tieflande von Talysch ab und zu wintert, jedenfalls aber als Ausnahmsfall.

Erythropus vespertinus L. Ist und bleibt für den Centraltheil Transkaukasiens eine Seltenheit. Ein Männchen wurde bei Tiflis im August 1886 erlegt, es steht im Museum.

Cerchneis tinnunculus L. Der Thurmfalke wurde zur Sommerszeit überall, selbst in den basalalpinen Wiesen, aber hier nur selten und einzeln angetroffen. Häufiger wird er in den tiefer gelegenen Zonen, z. B. auf dem Chunsachplateau (1600—2000 Meter). Ausnahmsweise trifft man den Thurmfalken selbst in der hochalpinen Zone. Während der Passage des Ketz-Passes (3486 Meter) am 6./18. August traf ich ihn da, wo nur noch hier und da ein vereinsamtes

Cerastium Kasbek steht und Bezoarziegen-Rudel zur Mittagszeit ruhen.

Haliaëtos albicilla Briss. Von meinem Reisegebiete ist selbstverständlich ebensowohl der Seeadler, als auch *Pandion* ausgeschlossen, doch hat Dr. Walter Folgendes notirt: Ende December 1886 war *H. alb.* sowohl um Adshikabul, als auch längs der unteren Kura, an der Akuscha und namentlich um Kumbaschinsk und Lenkoran äusserst häufig. Bei Kumbaschinsk ruhten stets mehrere Exemplare im nahen Dorfgarten, dort auch übernächtigen sie. Uebrigens sah man allabendlich sämmtliche Seeadler entweder in die Wälder am Gebirgsfusse oder zur Insel Sari wandern.

Circaëtos gallicus J. Fr. Gml. Der Schlangenadler wurde, soviel mir bekannt, bis dato im Kaukasus noch nicht nachgewiesen. Um so erfreuter bin ich, das jetzt thun zu können. Am 23. September/5. October 1886 erhielt ich aus den Umgegenden von Tiflis ein lebendes Exemplar, welches sich seit jener Zeit, bei Leber- und Fleischnahrung, in Gesellschaft von *Buteo tachardus* und *Milvus ater* in einer Volière des Museumsgartens ganz wohl befindet und in seiner Haltung und Lebensweise oftmals an den Eulentypus erinnert. Ein anderes Exemplar (ausgestopft), ein altes ausgefärbtes Männchen, wurde vom Museum um dieselbe Zeit (Anfang October) 1885 erstanden. Seit dem Nachweise dieser Art im Centraltheile von Transkaukasien wird die Zahl der Tagraubvögel nicht geändert, da ich *Circt. hypoleucus* Pall. aus der Mugan bis auf weiteres nur mit einem Fragezeichen in die *Ornis caucasica* aufnehmen konnte. Uebrigens hat unsere transcaspische Expedition das Vorkommen der letzteren Art im Lande der Turkomannen mehrfach bestätigt und liegen Exemplare von dorther vor.

Aquila chrysaëtos L., bei den Awaren = S'un, bei den Lesginern am oberen S'amur in Rutu : lik, in Achty : läk. Ist im südlichen Dagestan kein seltener Adler und bewohnt als Standvogel mit Horstbau, oft in Gemeinschaft von *Gyps fulvus* und Alpenkrähen, die senkrechten Jurakalkwände, welche von den isolirt dastehenden Plateau's jäh in die Tiefe oft mehr als 1000 Fuss abstürzen. So fand ich ihn mehrfach auf dem Plateau von Gunib und von Chunsach. Im Bereiche der basalalpinen Wiesen am oberen S'amur im Kurtai-tschai-Thale war der Steinadler ebenfalls gemein. Alte Vögel hatten die breite, weisse Schwanzwurzelbinde ungemein stark und klar entwickelt, dabei herrliche goldgelbe Kopfplatte.

Andere Adlerarten habe ich im Dagestan nicht gesehen.

Aquila clanga Pall. wurde auch für den Winter 1886/87 von Dr. Walter im Talyscher Tieflande mehrfach nachgewiesen, offenbar kommt der Räuber zur Mast in der Winterszeit in diese stark belebten Strandgebiete des Caspi.

Die Ergänzungen über die Buteonen Transkaukasiens hat Dr. Walter wesentlich vermehrt, er schrieb:

Archibuteo lagopus Brünn. Das erste Ankunftsdatum im Jahre 1886 notirte ich 15./27. November in den Auenwäldern des Karajas, 40 Kilom. unterhalb von Tiflis. Vom 2.—4./14—16. Januar 1887 an, d. h. seitdem Frost- und Schneegestöber eingetreten, waren ziemlich viele Rauhfussbussarde in der Mugan-Ebene erschienen. So wurden sie auf der Strecke zwischen Prischib und Andrejewka gesehen.

Buteo ferox Gml. Für das Talyscher Tiefland wurde durch Dr. Walter der schöne Vogel auf's Neue nachgewiesen, welche Daten sich an die von mir in der Ornis gegebenen (pag. 89) vortrefflich anreihen. Dr. Walter sah am 21. — 22. December 1886/2. — 3. Januar 1887 in der Mugan mehrere und abermals am 2.—4./14.—16. Januar 1887 auf der Strecke zwischen Andrejewka und S'alian.

Buteo vulgaris Bechst. Mit dem Datum 24. September/6. October war die Herbstzugszeit des gewöhnlichen Mäusebussards bei Tiflis im Jahre 1886 von mir constatirt.

Buteo tachardus Bree. var. *rufus* Radde = *Buteo Ménétriesi* Bogd. Meine Beobachtungen vom Jahre 1885 stimmen zu denen, die ich in der *Ornis caucasica* (p. 96—97) publicirte, gut. Der Vogel sucht zwar nicht den schattigen Bestand des Hochwaldes, aber den Baum braucht er doch. Nirgends fand ich ihn im waldlosen Theile des südlichen Dagestan, dagegen an der Südseite des grossen Kaukasus an der Baumgrenze überall und zwar brütend in einzelnen Familien. Am 15./27. Juni waren die Jungen zwar noch nicht ausgewachsen, aber schon flügge und eben diese jungen Vögel zeichneten sich durch das lebhaft rostbraune Gefieder aus.

Milvus regalis Briss. Fast alljährlich im Herbste erscheint Mitte September die Königsweihe auf dem Zuge bei Tiflis, aber durchaus nicht häufig. Ihr Weg nach Süden liegt entschieden westlicher, wie ich das schon pag. 98 der *Ornis caucasica* meldete. Ein Exemplar vom 14./26. September 1885 steht im kaukasischen Museum als Beleg für die Herbstpassage.

Milvus ater Gml. Im Mai 1885 erschienen auf der Bojukturut-Steppe im Süden von Nucha zur Kura-Ebene hin sehr viele Schlangen und machte sich *Milvus ater* an die Vertilgung derselben. Der Milan ist am Südfusse des grossen Kaukasus in der heissen Zone an manchen Orten gemeinster Raubvogel. Je höher wir steigen, um so seltener wird er. Auf dem Chunsach-Plateau sah ich mehrere Exemplare. Seite 23 der *Ornis caucasica* in letzter Rubrik bedarf einer Berichtigung, insofern der Milan in einzelnen Exemplaren im Talyscher Tieflande doch überwintert, ja selbst dann, wenn tiefer Schnee und Frost einsetzen. Dafür hat neuerdings Dr. Walter den Beweis geliefert. Am 4./16. Januar 1887 wurde der Raubvogel in mehreren Exemplaren, als Alles rundumher in tiefem Schnee gebettet war, gesehen. Im December wurde er bei Lenkoran und Kumbaschinsk nachgewiesen. Im Texte der *Ornis caucasica* pag. 100 habe ich in gleicher Art darüber berichtet, es hat sich also nur in der Rubrik ein Fehler eingeschlichen, es muss da heissen: ja — aber nicht — nein.

Astur nisus L. Bei den Lesginern am oberen S'amur in Rutul: Dshunuk, in Achty: Tschenyk. Wesentlich ist das Vorkommen des Sperbers an den Baumwuchs geknüpft. Wo Gärten oder Wald fehlen, behagt es dem Räuber nicht. Ich fand ihn sogar sehr hoch im Gebirge, z. B. bei Arachkul, im Gebiete der subalpinen Wiese, wo er auf *Anthus* jagte, aber es standen da doch einzelne alte Kiefern, die der Vogel zum Ruheplatze wählte. Auf dem Gunibplateau nistend in lichter Weissbirkenwaldung.

Dr. Walter theilt mit: *Astur nisus* war Ende December 1886 und Anfang Januar 1887 der einzige kleine Raubvogel, den man um Kumbaschinsk in Lenkoran, wie in den Steppendörfern der Mugan fast täglich beobachten konnte, ohne dass er dabei besonders häufig genannt werden durfte. Bei Kumbaschinsk und im Dünengebiete nach Lenkoran hin war, bei fast gänzlichem Mangel an Lerchen, *Cynchramus schoeniclus* jetzt seine fast ausschliessliche Beute. Die von mir erlegten Exemplare gehörten der gemeinen Sperberart, nicht aber dem *Ast. brevipes* an, zeigten indessen frappirende Variationen selbst in der Farbe des Augensternes.

Astur palumbarius L., bei den Lesginern am oberen S'amur in Rutul: Quad, in Achty: Kard. Ein junges, kleinwüchsiges Männchen, dessen Körpergrundfarbe auffallend licht-bräunlich war, zeichnete sich durch helle gelblich-graue Iris aus. Es wurde uns während der Reise von Gunib zum Karadagh am 27. Juli/8. August 1885 präsentirt. Die Falkenjagd im Dagestan wird ebenfalls mit dem Hühnerhabicht betrieben. Im Winter 1886/87 (December bis Januar) fehlte der Hühnerhabicht im Talyscher Tieflande.

Mit den Weihen sieht es im südlichen Dagestan armselig aus, den höheren Gebirgen fehlen diese Vögel ganz. Erst in den Wiesen von Chunsach sah ich am 29. Juli/10. August 1885 ein Paar von *Strigiceps cineraceus* Mont., die anderen Species kamen mir in meinem Reisegebiete nicht zu Gesicht.

Dagegen notirte Dr. Walter um Neujahr 1887 Folgendes:

Circus aeruginosus L. Am Südwestufer des Caspi war er December 1886 bis Januar 1887 der bei weitem häufigste, ja ein äusserst gemeiner Raubvogel. Auch an allen Rohrpartien, Flüssen und Bächen der Mugan zeigte er sich, wenngleich nur einzeln, und

Strigiceps cyaneus L. beobachtete ich einzeln am 21. December 1886/2. Januar 1887 am See von Adshi-Kabul, am 22. December/3. Januar in der Mugan, sodann bei Kumbaschinsk, wo die Weibchen überwogen, alte Männchen sah ich nur in der Mugan am 3.—4./15.—16. Januar 1887.

Bubo maximus L. Der allgemeine Name für Eule ist bei den Awaren: Rus; der Uhu heisst bei ihnen: Kät-Rus, d. h. Katzeneule. Er ist bei Chunsach und Gunib häufiger Bewohner der senkrechten Kalkwände, ebensowohl der Plateau's, als auch der Flussläufe.

Ephialtes scops L. In der heissen Zone am Südfusse des grossen Kaukasus häufig. Aus den Gärten Nucha's ertönte allabendlich vielfach der Ruf des Zwergkauzes, während am Tage Pirole pfiffen und Turteltauben girrten, schlugen Abends viele Hafissänger und es erschallte der Nachtruf der kleinen Eule. Ebenso war das auch östlicher bei den Dörfern Kutkaschin und Bum.

Corvus Corax L. Bei den Awaren von Chunsach heisst der Kolkrabe: Nuká; er ist auf dem Plateau von Chunsach selten, ebenso auch die Nebelkrähe. Ich bin dem Kolkraben zur Sommerszeit im östlichen Theile der dagestanischen Hochalpen nirgends begegnet, was mir auffällig erscheint. Immer waren es einzelne Nebelkrähen, zumal da, wo etwas Baumwuchs vorhanden, die ich in Höhen von 2—3000 Meter sah.

Corvus corone L. Das Jahr 1886 brachte uns nach Dr. Walter's Beobachtungen keine Rabenkrähen. Er schreibt: Seit Ende August speciell auf die Rabenkrähe achtend, konnte ich weder bei Tiflis noch im Kurathale von der Station Caspi bis nach Karagas, noch bei Jewlach oder in der Mugan und in Talysch ein Exemplar dieser so weit kenntlichen Krähe auffinden. Ueberall nur bot und bietet sich im Sommer, Herbst und Winter *C. frugilegus* in Unmenge dar. Sie allein suchte dies Jahr im Palaisgarten von Tiflis Nachtruhe.

Corvus cornix L. Bei den Awaren in Chunsach: Gedó. Die Nebelkrähe fand ich sowohl an der Südseite wie an der Nordseite des Grossen Kaukasus überall an der Baumgrenze in einzelnen oder wenigen Paaren. Offenbar brütet sie da und bewohnt im Winter geschaart die Ebenen. Im Sommer besammelt sie die basalalpinen Wiesen; so fand ich sie am

Lazal, unterhalb des Salawat, bei Mutschuch in 1704 Meter Höhe häufig. Sobald in den tieferen Regionen die Gerstenernte beginnt, erscheinen Nebelkrähen auf den abgeernteten Feldern und beginnen schon Ende Juni sich zu schaaren. So traf ich sie auf dem Wege nach Kutkaschin am 22. Juni/4. Juli. In den dagestanischen Hochalpen war sie, zumal wo es einige Bäume am Rande der subalpinen Wiese gab, in wenigen Exemplaren zu finden (Rutul, Arachkul). Sehr musste es auffallen, dass weder während der Excursionen bei Kasi-Kumuch, noch auf der Strecke bis Gunib nirgends eine Krähe, überhaupt keine Corvusart bemerkt wurde; ebenso fehlten Staar und Lerche. Erst am awarischen Koissu sah ich am 3./15. August bei dem Dorfe Uroda wieder einige Nebelkrähen.

Dr. Walter schreibt: In der Mugan, wie am Südwestufer des Caspi war die Nebelkrähe äusserst häufig (December 1886 bis Januar 1887). Auffallend war mir, dass, wie in der *Ornis caucasica* schon erwähnt, helle, ja geradezu im Mantel weisse Exemplare in der Mugan häufig neben solchen sich zeigten, die in der Tiefe des Grau keineswegs von nordischen abweichen.

Corvus monedula L. brütet häufig in den alten, hohen Silberpappeln und namentlich den Schwarzpappeln der heissen Zone, z. B. in der Ebene südlich von Nucha, wo sie an feuchteren Stellen und Wasserläufen vereinzelt stehen. Am 11./23. Juni gab es flügge Junge.

In der Mugan, sagt Dr. Walter, und bei Lenkoran trat die Dohle der Zahl nach entschieden gegen *C. cornix* und namentlich *C. frugilegus* zurück und zeigte sich meist nur in kleinen Trupps von 6—15 Stück.

Pyrrhocorax alpinus, Briss. Einige gelbschnäbelige Alpenkrähen lebten an der Westseite des Schah-dagh in Gesellschaft von *Fregilus*. Beide Arten werden von den Kuruschern mit gleichem Namen benannt.

Fregilus graculus, L. Bei den Lesginern am oberen Samur: Tschach und in Kurusch auch Dulascha, bei den Awaren in Chunsach: Zummalo-gedó, d. h. rothschnabelige Krähe. In meinem ganzen Reisegebiete von 1885, sowohl an der Nord- als auch an der Südseite in Höhen von 1700 bis 3500 Meter überall mehr oder weniger häufig. Am Pirli-dagh kamen die Alpenkrähen bei heiterem Wetter (gewöhnlich dann scheu) ganz in die Nähe unserer Lagerstelle und profitirten von etlichen Küchenabfällen. Auf den üppigen, bewässerbaren basalalpinen Wiesen oberhalb von Kurusch, 2590 Meter, tummelten sich bei schönem Wetter viele Alpenkrähen und stellten den zarten Grashüpfern nach, die da in Menge lebten. Obwohl der Vogel bei den Lesginern nicht als heilig verehrt wird, so tödtet man ihn während der Brutzeit nicht aus Pietät für Nest und Junge. Als Wetterprophet ist *Fregilus* untrüglich. Bevor der Wechsel zum Bösen eintritt, sind die Schaaren sehr unruhig. Setzt dichtester Nebel ein, so werden sie stupid. Als wir von Kurusch am 1./13. Juli gegen N. aufbrachen, bewegten wir uns geraume Zeit im dichtesten Nebel. Man hätte während dieser Zeit die Alpenkrähen fast mit den Händen greifen können, so zahm waren sie.

Pica caudata, L. Bei den Awaren von Chunsach: Tscharab-gedó, d. h. bunte Krähe.

Die Elster lebte an den bestrauchten Steilwänden des awarischen Koissu oberhalb von Chunsach sehr häufig — hier an den äussersten Grenzen der heissen Zone in circa 1400—1500 Meter (für diese sterilen Gebiete, die gegen S. gelegen). An den östlichen Zuflüssen des S'ulak, nämlich am oberen Kasi-Kumuch-Koissu, war die Elster im Dorfe Kusrach (2162 Meter) schon so häufig, dass die Bewohner das zum Trocknen an die Luft gehängte Schaffleisch (Winterprovision) mit Netzen umstellen mussten, um es vor dem diebischen Vogel zu schützen. In über 2000 Meter Meereshöhe traf ich die Elster häufig in einem reinen Kiefernbestande unweit vom Dorfe Cotschada (Ostseite des Bogos).

In der Ebene vor Nucha und östlicher lebte die Elster zwar in den grossen Dörfern überall, war aber nirgend häufig. Am oberen S'amur ist sie zur Sommerzeit Gartenvogel und sucht auch die wenigen Buschwaldreste auf, zum Winter wird sie regelmässig Dorfbewohner.

Garrulus glandarius, L. Sobald man im östlichen Dagestan die Waldbestände betritt, z. B. bei Rutul am oberen S'amur, so begegnet man auch dem Eichelhäher, und zwar war es die schwarzscheitelige Varietät: Krynickii Kal., die ich am 7./19. Juli dort sah.

Ich habe im gebirgigen Theile des südlichen Dagestan keine Meisen beobachtet. Wenn das für diejenigen Gebiete, welche absolut waldlos, erklärlich, so befremdet es doch, dass z. B. auf dem Gunibplateau, wo ausgedehnte hainartige Birkenwäldchen, an einigen Stellen mit Kiefern durchsetzt stehen, gar keine Meisen lebten.

Eine Mittheilung über die Blaumeise von Dr. Walter schalte ich hier ein. Er sagt: Bei dem Mangel an Birken und meistens auch an dichten Weidengebüschen, den Lieblingsaufenthaltsorten der Blaumeise im N., ist sie im Südwestgebiete des Caspi vorwiegend Rohrvogel geworden. Sehr häufig fand ich sie in den Rohrwäldern der Morzi von Kumbaschinsk neben der Bartmeise. Am 21. December 1886/2. Jänner 1887 auch im Rohr am Adshi-Kabul-See, fern von jedem Baum und Strauch.

Aegithalus pendulinus, L. Es scheint, dass die Beutelmeise selbst die so günstig gelegenen Tiefländer von Talysch im Winter verlasse, während sie im Sommer 1886 dort mehrfach bei Lenkoran erlegt wurde, konnte im Winter durch Dr. Walter kein Exemplar aufgetrieben werden.

Calamophilus barbatus, Briss. War im Winter 1886/87 bei Kumbaschinsk ausserordentlich häufig und lebte meistens familienweise in Trupps von 6—10 Stück im Rohr, nicht nur über dem Süsswasser, sondern auch über dem Meere, wo das Rohr nur schwach wächst (Dr. Walter).

Calamophilus sp.? — Trotz meiner Bemühungen habe ich hier in Tiflis über dieses schöne Vögelchen nicht in's Klare kommen können. Ich gebe deshalb eine ausführliche Beschreibung und stelle dieser Art die nächstverwandte zur Seite.

An der russisch-persischen Grenze wurden bei Astara im hohen Rohr eine Anzahl Bartmeisen geschossen, sowohl die typische, als auch die in Rede stehende, von welcher letzteren ich drei Exemplare erhielt. Da diese von *C. barbatus* offenbar verschieden waren, ich aber nach der mir hier vorliegenden ungenügenden Literatur nichts Sicheres über das schöne Vögelchen sagen konnte, so sendete ich ein Exemplar an Dr. Jul. v. Madarasz nach Budapest und erhielt folgenden Bescheid. Im Briefe heisst es: »Es ist ein junger Vogel und unterscheidet sich von unserer *P. biarmicus juvenis* dadurch, dass bei ihr die sechs äusseren Schwanzfedern schwarz sind (nur an den Spitzen weiss), hingegen bei *P. biarm. juv.* nur die äussersten Schwanzfedern etwas schwarz haben, die anderen hellzimmetfarbig sind.«

»Es ist sehr wahrscheinlich, dass wir eine andere Art vor uns haben, aber ob sie neu sei, kann ich nicht bestimmen, bis ich alte Individuen sehe. Es existirt eine zweite Art, welche Bonaparte als *Panurus sibiricus* (C. R. XVIII) beschrieb; möglicherweise ist unser vorliegendes Exemplar ein junges Männchen von *P. sibiricus.*«

Ich sendete darauf einen alten Vogel an Dr. Madarasz, erhielt aber keine Antwort, vielleicht hat er die Sendung nicht erhalten.

Vor mir liegt nun das letzte der drei Exemplare, es ist zweifellos ein altes Männchen und wurde am 10./22. April 1886 bei Astara im hohen Rohr erlegt. Fast um einen Zoll ist es kleiner in der Totallänge als das alte Männchen von *P. biarmicus.* Das gesammte Colorit ist heller und matter als bei den Bartmeisen. Lichtes Lehmgraugelb dehnt sich von der Stirne über Kopf zum Nacken und Rücken hin. Derselbe Farbenton nimmt die seitliche Kopf- und Halsseiten ein. Vom inneren Augenwinkel zieht sich zur Schnabelbasis abwärts ein deutlicher schwarzer Keilfleck. Die Rückenfläche ist rein schwarz, tiefer abwärts und auf dem Bürzel hellzimmetgelb. Untenher von der Kehle über die Oberbrust deckt mattes helles Graugelb die Fläche, wird abwärts etwas prononcirter und geht seitwärts auf den Flanken in reines helles Zimmtgelb über. Die Mittelfläche des Leibes und die Subcaudales sind heller. Nur die beiden mittleren Schwanzfedern sind wie bei der typischen Bartmeise, alle anderen schwarz mit der weissen Längsbinde auf den Kanten der Aussenfahnen.

Im Flügelbau finden bedeutende Differenzen zur typischen Bartmeise statt. Die erste Schwinge ist bei *biarmicus* kurz und schmal, bei der in Rede stehenden Art breit und erreicht mit ihrem Ende die Mitte der zweiten Schwinge. Diese ist kürzer als bei *biarmicus*. Die Färbung der oberen Schwingenseite bietet ebenfalls bedeutende Unterschiede dar. Alles was bei *P. biarmicus* zimmetbraun erscheint, ist an unserem Vogel reducirt und alles, was bei jener schwarz gefärbt, ist bei der in Rede stehenden Art verbreitert und erweitert. Die Handwurzelfedern sind einfach schwarz, nur die äusserste hat die gesammte Aussenfahne weiss. Ich nehme folgende Maasse:

	P. biarm.	*P. sp.?*
Totallänge	0·158 Meter	0·145 Meter
Flügel vom Bug zur Spitze gemessen	0·063 »	0·056 »
Schwanzlänge	0·094 »	0·080 »
Schnabellänge auf dem First gemessen	0·008 »	0·009 »
Mundspalte	0·009 »	0·010 »
Tarsus	0·018 »	0·018 »

Sturnus vulgaris, L. An dem Südfusse des Grossen Kaukasus waren die tief schattigen Bestände der süssen Kastanie im Bumthale dem Staar offenbar zu dunkel, er meidet solche sonnen- und lichtarme Plätze, die dagegen stark von der Amsel bewohnt werden. Im gesammten hochgebirgigen Theile des südlichen Dagestan, d. h. an den Oberläufen des S'amur und S'ulak, an den verschiedenen Koissu habe ich den Staar nirgend gesehen. Selbst auf dem so stark besiedelten und gut angebauten Chunsach-Plateau gab es keine Staare, ja noch mehr, die dort lebenden Awaren konnten mir keinen Namen des Vogels nennen, weil sie ihn nicht kannten.

Ende December 1886 und Anfangs Jänner 1887 gab es nur sehr wenig Staare in der Mugan und am südwestlichen

Caspi. Dies findet seine Erklärung im Wetter. Es war warm, und die Staare lebten noch höher in den Thälern, wie dies auch die Lerchen thun. Schnee und Kälte treiben diese unfehlbar zum Abwärtswandern in den Hauptthälern und zum Aufsuchen der Tiefländer. Dr. Walter beobachtete einen ausgebildeten Albino, nur die Flügel erschienen an ihm schmutzig gelblich, alles Uebrige war rein weiss.

Pastor roseus, L. Der Vogel erscheint im südlichen hochgelegenen Dagestan nur gelegentlich in kleinen Gesellschaften und nur für kurze Zeit, so z. B. auf dem Chunsach-Plateau im Mai 1884 in 20—30 Exemplaren.

Oriolus galbula, L. Vorzüglich Gartenvogel der heissen Zone. Gemein in den Ebenen am Südfusse des Grossen Kaukasus, wo er gerne und oft zu mehreren Paaren die Riesen der Schwarz- und Silberpappeln bewohnt. Wo Gartenanlagen von grösserer Ausdehnung im Dagestan angetroffen werden, pfeift auch der Pirol (Achty).

Carpodacus erythrinus, Pall. Der Karmingimpel wurde an der Baumgrenze der Südseite des Grossen Kaukasus oberhalb von Nucha zwar gefunden, doch war er beiweitem nicht so häufig als in ähnlichen Gebieten des Kleinen Kaukasus. Sehr auffallend war das häufige Vorkommen dieses Vogels auf der Südseite des Schalbus, wo weit umher von keinem Strauche, viel weniger noch von einem Baume die Rede ist. Hier in der üppigen basalalpinen Wiese (2700 Meter) gab es viele Karmingimpel, und diese hatten sich die hoch aufschiessenden Heracleumstauden ebensowohl zum Sangesstande als auch zum Nestbau auserkoren. Das Nest stand stets nahe von der Spitze in den massiven Astgabeln der Umbellifere, gewöhnlich ganz frei, ohne irgend eine Deckung von oben und wurde durch das rasche Wachsthum der Pflanze von Tag zu Tag höher geschoben. Die brütenden Weiber sassen sehr fest, das Gelege zählte stets vier Eier in normaler Farbe und Zeichnung. Die Gelege waren am 29. Juni/11. Juli schwach oder gar nicht bebrütet. Die Nester waren etwas fester, solider gebaut als das gewöhnlich geschieht. Die vollkommen offene Lage dieser Karmingimpelnester bestätigt zwei Thatsachen: 1. die Sommersaison in diesem östlichen Theile des hochalpinen Dagestan ist durch trockenes Klima charakterisirt; 2. es gibt kein gefährliches Raubzeug in diesen absolut waldlosen Höhen des Dagestan.

In den fast menschenleeren Gebirgseinsamkeiten, die vom Kurtaitschai durchflossen werden, sangen die Karmingimpel noch am 10./22. Juli sehr eifrig; auch hier liebten sie es, sich auf die Spitzen der Heracleumdolde zu setzen, da es weit und breit keinen Strauch gab. In denselben Wiesengründen lebte mit dem Karmingimpel noch der Baumpieper und auf den südlichen Thalwänden *Metoponia pusilla.*

Erythrospiza rhodoptera, Lichst. Nach dem unerhört tiefen Schneefall Anfangs Januar 1887 wurde bei Tiflis ein altes Männchen dieser schönen Art erlegt und der Museumssammlung einverleibt. Es wird durch diesen Fund das wenigstens zeitweise Vorkommen nach Norden hin um fast zwei Breitengrade erweitert.

Linota cannabina, L. Am 2./14. Juli rotteten sich die Hänflinge bereits in der sonnenverbrannten Ebene des S'amur bei Achty, und lärmten diese Schaaren gegen Abend. Sie hielten sich vornehmlich auf den abgeernteten Gerstenfeldern und den einigermassen besser bewachsenen Uferebenen auf.

Südlich von Salian traf Ende December 1886 Dr. Walter grosse Schaaren von Hänflingen an.

Linota flavirostris, L. Am Südfusse des Schalbus, oberhalb vom Dorfe Kurusch wurde diese Art mehrfach Anfangs Juli beobachtet.

Carduelis elegans. Steph. Walter sagt: Ende December 1886 in den Gärten, wie in den vereinzelt stehenden Baumriesen und im Walde der Lenkoraner Gegend häufig.

Montifringilla alpicola, Pall. Ueberall in der hochalpinen Zone des südlichen Kaukasus (Schah-dagh, Schalbus, Dulty, Nussa), aber nirgend häufig.

Fringilla montifringilla, L. habe ich nirgend als Sommervogel im südlichen Dagestan gesehen. Dr. Walter sagt: Den Bergfinken beobachtete ich zum ersten Male schon 19./31. October 1886 auf den Höhen von Awtschali (Tiflis im N. 12 Kilometer). In grosser Menge lebte er bei der Station Caspi (mittlere Kura) am 24. October/5. November

1886. Ende December war er auch in Talysch häufig und besonders gemein bei Kälte und tiefem Schneefall am 3./15. Januar 1887 in den Gärten und an den Getreideschobern der Mugandörfer. Sehr auffallend erschien es mir, dass der Bergfink in diesem Jahre (1886/87) so früh in so südlichen Breiten und in so grosser Masse auftrat, da der Herbst und die erste Hälfte des Winters äusserst warm und schneearm war. Ich erinnere bei dieser Gelegenheit daran, dass die nordischen Wanderer, wie es scheint, sehr gut wissen, was später kommen wird, und wie sich die Wetterverhältnisse gestalten werden. Auch diesmal fiel Anfang Jänner unerhört tiefer Schnee, und das Ende des Winters war hart. (R.)

Fringilla coelebs, L. An der Südseite des Grossen Kaukasus bei Nucha im Bereiche der Baumgrenze ist der Edelfink, obgleich hier im Buchenwalde lebend, durchaus nicht häufig (5./17. Juni 1885). Den besten und lautesten Finkenschlag im gesammten kaukasischen Gebiete hörte ich in den tief schattigen Gärten, die durch uralte süsse Kastanien und Wallnussbäume in der Bumschlucht gebildet werden.

Metoponia pusilla, Pall., wurde auf den trockenen abschüssigen Trümmergesteinsfeldern der Südseite des Grossen Kaukasus in der Höhe von 1800—2000 Meter häufig angetroffen. Bei dem lesginischen Dorfe Mutschuch an der Südseite des Grossen Kaukasus in 1704 Meter Höhe lebte dieser schöne Zeisig häufig und sang am 25. Juni/7. Juli Abends, bevor es dunkel wurde ebenso schön als eifrig. Am Südfusse des Schalbus in 2300—3200 Meter Höhe war er häufig. In den ersten Tagen des August fand ich diesen Zeisig schon geschaart, die Banden zählten von 20—25 Stück.

Pyrgita petronia, L., lebt häufig in den Lehmwänden zu beiden Seiten des Weges, welcher von Jewlach nach Nucha führt, hier in Gesellschaft von *Merops* und dem Hausspatzen, die ebenfalls in den Löchern und Röhren brüten. Im Dagestan fand ich den Steinspatz bei dem Dorfe Kusrach (2162 Meter) und dem benachbarten Guli; namentlich aber nördlicher auf dem Wege nach Gunib bei dem Dorfe Tschoch war der Vogel sehr gemein.

Passer domesticus, L. Die Awaren nennen den Sperling Kadáku und Chadáku. Den vielbefahrenen Wegen entlang wird an einsamen Stellen, wo weit und breit menschliche Ansiedelungen fehlen, der typische Hausspatz unter Umständen Höhlenbewohner der seitlichen hohen Wegränder. So traf ich ihn im Mai 1885 auf dem Wege nach Karaklis (nahe an 1500 Meter) in Hocharmenien in Gesellschaft vom Steinspatz. Auf dem Wege nach Nucha lebte er ausserdem noch mit *Merops* zusammen und benutzte wohl einzelne Baue vom Bienenfresser. Es war immer der typische Hausspatz, welcher unter den Karniesen des alten Klosters Kÿsch, nordwestlich von Nucha brütete.

In dem 1704 Meter hoch gelegenen lesginischen Dorfe Mutschuch, an der Südseite des Grossen Kaukasus, oberhalb von Kutkaschin fand ich den Haussperling, obwohl dieses Dorf nur im Sommer bewohnt wird. Dagegen konnte in Kurusch, 2492 Meter, kein Hausspatz entdeckt werden, obwohl ein dort lebender Effendi wenige Paare gesehen haben will, hier nennen die Lesginer den Sperling mit tartarischem Namen: Sertscha. Im S'ulak-Gebiete, an den Zuflüssen des Kasi-Kumuch-Koissu fand ich den Hausspatz zuerst im 2162 Meter hoch gelegenen Kusrach und Guli, an beiden Orten war er gemein. In den meisten hoch gelegenen Dörfern des Dagestan waltet *Passer montanus* der Zahl nach vor oder bewohnt auch allein den Ort. So z. B. gab es in Tschoch auf dem Wege nach Gunib mehr Feld- als Hausspatzen.

Passer montanus, L. In Arachkul, dem höchstgelegenen Lesginer Dorfe im S'amur-Systeme, 2285 Meter, lebten beide Spatzen, doch dominirte der Zahl nach *P. montanus* und brütete gleich dem Hausspatzen in Gesellschaft von *C. livia* in den Karnieslöchern unter den flachen Dächern. Auf dem Chunsach-Plateau sah ich nur *P. montanus*, nicht allein bei dem Hauptorte, sondern auch in den anderen Dörfern, sodann auch in allen Orten den Awarischen Koissu aufwärts (Nakitl, Koani, Sanata, Waktluk) und in gleicher Weise auch auf rechter Uferseite. Die Höhe der Lage macht hier für das Ausscheiden einer oder der anderen Sperlingsart gar keinen Unterschied. So fand ich im Dorfe Uroda (1471 Meter) nur *Passer montanus*, und zwar wenig. Aus allen mir vorliegenden Thatsachen geht deutlichst hervor, dass im südlichen, d. h. im hochgebirgigen Dagestan *P. montanus* prädominirt, ja auf weite Strecken hin die allein herrschende Sperlingsart ist.

Euspiza melanocephala, Scop. ist häufiger Bewohner der üppigeren Wiese. die licht mit Busch bestanden ist, in der Nucha-Ebene; namentlich gegen Abend von der Spitze irgend eines Carpinus- (duinensis) oder Paliurus-Strauches das schöne Lied singend.

Emberiza citrinella, L. Vom Goldammer berichtet Dr. Walter: Ende December 1886 sah ich ihn bei Lenkoran nicht, wohl aber sechs Stück nach dem Schneefall am 5./17. Januar 1887 bei Adshi-Kabul.

Emberiza hortulana, L. Wo am oberen S'amur in Höhen von 1500—2000 Meter lichtes Birkengesträuch namentlich die Nordseiten des Gebirges besteht, da wurde der Hortulan häufiger bemerkt als in den tieferen, fast buschlosen heissen Gebieten. So auch lebte er im Vereine mit *E. cia* am westlichen Fusse des Turtschi-dagh-Stockes, dem entlang wir wanderten, um von Kasi-Kumuch nach Gunib zu gelangen.

Cynchramus schoeniclus, L. war nach Dr. Walter im Rohr wie in den Djongeln um Kumbaschinsk und Lenkoran Ende December 1886 ausnehmend häufig, der beiweitem häufigste kleine Vogel überhaupt.

Cynchramus pyrrhuloides, Pall. Dr. Walter schreibt: Das Vorkommen in Talysch bezweifle ich durchaus, da der Vogel im Aussehen wie namentlich im Benehmen zu auffallend ist, um selbst bei grösster Seltenheit übersehen zu werden. Ich habe ihn nicht finden können.

Otocorys alpestris, L. Var. *penicillata*, Gould und Var. *larvata*, de Filip. In Höhen von 2400—3500 Meter wurden im dagestanischen Hochgebirge vornehmlich die beiden genannten Varietäten der Alpenlerche gefunden, sie waren jedoch gleich dem kaukasischen Schneefinken überall in dieser Zone selten (Kurwa, Pirli-dagh, Schah-dagh, Schalbus, Dulty, Bogos). Im Hochsommer, Mitte Juli, bevor die Mauser beginnt, erreicht die schwarze, seitliche Kopfzone und das Brustfeld seine mächtigste Entwickelung. Bei manchen Exemplaren ist Alles zu einem grossen, schwarzen Felde zusammengeflossen, welches sogar die ganze Kehle deckt.

Alauda arvensis, L. Bei den Awaren von Chunsach: Ichtalhintsch. Erst hier traf ich im südlichen Dagestan die Feldlerche an. Im Frühlinge soll sie daselbst häufig sein und viel singen; fast scheint es, als ob die Lerchen nach der Brutzeit thalabwärts wandern. Während des ganzen Tages am 29. Juli/10. August 1885 scheuchte ich nur zwei Exemplare auf.

Schon an der Südseite des Grossen Kaukasus, in den Wiesen der Chan-Jailach-Höhe nahe der Baumgrenze, oberhalb von Nucha fehlte Mitte Juni die gewöhnliche Lerche. Von da an, über das Gebirge fort zur Nordseite, bin ich ihr im Dagestan bis Chunsach nirgend begegnet. Die Bewohner von Kasi-Kumuch sagten mir, dass es Feldlerchen auf der gegen S. gelegenen Ulaar-Ebene gäbe. Ich habe sie dort vergebens gesucht und auch nirgend singen hören. Ebenso fehlten Lerche und Staar auf dem Wege nach Gunib, als wir der Westseite des Turtschi-dagh entlang wanderten.

Dr. Walter macht folgende Mittheilungen: Selten starken Lerchenzug beobachtete ich am 30. November/12. December früh Morgens im Kurathale, 7 Kilometer oberhalb von Tiflis; dicht aufeinanderfolgend eilten grosse Flüge von *Al. arvensis* thalabwärts, alle genau in derselben Richtung dem Flusslaufe folgend. Ferner sagt er: *Al. arvensis* belebte neben *Sturnus vulgaris* und *Gal. cristata* die Mugan zu Ende December 1886 und Anfang Januar 1887. Sie übertraf die beiden letztgenannten bedeutend an Zahl, bald in grossen Flügen, bald in kleinen Trupps über die Steppe streichend. Auch an der Küste war sie vorhanden und selbst auf trockenen, inselartigen Flecken in den tief überschwemmten Reisfeldern von Kumbaschinsk, hier freilich meistens einzeln, wurde sie angetroffen.

Anthus spinoletta, L., fand ich auffallender Weise am 15./27. Juni 1885 an ganz trockenen, kahlen und schroffen Gebirgsgehängen der Südseite des Grossen Kaukasus. Diese werden nur im ersten Frühlinge von Wildbächen solange durchströmt, als höher im Gebirge die Schneeschmelze stattfindet, später versiegen sie total. Da die Art sehr früh anzieht, zum Theil sogar im Tieflande wintert, so haben ihr die erwähnten Plätze zum Brüten wohl behagt, und einmal durch das Familienleben daran gefesselt, blieb sie auch zur Zeit erstaunlicher Dürre an ihnen. Am erwähnten Tage sang und stiess *Anth. aquaticus* sehr eifrig. Der Vogel lebt auch in 3000 Meter Höhe an der trockenen Südseite des Schalbus.

Anthus pratensis, L., sagt Walter, war die einzige Pieperart, die ich Ende December 1886 und Anfang Januar 1887 in der Mugan und in Talysch antraf. Einzelne Exemplare fand ich schon am See Adshi-Kabul am 21. December 1886/2. Januar 1887, häufiger war er bei Kumbaschinsk, wo ich täglich wohl 6—10 Exemplare auftrieb, doch stets einzeln zwischen Bekassinen und Haarschnepfen.

Anthus arboreus, Bechst. In den Wiesen der Chan-Jailach-Höhen nahe der Baumgrenze oberhalb von Nucha und fast überall auf besseren Wiesen an den Quellläufen des S'amur und S'ulak traf ich diese Art häufig an.

Budytes Rayi, Bp. Ich war höchst erstaunt am 27. Juni/9. Juli bei der Besteigung des Schah-dagh in über 3000 Meter Höhe ein Exemplar von *B. Rayi* Bp. zu finden, und zwar ein Weibchen. Es war durchaus nicht wild und bewegte sich an den Rändern zusammensickernder Schneewasser. Gelbe Stelzen sind in solchen Höhen überhaupt selten. *M. boarula* geht aber bis an die tieferen Gletscherwasser.

Motacilla boarula, Penn. Am Fusse des Dulty-dagh in 2600 Meter Höhe wurde diese Stelze am 16./28. Juli 1885 in etlichen Exemplaren gesehen. Dr. Walter fand sie vorwiegend am Meeresufer bei Kumbaschinsk Anfangs Januar 1887.

Motacilla alba, L. Die weisse Bachstelze war in den sterilen Querschluchten der Südseite des Grossen Kaukasus östlich von Nucha, welche von dahinspringenden Giessbächen bewässert werden, durchaus nicht häufig, und von gelben Stelzen sah ich dort gar nichts. Bei dem Dörfchen Tscharalu 2543 Meter lebten wenige weisse Bachstelzen. Wo ich im Hochgebirge des Dagestans gereist bin, ist der Vogel überhaupt selten. Die meisten der im Talyscher Tieflande überwinternden weissen Bachstelzen waren Weibchen und Junge.

Mit den Sängern im engeren Sinne sieht es im südlichen Dagestan böse aus, es gibt fast gar keine. Alles sitzt unten in den Thälern, wo Busch und stellenweise Wald vorhanden sind. An den von jähen Steilwänden eingefassten Bachläufen, die ohne Uferländer, und auf den nackten, überall stark abgeweideten Wiesengründen und Halden, die ohne irgend welchen Schutz für den Vogel daliegen, und zwar in Höhen von 1500—3000 Meter Höhe, behagt es keinem Sänger. Ich habe aus dieser Gruppe nur sehr wenig gesehen und beobachtet.

Phylloscopus rufus, Lath. tummelte sich in wenigen Exemplaren in den Gärten Gunibs am 20. Juli/1. August 1885.

Nachdem ich durch R. Blasius Original-Exemplare von *Accentor fulvescens*, Severz., aus dem Alatau, welche Herr Tancré besorgte, erhielt und wir zusammen die betreffenden Vögel verglichen haben, gebe ich gerne zu, dass mein *Accentor ocularis* nur ein sehr vertragenes Sommerkleid der Severzow'schen Art ist, über welche mir die einschlagende Literatur hier in Tiflis nicht vorlag. Es ist ferner in der Ornis caucasica pag. 245 zu corrigiren Totallänge 134 Millimeter (nicht 434 Millimeter). Der Vogel ist bis jetzt nicht wieder im Kaukasus gefunden worden.

Daulias Hafizi, Severz. ist in den Gärten Nuchas und in der Ebene gegen Süden viel häufiger als *D. philomela*, welche letztere ich im Juni dort nur sehr vereinzelt schlagen hörte. *D. Hafizi* wohnt auch im Buschwalde des niedrigeren Gebirges aber kaum über 1000 Meter Höhe. Der Standort war auch hier nahe einer Quelle im Carpinus-Gebüsch.

Beide Nachtigallen sangen bei dem Kloster Kysch (15./27. Juni 1885).

Ruticilla phoenicura, L. war bei dem Lesginer Dorfe Mutschuch an der Südseite des Grossen Kaukasus oberhalb von Kutkaschin Ende Juni häufig.

Ruticilla mesoleuca, Ehrb. In Gunib am 20. Juli/1. August 1885 beobachtet.

Ruticilla ochruros, S. G. Gml. lebte an der Südseite des Grossen Kaukasus auf den entblössten Steilungen der Chan-Jailach-Höhen, wo dieselben oberhalb von Nucha steil abstürzen und ungangbar sind. Die am Turtschi-dagh bei meiner Wanderung nach Gunib am 21. Juli/2. August beobachteten Rothschwänzchen waren fast wie *tithys* gefärbt, die gelbe Bauchzone war bei Einigen so sehr reduzirt, dass man sie nur bei aufmerksamster Betrachtung wahrnehmen konnte.

Ruticilla erythrogastra, Güldst. ist, wie ich in diesem Jahre mehrfach nachweisen konnte, ausschliesslich in der alpinen Zone Brutvogel. Die ersten kleinen Familien, je Mänchen und Weibchen mit 3—4 flüggen Jungen, wurden wenig unterhalb vom 3223 Meter hohen Kurwa am 26. Juni/8. Juli gefunden; Tags darauf ebensowohl am Westfusse des Schah-dagh in fast gleicher Höhe (3013 Meter) zu Füssen des Pirli-dagh. Auch die noch nicht ausgewachsenen Vögelchen zeichneten sich durch die breite, weisse Flügelbinde und den dunkeln Oberkörper aus. Kopf, Hals und Brust sind dunkel schiefergrau, schwärzlich gestrichelt. In über 3000 Meter Höhe stiess ich am 29. Juni/11. Juli auf der Südseite des Schalbus auf mehrere Familien dieser schönen Rothschwanzart.

Petrocincla saxatilis, L. Die Steindrossel wurde nur selten an der Südseite des Grossen Kaukasus oberhalb von Nucha in 1800—2000 Meter Höhe im nakten Felsenterrain angetroffen.

In Bezug auf die Saxicola-Arten hat sich meine Voraussetzung für den südlichen Dagestan gar nicht bestätigt. Allein es ist wahrscheinlich, dass die tiefer gelegenen Gebiete dieses Berglandes in der heissen Zone doch manche interessante Art besitzen. Ich bewegte mich 1885 meistens in der basalalpinen und in der alpinen Zone und hier lebt fast ausschliesslich *Saxicola oenanthe*, L., und zwar geht er auch hier äusserst hoch. Ich fand ihn in Gesellschaft von Schneefinken und Alpenlerchen in Höhen von 3000—3200 Meter.

Turdus viscivorus, L. Am 15./27. Juni stiess ich in 2186 Meter Höhe am Tschalangös-Gebirge auf kleine Flüge von Misteldrosseln, die verwetterten Bestände von Juniperus-Gebüsch wurden von ihnen bewohnt; offenbar waren es nichtbrütende Vögel.

Turdus torquatus, L. bei Arachkul in 2400 Meter in einer Kopfweide brütend am 9./21. Juli 1885.

Turdus merula, L. Der Amsel Lieblingsplätze lagen in den herrlichen Kastanienwäldern (süssen), die uralt und in mustergiltiger Schönheit den vorderen Theil der Bumschlucht bestehen und zum grossen Theile im Vereine mit Wallnussbäumen die Gartenbestände füllen. Hier lebten viele Pirole, Edelfinken und Amseln, den lichteren Rändern entlang auch Turteltauben. Dem Hausspatzen war es an den meisten Stellen zu schattig.

Im August 1886 wurde vom Museum ein theilweise albinistisches Exemplar erworben. Der Oberkopf ist weiss mit nur einigen dunkeln Federn auf dem Scheitel, Halsseiten und Nacken scheckig, das Weiss überwiegend, in einem Doppelstreifen reichen weisse Federn vom Nacken bis zwischen die Schultern, tiefer auf dem Rücken nur noch zwei weisse, halb verdeckte Federn. Die oberen Schwanzdeckfedern sind linkerseits weiss, eine weisse Feder auf der rechten Brustseite, eine am rechten Schenkel und zwei auf der Grenze zwischen Brust und Abdomen.

Lanius minor, Gml. Die gemeinste Würgerart am Südfusse des Grossen Kaukasus in den von Paliurus bestandenen, mehr oder weniger sterilen Ebenen und Geröllflächen. Am Tage gerne in die Gesellschaft von Blauraken, Pirolen und Turteltauben gehend, welche in grosser Zahl die Kronen alter Schwarzpappeln bewohnen. (Nucha, Kysch, Geinuk, Kutkaschin.)

Mit dem Eintritte in die heisse Zone ist auch im Dagestan dieser Würger zu finden. (Achty.)

Hirundo rustica, L.. Ueber die Rauchschwalbe kann ich ausführliche Mittheilungen machen. In der Ebene von Nucha und auch weiterhin östlich war sie nirgend häufig, sie traf 1885 am 4.—5./16.—17. April ein, was man als verspätet betrachtete, da ihr Erscheinen bei Nucha in der Regel in den letzten Märztagen statthat. Diese Daten schalten sich vortrefflich in die Angaben der Ornis pag. 36 Nr. 187 ein. Schon in 1800 Meter Höhe fehlten sowohl die Rauch- als auch die Hausschwalbe im Gebirge, wo auf den üppigen Wiesen des Chan-Jailach keine bemerkt wurden. Ebenso fehlen sie in den engen, steilwandigen Schluchten und Quellthälern, welche die Südfronte des Gebirges hier überall durchfurchen. Bei dem Kloster Kysch nordwestlich von Nucha war am 15./27. Juni 1885 die Brut noch nicht flügge.

Im Quellthale des S'amur, von Süden kommend, traf ich die Rauchschwalbe in wenigen Exemplaren erst bei dem Dorfe Mikra (Migirag) in 1800 Meter Höhe. In den Häusern von Lutschek (1500 Meter) brüteten Rauchschwalben am 7./19. Juli. Auf der Strecke Weges von Ichrek nach Arachkul, d. h. auf den Höhendistanzen von 1900—2300 Meter, findet sich die Grenze für die Vertikalverbreitung. Die letzten Rauchschwalben sah ich bei dem Dörfchen Kutruch, in Arachkul fehlten sie schon.

Erst nachdem wir am 12./24. Juli die 3694 Meter hohe Wasserscheide zwischen S'amur- und S'ulaksystem im Nussa-Passe überstiegen hatten und dem Chunsenbache folgend, Abends das Dorf Kusrach (2162 Meter) erreichten, sahen wir wieder Rauchschwalben. Auch hier war der Vogel gar nicht häufig und nur die Frühbruten seit einer Woche flügge. Die meisten jungen Vögel hockten noch. Ueberall an der Nordseite des Grossen Kaukasus sah ich nur typische weissbäuchige Rauchschwalben.

Im Dörfchen Tscharalu, unweit von dem Nordfusse des Dultydagh, in 2543 Meter Höhe, fehlte die Rauchschwalbe sowohl als auch der Sperling. Nur einige wenige *Col. livia* hatten sich hier dem armen Menschen zugesellt.

Auf dem Chunsachplateau erscheint die Rauchschwalbe in der Zeit vom 2.—5./14.—17. April und zieht vom 10.—15./22.—27. August fort. (2100 Meter).

Die Kasikumuchen und auch Awaren erzählten mir Folgendes: Wenn das Nest die heranwachsenden Jungen nicht fassen kann weil ihrer bisweilen zu viele sind und die Gefahr des Herausstürzens einzelner Lieblinge gross wird, so sollen die alten Schwalben durch ein oder mehrere Pferdehaare, die sie an das Gesimse über dem Nestrande mittelst Lehmes ankleben eine Art Barrière ziehen und dadurch das Herausstürzen der Kleinen verhindern. Die Kasikumuchen gingen noch weiter: sie behaupteten, und zwar ganz allgemein, dass bei überfülltem Neste den hilflosen Jungen Schlingen aus Pferdehaaren um die Füsse gelegt und diese in der Nestwand befestigt wurden. Weder das Eine noch das Andere habe ich bestätigt gefunden, wohl aber einzelne in der Nestwand verkittete Pferdehaare.

Chelidon urbica, L. War noch viel seltener im südlichen Dagestan als die Rauchschwalbe. Einige Hausschwalben sah ich bei Gunib und Chunsach.

Cotyle rupestris, Scop. An dem beiderseits steilabstürzenden Zudi-Felsen, welcher unmittelbar vor dem Dorfe Ichrek gelegen, lebt diese Art häufig.

Cypselus apus, L. ist im südlichen Dagestan ungleich seltener als

Cypselus melba L. Bei den Awaren in Chunsach heisst dieser: Chwaltschin-dirgua. Während meines Aufenthaltes in Kurusch wurde *C. melba* mehrfach an den Nordfronten des Basar-düsy beobachtet (Anf. Juli) Unten am Fusse des Gunibplateaus schwärmten am 21. Juli/2. August viele grosse Segler und liessen dabei den wiehernden Ruf beständig hören. Am 29. Juli/11. August erschienen 11 Uhr Vormittags etliche 30 grosse Mauersegler hoch in der Luft über dem Chunsachplateau, trillerten beständig und verschwanden nach wenigen Minuten. Acht Tage früher aber kamen ebendaselbst plötzlich 3—4000 Stück an, die etwa eine halbe Stunde lang hoch in der Luft dicht geschart eifrigst wieherten und dann plötzlich fortzogen.

Cypselus affinis, Gray kommt am Nordfusse des Dulty-dagh vor. Zwei Exemplare sah ich am 2957 Meter hohen Fusse des Passes, der über den Dulty-dagh führt am 16./28. Juli 1885.

Upupa epops, L. Im Quellande des S'amur sah ich den Wiedehopf zumeist auf den Wiesen des Dorfes Mikra in circa 1800 Meter Höhe. Auf dem Gunibplateau fand ich ihn nicht.

Tichodroma muraria, L. An den Steilwänden des Gunib- und Chunsach-Plateaus machte sich *Tichodroma* vielfach zu schaffen, immer dabei ausserordentlich emsig aber still sich verhaltend.

Gecinus viridis, L. Am 27. Juli/8. August 1885, als ich von Gunib nach dem Karadagh reiste und am Fusse der Ostseite des mächtigen Plateaus das Dörfchen Chototsch passirt hatte, kam ich in eine verrottete und ruinirte Waldzone, die sich bis fast vor die Steilwände des Karadagh, zum Theil nur als Krüppelbuschbestand, hindehnt. Hier fand ich die ersten Spechte überhaupt im Dagestan, es waren zwei Grünspechte.

Cuculus canorus, L. Ueberall an der Baumgrenze der Südseite des Grossen Kaukasus in den Umgegenden von Nucha. An der Nordseite im hohen Dagestan ist das Vorkommen des Kukuks an den Baum geknüpft. In den tiefer gelegenen Thaleinschnitten wird er Gartenvogel, im Gebirge finden wir ihn sofort mit dem Beginn der Wälder, mögen diese nun auch in der Gegenwart die letzten Reste einst grösserer Clomplexe vorstellen. Bei Arachkul wurde am 9./21. Juli ein zweijähriger Kukuk erlegt, er lebte in der Nähe der letzten vereinzelt am Gebirgsgehänge dastehenden Kiefern (circa 2400 Meter). In Gunib hatten im Frühlinge 1885, wie die Bewohner behaupteten, mehrere Kukuke die kleinen Sylvien in den Gärten förmlich vertrieben. In der That waren diese Orte ungemein vogelarm und höher auf dem Plateau, im sogenannten Wäldchen des Fürsten Barjatinsky, lebte kein Singvögelchen, ab und zu nur nahe davon im Gebüsch zippten einzelne Ammern. Obwohl von der Natur recht gut ausgestattet kann man sich vogelleerere Localitäten kaum vorstellen (inselartige Isolirung).

Coracias garrula, L. Entschieden Bewohner nur der heissen Zone, so namentlich in der Kura-Ebene. Im Dagestan im heissen Thale des mittleren Awarischen Koissu noch zweimal in 1200 Meter Höhe gesehen.

Merops apiaster, L. In der Ebene von Nucha und östlich weiter zwischen dem Fusse des Grossen Kaukasus und dem langausgezogenen Bos-dagh (äusserste Umwallung der Riesenkette) ist der gemeine Bienenfresser gar nicht häufig. Erst bei Gunib, und zwar mehr unten am Fusse des Plateaus als im Orte oben. beobachtete ich Merops, ebenso ist er häufig auf dem Wege zum Karadagh, die Höhen schwanken hier von 1200—1500 Meter. Trotz dieser immerhin bedeutenden Höhe gehört das Gebiet wenigstens am Fusse des Gebirges und bis zur Höhe von Gunib in jeder Hinsicht der heissen Zone an. Schon der Vegetations-Charakter, durch Artemisien, Chenopodiaceen und Peganum, durch Berberis, Wildrosen, Cotoneaster und Rhamnus bedingt, deutet darauf hin. Die Maiscultur florirt, die Rebe hält ungedeckt aus, ist aber nur Zierpflanze. Auf dem Plateau selbst habe ich Merops nicht gesehen. Die Höhenverhältnisse dieser Oertlichkeit sind:

Schwarzer-Koissu-Spiegel bei der Brücke am Fusse des Plateaus.................... 867 Meter
Höhe des Gunibflüsschens bei dem Orte in der Schlucht............................ 1450 Mater
Südwestspitze des Plateaus .... 2352 Meter

Die Häufigkeit des Bienenfressers am awarischen Koissu von Chunsach aufwärts in Höhen von über 1600 Meter (Waktluk) lässt sich durch die hier stark betriebene Bienenzucht erklären. In allen Dörfern, die hier auf steiler, linker Thalwand des Flusses liegen, wird viel Honig erzeugt und Gartenbau betrieben.

Columba livia, Briss. Bei den Lesginern am oberen S'amur in Achty: Liw, in Ichrek: Nurfei. Die Benennung bei den Kuruschern ist die tatarische, hier etwas abgeänderte: Gugärtschin. In dem 2492 Meter hochgelegenen, grossen

Dorfe Kurusch, die höchst postirte beständige Wohnstätte des Menschen im Kaukasus, lebte *C. livia* in grosser Menge unter den Karniesen der flachen Dächer der Häuser. Da diese alle niedrig, enge und amphitheatralisch gebaut einen festen Complex bilden, so lebt hier der Vogel in unmittelbarster Nähe des Menschen, aber in durchaus unbehinderter wilder Existenz. Die Kuruscher rühren diese Tauben nicht an, sie sorgen sogar bei ihren Wohnungen für passenden Nistplatz des Vogels, indem sie seitwärts unter dem Dache Oeffnungen im Karniese lassen und es auch gerne sehen, wenn die Taube im Heckselraume (S'aman) vorlieb nimmt. Das vom Neste genommene Weibchen war typisch im Colorit mit stark prononcirten Flügelbinden und einem näher zum Bug vor den Binden stehenden schwarzen Fleck. Auch bei Achty in den Schiefergebirgen gab es viele *C. livia*, aber hier lebten gleichzeitig auch Feldflüchter und bunte Haustauben. Im Dörfchen Tscharawalu (auch Tscharalu), 2543 Meter, am Nordfusse des Dulty-dagh, fand ich nur wenige *C. livia*; es mag das mit daran gelegen haben, dass die Häuser der äusserst armen Lesginer hier meistens nur einstöckig und sehr dürftig gebaut waren, so dass es dem Vogel an ruhigen Brutplätzen gebrach. An dem steilen Kalkfelsen des Si-a Gebirges, linke Thalwand des awarischen Koissu, brüteten viele *C. livia*.

Columba palumbus, L. Am oberen S'amur heisst der Vogel: Koko-liw, d. h. blaue Taube. Er besucht hier am Tage auch die Ansiedelungen der Menschen, fliegt aber zur Nacht stets in den Wald um bäumend zu schlafen (Rutul). Bei Arachkul lebte die Ringeltaube in 2400 Meter Höhe in den Kronen der vereinzelt dastehenden Kiefern. Ebenso bevölkerte sie die breiten und schattenden Kronen der Wallnussbäume des Dorfes Uroda (1471 Meter) am awarischen Koissu. In der Ebene von Nucha und ihrer gegen Osten sich hinziehenden Verlängerung wurde *C. palumbus* im Sommer mehrfach beobachtet. Namentlich bewohnte sie dort die hohen Nuss- und Kastanienbäume. *C. oenas* habe ich in dieser Jahreszeit hier nicht gesehen.

Peristera turtur, L. heisst bei den Lesginern am oberen S'amur: Liguan, in Achty: Kureil, in Ichrek: Lugun. Am letzteren Orte lebte sie, obwohl schon selten, in 2000 Meter Meereshöhe. Im Gebüsche der Ebene am Südfusse des östlichen Grossen Kaukasus, zumal den Wasserläufen entlang und in den Gärten der Tataren überall gemein (Kysch, Nucha, Geinuk etc.).

Megaloperdix caucasica, Pall. In Rutul und Achty heisst der Vogel: Sual. Bei den Awaren in Chunsach: Merül-ans'a, d. h. Gebirgsputer. Die Königshühner kommen am awarischen Koissu im Winter bis auf 2000 Meter Höhe herab und werden dann mit Leichtigkeit erbeutet. Im Ergänzungsbande 1886—87, Heft 85 zu Dr. A. Petermann's Mittheilungen aus Justus Perthes, Geographischer Anstalt, herausgegeben von Prof. Dr. A. Supan, habe ich pag. 25 bereits meine Beobachtungen über den pfeifenden Angstruf des Königshuhnes berichtet. Meine Beobachtung wurden am 29. Juni/11. Juli 1885 in 3418 Meter Höhe gemacht. Ich gebe sie hier wörtlich nach jenem Berichte wieder:

Die Gipfelpartie des Schalbus ist ungemein trocken, kaum sickerte in den Schluchten an einzelnen Stellen soviel Wasser zusammen, dass man trinken konnte und wo der Fuss den entblössten und zerborstenen Erdboden betrat, da stäubte es. Die botanische Ausbeute war äusserst spärlich. Doch liess der Zufall mich in dieser alpinen Einsamkeit eine werthvolle Beobachtung machen. Als ich eben mein Gläschen rothen Kachetiner getrunken und mich auf ein Fleckchen niedrigen Carexrasen hingestreckt hatte, dabei die Sonnenhitze so recht unbarmherzig auf mich niederprallte, hörte ich den zweisilbigen Pfiff des Königshuhnes. Er kam aus W. ich schaute dorthin und da flogen dann in Zeit von zwei Minuten meistens in Paaren an zwanzig dieser herrlichen Vögel gegen NO. Sie folgten sich rasch aufeinander, manchmal auch einzeln. Zuerst stiegen sie steil an, und dann ging es gerade fort, wobei sie sich links und rechts hin wiegten. Der Pfiff fällt in zwei Tönen, von denen der letzte höher und länger gezogen ist; drei- bis viermal folgt er hintereinander und ein schwacher, aber anhaltender Triller beschliesst ihn in der höheren Note. Nur wenn diese Vögel Angst haben, pfeifen sie in dieser Weise und in diesem Falle waren es zwei von West her herankreisende Steinadler (Karagusch), die bald in das Gesichtsfeld traten. Diesmal hatten sie keine Beute gemacht und kreisten höher und höher in den Aether hinan, die Schwingen weit ausgelegt und ohne sichtbare Bewegung etc. etc.

Caccabis saxatilis, Meyer, in Rutul am oberen S'amur: Gont, in Achty: Quät.

Während des strengen Winters 1879—80, kamen in Rutul und oberhalb davon bei Ichrek fast alle Steinhühner um. Bis 1885 hatte sich der Stand leidlich erholt. Die Völker sollen sich im Winter vereinigen, es sollen dann Flüge von 30 und mehr Stück beisammen leben. Auf unserem Wege zum Dulty-dagh wurden viele Steinhühner, nachdem wir den 2764 Meter hohen Zabachan-Pass überstiegen hatten, angetroffen. Sie lebten hier auf den Schieferentblössungen, die mitten in ausserordentlich üppiger basalalpiner Flora gelegen, in der Nähe mächtiger Bestände von Heracleum, Symphytum asperrimum, Cephalaria tatarica und Rumex sp. gebildet (2000 Meter). Auf den nackten Thalwänden des awarischen Koissu gab es oberhalb von Chunsach in Höhen von 1500—2000 Meter sehr viele Steinhühner. An der Südseite des Schalbus habe ich *C. saxatilis* noch in Höhen bis zu 2500 Meter nachgewiesen. Am 29. Juni/11. Juli waren die gefundenen Eier noch unbebrütet und die Hähne lockten eifrigst.

Starna cinerea, Briss. Am oberen S'amur in Rutul: Tschirquiti in Achty ebenso.

Das Feldhuhn findet sich bei Rutul (1410 Meter) noch ziemlich häufig, ebenso soll es auf dem Chunsachplateau (1600—2100 Meter) gemein sein, dieses ist stark in Getreidecultur genommen.

Ortygion coturnix, L. Die Wachtel wurde mir von den Lesginern des S'amurgebietes mit dem Namen: Turtúr bezeichnet. Sie sowohl, als auch *C. palumbus* und alle kleinen Wandersingvögel ziehen zum Herbste thalabwärts, d. h. gegen Osten in die Tiefländer des Caspi. In den äussersten

Gersteneulturen oberhalb des Dorfes Kurusch, an der Südseite des Schalbus lockte die Wachtel am 29. Juni/11. Juli in 2600 Meter Meereshöhe, aber sie war selten. Auf dem stark mit nordischen Cerealien bebauten Chunsachplateau (1600 bis 2100 Meter) war die Wachtel gemeiner Brutvogel. Ende Juli lockten noch einzelne Männchen.

Dr. Walter hat neuerdings Belege für das Ueberwintern mancher Wachteln in den Tiefländern Transkaukasiens beigebracht. Am 14./26. November 1886 fand er sie bei Jewlach, tags darauf bei Akstafa und endlich am 30. December/11. Januar 1886 auf den Dünen bei Kumbaschinsk.

Tetrao Mlokosiewiczi, Tacz. Bei den Lesginern am oberen S'amur (Ichrek): Dshelagade-kat, d. h. Waldhuhn. Lebt dort in dem geschonten, weil heilig gehaltenen Walde.

Phasianus colchicus, L. Am 11./23. Juni waren die Frühbruten des Fasanen in der Ebene von Nucha zum grössten Theile schon flügge. Man will hier bisweilen zweimalige Fasanenbrut beobachtet haben. Gewöhnlich aber brütet der Vogel nur einmal und legt die Henne 10—18 Eier. Factum ist, dass es Anfangs October noch junge Fasanen gibt, die kaum fliegen können, während andere ausgewachsen sind und nur noch am Halse Reste des Jugendkleides tragen. Es wäre aber auch möglich, dass die so spät Geborenen nur in Folge mehrfacher Störung im Brutgeschäfte ihrer Mutter erst im August die Eischale durchbrechen. In diesen Ebenen (von Nucha, zwischen dem Bos und dem Fusse des Grossen Kaukasus) lebt der Fasan mit dem Feldhuhn in Nachbarschaft. In den westlicheren Strecken von Nucha, wo es vor wenigen Jahren noch viele Fasanen gab, sind sie in letzter Zeit fast ganz ausgeschossen. Oestlich aber über Padar und Kutkaschin hinaus gab es in den ausgedehnten, halbverwilderten Gärten der grossen Dörfer viele Fasanen.

Stagnicola chloropus, L. wurde für 1886 von Dr. Walter als bei Tiflis überwinternd nachgewiesen. Der Vogel war am 30. November/12. December 1886 in den Sümpfen acht Werst oberhalb Tiflis häufig.

Telmatias gallinago, L. Die Bekassine findet sich in circa 2100 Meter Höhe von Anfang Juni bis August in den Sümpfen vor dem NW. Ende des Chunsachplateau, Matlas genannt. Ebendaselbst wollen die Jäger auch zur Sommerzeit *Telm. major* erlegt haben.

Grus cinerea, Bechst. Der Kranich heisst im oberen S'amur in Rutul: Durná. Ich habe ihn nirgend angetroffen aber alle meine Erkundigungen über den Zug bestätigen auch für den Dagestan meine frühere Behauptung. An den Quellen des S'amur und später an den Oberläufen der verschiedenen Koissu's, namentlich auch in Gunib und Chunsach, haben die Bewohner, mit denen ich darüber sprach stets den directen Zug des Kranichs bestätigt, aber den der Enten, Gänse und anderer von dem profanen Auge leicht erkannten grösseren Vögel verneint, worüber ich weiter unten noch einige Mittheilungen machen werde.

Ciconia alba, Briss. Der weisse Storch wurde im Juni 1885 in der Ebene zwischen Bos und Südfuss des Grossen Kaukasus mehrfach beobachtet, ist aber nicht häufig. Im südlichen Dagestan fehlte er im Gebiete meiner Reise.

Ardea cinerea, L., wurde von Dr. Walter Ende December 1886 mehrfach als Mäusejäger fern vom Wasser auf trockenen Aeckern bei Andrejewka nachgewiesen.

Bernicla ruficollis, Pall. Für den Winter 1886 gibt Dr. Walter folgende Beobachtung: ich fand, sagt er, Ende December 1886 diese schöne Gans massenhaft in der Mugan, doch nur in ihrem nördlichen, weniger bevölkerten Randtheile. Kolossale Scharen traf ich zwischen den Orten Karatschalinsk und Salian an den seenartigen Ausweitungen der unteren Kura neben Scharen von *Casarca rutila* am 21. December 1886/2. Januar 1887. Die Schwärme besuchten hier bei einbrechender Dunkelheit die wenigen Wintersaatfelder dieses nur schwach bebauten Steppengebietes. Tausende und aber Tausende strichen bei Anbruch der Nacht von den Feldern ab über mein Fuhrwerk hin, und erfüllten die Luft mit ihrem eigenthümlichen Ruf. Am 4./16. Januar sah ich an derselben Stelle einige kleine Schwärme am hellen Tage niedrig hin und her streichen und nach schneefreien Plätzen suchen. Endlich hörte ich am 30. December 1886/11. Januar 1887 unweit von Kumbaschinsk spät Abends auf dem Entenstande einmal die ziehende *B. ruficollis*.

Cygnus musicus, Bechst. Bei den Lesginern am oberen S'amur: Kuk. Der Schwan ist nach der Aussage der Bewohner von Rutul ein seltener Wintergast am oberen S'amur. Er erscheint dort nur, wenn es sehr kalt wird. Ebenso gehen im Winter Enten und Gänse den reissenden S'amur aufwärts vom Caspi kommend. Die Bewohner und Jäger dieser Gegend verneinten entschieden den directen Zug dieser Vögel über das Gebirge. Gleiches erfuhr ich im hochgelegenen Ichrek (1933 Meter). Im Winter und namentlich im März wandern viele Enten thalaufwärts.

Entenzüge wurden mir für Gunib nur für den December, d. h. während des strengsten Winters, namhaft gemacht, nicht aber als regelmässige Passanten direct über das Gebirge. Gleiches hörte ich überall an den Koissuläufen.

Ueber die beiden Seescharben theilt Dr. Walter pro 1886—87 Folgendes mit: *Phl. carbo*, L., zeigte sich Ende December 1886 in der Gegend von Kumbaschinsk und Lenkoran nur sehr vereinzelt, war entschieden selten zu nennen, offenbar wegen der diesjährigen grossen Fischarmuth der Gegend.

Phl. pygmaeus, Pall. zählte Ende December 1886 zu den gemeinsten Wasservögeln der Morzi um Kumbaschinsk und Lenkoran. Namentlich am ersteren Orte konnte man täglich in der Nähe der Brücke 30—40 Stück gemeinsam fischen sehen und, da sie wenig scheu, mehrere auf einen Schuss erlegen. Eben unter dieser Brücke gab es um diese Zeit viel 1—4 Zoll lange Cyprinusbrut, welche die Scharben anlockte. Eine der hier erlegten Zwergscharben brach sieben Stück 3—4zölliger Cyprinus aus bei den Bemühungen sich tauchend noch zu retten.

Pelecanus crispus, Bruch. Auch der Pelikan und zwar wahrscheinlich diese Art, wandert den S'amur im Winter bisweilen aufwärts, so wurden zwei bei Achty und einer sogar bei Ichrek erlegt.

Nach Abschluss dieses dritten Nachtrages zur Ornis caucasica sehe ich mich veranlasst, Herrn Professor Modest Bogdanow Einiges über das Referat, welches nach einem Vortrage im April 1886 in Tiflis in der Localpresse erschien, zu erwiedern. Zwar hat mir der leider schwer erkrankte Professor, als er mich im Herbste 1886 besuchte, persönlich seine Erklärungen gemacht; dennoch benütze ich diese Gelegenheit, rein sachlich bleibend, um Folgendes zu constatiren:

1. Die hierorts bei durchaus unzureichender Literatur als fraglich bestimmten Vogelarten wurden sammt manchen anderen in Berlin von Cabanis und Reichenow und ebenso in Stolp von Eugen von Homeyer geprüft, resp. berichtigt. Man wird diesen Autoritäten jedenfalls ebensoviel Glauben schenken dürfen, als Herrn Professor Bogdanow.

2. Unter Nr. 318 habe ich einen Bastard von *Anas boschas* masc. und *Cairina moschata* fem. beschrieben. Taf. XXV trägt deutlich dieselbe Unterschrift. Das Zeitungsreferat sagt: ich hätte aus einem Hausvogel eine neue Art gemacht — das ist also unwahr. Zuchten von Bastarden der beiden Enten als Hausgeflügel sind mir nicht bekannt, wenigstens hier im Lande sicher nicht vorhanden. Dagegen kommen Fälle von entflogenen und verwilderten Moschusenten vor und es liegt daher die Möglichkeit solcher Bastardirung sehr nahe. Der betreffende Vogel wurde am Chramflusse geschossen, in einem Gebiete, welches weit und breit vornehmlich von Tataren bewohnt wird, die fast nie Hausenten halten.

3. Das Beispiel vom *Cormoran*, welcher nach einer späteren Mittheilung Herrn Bogdanow's als Zugvogel den Kamm des Grossen Kaukasus passiren wollte, oben aber in der Eiszone todt gefunden wurde, widerlegt keineswegs meine Behauptung, dass der Zug nicht über, sondern um das Gebirge geht. Im Gegentheile, dieses Factum spricht für meine Behauptung.

Aber der Cormoran passt am allerwenigsten dazu den Zug über das Gebirge zu constatiren. Er findet sich vereinzelt oft sehr hoch in den Quellläufen der Flusssysteme, wofür in der Ornis pag. 467 Belege beigebracht wurden. Er geht der Fischnahrung nach und so lange er sie findet, geht es ihm gut. Ein todter Cormoran, in der Nähe der Gletscher gefunden, beweist nur, dass er thalaufwärts wandernd aus Nahrungsmangel zu Grunde ging. — Die Wanderzüge der Cormorane en masse sind maritime und meistens locale Küstenwanderungen; sie werden durch den zeitweisen Reichthum an Fischen in dieser oder jener Bucht, an dieser oder jener Flussmündung und Haffer weiterung bedingt.

Tiflis, im Mai 1887.

Dr. Gustav Radde.

KASPISCHES SEE
D A G E S T A N
T I F L I S
SAKATALY
UEBERSICHT
von
C. RADDES REISEWEG
in
TRANS-KAUKASIEN
E L I S A B E T H O P O L
B A K U

Nachtrag

zum

I. Ornithologischen Jahresbericht (1885)

aus dem

Gouvernement Livland (Russland)

von

E. v. Middendorff.

I. Theil.

Ergänzungen*).

2. *Cerchneis tinnunculus,* Linn. Ankunft in Hellenorm am 6. April bei + 6°, heiteres Wetter, S.-O.-Wind. Am Tage vorher + 5°, heiteres Wetter, W. Wind.

3a. *Hypotriorchis aesalon,* Boie. — Zwergfalke, Standvogel, sparsam.

---

*) Durch die Bearbeitung eines in weiter Ferne gesammelten Materiales, ohne Kenntniss der localen Verhältnisse, werden sehr leicht Missverständnisse herbeigeführt. Um diese in Zukunft zu vermeiden, hat sich Herr E. von Middendorff bereit erklärt, die in den drei russischen Ostsee-Gouvernements gesammelten Daten in Zukunft gleich am Orte der Beobachtung für die Veröffentlichung in der Ornis fertigzustellen.

Vorliegender Nachtrag ist nun bestimmt, nothwendige Ergänzungen zu dem I. ornithologischen Jahresbericht (1885) aus dem Gouvernement Livland (siehe diese Zeitschrift, II. Jahrgang, Seite 376 bis 396, nebst Berichtigungen dazu, ibidem, Seite 622!) zu bringen, dann aber auch einige verspätet eingelaufene Berichte für 1885 zu publiciren. — Zu bemerken ist noch, dass bis zum 12. April incl. nur das Maximum der beobachteten Temperaturen nach Réaumur notirt, vom 13. April an aber Temperatur-Minimum und -Maximum für jeden Tag bestimmt und so notirt wurden, dass die erste Zahl das Minimum, die zweite das Maximum nach Réaumur bedeutet.

21. *Syrnium aluco*, Linn. Standvogel.

22. *Bubo maximus*, Sibb. Standvogel.

47. *Picoides tridactylus*, Linn. Selten.

49. *Sitta europaea*, Linn. Standvogel.

50. *Sitta uralensis*, Licht. Standvogel.

56. *Muscicapa grisola*, Linn. In Hellenorm beobachtet am 20. Mai.

61. *Troglodytes parvulus*, Linn. Einzelne überwintern.

63. *Poecile palustris*, Linn. Standvogel.

64. *Poecile borealis*, Selys. Standvogel.

68. *Parus coeruleus*, Linn. Standvogel.

69. *Acredula caudata*, Linn. Standvogel.

70. *Regulus cristatus*, Koch. Standvogel.

74. *Hypolais salicaria*, Bp. In Hellenorm zuerst am 24. Mai.

84. *Turdus pilaris*, Linn. Ein Theil bleibt, sonst alle Jahre zum Winter hier, bisweilen, wie in diesem Jahre, sehr viele. In Hellenorm Ankunft am 3. April bei + 4°, trübem Wetter, N.-O., Mehrzahl am 8. April.

85. *Turdus viscivorus*, Linn. Ankunft in Hellenorm am 8. April bei + 8°, heiterem Wetter, O.

91. *Dandalus rubecula*, Linn. Ankunft bei schwachem W.-Winde, am Tage vorher heftiger S.-W.

100*a*. *Phileremos alpestris*, Linn. — Alpenlerche. Seltener Durchzugsvogel.

101. *Emberiza citrinella*, Linn. Standvogel.

104. *Passer montanus*, Linn. Standvogel.

110. *Chrysomitris spinus*, Linn. Standvogel.

111. *Carduelis elegans*, Steph. Standvogel.

112. *Cannabina sanguinea*, Landb. Am Tage vor der Ankunft, am 17. März, + 4°, trübes Wetter, S.-W.-Wind.

115. *Pyrrhula europaea*, Br. Stand- und Strichvogel.

117. *Loxia curvirostra*, Linn. Stand- und Strichvogel.

124. *Starna cinerea*, Linn. Stand- und Strichvogel.

127. *Aegialites hiaticula*, Linn. In Hellenorm bisher nicht beobachtet.

128. *Aegialites minor*, M. u. W. Häufiger Brutvogel.

140*a*. *Gallinago gallinula*, Linn. — Kleine Sumpfschnepfe, Durchzugsvogel.

141. *Totanus fuscus*, Linn. In Hellenorm wurden am 22. August 1869, 2 Exemplare, aus einem Trupp von etwa einem Dutzend erlegt.

147*a*. *Tringa alpina*, Linn., Alpenstrandläufer. In Hellenorm am 30. August und am 8. September 1869, je ein Exemplar erlegt.

148. *Tringa Temmincki*, Leisl. In Hellenorm bisher nicht beobachtet.

150. *Anser segetum*, Meyer. Durchzugsvogel.

154. *Anas boschas*, Linn. Ankunft in Hellenorm am 11. April bei ÷ 7°, heiteres Wetter, starker N.-Wind. Am Tage vorher dasselbe Wetter.

162. *Clangula glaucion*, Linn. In Hellenorm starker Zug am 21. April bei + 1°, + 6°, trübem Wetter, W.-N.-W.-Wind. Am Tage vorher — 1½°, + 2°, trübes Wetter, S.-W.-Wind.

164. *Oidemia nigra*, Linn. In Hellenorm bisher nicht beobachtet.

170. *Xema minutum*, Pall. In Hellenorm bisher nicht beobachtet.

170*a*. *Sterna fluviatilis*, Naum. — Fluss- u. Seeschwalbe. Durchzugsvogel.

171. *Hydrochelidon nigra*, Boie. In Hellenorm bisher nicht beobachtet.

Von oben (d. h. in diesem Verzeichniss und früher in Ornis II., Seite 376 — 396) angeführten 175 Vogelarten sind nur 169 Arten als in Hellenorm vorkommend zu betrachten, da *Aegialites hiaticula*, *Tringa Temmincki*, *Bernicla torquata*, *Oidemia nigra*, *Xema minutum* und *Hydrochelidon nigra* bisher hier nicht beobachtet wurden.

II. Theil.

Nachträglich eingelaufene Berichte für 1885.

Durch eine Reise des Herrn Professor Dr. M. Braun aus Dorpat an das Adriatische Meer und seine bald nach der Rückkehr erfolgte Uebersiedlung nach Rostock waren folgende Berichte für 1885 liegen geblieben:

1. Ein Bericht des Herrn Oberförsters Kelterborn zu Edwahlen in Curland.

2. Ein Bericht des Herrn A. Baron Krüdener zu Wohlfahrtslinde in Livland.

3. Einige während der Osterferien zu Pölwe in Livland gesammelte Notizen des Herrn stud. Th. Lackschewitz.

Ich gebe zunächst eine kurze, den Zuschriften der Herren Beobachter entnommene Schilderung der Beobachtungs-Bezirke.

Edwahlen, bisher leider die einzige Beobachtungsstation in Curland, liegt unter 57° 1′ nördlicher Breite und 39° 18′ östlich von Ferro, etwa 10 Kilometer von dem die Grenze des Bezirkes berührenden Flusse »Windau« und 14 Kilometer vom Strande der Ostsee. Der vom Strande entfernter gelegene Theil des Gutes, also auch Beobachtungsbezirkes, umfasst ein hügeliges, von kleinen Landseen durchbrochenes, zu etwa zwei Drittheilen mit Wald, vorherrschend Nadelwald, bestandenes Terrain, in welchem die Kiefer (*Pinus sylvestris* L.) dominirt. Zur Ostsee hin dagegen, ist das Land flach, noch waldreicher, aber hauptsächlich mit Laubholz, Birke, Espe und Schwarzeller, bestanden, endlich wasserarm, weil Binnengewässer fehlen. Im Ganzen ist daher die Beobachtungsstation für Wasser- und Sumpfvögel ungünstig gelegen, bietet aber in der nächsten Umgebung des Hauptgutes durch seinen ausgedehnten, von einem stets munteren Bach durchschnittenen Park, der allmälig in einen grösseren Waldcomplex übergeht, dem Ornithologen treffliche Gelegenheit, die kleinen Sänger zu beobachten. — Da mir bei einigen Arten das späte Eintreffen im Vergleich zu dem viel nördlicher gelegenen Wohlfahrtslinde auffiel, richtete ich an den Herrn Beobachter in Edwahlen die Frage, ob einzelne Vögel dort im

Vergleich mit der Umgebung vielleicht regelmässig relativ spät ankommen, oder ob nicht etwa ein Theil der Daten nach altem Styl angegeben sei, und erhielt die Antwort, dass der Staar dort in der Regel gleichzeitig mit seinen in der Umgegend nistenden Artgenossen eintreffe, während der Sprosser auffallenderweise an einigen nur 30 bis 40 Kilometer südlicher gelegenen Punkten gewöhnlich ungefähr 8 Tage früher sich hören liesse; die angegebenen Daten bezögen sich alle auf den neuen Styl. — Bei Wohlfahrtslinde, welches unter 57° 41′ nördlicher Breite und 43° 19′ östlicher Länge von Ferro gelegen ist, muss vor Allem die Nähe des zweitgrössten Flusses der Ostseeprovinzen, der »Livländischen Aa« erwähnt werden. Indem dieselbe von steilen, zum grössten Theil reich bewaldeten Ufern eingeschlossen, die bald reinen Sand, bald Thonschichten, an vielen Orten auch devonischen Sandstein in schönen Profilen zu Tage fördern, nach ihrer Hauptrichtung von N.-O. nach S.-W. raschen, nicht selten reissenden Laufes dahineilt, öffnet sie den Zugvögeln, die auf ihren Frühlingswanderungen in Livland mit Vorliebe gerade der entgegensetzten Richtung, also von S. W. nach N.-O. folgen, das Land. — Ihre Wasserfläche nicht nur, sondern auch die durch üppigste Vegetation ausgezeichneten Steilufer bieten den Vögeln vorzügliche Rastpunkte und bei etwa vorkommendem Witterungsumschlag, der bei uns leider so häufig die befiederten Wanderer mit Nordsturm oder gar Schneewehen überrascht, finden namentlich die kleinen Sänger Schutz vor den Winden und an den steilen Südabhängen beim ersten Sonnenblick rasch vom Schnee befreite Futterplätze. — Nächst dem Aa-Flusse kommt der Waldreichthum der Umgegend in Betracht, wobei hervorgehoben werden muss, dass die Forste meist auf hügeligem Sande fussende Kiefernbestände aufzuweisen haben, die jedoch an allen Rinnsalen und Nebenflüsschen der Aa, sowie auch an den Rändern des etwa 8800 Hektar umfassenden »Tirel« - Moores durch stellenweise ausgedehnte Fichten (*Abies excelsa*, Poir.)- und Laubholzbestände angenehm unterbrochen werden. Das Tirel-Moor durchschneidet ein träge fliessender Bach, die »Sedde«, welche im Frühling weit über die Ufer tritt und zur Zugzeit unzählige Wasser- und Sumpfvögel beherbergt, namentlich fallen dort bisweilen Hunderte von Schwänen ein. Am Hofe Wohlfahrtslinde selbst werden die Zugvögel besonders durch uralte, von Höhlenbrütern reich bevölkerte, Linden angezogen. Baron Krüdener erhielt die Beobachtungstabelle mit der Aufforderung, sich an dem grossen ornithologischen Werke zu betheiligen, erst am 16. April, also nachdem ein grosser Theil der Zugvögel bereits eingetroffen war, daher die Lückenhaftigkeit des eingeschickten Materiales. Schon seit einigen Jahren macht sich in Wohlfahrtslinde ein bedenkliches und constant zunehmendes Schwinden einzelner kleiner Zugvogelarten bemerkbar, z. B. der Staare, Misteldrosseln, Finken, Schwalben, denen gar nicht nachgestellt wird.

Pölwe ist durch seine östliche Lage 58° 3′ nördlicher Breite und 44° 45′ östlicher Länge von Ferro dem grossen Binnensee »Peipus« näher gerückt, der so manches Interessante aufzuweisen hat, aber leider während der kurzen Zeit, die dem Herrn Beobachter dieses Mal für seinen dortigen Aufenthalt zur Verfügung stand, nichts Hervorragendes zu bieten vermochte.

In den genannten drei Beobachtungsrayons wurden im Jahre 1885 notirt:

Cerchneis tinnunculus, Linn. Wohlfahrtslinde, den 18. April, bei kühlem Wetter und S.-W.-Wind.

Aquila naevia, Wolff. Wohlfahrtslinde, den 18. April.

Cypselus apus, Linn. Edwahlen, den 17 Mai.

Hirundo rustica, Linn. Edwahlen, den 28. April.

Hirundo urbica, Linn. Edwahlen, den 9. Mai.

Cuculus canorus, Linn. Edwahlen, den 10. Mai. Wohlfahrtslinde, den 4. Mai, bei schwachem S. W. Winde. Erster Ruf am selben Tage. Am Tage vorher kalter N. O.

Coracias garrula, Linn. Edwahlen, den 9. Mai. Wohlfahrtslinde, den 17. Mai, bei heftigem warmen S.-W.-Winde mit Regen.

Oriolus galbula, Linn. Edwahlen, den 20. Mai. Wohlfahrtslinde, den 16. Mai, bei starkem S. W. Winde, mit warmen Regen. Erster Gesang am selben Tage. Am Tage vorher dasselbe Wetter.

Sturnus vulgaris, Linn. Edwahlen, am 16. März. Wohlfahrtslinde. Ankunft der Mehrzahl am 8. April.

Lycos monedula, Linn. Pölwe, den 4. April. Zugrichtung: S.-W. nach N.-O.

Corvus frugilegus, Linn. Pölwe, den 4. April. Zugrichtung: S.-W. nach N.-O.

Jynx torquilla, Linn. Edwahlen, den 26. April.

Upupa epops, Linn. Edwahlen, den 25. April.

Hypolais salicaria, Bp. Edwahlen, den 18. Mai.

Turdus viscivorus, Linn. Pölwe, den 1. April.

Turdus musicus, Linn. Edwahlen, den 28. März.

Turdus iliacus, Linn. Edwahlen, den 24. März.

Luscinia philomela, Bechst. Edwahlen, den 10. Mai.

Saxicola oenanthe, Linn. Edwahlen, den 18. April.

Motacilla alba, Linn. Edwahlen, den 30. März.

Budytes flavus, Linn. Edwahlen, den 29. April.

Lullula arborea, Linn. Edwahlen, den 23. März.

Alauda arvensis, Linn. Edwahlen, den 26. Februar; bei gelindem Frost. Am Tage vorher Thauwetter.

Fringilla coelebs, Linn. Pölwe, den 3. April.

Columba palumbus, Linn. Pölwe, den 1. April.

Columba oenas, Linn. Edwahlen, den 11. März Wohlfahrtslinde, den 8. April. Erstes Rucksen am selben Tage.

Coturnix dactylisonans, M. Mexhof bei Dorpat den 23. Mai, beobachtet von Herrn stud. Lackschewitz.

Vanellus cristatus, Linn. Edwahlen, den 19. März. Pölwe, den 30. März.

Grus cinerea, Bechst. Wohlfahrtslinde, d. 27. März.

Ciconia alba, Bechst. Edwahlen, den 15. April. Wohlfahrtslinde, den 16. April, bei schwachem Westwinde. Am Tage vorher heftiger Westwind mit Schnee.

Crex pratensis, Bechst. Edwahlen, den 20. Mai. Wohlfahrtslinde, den 22. Mai, bei warmen S.-W. Erstes Schnarren am selben Tage.

Scolopax rusticola, Linn. Edwahlen, den 1. April. Wohlfahrtslinde, den 5. April. Die ersten Balzlaute auf dem Strich am 9. April.

Gallinago scolopacina, Bp. Wohlfahrtslinde, am 9. April, gleich balzend.

Totanus ochropus, Linn. Pölwe, den 10. April.

Anser cinereus, Meyer. Wohlfahrtslinde. Auf dem Herbstzuge am 21. September von Ost nach West ziehend beobachtet, bei + 10° R. und heftigem Westwinde. Am Tage vorher dasselbe Wetter.

Anser segetum, Edwahlen, den 14. März.

Cygnus musicus, Bechst. Edwahlen, den 13. März. Wohlfahrtslinde, den 30. März. Mehrzahl am 6. April, S.-W. nach N.-O. ziehend.

Anas boschas, Linn. Pölwe, den 29. März.

Clangula glaucion. Linn. Pölwe, den 4. April.

Die Vögel,

welche im Oberelsass, in Oberbaden, in den schweizerischen Cantonen Basel-Stadt und Basel-Land, sowie in den an letzteres angrenzenden Theilen der Cantone Aargau, Solothurn und Bern vorkommen.

Von

Gustav Schneider in **Basel**.

Das in der Ueberschrift angegebene Gebiet zerfällt in folgende Theile:

1. In das Rheinthal, und zwar: das badische Gebiet zwischen Klein-Laufenburg und Müllheim, das schweizerische von Gross-Laufenburg bis Basel, und das elsässische von Basel bis Breisach;

2. in die das Rheinthal eingrenzenden Gebirge und zwar: den südwestlichen Schwarzwald, die südöstlichen Vogesen und den nordwestlichen Jura.

In seinem oberen Theile, zwischen Laufenburg und Basel, ist das Rheinthal eingeengt, indem die Gebirge nahe an die Ufer des Rheines herangerückt sind, von Basel an aber treten die Gebirge allerseits zurück und erweitert sich das Thal zu einer sehr beträchtlichen Breite. Dieser Theil, die Rheinebene, ist in seiner ganzen Ausdehnung mit angebautem fruchtbaren Lande, mit Wiesen, kleinen Wäldern, Obstbäumen und Reben bedeckt. Aus den zahlreichen Gebirgsthälern kommen kleine Flüsse und Bäche, welche die Ebene durchqueren, um sich mit dem mächtigen Rheinstrome zu vereinigen. Hin und wieder finden sich auch noch Altwasser, kleine Teiche und Sümpfe; dieselben sind jedoch immer mehr im Verschwinden begriffen, weil man sie theilweise absichtlich trocken legt, um das so gewonnene Land zu cultiviren, oder auch, weil durch die Correctionen des Rheines und der in ihn mündenden Gewässer die Zuflüsse aufgehört haben. Die Rheinebene ist auf beiden Seiten vielfach mit Hügeln eingesäumt, welche mit Weinreben bepflanzt sind, oder wo dies des felsigen Grundes wegen nicht geschehen ist, sind sie mit Gesträuch oder kleinen Wäldchen bedeckt. An die Hügel reihen sich meist schon stattliche Vorberge an, bisweilen aber rücken auch schon hohe Berge bis an die Ebene. Laub- und Nadelholzwälder bedecken die Vorberge und ziehen sich hinauf bis zu den Gipfeln der höchsten Berge, welche, sowohl im Schwarzwalde als in den Vogesen, fast 1500 Meter Meereshöhe erreichen.

Nach Südwesten wird die Rheinebene durch zahlreiche, sich wellenförmig erhebende Hügel begrenzt, welche mit Wäldern und angebautem Lande bedeckt sind. Dahinter erhebt sich der Jura. Seine Berge sind hier noch nicht besonders hoch und meist mit Wald bedeckt.

Das Gebiet hat im Allgemeinen ein mildes Klima. In der Mehrzahl der Winter bleibt Schnee im Rheinthale nicht liegen und kommen erhebliche Fröste nicht vor. Nur die höheren Theile der Vogesen-, Schwarzwald- und Jura-Thäler haben ziemlich regelmässig in jedem Winter Schnee, der längere Zeit liegen bleibt. Auf den Gipfeln der hohen Berge bleibt der Schnee dagegen oft bis zum Sommer liegen.

Wie hieraus ersichtlich, sind die Bedingungen für den Aufenthalt der Vögel überaus günstige, und diese machen auch Gebrauch davon. Es wohnen 59 Arten beständig hier, also Standvögel, welche nur theilweise im Winter ihre Standorte in den höheren Gebirgen verlassen, um die kalte Zeit in der wärmeren Ebene zuzubringen. Von Brutvögeln, die im Frühjahre zu uns kommen, um hier zu brüten und dann im Herbste wieder wegzuziehen, sind 75 Arten zu verzeichnen, wozu vielleicht noch weitere sieben zu rechnen sein werden, von denen bis jetzt nicht mit Sicherheit erforscht werden konnte, ob sie Brutvögel bei uns sind. Im Herbste erscheinen ferner regelmässig 17 Arten, welche den Winter hier zubringen, wogegen andere 19 Arten nur unregelmässige Wintergäste bei uns sind. Diese gehen eben in den Wintern, wo es auch in unserem Gebiete viel Schnee und Eis gibt, südlicher. Von Zugvögeln berühren 16 Arten regelmässig unser Gebiet, dagegen kommen 23 Arten nur unregelmässig auf dem Zuge bei uns vor. Gäste und Irrlinge, also solche, die nur aus irgend einem zufälligen Grunde, in irgend einer Jahreszeit, in unserem Gebiete schon vorgekommen sind, können in der stattlichen Zahl von 46 Arten verzeichnet werden. Mit diesen Irrlingen stellt sich die Gesammtziffer auf 255 Arten.

Es muss nun aber gleich hier bemerkt werden, dass die Artenzahl entschieden im Rückgange begriffen ist; einestheils ist die Verfolgung und Vernichtung durch die Menschen Ursache, anderntheils weil die Thiere keine geeigneten Nistplätze mehr finden. *Pandion haliaëtus* und *Circaëtus gallicus* sind an ihren Brutplätzen so lange weggeschossen worden, bis kein Paar mehr kam, und so wird es noch mit manchen anderen Arten gehen. Wäre *Buteo vulgaris* früher nicht ein sehr häufiger Vogel hier gewesen, so würde man ihn wohl jetzt nur noch als grosse Rarität aufführen können, da er trotz Vogelschutzgesetz noch immer weggeschossen wird. Hat ja doch selbst die ornithologische Gesellschaft in Basel jahrelang Schussgeld dafür bezahlt. Mit der Verminderung der Altwasser, Teiche und Sümpfe hält die Verminderung der Wasservögel Schritt, und nicht nur der Arten, die solche als Brutorte benützen, sondern auch derjenigen, die im Winter und auf dem Zuge zu uns kommen. Der hiesige Geflügelmarkt bot in früheren Zeiten oft sehr viele Wasservögel, die in der Umgegend erlegt worden waren; jetzt ist es ziemlich zwecklos, ihn zu besuchen, da man nur noch selten solche Vögel dort zu Gesicht bekommt. Die noch vorhandenen stehenden Gewässer und selbst die Bäche werden zudem von Jahr zu Jahr ärmer an Wasserpflanzen und solchen Thieren, welche manchen Vogelarten zur Nahrung dienen. Da sind die sogenannten Fischlimänner, welche junge Fische, Salamander, Frösche, Wasserschnecken und was da sonst noch von wirbellosen Thieren im stehenden Wasser kreucht und fleucht, nebst Wasserpflanzen aller Art sammeln, um sie an die vielen Aquarienbesitzer der Städte zu verkaufen.

In Bezug auf die Individuenzahl muss gleichfalls eine Abnahme constatirt werden, nicht bei allen Arten, aber doch bei vielen. Vermehrt haben sich dagegen die Spatzen und Amseln. Letztere haben sich z. B. in der hiesigen Stadt und ihrer Umgebung derart vermehrt, dass sie zur Landplage werden. Wo viele Amseln sind, ist in den Gärten an ein Gedeihen von Obst und Beeren nicht zu denken, und mancher Gartenbesitzer ist genöthigt, zur Flinte zu greifen, um die Vögel wegzuschiessen.

Frühere Publicationen über die Vögel unserer Gegend scheinen nicht zu existiren, mir ist wenigstens keine bekannt geworden. Ueber die Vögel des Unterelsasses gibt es dagegen eine recht gute Publication, welche auch theilweise für das Oberelsass gelten kann. Dies ist: »Kroener, Aperçu des oiseaux de l'Alsace et des Vosges, Strassburg 1865.« Ferner finden sich in den Bulletins de la Société d'histoire-naturelle de Colmar mancherlei Mittheilungen über elsässische Vögel. Ich habe sowohl die Arbeit von Kroener als auch diese Mittheilungen benützt. Für den schweizerischen Theil des Gebietes müssen ferner erwähnt werden: Meisner und Schinz, Vögel der Schweiz 1815, und Schinz, Fauna helvetica, in den Denkschriften der schweizerischen naturforschenden Gesellschaft 1837.

Für meine Arbeit konnte ich ferner noch folgende Sammlungen benützen: 1. Diejenige des naturhistorischen Museums in Basel; 2. die im Cantonal-Museum in Liestal (Basel-Land) befindliche; 3. diejenige des Museums der Industriegesellschaft in Mülhausen; 4. diejenige des Museums der naturforschenden Gesellschaft zu Colmar und 5. die im naturhistorischen Museum der Stadt Strassburg sich befindende Landessammlung. Im hiesigen Museum befindet sich eine ganz hübsche Sammlung der meisten hier vorkommenden Vögel, welche von dem verstorbenen Professor der Chirurgie und Medicin Dr. Mieg hier zusammengebracht wurde. Das Museum in Mülhausen hat eine Sammlung, die ihm 1830 von Cornetz geschenkt wurde und worin sich viele elsässische Vögel befinden. Eine ganz vorzügliche Sammlung der Vögel unseres Gebietes besitzt das Museum in Colmar und in dem zu Strassburg ist gleichfalls eine recht vollständige und gute Sammlung der elsässischen Vögel.

Ich danke an dieser Stelle allen den Herren bestens, welche mir in so liberaler Weise die Benützung der Sammlungen gestatteten und mich mit Notizen unterstützten.

Meine eigenen Beobachtungen haben im Sommer 1858 hier begonnen und sind bis jetzt fortgesetzt worden. Sie umfassen also einen Zeitraum von 29 Jahren.

Hiemit glaube ich Alles das mitgetheilt zu haben, was von Wichtigkeit für die nun folgende Aufzählung der Vögel unserer Gegend sein könnte.

Basel, im Juni 1887.

I. Ordnung: Accipitres. *Raubvögel.*

a) Accipitres diurni, Tagraubvögel.

Familie *Falconidae.*

1. Unterfamilie: Aquilinae, Adler.

1. *Aquila chrysaëtus*, L. var. *fulva*, L. — Der Steinadler.

Eine sehr seltene Erscheinung im Gebiete. Ein junger Vogel wurde 1871 bei Volkersburg (Elsass) geschossen.

2. *Aquila naevia,* Wolf. — Der Schreiadler.

Selten einmal vorkommend, 1862 am Gempenstollen (Cant. Solothurn) geschossen; 1881 bei Rheinfelden (Cant. Aargau); ferner am 8. November 1875 ein Junger im Münsterthale (Elsass), Mus. Colm. Im Mus. zu Mülhausen, gleichfalls aus dem Elsass.

3. *Haliaëtus albicilla,* L. — Der Seeadler.

Junge Exemplare dieses Adlers scheinen das Rheinthal ziemlich regelmässig jeden Winter zu besuchen, wie dies schon Kroener mittheilte. Ich habe im Ganzen 13 Stück, die in der hiesigen Gegend geschossen wurden, gesehen; sie vertheilen sich auf die Jahre: 1859, 1864, 1866, 1867, 1872, 1878 und 1883.

4. *Pandion haliaëtus*, L. — Der Fischadler.

War in früherer Zeit Nistvogel bei Gebweiler und Thann im Elsass, seit Langem aber dort ausgerottet. Er kommt jetzt nur noch auf dem Zuge im April hier vor und wurde öfter in verschiedenen Theilen des Gebietes beobachtet und geschossen.

5. *Circaëtus gallicus*, Gmel. — Der Schlangenadler.

Nistete bis 1879 regelmässig bei Stauffen im Münsterthale und auch am Rhein-Rhône-Canal, unfern Hüningen (Elsass), an beiden Orten aber seit vielen Jahren nicht mehr, weil regelmässig weggeschossen. Zur Zugzeit im Frühjahre habe ich den Vogel öfter gesehen, auch wurde er zu dieser Zeit verschiedene Male geschossen, so bei Neudorf im Elsass am 22. Mai 1859, bei Istein in Baden im April 1880.

2. Unterfamilie: Buteoninae, Bussarde.

6. *Pernis apivorus*, L. — Der Wespenbussard.

Ist im ganzen Gebiete Brutvogel, hauptsächlich in den Vorbergen der Vogesen und des Schwarzwaldes, seltener im Jura. Er kommt im April und zieht im September wieder fort.

7. *Archibuteo lagopus*, Brünn. — Der Rauchfussbussard.

Besucht das Gebiet meist nur in strengen Wintern und ist darum eine ziemlich seltene Erscheinung.

8. *Buteo vulgaris*, Bechst. — Der Mäusebussard; hier Weih und Hühnerdieb genannt.

War früher ein recht häufiger Standvogel, verschwindet aber immer mehr, weil er allenthalben weggeschossen wird.

3. Unterfamilie: Falconinae, Falken.

9. *Cerchneis tinnunculus*, L. — Der Thurmfalke, hier Fälkle genannt.

Standvogel im ganzen Gebiete, in früherer Zeit jedoch viel häufiger als jetzt.

10. *Erythropus vespertinus*, L. — Der Rothfussfalke.

Ein seltener Vogel für unser Gebiet. 1838 wurden zahlreiche Exemplare bei Muttenz (Cant. Basel-Land) geschossen, wovon noch eines im hiesigen Museum ist. In der gleichen Gegend wurde ein Paar, ♂ und ♀, am 27. April 1871 geschossen und 1881 erhielt ich ein am 9. April bei Istein in Baden geschossenes ♀. Herr Gustav Bally in Säckingen schoss ein Exemplar bei Brennet. Nach Meisner und Schinz, Vög. d. Schw., soll der Rothfussfalke im Canton Bern bei Meiringen genistet haben.

11. *Hypotriorchis aesalon*, Tunst. — Der Zwergfalke.

Zur Zugzeit im Herbste, September und October, öfter vorgekommen, meist jedoch junge Vögel. In milden Wintern bleiben einzelne wohl auch im Gebiete, da ich geschossene Exemplare im December und Februar erhalten habe.

12. *Falco subbuteo*, L. — Der Lerchenfalke.

Kommt im April, um im Gebiete zu nisten uad zieht im October wieder weg. Er bewohnt dann hauptsächlich die Thäler des Schwarzwaldes und der Vogesen, sowie deren Vorberge. Im Juragebiete ist er weit seltener zu treffen.

13. *Falco peregrinus*, Tunst. — Der Wanderfalke.

Zur Zugzeit im Frühjahre und Herbste, doch nicht häufig. In den Siebziger Jahren hielt sich ein Wanderfalke längere Zeit in hiesiger Stadt auf und hatte sein Standquartier auf einem der hohen Münsterthürme aufgeschlagen. Von da aus holte er sich täglich Tauben von irgend einem Schlage weg, die er auf seinem Standquartier dann ruhig verspeiste. Das dauerte so lange, bis ein Schütze den anderen Münsterthurm erkletterte und den Vogel von dort herabschoss.

4. Unterfamilie: Accipitrinae, Habichte.

14. *Astur palumbarius*, L. — Der Habicht, Taubenstösser hier genannt.

Ziemlich selten gewordener Standvogel, aber nur in den Vorbergen und in den Gebirgen nistend. Im Winter kommt er nach der Ebene.

15. *Accipiter nisus*, L. — Der Sperber.

Ziemlich häufiger Standvogel im ganzen Gebiete. Die Varietät *major*, Degl., ist im Elsass bei Colmar vorgekommen (Mus. Colm.*).

5. Unterfamilie: Milvinae, Milane.

16. *Milvus regalis*, Briss. — Der rothe Milan, hier Gabelweih genannt.

Sparsamer Brutvogel im ganzen Gebiete; kommt oft schon im März und bleibt bis September, überwintert auch bisweilen bei uns.

17. *Milvus ater*, Gmel. — Schwarzbrauner Milan.

Nistvogel im Elsass, im Niederwald bei Colmar, wahrscheinlich auch bei Müllheim in Baden, fehlt aber dem Jura gänzlich und ist selbst auf dem Zuge hier eine seltene Erscheinung.

6. Unterfamilie: Circinae, Weihen.

18. *Circus aeruginosus*, L. — Die Sumpfweihe.

Ziemlich seltener Brutvogel der Rheinebene des Elsasses und Badens, im übrigen Gebiete dagegen nur auf dem Zuge beobachtet. Kommt im April und geht im September wieder fort.

19. *Circus cyaneus*, L. — Die Kornweihe.

Brutvogel bei Gebweiler und Rapoltsweiler im Elsass, ebenso im Kanderthale (Baden), sonst nur auf dem Zuge und in milden Wintern. Nach Kroener soll der Vogel jeden Winter im Elsass bleiben.

20. *Circus cineraceus*, Mont. — Die Wiesenweihe.

Soll nach Kroener im Elsass nisten, mir ist indessen kein Brutort bekannt geworden. Zur Zugzeit ist der Vogel vielfach bei uns geschossen worden.

---

*) »M. Miannée de Saint-Firmin, sur de l'existence du grand épervier« in den Bulletins de la Soc. d'hist. nat. de Colmar 1864, pag. 164.

b) Accipitres nocturni, Nachtraubvögel.

Familie *Strigidae*, Eulen.

1. Unterfamilie: Surninae, Käuzchen.

21. *Surnia funerea*, Dum. — Die Sperbereule.

Im Museum zu Colmar steht ein im Elsass erlegtes Exemplar, auch im Strassburger Museum befindet sich eines, das aber im Unterelsass 1842 bei Brumath geschossen wurde. Ein vollständig faules Stück kam hier auf den Geflügelmarkt und wurde mir zum Kaufe angeboten, 17. Februar 1879. Wo es geschossen, konnte nicht ermittelt werden.

22. *Nyctale Tengmalmi*, Gmel. — Der Rauchfusskauz.

Standvogel in den hohen Bergen des Münsterthales (Kroener), ebenso im höheren Jura; in den Vorbergen und der Ebene nur im Winter hin und wieder einmal.

23. *Athene noctua*, Retz. — Der Steinkauz, hier Küzle genannt.

Im ganzen Gebiete Standvogel, sowohl im Gebirge als der Ebene.

24. *Athene passerina*, L. -- Die Sperlingseule.

Wurde von Jagdaufseher Müller in Grenzach im Winter 1884 am Grenzacher Horn (Baden) geschossen.

2. Unterfamilie: Syrninae, Waldkäuze.

25. *Syrnium aluco*, L. — Der Waldkauz, Kuuz genannt.

Standvogel in den Waldungen der Vorberge und Gebirge des ganzen Gebietes.

3. Unterfamilie: Striginae, Eulen.

26. *Strix flammea*, L. — Die Schleiereule, hier Uehle genannt.

Standvogel von der Ebene bis in's Gebirge.

4. Unterfamilie. Buboninae, Ohreulen.

27. *Bubo maximus*, Sibb. — Der Uhu.

Standvogel in den höheren Bergen des Schwarzwaldes, der Vogesen und des Jura, doch ziemlich rar geworden. Er kommt bisweilen auch vereinzelt einmal in die Vorberge und selbst in die Ebene. Dies geschieht namentlich im Winter, wenn die hohen Berge mit tiefem Schnee bedeckt sind.

28. *Ephialtes scops*, L. — Die Zwergohreule.

Obgleich eine recht seltene Erscheinung in unserem Gebiete, so ist es doch höchst wahrscheinlich, dass der Vogel schon hier genistet hat, ja dass vielleicht jedes Jahr einige Paare bei uns nisten. Ich habe im Sommer 1874 den Ruf des Vogels zum ersten Male in der Umgegend von Basel, bei St. Margarethen, gehört; später auch bei Muttenz, und in den letzten Jahren bei Grenzach. Am 26. August 1877 wurde ein junger Vogel von einem Knaben durch einen Steinwurf bei St. Jacob getödtet. Ich sah das Exemplar bei einem hiesigen Ausstopfer, welcher nicht wusste, was es war, weshalb er mich anfragte. Es wurden auch von Jagdaufseher Müller in Grenzach mehrere Exemplare geschossen, und zwar im Sommer. In den Museen zu Mülhausen und Colmar stehen ausgestopfte Exemplare mit der Bezeichnung »Elsass« und den Jahreszahlen 1831 und 1862 (dem Gefieder nach zu urtheilen, wahrscheinlich im Sommerkleide), doch ist darauf kein besonderes Gewicht zu legen, weil nähere Fundorte und genaue Daten fehlen. Kroener führt den Vogel nicht unter den im Elsass vorkommenden Arten auf, dagegen wird er schon von Meisner und Schinz als Brutvogel des Cantons Bern bezeichnet. Stölker constatirte das Vorkommen im Canton St. Gallen, und in Winterthur wurde Anfangs der Siebziger Jahre im Juni ein Exemplar geschossen, das ausgestopft und photographirt worden ist. Die Photographie habe ich gesehen. Nach allem dem darf angenommen werden, dass die Zwergohreule in kleiner Zahl bei uns nistet und dass hier wahrscheinlich die nördlichste Grenze ihres Verbreitungsgebietes ist.

29. *Otus vulgaris*, Flem. — Die Waldohreule.

Im ganzen Gebiete Standvogel, sowohl in den Wäldern der Ebene, wie in denen der Gebirge.

30. *Brachyotus palustris*, Forster. — Die Sumpfohreule.

Kommt oft schon im October zu uns, um den Winter über da zu bleiben, doch nicht regelmässig.

II. Ordnung: Passeres, *Sperlingsvögel*.

a) **Fissirostres, Spaltschnäbler.**

1. Familie: *Caprimulgidae*, Nachtschwalben.

31. *Caprimulgus europaeus*, L. — Die Nachtschwalbe.

Brutvogel im ganzen Gebiete, jedoch ziemlich selten.

2. Familie: *Cypselidae*, Segler.

32. *Cypselus apus*, L. — Der Mauersegler, hier Spier genannt.

Sehr häufiger Brutvogel im ganzen Gebiete, kommt selten vor Anfang Mai und zieht schon Mitte Juli wieder weg.

33. *Cypselus melba*, L. — Der Alpensegler.

Kommt bisweilen einmal nach Basel und umfliegt die Münsterthürme, wo ich ihn öfters gesehen habe; auch im Elsass am Belchen bei Gebweiler von Kroener beobachtet.

3. Familie: *Hirundinidae*, Schwalben.

34. *Hirundo rustica*, L. — Die Rauchschwalbe.

Brutvogel der Ebene, weisse Varietäten nicht gar selten bei Colmar (Dr. Faudel, Bull. de la Soc. d'hist. nat. de Colmar 1879/80).

35. *Hirundo urbica*, L. — Die Hausschwalbe.

Wie Vorige.

36. *Hirundo riparia*, L. — Die Uferschwalbe.

Brutvogel der Ebene, doch nicht überall vorkommend.

4. Familie: *Coraciadae*, Racken.

37. *Coracias garrula*, L. — Die Blauracke.

Eine seltene Erscheinung bei uns, aber doch an verschiedenen Orten des Gebietes schon geschosssen worden, so auf dem Bruderholz bei Basel, im Elsass und Baden.

5. Familie: *Alcedinidae*, Eisvögel.

38. *Alcedo ispida* L. — Der Eisvogel.

Standvogel in der Ebene, doch nicht mehr so zahlreich wie früher; in dem kalten Winter von 1879 auf 1880 gingen viele zu Grunde.

6. Familie: *Meropidae*, Bienenfresser.

39. *Merops apiaster*, L. — Der Bienenfresser.

Soll 1830 einmal bei Basel geschossen worden sein. Im Museum zu Colmar zwei Exemplare aus dem Elsass. Am 15. Juni 1854 auch im Unterelsass bei Schiltigheim erlegt, wo sich sogar ein Paar anschickte zu nisten (Kroener). Da der Vogel auch von Meisner und Schinz als bei Yverdon und Neuenburg vorgekommen angeführt wird, auch von Stölker 1871 im Rheinthale des Cantons St. Gallen constatirt wurde, so dürfte das Vorkommen nicht als etwas sehr Aussergewöhnliches betrachtet werden.

b) **Tenuirostres, Dünnschnäbler.**

1. Familie: *Upupidae*, Wiedehopfe.

40. *Upupa epops*, L. — Der Wiedehopf.

Brutvogel der Ebene.

2. Familie: *Certhiidae*, Baumläufer.

41. *Sitta europaea*, L. — Die Spechtmeise.

Standvogel in der Ebene und den Gebirgen, ziemlich häufig.

42. *Certhia familiaris*, L. — Der Baumläufer.

Standvogel der Ebene, ziemlich selten.

43. *Tichodroma muraria*, L. — Der Alpenmauerläufer.

Ist im Winter ein ziemlich regelmässiger Gast in Basel, am Grenzacher Horn und bei Istein (Baden); auch am Wartberg bei Muttenz (Basel-Land) öfter gesehen und geschossen worden. Im Elsass, am Münster in Colmar, an der Königsburg und bei Gebweiler wurde er auch öfter beobachtet.

3. Familie: *Troglodytidae*, Zaunkönige.

44. *Troglodytes parvulus*, L. — Zaunkönig.

Standvogel der Ebene und Berge.

c) Dentirostres, **Zahnschnäbler.**

1. Familie: *Luscinidae*, Sänger.

1. Unterfamilie: Erythacinae, Rothschwänze.

45. *Ruticilla tithys*, L. — Der Hausrothschwanz.

Brutvogel, sowohl in der Ebene als im Gebirge.

46. *Ruticilla phoenicurus*, L. — Der Gartenrothschwanz.

Brutvogel der Ebene, nicht so häufig als der vorige.

47. *Luscinia minor*, Brehm. — Die Nachtigall.

Im ganzen Gebiete als Brutvogel, doch sparsam und nur in der Ebene, auch nicht überall vorkommend. Wird trotz allen Schutzmassregeln noch immer vielfach weggefangen.

48. *Cyanecula suecica*, L. — Das Rothsternblaukehlchen.

Bis jetzt nur auf dem Zuge im Frühjahre bei uns beobachtet.

49. *Cyanecula leucocyanea*, Brehm. — Das weisssternige Blaukehlchen.

Brutvogel auf beiden Seiten des Rheines, in der Ebene. Bis jetzt nicht beobachtet in den Jurathälern, auch selten bei Basel und im Canton Basel-Land. Es bewohnt vorzugsweise die kleinen Wäldchen längs der Rheinufer.

50. *Dandalus rubecula*, L. — Das Rothkehlchen.

Brutvogel im ganzen Gebiete, sowohl in der Ebene als in den Bergen, einzelne überwintern auch bei uns.

2. Unterfamilie: Accentorinae, Braunellen.

51. *Accentor modularis*, L. — Die Heckenbraunelle.

Ist nur im Winter bei uns. Als Brutvogel nie hier beobachtet.

52. *Accentor alpinus*, Bechst. — Die Alpenbraunelle.

Besucht ab und zu im Winter unsere Gegend und wurde hier mehrfach geschossen, so bei Muttenz (Canton Basel-Land) und am Grenzacher Horn (Baden).

3. Unterfamilie: Sylvinae, Grasmücken.

53. *Sylvia curruca*, L. — Die Zaungrasmücke.

Brutvogel der Ebene, nicht häufig.

54. *Sylvia cinerea*, Lath. — Die Dorngrasmücke.

Wie Vorige, aber häufiger.

55. *Sylvia nisoria*, Bechst. — Die Sperbergrasmücke.

Am 16. Mai 1879 wurde ein ♂ bei Kirchen in Baden geschossen. Dieses ist das einzige mir bekannte Vorkommen.

56. *Sylvia atricapilla*, L. — Die schwarzköpfige Grasmücke.

Brutvogel der Ebene; bei uns die häufigste aller Grasmücken.

57. *Sylvia hortensis*, Auct. — Die Gartengrasmücke.

Wie Vorige, doch selten.

4. Unterfamilie: Calamoherpinae, Rohrsänger.

58. *Acrocephalus arundinacea*, Naum. — Der Teichrohrsänger.

Brutvogel im ganzen Gebiete, doch nur in der Ebene an den Teichen und Flüssen.

59. *Acrocephalus turdoides*, Meyer. — Der Drosselrohrsänger.

Brutvogel, doch selten und nicht im ganzen Gebiete. Fehlt auf der Strecke von Laufenburg bis einige Stunden unterhalb Basel, kommt dagegen vor von Istein an abwärts in Baden und von der kaiserlichen Fischzuchtanstalt abwärts im Elsass, überall da, wo viel Schilfrohr ist.

60. *Locustella naevia*, Bodd. — Der Heuschreckenrohrsänger.

Brutvogel, gleiches Vorkommen wie der Vorige, doch seltener.

61. *Calamodyta aquatica*, Bonap. — Der Binsenrohrsänger.

In der Rheinebene des Elsass und Badens Brutvogel, doch ziemlich selten.

5. Unterfamilie: Phyllopneustinae, Laubsänger.

62. *Hypolais salicaria*, Bonap. — Der Gartenspötter.

Brutvogel der Ebene im ganzen Gebiete.

63. *Phyllopneuste sibilatrix*, Bechst. — Der Waldlaubvogel.

Brutvogel der Ebene und Berge.

64. *Phyllopneuste trochilus*, L. — Der Fitislaubvogel.

Brutvogel der Ebene.

65. *Phyllopneuste rufa*, Lath. — Der Weidenlaubvogel.

Wie Voriger.

66. *Phyllopneuste Bonellii*, Vieill. — Der Berglaubvogel.

Bisher nur bei Klein-Laufenburg in Baden als Nistvogel beobachtet, ist aber wahrscheinlich weiter in unserem Gebiet verbreitet und nur übersehen.

6. Unterfamilie: Regulinae, Goldhähnchen.

67. *Regulus cristatus*, Koch. — Das gelbköpfige Goldhähnchen.

Nistet in den Fichten- und Tannenwäldern der Berge und kommt im Winter nach der Ebene.

68. *Regulus ignicapillus*, Brehm. — Das feuerköpfige Goldhähnchen.

Nistet an gleichen Orten wie Voriges, zieht aber im Winter grösstentheils weg. Es ist überhaupt viel seltener als das gelbköpfige und findet sich auch nicht in allen Theilen des Gebietes, im Jura scheint es z. B. zu fehlen.

7. Unterfamilie: Saxicolinae, Schmätzer.

69. *Saxicola oenanthe*, L. — Der graue Steinschmätzer.

Brutvogel der Berge, in der Ebene nur zur Zugzeit. Ich weiss mit Sicherheit nur, dass er in den Vogesen und dem Schwarzwald nistet; im Jura habe ich den Vogel im Sommer nie angetroffen.

70. *Pratincola rubetra*, L. — Der braunkehlige Wiesenschmätzer.

In der Ebene Brutvogel.

71. *Pratincola rubicola*, L. — Der schwarzkehlige Wiesenschmätzer.

Wie Voriger, doch seltener und nicht überall.

2. Familie: *Paridae*, Meisen.

72. *Poecile palustris*, L. — Die Sumpfmeise.

Standvogel der Ebene und Vorberge.

73. *Parus ater*, L. — Die Tannenmeise.

Standvogel. Nistet in den Fichten- und Tannenwäldern der Berge und bringt den Winter in der Ebene zu.

74. *Parus cristatus*, L. — Die Haubenmeise.

Wie Vorige, nur seltener.

75. *Parus major*, L. — Die Kohlmeise.

In der Ebene und den Bergen Standvogel.

76. *Parus coeruleus*, L. — Die Blaumeise.

Standvogel, doch mehr die Berge als Ebene zur Nistzeit bewohnend.

77. *Acredula caudata*, L. — Die Schwanzmeise.

In der Ebene und den Vorbergen Standvogel, nistet aber nicht in allen Theilen des Gebietes.

3. Familie: *Motacillidae*, Bachstelzen.

78. *Motacilla alba*, L. — Weisse Bachstelze.

Brutvogel der Ebene.

79. *Motacilla sulphurea*, Bechst. — Die graue Bachstelze.

Standvogel der Ebene und Gebirge.

80. *Budytes flavus*, L. — Die gelbe Schafstelze.

In der Rheinebene, sowie den Thälern der Vorberge des Schwarzwaldes und der Vogesen Brutvogel, doch seltener als beide Vorigen.

Unterfamilie: Anthinae, Pieper.

81. *Anthus aquaticus*, Bechstein. — Der Wasserpieper.

Standvogel. Brütet in den Gebirgen des Schwarzwaldes und der Vogesen, bewohnt aber im Winter die Ebene des Rheinthales.

82. *Anthus pratensis*, Bechst. — Der Wiesenpieper.

Brutvogel in den sumpfigen, mit Schilf bewachsenen Theilen der Rheinebene.

83. *Anthus arboreus*, Bechst. — Der Baumpieper.

In den Wäldern der Gebirge des Schwarzwaldes und der Vogesen Brutvogel, in der Ebene nur zur Zugzeit.

84. *Agrodroma campestris*, Bechst. — Der Brachpieper.

Nicht seltener Brutvogel der Juraberge, ebenso in den Vorbergen der Vogesen, seltener im Schwarzwalde, brütet aber auch in der Ebene, an steinigen und kahlen, aber sonnigen Orten.

4. Familie: *Cinclidae*, Wasseramseln.

85. *Cinclus aquaticus*, L. — Die Bachamsel.

Standvogel. Hauptsächlich vorkommend an den Bächen der Thäler des Schwarzwaldes und der Vogesen, aber auch im Jura und in der Ebene.

5. Familie: *Turdidae*, Drosseln.

86. *Merula vulgaris*, Leach. — Die Amsel.

Standvogel. Sie hat sich besonders in Basel sehr stark vermehrt und wird hier stellenweise zur reinen Landplage, indem sie in den Gärten Obst und Beeren zerstört. Ganz weisse Varietäten und solche, mit blos weissen Schwingen, kommen hin und wieder vor.

87. *Merula torquata*, Boie. — Die Ringamsel.

Nistvogel am Hoheneck im Münsterthale der Vogesen, wahrscheinlich auch im Schwarzwald, wo ich im Juli 1882 ein Exemplar auf der Nordseite des Feldberges beobachtete. Im Frühjahr ist der Vogel öfter in der Nähe von Basel und im Canton Basel-Land geschossen worden.

88. *Turdus pilaris*, L. — Die Wachholderdrossel.

Kommt nur im Winter bei uns vor. Sie erscheint oft schon Mitte October und treibt sich in den Bergen und der Ebene bis Mitte März herum.

89. *Turdus viscivorus*, L. — Die Misteldrossel.

Brutvogel der Berge und Ebene. Einzelne bleiben auch den Winter über da. Sie nistet hauptsächlich in den Nadelholzwaldungen des Schwarzwaldes; in den Vogesen und dem Jura ist sie seltener.

90. *Turdus musicus*, L. — Die Singdrossel.

Von der Ebene bis in die höheren Berge Brutvogel, sie zieht buschige Laubholzwälder vor, im eigentlichen Hochwald sieht man sie selten.

91. *Turdus iliacus*, L. — Die Wein- oder Rothdrossel.

Nur auf dem Zug im Herbst oder Frühjahr, oder auch einzeln in milden Wintern. Sie kommt bisweilen schon früh im Herbst hier an und stiftet dann nicht unerheblichen Schaden in den Weinbergen.

92. *Turdus atrogularis*, Temm. — Die schwarzkehlige Drossel.

Ein Exemplar dieser Art wurde am 10. December 1852 im Renchthal (Schwarzwald) gefangen und befindet sich im Museum zu Strassburg (Kroener). In unserem Gebiet bis jetzt nicht beobachtet.

93. *Monticola saxatilis*, L. — Die Steindrossel.

Nistvogel im Unterelsass zu Andlau bei Barr (Kroener), in unserem Gebiete aber sehr wahrscheinlich nicht brütend, dagegen mehrmals im Frühjahr und Herbst in unserer Gegend geschossen, so bei Istein und Grenzach (Baden), bei Mönchenstein (Basel-Land).

94. *Petrocincla cyanea*, Keys. u. Bl. — Die Blaudrossel.

Im Museum zu Mülhausen befindet sich ein Exemplar, das aus den Vogesen stammen soll, es ist von Herrn Cornetz geschenkt.

6. Familie: *Muscicapidae*, Fliegenfänger.

95. *Muscicapa grisola*, L. — Grauer Fliegenfänger.

Brutvogel der Ebene und niederen Vorberge.

96. *Muscicapa luctuosa*, L. — Der schwarzrückige Fliegenfänger.

Wie Voriger.

97. *Muscicapa albicollis*, Temm. — Der Halsbandfliegenfänger.

Wie Voriger, doch seltener und in manchen Theilen des Gebietes fehlend. Er findet sich im Elsass und dem gegenüber liegenden Theile von Baden, fehlt aber im Rheinthal von Laufenberg bis Basel. Im Jura nur da und dort.

7. Familie: *Ampelidae*, Seidenschwänze.

98. *Bombycilla garrula*, L. — Der Seidenschwanz.

Hat in den Wintern von 1858, 1860, 1866, 1870, 1875 und 1879 auf 1880 unser Gebiet besucht, seither nicht mehr beobachtet.

8. Familie: *Laniidae*, Würger.

99. *Lanius excubitor*, L. — Der Raubwürger.

Standvogel von der Ebene bis in die Berge.

100. *Lanius minor*, L. — Der kleine Grauwürger.

Seltener Brutvogel im Elsass und Baden, scheint aber dem Jura und Rheinthal zwischen Laufenberg und Rheinfelden zu fehlen. Er bewohnt die Ebene und Hügel in derselben, kommt sehr spät im Frühjahr und zieht im September wieder weg.

101. *Lanius rufus*, Briss. — Der rothköpfige Würger.

Brutvogel der Ebene.

102. *Lanius collurio*, L. — Der rothrückige Würger, Dornegerste hier genannt.

Brutvogel der Ebene und Vorberge.

III. Ordnung: *Conirostres*. Dickschnäbler.

1. Familie: *Corvidae*, Raben.

1. Unterfamilie: Corvinae.

103. *Pyrrhocorax alpinus*, L. — Die Alpendohle.

Kommt bisweilen im Winter einmal zu uns; so habe ich den Vogel mehrmals an den Münsterthürmen hier gesehen, auch in der Umgegend geschossene Exemplare erhalten. Im Museum zu Colmar sind mehrere Exemplare, die dort mit einem Krähenschwarm flogen und geschossen wurden.

104. *Lycos monedula*, L. — Die Dohle.

Als Nist-, resp. Standvogel, mir nur von Colmar bekannt, wo sie jetzt aber auch verschwunden ist, sonst nur in kalten Wintern vorkommend.

105. *Corvus corax*, L. — Der Kolkrabe.

Standvogel in den hohen Vogesen und dem hohen Schwarzwald, vielleicht auch noch in den höheren Jurabergen, aber hier jedenfalls nur noch in einigen Paaren. Auch in den Vogesen und dem Schwarzwald selten geworden.

106. *Corvus corone*, L. — Die Rabenkrähe, hier Krabb und Kraye genannt.

Standvogel im ganzen Gebiet. Graue Varietäten und solche mit weissen Schwingen, auch ganz weiss, kommen bisweilen einmal vor.

107. *Corvus cornix*, L. — Die Nebelkrähe.

Vom Herbst bis Frühjahr bei uns, doch in manchen Jahren fehlend oder nur einzeln.

108. *Corvus frugilegus*, L. — Die Saatkrähe.

Wie Vorige.

109. *Pica caudata*, Boie. — Die Elster, hier Egerste gen.

Im ganzen Gebiete Standvogel, von der Ebene bis in die Gebirge.

110. *Nucifraga caryocatactes*, L., var. *pachyrhynchus*, R. Blasius. — Der dickschnäblige Tannenheher.

Brutvogel in den Wäldern des hohen Schwarzwaldes, vielleicht auch der Vogesen. Im Herbst nach den Vorbergen und in die Ebene kommend. Zahlreiche im Herbst in unserem Gebiete geschossene Exemplare sind in den Museen von Colmar. Mülhausen (5), Basel (2), Liestal (6).

111. *Nucifraga caryocatactes*, var. *leptorhynchus*, R. Blas. — Der schlankschnäblige Tannenheher.

Zeitweise im Herbst in Zügen vorkommend und öfter geschossen. 6 im Museum zu Colmar, 2 in dem von Basel.

2. Unterfamilie: Garrulinae, Heher.

112. *Garrulus glandarius*, L. — Der Eichelheher, hier Herrenvogel und Hätzle genannt.

Standvogel in den Vorbergen und Bergen; in den Wäldern der Ebene seltener. Eine isabellfarbige Varietät im Museum zu Colmar, dort geschossen.

2. Familie: *Oriolidae*, Pirole.

113. *Oriolus galbula*, L. — Die Goldamsel.

Brutvogel, vorzugsweise in der Ebene.

3. Familie: *Sturnidae*, Staare.

114. *Pastor roseus*, L. — Der Rosenstaar.

Ein im Umfärben begriffenes Exemplar wurde Ende August 1865 bei Neudorf im Elsass geschossen und hier auf den Geflügelmarkt gebracht. Von Kroener für das Unterelsass notirt, vom 14. September 1855. Zwei Exemplare aus der Cornetz'schen Sammlung im Museum zu Mülhausen stammen vielleicht auch aus dem Elsass.

115. *Sturnus vulgaris*, L. — Der Staar.

Brutvogel der Ebene und Gebirgsthäler. In milden Wintern bleiben einzelne hier. Der Staar hat sich an vielen Orten in Folge der ihm gebotenen Nistkasten stark vermehrt.

4. Familie: *Alaudidae*, Lerchen.

116. *Galerida cristata*, L. — Die Haubenlerche.

Standvogel bei Basel, auch stellenweise im Elsass und Baden. Vor 1859 war die Haubenlerche hier unbekannt, wie mir von zwei hiesigen Freunden der Vogelwelt, den Herren Prof. Dr. Mieg und Louis Burckhardt-Schönauer, damals mitgetheilt wurde. Meisner und Schinz bemerken zwar, dass die Haubenlerche in Basel vorkomme und Edellerche genannt würde, davon wusste aber in Basel Niemand etwas. 1859 wurde der Vogel zuerst hier bemerkt und zwar in der Nähe des vor dem Aeschenthor befindlichen provisorischen Centralbahnhofes. Inzwischen hat er sich so sehr vermehrt, dass er heute überall um die Stadt nistet und im Winter in den Strassen läuft. Kröner gibt 1865 die Haubenlerche als Brutvogel für das Elsass an, bemerkt aber dabei: »assez rare en Alsace«. Jetzt findet man sie aber auch im Elsass an vielen Orten.

117. *Lullula arborea*, L. — Die Haidelerche.

Brutvogel der höheren Vogesen und Schwarzwaldberge.

118. *Alauda arvensis*, L. — Die Feldlerche.

Brutvogel der Ebene, steigt aber auch in die Gebirge, soweit sich angebautes Land findet und nistet dann auch da.

5. Familie: *Emberizidae*, Ammern.

119. *Miliaria europaea*, Sws. — Der Grauammer.

Standvogel in der ganzen Rheinebene, doch häufiger im Elsass als in Baden und am Jura.

120. *Emberiza citrinella*, L. — Der Goldammer.

Wie voriger. Im ganzen Gebiet verbreitet und bis zu den Bergen emporsteigend. Vom Herbst bis Frühjahr in kleinen Flügen die Ebene durchstreifend und, wenn es kalt wird und Schnee fällt, in den Dörfern und Städten.

121. *Emberiza hortulana*, L. — Der Gartenammer.

Sehr selten einmal bei uns. Im Mai 1876 und April 1882 auf dem Geflügelmarkt in Basel gefunden, das erstere Stück soll bei Neudorf im Elsass, das andere bei Istein in Baden geschossen worden sein. Auch in der hiesigen Museumssammlung ein Exemplar von Prof. Mieg, das er selbst hier gefangen hatte.

122. *Emberiza cirlus*, L. — Der Zaunammer.

Ich habe den Vogel im März 1872 von Grellingen aus dem Berner Jura und 1884 von der Landskrone (Elsass) erhalten. Es wäre möglich, dass die Art im Jura nistete. Er wird von Meisner und Schinz als seltener Brutvogel für die Schweiz angegeben.

123. *Emberiza cia*, L. — Der Zippammer.

Aus Baden: von Istein, Obertüllingen und dem Grenzacher Horn habe ich den Vogel mehrmals im Frühjahr erhalten, wahrscheinlich nistet er auch in der Gegend, doch habe ich ihn nie als Brutvogel beobachtet, auch nie im Sommer bekommen.

124. *Schoenicola schoeniclus*, L. — Der Rohrammer.

Brutvogel des Rheinthales, an Teichen, den Flussufern und mit Schilf bewachsenen Sümpfen.

6. Familie: *Fringillidae*, Finken.

125. *Montifringilla nivalis*. L. — Der Schneefink.

Wurde mehrmals am Wartberge bei Muttenz (Basel-Land) und am Grenzacher Horn (Baden) geschossen und zwar im November 1874 und Februar 1880.

126. *Pyrgita petronia*. L. — Der Steinsperling.

Von Prof. Mieg einmal in seinem Garten hier gefangen (Winter), im Museum zu Colmar vier Stück aus dem Elsass. Kröner bemerkt, dass der Vogel auf dem Zug im October durch das Elsass ziehe. Nach Meisner und Schinz soll der Steinsperling in der Schweiz im Frühjahr und Herbst nicht selten sein, in unserer Gegend gehört er jedoch zu den sehr selten vorkommenden Arten.

127. *Passer montanus*, L. — Der Feldsperling.

Standvogel der Ebene und Vorberge.

128. *Passer domesticus*, L. — Der Haussperling.

Standvogel, vorzugsweise in der Ebene und nur ausnahmsweise in den Dörfern der hochgelegenen Thäler. Variirt vielfach und wie ich constatiren konnte, pflanzen sich solche manchmal durch mehrere Generationen als gleiche Varietäten fort. Ich beobachtete in der Nähe meines Hauses ein Weibchen mit weissen Spiegelfedern, das von der Ferne gesehen einem Buchfinken völlig glich. Später sah ich Junge, die alle den Spiegel hatten und zweifle nicht daran, dass diese von jenem Weibchen stammten. Von einer folgenden Generation muss nur ein Junges aufgekommen sein, da ich nur eines bemerkte. Nach und nach verschwanden aber alle Exemplare, vielleicht wurden sie ihrer besonderen Zierde wegen weggeschossen.

Eine nicht uninteressante Geschichte möge noch hier eingeschaltet werden. Vor einigen Jahren sass ich im Winter nach dem Mittagessen am Fenster und sah an einem gegenüberliegenden Hause einen Grauspecht, welcher die noch nicht mit Kalk beworfene Giebelmauer nach Insekten absuchte. In den zahlreichen Spalten derselben hatten sich Sperlinge niedergelassen, von denen nun einige den Grauspecht umflogen, was diesen indessen nicht störte. Nach einigen Sekunden flogen die Spatzen weg, um aber nach Verfluss weniger Minuten mit Trupps anderer ihres Gleichen zurückzukehren, denen immer neue sich zugesellten. Ein Theil flog an die Mauer, aber in respectvoller Entfernung von dem Specht, ein anderer setzte sich auf die Dachkante. Wie auf ein gegebenes Zeichen fing dann plötzlich die ganze Gesellschaft an zu spektakeln und den Specht zu umfliegen.

Dieser flog nun einen Moment ab, kam aber in einem Bogen zurück und fing von Neuem an die Mauerspalten mit seiner Zunge zu visitiren. Auf das hin setzten sich alle Spatzen auf die Dachkante und sahen von hier ruhig dem Treiben des Spechtes zu. Es war in kurzer Zeit eine ganz unglaubliche Menge versammelt, so dass die Dachkante völlig besetzt und Stück an Stück gedrängt war. Ich schätzte ihre Zahl auf mindestens 200. Der Specht war allmählig bis zur Dachkante gekommen, dann streckte er plötzlich den Hals, sah in die Höhe und flog ab. Nun machten die Spatzen einen schrecklichen Lärm, flogen auf, umkreisten die Wand ein paarmal und zogen lärmend in Trupps ab, wie sie gekommen waren. Es erscheint geradezu räthselhaft, in welch kurzer Zeit sich die Masse der Sperlinge zusammenfand. Offenbar wurden sämmtliche Colonien des Quartiers, in dem ich wohne, allarmirt und zwar von den wenigen Exemplaren, die gerade anwesend waren, als der Specht erschien.

129. *Fringilla coelebs*, L. — Der Buchfink.

Standvogel von der Ebene bis in die Berge.

Es kommen auch Varietäten vor; eine solche, die ganz weiss ist, besitzt das hiesige Museum.

130. *Fringilla montifringilla*. L. — Der Bergfink.

Kommt im Winter in unsere Gegend, doch nicht jedes Jahr.

131. *Ligurinus chloris*, L. — Der Grünling.

Standvogel, vorzugsweise in der Ebene.

132. *Serinus hortulanus*, Koch. — Der Girlitz.

Brutvogel, von der Ebene bis in die Vorberge, besonders in den Weinbergen wo sich Bäume finden und in Obstgärten. In milden Wintern bleibt er da.

133. *Citrinella alpina*, Scop. — Der Zitronenzeisig.

Brutvogel der höheren Berge des Schwarzwaldes und der Vogesen, im Winter geht er in die tiefer gelegenen Thäler und kommt dann auch etwa einmal in der Ebene vor.

134. *Chrysomitris spinus*, L. — Der Erlenzeisig.

Ist nur im Winter bei uns, als Strichvogel in kleinen Trupps.

135. *Carduelis elegans*, Steph. — Der Stieglitz.

Standvogel der Ebene.

136. *Cannabina sanguinea*, Sandb. — Der Bluthänfling.

Brutvogel der Ebene, doch nicht überall im Gebiet.

137. *Linaria alnorum*, Brehm. — Der Leinfink.

Ist eine seltene Erscheinung bei uns. Man sieht ihn oft viele Jahre lang in keinem Winter hier, dann vielleicht wieder einmal zwei Winter hintereinander.

138. *Coccothraustes vulgaris*, Pall. — Der Kirschkernbeisser.

Standvogel der Ebene und niederen Vorberge.

139. *Pyrrhula europaea*, Vieill., Form *minor*. — Der Gimpel.

Brutvogel in den Gebirgswaldungen, besonders der Tannen- und Fichtenwälder; im Winter verlässt er dieselben und kommt nach der Ebene, um schon frühzeitig im März zurückzukehren.

Unterfamilie: Loxinae, Kreuzschnäbel.

140. *Loxia curvirostra*, L. — Der Fichtenkreuzschnabel.

In den Nadelholzwäldern des Schwarzwaldes und der Vogesen erscheint der Kreuzschnabel wohl in jedem Winter vom October an, manchmal aber auch schon im August; er kommt auch nach dem Jura und selbst bisweilen in die Ebene.

IV. Ordnung: Scansores, *Klettervögel.*

1. Familie: *Cuculidae*, Kukuke.

141. *Cuculus canorus*, L. — Der Kukuk.

Kommt in der Regel in der ersten Hälfte des April bei uns an und bewohnt die Wälder der Ebene und Gebirge. Er zieht Ende August wieder ab.

2. Familie: *Picidae*, Spechte.

1. Unterfamilie: Picinae.

142. *Gecinus viridis*, L. — Der Grünspecht.

Standvogel von der Ebene bis in die Gebirge.

143. *Gecinus canus*, Gmel. — Der Grauspecht.

Kommt nur im Winter in unsere Gegend und meist zahlreich, so dass man ihn dann häufiger als den Grünspecht sieht.

144. *Dryoscopus martius*, L. — Der Schwarzspecht.

Standvogel der Gebirgswälder, sowohl der Vogesen als des Schwarzwaldes und höheren Jura's. Nach der Ebene kommt er selten einmal.

145. *Picus major*, L. — Der grosse Buntspecht.

Standvogel in der Ebene und den Gebirgen.

146. *Picus medius*, L. — Der mittlere Buntspecht.

Wie der Vorige, doch seltener.

147. *Picus minor*, L. — Der kleine Buntspecht.

Gleiches Vorkommen als Standvogel wie die beiden Vorigen und eben so häufig als der grosse Buntspecht.

148. *Picoides tridactylus*, Kaup. — Der dreizehige Specht.

Kommt als Seltenheit hin und wieder einmal im Schwarzwald und den Vogesen vor. Kröner beobachtete ihn im Val d'Enfer der Vogesen. Im Museum von Colmar ist ein bei Pfirt geschossenes Exemplar. Ich erhielt ihn im November 1874 von Säckingen in Baden.

2. Unterfamilie: Ynginae, Wendehälse.

149. *Yynx torquilla*, L. — Der Wendehals.

Brutvogel der Ebene.

V. Ordnung: Columbae. *Tauben.*

1. Familie: *Columbidae.*

150. *Columba palumbus*, L. — Die Ringeltaube.

Kommt Anfangs April, oft aber auch im März schon, um in den Wäldern der Ebene wie auch in den Gebirgswaldungen zu brüten und zieht im October wieder weg.

151. *Columba oenas*, L. — Die Hohltaube.

Wie die Vorige.

Unterfamilie: Turturinae, Turteltauben.

152. *Turtur auritus*, Ray. — Die Turteltaube.

Gleiches Vorkommen wie die Vorigen.

VI. Ordnung: Gallinae, *Hühner.*

1. Familie: *Tetraonidae*, Waldhühner.

153. *Tetrao urogallus*, L. — Der Auerhahn.

Standvogel der Gebirgswälder des Schwarzwaldes, der Vogesen und des Jura's. Kommt aber auch in der Ebene vor, so im Unterelsass im Hagenauer Forst und auf den Rheininseln nach F. Reiber (Bull. de la Soc. d'hist. n. de Colmar 1881/82).

154. *Tetrao tetrix*, L. — Das Birkhuhn.

Standvogel in den Vogesen und dem Schwarzwald. In beiden Gebirgen aber nur noch an einzelnen Orten. So fehlt es den unteren Vogesen und kommt nur noch in den oberen vor. Kröner glaubte, das Birkhuhn käme gar nicht mehr in den Vogesen vor, allein das ist nicht richtig, wie vier Exemplare beweisen, welche in neuerer Zeit in den Vogesen geschossen wurden und ausgestopft im Museum zu Mülhausen sind.

155. *Tetrao bonasia*, L. — Das Haselhuhn.

Standvogel im Schwarzwald und in den Vogesen, scheint dagegen dem Jura zu fehlen. Es ist in manchen Theilen des Schwarzwaldes sogar häufig, wie z. B. in den Bergwäldern bei Säckingen.

2. Familie: *Phasianidae*, Fasanen.

156. *Phasianus colchicus*, L. — Der gemeine Fasan.

Ist in den Wäldern an beiden Ufern des Rheines gehegt und theilweise verwildert.

3. Familie: *Perdicidae*, Feldhühner.

157. *Starna cinerea*, L. — Das Rebhuhn.

Im Rheinthal auf beiden Seiten des Flusses noch häufiger Standvogel, es geht bis in die Vorberge. Nur auf schweizerischem Gebiet selten.

158. *Starna cinerea* var. *damascena*, Briss. — Das kleine gelbfüssige Rebhuhn.

Dieses Rebhuhn, das wegen seiner geringeren Grösse und der gelben Füsse von dem bei uns einheimischen abweicht, erscheint jeden Herbst in kleinen Flügen, meist Mitte September schon im Elsass und Baden in der Rheinebene. Ob es sich hier um eine wirkliche constante Varietät handelt oder ob es nur jüngere Vögel sind, die im Herbst von Norden kommen um bei uns den Winter zuzubringen, vermag ich nicht zu beurtheilen, da ich keine Gelegenheit hatte, die Sache gründlich untersuchen zu können. Thatsache ist, dass die Jäger dieses Rebhuhn als eine besondere Rasse unterscheiden. In den Bulletins de la Société d'histoire-naturelle de Colmar von 1873/74 hat Hr. Dr. Aug. Wacker in Colmar eine recht hübsche Arbeit darüber veröffentlicht: »Note sur la Perdrix voyageuse, Perdrix de passage ou a pieds jaunes.«

159. *Coturnix dactylisonans*, Meyer & W. — Die Wachtel.

Kommt Ende April, um in der Ebene zu nisten und zieht meist schon Anfang September wieder weg.

VII. Ordnung: Grallae. *Stelzvögel.*

1. Familie: *Otididae*, Trappen.

160. *Otis tarda*, L. — Die Grosstrappe.

In strengen Wintern erscheinen bisweilen kleine Trupps der Grosstrappe in unserem Gebiet; ich habe mehrmals geschossene Exemplare auf dem Geflügelmarkt hier getroffen und in den Museen von Mühlhausen und Colmar stehen diverse im Elsass geschossene Exemplare ausgestopft.

161. *Otis tetrax*, L. — Die Zwergtrappe.

Kommt auch hin und wieder einmal zu uns. Ein ♀ wurde am 2. Januar 1864 beim Bäumleinhof hier geschossen, ♂ und ♀ wurden im Elsass erlegt und sind im Museum zu Colmar. Kröner constatirt das Vorkommen im Unterelsass.

2. Familie: *Charadriadae*, Regenpfeifer.

1. Unterfamilie: Oedicneminae, Dickfüsse.

162. *Oedicnemus crepitans*, L. — Der Triel.

Im Herbst und Frühjahr öfter in unserem Gebiet vorgekommen und geschossen worden; so bei Allschwyl, Neudorf, Efringen, Rheinfelden.

163. (*Cursorius isabellinus*, M. und W., der isabellfarbige Rennvogel ist 1825 bei Hoerdt im Unterelsass geschossen worden [Kröner], in unserem Gebiet aber noch nicht beobachtet.)

2. Unterfamilie: Charadriinae, Regenpfeifer.

164. *Charadrius pluvialis*, L. — Der Goldregenpfeifer.

Kommt im Winter zu uns, doch nur bisweilen.

165. *Eudromias morinellus*, L. — Der Mornellregenpfeifer.

Als Seltenheit einmal im Herbst oder Frühjahr vorkommend. Ich habe den Vogel zweimal hier erhalten, einmal auf dem Geflügelmarkt, gekauft im October 1876 und ein im März 1881 bei Istein geschossenes Exemplar.

166. *Aegialites hiaticula*, L. — Der Sandregenpfeifer.

Seltener Brutvogel in unserem Gebiet, er war früher häufiger. Man findet ihn von Basel an abwärts im Rheinthal, am Bord des Rheines und vielleicht auch an den in denselben mündenden kleinen Gewässern.

167. *Aegialites minor*, Meyer und W. — Der Flussregenpfeifer.

Wie der Vorige, doch häufiger.

168. *Vanellus cristatus*, L. — Der Kiebitz.

Brutvogel im Rheinthal, sowohl im Elsass als auch auf der gegenüberliegenden badischen Seite, doch hier nur sparsam. Aus dem oberen Theile Badens zwischen Laufenberg und Basel, wie auch vom schweizerischen Gebiet, ist er mir als Brutvogel nicht bekannt; dagegen sehr oft auf dem Zug im Frühjahr hier vorkommend.

169. *Squatarola melanogaster*, Bechst. — Der schwarzbauchige Kiebitz.

Auf dem Zug im Herbst und Frühjahr als Seltenheit. Ich fand einmal acht geschossene Exemplare auf dem hiesigen Geflügelmarkt, habe ihn ausserdem noch erhalten von Rheinweiler (Baden), Gross-Hüningen und Sierenz (Elsass). Aus dem Elsass stammende Exemplare sind auch in den Museen von Mühlhausen und Colmar.

3. Familie: *Haematopodidae*, Austernfischer.

170. *Haematopus ostralegus*, L. — Der Austernfischer.

Wurde einmal bei Neu-Breisach (Baden) geschossen, im Unterelsass gleichfalls einmal bei Strassburg im September 1863 (Kröner).

Unterfamilie: Strepsilinae, Steinwälzer.

171. *Strepsilas interpres*, L. — Der Steinwälzer.

Im April 1868 wurde am Rheinufer bei Basel ein ♂ geschossen (Museum Basel, Mieg'sche Sammlg.) Soll nach Mittheilungen von Prof. Mieg auch Anfang der Fünfziger Jahre einmal hier geschossen worden sein.

172. (*Glareola pratincola*, L. Das Sandflughuhn soll nach Meisner und Schinz (Vögel der Schweiz) im Frühjahr und Herbst in der Schweiz vorkommen, in unserem Gebiet

ist das noch nicht beobachtet worden; ich kenne aber auch aus der übrigen Schweiz keinen Fall des Vorkommens.)

4. Familie: *Gruidae*, Kraniche.

173. *Grus cinerea*, Bechst. — Der graue Kranich.

Bei uns nur sehr unregelmässig auf dem Zug und auch nur selten einmal in unserer Gegend geschossen worden.

5. Familie: *Ciconiidae*, Störche.

174. *Ciconia alba*, Bechst. — Der weisse Storch.

Brutvogel in den Städten und Dörfern, da und dort auch einmal auf Bäumen nistend.

175. *Ciconia nigra*, L. — Der schwarze Storch.

Bei Weil in Baden wurde im August 1858 ein junges ♂ geschossen und im vorigen Frühjahr wurde mir ein altes ♂, das bei Friesenheim in der Gegend von Lahr geschossen worden war, zugeschickt. Auch im Elsass schon vorgekommen. Exemplare daher sind im Museum zu Colmar.

6. Familie: *Plataleidae*, Löffelreiher.

176. (*Platalea leucorodia*, L. Der Löffelreiher wird von Meisner und Schinz [Vögel der Schweiz] als grosse Rarität in der Schweiz bezeichnet. In unserem Gebiete scheint der Vogel noch nicht vorgekommen zu sein; dagegen ist er im Unterelsass bei Fort-Louis im August 1882 geschossen worden [F. Reiber in den Bull. de la Soc. d'hist. nat. de Colmar 1881 82]).

7. Familie: *Ardeidae*, Reiher.

177. *Ardea cinerea*, L. — Der graue Reiher.

Standvogel im Elsass und Baden, doch nicht in allen Theilen. Als Brutvogel fehlt er dem Juragebiet, er findet sich auch als solcher nicht in dem Rheinthal zwischen Basel und Laufenburg. Im Winter erscheint der Reiher regelmässig im ganzen Gebiet, überall da wo Wasser ist und es genügend Fische gibt.

178. *Ardea purpurea*, L. — Der Purpurreiher.

Kommt nur sehr selten einmal als Gast zu uns. Einen jüngeren Vogel erhielt ich 1875 im Frühjahre von Rheinweiler (Baden), wo er am Rhein geschossen worden war. In den Museen zu Mülhausen und Colmar sind mehrere ausgestopfte Exemplare aus dem Elsass.

179. *Herodias garzetta*, Boie. — Der kleine Silberreiher.

Im August 1873 wurde ein ♀ auf den hiesigen Geflügelmarkt gebracht, es sollte am Rhein-Rhone-Canal bei Hüningen geschossen worden sein. Der Vogel ist auch schon im Unterelsass in der Gegend von Strassburg vorgekommen (Kröner), ebenso in der Schweiz (Meisner und Schinz).

180. *Bubulcus ralloides*, Scop. — Der Rallenreiher.

Wie die beiden Vorigen kommt auch dieser Reiher nur als grosse Seltenheit bei uns vor. 1860 im April wurde ein ♂ am Rheinufer unterhalb Basel geschossen, ein anderes ♂ erhielt ich 1880, welches im März am Neudorfer See im Elsass erlegt worden war. Zwei Exemplare im Museum zu Mülhausen stammen vielleicht auch aus dem Elsass. Das Vorkommen im Unterelsass ist von Kröner constatirt.

181. *Ardetta minuta*, L. — Der Zwergreiher.

Brutvogel des Rheinthales, doch ziemlich selten geworden. Wahrscheinlich auch noch in anderen Theilen des Gebietes. Je mehr die Altwasser des Rheines, die Teiche und Sümpfe verschwinden, um so mehr verschwindet auch der Zwergreiher, nebst vielen andern Wasservögeln.

182. *Botaurus stellaris*, L. — Die Rohrdommel.

Erscheint bei uns im Herbst, um den Winter über bei uns zuzubringen und verlässt unsere Gegend im Frühjahre. Sie war früher viel häufiger als jetzt, aus gleichen Ursachen, wie bei dem Zwergreiher, selten geworden.

183. *Nycticorax europaeus*, Steph. — Der graue Nachtreiher.

Selten als Gast in unserem Gebiet. Ich habe den Vogel nie hier gesehen, dagegen sind Exemplare von Bollweiler im Elsass im Museum zu Colmar und 5 Stück in dem zu Mülhausen, welche auch aus dem Elsass stammen. Auch bei Illkirch vorgekommen (Kröner). Nach Meisner und Schinz soll der Nachtreiher jedes Jahr in der Schweiz vorkommen.

8. Familie: *Tantalidae*, Ibise.

Unterfamilie: Ibise.

184. *Ibis Falcinellus*, L. — Gemeiner Ibis.

Er ist wie der Vorige gleichfalls eine recht seltene Erscheinung bei uns. Ich fand im Mai 1859 einen jüngeren Vogel auf dem hiesigen Geflügelmarkt, angeblich bei der kaiserlichen Fischzuchtanstalt geschossen. Ferner erhielt ich ein ♂, welches am 9. September 1879 bei Kembs in Baden geschossen worden war. Im Museum zu Colmar findet sich eines, das am 22. September 1867 bei Egisheim im Elsass erlegt wurde. Nach Kröner wurde im Mai 1863 ein Exemplar bei Bläsheim geschossen.

9. Familie: *Scolopacidae*, Schnepfen.

1. Unterfamilie: Numeniinae, Brachvögel.

185. *Numenius arquatus*, Cuv. — Der grosse Brachvogel.

Kommt nur sehr unregelmässig bei uns vor und wird nur selten einmal im Herbst oder Winter geschossen.

186. *Numenius phaeopus*, L. — Der kleine Brachvogel.

Ist eine grosse Seltenheit bei uns. Ich habe den Vogel in 28 Jahren nur zweimal erhalten und zwar ein im Februar 1863 bei Rheinfelden geschossenes Exemplar und eines, das am 18. December 1879 todt bei Alschwyl gefunden wurde.

2. Unterfamilie: Limosinae, Uferschnepfen.

187. *Limosa aegocephala*, Aldrov. — Die schwarzschwänzige Uferschnepfe.

Ist auf dem Zuge im Frühjahre mehrmals in unserer Gegend erlegt worden, so ein Exemplar im hiesigen Museum, das im April 1870 bei Neudorf im Elsass geschossen wurde.

188. *Limosa lapponica*, L. — Die rostrothe Uferschnepfe.

Gleichfalls selten bei uns vorkommend. Im Herbste geschossene Exemplare sind in den Museen von Basel, Colmar und Strassburg.

3. Unterfamilie: Scolopacinae, Schnepfen.

189. *Scolopax rusticola*, L. — Die Waldschnepfe.

Nistvogel im Schwarzwald und den Vogesen. Einzelne bleiben in den milden Wintern hier und halten sich in den Wäldern der Rheinebene auf. Eine Var. *isabellina* aus dem Elsass ist im Museum zu Colmar.

190. *Gallinago scolopacina*, Bonap. — Die Becassine.

Brutvogel im Rheinthal, wo Sümpfe sind, einzelne bleiben auch den Winter über da, wenn er gelinde ist.

191. *Gallinago major*, Bonap. — Die grosse Sumpfschnepfe.

Selten einmal auf dem Zuge im Herbste und Frühjahre bei uns vorkommend.

192. *Gallinago gallinula*, L. — Die kleine Sumpfschnepfe.

Regelmässig auf dem Zuge im Herbste.

4. Unterfamilie: Totaninae, Wasserläufer.

193. *Totanus fuscus*, L. — Der dunkle Wasserläufer.

Selten und zufällig bei uns. Ich habe ihn ein paar Mal auf dem hiesigen Geflügelmarkt gefunden, stets im Herbste. In den Museen von Mülhausen und Colmar sind Exemplare aus dem Elsass.

194. *Totanus calidris*, L. — Der Gambettwasserläufer.

Wie der Vorige, doch habe ich auch einmal im Frühjahre ein Exemplar von Istein bekommen.

195. *Totanus glottis*, Bechst. — Der helle Wasserläufer.

Noch seltener als beide Vorige bei uns. Ich habe ihn nur ein einziges Mal bekommen, dagegen sind diverse Exemplare aus dem Elsass in den elsässischen Museen.

196. *Totanus ochropus*, L. — Der punktirte Wasserläufer.

Ziemlich regelmässig vom Herbste bis zum Frühjahre in der Rheinebene.

197. *Totanus glareola*, L. — Der Bruchwasserläufer.

Selten und bis jetzt nur im März und April hier beobachtet. Meisner und Schinz vermutheten, der Bruchwasserläufer brüte in der Schweiz.

198. *Totanus stagnatilis*, Bechst. — Der Teichwasserläufer.

Am 6. April 1872 wurden zwei Exemplare am See bei Neudorf im Elsass geschossen, ein weiteres Vorkommen in unserem Gebiete kenne ich nicht.

199. *Actitis hypoleucus*, L. — Der Flussuferläufer.

Brutvogel im Rheinthal und auch längs den in den Rhein mündenden Flüssen.

200. *Machetes pugnax*, L. — Die Kampfschnepfe.

Zur Zugzeit im Frühjahr und Herbst, aber sehr unregelmässig. Ich habe manchmal viele Jahre hintereinander kein Stück gesehen und dann fanden sie sich wieder in mehreren aufeinander folgenden Jahren.

5. Unterfamilie: Tringinae, Strandläufer.

201. *Calidris arenaria*, Leach. — Der graue Sanderling.

Ein sehr seltener Gast bei uns. Prof. Mieg theilte mir mit, dass ein Exemplar am hiesigen Rheinufer geschossen worden sei und vor drei Jahren sah ich bei einem hiesigen Präparator (Hunzicker) eines, das er zum Ausstopfen aus dem Birsthale erhalten hatte. Sehr wahrscheinlich handelt es sich um Exemplare, die durch Stürme in unsere Gegend verschlagen wurden.

202. *Tringa cinerea*, L. — Der isländische Strandläufer.

Selten und bis jetzt nur ein paarmal im Herbst in unserer Gegend vorgekommen.

203. *Tringa alpina*, L. — Der Alpenstrandläufer.

Ziemlich regelmässiger Zugvogel im Herbst, aber nur selten im Frühjahr.

204. *Tringa Temmincki*, Leisl. — Temminck's Zwergstrandläufer.

Zur Zugzeit im Herbst mehrmals vorgekommen.

205. *Tringa minuta*, Leisl. — Der Zwergstrandläufer.

Wie Voriger, doch auch schon im Frühjahr erhalten.

6. Unterfamilie: Recurvirostrinae, Säbel-Schnäbler.

206. *Recurvirostra avocetta*, L. — Der Avocett-Schnäbler.

Sein Vorkommen in unserer Gegend ist durch ein Exemplar constatirt, welches am 3. September 1871 bei Chalampe im Elsass geschossen wurde. Im vorigen Herbste, am 9. August wurde bei Friesenheim in Baden (ausserhalb unseres Gebietes) auch eines erlegt, das man mir zuschickte. Bei Strassburg ist im Juni 1863 eines geschossen worden (Kröner).

7. Unterfamilie: Himantopodinae, Stelzenläufer.

207. *Himantopus candidus*, Bonn. — Der Sandreiter.

Ein bei der kaiserl. Fischzuchtanstalt geschossenes Exemplar befindet sich im Museum zu Colmar, andere Vorkommen sind mir nicht bekannt.

8. Unterfamilie: Phalaropinae, Wassertreter.

208. *Phalaropus fulicarius*, L. — Der Wassertreter.

Soll bei Basel geschossen worden sein. (Nach mündlichen Mittheilungen von Prof. Mieg.)

10. Familie: *Rallidae*, Rallen.

209. *Rallus aquaticus*, L. — Die Wasserralle.

Standvogel. Im ganzen Gebiet wo Sümpfe sind, auch im Gebirg. Ich habe den Vogel z. B. am Feldbergsee im Schwarzwald getroffen.

210. *Crex pratensis*, Bechst. — Die Wiesenralle.

Brutvogel, sowohl in der Rheinebene als in den Gebirgsthälern zu finden. Er kommt im April und verlässt unsere Gegend im September.

11. Familie: *Gallinulidae*, Wasserhühner.

211. *Gallinula porzana*, L. — Das getüpfelte Sumpfhuhn.

Brutvogel im Rheinthal und den niederen Seitenthälern.

212. *Gallinula pusillus*, Gmel. — Kleines Sumpfhuhn.

Seltener Brutvogel, dagegen manchmal auf dem Zuge unser Gebiet berührend. Es nistete früher öfter am Neudorfer See im Elsass.

213. *Gallinula chloropus*, L. — Das grünfüssige Teichhuhn.

Standvogel auf den Teichen der Ebene und bis zu den Gebirgsseen hinaufsteigend. Ich habe den Vogel z. B. auch auf dem Titi-See im Schwarzwald gesehen.

Unterfamilie: Fulicinae, Blässhühner.

214. *Fulica atra*, L. — Das schwarze Wasserhuhn.

Standvogel auf den Teichen und Seen, wahrscheinlich auch der Gebirgsseen.

VIII. Ordnung: Natatores, *Schwimmvögel.*

1. Familie: *Phoenicopteridae*, Flamingo's.

215. *Phoenicopterus roseus*, Pall. — Der Flamingo.

Herr Otto Bally in Säckingen sah im Juni 1876 einen Trupp Flamingo's in der Nähe des Rheines bei Säckingen, konnte aber nicht zum Schuss herankommen.

Im Unterelsass ist der Flamingo mehrmals vorgekommen, so im März 1811 am Rhein bei Strassburg, wo drei Stücke geschossen wurden (Kröner); ferner 1881 im October bei Wesserlingen, wo man zwei Stücke erlegte (F. Reiber in den Bull. de la Soc. d'hist. nat. de Colmar 1881/82).

2. Familie: *Anatidae*, Enten.

1. Unterfamilie: Anserinae, Gänse.

216. *Chenalopex aegyptiaca*, Steph. — Die egyptische oder Nil-Gans.

Herr Gustav Bally in Säckingen schoss im Mai 1882 ein ♂ auf dem Teiche im Garten seines Vetters, des Herrn Theodor Bally daselbst. Ich habe das Thier damals selbst untersucht und unterliegt es keinem Zweifel, dass es ein wilder Vogel war. Das Gefieder war ganz vollständig und zeigte keine Spur irgend einer Abnützung, wie dies bei Vögeln, die in der Gefangenschaft gehalten werden, stets der Fall ist. Die Schwimmhäute und Nägel der Zehen zeigten keine Spur einer Beschädigung, ebenso der Schnabel nicht und das ist ja bei gefangen gehaltenen Vögeln beinahe nie der Fall. Im Magen fanden sich noch unverdaute Reste von Wasserschnecken (*Limnaeus ovatus* oder *vulgaris*, *Planorbis umbilicatus* und *Calyculina lacustris*), sowie von Tritonen, wahrscheinlich von *Triton alpestris*. Alle inneren Theile waren gesund, im Uebrigen aber schien das Thier ziemlich abgemagert zu sein.

217. *Bernicla torquata*, Bechst. — Die Ringelgans.

Eine sehr seltene Erscheinung bei uns. Am 11. Decbr. 1879 wurde ein ♀ an der Ill geschossen, das im Museum zu Colmar ist. Im Unterelsass bei Strassburg im März 1858 vorgekommen (Kröner). Ich habe sie schon aus dem Aarthal, aber noch nicht aus der hiesigen Gegend erhalten.

218. *Anser cinereus*, Meyer. — Die Graugans.

Nur als Seltenheit auf dem Zug bei uns vorkommend, alle sechs bis acht Jahre und nur in geringer Zahl.

219. *Anser segetum*, Meyer. — Die Saatgans.

Im Winter, zwar auch nicht regelmässig, aber doch ziemlich oft und meist zahlreich.

220. *Anser albifrons*, Gm. — Die Blässgans.

Bei Basel vorgekommen (Meisner und Schinz, Vögel d. Schweiz). Ich habe im Januar 1873 ein Exemplar auf dem hiesigen Geflügelmarkt gefunden, welches bei Müllheim in Baden geschossen worden sein sollte.

221. (*Anser brachyrhynchus*, Baill. Die kurzschnäblige Gans ist schon im Unterelsass vorgekommen [Kröner], in unserem Gebiete aber noch nicht beobachtet worden.)

2. Unterfamilie: Cygninae, Schwäne.

222. *Cygnus musicus*, Bechst. — Der Singschwan.

Im Februar 1862 wurde mir ein bei Neuenburg in Baden geschossener Singschwan zum Kauf angeboten. Ein in der Gegend von Mühlhausen im Elsass geschossenes Exemplar ist im dortigen Museum. Im Unterelsass vorgekommene Exemplare sind in dem Museum zu Strassburg.

3. Unterfamilie: Anatinae, Enten.

223. *Tadorna cornuta*, Gm. — Die Brandente.

Kommt in kalten Wintern als seltener Gast hin und wieder in unsere Gegend. Ich habe sie mehrmals hier auf dem Geflügelmarkt gefunden.

224. *Spatula clypeata*, L. — Die Löffelente.

Zur Zugzeit im November und März.

225. *Anas boschas, L.* — Die Stockente.

Standvogel. In nicht zu strengen Wintern kommen auch viele aus nördlicheren Gegenden, um den Winter hier zuzubringen.

Weisse Varietäten aus dem Elsass im Museum zu Colmar.

226. *Dafila acuta*, L. — Die Spiessente.

Zur Zugzeit im November und März.

227. *Chaulelasmus strepera*, L. — Die Schnatterente.

Wie Vorige, doch nicht regelmässig jedes Jahr und nicht häufig.

228. *Mareca penelope*, L. — Die Pfeifente.

Regelmässig auf dem Zuge im November und März.

229. *Querquedula circia*, L. — Die Knäckente.

Wie Vorige, vielleicht auch seltener Brutvogel.

230. *Querquedula crecca*, L. — Die Krickente.

Kommt Ende October und überwintert meist in unserer Gegend.

231. *Fuligula nyroca*, Güldst. — Die Moorente.

Im November und März, doch selten und oft viele Jahre nicht.

232. *Fuligula ferina*, L. — Die Tafelente.

Regelmässiger Zugvogel, bleibt auch bisweilen den Winter über da.

233. *Fuligula marila*, L. — Die Bergente.

Wie Vorige, nur seltener.

234. *Fuligula rufina*, Steph. — Die Kolbenente.

Kommt nur selten und meist nur im Frühjahr in unser Gebiet.

235. *Fuligula cristata*, Leach. — Die Reiherente.

Zur Zugzeit regelmässig, bisweilen auch den ganzen Winter über hier.

236. *Clangula glaucion*, L. — Die Schellente.

Vom November bis März bei uns.

237. *Harelda glacialis*, Leach. — Die Eisente.

Kommt nur selten einmal in unsere Gegend. Ich habe sie mehrmals in den Wintermonaten auf dem hiesigen Geflügelmarkt gefunden; bis auf ein altes ♂ waren es junge Vögel. In den Museen zu Colmar und Mülhausen sind Exemplare aus dem Elsass. Auch im Unterelsass nach Kröner vorgekommen.

238. *Oidemia nigra*, L. — Die Trauerente.

Sehr selten vorkommend. Ich habe sie zweimal im December hier auf dem Geflügelmarkt gesehen. Im Museum zu Colmar sind Exemplare aus dem Elsass.

239. *Oidemia fusca*, L. — Die Sammetente.

Wie die Vorige. Im November 1865 und December 1882 sah ich jüngere Exemplare auf dem hiesigen Geflügelmarkt.

240. (*Sommateria mollissima*, Boie. — Die Eiderente. Ein junges ♀ wurde am 28. November 1861 bei Kehl in Baden geschossen [Kröner], auch schon in der inneren Schweiz vorgekommen, aber in unserer Gegend noch nicht beobachtet.)

4. Unterfamilie: Merginae, Säger.

241. *Mergus merganser*, L. — Der grosse Säger.

Findet sich meist den ganzen Winter in unserem Gebiet, doch nicht häufig.

242. *Mergus serrator*, L. — Der mittlere Säger.

Ist selten. Ich habe ihn in 28 Jahren etwa ein Dutzendmal auf dem Geflügelmarkt gesehen oder erhalten und darunter nur einmal ein altes ♂, die übrigen waren ♀, oder junge ♂. Das Vorkommen war im December, Februar und März.

243. *Mergus albellus*, L. — Der kleine Säger.

Zur Zugzeit im November und März, nicht gerade selten.

3. Familie: *Alcidae*, Alken.

244. *Uria grylle*, L. — Die Grylllumme.

Im März 1870 wurde ein Exemplar bei Neufreienstadt in Baden geschossen, das sich im Museum zu Colmar befindet. An der Ill wurde ferner eines am 12. Novbr. 1860 geschossen (Kröner).

4. Familie: *Colymbidae*, Seetaucher.

245. *Colymbus glacialis*, L. — Der Eisseetaucher.

Ist im Winter öfter auf dem Rhein vorgekommen und geschossen worden.

246. *Colymbus arcticus*, L. — Der arktische Eisseetaucher.

Wie der Vorige und eher noch zahlreicher vorgekommen, darunter auch einmal ein altes ausgefärbtes ♂ im Hochzeitskleid.

247. *Colymbus septentrionalis*, L. — Der Nordseetaucher.

Wie die beiden Vorigen.

5. Familie: *Podicipidae*, Steissfüsse.

248. *Podiceps cristatus*, L. — Der Haubensteissfuss.

Vom November bis Anfang März, doch nicht häufig.

249. *Podiceps rubricollis*, Lath. — Der rothhalsige Steissfuss.

Kommt nur selten einmal im Winter bei uns vor.

250. *Podiceps arcticus*, Boie. (*P. cornutus*, Gm.) — Der Hornsteissfuss.

Im Winter ziemlich oft.

251. *Podiceps minor*, Gmel. — Der Zwergsteissfuss.

Standvogel der Teiche und Seen, doch ziemlich selten.

6. Familie: *Pelecanidae*, Scharben.

252. *Carbo cormoranus*, Meyer und W. — Die Cormoranscharbe.

Ist schon öfter bei uns im Winter gesehen und geschossen worden.

7. Familie: *Laridae*, Möven.

1. Unterfamilie: Lestridinae, Raubmöven.

253. *Lestris pomarina*, Temm. — Die mittlere Raubmöve.

Wurde diverse Male im Elsass, in Baden, im Canton Basel-Land und bei Basel geschossen; meist junge Vögel.

254. *Lestris parasitica*, L. — Die Schmarotzer Raubmöve.

Wie Vorige, doch etwas seltener.

2. Unterfamilie: Larinae, Möven.

255. *Larus marinus*, L. — Die Mantelmöve.

Kommt durch Stürme verschlagen als grosse Seltenheit einmal bei uns vor. Im Museum zu Colmar aus dem Elsass.

256. *Larus glaucus*, Brünn. — Die Eismöve.

Wie Vorige. Nach grossem Sturm wurde am 24. Januar 1875 ein Exemplar am Ladhof bei Colmar geschossen, ein anderes am 11. Januar 1876 bei Schlettstadt. Beides waren junge Vögel.

257. *Larus argentatus*, Brünn. — Die Silbermöve.

Wurde einmal am Rhein unterhalb Basel geschossen und soll nach Kröner auch im Elsass erlegt worden sein.

258. *Larus canus*, L. — Die Sturmmöve.

Wurde mehrmals auf dem Rheine geschossen, so bei Basel, Rheinweiler, Breisach.

259. *Rissa tridactyla*, L. — Die dreizehige Möve.

Kommt ziemlich regelmässig alle vier bis fünf Jahre, im Winter in kleinen Trupps am Rhein vor.

260. *Xema ridibundum*, L. — Die Lachmöve.

Zur Zugzeit regelmässig auf dem Rheine, bisweilen aber auch den Winter über da. Wenn dann starker Frost eintritt, kommen oft Hunderte ans hiesige Rheinufer und bleiben so lange es kalt ist.

3. Unterfamilie: Sterninae, Seeschwalben.

261. *Sterna fluviatilis,* Naum. — Die Flussseeschwalbe.

Brutvogel auf den Rheininseln. Sie kommt nicht vor Ende April und geht meist schon im August wieder weg. Wenn durch Hochwasser die Rheininseln überschwemmt sind, kommen kleine Flüge bis nach der Stadt.

262. *Sterna minuta,* L. — Die Zwergseeschwalbe.

Gleichfalls Brutvogel der Rheininseln, aber auch an kiesigen Stellen des Rheinufers nistend, wie z. B. bei Istein. Die Zwergseeschwalbe ist indessen weit seltener bei uns als die Vorige.

263. *Hydrochelidon nigra,* Boie. -- Die schwarze Seeschwalbe.

Selten einmal auf dem Zuge bei uns vorkommend.

Uebersichts-Tabelle.

1. Arten, welche das Gebiet beständig bewohnen.

Buteo vulgaris
Cerchneis tinnunculus
Astur palumbarius
Accipiter nisus
Circus cyaneus
Nyctale Tengmalmi
Athene noctua
Syrnium aluco
Strix flammea
Bubo maximus
Otus vulgaris
Alcedo ispida
Sitta europaea
Certhia familiaris
Troglodytes parvulus
Regulus cristatus
Parus palustris
» *ater*
» *cristatus*
» *major*
» *coeruleus*
Acredula caudata
Anthus aquaticus (im Winter in der Ebene)
Cinclus aquaticus
Merula vulgaris
Motacilla sulphurea
Lanius excubitor
Lycos monedula
Corvus corax
» *corone*
Pica caudata

Nucifraga caryocatactes var. *pachyrhynchus*
Garrulus glandarius
Galerida cristata
Miliaria europaea
Emberiza citrinella
Passer montanus
» *domesticus*
Fringilla coelebs
Ligurinus chloris
Carduelis elegans
Coccothraustes vulgaris
Pyrrhula europaea, Form *minor*
Gecinus viridis
Dryocopus martius
Picus major
» *medius*
» *minor*
Tetrao urogallus
» *tetrix*
» *bonasia*
Phasianus colchicus
Starna cinerea
Ardea cinerea
Rallus aquaticus
Gallinula chloropus
Fulica atra
Anas boschas
Podiceps minor

59 Arten.

2. Arten, welche das Gebiet nur im Sommer bewohnen, um hier zu brüten.

Pandion haliaetus (früher, ob jetzt noch ist?)
Circaëtus gallicus (id.)
Pernis apivorus
Falco subbuteo
Milvus regalis
» *ater*
Circus aeruginosus
» *cineraceus* (vielleicht)
Ephialtes scops
Caprimulgus europaeus
Cypselus apus
Hirundo rustica
» *urbica*
» *riparia*
Upupa epops
Ruticilla tithys
» *phoenicurus*
Luscinia minor
Cyanecula leucocyanea
Dandalus rubecula
Sylvia curruca
» *cinerea*
» *atricapilla*
» *hortensis*
Acrocephalus arundinaceus
» *turdoides*
Locustella naevia
Calamodyta aquatica
Hypolais salicaria
Phyllopneuste sibilatrix
» *trochilus*
» *rufa*
» *Bonelli*
Regulus ignicapillus
Saxicola oenanthe

Pratincola rubetra
» *rubicola*
Motacilla alba
Budytes flavus
Anthus pratensis
» *arboreus*
Agrodroma campestris
Merula torquata
Turdus viscivorus
» *musicus*
Monticola saxatilis (vielleicht)
Muscicapa grisola
» *luctuosa*
» *albicollis*
Lanius minor
» *rufus*
» *collurio*
Oriolus galbula
Sturnus vulgaris
Lullula arborea
Alauda arvensis
Emberiza cirlus (vielleicht)
» *cia* (id.)
Schoenicola schoeniclus
Serinus hortulanus
Citrinella alpina
Cannabina sanguinea
Cuculus canorus
Yynx torquilla
Columba palumbus
» *oenas*
Turtur auritus
Coturnix dactylisonans
Aegialites hiaticula
» *minor*
Vanellus cristatus
Ciconia alba
Ardetta minuta
Scolopax rusticola
Gallinago scolopacina
Actitis hypoleucus
Crex pratensis
Gallinula porzana
» *pusillus*
Sterna fluviatilis
» *minuta*
Querquedula circia (vielleicht)

75 Arten sicher
2 » früher, vielleicht aber jetzt nicht mehr
5 » zweifelhaft

82 Arten.

3. Arten, welche ziemlich regelmässig den Winter bei uns zubringen.

Brachyotus palustris
Turdus pilaris
Accentor modularis
Corvus cornix
» *frugilegus*
Fringilla montifringilla
Chrysomitris spinus
Loxia curvirostra
Gecinus canus
Botaurus stellaris
Totanus ochropus
Anser segetum

Querquedula crecca
Clangula glaucion
Mergus merganser
Podiceps cristatus
» *arcticus*

17 Arten.

4. Arten, welche nur unregelmässig im Winter vorkommen.

Haliaëtus albicilla
Archibuteo lagopus
Milvus regalis (bleibt bisweilen im Winter)
Tichodroma muraria
Dandalus rubecula (bleibt bisweilen im Winter)
Accentor alpinus
Regulus ignicapillus (bleibt bisweilen im Winter)
Bombycilla garrula
Pyrrhocorax alpinus
Linaria alnorum
Otis tarda
Charadrius pluvialis
Scolopax rusticola (in gelinden Wintern)
Gallinago scolopacina (id.)
Fuligula ferina
» *marila*
» *cristata*
Colymbus glacialis (in strengen Wintern)
» *arcticus* (id.)
» *septentrionalis* (id.)
Podiceps rubricollis (id.)
Carbo cormoranus (id.)
Rissa tridactyla

18 Arten
und 5 » welche Brutvögel bei uns sind und bisweilen den Winter über da bleiben.

23 Arten.

5. Regelmässige Zugvögel.

Pandion haliaëtus (vielleicht auch noch Brutvogel)
Falco peregrinus
Hypotriorchis aesalon (im Herbst durchs Elsass nach Kröner)
Cyanecula suecica
Turdus iliacus
Regulus ignicapillus
Starna cinerea var. *damascena*
Gallinago gallinula
Totanus glottis (Herbst und Frühjahr durchs Elsass nach Kröner)
Tringa alpina
Spatula clypeata
Dafile acuta

Mareca penelope
Querquedula circia
Fuligula ferina (bisweilen auch im ganzen Winter da)
» *marila* (id.)
» *cristata* (id.)
Fuligula nyroca (durchs Elsass regelmässig nach Kröner)
Mergus albellus
Xema ridibundum

20 Arten.

6. Unregelmässige Zugvögel.

Circaëtus gallicus
Circus cineraceus
Erythropus vespertinus (vielleicht)
Nucifraga caryocatactes var. *leptorhynchus*
Pyrgita petronia
Oedicnemus crepitans
Eudromias morinellus
Squatarola melanogaster
Grus cinerea
Numenius arquatus
Limosa aegocephala
Limosa lapponica
Gallinago major
Totanus calidris
» *glareola*
Machetes pugnax
Tringa cinerea
» *Temmincki*
» *minuta*
Gallinula pusillus (auch (Brutvogel)
Chaulelasmus strepera
Fuligula rufina
Hydrochelidon nigra

23 Arten.

7. Arten, die nur zufällig einmal in unser Gebiet kommen: Gäste und Irrlinge.

Aquila chrysaëtus
» *naevia*
Erythropus vespertinus (wäre vielleicht bei den unregelmässigen Zugvögeln einzureihen)
Surnia funerea
Athene passerina
Cypselus melba
Coracias garrula
Merops apiaster
Sylvia nisoria
Accentor alpinus
Petrocincla cyanea?
Pastor roseus
Emberiza hortulana
Montifringilla nivalis
Picoides tridactylus
Otis tetrax
Haematopus ostralegus

Strepsilas interpres	*Bernicla torquata*
Ciconia nigra	*Anser albifrons*
Ardea purpurea	*Cygnus musicus*
Bubulcus ralloides	*Tadorna cornuta*
Nycticorax europaeus	*Harelda glacialis*
Ibis falcinellus	*Oidemia nigra*
Numenius phaeopus	» *fusca*
Totanus fuscus	*Mergus serrator*
» *stagnatilis*	*Uria grylle*
Calidris arenaria	*Lestris pomarina*
Recurvirostra avocetta	» *parasitica*
Himantopus candidus	*Larus marinus*
Phalaropus fulicarius	» *glaucus*
Phoenicopterus roseus	» *argentatus*
Chenalopex aegyptiaca	» *canus*

47 Arten.

Total:

1. Standvögel, die das ganze Jahr da sind, ...	59 Arten.	
2. Brutvögel, die nur im Sommer da sind, ...	75 »	und 7 zweifelhafte.
3. Wintervögel, nur im Winter da:		
a) regelmässige	17 »	
b) unregelmässige.	18 »	und 5, welche auch Brutvögel sind; solche, welche im Winter von den Gebirgen in das Rheinthal kommen.
4. Zugvögel, regelmässige .	16 »	wovon 3 auch manchmal im Winter bleiben und 1 Art, welche viell. Brutvogel ist.

5. Zugvögel, unregelmässige	23 Arten	und 1 Art, welche auch seltener Brutvogel ist.
6. Gäste und Irrlinge.	46 »	und 1 Art, die vielleicht unregelmässiger Zugvogel ist.
	254 Arten.	
dazu	8 »	, welche zweifelhaft sind.
	262 Arten.	

Carpodacus erythrinus, Pall.

in Pommern erlegt.

Von

Ewald Ziemer.

Der Karmingimpel ist für Mittel-Europa wesentlich ein östlicher Vogel. Ein Bewohner des nördlichen Asiens, brütet er vom Polarkreise südlich bis zum Kaukasus, bis Kaschmir, Turkistan, Gilgit und Mongolien und vom Pacifik im Osten, bis Finland, bis zu den Ostseeprovinzen, Ostpreussen, Polen, Schlesien und Galizien im Westen. Von hier aus zieht er im Winter, abweichend von den meisten osteuropäischen und westasiatischen Vögeln, nicht südwestlich, sondern südlich und theilweise südöstlich, hauptsächlich nach Indien und Birma und nur wenige einzelne Exemplare schliessen sich dem grossen südwestlichen und westlichen Wandererstrome im Herbste an und gelangen dann so nach Mittel- und Süd-Europa. Andere mögen auch wohl auf ihrem Frühjahrszuge nordwestlich im Eifer des Gefechts über die gewöhnlichen Grenzen ihrer Heimat hinausziehen und erscheinen dann im Frühjahre, in der ersten Hälfte des Juni, im nördlichen Deutschland.

Oder sind dies solche, die bereits den Winter in Süd-Europa verbracht haben und nun mit anderen Arten wieder nordöstlich gezogen sind? Wer vermag das zu entscheiden!

Immer aber sind diese Fälle so selten, dass man z. B für Nord-Deutschland die bekannt gewordenen noch ganz gut an den Fingern herzählen kann. Selbst für Pommern, das dem Brutgebiete dieser Art doch so nahe liegt, waren bisher, so weit ich die Literatur momentan übersehen kann, nur zwei sicher constatirte Fälle des Vorkommens dieser interessanten Vögel bekannt.

Den ersten Karmingimpel, ein junges ♂, erlegte Herr E. F. v. Homeyer am 6. September 1831 im Garten zu Nerdin bei Anclam in Vorpommern. Eben dieser berühmte Ornithologe hatte das grosse Glück auch den zweiten für Pommern nachgewiesenen Vogel dieser Art zu erlegen, nämlich ein altes ♂, das Herr E. F. v. Homeyer am 9. Juli 1843 gelegentlich einer Entenjagd am Muddelsee, in der Nähe von Stolp, am Rande des Rohres bemerkte. Dies ♂ war sehr scheu und hielt sich so versteckt, dass Herr von Homeyer es im Fluge schiessen musste.

Diesen beiden kann ich nun einen dritten Fall hinzufügen. Am 4. Juni dieses Jahres (1887) nämlich fiel meinem Freunde Hugo Perrin, einem ausgezeichneten Kenner unserer einheimischen Vögel, als er zu Schloenwitz bei Schievelbein durch den Garten nahe dem Hause seiner Eltern ging, eine ihm gänzlich unbekannte Vogelstimme auf, die ihn bewog, den betreffenden Sänger aufzusuchen und — da er ihn nicht erkennen konnte — herabzuschiessen. Es war ein Karmingimpel, den Freund Perrin sogleich präparirte und ihn mir dann zusandte. Leider war der Vogel von den gebrauchten groben Schroten so arg zerrissen, dass das Geschlecht nicht festgestellt werden konnte; doch ist es unzweifelhaft ein ♂ in dem graubraunen Kleide, welches von den meisten Autoren als das des zweijährigen Vogels angesprochen wird, das aber andere, z. B. W. Edwin Brooks, für das des alten, vollständig verfärbten halten (cf. Ibis, 1884, pp. 234, 235). Dass es aber wirklich ein ♂ und nicht etwa ein ♀ ist, ergibt sich aus den weiterhin wiedergegebenen Beobachtungen Freund Perrins.

Am folgenden Tage, 5. Juni 1887, hörte Freund P. wiederum dieselbe Stimme im Garten und entdeckte einen zweiten Karmingimpel, ebenfalls ein ♂, wie sich zeigen wird, beobachtete denselben längere Zeit, schoss ihn aber nicht. Am nächsten Tage war derselbe verschwunden.

Nun zu den Beobachtungen, wie sie Freund P. mir brieflich mitgetheilt hat.

Derselbe schreibt unter dem 5. Juni 1887 folgendes: »Einliegend sende ich Ihnen einen Vogel, welchen ich augenblicklich nicht sicher bestimmen kann, da ich hier kein Material dazu habe. Ich habe denselben hier gestern im Garten geschossen, leider mit groben Schroten! Seine flötenartige, helle Lockstimme klang ungefähr wie: »hüithuetjehuetja«. Heute höre ich dieselbe Stimme wieder, kann bei dem Regen den Vogel aber nicht entdecken.«

Auf meine Bitte um eingehenderen Bericht über seine Beobachtungen theilte mir Herr Perrin dann noch folgendes unterm 17. Juni a. c. mit:

». . . . . Die beiden Vögel, welche ich zu Hause sah, müssen noch jung gewesen sein, da sie beide grau aussahen. Was ich damals für Locken hielt, scheint mir jetzt Gesang gewesen zu sein. Aber ich habe den Gesang von beiden gehört und zwar sehr häufig. . . . . . Am meisten hielten sie sich auf den Apfelbäumen auf, an deren Blüthen sie sich zu schaffen machten. Wie Sie gesehen haben werden, war der Schnabel mit eingedicktem Baumsaft beklebt . . . . .

5. Juni. *Pyrrhula erythrina* lockt sehr fleissig; sieht genau aus wie der erste. Er reisst beim Singen den Schnabel auffallend weit auf und hebt den Kopf hoch. Die Stimme ist flötend und stark.«

Freund Perrin hielt demnach zunächst die angeführten hellen, flötenartigen Töne für die Lockstimme des Vogels, kam aber nach eingehender Beobachtung des zweiten, nicht erlegten Exemplares zu der Ansicht, dass dies der Gesang des Karmingimpels sein müsse. Dies letztere ist entschieden das richtige, wie für mich auch schon daraus hervorgeht, dass nach Ps. Beobachtungen der Vogel beim Hervorbringen der Strophe den Schnabel weit aufsperrte und den Kopf hoch empor gen Himmel hob — ganz die bei singenden Vögeln gewöhnliche Stellung. Ausserdem aber stimmt diese von Freund Perrin wiedergegebene Strophe so auffallend mit der Beschreibung des Gesanges, welche Seebohm in seiner herrlichen History of British Birds gibt, dass auch der letzte Zweifel schwinden muss. Dieser berühmte Ornithologe, welcher in Sibirien die beste Gelegenheit hatte, den Karmingimpel kennen zu lernen und eingehend zu beobachten, charakterisirt den Gesang in seinem erwähnten

Werke (vol. II p. 48) folgendermassen: »The song of the Scarlet Rose-Finch is a very striking one, and not to be confused with that of any other bird. It is a loud, clear whistle tū-whit', tū-tū'-ī. It does not require a great stretch of imagination to fancy the bird says. »I'm pleased' to see' you«; the word »see« being strongly accented and slightly prolonged. This song is never varied, but is sometimes repeated twice in rapid succession. When is it heard, the bird may usually be seen perched conspicuously on the top of a bush or low tree.«

Der Lockton ist nach demselben Beobachter demjenigen des Kanarienvogels sehr ähnlich.

Die volle Uebereinstimmung dieser Beschreibung mit den Angaben Perrins liegt so klar auf der Hand, dass ich nicht mehr speciell darauf hinzuweisen brauche.

Ganz ähnlich freilich hat G. F. Büttner seiner Zeit in der Naumannia, 1858, pp. 275—276, den Lockton des Karmingimpels beschrieben, der nach ihm etwa wie: »wize wi-i-a«, ähnlich dem Pfiff des Pirols, nur nicht so weich und flötenartig, sondern viel gellender, klingen soll. Wenn er dann aber weiter fortfährt: »Das Männchen namentlich sieht man wohl zuweilen in der Spitze der Obstbäume etc. sitzen und locken, gleichsam als wollte es sein schönes Kleid zeigen«, und dann schliesslich noch bemerkt: »Gesang habe ich nie von ihm gehört«; so kann es wohl kaum zweifelhaft sein, dass er den Gesang für den Lockton hielt. Dieser Irrthum ist dann aber in verschiedene ornithologische Werke übergegangen, u. a. auch in das sonst recht gute Buch C. G. Friderichs.

Beide in Rede stehende Vögel nun liessen diese klare, laute, flötenartige Strophe — und zwar sehr häufig — hören, welche, wie ich aus Gründen, deren Erörterung hier zu weit führen dürfte, annehmen zu können glaube, besser und genauer durch das Perrin'sche: »hithuét-jehítja« als durch das Seebohm'sche tū-whit', tū-tū'-ī wiedergegeben ist; und deshalb glaube ich, dass beide Männchen gewesen sind — es müsste denn sein, dass das Weibchen ebenfalls und zwar ebenso fleissig und ebenso gut sänge, als das Männchen, was doch gerade nicht anzunehmen ist.

Der jetzt in meinem Besitze befindliche, von Freund Perrin erlegte Vogel ist ganz in dem graubraunen, dem des Weibchens vollkommen ähnlichen Kleide, welches von den meisten und bedeutendsten Ornithologen für dasjenige des zweijährigen, oder richtiger im zweiten Lebensjahre stehenden Männchens gehalten wird.

Dass der Karmingimpel sich in diesem graubraunen Kleide fortpflanzt, steht unzweifelhaft fest: das beweisen directe Beobachtungen von Büttner, Meves, Seebohm, Biddulph und verschiedenen anderen Ornithologen. Um so bemerkenswerther erscheint es mir, dass hier ausserhalb des gewöhnlichen Brutgebietes gerade zur Brutzeit zwei Männchen zusammen waren.

Wie schon oben bemerkt, machten sich die beiden Vögel besonders an den Blüthen der Apfelbäume zu schaffen und ist der Schnabel des erlegten noch heute grösstentheils von einer Schicht eingedickten Baumsaftes bedeckt. Ob sie aber in den Blüthen befindliche Insekten aufsuchten oder die Blüthen selbst verzehrten, hat Freund Perrin leider nicht festgestellt.

Der Garten, in welchem die Vögel sich die beiden Tage hindurch aufhielten, liegt unmittelbar an und hinter dem Wohnhause des Herrn Rittergutsbesitzers Perrin, des Vaters meines Freundes, ist ungefähr ein Hektar gross, meist eben, mit zahlreichen Obstbäumen und beerentragenden Sträuchern aller Art bestanden und von dichten mannshohen Fichten- (Rothtannen-)Hecken theils umgeben, theils durchschnitten. Der westliche Theil desselben fällt ziemlich steil etwa 12 Mtr. tief ab bis zu einer etwa 80—100 Schritte breiten Rieselwiese, hinter welcher sich rechts und links weithin der Schlönwitzsee ausdehnt. Dieser abfallende Theil ist sehr quellig und ausser älteren Fichten und einigen anderen Bäumen hauptsächlich von verschiedenen Ahornarten in allen möglichen Altersstufen bestanden und dürfte in hohem Grade den zur Brutzeit vom Karmingimpel bevorzugten Aufenthaltsorten ähneln, wie sie u. a. Seebohm in seinem erwähnten Werke beschreibt.

Der Herbstzug des Karmingimpels beginnt allem Anscheine nach schon im August, in welchem Monat bereits einige Exemplare in Italien gefangen worden sind (cf. Giglioli, Avifauna Italica, p. 38). Häufiger schon hat derselbe sich im September in Europa gezeigt, so das bereits erwähnte ♂ juv. in Pommern (cf. E. F. v. Homeyer, Vög. Pomm. p. 44), mehrfach auf Helgoland, z. B. am 9. September 1884 (Ornis, 1885, p. 181), am 4. September 1885 (cf. Ornis, 1886, p. 128), in England (Ende September 1869 cf. Harting, Handbook Brit. Birds, p. 112), in Nord-Frankreich bei Lille am 17. September 1849 (cf. Degland et Gerbe, Orn. europ. I, p. 256) und in Italien (Giglioli, l. c.).

Ferner im October in England (5. October 1870, Caen Wood, Hampstead cf. Harting, l. c.), in Italien, und, wenn ich mich recht erinnere, auf Helgoland.

Dann in den Wintermonaten November und December in Belgien (cf. A. Dubois, Mitth. Orn. Ver. Wien, 1884, p. 90), in Frankreich, mehrfach, in Spanien — auch noch im Februar — nach Don Ventura de los Reyes y Prosper, Catálogo de las Aves de Espagna, p. 66, in Italien und auf Malta.

Weitaus geringer ist die Anzahl der im Frühjahre erlegten *C. erythrinus* und sind mir augenblicklich nur die folgenden Fälle aus Nord-Deutschland bekannt: Am 7. Juni 1819 hörte J. F. Naumann das in der Literatur schon so häufig erwähnte ♂ auf Sylt singen und überzeugte sich durch Beobachtung, dass es ein alter Vogel war. Seine Sylter Begleiter behaupteten, dieser Vogel habe dort gebrütet, zeigten ihm ein altes Nest und meinten, ♀ und Junge müssten in der Nähe sein. Hierauf basiert die irrthümliche, in viele ornithologische Werke übergegangene und auch von Sharpe und Dresser wiedergegebene Behauptung, Naumann habe den Karmingimpel auf Sylt brütend gefunden.

Ferner wurden nach C. F. Wiepken, Journ. für Orn., 1885, p. 423, am 5. Juni 1876 vier Stück in Oldenburg bemerkt und ein Weibchen von denselben erlegt.

Ein Karmingimpel soll nach Rohweder, Vög. Schlesw.-Holst., p. 9 (citirt von A. Newton in Yarrell's Brit. Birds, II p. 174) in Schleswig bei Poppenbüll, Halbinsel Eiderstedt, vorgekommen sein.

In Schlesien hat die Art einmal gebrütet und ist ausserdem noch einige Male vorgekommen. Aus Süd-Deutschland ist mir z. Z. kein sicherer Fall des Vorkommens dieser interessanten Art bekannt und für die österreichisch-ungarische Monarchie fehlt es mir leider an der nothwendigen Literatur.

Das schon erwähnte von Herrn E. F. v. Homeyer erlegte alte ♂ scheint bis jetzt der einzige im Juli ausserhalb der Brutheimat der Art in Europa sicher nachgewiesene Karmingimpel zu sein.

Zum Schluss gebe ich noch einige Maasse nach dem in meinem Besitze befindlichen Exemplar:

Der, von der Seite wie auch von oben gesehen, convexe, starke Schnabel misst von der Stirnbefiederung bis zur Spitze des Oberschnabels in gerader Lienie 1 Centim.; der Oberschnabel überragt kaum den Unterschnabel.

Flügel 8,25 Centim. lang; erste Schwinge fehlt; zweite, dritte, vierte gleich lang und die längsten; Aussenfahne der dritten, vierten und — in geringerem Grade — der fünften Schwinge vor der Spitze verengt.

Schwanz 6,3 Centim. lang, ca. 0,75 Centim. tief ausgeschnitten.

Tarsus 1,8 Centim. hoch.

Jean-François Lescuyer.

Nekrolog

von

Dr. G. von Hayek.

In diesem Manne betrauert die wissenschaftliche Welt einen jener selbstlosen, bescheidenen Forscher, die weit unter Gebühr gewürdigt werden und welche doch von einer seltenen Begeisterung für die Wissenschaft beseelt, ihr ganzes Dasein, ihre ganzen Kräfte derselben gewidmet haben, ohne sich durch äussere Misserfolge, ohne sich durch langjähriges körperliches Leiden den Enthusiasmus rauben zu lassen, der sie als tapfere Streiter ausharren lässt bis zum Ende.

Am 7. Januar 1820 erblickte Lescuyer zu Charmont im Arrondissement Vitry-le-François, Marne, das Licht der Welt. Sein Vater war Notar, seine Mutter eine geborene Guillemin, die Tochter eines Gutsbesitzers zu Nettancourt. In den reizenden Umgebungen dieser Stadt, auf den Besitzungen seines Grossvaters, verbrachte der Knabe Lescuyer seine Ferien. Zum Notar bestimmt, gleich seinem Vater und Grossvater, absolvirte der junge Mann die juridischen Studien, vermählte sich 1844 mit Fräulein Cécile-Pauline Guillaume, und folgte seinem Schwiegervater in dem Amte eines Notars zu Saint-Dizier, Haute-Marne.

Lescuyer war stets ein schwächliches Kind gewesen, das ganz verschieden von den lebenslustigen, in Jugendübermuth übersprudelnden Kameraden, still hinter seinen Büchern sass, und auch als Jüngling, ohne sich Erholung zu gönnen, seinen Studien, u. z. am liebsten der Rechtsphilosophie, nachging. Diese Vernachlässigung der Körperpflege zu Gunsten übermässiger geistiger Thätigkeit sollte sich bitter rächen.

Im Alter von 30 Jahren erkrankte Lescuyer so schwer, dass die Aerzte erklärten, er müsse sich von seinen Büchern trennen und in Gottes freier Natur in köperlicher Bewegung Rettung suchen. Von eisernem Pflichtgefühl beseelt, wurde Lescuyer, als Gatte und Vater die persönlichen Neigungen unterdrückend, Jäger, und hier im Walde, wo der lebhafte Geist keine andere Beschäftigung als die der Naturbeobachtung fand, schlug jene Begeisterung für die Onithologie die ersten Wurzeln, welche den Verblichenen zum grossen Manne machen, und ihn bis zum letzen Athemzuge nicht verlassen sollte.

Lescuyer war eine ganz eigenartige Persönlichkeit, welche die Wissenschaft nur als solche, ohne jede Nebenabsicht, auch ohne die, seine Begeisterung anerkannt zu sehen, liebte. Er beschränkte sich auf die Beobachtungen der Vogelwelt im Thale der Marne, diese Beobachtung war ihm eine unerschöpfliche Quelle der reinen Freude und immer neuer, niemals erlahmender Begeisterung, die ihm seine irdische Laufbahn verklärte, und ihn seine fast nie aufhörenden körperlichen Leiden vergessen liess. Noch in den letzten Tagen seines Lebens, durch Siechthum dazu gezwungen, seine Briefe zu dictiren, zeigte Lescuyer das lebhafteste Interesse an allem und jedem, was mit der Ornithologie in Beziehung steht, und war stets bereit, selbst der geringsten fremden Leistung freudige, rückhaltslose Anerkennung zu zollen. Er liebte es nicht, sich aus naturhistorischen Werken Belehrung zu holen, selbst beobachten und selbst ergründen wollte er stets, und benutzte die Classiker unserer Wissenschaft nur dazu, um nach gethaner Arbeit zu controliren, wie er gearbeitet habe. Dass in Folge dessen seine Arbeiten viel längst Bekanntes bringen müssen, liegt auf der Hand, sie bieten aber auch viel, sehr viel Neues, und sind durchwegs durchwoben mit geistvollen philosophischen Speculationen, die ihnen einen besonderen Reiz verleihen, und einen wohlthuenden Einblick in das harmonische, edle Seelenleben des Todten gewähren. Abgeschlossen von der äusseren, gegen ihn gewiss undankbaren Welt, lebte Lescuyer im Kreise seiner Familie, umgeben von seinen Sammlungen und Büchern, (merkwürdiger Weise fast ausschliesslich juridischen Werken) glücklich durch sich selbst, bis ihn der vor einem Jahre erfolgte Tod seines heissgeliebten, einzigen Sohnes so tief beugte, dass der thatsächlich nur durch den starken Geist aufrecht erhaltene, kranke Körper am 26. September 1887 im 68. Lebensjahre erlag. Mit ihm schied einer der edelsten Menschen aus unserer Mitte. Von seinen zahlreichen, sämmtlich durchaus originellen, und dadurch allein schon höchst interessanten Werken seien erwähnt:

1. Introduction à l'Etude des oiseaux.
2. Classification des Oiseaux de la Vallée de la Marne.
3. Les Oiseaux dans les Harmonies de la Nature.
4. Architecture des Nids, Dénichage, Oiseaux sédentaires.
5. Oiseaux de passage et Tendues.
6. De l'Oiseau au point de vue de l'acclimatation.
7. Langage et Chant des Oiseaux.
8. Considération sur la forme et la Coloration des Oiseaux.
9. La Héronnière d'Ecury et le Héron gris.
10. Des Oiseaux de Vallée de la Marne pendant l'hiver 1879—80.
11. Etude élémentaire de l'Oiseau.
12. Régime alimentaire de l'Oiseau.
13. Trous d'arbres habités par des animaux sauvages et particulièrement par des oiseaux.
14. Les étangs de Boudonvilliers.

Ornithologische Forschung in Brasilien

von

Dr. J. von Ihering.

Brasilien ist bisher an den Arbeiten des permanenten internationalen ornithologischen Comité's nicht betheiligt gewesen. Vielleicht lässt sich das in Zukunft ändern, jedenfalls aber setzen darauf hinzielende Bestrebungen eine vollkommen klare Kenntniss der Sachlage, der Kräfte mit denen man rechnen kann und der Schwierigkeiten, auf die man gefasst sein muss, voraus. Es soll die Aufgabe der folgenden Erörterungen sein, diese einschlägigen Verhältnisse klar zu legen und die Wege anzudeuten, auf denen man zu einer erspriesslichen Wirksamkeit zu kommen hoffen darf.

Die Ornis von Europa ist im Wesentlichen genau bekannt, ebenso auch jene der Vereinigten Staaten von Nordamerika. Zahlreiche Kataloge, Localfaunen und systematische Prachtwerke erleichtern die Orientirung, gestatten dem Neuling eine leichte Einführung in die Kunde der Vögel seines Wohnsitzes. Jeder Laie ist dadurch in den Stand gesetzt, sich leicht und rasch über die systematische Stellung und den Speciesnamen der bekannteren Vögel mit geläufigen Trivialnamen zu orientiren. So kann jeder Förster, Jäger oder Naturfreund, welcher die Zwecke des Comité's sympathisch begrüsst, sich leicht zum brauchbaren Beobachter ausbilden und in dem grossen Netze von Beobachtungsstationen seinen Posten ausfüllen, umsomehr als bei irgend welchen obwaltenden Zweifeln in nicht allzugrosser Entfernung immer Museen oder Specialisten existiren, bei denen er Aufklärung erlangen kann. Auch gleicht die wunderbare Entwicklung und Verwaltung des Post- und Eisenbahnverkehres etwaige Ungunst abgelegener Lage aus und gestattet rasche Verschickung von Bälgen oder von Flügeln etc. erlegter Vögel. Hierzu kommt noch, dass ein allgemeiner Wohlstand und eine Menge von Berufsstellungen für gebildete Männer jeder planvollen wissenschaftlichen Bestrebung zahlreiche Freunde sichern, welche gern bereit sind, der Sache zu dienen, und welche so gestellt sind, dass sie die kleinen Opfer an Zeit und Geld, welche sie diesen Bestrebungen darbringen, kaum empfinden. Endlich fehlt es nicht an einflussreichen und vermögenden Förderern, und auch die wissenschaftlichen Institute und Regierungen unterstützen durch Geldbeiträge oder durch Anweisungen etc. an ihre Behörden gern wissenschaftliche Bestrebungen.

Wie ganz anders stellt sich das in Südamerika, resp. in Brasilien! Letzteres Land ist in dieser Hinsicht noch ungünstiger gestellt als das weit kleinere Argentinien. Dort gibt es zwei Centren naturwissenschaftlicher Forschung: Buenos Ayres und Cordova. Das Museo publico von Buenos Ayres hat in Dr. Burmeister einen der namhaftesten lebenden Zoologen an seiner Spitze, einen der gewiegtesten Systematiker, welcher auf den verschiedensten Gebieten heimisch und unermüdlich ist in der Erforschung der lebenden und ausgestorbenen Fauna Argentiniens. Ein anderes kleineres Museum steht unter Leitung des ausgezeichneten Entomologen Prof. C. Berg, und endlich besteht auch in Cordova ein zoologisches Museum, in welchem auch das Studium der Vögel durch den Conservator Herrn Schulz eifrig gefördert wird. Eine Reihe von Werken und periodischen Publicationen, welche von der Regierung oder gelehrten Gesellschaften unterstützt werden, verbreiten Licht über die Naturgeschichte des Landes.

In Brasilien dagegen beschränkt sich alle naturwissenschaftliche Thätigkeit auf ein einziges wissenschaftliches Institut, das Museu nacional. Dasselbe steht unter der geschickten Leitung eines Brasilianers, des Dr. Ladislav Netto, dessen Interesse und Kenntnisse wesentlich auf botanischem und ethnographischem Gebiete liegen. Die zoologische Abtheilung dagegen steht unter der nominellen Leitung eines Mediciners, des durch seine Untersuchungen über Schlangenbiss rühmlich bekannten Dr. Lacerda, welcher aber nicht Zoologe ist. Als Subdirector dieser Abtheilung wirkt seit einigen Jahren Dr. Emil Göldi, welcher aber in Folge dieses unglücklichen Verhältnisses kaum etwas wirken, nicht einmal irgend welche Bälge etc. an Specialisten versenden kann. So leistet dieses Museum trotz seines reichen Personales und guter Dotation viel weniger als man billigerweise erwarten dürfte. Speciell die Vögel sind übrigens durch einen der Museumsbeamten, Herrn Schreiner, gut geordnet, doch ist die ziemlich reichhaltige Sammlung sehr ungleichmässig, so dass vielfach gemeine brasilianische Arten noch fehlen. Die Archivos des Museums sind bisher namentlich durch ethnographisch-archäologische Arbeiten wichtig gewesen, sie erscheinen aber, wohl in Folge zu geringer Mittel, in langsamem Tempo und finden, weil in portugiesischer Sprache gedruckt, nicht die Beachtung, deren sie würdig. Wo ausserhalb dieses Museums noch etwa zoologische Berufsstellen existiren, z. B. an den medicinischen Facultäten, sind dieselben mit Brasilianern besetzt, welche nichts von Zoologie verstehen. Einer derselben hat sich in weiteren Kreisen dadurch bekannt gemacht, dass er eine Froschlarve als Batrachichthys, d. h. als ein räthselhaftes Übergangswesen von den Amphibien zu den Fischen beschrieb.

Von wissenschaftlich geschulten und thätigen Zoologen gibt es in Brasilien z. Z. drei, nämlich

Dr. Fritz Müller in Blumenau (Prov. St. Katharina),

Dr. Emil Goeldi, Rio de Janeiro (Casa Viuva Henry, Rua dos Ourives 47),

Dr. H. von Ihering, Rio Grande do Sul (pr. Adr. d. Surs Pietzcker & Cie).

Sie alle sind als »Naturalistas« des Museu nacional angestellt. Von ihnen befasst sich der erstere, durch zahlreiche Arbeiten über Insecten, Seethiere und Pflanzen in weiten Kreisen rühmlichst bekannt, nicht mit Wirbelthieren. Dr. Goeldi wäre durch die reiche Sammlung und Bibliothek des Rio-Museums in der günstigsten Lage und würde gewiss auch ornithologischen Aufgaben so weit es angeht seine Aufmerksamkeit gern schenken. Freilich ist seine Zeit sehr vielfach anderweitig in Anspruch genommen, so jetzt durch Studien über die Krankheit der Kaffeebäume. Ich selbst habe mich unter der liebenswürdigen Hilfe meines Freundes, des Grafen Hans Berlepsch, einigermassen in Ornithologie einzuarbeiten gestrebt, konnte aber aus Mangel an Raum eine eigene Sammlung bisher nicht unterhalten, was mir um so hinderlicher ist, als ja die Ornithologie nur eines der vielen Gebiete bildet, deren Erforschung mein Leben gewidmet ist. In Zukunft wird sich das insofern ändern, als es mir nicht mehr an Raum zur Aufstellung meiner eigenen Sammlungen fehlen wird.

Durch meine bisherige siebenjährige Thätigkeit in der Provinz Rio Grande do Sul ist es mir gelungen diese in Bezug auf ihre Wirbelthierfauna zu einer der bestbekannten Provinzen des Kaiserreiches zu machen. Ueber die Vögel habe ich mit Herrn v. Berlepsch bereits mehrfach berichtet, und dieser Umstand überhebt mich hier der Verpflichtung, eingehender über Lebensweise etc. unserer Vögel zu schreiben. Es sind bis jetzt gegen 400 Species aus dieser Provinz bekannt und sehr viel Zuwachs darf ich auch für diese Liste hier im Süden der Provinz nicht mehr erwarten, während in den grossen Waldgebieten nördlich des 30° s. Br. sicher noch eine grössere Anzahl mir bisher entgangener Arten existiren müssen. Es würde sich daher meine fernere Wirksamkeit nicht sowohl auf die weitere Auffindung mir neuer Arten zu richten haben, als auf die Erforschung der biologischen Verhältnisse der umgebenden Vogelwelt. Die Probleme, welche in dieser Richtung der Lösung harren, seien wenigstens kurz angedeutet.

Die Grundlage solcher Studien muss hier wie allerwärts die genauere Kenntniss der ganzen Lebensweise der einzelnen Arten sein, ihrer Nahrung und Fortpflanzung, ihres Nestes, der Zeit der Mauser u. s. w. Daneben aber treten zwei besondere Aufgaben auf: einmal die ökonomische Seite, der Nutzen und Schaden, den die Vögel dem Menschen und seinen Culturen zufügen, und zweitens die Frage der Wanderung, resp. des Verschwindens zahlreicher Arten im Winter. Betrachten wir beide näher.

Als schädliche Vögel haben wir manche anzuführen, welche der Honigbiene nachstellen, wir haben gewisse Raubvögel zu beachten, welche Hühner und Enten oder deren Kücken rauben, wir müssen genauere Erfahrungen sammeln über die *Thamnephili* u. a. Vögel, welche die Eier oder jungen Vögel aus den Nestern rauben. Manche Arten schaden der Landwirthschaft oder im Garten. Zur Zeit der Weizenernte heisst es auf die Tauben Acht geben. In Erstaunen setzte mich vor einiger Zeit die Beobachtung, dass der *Bentevi*, *Pitangus bolivianus* (Lafr.), massenhaft reife und grüne Schoten des spanischen oder Cayenne-Pfeffers*) verzehrt, wie das auch noch ein anderer mir nicht näher bekannter Vogel thut, während der sogenannte Pfefferfresser (*Ramphastos dicolorus* L.) den Pfeffer nicht anrührt, so weit wenigstens meine und meiner Freunde Erfahrungen reichen. Diese und viele andere dem Obst oder den Feldfrüchten nachstellenden Vögel bedingen jedoch nur selten nennenswerthen Schaden. Nur in einem Falle haben wir bis jetzt in dieser Provinz schweren Schaden durch Vögel zu beklagen gehabt. Es war dies im Jahre 1883, wo *Spermophila superciliaris* Pelz. in solchen Massen in den deutschen Colonien nördlich des 30° s. Br. erschien und solchen Schaden in den Reisfeldern anstiftete, dass dort die einträgliche Reiscultur sicher aufgegeben worden sein würde, wenn nicht glücklicherweise diese Vögel, welche in jener Gegend nicht einheimisch sind, sich wieder fortgezogen hätten. In jene Zeit fiel eine aussergewöhnliche Trockenheit in der Republick Uruguay und lässt sich daher vermuthen, dass von dorther jene unliebsame Einwanderung unersättlicher Körnerfresser stammte. Die übrigen einheimischen Reisfresser, von denen *Tachyphonus coronatus* (Vieill.) am meisten schadet, hindern die Cultur des Reises nicht mehr als die Räubereien der verschiedensten Papageien in den Maisplantagen den Anbau dieser wichtigsten Körnerfrucht Südbrasiliens. Eine wirkliche Calamität**) bilden

*) Stellen demselben auch in Ungarn Vögel nach?

**) Heuschreckenschwärme, welche in Argentinien und Uruguay oft grossen Schaden anrichten, werden in Rio Grande nur ausnahmsweise beobachtet. Für die Vertilgung dieses Ungeziefers scheint mir die Erd-

hier für die Landwirthschaft überhaupt nur die 4—5 Arten der Ameisengattung *Atta*, welche von Bäumen, Kräutern etc. Blattstücke abschneiden und solche in riesigen Massen in ihre Nester eintragen. Das grosse Heer der übrigen Ameisen, deren ich bereits an 70 Species kennen lernte, thut keinen Schaden, dagegen sind die *Atta*-Arten so schlimm, dass jeder Versuch einer Baum- oder Gartencultur gänzlich aussichtslos ist, wo man nicht unablässig die Brutstätten dieses Ungeziefers aufsucht und vernichtet.

Es wäre also wichtig die Feinde dieser Ameisen kennen zu lernen und zu hegen. Leider gibt es in Brasilien noch keinerlei Gesetze zum Schutze nützlicher Thiere. Nur die Aasgeier sind, angeblich auch durch Gesetz, mehr jedoch wohl durch die allgemeine Erkenntniss des Nutzens, den diese unermüdlichen und doch unbesoldeten Organe der Sanitätspolizei leisten, vor Verfolgung geschützt. Dagegen sind die meisten anderen besonders nützlichen Thiere einer rücksichtslosen Vernichtung ausgesetzt, so die Gürtelthiere, deren Zahl sich auch in den bewohnteren Gegenden mit Ausnahme nur des ungemein fruchtbaren *Praopus hybridus* zusehends vermindert. Rascher noch schwinden die Ameisenfresser dahin, zumal der grosse *Myrmecophaga jubata*, der in seinem früher südlichsten brasilianischen Verbreitungsgebiete, der Serra dos Taipes und ihrer Umgebungen jetzt schon völlig ausgerottet ist. Solche Veränderungen in der Thierwelt, durch welche die Verbreitungsgrenzen einer Art um mehrere Breitengrade verschoben werden, sollten in Zukunft in Brasilien und am La Plata mehr beachtet und festgestellt werden, um Irrungen in der Abgrenzung der geographischen Provinzen zu verhüten.

Entgegen zu treten wäre auch der Jagd auf Straussen (*Rhea americana* Lath.) und Seriemas (*Dicholophus cristatus* L.), welche beide Thiere durch die Säuberung der Campos von Schlangen nützlich sind. Ich habe wenigstens keinen

eule (*Speotyto cunicularia* Mol.) wichtig, in deren Magen ich oft Heuschrecken sah. Das Nest dieser Eule fand ich innen mit trockenem Pferdemist, der zu feiner gleichmassiger Streu verarbeitet war, gefüttert.

Grund dieser von guten Beobachtern oft geäusserten Ansicht Zweifel entgegen zu stellen, obwohl einige Strausse, die ich öffnete, im Magen nur vegetabilische Nahrung, wesentlich Gras enthielten. Oefters sieht man grosse Reiher Schlangen erbeuten und auch die *Polyborus-* und *Milvago-*Arten stellen ihnen nach. Es ist ein höchst ergötzliches Schauspiel, diese nützlichen und wenig scheuen Raubvögel zu beobachten wie sie bei einem Präriebrande über der Grenzlinie des sich ausbreitenden Feuers in geringer Höhe langsam die ganze Linie auf- und abfliegen, plötzlich niederstossend und dann mit einem Reptil, oft einer weit herabbaumelnden Schlange, davoneilen. Sie packen dieselben mit den Krallen. Mäuse und Frösche verzehren sie dann auf irgend einem Stamme, Pfahle etc., auf den sie sich niederlassen; wie sie aber die Schlangen tödten, habe ich nicht beobachten können, so dass ich nicht weiss ob sie selbe mit dem Schnabel oder durch zuvoriges Herabstürzenlassen aus der Höhe umbringen.

Für solche und vielerlei ähnliche Beobachtungen wäre es sehr werthvoll, wenn ein grösserer Kreis von Freunden der Natur-Beobachtung sich verbände zu gemeinsamem Wirken. Besonders erspriesslich müsste ein solches Beobachternetz auch bezüglich der Wanderungen und Winterquartiere der Vögel sein. Eigentliche regelmässige Wanderungen, welche im Wesentlichen eine Eigenthümlichkeit der paläarktischen Region scheinen, gibt es hier nicht, mit Ausnahme allein des Serraner Papageies, *Chrysotis Pretrei* Temm., welcher in grossen Schwärmen vom Januar bis März und April in der Serra dos Taipes und ihrer Umgebung erscheint, um später wieder nach seinem gewöhnlichen Aufenthaltsorte, den Pinienwaldungen des Hochlandes der Provinz, zurückzukehren, wo im April die nahrhaften Pinienfrüchte reif werden. In der Colonie Mundo novo fielen mir die Wanderzüge dieser Art auf, deren Ziel ich erst später kennen lernte. Des Genaueren ist freilich diese Wanderung nach Richtung und Ursache noch nicht erforscht.

Alle übrigen Vögel, welche etwa Zugvögel sind, müssen einzeln oder in geringer Anzahl oder bei Nacht ziehen, doch ist hierüber nichts Positives bekannt. Thatsache ist nur, dass im mittleren Theile der Provinz ebensowohl wie im Süden derselben eine Reihe von Vögeln im Winter nicht gesehen werden, ohne dass bisher aufgeklärt wäre, ob sie wegziehen oder einen Winterschlaf halten, wie mir das für einen Theil der Schwalben wahrscheinlich geworden ist. Andere Schwalben freilich sind Standvögel, so die zierliche *Hirundo leucorrhoa* Vieill., welche im Winter wie im Sommer in den offenen Campos ihr munteres Wesen treibt und oft lange, bald voraus eilend bald ihn umkreisend, dem Reiter das Geleite gibt.

In der Colonie Mundo novo erscheint der Jacutinga (*Pipile jacutinga* Spix.) im Mai oder Juni in kleinen Trupps von 4—16 Stück. Er nistet da, indem er seine 2—3 weissen Eier in die natürliche Höhlung legt, welche ein kräftiger Stamm an der Gabelungsstelle bildet, wo mehrere Aeste abgehen. Im November kommen die Jungen aus, welche gleich laufen und flattern können, und im December verschwindet die ganze Gesellschaft, aber wohin? Viel weiter südlich erstreckt sich das Verbreitungsgebiet dieses Vogels nicht, der noch bis in die Serra do Herval geht, also dürfte die Wanderung wohl eher nach Norden sich richten. In solchen Fällen wie den eben besprochenen des Jacutinga muss es noch am ehesten möglich sein, Zeit und Richtung der Wanderung festzustellen, weil jeder Jäger an der Erscheinungszeit dieses vortrefflichen Wildes Interesse nimmt. Ebenso steht es mit den oben erwähnten Serraner Papageien, deren starke lärmende Schwärme zu auffallend sind, um nicht allgemeine Beachtung zu finden — und trotzdem ist uns bisher nicht einmal diese Wanderung ganz klar, weil über die Zeit des Auftretens derselben keine fortlaufenden und controlirbaren Notirungen vorliegen. Sicher ist nur, dass eine Reihe von wilden Früchten, wohin nicht nur Waldfrüchte sondern auch solche der Campos und ihrer kleinen Buschwaldungen wie Gualirobas, auch Araças gehören, den Anziehungspunkt und Zweck der Wanderung bilden. Trotzdem fehlt es aber auch auf dem Hochlande nicht an den gleichen oder ähnlichen Früchten. Im Uebrigen scheint sich in den einzelnen Jahren der Zeitpunkt ihres Auftretens um einige Monate verschieben zu können, aber Regel dürfte es wohl sein, dass diese Papageien im Januar nach dem Süden der Provinz wandern und von da im März oder April auf die Serra zurückkehren. Die am Abhang der Serra wie z. B. in Mundo novo um diese Zeit beobachteten Schwärme würden also rückkehrende sein und bliebe der Hinweg noch zu ermitteln, der also wohl erheblich weiter westlich gelegen sein muss. Diese Vögel würden somit jedes Jahr eine Rundreise vollenden. Vielleicht nähert sich auch für manche der europäischen Zugvögel die Reise dieser Form und würde dann die Verallgemeinerung zu generell sein, welche alle Zugvögel denselben Weg zurückkehren lässt, den sie auf der Hinreise berührten. Jedenfalls betone ich besonders die Thatsache, dass diese Papageien nur einmal im Jahre die Colonie Mundo novo passiren.

Während so selbst diese evidenten Beispiele von Wanderungen noch der Aufklärung bedürfen, wissen wir gar nichts über die Wanderungen der einzeln fliegenden Vögel. Im Frühling, resp. Sommersanfang erscheinen die Schwalben, die *Tisores* (*Milvulus tyrannus*, L.), *Pyrocephalus rubineus* (Bodd.) und viele andere Insectenfresser, die man im Winter nicht zu sehen bekommt. Ihr Ein- und Abzug aber ist ein allmäliger, unbemerklicher. Wohin sie gehen liesse sich wohl nur durch ein über die ganze Südhälfte Brasiliens ausgebreitetes Netz von Beobachtungsstationen feststellen. Uebrigens war z. B. das Verhalten des als auffällig und allgemein bekannten Vogels in dieser Hinsicht besonders zur Beachtung geeigneten *Tisore* (Scheerenschwanzvogel genannt, weil er im Fluge die beiden langen Schwanzhälften oft scheerenförmig ausbreitet und wieder zusammenklappt) in Mundo novo genau das gleiche wie hier, nur dass er möglicherweise dort eher erscheint wie hier. Jedenfalls möchte ich hiermit alle Freunde naturforschender Thätigkeit, denen in Südbrasilien diese Zeilen zu Gesicht kommen, bitten, doch darauf zu achten, welche Vögel im Winter fehlen und wann sie verschwinden oder wieder erscheinen. Vögel, von denen es wie von Schwalben etc. vielerlei leicht zu verwechselnde Arten gibt, müssen mir mit Nr. abgebalgt oder in Resten (im Backofen getrockneter Kopf, Schwanz und je ein Flügel und Bein, zusammengebunden und mit Nummer versehen) mitgesandt werden. Uebrigens ist es klar, dass eine solche Aufgabe die Kräfte des Einzelnen übersteigt. Es wäre deshalb längst mein Wunsch, eine südbrasilianische naturforschende Gesellschaft entstehen zu sehen, allein ohne nennenswerthe Subvention wäre dieselbe nicht leistungsfähig, und die Aussichten auf Erlangung einer solchen scheinen bei der zur Zeit in Brasilien herrschenden Animosität gegen das Deutschthum sehr geringe. Vielleicht liesse sich noch eher hoffen, dass das internationale ornithologische Comité früher oder später über eine Subvention von 2—3000 Mk. per Jahr disponiren könnte, um selbst die Förderung dieser Frage in die Hand zu nehmen.

Die Wanderungen der Vögel sind ja in den ausserhalb der paläarktischen Region gelegenen thiergeographischen Gebieten noch kaum erforscht, wo überhaupt solche, wenn auch nur in Spuren, bestehen. Es würde unsere weitere Thätigkeit sehr fördern, wenn ein über die Literatur genügend verfügender Forscher Alles zusammenstellen wollte, was über diesen Gegenstand betreffs anderer und zumal der neotropischen Region bekannt geworden. Eine solche sorgfältige Durchmusterung der biologische Beobachtungen enthaltenden Aufsätze und Werke über die Ornis von Uruguay, Argentinien, Brasilien und anderen südamerikanischen Staaten würde das, was ich bisher zur Klärung der Frage habe beibringen können, doch gewiss noch ergänzen und vielleicht schon werthvolle Winke liefern. Möchten diese Zeilen den Anstoss hierzu geben. Hiervon abgesehen. ist natürlich eine weitere Förderung der Frage nur durch ein planvolles Zusammenwirken zahlreicher Beobachter zu erreichen. Von der Regierung oder ihren Organen, z. B. den meist analphabeten Leuchtthurmwärtern etc. ist natürlich eine wirksame Förderung nicht zu erwarten, ganz abgesehen davon, dass man an den Küsten bisher nichts von Wanderschwärmen bemerkt hat.

Meiner Ansicht nach wird man eher zu werthvollen Resultaten gelangen, wenn man sich auf eine kleinere Anzahl leichter kenntlicher Vögel in der Beobachtung beschränkt und auf ein kleineres Beobachtungsgebiet, wie z. B. die Provinz Rio Grande do Sul, in welcher man den Vorzug hat, unter den zahlreichen über die Provinz zerstreut lebenden gebildeten Deutschen eine Anzahl von zuverlässigen Männern für diese Aufgaben interessiren zu können.

Vielleicht wäre gerade hier die Verfolgung dieser Fragen besonders dankbar und von weittragenden Folgen. Es ist, wie mir däucht, am wahrscheinlichsten, dass die Wanderungen der Vögel zu einer Zeit begannen, in welcher der Gegensatz zwischen Klima und Vegetationsverhältnissen von Winter und Sommer in Europa bei Weitem nicht so gross war wie gegenwärtig, resp. seit Ende der Tertiärzeit. Es können dann die ganzen Wanderungen erst allmälig sich ausgebildet und fixirt haben, und dies setzt ein Anfangsstudium voraus, in welchem das Klima wärmer und in seinen Wirkungen demjenigen des gemässigten Südamerika ähnlich war. Wenn es richtig ist, dass die Zugstrassen der Vögel in innigem Zusammenhange stehen zu den geographischen Umwandlungen der Continente, so kann es auch andererseits nicht zweifelhaft sein, dass die Wanderungen überhaupt erst grösseren Umfang annehmen konnten, seit ein schärferer Gegensatz zwischen Winter und Sommer sich ausbildete, als er während des grösseren Theiles der Tertiärzeit in Europa und den angrenzenden Gebieten der nördlichen Hemisphäre bestand. Man braucht darum noch lange nicht an die Jahr aus Jahr ein ziemlich gleichmässigen Lebensbedingungen der Tropen zu denken, welche andere als locale Verschiebungen zwischen Hochland und Tiefebene u. s. w. ausschliessen. Im südlichsten Brasilien gibt es das ganze Jahr hindurch keinen laublosen Wald; wiewohl mehrere Bäume und Sträucher zeitweise das Laub verlieren*), so prägt das doch der Gesammtmasse der Waldungen keine andere Physiognomie auf. Auch giebt es nie oder fast nie Schnee, nur höchst selten Fröste und diese sind im Innern der

*) So hier namentlich die Weide (*Salix Humboldtiana*), die weidenartigen *Saranelys*, *Taruma*, *Certiçeira* und *Acoutocavallo*.

Wälder nicht sehr lästig wegen des Schutzes gegen den eisigen Südwest- und Westwind, der sie bringt.

Wenn so der Wald im Ganzen seine Physiognomie nicht wesentlich verändert, so tritt überhaupt auch für die meisten Gewächse keine Unterbrechung der Vegetationsarbeit im Winter hier ein, und in jedem Wintermonate kommen bestimmte Bäume oder Sträucher zur Blüthe, während andere unreife Beeren tragen, wieder andere reife Früchte oder Samen darbieten. Viel auffallender als in der Flora prägt sich der Winter in den Lebensäusserungen der Thierwelt aus. Zwischen März und April weist die Curve der mittleren Jahrestemperatur einen ganz rapiden steilen Abfall*) auf, und Ende April oder im Mai beginnt der Winter, resp. Spätherbst. Oft ist der Mai noch ausserordentlich schön, wenn auch nicht mehr warm. Den Eintritt des Winters markiren in faunistischer Hinsicht besonders der Abzug der Zugvögel und das Verschwinden zahlreicher Insecten, namentlich der Schmetterlinge. Dann suchen die Wespen ihre Winterquartiere auf, wobei namentlich die *Polistes*-Arten auffallen, weil sie um diese Zeit in die Häuser eindringen, um an geschützten Stellen sich zu verbergen. Dagegen erleidet das Treiben der Ameisen und Termiten im Winter keine Unterbrechung. Schmetterlinge sieht man im Winter gar nicht, nur vereinzelte Individuen weniger Arten lassen sich an heiteren, warmen Tagen auf einige Stunden durch die Mittagssonne aus ihrer Winterruhe hervorlocken. Die Reptilien ruhen in Erdlöchern etc., mehr

*) F. H. v. Ihering. Rio Grande do Sul. Gera 1885, p. 31. Die Monatstemperaturen sind nach meinen in Mundo novo gemachten Beobachtungen in Centigraden für

December 23·6,	Juni 15·7,
Januar 24·3,	Juli 13·3,
Februar 23·7,	August 13·8,
März 22·7,	September 16·4,
April 18·2,	October 18·7,
Mai 15·1,	November 21·6.

Das Jahresmittel ist 19°, der Winter (Juni—August) zugleich die regenreichere Zeit. Der jahe Temparaturabfall von März zu April schwankt zwischen 4—6°.

ruhend als schlafend. Gewöhnlich gelangt im September oder Ende August, oft durch Wiederauftreten kalter Winde, bald wieder auf einige Zeit unterbrochen, dieses Insektenleben wieder zu neuer Thätigkeit, wobei wie drüben Bienen, Hummeln, Wespen und Fliegen die Hauptrolle spielen. Jetzt knospen die Blätter der im Winter entlaubten Baumarten, zu denen auch Pfirsiche, Wein, Feigen und andere importirte Nutzpflanzen gehören, und die dürre, fahle Grasdecke der Campos nimmt durch das Hervorspriessen der jungen Triebe eine frische, saftig grüne Färbung an. Doch erst später bei zunehmender Wärme erscheinen die Zugvögel und Schlangen, und beginnen Frösche und Kröten ihr Laichgeschäft, die laue Abendluft, in der zahllose Lampyriden ihren Lieblingsspielen obliegen, mit wunderbar vielstimmigem Concerte erfüllend, in dem weniger das Quaken als vielmehr Klopfen, Hämmern, Schreien, Pfeifen u. s. w. die charakteristischen Lautäusserungen darstellen.

Möchten diese Zeilen, welche wohl zur Orientirung über die hiesigen Verhältnisse dienen können, in einer oder der anderen Richtung dazu beitragen, dass deren Studium in Zukunft mehr Aufmerksamkeit geschenkt werden könne, und auch in Ergänzung dieser Darstellung Alles zusammengestellt werde, was aus anderen Theilen Südamerikas bisher über Wanderungen von Vögeln bekannt geworden.

Rio Grande do Sul, 6. September 1887.

Sir Julius von Haast.

Obituary

by

Dr. G. von Hayek.

(Extract from the obituary in the „Lyttelton Times").

Sir Julius von Haast was born near Bonn early in 1824, and was consequently in his sixty-third year. He arrived in New-Zealand in 1858, having come to the Colony with the intention of reporting its possibilities, as a field for German emigration, to the Prussian Government. A strange chance turned his energies into widely different channels, and altered totally the whole tenor of his future life. By one of those singular coincidences that often govern the lives of men, a frigate of the Austrian Imperial Navy was coasting down to Auckland on the very day his immigrant ship cast anchor. It was the Novara, then within a few months of completing her tour round the world with a company of savants, whose researches were being made in the interests of their country. Sir George Grey had seen them at the Cape, and it is needless to say that the geysers, the solfataras, the terraces, the glaciers, and the fiords of New-Zealand lost none of their charms under his description. The geologist of the expedition, the late Dr. Ferdinand von Hochstetter, was bent on exploring such a rich and untouched scientific field, but saw little chance of executing so very natural a wish. Luckily a geologist was just what the Government of the day required — Judge Richmond was one, the late Mr. H. J. Tancred was another. A short, polite note from Governor Gore Brown to Commodore Baron Wüllerstorf-Urbair, the commander of the frigate; another equally polite and nearly as short from the complaisant commodore to the Governor settled the matter. Dr. von Hochstetter was given leave of absence from the frigate for six months to make explorations at the charges of the Government of New-Zealand. Sir Julius, then plain Dr. Haast, was associated with him, became his colleague and trusted friend, while his subsequent journeys, his scientific conclusions and opinions were accepted by the Austrian savant, as authoritative concerning the geology of this Colony.

The North Island explorations finished, Hochstetter, after a short survey of the Nelson coalfields for the Government of that Province, went Home again. The independent Colonial career of Sir Julius dates from then. His first appointment was as Provincial Geologist of Nelson, and while in that service during the latter part of 1859, he undertook more explorations in the south-west of the Province, then an uninhabited wilderness. Coal and gold were shown to exist in abundance, and the official »Notes on the Geology and Geography« of the country, published by him, were rich in interests of a widely varied character. The next year proved another turning point in his career.

In Canterbury, towards the end of 1860, the fate of the great Moorhouse tunnel scheme was trembling in the balance. Messrs Smith and Knight, the original contractors, had come and put down their experimental borings, and driven their shafts. They had quickly met with rock of the most terrible hardness, and supposing the whole of the hill to be of the same adamantine nature, threw off the project as an impossibility. The sanguine Superintendent was unconvinced. He sent for Dr. Haast to report on the geological formation of the hill. The report was to the effect that Lyttelton Harbour was an extinct crater; the strata on the hill in question would be found to consist of a number of ancient lava streams of varying hardness, which the tunnel would cut obliquely; and that consequently, the rock would be of all consistencies, from basaltic impenetrability down to something little worse than consolidated ashes. Armed with this scientific authority, Mr. Moorhouse went to Melbourne, Messrs Holmes and

Richardson took the contract; the tunnel became a possibility, a probable succes, a great accomplished fact. The commercial connection between the plain down to the Waitangi with his only harbour was assured. It was a triumph of reasoning from scientific observation.

From February, 1861, Dr. Haast continued with the Provincial Government of Canterbury. The first years of his service as Provincial Geologist were almost wholly spent in exploration. The mineral resources of the Malvern Hills, the features of the Mount Torlesse Range, and the wild »back country« adjacent to it were examined and reported on in 1861. The wonders of the Mount Cook district were explored in 1862. The sternness of those solitudes, until that time untrodden, must have then been doubly striking — its glacier system sketched and mapped, its botanical curiosities examined. Hochstetter Dome, Franz Joseph- and Müller-glaciers and many another German-sounding name, bear witness to the nationality of him who first explored their fastnesses, no less than to his courage, endurance, and skill. Lake Wanaka and the unexplored ranges and head waters of that part of the country were visited in 1863; Ashburton and Rangitata searched for coal in 1864. The goldfields of the West Coast traced in 1865 — the Provincial geologist was greedy of work.

In 1866 the first of the great »finds« of moa remains was made at Glenmark. In that year the first seven skeletons which formed the nucleus of the collection unique and unequalled, and the glory of the Christchurch Museum, were set up by the then taxidermist, Mr. Fuller. The fossil remains of the Glenmark moa-swamp proved the endowment of the Museum, and a constant source of enrichment through exchanges, etc. A few years the geological survey of the Province was fairly complete, and the Director thereof was enabled to give it his almost undivided attention. With him it was a real labour of love, and his energy and thoroughness soon made it swell into such proportions that a larger house than the modest apartments in the old Provincial buildings became an absolute necessity.

The building in the Domain was opened in September 1870, and has gradually, or rather rapidly, considering the normal progress of museums, developed to its present magnificent proportions under the untiring attention of its late Director, whose best and most fitting monument it will ever be.

As Director of this Museum and a constant helper in any educational or artistic work that fell to his lot as a citizen, Dr. von Haast had been making his name respected in the Colony. Meantime his fame had spread to Europe. He was a corresponding member of all sorts of Societies, and medals, orders, and titles were his in abundance. Among the most valuable of them all was that medal of the Royal Geographical Society, which is only given to discoverers and explorers of the first rank, such as a Murchison, a Livingstone, or a Stanley. It was given especially for those arduous Alpine explorations to which we have referred already. It was the first bestowed for work in New-Zealand, and therefore a more peculiar honour even than of ordinary. At length came the knighthood, which is the token of British appreciation of Colonial merit and hard work. In 1885 Sir Julius was chosen by the Government as the Colony's representative and Commissioner at the Great Indian and Colonial Exhibition. How he went, and how well he discharged the duties of that office is matter of recent history, and needs no repetition now. The great and rare distinction of Doctor of Science, so jealously guarded, and so seldom bestowed, was given him by the University of Cambridge in August last. It was, perhaps, the greatest event of his public life.

By the arrangement of the Board of Governors of Canterbury College, Sir Julius, after the Exhibition set out on an extended tour of the great museums of Europe. In spite of serious illness at Bonn he carried out his proposed scheme, and visited Paris, Brussels, Berlin, Dresden, Vienna, Halle, and also Venice, Florence and other Italian centres early in this year. A vast quantity of things were obtained for the Museum, and Sir Julius had the personal pleasure of meeting scientific friends of years' standing through correspondence. The enormous labour gone through in connection with his Exhibition work, and the subsequent wear and tear of travelling while in weak health, appear to have overtaxed his strength. He died exactly a month after he returned. He leaves one daughter and four sons born in New-Zealand, one of whom is studying painting at Düsseldorf, and another son by a former wife is an officer in the Prussian army.

Sir Julius was apparently in his usual state of health on Monday, August 15th, and attended Mr. Tendall's lecture in the rooms of the Y. M. C. A. in the evening. There he ;complained of feeling somewhat unwell, but as he had been suffering from a slight cold for some days, but little attention was paid to the matter. He remained to the end of the lecture, and actually proposed the vote of thanks to Mr. Tendall at its close. After the short speech which the motion necessitated, however he said that he felt worse , and it was with some difficulty that he walked the short distance home to the lodgings, where he and his family were residing temporarily. Faintness and pains in the chest then attacked him, and he went at once to bed. Dr. Prins was sent for, prescribed a slight sedative, and went away. There appeared to be no cause to apprehend anything serious, and Sir Julius himself declared that he was sure he would be better after his night's rest. But about half-past one, Lady von Haast, who was watching in the room, was alarmed by hearing him breathe very heavily. Dr. Symes, who lives on the opposite side of the street, was immediatily summoned, but when he arrived the sufferer was dead. He passed away without a word or sign of suffering.

A musician of no ordinary attainments, a man well-read in many matters quite outside his own profession, an enthusiastic, untiring worker, a man of genial, kindly nature, full of sympathy, and of a ready wit in every relation of life, whether as husband, father, friend, equally admirable, he will be sadly and widely missed. His place will be hard indeed to fill.

Isländische Vogelnamen

von

Benedict Gröndal.

álft, álpt. *Cygnus* (*musicus* & *minor*). Beide Schreibarten (mit f und p) werden gebraucht; diese Benennung des *Cygnus* ist die gewöhnliche; die Etymologie wurzelt in den germanischen Sprachen (Alp- Elbe), und Jac. Grimm erinnert an lat. *albus* (*alpus* bei Festus) und gr. ἀλφός ein Fleck (Deutsche Mythol. 3. Ausg. pag. 413), sowie an die Alpen und die Elbe, alles an Klarheit und weisse Farbe errinnernd; vergl. 'Αλφειός (Fluss). »Der geisterhafte, elbische Schwan, ahd. alpiz, mhd. elbez, kann aus der Farbe wie aus dem Wasseraufenthalt erklärt werden« (Jac. Grim m. l. c. not.). Cf. Svanr.

álka. *Alca torda*, Linn., heisst auch klumba, klumbunefja, hringvía und drunnefja, wird aber gewöhnlich mit dem Collectivnamen ‚Svartfugl' bezeichnet. Etymologie unsicher; die verschiedenen Völker haben den Namen mit Modificationen aufgenommen (Alk, Auk, und latinisirt alca). — Im Isländischen bedeutet ‚álka' auch den Hals (in etwas verächtlicher Bedeutung wird gesagt: »ad teygja fram álkuna«, den Hals hervorstrecken, von tölpischen Menschen, auch von Hühnern); ál und ól bedeutet Riemen, áll = Aal (Fisch) und auch = eine (Wasser-) Rinne, einen schmalen Strom, eine schmale Vertiefung in der See oder in einem Flusse; demnach etwas Schmales. Man könnte annehmen, dass der Vogelname ‚álka' von ál (áll) und der Endung ka gebildet sei, und es bedeutet demnach entweder einen schmalen oder langen Vogel, oder auch schlechthin einen Wasservogel (in der alten Sprache wird áll = Meer gebraucht). Die Endung ka wird gebraucht um ein femininum auszudrücken. 1) von Pferden: masc. raudr (als Substant., ein rothes Pferd), fem. ‚raud-ka'; mascul. brúnn (als Substant., ein schwarzes [braunes] Pferd), fem. ‚brún-ka'. — 2) von Kindern (Mädchen): aus Stein-unn — Stein-ka; aus Ragnheidr, Rannveig — Rán-ka; aus Jór-unn — Jóka; aus Val-gerdr — Valka; und endlich kommt diese Endung vor in dem Worte ‚stúl-ka', = ein Mädchen.

audnu-titlingr, *Linaria alnorum*, Chr. L. Br., bedeutet entweder einen ‚Einsamkeits-Vogel' (audn ist sowohl Wildniss, Wüste, als Einsamkeit der Wüste) oder ‚Vogel der Wüste'; oder einen ‚Glücksvogel' (audna = Glück); doch habe ich nichts von einem Volksglauben in dieser Hinsicht gehört. v. titlingr.

blákolls-önd, *Anas boschas*, Linn., ein seltener Name (auf dem Nordlande) für ‚stokkönd'. Von blár, blau; kollr, Kopf, und önd, Ente: eine blauköpfige Ente.

blesönd, *Fulica atra*, Linn., wird in dem Verzeichnisse in ‚Ornis' ‚Schwarzes Wasserhuhn' genannt; heisst aber auch im Deutschen ‚Blässhuhn' von der Stirnplatte (Blässe). Blässe oder ein weisser Fleck an der Stirn der Pferde heisst im Isländischen ‚blesa', und ein solches Pferd wird ‚blesi' genannt; das Adjectiv ist ‚blesóttr' ɔ: mit einem weissen Stirnfleck versehen. Ob der isländische Name ‚blesönd' von dem deutschen entnommen ist, weiss ich nicht; die Stirnplatte fällt so sehr in die Augen, dass der Name von sich selbst fällt, und der Vogel ist nicht sehr selten. In Norwegen ist ‚Bleshöna' = *Fulica atra*, ‚Blesand' aber = *Anas penelope*, Linn.

blika-kóngr, Somatheria spectabilis L., von ‚bliki', q. v., und ‚kóngr' = König; wird eben so viel als ‚ædar-kóngr' gebraucht.

bliki, das Männchen des Eidervogels; vollständig ‚ædar-bliki'. Das Verbum ‚blika' bedeutet ‚glänzen' und muss hier zu der Färbung des Vogels gezogen werden.

brim-dúfa, *Clangula histrionica*, Linn., sonst ‚straumönd'. ‚Brim' = Brandung, ‚dúfa' = Taube, demnach ‚Brandungs-Taube'. Der Name wird selten gehört.

b r i m - ö n d, = b r i m - d ú f a; bedeutet ‚Brandungs-Ente'; selten gebraucht. Beide diese Namen von der Eigenschaft des Vogels, sich in der Meeresbrandung zu tummeln.

b r ú s i, *Colymbus glacialis*, Linn., = h i m b r i m i; der Name gehört dem Nordlande zu. ‚Brúsi' bedeutet ein Gefäss, einen Krug (von Thon); in der alten Sprache einen Bock; woher aber der Vogel einen solchen Namen hat, verstehe ich nicht. (Brúsi, ein Riese oder Unhold in der Sage von Ormr Stórólfsson).

d í l a - s k a r f r, *Carbo cormoranus*, M. und W. — ‚díli' oder ‚díll' bedeutet einen kleinen Flecken, ‚skarfr' = Scharbe, ↄ: Fleckenscharbe. Heisst auch ‚ú t i l e g u - s k a r f r'.

d r ú đ i, *Thalassidroma pelagica*, Linn., soll an einigen Stellen des Nordlandes existiren, wird aber sonst nicht genannt, weil diese Vögel sich selten dem Lande nähern und demnach unbekannt und unbenannt bleiben. Wahrscheinlich steht das Wort ‚drúđi' in einer Verbindung mit den deutschen Hexen- oder Feen-Namen Drude, Drut, Trut, Drudenweibel, der angelsächsischen Dhryd, welches Alles an die Druiden erinnert. Die Tochter Thors und Sif heisst Þ r ú đ r (Thrudur) und wird auch von einer Walküre gebraucht; es existirt jetzt in Island als Frauenname, auch in vielen Compositis (Arn-þ r ú đ r, Jarđ-þ r ú đ r, Sig-þ r ú đ r etc.). Der Name ‚Thalassidroma' ist bekanntlich auf dem scheinbaren Hüpfen des über die Wogen streichenden Vogels gegründet, darum heisst er auch ‚Petersvogel'. Dies scheinbare Gehen auf dem Wasser haben die nordischen Leute mit Hexerei in Verbindung gesetzt und so dem Vogel einen hexenmässigen Namen gegeben.

d r u m b n e f j a, d r u n n e f j a = *Alca torda*, Linn., wird so auf dem Westlande genannt. ‚D r u m b r' ist ein Balken, ‚n e f j a' ist eine Feminin-Form von ‚nef', Schnabel, und wird in Zusammensetzungen von Riesenweibern und Hexen gebraucht: ‚Arin-n e f j a' die Adlernasige, ‚Horn-n e f j a' die Hörnernasige, ‚Skelli-n e f j a' die Klappernasige. ‚D r u m b-n e f j a', wovon ‚d r u n n e f j a' eine Corruption ist, bedeutet demnach ‚die Balkennasige' oder einen Vogel, dessen Schnabel wie ein Balken aussieht. Wegen seiner Breite ist der Schnabel sehr bemerkbar, doch ist er verhältnissmässig nicht so breit wie bei *Mormon fratercula*. vgl. álka.

dúfa, Taube, im Compos. ‚brim-dúfa'.

dúk-önd, dugg-önd, *Fuligula marila*, Linn., auf dem Nordlande. ‚Duk-' = engl. duck, deutsch Tauch-, ɔ: Tauchente. Die Form ‚duggönd' ist eine corrumpirte.

fálki, *Falco gyrfalco*, auct. — Etymologie unsicher. Das Wort ‚falco' findet man nicht bei Plinius; erst bei Festus (4. sec. p. Chr.) und Servius (4. sec. p. Chr.) kommt es vor und ist wohl von falx oder falcula abzuleiten. Dieser Falke spielt eine grosse Rolle in den Eddaliedern und den älteren isländischen Sagen und Gedichten, wird aber immer ‚haukr' und ‚valr' genannt — diese Namen werden nicht mehr gebraucht, ausser in Poesie*). ‚Fálki' wird erst in den späteren Sagen getroffen; so in Hrómundar-Saga, die von Hrólfr in Skálmarnes im 12. Jahrh. verfasst wurde; ferner in 'Arna biskups saga (13. Jahrh.), wo aber auch ‚val-veiðar' neben ‚fálka-veiðar' (Falkenjagd) genannt werden. Wahrscheinlich ist ‚fálki' von lat. falco**), von den südlichen Ländern in der Ritterzeit nach Norden eingewandert, wie auch der isländische Geschichtsschreiber Sturla Þórðarson († 1284) sich des Wortes ‚fálki' bedient, indem er berichtet, dass der norwegische König Hákon Hákonarson (‚der Alte' genannt) dem ‚Sultane' von Tunis ‚viele Falken' als Geschenk gesandt habe (Saga Hákonar Hákonarsonar cap. 313***). —

*) Obgleich ‚fálki' ein jetzt allgemein gebrauchtes Wort ist, so wird es doch nicht, wie sonst mit solchen Namen der Fall ist, in Ortsnamen gebraucht oder ist sehr selten — ich erinnere mich dunkel einer Fálkastaðir' (weiss aber nicht wo); auch heisst kein Mensch ‚Fálki'. Desto häufiger sind ‚haukr' und ‚valr' in Ortsnamen; auch sind diese Menschennamen, wenigstens der erstere und er lebt noch fort als solcher.

**) Altfr. ‚faulcon', nfr. ‚faucon'.

***) Ein Brief des Pabstes Celestinus III., dat. Romae, 15. Juli 1194, gibt dem norwegischen Erzbischof das Recht, Falken zu kaufen: »liceat tibi... aves falcones scilicet et austures et griseos emere prout a predecessoribus tuis est hactenus observatum«; Falken wurden demnach noch früher gekauft; dass hier von Island die Rede sei, ist wahrscheinlich, weil der Brief Bestimmungen über einige isländische Handelsverhältnisse enthalt.

Eine andere Vermuthung könnte man auch aufstellen, nämlich, dass ‚fálki' von ‚valr' herzuleiten sei, wenn man nur den Wechsel des f und v auf solche Weise beweisen könnte; zwar findet man ‚vett-fangr' neben ‚vett-vangr', ‚tvi-faldr' und ‚tvi-valdr', u. s. w., dies ist aber nur in Compositis; am Anfang der Wörter kommt es nicht vor*). Eine solche (wegen der mangelnden Beweise nicht durchzuführende) Ableitung von ‚valr' würde dann ursprünglich ‚valki' heissen müssen, wo das a in das geschlossene á verändert wurde; die Endung -ki würde sich wie -ka verhalten (cf. pag. 587 sub ‚álka'), wie sie in männlichen Caressirnamen auftritt, z. B. Svein-ki von Sveinn, Brin-ki von Brynjúlfr, Run-ki von Runólfr u. s. w. Cf. valr.

flóa-skítr, flóð-skítr, flór-goði, flóra, *Podiceps nigricollis*, Sundewall, so auf dem Nord- und Westlande genannt, sonst ‚seföndʻ. — Erklärung dieser Namen: ‚Flóa' ist der Genitiv von flói, Morast, Sumpf; ‚skítr' = merda; ‚flóð' = Wasser, Fluth; diese zwei Namen bedeuten also ‚merda paludis' und ‚merda aquae', geschmacklose Volksnamen, obwohl nicht unschöner als viele andere derbe oder realistische Thiernamen. Sie werden aber sehr selten gehört. — ‚Flór-goði': ‚flór' ist der mistbedeckte Boden im Kuhstall, das deutsche ‚Flur' — auch von schlammigen und sumpfigen Stellen gebraucht, wo dieser Vogel haust; ‚goði' war ein Ehrentitel der Häuptlinge des isländischen Freistaates, hier von einem würdigen und steifen Geschöpfe gebraucht, wegen der aufrechten Stellung des Vogels; ‚flórgoði' bedeutet demnach den goði oder Häuptling der Sümpfe; ‚flóra' ist nichts anderes als eine Verkürzung hiervon.

*) Doch muss bemerkt werden, dass Falr als nom. propr. in einem sehr alten Märchen vorkommt; er war ein dämonisches Wesen und ein Pfeil flog von allen seinen Fingern, sein Bruder hiess Fróðel, eben so zauberkundig (Sörla sterka Saga, cap. 20). Nun aber besass Freyja, die Göttin des Kampfes, der Liebe und aller Zauberkünste, ein Falkenkleid, das ‚vals-hamr' genannt wird (Snorra Edda. in Hamarsheimt steht ‚fjaðrhamr' ɔ: Federkleid, und somit muss vals-hamr von valr = Falke, nicht von valr = die im Kampfe Gefallenen, abgeleitet werden). Ein anderes dämonisches Wesen heisst Valr, und man könnte wohl denken, dass F und V hier gleichwerthig wären.

fóella, *Harelda glacialis*, Leach; sonst auch ‚hávella'. Bisweilen auch ‚fóvella'. — Die Sylbe ‚fó' kann ich nicht erklären; über ‚vella' s. ‚hávella'.

fýlingr, fýlungr, fýlungi, fýll, fíll, *Procellaria glacialis*, Linn. Die Schreibart ‚fíll' ist unrichtig, weil die Silbe ‚fýl' von ‚fúll' = faul stammt; -ingr, -ungr, -ungi sind nur Endsilben. Der Name bezieht sich auf die thranige Flüssigkeit, die er ausspeit, und bedeutet ‚den stinkenden'. Der alte, nur einmal in den alten Schriften (in Hallfredar Saga*) vorkommende, jetzt vergessene Name ist ‚fúlmár', ɔ: die stinkende Möve; aber auf den britischen Inseln (den Hebriden) lebt der Name fort als ‚Fulmar' (Fulmar Petrel, Northern Fulmar [Yarrell, Brit. Birds]), und ist zu gaelisch als ‚fulmair' verpflanzt. — Carl Vogt hat in der ‚Nordfahrt' 1861 (mit Dr. Georg Berna) folgenden Vers als ein poetisches Propyläum zu Island gewählt:

»Nach der Insel lasst uns ziehen
wo den Thee der Geysir kocht!
wo in dumpfen Lavahöhlen
modern blondgelockte Seelen
bei der Vogellampe Docht!«

Dass man diesen fetten Vogel als eine Lampe gebraucht habe, kann man zwar in alten Büchern lesen; aber ich habe nirgends solch' Etwas von Island gelesen — vielmehr dürfte man an St. Kilda und die Hebriden denken. Dass die *Procellaria*, *Puffinus* und *Alca impennis* als Brennmaterial benutzt worden seien, wissen wir auch, aber solches ist keineswegs allgemein oder Landessitte. Französische und englische Seeleute sollen es aus blosser Mordlust gethan haben; es waren Leute von den ‚civilisirten' Ländern.

gás, *Anser* = Gans. Dies ist die alte Form, die jetzige ist ‚gæs'.

---

*) ‚sílafullr fúlmár', voll von Sandfischen (síli = Ammodytes), Hallfr. S. c. 9 (Lpz. 1860 pag. 105_{11}).

(geirfugl, *Alca impennis*, L.; Etymologie durchaus unsicher und die Bedeutung unbekannt. ‚Geir' bedeutet ‚Speer' (hasta), aber es ist unmöglich, dies mit dem Vogel harmoniren zu lassen. Der Name ist übrigens in Island wohl bekannt und lebt noch in den Ortsnamen ‚Geirfugla-sker', ɔ: Klippen des Geirfugl; 1) Geirfugla-sker in dem Meere eine Meile SW. von Reykjanes; 2) Geirfugla-drangr, eine isolirte Klippe im SW. von Reykjanes; 3) Geirfugla-sker, im Süden von den Westmann-Inseln; 4) Geirfugla-sker, Ost von Berufjördr, auf dem Ostlande).

graf-önd, *Anas acuta* (nach Faber) = graföndd. Ich habe den Namen niemals gehört. ‚Graf-önd' bedeutet ‚Grab-ente' (von den wassergefüllten Torfgräbern).

grágœs, *Anser segetum*, Meyer, und *Anser albifrons* (Bechst.). Bedeutet schlechthin ‚Graugans' oder ‚graue Gans'. Allgemeiner Name.

grá-máfr, Junge von *Larus leucopterus*, Fab., und *L. glaucus* (Brünn.). Bedeutet ‚Graue Möve'. V. hvítfugl, hvítmáfr.

gras-önd, *Anas acuta*, L. und *Anas boschas*, L. — Bedeutet ‚Gras-Ente'. Ein seltener Name. v. graföndd, stokkönd, grœnhöfda gráönd.

grátitlingr, *Anthus pratensis*, Linn.; bedeutet ‚Grau-pieper'; auch ‚þúfu-titlingr', beide Namen gewöhnlich gebraucht.

grá-önd, graue Ente, in Compos. grœnhöfda grá-önd, litla gráönd, raudhöfda gráönd.

grœnhöfda gráönd, *Anas boschas*, Linn. (bei Mývatn im Nordlande). Bedeutet ‚grünköpfige Grauente'; v. gras-önd, stokkönd.

gulönd, *Mergus merganser*, Linn. gulr = gelb, ɔ: ‚gelbe Ente'. Heisst auch ‚stóra topp önd'. — Sonst werden sowohl *Mergus merganser* als *Mergus serrator* einfach ‚topp önd' genannt.

gœs (gás), *Anser* in genere, Gans. Composita: grágœs, hrotgœs, margœs.

hafskúmr, *Lestris catarractes*, Linn., von ‚haf', Meer, und ‚skúmr', q. v.

hafsúla, *Sula bassana*, Linn., von ‚haf' und ‚súla', q. v.; norwegisch ‚Havsula'. Wird gewöhnlich bloss ‚Súla' genannt.

haftyrđill, *Mergulus alle*, Linn.; von ‚haf' und ‚tyrdill' = ein Bischen, kleiner Klumpen. Bekannter Name. Der Name ‚halkíon' (ἁλκυών), den Mohr und (wohl nach ihm) Faber diesem Vogel beigeben, ist hier unbekannt.

hákarla-skúmr, *Lestris catarractes*, Linn., von ‚hákarl', *Scymnus borealis* und ‚skúmr'. Er verfolgt die Schiffe, die sich mit Haifischfang beschäftigen, daher der Name.

(haukr, Habicht; angelsächs. ‚hafoc', engl. ‚hawk' — der alte Name für das jetzige ‚fálki'; jetzt (doch selten) als Mannsname (häufig in der Vorzeit), und in mehreren Ortsnamen lebt er noch fort, doch mehr von Männern als von dem Vogel stammend: Haukadalr, an 4 Stellen; Haukagil, an 2 Stellen, Hauks-á, Hauks-varda etc.).

hávella, *Harelda glacialis*, Leach, norwegisch ‚Havella', ‚Haval', ‚Havold', diese beiden letzteren Namen sind ohne Sinn. Der Name ‚hávella' wird von Einigen von dem Geschrei des Vogels abgeleitet, was auch ziemlich wahrscheinlich ist; das Verbum ‚vella' wird von dem Geschrei des ‚spói' (*Numenius arquatus*) gebraucht; demnach würde ‚hávella' ‚den laut Schreienden' bedeuten. — Andere glauben, es müsse ‚haf-vella' heissen, ɔ: ‚der auf dem Meere Schreiende', und noch Andere haben ‚haf-erla' vorgeschlagen; ‚erla' ist ein Vogelname, der zwar nirgends in den alten Schriften vorkommt, aber er existirt noch in ‚Maríu-erla' (*Motacilla alba*); ‚erill', Dativ ‚erli' bezeichnet ein geschäftiges Hin- und Herrennen, auch unablässiges Geschrei und Geschwätz. — Aus ‚hávella' ist ‚Harelda' entstanden.

hegri, *Ardea cinerea*, Linn., Reiher. Der Name ist allbekannt, obgleich der Vogel selten ist.

heiðar-lœpa, *Tringa alpina*, Linn., von ‚heiði', dasselbe wie deutsch ‚Haide', aber in Island von den unfruchtbaren Hochebenen im Innern; ‚lœpa' ist wohl ‚hlaupa' oder ‚laupa' (laufen) verwandt; der Name würde demnach ‚Haideläufer' bedeuten. Dieser Name wird nur in þingeyjarsýsla, dem östlichen Theile des Nordlandes, gehört; der gewöhnliche Name ist ‚lóu-þrœll'; ältere Form ‚lóþrœll'

helsingi, *Bernicla leucopsis*, Bechst., vermuthlich auch *Bernicla torquata*, Bechst., schwedisch ‚Helsing'. Der Name kommt von ‚háls', Hals, oder ‚helsi', ein Halsband; ‚-ingi' ist eine Endung. Bedeutung ist: ‚der ein Halsband trägt', mit einem Halsbande geschmückt (*torquatus*), und entspricht so dem deutschen ‚Ringelgans'. — ‚Helsingr' ist die ältere, ‚helsingi' die jüngere Form, jetzt noch allgemein.

heið-ló, *Charadrius pluvialis*, gewöhnlich ‚heiló' und ‚heilóa', auch einfach ‚lóa' genannt, aber es muss von ‚heiði' und ‚ló' zusammengesetzt sein. Man hat auch ganz unrichtig ‚heylóa' geschrieben, aber ‚hey' ist Heu, und passt nicht hier. ‚Heiði' ist Haide und *Char. pluv.* ist (im Sommer) ein Haidenvogel. Die norwegischen Namen ‚Heidlo' und ‚Heidelo' beweisen auch die Abstammung von ‚heiði' (die alte Form ist ‚heiðr', was hier ohne Einfluss ist). In Dänemark ist er ‚Hjeile' (in Jütland) geworden. Dies ist sicher von dem ersten Theile des Wortes; der zweite Theil, ‚ló' (und in der täglichen Sprache ‚lóa'), ist nicht so leicht. ‚Ló' bedeutet (sowohl in Island als in Norwegen) die Zottigkeit oder die feinen Haare neuer Kleider; man muss sich also eine grosse Menge von solchen kleinen Objecten vorstellen, das heisst: eine Unzahl von kleinen, die Haide bedeckenden Vögel; demnach ist ‚heiðló' eigentlich ein Collectivname, oder ursprünglich von einem grossen Schwarme gebraucht. Dass man später die zwei Wörter trennte und sich nur des einen (ló oder lóa) bediente, wird in vielen anderen Wörtern getroffen (z. B. skúmr — hafskúmr, hákarlaskúmr; súla — hafsúla u. s. w.). — Auch könnte man denken, dass ein f ausgefallen wäre; die ursprüngliche Form würde dann ‚heiðfló' sein, von ‚heiði' oder ‚heiðr' und ‚fló'. ‚Fló' bedeutet 1. eine

Schicht, Lage; 2. einen Floh, *pulex*. ‚Fló' in der ersten Bedeutung ist von ‚flá', schinden, die Haut abziehen; in der zweiten Bedeutung verwandt mit fljúga, flýja, fliehen, engl. fly, und dies würde die Bedeutung ‚Haidenflieger' geben.

himbrimi, *Colymbus glacialis*, Linn. — Etymologie und Bedeutung durchaus unbekannt, daher auch mehrere Formen: ‚himbrn'. ‚himbryni'. ‚heimbrimi'. So auch in Norwegen und Schweden: Imber, Immer, Imbre, Hymber, Hav-Hymber, Emmer, Ymmer, Ommer. — Die Form ‚himbrimi' ist die in Island allgemeine. — Um diesen, aller Volksetymologie trotzenden Namen verständlich zu machen, hat man sich der lächerlichsten Einfälle bedient; so ist z. B. die Form ‚himbrin', welche die älteste ist, in ‚himbryni' verwandelt worden [und dann in ‚heim-bryni'], um es von ‚himinn' (Himmel) und ‚brynja' (Panzer) ableiten zu können, und dann ein ‚himmlischer Panzer' aus diesem Vogel verfertigt. Noch Andere haben ‚heinbrýni' (Wetzstein) geschrieben! Die erstgenannte Derivation steht im Museum Olai Wormii; die zweite kann ich nicht nachweisen. — Eine Derivation von ‚heim', ‚heima' = zu Hause und ‚brim' = Brandung würde die Bedeutung von einem in der Brandung sich bewegenden Vogel geben (wie ‚brimönd', ‚brimdúfa' — der Seehund heisst ‚brimill', von der Brandung); aber dies ist doch gewiss nicht das Rechte. Sibbaldus hat ‚Embergoose' — ob man den Ursprung in keltischen Dialecten suchen sollte, weiss ich nicht. Der vielfach modificirte Name ist vermuthlich von Linné und Gunnerus in die verschiedenen Bücher eingewandert — (Buffon, Temminck, Pennant, Bechstein etc.). — Cf. brúsi.

hnuplungr, *Carbo cormoranus*, M. und W., siehe skarfr. (Verbum ‚hnupla' ist = deutsch ‚schnappen' ɔ: nehmen, stehlen; ‚hnuplungr' also = ein Dieb, Räuber (der Fische).

hrafn, *Corvus corax*, Linn., Rabe, angels. ‚hrefn'; heisst auch in Island ‚krummi'. Aeltere Form ist ‚rafn'. Diese Namen sind wohl von dem Geschrei des Raben gebildet. In alter Zeit spielte der Rabe, den man als einen

Raubvogel auffasste, neben dem Adler und Falken eine grosse Rolle, weshalb er eine ungeheure Menge von einfachen und zusammengesetzten Benennungen bekommen hat, welche aber nur bei den alten Skalden existiren. (Ich habe ca. 170 gezählt, aber sie können in das Unendliche vermehrt werden — es sind die unerschöpflichen Umschreibungen; ein ähnliches Verhältniss herrscht auch von anderen Begriffen. Die Araber sollen auch viele Namen für den Löwen haben, und überhaupt ist diese grosse Synonymik ein orientalischer Zug).

hrafns-önd, *Oidemia nigra*, Linn. (Trauerente), von ‚hrafn', Rabe, und ‚önd', Ente, ‚Rabenente', wegen der schwarzen Farbe.

hraukr, *Carbo graculus*, Linn.; wegen der aufrechten Stellung; ‚hraukr' bedeutet eine emporragende pyramidenförmige Masse, von so aufgethürmten Torfstücken, die man so stehen lässt, um trocken zu werden, das Verbum ist ‚hreykja'; oder es ist = hrókr, q. v.

hringvía, *Uria rhyngvia*, Brünn. (*Uria troile leucophthalmos* bei Faber. Prodr.), von ‚hringr' Ring, wegen des weissen Augenringes; ‚vía' verstehe ich nicht. ‚Rhyngvia' ist demnach richtig geschrieben ‚ringvia' (die Form ‚ringr' = ‚hringr' ist älter). Unrichtig wird *Alca torda* bisweilen so genannt; der Name ist sonst selten und ‚hringlangnefja' noch seltener.

hrísi-hvísla, eine Art von *Turdus*; von ‚hrís', Reis (Strauch) und ‚hvísla', flüstern oder pfeifen: ‚Strauchpfeifer' — ein sonst unbekannter Name.

hrossa-gaukr, *Gallinago scolopacina*, Bonap., von ‚hross' Ross und ‚gaukr' Kukuk ɔ: ‚Rossekukuk' (so auch Jac. Grimm, Deutsche Mythol. [3. Ausg.] pag. 642 Anm.), von dem Wiehern. In Island auch mýri-snípa, mýri-spíta, mýri-skítr. In Norwegen: Rossegauk, Horsebukk, Humregauk, Mekregauk, Mekregjeit — alles wegen der Stimme; ferner Himmerhest, Skoddefole, Myrebukk, Raageit, Vedergeit, Jordgeit; in Schweden: Horsgök. Als wahrsagender Vogel vertritt er den Kukuk in Island.

hrókr, *Carbo graculus*, Linn., etwas hoch emporragendes, ebenso wie ‚hraukr' von der aufgerichteten Stellung des Vogels. Im Schachspiele = Thurm, deutsch ‚Roche' (? Rok, der Vogel des arabischen Märchens*). Hrókr ist auch mythischer Personenname. — v. toppskarfr.

hrota; hrotgœs, *Bernicla torquata*, Bechst., ältere Form ‚hrođgás'; in Norwegen: Rotgaas, Rotges, Radgaas. Etymologie dunkel; ‚hrót' bedeutet Sturm, und es müsste dann ‚hróta', ‚hrótgœs' geschrieben werden; ‚hrođgás' kann ich aber nicht erklären (hrođ = Vernichtung, passt nicht); doch ist ‚hrodi' noch jetzt = stürmisches Wetter, auch die von der See nach einem Sturme aufgeworfenen Meerpflanzen (Tange, Algen); ob aber dieser Vogel mit solchen Dingen in Verbindung gesetzt worden ist, ist ganz unsicher**); sonst heisst er auch ‚margœs'. ‚Hrota' ist nur ein verkürzter Name für ‚hrotgœs'. Diese Namen sind sehr selten.

hús-önd, *Clangula islandica*, Bonap., von ‚hús', Haus, und ‚önd', Ente s.: ‚Hausente'. Der Name, dessen Ursache ich nicht kenne, ist sowohl auf dem Südlande wie auf dem Nordlande wohl bekannt. Diese Ente wird niemals gezähmt, macht keine Höhlen oder ‚Haus', hält sich auch nicht an Häuser oder Wohnungen, soweit mir bekannt.

hvítmáfr, hvítfugl, *Larus glaucus*, Brünn. und *L. leucopterus*, Faber; ‚hvítr' = weiss; ‚máfr' = Möve, ‚fugl' = Vogel; also: ‚weisse Möve', ‚weisser Vogel'. Cf. grámáfr.

ísa-kráka, *Vanellus cristatus*, Linn., von ‚ís' = Eis, und ‚kráka' = Krähe, also ‚Eiskrähe'. Verirrte Individuen sind auf dem Eise gesehen worden, daher der Name, der übrigens jetzt kaum gehört wird. Cf. vepja.

*) Oder ein Kameel mit einem Thurme (im Kriege).

**) Verbum ‚hrjóta' bedeutet ‚Schnarken'; Substant. Plur. davon ‚hrotur' = das Schnarken; ob ein Laut des Vogels Anleitung zu dem Namen gegeben hat, weiss ich auch nicht. Die *Anas strepera* heisst ‚Schnatterente' und ‚Schnarrente', von dem Klappern oder Laute, die sie mit dem Schnabel macht, indem sie (wie auch andere Enten) das Futter aus dem Wasser holt. Die deutschen Vogelnamen ‚Schnarrer' (*Crex*) und ‚Schnarrdrossel' (?) möchten wohl auch einen besonderen Laut bezeichnen.

j a đ r a k a n, *Limosa aegocephala*, Bechst. Die Volksetymologie hat sich dieses fremden Namens bemächtigt, um es verständlich zu machen; so heisst er in Island »jarđreka«, »jađreki« (mascul.), in alter Zeit »jađrakarn« (j a r đ -, von j ö r đ Erde; »r e k a« eine Schaufel; j a đ -, zu j a đ a r r, Einfassung, Rand; r e k i, der treibt, von r e k a, treiben; a k a r n = Eichel); auf den Färöern »Jeara-kona«, »Jœrakona« ɔ: Erdenfrau, Erdweib. Aus Norwegen und Schweden kenne ich keine etymologisch verwandte Namen. Der Name ist keltischen Ursprungs, wie die Endung -an zeigt (mehrere nach Island von den Hebriden und Schottland eingeführte Wörter enden so, z. B. »brekan«, ein Teppich, »fustan«, eine Art Zeug, in Egils Saga, engl. fustian; die alten Raben-Namen »kjalakan« und »klóakan«; die schottischen und irischen Namen und Beinamen der nach Island eingewanderten Ansiedler oder deren Verwandten: Kođran, Bekan, Dufan, Kjartan, Kalman, Kjaran, Bjólan - Brian (Brjánn) - feilan-lunan-kvaran-kamban &c.) Nun ist aber »adharcan« ein gaelischer Name eines Sumpfvogel», ‚pee-wee', ‚lapwing' (*Vanellus*), von ‚adharc' ein Horn, also ‚der gehörnte', von dem Schopfe; in Wales heisst der Kiebitz ‚cornicyll', ‚cornicell', ‚cornchwigl'. »Adharcan« ist in der Form 'jađrakan' nach Island gebracht worden, und, wie es oft geschieht, einem anderen Vogel beigelegt (wie z. B. »gaukr«, Kukuk, in »hrossa-gaukur« keinen *Cuculus* bezeichnet). Alle die oben angeführten Namensveränderungen sind ganz ohne Sinn. Ob aber der Name »adharcan« wieder eine Verdrehung aus charadrius χαραδριός — oder ob χαραδριός selbst eine Verdrehung von einem unbekannten Worte und nicht von χαράδρα ist, muss dahin stehen. — Die Namenform ‚jadreki' (masculin.), mit dem bestimmten Artikel ‚jađrekinn' ist in dem Südostlande allgemein. — Der Name »jadreka Snipe« ist von Latham und Yarrell aus Island genommen (pr. Eggert Olafsson, Mohr und Faber).

K a f l a - b r i n g r heisst der junge *Larus marinus*, Linn., von ‚kafli' ein Stück, Theil, ‚bringr' von ‚bringa' Brust; vielleicht von dem scheckigen oder gefleckten Federkleide.

K a r r i v. rjúpa.

Keldu-svín, *Rallus aquaticus*, Linn., von ‚kelda' Sumpf, Pfuhl, und ‚svín' Schwein ɔ: ‚Sumpfschwein'. Dieser geschmacklose Name ist der einzige des niedlichen Vogels. Früher ist er ein Gegenstand des Aberglaubens gewesen, indem man nicht begriff, wie er sich so schnell in den Morästen zu verbergen verstand, und dies führte zu allerlei absurden Geschichten. Der Name ist allbekannt. Cf. lækja-kráka.

Keri v. rjúpa.

Kíl-önd, *Anas boschas*, Linn., von »kíll«, eine schmale Wasserrinne, Wassergraben, = stokkr. An einigen Stellen des Nordlandes, = stokk-önd.

Kjói, Collectivname für *Lestris pomarhina*, Temm. und *Lestris parasitica*, Linn. Norwegisch Kjo, Jo, Kive (und die Composita Jo-Bonde, Livre-Jo, Tjuve-Jo, Kyv-Jo); auf den Färöern Tjói. — Einige nehmen an, dass der Name von dem Geschrei entnommen sei; keine dieser Namensformen wird in der alten Literatur angetroffen, wohl aber »gjóðr«, in Norwegen ist »Gjod« = Fischadler, auch »Hu gjod« = eine Eulenart. Nach I. Aasen wird »Gjod«, ohne Zweifel das alte »gjóðr«, als Jod, Jo und Jö ausgesprochen. In der alten Skaldensprache wird »gjóðr« von Raubvögeln gebraucht. In Norwegen wechseln k und t, wie Kyv-Jo = Tjuve-Jo, und norw. kjo = fær. tjói; norw. Tjuv, Tjov, Kjov, Kjuv, Kyv ist = Dieb (Räuber), altn. þjófr; und auf diese Weise könnte ‚Kjói' einen Dieb bedeuten, indem er stiehlt oder raubt von anderen Vögeln. Die alte Form »gjóðr« wird aber dann ausgeschlossen, und kann auch von anderen Begriffen erklärt werden.

Klumbu-nefja, *Alca torda*, von ‚Klumba' Keule und ‚nefja'; v. álka, drumbnefja. — Auch wird der Vogel einfach ‚klumba' genannt, aber diese Namen sind selten.

Kolla, das Weibchen der *Somatheria mollissima*, Linn., von ‚Kollr' Kopf. v. æðr; æðar-kolla.

Kofa, die jungen *Mormon fratercula*, Temm. und *Uria grylle*, Linn. — Etymologie unsicher; ‚kofi' ist eine

Hütte, Versteck, und könnte wohl mit dem *Mormon* in Verbindung gesetzt werden, denn sie machen Höhlen in die Erde, woraus die Jungen oder ‚lunda-kofa' herausgezogen werden, aber dies ist nicht der Fall mit *Uria* (‚teistu-kofa'*); das Wort könnte von dem *Mormon* an die *Uria* willkürlich geknüpft worden sein. v. lundi, teista.

kráka, *Corvus corone*, L. und *C. cornix*, L., Krähe, alter und bekannter Name, obwohl diese Vögel in Island selten sind. — Compos. ísa-kráka, q. v.; ‚illviđris-kráka' eine Krähe bösen Wetters, nennt man einen Mann, der bösem Wetter ausgesetzt wird; ‚illviđri' = böses Wetter.

kría, *Sterna argentata*, Naum., von dem Geschrei, cf. norw. kria, dän. skrige, deutsch schreien. v. þerna.

krummi, *Corvus corax*, L. = hrafn; vielleicht von dem Geschrei.

landþings-skrifari, *Phalaropus hyperboreus*, Linn. von ‚landþing' Landesversammlung, und ‚skrifari' Schreiber, weil er immer den Schnabel in das Wasser taucht, als wenn er schriebe. Auf dem Nordlande = 'Odichani.

langnefja, *Uria troile*, Linn., von ‚langr' lang, und -nefja (cf. drumbnefja), also »Langschnabel«. v. svartfugl.

langvía, *Uria troile*, Linn., von ‚langr', lang; ‚vía' ist unverständlich. v. svartfugl. — Die alte Form ist ‚langve', die auch norwegisch ist; auch existirt eine Form ‚lomvia', vermuthlich eine fehlerhafte Aussprache (in Island unbekannt) — oder von ‚lómr'?

langvíu-gráönd, *Anas acuta*, Linn., bei Mývatn (Nordland).

líni, líninn, soll ein Name der *Procellaria glacialis*, Linn., sein — mir sonst unbekannt.

litla gráönd, *Anas strepera*, Linn. (am Mývatn im Nordlande). Bed. »kleine graue Ente«.

litla topp-önd, *Mergus serrator*, Linn. (bei Mývatn). Bed. »kleine Haubenente«. v. topp-önd.

*) Diese legt die Eier in Felsenritzen, wie Faber auch bemerkt.

lóa, *Charadrius pluvialis*, Linn., der gewöhnliche Name für ‚heiðló', q. v. Compos. heilóa, sandlóa.

loðbrók, verkürzt lobba, *Haliaëtus albicilla*, Linn., an einigen Stellen des Ostlandes, selten. ‚loðbrók' von ‚loðinn', zottig, und ‚brók', Hose (braccae), der zottige Hosen trägt, von den befiederten Füssen. Der Beiname des mythischen Helden Ragnar loðbrók (das auch ganz anders gedeutet wird, nämlich angelsächsisch ‚leód-bróga' terror populorum.*)

lómr, *Colymbus septentrionalis*, Linn., Bedeutung dunkel; in der alten Sprache ist ‚lómr' = Betrug. — Norw., schwed., färöisch ‚Lom' und ‚Lomur'. Cf. deutsch »Lumme« (nachgebildet?). Engl. ‚loon'.

lóu-prœll, ältere Form ‚ló-prœll', *Tringa alpina*, Linn., von ‚lóa' und ‚prœll', Diener, Knecht, weil dieser Vogel den *Charadrius pluvialis* begleitet.

lundi, *Mormon fratercula*, Temm., Etymologie und Bedeutung unbekannt. ‚Lundt', wogulisch = Gans (Messerschmidt 1726). Norw. Lunde, Lunne. An einigen Stellen in Island auch ‚prestr' (Priester) und ‚prófastr' (Probst), wie engl. ‚pope', wegen der Farbe (oder des gravitätischen Benehmens?); auch ‚lunda-prófastr'. Die Jungen: ‚Kofa', ‚lunda-kofa'.

lœkja-duðra, ein unbekannter Vogel. Nach Eggert Olafsson, der den verstümmelten Vogel sah, und seine pedes lobati hervorhebt, würde es ein *Phalaropus* sein (E. Olafsson, Reise pag. 985—986**). Mohr und Preyer nennen den Namen nach E. Olafsson, ohne etwas hinzufügen. Ich selbst habe den Namen niemals gehört. Von ‚lœkr', Bach, und ‚duðra' ein unbekanntes Wort. (‚Tuðra' bed. einen kleinen Beutel.)

---

*) Fr. Schiern, in den Annalen der Kgl. nordischen Gesellschaft (Annaler for nordisk Oldkyndighed 1858, pag. 10).

**) Dänische Ausgabe in 4°, 1772. Auch ins Französische übersetzt, 5 Bde, Paris 1802. 8°. — Deutsch, Kopenhagen und Leipzig 1774. 4°. Ein für seine Zeit ausgezeichnetes Werk.

lœkja-kráka, nach dem Naturforscher und Arzte Sveinn Pálsson († 1840) = *Rallus aquaticus*, von ‚lœkr' Bach, und ‚kráka', Krähe, ɔ: »Bachkrähe«. Sonst unbekannter Name.

máfr, ältere Form már, *Larus* in gen. — Bedeutung unsicher. Cf. sanskr. vâri, Wasser, und ein Meeresvogel, gr. λαρός, ein Meervogel [vgl. λαβρός], lat. larus (nicht bei Plinius) — lat. gavia (Plin.); provenz. gabian; franz. Mauve, Mouette, die Möve. — Norw. Maase, Maak, Maake; dän. Maage; schwed. Mäse, Mäka; far. mási, mäsi. — Compos. grá-máfr, hvít-máfr. V. svartbakr, veidi-bjalla.

Mar-gœs, margás, *Bernicla torquata*, Bechst., von ‚mar' = Meer, und ‚gœs', ‚gás' = Gans, ɔ: Meergans = hrotgœs, hrota. Alle diese Namen werden selten gehört, wenigstens auf dem Südlande.

Maríu-erla, *Motacilla alba*, Linn., als ‚máríatla' ausgesprochen. — Etymol. Die Jungfrau Maria, die im Norden an die Stelle der heidnischen Göttinnen gesetzt wurde; also »die erla der Maria«. Ein alter Vogelname ‚Friggjar ellda' ist vielleicht fehl geschrieben für Fr. erla oder ertla, »die erla (ertla) der Frigg«. ‚Erla' ist jetzt in Island unbekannt, aber ein Vogelname in den skandinavischen Ländern, und zwar ‚Motacilla' heisst norw. Erle, Linerle, schw. ärla, far. erla; deriv. v. sub. ‚hávella'; man braucht nicht eine Form ‚ertla' (was ein Diminutiv von arta-urt sein würde) anzunehmen.

músar-bródir, *Troglodytes parvulus*, Linn., von ‚mús', Maus (genit. ‚músar') und ‚bródir', Bruder, ɔ: Bruder der Maus, wegen der Kleinheit und der grauen Farbe.

músar-rindill, *Troglodytes parvulus*, Linn., von ‚mús', Maus, und ‚rindill', q. v.

1) mýri-skítr, 2) mýri-snípa, 3) mýri-spíta, *Gallinago scolopacina*, Bonap., 1) von ‚mýri', Moor, Morast, und ‚skítr' merda, analog mit ‚flóaskítr', q. v.; 2) von ‚mýri' und ‚snípa' Schnepfe, norw. ‚myrsnipa', in Schottland ‚mire snipe'; 3) von ‚mýri' und ‚spíta', Holzstück, oder ein kleiner Pfahl. Alle diese drei Namen sind mehr auf dem Ostlande

gebräuchlich als auf dem Südlande, wo ‚hrossagaukr' gebraucht wird.

'Odins-hani, *Phalaropus hyperboreus*, Linn., Bedeutet »Hahn des Odin«. Ein alter, jetzt auch allbekannter Name, aber in Norwegen und Schweden unbekannt; die Dänen haben ihn, wie ich vermuthe, von den Isländern geborgt. Heisst auch sundhani, torfgraþar-álpt und landþingsskrifari, doch sind alle diese Namen seltener.

Pétrskofa, die junge *Uria grylle*, Temm., gewöhnlich ‚teistu-kofa' oder schlechtweg ‚kofa'. Der Ursprung des Namens ist unbekannt; E. Olafsson*) vermuthet, dass sie so genannt wird nach St. Petri Tag den 22. Februar, wenn sie sich wieder dem Lande nähert. — Uebrigens wird der Name St. Petri — der als Fischer natürlicherweise bei Fischern populär werden musste — mit mehreren Naturkörpern in Verbindung gebracht; so heissen die Rocheneier ‚Pétrs-budda', der Beutel Peters, und ‚Pétrs-skip', Schiff oder Boot des St. Petrus. — Das Ovarium der Aega, das mit der Zeit steinhart wird, ist der Senkstein S. Petri: er begegnete auf der See einem Ungeheuer und warf den Senkstein nach ihm, dann wurde das Unthier in die Aega verwandelt und der Senkstein blieb in ihm sitzen; wer ihn besitzt, erhält alle seine Wünsche, und darum heisst die Aega ‚óskabjörn', ɔ: »Wünschelbär« (anal. mit »Wünschelruthe«). Diesen isländischen Namen haben die Franzosen**) aufgenommen und in verdrehter Form ‚oscabrion' auf Chiton übertragen.

raudbrystingr, *Tringa cinerea*, Linn., von ‚raudr', roth; ‚-brystingr' ist eine von ‚brjóst', Brust gebildete Adjectivform, ɔ: Rothbrust, ein Vogel mit rother Brust (die Sommertracht). Gemeiner Name.

rauddúfu-önd, *Anas penelope*, Linn., von ‚raudr', roth, ‚dúfa', Taube, und ‚önd', Ente, also etwa »Rothtaubenente«. Selbst habe ich den Namen niemals gehört.

---

*) Reise, pag. 558.

**) Deshayes in der »Encyclopédie methodique« und Cuvier in »Règne animal«.

r a u d h ö f d a - g r á ö n d, *Anas penelope*, Linn., von ‚raudr', roth, ‚höfda'. genit. von ‚höfdi', mit einem Kopfe, capitatus; ‚raudhöfdi' = der Rothköpfige; ‚gráönd' = graue Ente, also »rothköpfige graue Ente«. Auf dem Nordlande.

r i n d i l l, *Troglodytes parvulus*. Linn., gewöhnlich ‚músar-rindill'. Die Bedeutung von ‚rindill' ist unbekannt; es kommt einmal in einer Sage als Beiname vor. ‚Rindr' ist eine Göttin (der Erde) in der nord. Mythologie, ‚rindi' ist (auch heute) ein kleines Stück Erde.

r i t a, *Rissa tridactyla*, Linn., auch ‚ritsa' (wovon ‚Rissa'); Etymologie unbekannt. ‚Rita' ist der häufigste Name des allbekannten Vogels; alte Formen sind ‚ritr', ‚rytr'. Heisst auch ‚skegla'. Etymologisch verwandt ist vielleicht dän. ‚Rötter'; far. ‚Rita' und ‚Rida'.

r j ú p a, *Lagopus alpinus*, Nilss., entweder von ‚ropa', ‚rülpsen', von der eigenthümlichen Stimme, oder von ‚rípr', Berg (jetzt nur Ortsname; vermuthlich = ‚Rip' in ‚Ripaei' oder ‚Rhipaei', montes); also = Felsenvogel (Felsenhuhn) cf. ‚rupes' und ‚Rupicola'. — Das Männchen heisst ‚rjúp-karri', von der Lockstimme, norw. verbum ‚karra' = girren (von Lagopus), dän. ‚kurre' (von Tauben); in Island hat man keinen Ausdruck von diesem Laut; alte Form ‚rjúp-keri'. Norw. ‚Rjupa', schwed. ‚Ripa'.

s a n d l ó a, *Aegialites hiaticula*, Linn., und *Ae. minor*, M. & W., von ‚sandr', Sand, und ‚lóa', eine ‚lóa' des Sandes, die sich auf dem Sande der Küsten aufhält. Gemeiner Name.

s e f - ö n d, *Podiceps arcticus*, Boie, und *P. nigricollis*, Sundew., von ‚sef', Schilf, und ‚önd' Ente ɔ: »Schilfente«. Der häufigste Name, cf. f l ó a - s k í t r.

s e n d l i n g r, *Tringa maritima*, Brünn., von ‚sandr', Sand, und dem formativum -lingr, also ein »Sandbewohner«; oft fälschlich ‚selningr' (ein Wort ohne Sinn). In Skandinavien existirt kein etymologisch verwandter Name dieses allgemeinen Küstenvogels; aber ‚sanderling' ist der englische Name der in Island namenlosen *Calidris arenaria* (oder auch ein Collectivname für Küstenvögel überhaupt?).

skarfr, *Carbo*, in gen., norw. Skarv, schottl. scarf, schwed. Skarf, deutsch Scharbe; die latinisirte Form ‚Carbo' ist ebenso gut von einem dieser Namen gebildet, als aus ‚carbo' Kohle (wegen der schwarzen Farbe). Etymologie dunkel; ‚sker' ist eine Meeresklippe, niedrige Meeresfelsen, Scheere, also ein Vogel, der sich auf den Meeresfelsen aufhält. Die Composita sind díla-skarfr, topp-skarfr, útileger-skarfr. Heisst auch ‚hraukr', ‚hrókr' ‚hnuplungr'. (Diese letztgenannten Namen werden, so viel ich weiss, nicht mehr gebraucht. Die Scharbe ist hier ein ganz unschädlicher Vogel.

skegla, *Rissa tridactyla*, Linn.; Etymologie unbekannt (norw. ‚skjegla', schielen, scheint nicht zu passen.) Ein Wort des Westlandes, auf dem Südlande rita.

skítr, in den Compositis flóa-, flóð-, mýri-.

skógar-þröstr, *Turdus iliacus*, Linn., von ‚skógr', Wald, und ‚þröstr', Drossel, engl. thrush, also »Walddrossel«.

skrofa, *Puffinus anglorum*, Kuhl. Cf. gael. ‚scrabairé' = ‚Greenland dove'; gael. ‚scroban', Kropf der Vögel (demnach könnte ‚skrafr' verwandt sein ɔ: »Kropfvogel«). In Island bedeutet ‚skrof' lockeres Eis; der *Puffinus* aber macht sich Höhlen in die Erde, so dass sie ganz ausgehöhlt wird (honeycombed) und locker wie ‚skrof'. (*Mormon fratercula* hat auch diese Natur, ohne dass der Name so etwas andeutet.)

skúmr, *Lestris catarrhactes*, Linn; Etymologie dunkel — ‚skumi' oder ‚skúmi', masc., oder ‚skúm', neutr. = Dunkelheit, Finsterniss, cf. dän. ‚skummel', finster, düster; es würde einen dunkelfarbigen, düsteren Vogel bezeichnen. Norw. und schwed. ‚skum' ist auch Dunkelheit. (Das dän., norw., schwed. ‚skum' = Schaum scheint hier nicht zu passen.) Der systematische Name ‚skua' *) (*Catarrhactes skua*, Brünn.)

*) Weder in Norwegen, noch in Schweden hat man einen eigenen Namen für diesen Vogel, sondern er wird mit dem *Lestris parasitica* (Jo-Tyvjo) zusammengeworfen; der Name »skua«, der bei Einigen als norwegisch gelten soll, ist nur der von den Naturforschern veränderte Name und ist dem Volke unbekannt. Dies ist auch der Fall mit den dänischen Namen solcher hochnordischen Vögel.

ist entweder aus ‚skúmr' oder aus ‚kjói' entstanden. Composita: hafskúmr, hákarla-skúmr. — Ein geschwätziger Mensch, der Alles herausplaudert, heisst ‚kjapta-skúmr' (von ‚kjaptr' = Maul).

smirill, *Hypotriorchis aesalon*, Tunstall; bisweilen ohne Grund ‚smyrill' geschrieben. Es ist die ‚merula' der Römer (gewiss nicht der Zwergfalke; aber auch nicht bestimmt die ‚*Merula*' der neueren Zoologen) — von Festus von ‚merum' = solum abgeleitet (‚avis solivaga'); nach Klaproth ist ‚mari' armen. = Huhn. — Cf. deutsch »Merle«, engl., franz. merle, engl. merlin, franz. émerillon; das vorgesetzte s (in ‚smirill') ist nicht selten sowohl im Isländischen als in anderen Sprachen: so ‚Varinn'—‚Svarinn', ‚Vidrir'—‚Svidrir' (ɔ: Odin) — μικρός—σμικρός, μῆριγξ—σμῆριγξ, μῖλαξ—σμῖλαξ, etc.

snípa, Schnepfe, eng. snipe, nur in der Zusammensetzung ‚mýrisnípa'.

snjó-titlingr, *Montifringilla nivalis*, Linn., und *Plectrophanes lapponicus*, Linn., von ‚snjór', Schnee, und ‚titlingr', q. v. — Norw. ‚Snjo-titing'.

snjó-ugla, snœ-ugla, *Nyctea nivea*, Thunb., von ‚snjór', ‚snœr' = Schnee, und ‚ugla' = Eule; »Schnee-Eule«.

sól-skríkja, *Montifringilla nivalis*, Linn., von ‚sól' = Sonne und ‚skríkja' schreien; der gegen die Sonne (im Sonnenschein) schreit. Norw. ‚skrikja' = schreien; norw. skrikja, schwed. skrika = *Nucifraga caryocatactes*, Linn.; dän. ‚Sol-sort' = *Merula vulgaris*, Leach.

spíta, ein schmales Stück Holz, cf. deutsch »Spiess«. Nur in Compos. ‚mýrispíta'.

spói, *Numenius arcuatus*, Cuv., norw. Spoe, Spue, schwed. Spof, dän. Spove, cf. engl. ‚pee-wee', ‚pee-wit' (*Vanellus*), von der Stimme.

(stari, starri, *Sturnus*, Staar; alter Name, jetzt verschollen, weil nicht einheimisch).

steggr, Enten-Männchen, ausser der *Somatheria*, wo es ‚bliki' heisst; norw. Stegg, wird von mehreren Vögeln gebraucht: bei den Enten: Andarstegg, den Eidervögeln: Œdarstegg (in Island stets ‚œdarbliki'); den Gänsen: Gaasarstegg; den Schneehühnern: Rjupestegg.

stein-depill, *Saxicola oenanthe*, Linn., Steinschmätzer — von ‚steinn' Stein, und ‚depill' ein Punkt, ɔ: etwas Kleines. Auch in den skandinavischen Sprachen immer mit »Stein« zusammengesetzt: Norw. Steindolp (altn. ‚steindolfr') *), Steindylp, Steindepp, Steindibb, Steindupp, Steinjubb, Steinstert, Steinskjörp, Steinskit, Steinskvett; dän. Stenpikker, schw. Stensqvätta, etc.

stelkr, *Totanus calidris*, Linn., verwandt mit engl. stalk, stolz daher schreiten, von den langen Beinen. Die skandinavischen Namen dieses Vogels zeigen keine etymologische Verwandtschaft.

stokk-önd, *Anas boschas*, Linn., von ‚stokkr', eine schmale Wasserrinne oder Wassergraben, weil diese Ente sich vielfach auf den Torfgräben hält, cf. kíl-önd. Deutsch »Stockente«, dän. ‚Stokand', norw. ‚Stokkand', schwed. Stockand — das Subst. ‚Stokkr' hat nur im Isländischen die obenangeführte Bedeutung (ausserdem bedeutet es ein Kästchen, auch in Norwegen), aber nicht in den übrigen Sprachen, weshalb ich vermuthe, dass alle die mit ‚Stok' oder ‚Stock' gebildeten Namen dieser Entenart dem Isländischen, und zwar von Touristen, entnommen sein dürften. — V. blákolls-önd, gras-önd, gnenhöfða gráönd, kíl-önd. ‚Stokkönd' ist der häufigste Name.

stóra toppönd. *Mergus merganser*, Linn.; ‚stór' = gross, bed. »Grosse Haubenente«. v. gulönd.

straum-önd, *Clangula histrionica*, Linn., von ‚straumr' Strom, und ‚önd' Ente ɔ: Stromente. Häufiger Name; selten ‚brimdúfa', q. v.

---

*) ? Für ‚steinólfr', mit eingeschobenem d; aber ‚Steinólfr' (ohne d) war ein nicht seltener Mannsname. Steinólfr = Steinálfr ist ein Bewohner der Gesteine (also ein Riesen- und Zwergen-Name), und weil der Namenstheil ólfr und alfr in Island noch allgemein ist, so ist kein Grund anzunehmen, dass ‚Steindepill' eine aus ‚steindólfr' verderbte Form sei.

stuttnefja, *Uria Brünnichii*, Sab., von ‚stuttr' kurz und ‚nefja' (v. sub. ‚drumbnefja') ɔ: »Kurzschnabel«. cf. svartfugl.

súla, *Sula bassana*, Linn.; diese Form findet sich auch in der alten eddischen Nomenclatur der Vögel; norw. Sula, das gleichwerthig ‚svola' = svala (Schwalbe) sein soll; Cf. haf-súla, norw. Havsula ɔ: »Meerschwalbe«. — Ein anderes ‚súla' bedeutet »Säule«.

sund-hani, *Phalaropus hyperboreus*, Linn., von ‚sund' Schwimmen, und ‚hani' Hahn, also = »Schwimmhahn«. Ein seltener Name für 'Ođinshani.

svala, *Hirundo*, Schwalbe.

svanr, *Cygnus*, Schwan; gewöhnlich ‚álpt' oder ‚álft'.

svart-bakr, *Larus marinus*, Linn., von ‚svartr', schwarz, und ‚bakr', Formativum von ‚bak', Rücken, ɔ: »der Schwarzrückige.« Cf. máfr, veiđibjalla.

svart-fugl, »Schwarzvogel«, Collectivname der isl. Alken (*Uria*, *Mergulus* und *Alca*), begreift also in sich die Namen álka, drumbnefja, klumbunefja, langnefja langvía, haftirđill, stuttnefja und teista.

taum-önd, *Anas querquedula*, Linn., von ‚taumr', Zaum, und ‚önd', Ente, ɔ: »Zaumente«, wegen des weissen Streifens (Zaumes) über dem Auge.

teista, *Uria grylle*, Linn., alte Form ‚þeisti', norweg. Teiste; Etymol. unbekannt. Von Martens (in der »Reise nach Spitzbergen«, Hamburg 1645) »grönländische Taube« genannt, cf. ‚skrofa'. — Die junge teista heisst ‚teistu-kofa' und ‚Pétrs-kofa', s. d. und ‚kofa'.

tildra, *Strepsilas interpres*, Linn., vermuthlich eine Femininform zu ‚tjaldr', indem die Leute diesen als das Männchen, jenen als das Weibchen betrachteten. Das Verbum ‚tildra' bedeutet »aufthürmen«, neutr. ‚tildr' ein loses Aufeinanderlegen, und von diesem sollte dann das Femininum ‚tildra' hervorgegangen sein — es würde dann in einem Ideenzusammenhang mit ‚*Strepsilas*' stehen, Steinwälzer, dän.

Stenvender, norw. Stenvælter; wie aber diese Etymologie von ‚tildra' ganz unsicher ist und nur eine Proposition, so muss ich auch gestehen, dass ich niemals irgend einen Strandvogel die Steine wälzen gesehen habe — es kann aber ganz zufällig geschehen, dass die Vögel überhaupt — die tildra gar nicht mehr als andere Strandvögel — kleine Steine mit dem Schnabel oder den Füssen bewegen. Der Schnabel des *Strepsilas* ist nicht stärker als bei *Haematopus* z. B., wenn aber die Namensform ‚tildra' wirklich ein Feminin zu ‚tjaldr' ist, dann fällt alle diese Etymologie weg, denn über die Form ‚tjaldr' kann man nicht auf diese Weise etymologisiren. — Der Vogel und sein Name ist übrigens in Island überall bekannt.

titlingr, ein gemeinschaftlicher Name für die kleinen *Crassirostres*: *Plectrophanes lapponica*, Meyer, *Montifringilla nivalis*, Linn., *Linaria alnorum*, Chr. L. Br., sammt *Anthus pratensis*, sowohl einfach gebraucht, als auch in den Zusammensetzungen ‚snjó-titlingr', ‚auđnu-titlingr', ‚þúfu-titlingr' und ‚grá-titlingr'. Das Wort soll vermuthlich ein Pfeifen ausdrücken, isl. ‚tísta', norw. ‚tita' = pfeifen, zwitschern (von Vögeln), norw. subst. ‚Tita' ein kleiner Vogel; im Isl. bildet die Endung ‚-lingr' die Diminutiv-Form. Engl. ‚Tittle' = Pünktchen, ‚Tittling' = Meise. Dass die Isländer jeden kleinen Vogel, der nicht Schwimm- oder Sumpfvogel ist, ‚titlingr' nennen, wie Preyer bemerkt (»Reise nach Isl.«, 1860, Lpzg., 1862, pag. 394), ist nicht wahr; wer würde z. B. die *Motacilla* so nennen? oder die *Saxicola*?

tjaldr, *Haematopus ostralegus*, Linn., norw. Tjeld, Kjell, Kjeld; schwed. Tjäll, Tjeld. Von der Etymologie lässt sich nichts sagen, wenn man den Namen nicht zu ‚tildra' hinzieht und so einen Kreislauf macht. Der Name ‚tjaldr' ist alt; aber weder das Verbum noch das Substantivum ‚tildra' finden sich in den alten Schriften; demnach würde ‚tildra' von ‚tjaldur' abzuleiten sein, nicht umgekehrt — aber leider sind die Worte Goethe's wahr: »Das Wenigste dessen, was geschah und gesprochen worden, ward geschrieben.«

topp-skarfr, *Carbo graculus*, Linn., von ‚toppr', Haube und ‚skarfr', ɔ: »Haubenscharbe«. v. hraukr, hrókr.

topp-önd, der gewöhnliche Name von gen. *Mergus*, von ‚toppr' Haube und ‚önd' ɔ: »Haubenente«. v. gulönd, litla topp önd, stóra topp önd.

torfgrafar-álpt. *Phalaropus hyperboreus*, Linn., von ‚torf' = Torf, ‚grafar', genit. von ‚gröf', Graben, und ‚álpt', ein Schwan, also »der Schwan der Torfgräber«, auf dem Westlande; sonst ‚Odinshani'. Launige Ausdrücke des Volkswitzes.

ugla, Eule, wird sowohl die *Nyctea nivea*, wie auch die seltene *Brachyotus palustris*, Forster, genannt. Die erstere heisst auch mehr speciell ‚snæ-ugla', ‚snjó-ugla', q. v.

urt, urt-önd, *Anas crecca*, Linn., alte Form auch urt, arta, ört; Schwed. årta. Kein norwegischer Name stimmt hiermit überein. ‚Urt' heisst auch das Weibchen des Seehundes. — ‚Urt' bedeutet auch Pflanze, altdeutsch ‚wort', angels. ‚vyrt' — cf. »Wurzel«.

útilegu-skarfr, *Carbo cormoranus*, Linn., von ‚útilega', Aufenthalt in dem Freien, von Strassenräubern und Geächteten, und ‚skarfr'; Bed. demnach »Raubscharbe«; auch díla-skarfr, am häufigsten aber sagt man nur ‚skarfr'.

valr, *Falco gyrfalco*, auct.. ein altes Wort, bisweilen auch jetzt für das gewöhnliche ‚fálki' gebraucht. Im Jahre 1280 wurden die isländischen Falken für ein Regale von dem Könige erklärt, und seitdem wurde die Falkenjagd durch eigene Jäger getrieben, besonders im 17. und 18. Jahrhunderte. Kleine Hütten, wovon noch an einigen Stellen die Reste vorhanden sind, wurden an hohen Stellen aufgeführt, und dort lauerte der Jäger den Falken auf. Diese dänischen Falconniere hausten zumal auf dem Westlande, die Isländer selbst nahmen keinen oder wenigen Antheil daran *), und unter den unzähligen gedruckten und ungedruckten isländischen Schriften allerlei Inhalts existirt nicht ein einziges

*) Ich rechne nicht die gemeinen, für Geld gedungenen Leute, welche die Falkenjäger zu Hilfe nehmen.

in dieser Richtung. In der Nähe von Reykjavík ist auf einer Anhöhe eine Ruine von einer Falkenhütte; die ganze Anhöhe wird noch jetzt ‚valhús' (Falkenhaus) genannt; sonst sind verschiedene Ortsnamen mit ‚Val' zusammengesetzt, ohne dass man sagen kann, ob sie von dem Vogel valr, oder von dem Menschennamen Valr und Vali abzuleiten sind; doch gewiss von ‚valr', *falco* in ‚Valafell' = Falkenberg, im wilden Bergcomplex auf dem Südlande, ‚Valshamar' (Falkenfels) auf dem Westlande; ‚Vala-hnúkr' (auch = Falkenfelsen) heisst der Felsen, worauf der Leuchtthurm steht, ein von ewiger erderschütternder Brandung gepeitschter Lavablock.

Die Bedeutung des Wortes ‚valr' ist dunkel, je nachdem man es als ein selbständiges Wort nimmt, oder es wird in eine Beziehung zu ‚valr' = die im Kampfe Gefallenen gebracht. Ist es ein selbständiges Wort, so muss der Ursprung in einer anderen, wahrscheinlich orientalischen Sprache gesucht werden. Ist es aber rein nordisch, wie der Vogel selbst, so muss es, wie ich glaube, in Verbindung mit ‚valr', die Gefallenen, gebracht werden. ‚Valr' ist vom Verbum ‚velja', wählen; nach der nordischen Mythologie theilten Odin und Freyja den Kampfplatz unter sich, so dass die Hälfte der Gefallenen dem Odin, die andere Hälfte der Freyja zufiel, es waren die »Ausgewählten«, der ‚valr'. Darum heisst auch der Kampfplatz selbst ‚valr', wie auch im Deutschen »Wahlplatz«, »Wahlstatt« (-stätte) — in der altnord. Sprache existirt ein Wort ‚valfugl' ɔ: Vogel des ‚valr', was einen Raubvogel bedeuten muss. Im Norden wurden die Raubvögel (Adler, Falken) als constante Begleiter der Kämpfe und der Streite betrachtet, und zwar sehr unkritisch, indem man keinen Unterschied zwischen aasfressenden und von lebendigen Thieren sich nährenden Vögeln machte, sondern nur die Raschheit, die Schnelligkeit, die Wildheit und das äussere Aussehen ins Auge fasste und deswegen auch den Raben als Raub- und Kampfvogel aufstellte. Valfugl könnte also sowohl Adler und Raben, als einen Falken bedeuten. Demnach müsste ‚valr' als eine verkürzte Form angenommen werden, oder das ‚valr' = Wahlplatz wurde auf den Vogel übergetragen.

vatns-önd, *Mergus merganser*, Linn., von ‚vatn', Wasser, und ‚önd' ɔ: »Wasserente«; wird selten gebraucht.

veidi-bjalla, *Larus marinus*, Linn., von ‚veidi' Jagd, Jagen, und ‚bjalla', eine Schelle oder Glocke, vermuthlich wegen der gellenden Stimme des Vogels. Ein allgemeiner Name, auch svartbakr.

vepja, *Vanellus cristatus*, Linn., ein erst in neuerer Zeit aufgekommener Name, wahrscheinlich von dem norweg. schwedischen ‚vipa' (dän. Vibe, deutsch Kiebitz), das in vielen Strandvogelnamen vorkommt (Kovipa, Strandvipa). Cf. ísakráka.

vía, in ‚lang-vía' und ‚hring-vía', von unbekannter Bedeutung. ‚Vía' heisst die Larve der *Musca vomitoria*, ? von der wogenden Bewegung der Würmer.

þeisti, auch þeist, alte Form für teista, q. v.

þerna, *Sterna argentata*, Naum., = norw. ‚Terna', schwed. ‚Tärna', Deutsch »Dirne«; wird jetzt immer ‚kría' genannt; ‚þerna' ist ein älterer Name, jetzt nur in den Ortsnamen Þern-ey und Þernu-nes, wo viele Seeschwalben sich aufhalten. Von ‚Terna' (das auch in das Englische als ‚Tern' hineingewandert ist) ist der Systemname *Sterna* gebildet (nach Cuvier in dem »Règne animal« von Voigt, Bd. 1, 923).

þerrri-kráka, *Colymbus septentrionalis*, Linn., von ‚þerrir', Dürre, und ‚kráka', Krähe, »Krähe der Dürre«, Vorbote trockenen Wetters. Nach Sveinn Palsson. Wird jetzt niemals gehört.

Þórs-hani, *Phalaropus fulicarius*, Linn., Bed. »Hahn des Thor«. Jetzt ein allbekannter Name.

þröstr, Drossel; norw.-schwed. ‚Trast', engl. ‚thrush'; nur im Composit. skógar-þröstr. — In alter Zeit ein (seltener) Mannsname, davon der Ortsname Þrastar-hóll (auf dem Nordlande).

þúfu-titlingr, *Anthus pratensis*, Linn., von ‚þúfa', kleine Erhöhung der Erde, und ‚titlingr', Sperling oder ein kleiner Vogel (s. d.); wird auch ‚grátitlingr' genannt.

æðr, æðarfugl, *Somatheria mollissima*, Linn., in einigen Gegenden ‚æðifugl‘, alte Form æð, æðr, norweg. ‚æd‘, ‚ædarfugl‘, ‚ærfugl‘, ‚ærefugl‘. Etymologie und Bedeutung unbekannt. ‚Æð‘, ‚æðr‘ bedeutet eine Ader (vena), in Norwegen eine Wasserader oder einen kleinen Bach; wie man aber dies mit dem auf dem Meere sich aufhaltenden Vogel in Einklang bringen könnte, bleibt mir unverständlich: wenn nicht in früherer Zeit die Vögel auf den Flüssen sich aufgehalten, und erst später wegen der Ansiedlungen der Menschen und der Verfolgungen das Meer als Heimat ausgesucht haben; dann mochten sie auch die Gewohnheit, sich in der wilden Meeresnatur bewegen zu können, bekommen haben, und in der That kann man aus den alten Sagen ersehen, dass in Island, als die ersten Ansiedler ankamen, und während der Friede der Natur über der Insel herrschte, die Flüsse voll von Enten waren, was Alles jetzt von den Menschen verscheucht worden ist. (Man könnte hier an die poetischen Linien erinnern, womit Alexander von Humboldt die Vorrede zur ersten Ausgabe der »Ansichten der Natur« geschlossen hat). Könnte man nun ‚æðr‘ als Wasserader deuten (eine Bedeutung, die jedoch nicht in der alten Sprache zu finden ist, obwohl ‚vatnsæð‘ = Wasserader in dem Isländischen heutzutage existirt), so würde das Wort ‚æðarfugl‘ eine ähnliche Bedeutung haben wie ‚stokkönd‘ und ‚kílönd‘. Von den isländischen und norwegischen Namen sind die dänischen, schwedischen, deutschen und englischen abgeleitet: Ederand, Ederfugl, Ejder, Ejdergås, Eiderente, Eiderduck. — Die Composita hiervon sind:

æðar-kóngr, *Somatheria spectabilis*, Linn., Bedeut. Eider-König.

æðar-bliki, das Männchen,

æðar-kolla, das Weibchen,

æðar-ungi, das Junge,

æðar-varp, das Brüten und die Brutplätze der Eiderente,

æðar-dúnn, Eiderdunen.

önd, *Anas* in gen., Composita: blákolls-önd, bles-önd, brim-önd, dugg-önd, dúk-önd, grá-önd, graf-önd, gras-önd, grœnhöfða-gráönd, gul-önd, hrafns-önd, hús-önd, kíl-önd, rauddúfu-önd, rauðhöfða-gráönd, sef-önd, stokk-önd, straum-önd, taum-önd, topp-önd, urt-önd, vatns-önd, litla gráönd. Ausser diesen Entennamen werden folgende mir unbekannte Namen aufgeführt in Mohr, »Naturgeschichte Islands«, 1786 (auch ihm unbekannt): dverg-önd (Zwerg-Ente), Hver-önd (Quellen-Ente), langvíu-önd, mýr-önd (Moor-Ente), star-önd (Riedgras-Ente); ausserdem: rauðhöfða - önd (rothköpfige Ente), das er auf die von ihm einmal gesehene *Fuligula ferina* bezieht.

örn, *Aquila* in gen., spec. *Haliaëtus albicilla*, Linn. — Alte Form ‚ari', wovon muthwillig ‚assa' gebildet wird, als ein Spottname.

Aegialites
hiaticula, sandlóa.
minor, sandlóa.
Alca, álka.
(*impennis*, geirfugl).
torda, álka, drumbnefja, drunnefja, (hringvía), klumbunefja. — Svartfugl.
Anas, önd.
boschas, blákollsönd, grœnhöfða gráönd, kíl-önd, stokkönd.
acuta, grafönd, gras-önd. langvíu gráönd.
crecca, urt, urtönd.
penelope, rauddúfu-önd, rauðhöfða gráönd.
querquedula, taumönd.
strepera, litla gráönd.
Anser, gœs, gás.
albifrons, grágæs.
segetum, grágœs.
Anthus
pratensis, grátitlingr, þúfutitlingr.
Ardea
cinerea, hegri.
Bernicla
leucopsis, helsingi.
torquata, helsingi, margœs, hrotgœs, hrota.
Brachyotus
palustris, ugla.
Calidris
arenaria .....
Carbo, skarfr.
cormoranus, dílaskarfr, útileguskarfr (hnuplungr).

graculus, hraukr, hrókr, toppskarfr.
Charadrius
pluvialis, lóa, heiðló (heilóa).
Clangula
histrionica, brimdúfa, brimönd, straumönd.
islandica, húsönd.
(*Columba*, dúfa)
Colymbus
glacialis, himbrimi, brúsi.
septentrionalis, lómr (þerrikráka).
Corvus
corax, hrafn, krummi.
corone, kráka.
cornix, kráka.
Cygnus, álpt, álft, svanr.
minor, álpt, álft, svanr.
musicus, álpt, álft, svanr.
Falco
gyrfalco, fálki, valr, (haukr).
Fulica
atra, blesönd.
Fuligula
(*ferina*, rauðhöfða-önd).
marila, duggönd, dúkönd.
(*nyroca* .....).
Gallinago
scolopacina, hrossagaukr, mýriskítr, mýrisnípa, mýrispíta.
Gallinula
chloropus .....
Haematopus
ostralegus, tjaldr.
Haliaëtus
albicilla, örn.
Harelda
glacialis, fóella, hávella.
Hirundo, svala.
rustica, svala.
urbica, svala.
Hypotriorchis
aesalon, smirill.
Lagopus
alpinus, rjúpa, rjúpkarri.
Larus, máfr.
glaucus, hvítmáfr, hvítfugl, grámáfr.
leucopterus, hvítmáfr, hvítfugl, grámáfr.
marinus, svartbakr, veiðibjalla, kaflabringr.
Lestris
Buffoni .....
catarrhactes, skúmr, hafskúmr, hákarla-skúmr.
parasitica, kjói.
pomarhina, kjói.
Limosa
aegocephala, jaðrakan.
Linaria
alnorum, auðnu-titlingr.
Mergulus
alle, haftirðill.
Mergus, toppönd.
merganser, gulönd, stóra toppönd, vatnsönd.
serrator, litla toppönd.
(*Merula*
vulgaris, ...)

Montifringilla
nivalis, snjótitlingr, sólskríkja.
Mormon
fratercula, lundi, prestr, prófastr, lunda-prófastr, lunda-kofa.
Motacilla
alba, Maríu-erla, máríatla.
Numenius
arcuatus, spói.
phaeopus, spói.
Nyctea
nivea, ugla, snœugla.
Oidemia
nigra, hrafnsönd.
(*Pagophila*
eburnea, hvítmáfr?)
Phalaropus
fulicarius, Þórshani.
hyperboreus, Odinshani, sundhani, torfgrafarálpt, landþingsskrifari.
Plectrophanes
lapponicus, snjótitlingr.
Podiceps
(*rubricollis* .....).
arcticus, sefönd.
nigricollis, flórgodi, flóra, flóaskítr, flódskítr, sefönd.
Procellaria
glacialis, fýlungi, fýlungr, fýlingr, fíll, (líni, líninn).
Puffinus
anglorum, skrofa.
Rallus
aquaticus, keldusvín, lœkjakráka.
Rissa
tridactyla, rita, ritsa, skegla.
(*Ruticilla*
tithys .....).
Saxicola
oenanthe, steindepill.
Somatheria
mollissima, œdr, œdarfugl, œdar-bliki, œdarkolla.
spectabilis, œdarkóngr.
Sterna
argentata, kría, þerna.
Strepsilas
interpres, tildra.
(*Sturnus*
vulgaris, stari, starri).
Sula
bassana, súla, hafsúla.
Thalassidroma
pelagica, drúdi.
Leachii .....
Totanus
calidris, stelkr.
Tringa
alpina. lóuprœll, heiðarlœpa.
cinerea, raudbrystingr.
maritima, sendlingr.
(*Schinzii* .....)

Troglodytes
parvulus, rindill, músar-rindill, músar-bróðir.
Turdus, þröstr, (hrísihvísla).
iliacus, skógar-þröstr.
(*pilaris* .....).
Uria
Brünnichii, stutt-nefja. } svart-fugl.
grylle, teista, teistu-kofa, Petrs-kofa. } svart-fugl.
troile, langvía, lang-nefja. } svart-fugl.
rhyngvia, hringvía.

Vanellus cristatus, ísa-kráka, vepja.

Die bisweilen in diesem Verzeichnisse genannte »eddische Nomenclatur« ist eine auf Pergament im 13. Jahrhunderte verfasste und eddischen Abhandlungen einverleibte Aufzeichnung von 118 Vogelnamen, wovon 2 als nur »Flugthiere« ausfallen, nämlich die Wespe und die Fledermaus. Von den übrigen sind etwa 50 unverändert und gemein in Island; die anderen sind theils unbestimmbar und theils Namen von nichtnordischen Vögeln.

III. Bericht

über das

permanente internationale ornithologische Comité und ähnliche Einrichtungen in einzelnen Ländern.

von

Dr. R. Blasius, Präsident.

Dr. G. von Hayek, Secretär.

Auch in den verflossenen beiden Jahren 1886 und 1887, auf die sich der diesmalige Bericht bezieht, hat die Thätigkeit unseres Comité's, Dank der Unterstützung der hohen Regierungen und zahlreicher Ornithologen der ganzen Erde sich weiter und weiter zur Förderung der ornithologischen Wissenschaft ausdehnen können und es ist eine angenehme Pflicht der Unterzeichneten, Jedem, der die Bestrebungen des Comité's unterstützte, den schuldigen Dank auszusprechen.

In Betreff der einzelnen Länder ist Nachfolgendes zu berichten:

1. Argentinische Republik.

Die Regierung der Republik bewilligte dem Comité einen monatlichen Beitrag von 20 Pesos Nacionales in Gold.

Dr. H. Burmeister übersendet: Atlas de la description physique de la République Argentine. 3me livraison, »Osteologie der Gravigraden«, I. Abth.« »Scelidotherium und Mylodon« sammt Text und »Supplement zu den Ohrenrobben.«

2. Barbados.
(Britisch West-Indien.)

Dr. C. D. Manning auf Westwood sandte ornithologische Beobachtungen ein, die demnächst zur Veröffentlichung in der Ornis gelangen werden.

3. Belgien.

König Leopold II. geruhte die Ornis entgegenzunehmen.

Das Mitglied des Comité's, Dr. Alfons Dubois in Brüssel, übersandte »Compte rendu des observations ornithologiques faites en Belgique pendant l'anné 1885.« Separatabdruck aus dem »Bulletin du Musée royal d'Histoire naturelle de Belgique.«

4. Bolivien.

Ein Nekrolog unseres verstorbenen Mitgliedes, Dr. Eugen von Boeck wurde in der Ornis, 1886, Seite 432 u. ff. veröffentlicht, verfasst von B. Rivas und R. Reinecke.

5. Bosnien.

Der Prior des Jesuiten-Collegiums und Director des erzbischöflichen Gymnasiums in Trawnik, P. Alexander Hoffmann, organisirt ornithologische Beobachtungen in Bosnien.

6. Brasilien.

Dr. Hermann von Ihering, in Rio Grande do Sul, wurde zum Mitgliede des Comité's ernannt.

Das Mitglied des Comité's Baron von Thérésopolis starb zu Paris am 14. Juli 1885 (Nekrolog siehe Ornis III, Seite 158.)

Der brasilianische Gesandte und bevollmächtigte Minister in Lissabon, Baron Carvalho-Borges, unterbreitete die Ornis dem Kaiser Pedro II.

Das Mitglied des Comité's, Dr. Hermann von Ihering in Rio Grande, übersendet sein Werk »Die Vögel von Taquara« und einen Aufsatz über »Ornithologische Forschung in Brasilien«, der in diesem Hefte veröffentlicht wurde.

7. British-Burma.

Vom Chief-Commissioner wurden Leuchtthurmbeobachtungen an das Comité eingesandt.

8. Canada.

Das Mitglied des Comité's, Baron Alexander Milton-Ross in Toronto, macht demselben eine prachtvolle Sammlung von Vögeln und Eiern aus Canada zum Geschenke.

Das Canadian Institute in Toronto bittet um Schriftentausch, welches Anerbieten angenommen wird.

9. Cap-Land.

Dr. Langfort in Calitzdorp verspricht ein Verzeichniss der südafrikanischen Vögel einzusenden.

Das Mitglied unseres Comité's, Herbert Oakley, verschied zu Cape-Town am 14. November 1884. (Nekrolog siehe Ornis III, Seite 159 und 160.)

Pastor W. Beste in Stutterheim sandte mehrfach ornithologische Notizen und eine kleine Sammlung von Vogelbälgen.

E. W. Clifton in Keiskama-Hoek sandte ornithologische Notizen, die demnächst in der Ornis veröffentlicht werden.

10. Ceylon.

Lewis in Balangoda avisirt die Absendung eines Artikels für die Ornis.

11. Chili.

Dr. R. A. Philippi in Santiago sandte eine »Ornis der Wüste Atakama und der Provinz Tarapacá«, die demnächst zur Veröffentlichung gelangen wird, und eine Beschreibung der Reise nach der Provinz Tarapacá von Professor Friedrich Philippi (aus dem 4. Hefte der Verhandlungen des »deutschen wissenschaftlichen Vereines zu Santiago«).

12. China.

Das Mitglied des Comité's für Korea, Capitän Friedrich Wilhelm Schulze, übersiedelte von Jen-Chuan nach Port Arthur in China.

13. Cypern.

Der Chief Collector of Customs in Larnaca sandte wiederholt auf den cyprischen Leuchtthürmen angestellte ornithologische Beobachtungen in griechischer Sprache ein. Da sich das Mitglied unseres Comité's für Griechenland, Dr. Theobald Krüper in Athen, bereit erklärte, die Bearbeitung dieser Beobachtungen zu übernehmen, so wurden dieselben diesem Herrn übermittelt.

Dasselbe geschieht durch den Chief Secretary J. Warren in Mount Iroodos.

Dasselbe geschieht durch den Chief Secretary Herrn Bennett.

14. Dänemark.

Das königl. Ministerium des Cultus und öffentlichen Unterrichtes bewilligte dem Comité für die Jahre 1886 und 1887 je 500 Kronen.

König Christian IX. geruhte die Ornis entgegenzunehmen.

Der zweite Jahresbericht für 1884 von Professor Chr. Fr. Lütken wurde in Ornis II, Seite 40 u. ff., der dritte Jahresbericht für 1885 von Oluf Winge in Ornis II, Seite 551 u. ff. abgedruckt.

15. Deutschland.

Der Botschafter Prinz Heinrich VII. Reuss unterbreitet die Ornis dem deutschen Kaiser, König von Preussen, Wilhelm I.

Das Mitglied unseres Comité's Staatsrath Professor Dr. Maximilian Braun übersiedelte von Dorpat nach Rostock.

Der Ausschuss für Beobachtungsstationen der Vögel Deutschlands hat den Bericht pro 1884 vollendet, derselbe ist erschienen in Cabanis, Journal für Ornithologie, Aprilheft 1886 von Seite 129—388 und enthält die Notizen von 113 Beobachtern; der Bericht pro 1885 ist jetzt im Drucke fertiggestellt und erscheint im Octoberheft 1887. Derselbe bringt die Notizen von 305 Beobachtern und ausserdem eine Verbreitungskarte der drei deutschen Krähenarten, *C. corone, cornix* und *frugilegus* von P. Matschie zusammengestellt. Mit der Zusammenstellung des Berichtes pro 1886 wird demnächst begonnen werden, die Anzahl der Beobachter ist darin auf über 500 gestiegen. Auf diese Weise ist jetzt ein sehr reiches und werthvolles Material zusammengebracht, das von den einzelnen Mitgliedern des Ausschusses nun zur Herstellung der Verbreitungskarten der deutschen Vögel weiter verwandt werden wird. Die Herren Schalow und

Hartwig legten ihre Stellungen im Ausschusse nieder und wurden durch die Herren Bünger und Wacke in Berlin ersetzt.

Unser Mitglied E. F. von Homeyer, übermittelte uns eine deutsche Bearbeitung der »Ornithologischen Beobachtungen auf einer Reise im nordwestlichen Russland gesammelt von W. Meves«, mit eigenen kritischen Bemerkungen. (Veröffentlicht in Ornis 1886, Seite 181 u. ff.)

Aus den einzelnen Bundesstaaten ist Folgendes zu berichten:

a) Baden.

Das grossherzogliche Ministerium der Justiz, des Cultus und Unterrichtes gewährt dem Comité für die Jahre 1886 und 1887 je eine Subvention von 300 Mark.

b) Bayern.

König Ludwig II. nahm die Ornis huldvollst entgegen, ebenso geruhte der Prinz-Regent Luitpold dieselbe gnädigst entgegenzunehmen.

c) Braunschweig.

Wie bisher hat die Kammer-Direction der Forsten die Einsendung der ornithologischen Beobachtungen der Forstbeamten vermittelt.

d) Elsass-Lothringen.

Das kaiserliche Ministerium bewilligte dem Comité auch für 1886 und 1887 je eine Subvention von 200 Mark.

e) Lippe-Detmold.

Auch für 1886 und 1887 wurden seitens der Fürstlich Lippe'schen Forstdirection ornithologische Beobachtungen der dortigen Forstbeamten eingesandt.

f) Oldenburg.

Das Comité beglückwünschte Herrn C. F. Wiepken, Director des naturhistorischen Museums in Oldenburg, zu seinem 50jährigen Dienstjubiläum.

g) *Preussen.*

Das königliche Lootsen-Commando in Wilhelmshaven schickt auf dem dortigen Leuchtthurme angestellte Beobachtungen ein.

Regelmässige Leuchtthurmbeobachtungen von der Ost- und Nordsee gingen ein.

h) *Königreich Sachsen.*

König Albert geruhte die Ornis entgegenzunehmen.

Die königliche Regierung bewilligt dem Comité für weitere 3 Jahre je eine Subvention von 300 Mark.

i) *Sachsen-Altenburg.*

Herzog Ernst geruhte auf die Ornis zu abonniren.

k) *Sachsen-Coburg und Gotha.*

Herzog Ernst II. geruhte die Ornis entgegenzunehmen.

Prinz Ferdinand wandte dem Comité eine Subvention von fl. 100 zu.

Prinz Ferdinand vermittelte im Interesse des Comité's die Unterstützung des Kaisers von Brasilien und des Königs von Portugal.

Weitere ornithologische Beobachtungen der herzoglichen Forstbeamten wurden eingesandt.

l) *Württemberg.*

König Karl I. geruhte die Ornis entgegenzunehmen.

Das königliche Ministerium für Kirchen- und Schulwesen bewilligte dem Comité für 1887 die Summe von 200 Mark.

16. Egypten.

Alfred Kayser in Cairo sandte ornithologische Beobachtungen ein, die demnächst zur Veröffentlichung gelangen werden.

17. Frankreich.

Die Société d'Etudes Scientifiques in Angers tritt bezüglich der Publicationen mit dem Comité in ein Tauschverhältniss.

Das Mitglied des Comité's, Jean François Lescuyer in St.-Dizier, übersendet für die Bibliothek des Comité's seine Arbeit »Les étangs de Baudonvilliers«.

Wallon in Vichy widmet der Bibliothek des Comité's die von ihm herausgegebene Zeitschrift »La Volière«.

Am 26. September 1887 starb das Mitglied unseres Comité's, J. Fr. Lescuyer in St.-Dizier. Ein Nekrolog, zusammengestellt von G. von Hayek wurde in der Ornis veröffentlicht (siehe dieses Heft IV, 1887.)

18. Gibraltar.

Vom Leuchtthurmaufseher wurden Leuchtthurmbeobachtungen für Frühjahr 1886 eingesandt.

19. Grossbritannien und Irland.

Vom englischen ornithologischen Beobachtungs-Ausschuss wurden die Reports on the migration of birds für 1885 und 1886 übersandt.

20. Helgoland.

H. Gätke, Mitglied unseres Comité's, sandte den II. und III. Jahresbericht (1885 uud 1886) über den Vogelzug auf Helgoland (siehe Ornis 1886, Seite 101 u. ff., und 1887, Seite 304 u. ff.)

21. Indisches Kaiserreich.

Der Gouverneur von Madras, Rt. Hon. M. E. Grant-Duff, hat die Beobachtungen für das internationale ornithologische Comité Herrn W. Davison übertragen, der alles Nöthige veranlasste und mit den erforderlichen Formularen versehen wurde.

Das Gouvernement von Bombay schickte auf den dortigen Leuchtthürmen angestellte ornithologische Beobachtungen und Köpfe und Flügel von Vögeln ein, die sich an den Leuchtthürmen durch Anprallen erschlugen.

Colman Macauly, Secretär des Gouvernements Bengalen schickte auf den dortigen Leuchtthürmen angestellte, ornithologische Beobachtungen ein, ebenso der Official Under Secretary L. P. Shirres, Esq.

22. Island.

Das Verzeichniss der Vögel Islands von dem Mitgliede unseres Comité's, Benedict Gröndal in Reykjavik, wurde in der Ornis 1886, Seite 355 u. ff. veröffentlicht, ebenso der erste ornithologische Jahresbericht von 1886, ebenda Seite 601 u. ff. Weitere Arbeiten desselben Autors sind eingelaufen und in diesem Hefte publicirt. Ausserdem vermittelte B. Gröndal Leuchtthurmberichte und ornithologische Beobachtungen von P. Nielsen aus Eyrarbakki (siehe Ornis, 1886, Seite 429 u. ff., und 1887, Seite 157.)

23. Italien.

König Humbert I. geruhte die Ornis entgegenzunehmen.

Das Mitglied des Comité's, Graf Thomas Salvadori in Turin, übermittelte für die Bibliothek des Comité's »Elenco degli Ucelli Italiani«.

24. Japan.

St. Pryer in Yokohama schickt »Blakiston und Pryer, Birds of Japan« für die Bibliothek des Comité's und ornithologische Notizen, und stellt weitere in Aussicht.

25. Kongostaat.

Holman Bentley, Secretär der Baptist Missionary Society in London, berichtet, dass der Missionär Hr. Baynes es übernommen habe, im Kongostaate ornithologische Beobachtungen in's Leben zu rufen und dem Comité zu übermitteln.

26. Malacca (Strait-Settlements.)

Der Colonial Secretary in Singapore meldet, dass von den Leuchtthürmen der Colonie aus niemals Vögel gesehen werden.

27. Malta.

Emilio de Petri, Acting Chief Secretary des Gouvernements in Valetta übermittelte auf den maltesischen Leuchtthürmen angestellte ornithologische Beobachtungen.

28. Marokko.

Ein Leuchtthurmbericht aus Cap Spartel von Gumpert wurde eingesandt.

29. Mexiko.

Seitens des Ministeriums der Landwirthschaft, Colonien, Industrie und des Handels wurden regelmässig Leuchtthurmbeobachtungen eingesandt, denen häufig die getödteten Vögel beigegeben waren.

30. Natal.

Colonel James Henry Bowker in D'Urban verspricht im Interesse des Comité's zu wirken und sendet Leuchtthurmbeobachtungen ein.

Derselbe wird zum Mitgliede des Comité's für Natal cooptirt.

31. Neu-Guinea.

Dr. Otto Finsch in Bremen wurde zum Mitgliede des Comité's für Neu-Guinea und Polynesien ernannt und sandte eine Sammlung von Seeschwalben-Eiern von Diego Garcia ein, die gemeinschaftlich von ihm und Dr. R. Blasius bearbeitet wurden (siehe Ornis 1887, Seite 361 u. ff.)

32. Neu-Seeland.

Ornithologische Leuchtthurmbeobachtungen wurden eingesandt.

Das Mitglied unseres Comité's, Dr. J. von Haast, starb am 16. August 1887 (siehe Nekrolog, Ornis III, p. 582.)

33. Niederländisch-Indien.

Das Mitglied des Comité's, Dr. Adolf Wilhelm Vorderman in Batavia, organisirte ein Netz von ornithologischen Beobachtungsstationen über Niederländisch-Indien und versah die Stationen mit Instructionen und Formularen.

34. Niederlande.

Das Mitglied unseres Comité's, Dr. Franz Pollen, verschied zu Scheveningen am 7. Mai 1886 (siehe Nekrolog Ornis II, p. 618.)

35. Oesterreich-Ungarn.

Die »Blätter des böhmischen Vogelschutz-Vereines« wurden für die Bibliothek des Comité's angekauft.

Kaiser Franz Josef I. geruhte die Ornis entgegenzunehmen.

Der österreichische Touristen-Club organisirte ornithologische Beobachtungsstationen auf den von ihm im Gebirge errichteten Wetterwarten.

Das königlich-ungarische Ministerium für Ackerbau, Industrie und Handel beauftragte die ungarischen Contumaz-Anstalten und Rasteländer jenseits des Királyhagó, sich an den ornithologischen Beobachtungen für das Comité zu betheiligen.

Vidvuletic Vukasovic in Curzola verspricht, sich an den ornithologischen Beobachtungen zu betheiligen.

Der österreichische Jahresbericht pro 1884 ist abgedruckt in der Ornis 1887, Heft I, II und III, der pro 1885 erscheint demnächst im ersten Hefte des Jahrganges 1888.

36. Portorico.

Unser Comité-Mitglied, Dr. A. Stahl in Bayamon, sandte Beiträge zur Vogelfauna von Portorico (veröffentlicht in Ornis 1887, Seite 448 u. ff.)

37. Russland.

Die kaiserliche Regierung hat im Principe beschlossen, dem Comité eine jährliche Subvention zu bewilligen, hat jedoch über die Höhe derselben noch keinen Beschluss gefasst.

Der wirkliche Staatsrath und Akademiker, Dr. Leopold von Schrenck, wurde zum Präsidenten einer aus Mitgliedern der kaiserlichen Akademie der Wissenschaften und Beamten des Ministeriums der Reichs-Domänen gebildeten Commission zur Errichtung eines Netzes von ornithologischen Beobachtungs-Stationen über das russische Reich ernannt.

Kaiser Alexander III. Alexandrowitsch geruhte die Ornis entgegenzunehmen.

Herr E. von Middendorff in Hellenorm in Livland wurde zum Mitgliede des internationalen Comité's ernannt und übernahm die fernere Bearbeitung der aus den russischen Ostseeprovinzen Curland, Livland und Esthland eingehenden ornithologischen Berichte. Die Berichte pro 1885 sind in der Ornis II, p. 376, veröffentlicht, ein Nachtrag dazu in Ornis III, Heft IV. Für 1886 sind bis jetzt neun Berichte von neun Beobachtungsstationen eingesandt, einer aus Curland, sieben aus Livland, einer aus Esthland. Für 1887 stehen 14 Berichte aus 14 Beobachtungsstationen in Aussicht.

Dr. G. Radde, Mitglied unseres Comité's, sandte seinen dritten Nachtrag zur Ornis caucasica (siehe dieses Heft, Seite 457 u. ff.)

Seitens des kaiserlich russischen Marine-Ministeriums wurden regelmässige Leuchtthurmbeobachtungen eingesandt.

38. Schweden.

König Oscar II. geruhte die Ornis entgegenzunehmen.

Das schwedische Localcomité hat eine reichliche Anzahl von ornithologischen Beobachtungsnotizen erhalten und dieselben zu einem Berichte zusammengestellt und der königlichen Akademie der Wissenschaften überliefert.

Ein Verzeichniss der Vögel Schwedens, verfasst von Dr. C. R. Sundström, Schriftführer des schwedischen ornithologischen Comité's, wurde in der Ornis 1886, Seite 289 u. ff. veröffentlicht.

39. Schweiz.

Der hohe Bundesrath beschloss, dem Comité vorläufig einen jährlichen Beitrag von 300 Francs zu gewähren.

Professor Dr. Th. Studer in Bern wurde zum Mitgliede des internationalen permanenten ornithologischen Comité's ernannt.

40. Serbien.

Der königliche ausserordentliche Gesandte und bevollmächtigte Minister, Milan M. Boghitchévié, überreicht die Ornis dem Könige Milan Obrenovitsch I.

Der König Milan Obrenovitsch I. geruhte dem Comité als Mitglied beizutreten.

41. Spanien.

Don Victor Lopez Seoane in La Coruña erklärte sich bereit, für das Comité nach Kräften zu wirken.

P. Cardona y Orfila in Mahon veranlasste den Chef-Ingenieur Pau, auf allen Leuchtthürmen der Balearen ornithologische Beobachtungen in's Leben zu rufen und übersendet ein Verzeichniss der dortigen Leuchtthürme.

Die Real Academia de Ciencias exactas, fisicas y naturales übersandte von den Memorias Tom. XI, enthaltend Aves de España von D. José Areválo y Baca, Madrid 1887.

Angel de Larinna in S. Sebastian sendet ornithologische Beobachtungen aus der dortigen Gegend ein, die demnächst zur Veröffentlichung gelangen werden.

42. Südafrikanische Republik.

Der Missionär der South Kafir Missions, Rev. J. Stewart in Lovedale, Alice, erklärt sich zur Vornahme ornithologischer Beobachtungen bereit und erhält die erforderlichen Formulare.

43. Türkei.

Graf A. Alléon in Constantinopel sandte uns sein »Memoire sur les oiseaux dans la Dobroudscha et la Bulgarie« siehe Ornis 1886, Seite 397 u. ff.)

44. Vereinigte Staaten von Amerika.

Der Schriftentausch mit »Journal of Comparative Medicine and Surgery« in New-York, Herausgeber William A. Conklin, wird eingeleitet.

45. Vereinigte Staaten von Venezuela.

Unser Comitémitglied, Dr. A. Ernst in Carácas, hat uns ausführliche Mittheilungen über die Vogelwelt des Thales von Carácas in Aussicht gestellt.

46. Victoria.

G. Seymour Fort, Privatsecretär des Gouverneurs, übermittelt eine Reihe von auf den Leuchtthürmen dieser Colonie angestellten Beobachtungen.

Wie der Bericht ergiebt, wurden viele ornithologische Abhandlungen dem Comité eingesandt und mit einer Reihe regelmässig erscheinender, wissenschaftlicher ornithologischer Publicationen der Tauschverkehr eingeleitet. Das Comité ist bestrebt, diesen Tauschverkehr möglichst zu erweitern. Alle Mitglieder des Comité's und alle Ornithologen, die den Bestrebungen des Comité's wohlwollend gegenüberstehen, werden gebeten, zur weiteren Vervollkommnung der Bibliothek, Separatabdrücke ihrer ornithologischen Arbeiten an den Präsidenten, Dr. R. Blasius in Braunschweig, für das Comité einzusenden.

Den bereits früher angeregten Wunsch, ein Photographie-Album der Mitglieder des permanenten internationalen ornithologischen Comité's zu stiften, bringen wir mit der Bitte in Erinnerung, die Photographien mit Namensunterschrift versehen, demnächst an den Präsidenten, Dr. R. Blasius in Braunschweig zu übersenden.

Die Unterzeichneten sind unablässig bemüht gewesen, für das Zusammentreten eines zweiten internationalen ornithologischen Congresses zu wirken. Mancherlei Schwierigkeiten waren zu überwinden, namentlich der Umstand, dass eine Reihe der vom ersten Congresse beschlossenen und dem Comité übertragenen Arbeiten bei den weiten Entfernungen der einzelnen Comité-Mitglieder untereinander noch nicht zu einem bestimmten Abschlusse gebracht werden konnten. Im Laufe dieses Jahres wird dies geschehen sein und sind wir in der glücklichen Lage, mittheilen zu können, dass die königlich ungarische Regierung ihre Bereitwilligkeit ausgesprochen hat, zu diesem für Frühjahr 1889 in Budapest geplanten zweiten Congresse officielle Einladungen an alle fremden Regierungen zu erlassen. Es dürfte angezeigt sein, seitens unseres Comité's der königlich ungarischen Regierung geeignete Verhandlungsgegenstände vorzuschlagen und werden wir uns in dieser Beziehung demnächst in einem Circularschreiben an sämmtliche Comité-Mitglieder wenden und bitten zugleich alle Ornithologen, ihre Wünsche in Bezug auf zur Verhandlung zu stellende ornithologische Fragen uns zur Kenntniss zu bringen.

Braunschweig und Wien am 1. Januar 1888.

Der Präsident: *Dr. R. Blasius.*

Der Secretär: *Dr. G. von Hayek.*

Index.

Corrigenda.

Pag. 5 Zeile 4 von oben lies: occurrence, statt: occurence.
» 42 » 16 u. 17 » unten » : Lessach, » : Lesach.
» 46 » 14 » oben » : September, » : Septembe.
» 60 » 14 » » » : er, » : sie.
» 66 » 12 » » » : trûb und, » : trûb, nach.
» 81 » 8 » unten » : Bora, » : Borra.
» 120 » 18 » » » : schrien, » : schreien.
» 126 Anmerk. Zeile 3 und 5 von unten lies: gefleckten, statt: gefleckten.
» 141 Anmerk. letzte Zeile ist neben »*Muscicapa grisola*« zu setzen: »oder *Ruticilla tithys*« und statt »liebt«, »lieben«.
» 150 » 15 von unten lies: Sessana, statt: Sesana.
» 161 » 15 » oben » : Semmelbröseln, statt: Semmelbrösseln.
» 185 » 19 » unten » : Schwarzplattel, statt: Schwarzplatel.
» 191 » 18 » » » : Lessachthal, statt: Lesachthal.
» 191 » 8 » » » : Bartolo, statt: Bortolo.
» 291 » 9 » » » : Hungerlake, statt: Hungelake.
» 316 » 14 » » » : Bora, statt: Borra.
» 345 » 6 » oben » : *boschas*, statt: *boschos*.
» 353 » 11 » unten » : Furtteich, statt: Funtteich.
» 362 » 2 » oben » : vielleicht, statt vielleichf.
» 368 » 11 » » » : Hunderttausend, statt Hunderdtausend.
» 370 » 7 » » » : *Foudia*, statt *Foudia*.
» 373 » 6 » unten » : Stadien, statt Studien.
» 408 » 12 » oben » : Bekassinen, statt Beckassinen.
» 414 » 11 » unten » : *palustris*, statt *palutsris*.
» 419 » 7 » » » : *Haematopus*, statt *Haemotopus*.
» 433 » 3 » » » : davon, statt Dap.
» 437 » 2 » » » : *Sy*., statt *Sax*.
» 439 » 3 » » » : *viscivorus*, statt *vicivorus*.
» 441 » 14 » oben » : einen statt eine.
» 443 » 5 » » » : *superciliosa*, statt *supersiliosa*.
» 447 » 3 » unten » : *T*., statt *F*.
» 467 » 16 » oben » : *barbatus*, statt *barcatus*.
» 538 » 7 » » » : } Mülhausen, statt Mühlhausen.
» 539 » 15 » unten » : }
» 539 » 9 u. 10 » oben » : Laufenburg, statt Laufenberg.
» 548 » 1 » » » : Mülhausen, statt Mühlhausen.
» 553 » 3 » unten » : *Bonellii*, statt *Bonelli*.
» 579 » 15 u. 16 » oben » : Anfangsstadium, statt Anfangsstudium.
» 587 » 13 » » » : Jac. Grimm., statt Jac. Grim m.
» 601 » 19 » » » : Odinshani, statt Odichani.
» 608 » 12 » unten » : grœnhöfði, statt gnenhöfða.

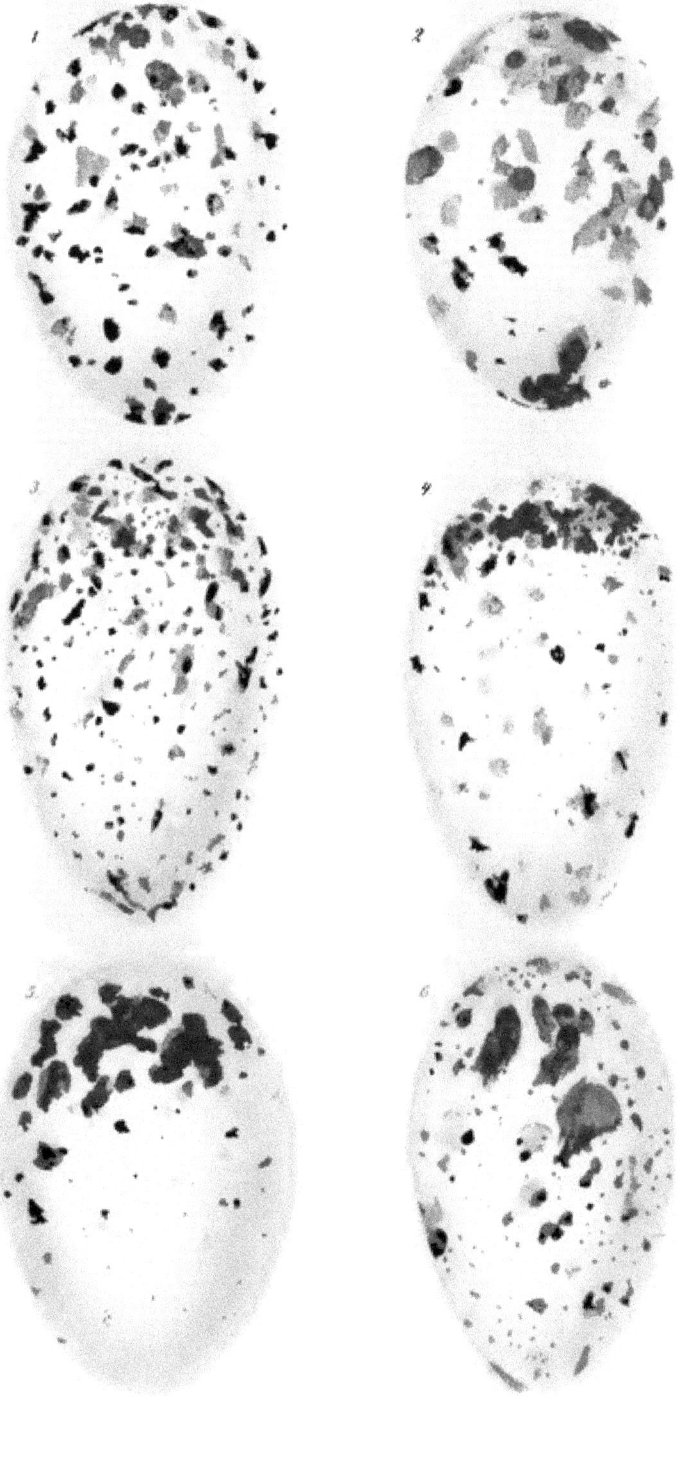
1
2
3
4
5
6

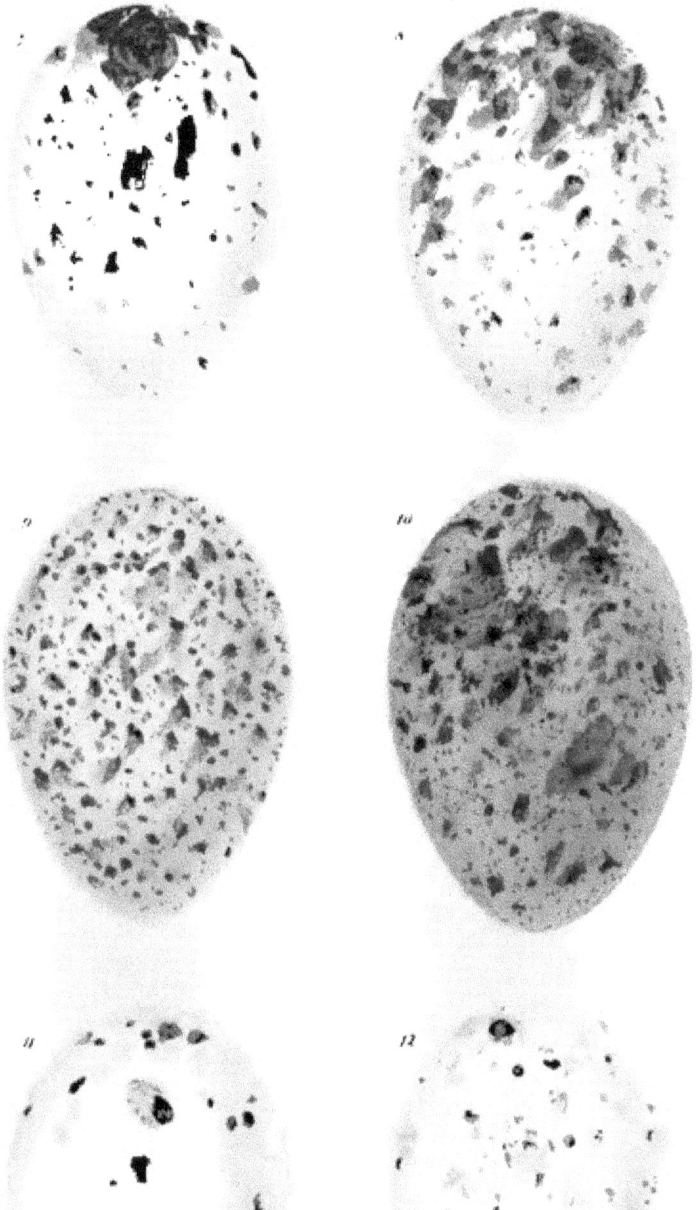
9
10
11
12

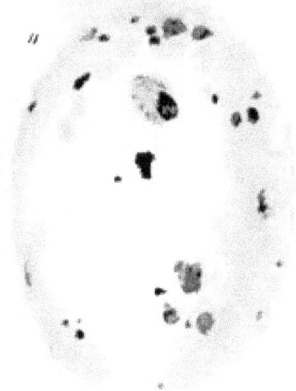

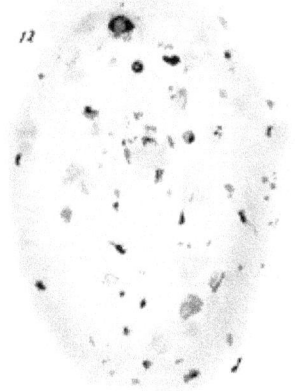

www.ingramcontent.com/pod-product-compliance
Lightning Source LLC
Chambersburg PA
CBHW020851210326
41598CB00018B/1630
9783743334106